Otto Biermann

Theorie der analytischen Funktionen

Otto Biermann

Theorie der analytischen Funktionen

ISBN/EAN: 9783743343238

Hergestellt in Europa, USA, Kanada, Australien, Japan

Cover: Foto ©berggeist007 / pixelio.de

Manufactured and distributed by brebook publishing software (www.brebook.com)

Otto Biermann

Theorie der analytischen Funktionen

THEORIE

DER

ANALYTISCHEN FUNCTIONEN

VON

DR. OTTO BIERMANN,

PRIVATDOCENT AN DER DEUTSCHEN UNIVERSITÄT IN PRAG.

LEIPZIG,

DRUCK UND VERLAG VON B. G. TEUBNER.

1887.

Vorrede.

Es ist ein vielfach fühlbarer Mangel, daſs heute, wo die von Herrn Professor Dr. Weierstrass neu begründete Theorie der durch ein System in einander fortsetzbarer Potenzreihen definirten sogenannten analytischen Functionen bereits eine mannigfache Verwerthung findet, kein Lehrbuch existirt, welches dem Studirenden methodisch zeigt, auf welche Weise der Functionsbegriff entwickelt wird und welches die allgemeinen Aufgaben der auf die Theorie der Potenzreihen gestützten Functionenlehre sind.

Diesem Mangel hoffe ich durch das vorliegende Buch abzuhelfen, das bei dem Studium der fundamentalen Untersuchungen des Herrn Weierstrass über die analytischen Functionen und bei der Beschäftigung mit den Arbeiten entstanden ist, in welchen Weierstrass' Schüler des Meisters Behandlung der Functionenlehre erkennen lassen. Mit meines hochverehrten Lehrers Weierstrass Erlaubnis, dem der Plan der vorliegenden Arbeit bekannt ist, durfte ich das Buch durch einige seiner nur aus den Vorlesungen bekannten Untersuchungen zieren, wofür ich ihm auch an dieser Stelle meinen gröſsten Dank auszusprechen als erste Pflicht erachte.

Meine Aufgabe lag in einer passenden Auswahl und Anordnung des umfangreichen Stoffes, bei der ich mich von dem Bestreben leiten lieſs, den Leser auch auf kürzlich betretene Wege zu führen und dadurch zu selbstständigem Studium anzuregen, indem ich selbst Fragen berührte, die einer Beantwortung noch harren müssen. Die Darstellung möge durch folgende Bemerkungen gekennzeichnet werden.

Für den Plan war vor Allem die von Sig. Pincherle*) veröffentlichte Einleitung der Weierstrass'schen Functionenlehre maſsgebend und im Speciellen bestimmte diese Arbeit die Anordnung der ersten drei Capitel, in deren erstem die Grundlagen der Arithmetik auseinandergesetzt sind. Mit Hilfe der von H. Kossak**) herausgegebenen „Ele-

*) Pincherle, Giornale di matematiche t. 18.

**) Programmabhandlung des Werder'schen Gymnasiums in Berlin (Verlag von Nicolai).

mente der Arithmetik" war es mir möglich, die noch nirgends ausführlich behandelte Weierstrass'sche Definitionsform der irrationalen Zahlengröfsen zu Grunde zu legen. Doch daneben liefs ich die Cantor'sche Definitionsform dieser Gröfsen nicht aufser Acht, denn ich wollte den Begriff der Fundamentalreihe nicht entbehren. Die Einführung der aus zwei bei der Addition von einander unabhängigen Elemente zusammengesetzten Zahlengröfsen basirte ich auf die von Weierstrass in den Göttinger Nachrichten vom Jahr 1884 veröffentlichte Abhandlung über die aus n Haupteinheiten gebildeten complexen Gröfsen.

In dem zweiten Capitel ist der Begriff der unbeschränkt veränderlichen Gröfse und eine Reihe von Theoremen über die stetig veränderlichen Gröfsen und Gröfsenmengen auseinandergesetzt. Darauf folgt die Theorie der rationalen ganzen und gebrochenen Functionen einer und mehrerer Variabeln, deren vorzüglichste Probleme in der Verallgemeinerung der in der Lehre von den ganzen Zahlen bestehenden Theoreme über die Theilbarkeit und Zerlegung enthalten sind.

Dann wird das bei der Einführung der irrationalen Zahlengröfsen verwendete Princip der Summenbildung einer unendlichen Menge von Gröfsen zur Construction neuer Ausdrücke und zwar von Summen unendlich vieler rationaler Functionen benutzt, unter denen die Potenzreihen eine hervorragende Rolle spielen, indem die Summen einer unbeschränkten Anzahl rationaler Functionen in den Bereichen ihrer gleichmäfsigen Convergenz durch Potenzreihen darstellbar sind.

An die Theorie der Potenzreihen wird der Begriff der monogenen analytischen Function geknüpft und deren allgemeine Eigenschaften entwickelt. Um aber den Umfang des aufgestellten Functionsbegriffes zu beurtheilen, hat man zunächst zu zeigen, dafs die durch einen mit Hilfe der elementaren Rechnungsoperationen zwischen Constanten und veränderlichen Gröfsen ausdrückbaren Zusammenhang definirten Gröfsen unter den Begriff der analytischen Function fallen. Diese in dem 4. Capitel behandelte Aufgabe fand natürlicher Weise keine vollständige Erledigung, aber an dem Beispiel einer in y algebraischen Gleichung, deren Coefficienten rationale Functionen von x sind, wird gezeigt, wie man die durch die Gleichung definirte Gröfse y in der Umgebung jeder Stelle darstellen kann.

Zum Beweise dafür, dafs die algebraische Function monogen ist, vollführt man am besten den Übergang zu einem algebraischen Gebilde, welches in der Umgebung einer seiner Stellen durch ein einziges „Functionenelement" darzustellen ist. Dieser Übergang wird nur principiell entwickelt, da man bei demselben die Untersuchung der rationalen Functionen $R(x, y)$ nöthig hat, deren Behandlung über den gesteckten Rahmen fallen würde. Ebenso wird auch der Begriff des

Ranges oder Geschlechtes einer algebraischen Gleichung nur theoretisch eingeführt. Ich konnte das umsomehr thun, da ich wohl algebraische Gleichungen zwischen eindeutigen transcendenten Functionen abgeleitet und dabei bemerkt habe, dafs algebraische Gleichungen verschiedenen Ranges durch eindeutige Functionen einer Variabeln zu lösen sind, aber die umgekehrte Frage nach denjenigen Functionen, welche eine vorgegebene algebraische Gleichung lösen, keine Behandlung finden konnte.

In dem ersten Abschnitt des vierten Capitels, der gröfstentheils den Weierstrass'schen Vorlesungen entnommen ist, wird ferner die Darstellung von n durch n algebraische Gleichungen mit m unabhängigen Variabeln definirten Gröfsen behandelt und der Begriff eines analytischen Gebildes m^{ter} Stufe in dem Gebiete von $(n+m)$ Gröfsen entwickelt, doch bleibt die Frage nach der Monogenität des irreductiblen algebraischen Gebildes höherer Stufe noch unberücksichtigt.

In einem zweiten Abschnitte desselben Capitels ist dann gezeigt, dafs auch die durch ein System algebraischer totaler oder partieller Differentialgleichungen definirten Gröfsen wiederum nur analytische Functionen sind, wobei die Untersuchungen von Briot und Bouquet und der Frau von Kowalevski*) die Richtschnur bildeten.

Ist auf solche Weise der Umfang des Begriffes der analytischen Function erfafst, so wird von einer mit einer unabhängigen Variabeln veränderlichen Gröfse, die besondere analytisch ausdrückbare Eigenschaften geniefst, von vornherein festgesetzt, dafs sie eine analytische Function sein soll. Unter dieser Festsetzung werden die gewissen einfachen Functionalgleichungen genügenden transcendenten Functionen abgeleitet und zwar die Exponentialfunction, der Logarithmus und die allgemeine Potenz, wobei sich Gelegenheit ergab, die trigonometrischen Functionen und deren Umkehrungsfunctionen zu berücksichtigen.

In dem weiteren Capitel ist das Problem der Ermittlung der arithmetischen Abhängigkeit des Werthes einer eindeutigen Function einer Variabeln von dem Werthe der letzteren auseinandergesetzt, wenn für die Function ein Stetigkeitsbereich und das Verhalten der Function an dessen isolirten Grenzstellen vorgegeben ist. Dabei habe ich die Darstellung der ganzen Function durch ein Product von Primfunctionen vorangestellt und dann unter Anwendung des nach Scheeffer's Vorgang bewiesenen Laurent'schen Satzes das Mittag-Leffler'sche Theorem behandelt. Als Anwendungen werden die trigonometrischen Functionen in verschiedenen Formen dargestellt und die Weierstrass'sche ganze transcendente Function $\sigma(x)$ eingeführt. Dann wählte ich von den Untersuchungen des Herrn Mittag-Leffler noch diejenigen aus, welche das Eindringen in die Frage, ob sich „der Begriff

*) Borchardt's Journal für reine und angewandte Mathematik. Bd. 80.

einer monogenen Function einer complexen Veränderlichen mit dem einer durch arithmetische Gröfsenoperationen ausdrückbaren Abhängigkeit vollständig deckt" oder nicht, ermöglichen.

Das nächste Capitel enthält eine übersichtliche Darstellung der grofsartigen Theorie der eindeutigen doppeltperiodischen Functionen von Weierstrass, die durch die Arbeiten von W. Biermann, Simon und Müller, Kiepert und neuerdings durch die von Herrn Schwarz veröffentlichten „Formeln und Lehrsätze zum Gebrauche der elliptischen Functionen" so ziemlich Gemeingut der Mathematiker geworden ist. Ich entwickelte die Grundzüge dieser Theorie, um dem Leser die Fruchtbarkeit der vorangegangenen Lehren klar zu machen und ihm andrerseits zu zeigen, was für einen Ausblick diese Theorie gewährt, wenn man Functionen mit linearen Substitutionen in sich betrachten will.

Endlich in dem letzten Capitel werden die von Weierstrass aufgestellten Sätze und Definitionen über die Functionen mehrerer Variabeln vorgetragen, und von den eindeutigen Functionen, die sich überall durch den Quotienten zweier Potenzreihen darstellen lassen, wird gezeigt, dafs sie rationale Functionen ihrer Argumente sind. Der letzte Paragraph beschäftigt sich mit dem irreductiblen algebraischen Gebilde m^{ter} Stufe im Gebiete von $(m+1)$ Gröfsen.

Prag, im Mai 1886.

Der Verfasser.

Inhaltsverzeichnis.

Erstes Capitel.

Die Elemente der Arithmetik.

Zweites Capitel.

I. Abschnitt.

Veränderliche Gröfsen, Gröfsenmengen.

II. Abschnitt.

Rationale ganze und gebrochene Functionen einer und mehrerer Variabeln.

Drittes Capitel.

I. Abschnitt.

Potenzreihen einer und mehrerer Variabeln.

II. Abschnitt.

Begriff der monogenen analytischen Function. Allgemeine Eigenschaften der analytischen Function einer Variabeln.

Viertes Capitel.

Über den Umfang des Begriffes der analytischen Function.

I. Abschnitt.

Theorie der algebraischen Gleichungen.

II. Abschnitt.

Durch Differentialgleichungen definirte analytische Functionen.

Seite

Fünftes Capitel.

Ableitung der elementaren transcendenten Functionen einer Variabeln.

Sechstes Capitel.

Darstellung der eindeutigen analytischen Functionen einer Veränderlichen.

Siebentes Capitel.

I. Abschnitt.

Doppeltperiodische Functionen.

II. Abschnitt.

Einleitung in die Theorie der Functionen mit linearen Substitutionen in sich.

Seite

Achtes Capitel.

Analytische Functionen mehrerer Variabeln.

Erstes Capitel.

Die Elemente der Arithmetik.

---

§ 1. Begriff der ganzen Zahl. Die directen Rechnungsarten mit ganzen Zahlen.

Indem wir uns der Wiederholung ein und derselben geistigen Thätigkeit an Dingen der sinnlichen Wahrnehmung bewufst werden, gelangen wir zu dem Begriff der *Menge*. Besteht ein Gegenstand aus Bestandtheilen oder Elementen von gemeinsamen Merkmalen, auf dafs bei der Beschreibung des Gegenstandes ein Element für ein anderes zu setzen ist, und abstrahiren wir von den gleichen Merkmalen der Bestandtheile, *so besitzen wir die Vorstellung der Vielheit oder Menge gleichartiger Elemente durch die Zahl.*

Der Begriff der Zahl wird durch die Zusammensetzung von Gegenständen aus gleichartigen Bestandtheilen gegeben und *ist* geradezu *als die Vorstellung der Vielheit gleichartiger Bestandtheile zu definiren.**)

Indem man jedes der gleichartigen Elemente durch den Ausdruck Eins bezeichnet, besteht *das Zählen der Elemente oder Einheiten* der Menge in der Fixirung von Eins und Eins — und Eins usw. durch neue Ausdrücke zwei, drei usw. Die Zahl ist die Vorstellung der durch diese Ausdrücke bezeichneten Gruppen von Elementen.

Die wiederholte Setzung und Vereinigung der zu Grunde gelegten gleichartigen Elemente liefert die *Zahlenreihe*, und in dieser ist jede Zahl aus der nächst vorhergehenden durch Hinzufügung von Eins gebildet.

Zwei aus einem unbestimmt gelassenen Grundelemente e oder der abstracten Einheit 1 zusammengesetzte *Zahlen a und b sind gleich* ($a = b$), wenn zu jedem Element der einen Zahl ein Element der andern gehört, und *ungleich*, wenn bei der Gegenüberstellung der Elementenreihen in der einen Elemente vorkommen, denen in der andern keine entsprechen. Die Zahl, welche mehr Elemente enthält,

*) Weierstrafs (siehe die Elemente der Arithmetik von Kossak).

heifst die *gröfsere*, die andere die *kleinere*. Dieses gegenseitige Verhältnis bezeichnet man durch $a > b$, $b < a$, wenn a die gröfsere Zahl ist. Mit $a = b$ gilt $b = a$, mit $a = b$ und $b = c$ wird $a = c$, und endlich folgt aus

$$a > b \text{ und } b > c, \quad a > c.$$

Will man die Vorstellung von der Zusammensetzung eines aus verschiedenartigen Elementen bestehenden Gegenstandes gewinnen, so mufs man angeben, welche Arten von Elementen und wie viele Elemente der angegebenen Art vorkommen. Die zusammengesetzte Vorstellung der einzelnen Gruppen gleichartiger Elemente ist die *„zusammengesetzte Zahl oder Zahlengröfse"*. Man sagt „Zahlengröfse" darum, weil die neue Zahl anders ausfällt, wenn man Elemente hinzufügt oder wegnimmt.

Zwei complexe Zahlen sind wieder *gleich*, wenn sie dieselben Elemente in gleicher Anzahl enthalten.

Wir betrachten vor allem die aus gleichen Elementen gebildeten Zahlen, welche *ganze Zahlen* genannt werden, und nehmen einfache Verknüpfungen mit ihnen vor, zu denen ursprünglich erfahrungsgemäfs festgestellte Eigenschaften von Dingen der Sinnenwelt die Veranlassung gegeben haben werden.

*Wir bilden eine Zahl, die alle Elemente zweier aus demselben Grundelement zusammengesetzten Zahlen a und b enthält.**)

Diese stets ausführbare Operation heifst *Addition* und besteht in der Vereinigung sämmtlicher Elemente beider Zahlen zu einer. Bezeichnet man die gewonnene Zahl mit $a + b$, so ist offenbar

$$a + b = b + a$$

und ebenso

$$a + b + c = a + c + b = b + a + c$$
$$= b + c + a = c + a + b = c + b + a$$

d. h. das Resultat der Vereinigung oder *„die Summe"* ist unabhängig von der Folge, in welcher die Summanden a, b, c verbunden werden. Neben diesem *„commutativen"* Verknüpfungsgesetz besteht das in der Gleichung

$$a + (b + c) = (a + b) + c$$

ausgesprochene, welches besagt, dafs die Summe auch von der Vereinigung der Summanden in Theilsummen unabhängig ist. Dieses Gesetz heifst das *associative*.

In der Summe kann man ferner jeden Summanden durch eine diesem gleiche Zahl ersetzen.

---

*) Soll das Grundelement c, aus dem eine Zahl im Gegensatz zu der aus der Einheit gebildeten Zahl a zusammengesetzt ist, besonders kenntlich gemacht sein, so schreiben wir statt a $a c$.

Setzt man an Stelle jedes der Elemente einer Zahl b die Zahl a, so entsteht die Summe

$$a + a + \cdots a \ (b \,\text{mal}),$$

die man kurz mit $a . b$ oder kurz ab bezeichnet. Die Operation, durch welche ab (sprich a mal b) gebildet ist, nennt man *Multiplication*; ab heifst das *Product der Factoren* a und b, a der *Multiplicandus*, b der *Multiplicator*.

Wir bemerken, dafs das Product aus a ebenso zusammengesetzt ist, wie b aus der Einheit oder dem Grundelement, so dafs man sagen kann:

Eine Zahl mit einer andern multipliciren heifst, eine dritte Zahl so aus dem Multiplicandus bilden, wie der Multiplicator aus der Einheit gebildet ist.

Indem die Multiplication hier aus der wiederholten Addition hervorgeht, ist sie nicht als selbständige Rechnungsart anzusehen, und wir werden sie erst später als eine von der Addition verschiedene Verknüpfungsweise betrachten müssen.

Man kann in

$$a + a + \cdots + a \ (b \,\text{mal})$$

aus jeder Gruppe von a Elementen eines herausnehmen und deren Vereinigung gibt b. Dieser Vorgang ist a mal möglich; die Vereinigung gibt

$$b + b + \cdots + b \ (a \,\text{mal}) = ba,$$

und es ist

$$ab = ba. \tag{1}$$

Bilden wir die Summe der folgenden b Horizontalreihen, deren jede die Zahl c a mal enthält,

$$\begin{matrix} c, & c \ldots c \\ c, & c \ldots c \\ \ldots & \ldots \\ c, & c \ldots c \end{matrix}$$

und andererseits die Summe der a Verticalreihen, deren jede die Zahl c b mal enthält, so folgt das Multiplicationsgesetz:

$$(ca) . b = (cb) . a,$$

und weil die Zahl c ab mal als Summand vorkommt, ist ferner

$$(ca) . b = (cb)\, a = c\,(ab),^{*)} \tag{2}$$

d. h. das Resultat der Multiplication ist unabhängig von der Folge der Factoren und unabhängig von der Zusammensetzung der Factoren in Theilproducte.

*) Vergl. Dirichlet's Zahlentheorie.

Addirt man c Gruppen $(a+b)$, so folgt das dritte „*distributive*“ Multiplicationsgesetz

$$(a+b)\,c = ac + bc, \tag{3}$$

indem

$$\begin{aligned}(a+b)\,c &= (a+b)+(a+b)+\cdots+(a+b)\ (c\,\text{mal})\\ &= (a+a+\cdots+a\ [c\,\text{mal}]) + (b+b+\cdots+b\ [c\,\text{mal}])\end{aligned}$$

ist.

Als Folge dieser Gesetze geht für das Product zweier Summen

$$a = a_1 + a_2 + \cdots a_m\,, \qquad b = b_1 + b_2 + \cdots b_n$$

$$\begin{aligned}ab = \;& a_1 b_1 + a_2 b_1 + \cdots + a_m b_1\\ &+ a_1 b_2 + a_2 b_2 + \cdots + a_m b_2\\ &\ \ldots\ldots\ldots\ldots\ldots\\ &+ a_1 b_n + a_2 b_n + \cdots + a_m b_n\end{aligned}$$

hervor.

Das Product von n einander gleichen Zahlen a nennt man die n^{te} *Potenz von a* und bezeichnet

$$a \,.\, a \ldots . \,a\ (n\,\text{mal}) \text{ mit } a^n.$$

Die Zahl n heifst der Exponent der Potenz und a deren Basis.

Aus der Definition folgen unmittelbar die Eigenschaften

$$a^m \,.\, a^n = a^{m+n}, \quad a^m b^m = (ab)^m, \quad a^{mn} = (a^m)^n.$$

§ 2. Erklärung des Theilers und des Vielfachen einer Zahl. Gemeinsamer Theiler, gemeinsames Vielfache zweier Zahlen. Primzahlen und zusammengesetzte Zahlen.

Ist eine Zahl c das Product aus der Zahl a und einer zweiten Zahl n, so heifst c ein *Vielfaches* von a und a ein *Theiler* von c.

Aus dieser Definition gehen die Sätze hervor:

1) Ist c ein Vielfaches von a, a ein Vielfaches von b, so ist auch c ein Multiplum von b.
2) Ist in einer Reihe von Zahlen jede ein Vielfaches der nächstfolgenden, so ist jede frühere ein Vielfaches jeder späteren.
3) Ist sowohl a als auch b ein Vielfaches von c, so ist auch die Summe $a+b$ ein Vielfaches von c.

Man kann nun die Frage nach den *gemeinsamen Theilern* zweier Zahlen a und b, von denen etwa a die gröfsere sei, aufwerfen und speciell den *gröfsten gemeinsamen Theiler* verlangen.

Man zerlege a in $b+b+\cdots b+c$, wo $c<b$ ist, b ebenso in $c+c+\cdots c+d$, wo $d<c$ ist usw., so entsteht eine Folge von Gleichungen der Gestalt:

$$a = n_1 b + c, \qquad (c < b)$$
$$b = n_2 c + d, \qquad (d < c)$$
$$\cdot\ \cdot\ \cdot\ \cdot\ \cdot\ \cdot \qquad \cdot\ \cdot\ \cdot$$
$$f = n_{m-1} g + h \quad (h < g)$$
$$g = n_m h,$$

wo $n_1, n_2 \ldots n_m$ ganze Zahlen bedeuten.

Man wird, wie hier angezeigt ist, bei dem beschriebenen Fortgang endlich eine Zahl f in ein Vielfaches einer Zahl g und einen „*Rest*" h zu zerlegen haben, der selbst Theiler von g ist. Der Procefs mufs einen Abschlufs haben, da es nur eine beschränkte Anzahl von Zahlen gibt, die kleiner sind als b. Die Zahl h ist aber (nach dem Satze 3) auch Theiler von f und allen voranstehenden Zahlen, endlich auch von b und a.

Den Satz 3) können wir folgendermafsen umkehren: Eine durch m theilbare Zahl c läfst sich nur so in eine Summe zweier Summanden, deren einer durch m theilbar ist, zerlegen, dafs auch der zweite diesen Theiler besitzt. Dann aber ergibt die Betrachtung unserer Gleichungen, dafs jeder gemeinsame Theiler von a und b auch ein Vielfaches von h ist, und *darum ist h der gröfste gemeinsame Theiler von a und b.*

Ist in der Folge von Gleichungen schliefslich h gleich Eins, so haben a und b nur den selbstverständlichen gemeinsamen Theiler Eins. Indem man von diesem absieht, nennt man solche Zahlen: *Zahlen ohne gemeinsamen Theiler oder relative Primzahlen.*

Von diesen Zahlen gilt zunächst der Satz:

„Sind a und b relative Primzahlen, und ist k eine beliebige dritte Zahl, so ist jeder gemeinsame Theiler von ak und b auch Theiler von k und b."

In der That, multiplicirt man in den früheren Gleichungen, wo wir $h = 1$ setzen, die rechten und linken Seiten mit k, so erhält man die Gleichungen

$$ak = n_1 bk + ck$$
$$bk = n_2 ck + dk$$
$$\cdot\ \cdot\ \cdot\ \cdot\ \cdot\ \cdot$$
$$fk = n_{m-1} gk + k$$
$$gk = n_m k,$$

weil ja mit $A = B$ auch $Ak = Bk$ ist, und an diesen Relationen ist die Behauptung leicht bestätigt. Jeder Theiler von ak und b ist auch Theiler von $n_1 bk$ und ck, dann von $n_2 ck$ und dk usw., endlich von fk, gk und k.

Mit diesem Satze sind die folgenden bewiesen:

1) Sind die Factoren eines Productes ak relative Primzahlen gegenüber b, so sind ak und b relativ prim.

2) Sind a und b relative Primzahlen, hat aber ak den Theiler b, so ist k durch b theilbar.

3) Ist jede Zahl einer Reihe von Zahlen relativ prim gegen jede Zahl einer zweiten Reihe, so ist auch das Product aller Zahlen der ersten Reihe relativ prim gegen das Product aller Zahlen der zweiten Reihe, und speciell sind die Potenzen relativ primer Zahlen wieder Zahlen ohne gemeinsamen Theiler.

Wir können auch die *gemeinsamen Vielfachen* zweier Zahlen, d.h. die Zahlen, welche durch a und b theilbar sind und speciell das *kleinste gemeinschaftliche Vielfache* angeben, dessen Vielfache die übrigen Multipla von a und b sind. Ist

$$a = ma', \quad b = mb'$$

und sind a' und b' relativ prim, so hat jedes Vielfache von a und b die Gestalt

$$n \,.\, ma'b'$$

und das kleinste ist $ma'b'$.

Nennt man eine Zahl p *Primzahl*, wenn sie nur die Einheit und sich selbst zum Theiler hat, und bringt man p mit einer andern Zahl a in Vergleich, so ist p entweder Theiler von a, oder p und a sind relativ prim. Die Zahl p mufs ebenso Theiler eines Factors des Productes $a \,.\, b \ldots$ sein, wenn das Product und die Primzahl nicht relativ prim sind. Auf diesen Eigenschaften der Primzahl beruht der folgende Satz:

Jede Zahl a, die nicht selbst eine Primzahl ist, läfst sich immer nur auf eine Weise in ein Product von Primzahlen zerlegen.

Die Zerlegung einer Zahl a in das Product von Theilern $a_1, a_2 \ldots$ mufs nämlich zu einem Abschlufs führen, da diese Theiler immer kleiner werden und nur eine beschränkte Anzahl von Zahlen existirt, die kleiner sind als a; der letzte kleinste Theiler a_n ist eine Primzahl p_1, und es wird $a = p_1 k_1$. Durch denselben Vorgang findet man für k_1 eine Zerlegung $k_1 = p_2 k_2$ usw., endlich ist

$$a = p_1 p_2 p_3 \ldots p_n .$$

Eine zweite Zerlegung in ein Product von Primzahlen

$$q_1 q_2 q_3 \ldots q_m$$

kann es nicht geben, denn andernfalls müfste das Product $p_1 p_2 p_3 \ldots p_n$ und in diesem ein Factor z. B. p_1 durch q_1 theilbar sein, doch weil p_1 eine Primzahl ist, folgt $p_1 = q_1$, und ebenso ist etwa $p_2 = q_2$ usw. Es folgt die vollständige Übereinstimmung und der Satz ist bewiesen.

Mit Hilfe der Zerlegung der aus Primzahlen *zusammengesetzten* Zahlen in ihre Primfactoren gewinnt man eine neue Lösung der Aufgabe: den gröfsten gemeinsamen Theiler zweier Zahlen zu bestimmen. Sind diese Zahlen

$$a = p_1^{n_1} p_2^{n_2} \ldots p_m^{n_m}, \quad b = q_1^{\nu_1} q_2^{\nu_2} \ldots q_k^{\nu_k},$$

so ist der gröfste gemeinsame Theiler das Product der in a und b zugleich vorkommenden Primzahlen, jede in der niedrigen Potenz genommen.

Das kleinste gemeinsame Vielfache ist das Product aller in a und b vorkommenden Primzahlen, jede in der höher auftretenden Potenz genommen.

All die Sätze von Theilern und Vielfachen ganzer Zahlen werden später in der Theorie der ganzen Functionen in gleicher Form wieder auftreten.

§ 3. Die indirecten Rechnungsarten mit ganzen Zahlen.

Wir wenden uns zu den der Addition und Multiplication *inversen Rechnungsarten.*

Eine Zahl b von einer Zahl a *subtrahiren* heifst: *Diejenige Zahl finden, welche zu b addirt a ergibt.* Die Zahl a heifst der *Minuend*, b der *Subtrahend* und die gesuchte Zahl, wenn eine solche existirt, die *Differenz* von a und b. Man bezeichnet dieselbe mit $a - b$.

Der Definition zufolge ist

$$(a - b) + b = a.$$

Die neue Operation, *die Subtraction*, ist eindeutig, denn aus der Annahme, dafs sowohl

$$\alpha + b = a, \text{ als auch } \beta + b = a$$

ist, folgt

$$\alpha + b = \beta + b,$$

und die Vergleichung der $\alpha + b$ und $\beta + b$ zugehörigen Elementenreihen führt auf $\alpha = \beta$.

Die Subtraction ist aber nur ausführbar, wenn der Minuend gröfser ist als der Subtrahend.

Die Eigenschaften der Differenz folgen aus der Definition. Es ist

$$a + (b - c) + c = a + b,$$

d. h. $a + (b - c)$ ist diejenige Zahl, welche zu c addirt $a + b$ ergibt, also wird

$$a + (b - c) = a + b - c.$$

Setzt man $c = b$, so ist

$$a + (b - b) = a + b - b.$$

Da aber

$$\big((a - b) + b\big) + b = a + b,$$

$$(a - b) + b = a + b - b$$

ist, folgt

$$a + (b - b) = (a - b) + b = a.$$

Die Gröfse $(b - b)$ zu a hinzugefügt läfst a ungeändert. Wir bezeichnen sie mit dem Zeichen 0 und dem Ausdruck *Null*. Besagt a, dafs das Grundelement $a$mal vorkommt, so sagt das Zeichen 0, dafs das Element nicht vorkommt.

Man findet auch leicht die in den folgenden Gleichungen niedergelegten Eigenschaften der Differenz bestätigt:

$$a - (b - c) = a + c - b$$

$$(a + c) - (b + c) = a - b$$

$$(a - c) - (b - c) = a - b.$$

Die inverse Operation der Multiplication ist die *Division*.

Eine Zahl a durch eine Zahl b dividiren heifst diejenige Zahl c bestimmen, welche mit b multiplicirt a gibt.

Man nennt c den *Quotienten* aus dem *Dividend* a und dem *Divisor* b, und bezeichnet

$$c = \frac{a}{b} = a : b.$$

Nach der Definition ist

$$\frac{a}{b}\, b = a.$$

Die neue Operation ist nur lösbar, wenn der Dividend ein Vielfaches des Divisors ist, aber dann in eindeutiger Weise, denn aus der Annahme

$$a = \alpha b = \beta b$$

folgt

$$\alpha = \beta.$$

Für den Quotienten gelten zufolge der Definition die Eigenschaften

$$\frac{am}{bm} = \frac{a}{b}, \quad \frac{\frac{a}{m}}{\frac{b}{m}} = \frac{a}{b}, \quad \frac{a}{b}\, m = \frac{am}{b} = \frac{m}{b}\, a,$$

und ferner bleibt die aus einem Grundelement e gebildete Zahl a bei der Division durch e ungeändert.

Der Quotient heifst auch *Bruch*, der Dividend und Divisor auch *Zähler* und *Nenner*. Ist in dem Bruche $\frac{a}{b}$ $a > b$, so nennt man den Bruch unecht, andernfalls echt.

§ 4. Einführung der gebrochenen und negativen Zahlengröfsen.

Soll die Division unabhängig davon, ob der Dividend a ein Vielfaches des Divisors b ist oder nicht, ausführbar sein, so mufs man ein neues mit Hilfe der ganzen Zahlen zu definirendes Ding, eine neue Gröfse einführen.

Wir nehmen zu jedem einzelnen Elemente, aus denen die ganzen Zahlen gebildet sind, neue hinzu, so daſs zwei, drei neue Elemente usw. jenes eine vertreten. Bezeichnet man ein Element ε_n, deren n das Grundelement e oder sagen wir hier kurzweg die Einheit $e = 1$ ersetzen, mit $\frac{1}{n}$, so ist

$$n\varepsilon_n = \frac{1}{n} + \frac{1}{n} + \cdots + \frac{1}{n} \ (n \text{ mal}) = 1 .$$

Die Gröſse, deren n die Zahl a vertreten, sei mit $\frac{a}{n} = a\varepsilon_n$ bezeichnet, dann ist

$$\frac{a}{n} + \frac{a}{n} + \cdots + \frac{a}{n} \ (n \text{ mal}) = a .$$

Es entsteht zunächst die Frage, wie sich für die neu definirten Gröſsen, die aus der Einheit und einer angebbaren (endlichen) Anzahl von „*Bruchtheilen*“ ε_n der Einheit zusammengesetzt sind, auf daſs sie die allgemeine Form

$$a_0 + a_1\varepsilon_{n_1} + a_2\varepsilon_{n_2} + \cdots + a_m\varepsilon_{n_m}$$

annehmen, die für die ganzen Zahlen aufgestellten Rechnungsoperationen gestalten. Vor der Beantwortung dieser Frage setzen wir aber fest, daſs die neuen Gröſsen den für die ganzen Zahlen giltigen Verknüpfungsregeln Folge leisten sollen. Diese Festsetzung ist gewiſs zulässig, wenn die Anwendung der genannten Regeln auf die neuen Gröſsen keinen Widerspruch zu Tage fördert.

Beachten wir, daſs der Definition gemäſs

$$mn\varepsilon_{mn} = 1$$

ist, oder die Gleichung

$$\left.\begin{array}{l} \varepsilon_{mn} + \varepsilon_{mn} + \cdots + \varepsilon_{mn} \ (m \text{ mal}) \\ + \varepsilon_{mn} + \varepsilon_{mn} + \cdots + \varepsilon_{mn} \ (m \text{ mal}) \\ \cdot \quad \cdot \quad \cdot \quad \cdot \quad \cdot \quad \cdot \\ \qquad (n \text{ mal}) \end{array}\right\} = 1$$

besteht, so gibt die Anwendung der Additionsgesetze unmittelbar die Gleichungen:

$$(m\varepsilon_{mn})\, n = 1 \quad \text{oder} \quad m\varepsilon_{mn} = \varepsilon_n ,$$
$$(n\varepsilon_{mn})\, m = 1 \quad \text{oder} \quad n\varepsilon_{mn} = \varepsilon_m .$$

Darnach kann man jede *gebrochene Zahlengröſse*

$$a = a_0 + a_1\varepsilon_{n_1} + \cdots + a_m\varepsilon_{n_m}$$

derart transformiren, daſs sie nur Elemente ε_n einer Art enthält. In der That ist n ein gemeinsames Vielfache der Zahlen $n_1, n_2 \ldots n_m$, so zwar daſs

$$n_1\nu_1 = n_2\nu_2 = \ldots = n_m\nu_m = n$$

ist, so wird

$$\varepsilon_{n_\mu} = \nu_\mu\varepsilon_{n_\mu\nu_\mu} = \nu_\mu\varepsilon_n \ (\mu = 1, 2 \ldots m),$$

und wenn man für a_0 $a_0 n \varepsilon_n$ schreibt, folgt die Darstellung

$$a = (a_0 n + a_1 \nu_1 + \cdots + a_m \nu_m)\,\varepsilon_n,$$

wobei das dritte Multiplicationsgesetz ganzer Zahlen verwendet wurde.

Zwei Zahlengröfsen der neuen Art sind gleich, wenn sie so umgeformt werden können, dafs beide dieselben Elemente und jedes in gleicher Anzahl enthalten.

Will man also zwei Zahlengröfsen a und b vergleichen, so drücke man beide durch dasselbe Element ε_n aus und vergleiche die Anzahl dieser Elemente. Da man jedoch eine unbeschränkte Anzahl gemeinsamer Elemente ε_n wird angeben können, in denen sich a und b darstellen lassen, so mufs man nachsehen, ob die einmal als gleich befundenen Zahlengröfsen bei anderer Vergleichungsart gleich bleiben.

Angenommen a und b seien in der Form $a_1 \varepsilon_m$, $b_1 \varepsilon_n$ gegeben, m und n hätten das kleinste gemeinschaftliche Vielfache r, und a und b erhielten in den Elementen ε_r die Gestalt $a_2 \varepsilon_r$ und $b_2 \varepsilon_r$, so sind sie gleich, wenn $a_2 = b_2$ ist. Da jede weitere Darstellung in denselben Elementen die Form

$$a_2 k \varepsilon_{rk}, \quad b_2 k \varepsilon_{rk}$$

annimmt, so sind die ursprünglichen Zahlengröfsen auch gleich, wenn $a_2 k = b_2 k$ ist. Weil dann $a_2 = b_2$ sein mufs, schliefsen wir, dafs die Art der Vergleichung keinen Unterschied im Resultate hervorbringt.

Wir ersehen aber auch, dafs die neuen Zahlengröfsen die folgenden nothwendigen Forderungen erfüllen:

mit $a = b$ ist auch $b = a$,
mit $a = b$ und $b = c$ wird $a = c$ und
mit $a > b$, $b > c$ wird $a > c$.

Die *Addition der neuen Zahlengröfsen* besteht jetzt darin, dafs man sämmtliche Elemente der Summanden zu einer Zahlengröfse vereinigt. In der Summe $(a + b)$, die zufolge des Gleichheitsbegriffes von der Anordnung der Summanden unabhängig ist, kann man a und b durch jede gleichwerthige Zahlengröfse a' und b' ersetzen, ohne den Werth der Summe zu ändern, und darum kann man die Summanden in demselben Elemente ε_n darstellen und die Anzahl dieser vereinigen.

Das *Product zweier Zahlengröfsen* a und b soll den Multiplicationsgesetzen ganzer Zahlen genügen, daher mufs das Product

$$(\varepsilon_m + \varepsilon_m + \cdots m\,\text{mal}) \,.\, (\varepsilon_n + \varepsilon_n + \cdots n\,\text{mal}) = mn\,(\varepsilon_m \varepsilon_n)$$

sein, und weil

$$m\,\varepsilon_m = 1, \quad n\,\varepsilon_n = 1, \quad m\,n\,\varepsilon_{mn} = 1$$

ist, folgt

$$mn\,(\varepsilon_m \varepsilon_n) = (m\,\varepsilon_m) \,.\, (n\,\varepsilon_n) = m\,n\,\varepsilon_{mn}$$

und

$$\varepsilon_m \varepsilon_n = \varepsilon_{mn} = \frac{1}{mn}.$$

Damit resultirt das Multiplicationsgesetz

$$ab = a_1 \varepsilon_m \cdot b_1 \varepsilon_n = a_1 b_1 \varepsilon_{mn},$$

das wir so aussprechen:

Das Product von a und b ist eine Zahlengröfse, die aus der Gröfse a und deren Bruchtheilen, so gebildet ist, wie b aus der Einheit und deren Bruchtheilen.

Man erkennt, dafs die Multiplication hier bereits als selbständige Rechnungsart auftritt.

Jetzt erst kommen wir zu dem Nachweise, dafs der Quotient ganzer Zahlen $\frac{a}{b}$, wo a kein Vielfaches von b ist, stets durch gebrochene Zahlengröfsen darzustellen ist. In der That, ist $a = nb + r$, so ist $n + r\varepsilon_b = n + \frac{r}{b}$ diejenige Zahlengröfse, welche mit b multiplicirt a gibt.

Der Quotient zweier gebrochener Zahlengröfsen $a_1 \varepsilon_m$ und $b_1 \varepsilon_n$ ist wieder eine Zahlengröfse derselben Art und zwar gleich $n a_1 \varepsilon_{m b_1}$, denn es gilt

$$(n a_1 \varepsilon_{m b_1})\, b_1 \varepsilon_n = a_1 \varepsilon_m \cdot b_1 \varepsilon_{b_1} \cdot n \varepsilon_n = a.$$

Die Subtraction der aus dem Grundelemente e oder der Einheit und deren Bruchtheilen ε_n gebildeten Zahlengröfsen ist so wie früher zu definiren, doch ist sie nur ausführbar, wenn der Minuend gröfser ist als der Subtrahend.

Soll die Subtraction ganzer Zahlen oder gebrochener Zahlengröfsen stets möglich sein, d. h. *soll auch in dem Falle, wo der Minuend a kleiner ist als der Subtrahend b, eine Zahlengröfse $a - b$ existiren, die zu b addirt a gibt,* so müssen wir wiederum neue Zahlengröfsen einführen, an die wir dieselben allgemeinen Forderungen stellen wie an die oben aufgenommenen Gröfsen $a\varepsilon_n$.

Wir definiren neben dem Grundelemente e als *entgegengesetztes* e' dasjenige, welches die Gleichung

$$a + e + e' = a$$

erfüllt, worin a nur aus e zusammengesetzt ist. Das Grundelement e heifse das *positive*, sein entgegengesetztes e' das *negative*. Die Summe von e und e' zu a addirt gibt wieder a, man schreibt daher auch

$$e + e' = 0.$$

Das entgegengesetzte Element des positiven Bruchtheiles ε_n von e heifse der negative Bruchtheil ε_n', und wiederum soll

$$a + \varepsilon_n + \varepsilon_n' = a \quad \text{oder} \quad \varepsilon_n + \varepsilon_n' = 0$$

sein. Da

$$a = a + \big((\varepsilon_n + \varepsilon_n') + (\varepsilon_n + \varepsilon_n') + \cdots + (\varepsilon_n + \varepsilon_n')\ n\,\text{mal}\big) =$$
$$= a + n\varepsilon_n + n\varepsilon_n' = a + e + n\varepsilon_n'$$

ist, wird

$$n\varepsilon_n' = e',$$

d. h. ε_n' ist der n^{te} Theil von e' und nach der früheren Bezeichnungsweise gleich $\frac{e'}{n}$.

Es gilt nun auch die Beziehung

$$n\varepsilon_{mn}' = \varepsilon_m',$$

und darum kann man jede aus den beiden Elementen e und e' und deren Bruchtheilen zusammengesetzte Zahlengröfse a auf die Form

$$a_1\varepsilon_m + a_2\varepsilon_m'$$

bringen, wo a_1 und a_2 nur aus e zusammengesetzt sind. Ist hierin $a_1 > a_2$, etwa $a_1 = a_2 + \alpha$, so wird

$$a = (a_2\varepsilon_m + a_2\varepsilon_m') + \alpha\varepsilon_m = \alpha\varepsilon_m.$$

Ist $a_1 < a_2$ und zwar $a_2 = a_1 + \beta$, so folgt $a = \beta\varepsilon_m'$; wenn endlich $a_1 = a_2$ ist, so wird a gleich Null.

Zwei Zahlengröfsen der neuen Art sind wieder *gleich*, wenn sie so umgeformt werden können, dafs sie die positiven und negativen Elemente e und e', ε_n und ε_n' in gleicher Anzahl enthalten.

Angenommen, dafs die Zahlengröfsen in der Form

$$a = a_1 + a_2e' \quad \text{und} \quad b = b_1 + b_2e'$$

gegeben seien, worin a_1, a_2, b_1, b_2 nur aus den positiven Elementen e und ε_n gebildet sind, so kann man auch sagen, dieselben sind einander gleich, wenn

$$a_1 + b_2 = b_1 + a_2$$

ist. In der That, mit $a = b$ mufs auch

$$a_1 + a_2e' + a_2 + b_2 = b_1 + b_2e' + a_2 + b_2$$

und hierauf

$$a_1 + b_2 = b_1 + a_2 \quad \text{sein.}$$

Die genannte Bedingung ist also nothwendig, sie ist aber auch hinreichend, denn offenbar folgt umgekehrt aus derselben: $a = b$.

Zur Gleichheit von a und b mufs demnach die Summe der positiven Elemente aus a und der entgegengesetzt genommenen negativen Elemente von b gleich sein der Summe der positiven Elemente von b und der entgegengesetzt genommenen negativen Elemente aus a.

Die Addition der neuen Zahlengröfsen besteht wieder in der Vereinigung derselben zu einer Gröfse. Zufolge des jetzt geltenden Gleichheitsbegriffes kann man die positiven und negativen Theile gesondert vereinigen und die hervorgehenden Summen zusammenziehen oder man vollzieht die Verbindung in beliebig anderer Folge.

Die *Multiplication* zweier aus entgegengesetzten Grundelementen e, e' (oder den entgegengesetzten Einheiten $+1$, -1) und deren

Bruchtheilen $\frac{e}{m}$ und $\frac{e'}{n}$ gebildeten Zahlengröfsen ist, wie wir gleich sehen werden, mit Hilfe der Multiplicationsgesetze der aus e zusammengesetzten ganzen Zahlen auszuführen, wenn man nur die Multiplication der Grundelemente, also die Producte

$$ee,\ ee',\ e'e,\ e'e'$$

auszuführen vermag.

Unter Festsetzung der Permanenz der früheren Verknüpfungsregeln setzen wir gleich $ee' = e'e$.

Um die genannte Behauptung zu beweisen, zeigen wir, dafs neben

$$\frac{e}{m} \cdot \frac{e}{n} = \frac{ee}{mn} \quad \text{auch} \quad \frac{e}{m} \frac{e'}{n} = \frac{ee'}{mn} \quad \text{und} \quad \frac{e'}{m} \frac{e'}{n} = \frac{e'e'}{mn}$$

ist. In der That schliefsen wir z. B. aus den Gleichungen

$$m\left(\frac{e}{m} \cdot \frac{e'}{n}\right) = \left(\frac{e}{m} \frac{e'}{n} + \frac{e}{m} \cdot \frac{e'}{n} + \cdots + \frac{e}{m} \cdot \frac{e'}{n} \left((m\,\text{mal}\right)\right)$$

$$= \left(\frac{e}{m} + \frac{e}{m} + \cdots \frac{e}{m} (m\,\text{mal})\right) \cdot \frac{e'}{n} = e\frac{e'}{n}$$

und

$$nm\left(\frac{e}{m} \cdot \frac{e'}{n}\right) = e\left(\frac{e'}{n} + \frac{e'}{n} + \cdots + \frac{e'}{n} (n\,\text{mal})\right) = ee',$$

dafs

$$\frac{e}{m} \cdot \frac{e'}{n} = \frac{ee'}{mn} = \frac{ee'}{nm} = \frac{e}{n} \cdot \frac{e'}{m}$$

wird. Ebenso gilt

$$\frac{e'}{m} \cdot \frac{e'}{n} = \frac{e'e'}{mn} = \frac{e'e'}{nm} = \frac{e'}{n} \cdot \frac{e'}{m}.$$

Wir müssen daher zur Multiplication unserer Zahlengröfsen nur noch die Regeln für die Multiplication der Grundelemente kennen lernen.

Wegen $e + e' = 0$ ist

$$a = a + e + e' \quad \text{und} \quad ae = ae + e + e'.$$

Die Multiplication der ersten Gleichung mit e führt auf

$$ae = ae + ee + e'e,$$

und wenn $ee = e$ festgesetzt wird, folgt

$$e'e = ee' = e'.\text{*)}$$

Weil ferner die Gleichungen

$$ae' = ae' + e + e', \quad ae' = ae' + ee' + e'e'$$

bestehen, wird

$$e'e' = e.$$

Sind nun a und b zwei aus e und e', ε_n und ε'_n zusammengesetzte Zahlengröfsen, so besteht die Multiplication von a mit b darin, dafs man eine dritte Zahlengröfse aus a und der entgegengesetzten ae' und

*) Es ist entweder $ee = e$ oder $e'e' = e'$; eine Gleichung mufs festgesetzt sein.

den Bruchtheilen beider so bildet, wie b aus den Grundelementen e und e' und deren Bruchtheilen zusammengesetzt ist.

Die Subtraction positiver d. h. aus e und den Bruchtheilen $\frac{e}{n}$ gebildeten Zahlengröfsen ist mit Hilfe der aus den entgegengesetzten Elementen e' und ε'_n gebildeten negativen Zahlengröfsen stets ausführbar, denn die Zahlengröfse, welche zu b addirt a gibt, ist offenbar $a + be'$.

Diese Gröfse war früher mit $a - b$ bezeichnet, daher schreiben wir

$$a - b = a + be'$$

und nunmehr für be' einfach $-b$, für $e' = -e$ und nennen $e' = -1$ die *negative Einheit*.

Die der positiven Gröfse b oder be entgegengesetzte negative ist nun $-b = -be = be'$ und in dieser heifst b der *absolute Betrag* von $-b$. — Will man anzeigen, dafs eine Gröfse c nach gehöriger Transformation nur positive Elemente enthält, so setzt man derselben das Zeichen $+$ voraus. Ist b ganzzahlig aus -1 zusammengesetzt, so heifst diese Gröfse eine negative ganze Zahl. Ihr absoluter Betrag $-b$ wird mit $|b|$ bezeichnet.

Die Subtraction negativer Gröfsen ist jetzt durch Addition der entgegengesetzten positiven Gröfsen zu ersetzen.

Die Multiplication einer Zahlengröfse a mit Null gibt Null, denn es ist

$$a\big(m + (-m)\big) = am + a(-m) = a(m - m) = am - am = 0,$$

und umgekehrt folgt aus $ab = 0$, dafs ein Factor Null ist.

Die Division besteht wieder in der Ermittelung von b, wenn in $a = c\,a$ und c gegeben sind.

Die Rechnungsregeln folgen aus der Definition der Rechnungsarten.

Ein Product $ab = c$ ändert sich, sobald b andere und andere Werthe erhält, aufser wenn $a = 0$ ist. Umgekehrt ist b stets bestimmt, aufser in eben diesem Falle $a = 0$. Ist neben a auch c gleich Null, so kann man b beliebig wählen und darum ist $\frac{0}{0}$ keine bestimmte Zahlengröfse. Ebenso wenig hat $\frac{c}{0}$ einen bestimmten Werth, denn wäre $\frac{c}{0}$ die bestimmte Gröfse, welche mit Null multiplicirt c gibt, so müfste

$$\frac{c}{0} \cdot 0 = c = c\,\frac{0}{0}$$

sein oder die bestimmte Gröfse c wäre unbestimmt. Dieser Widerspruch nöthigt uns, die Division durch Null als unzulässig zu erklären und auszuschliefsen. —

Es ist nun gezeigt, dafs die für die ganzen Zahlen aufgestellten Rechnungsarten mit den positiven und negativen ganzen und gebrochenen Zahlengröſsen, die unter dem Namen der *rationalen Zahlengröſsen* zusammengefaſst werden, mit alleiniger Ausnahme der Division durch Null widerspruchslos durchzuführen sind. Wir konnten die Rechnungsregeln für die neuen Gröſsen ableiten und darum sind wir — wie gleich erklärt werden soll — berechtigt, dieselben fernerhin in die Rechnung aufzunehmen.

Wenn wir später irgendwo eine Aufgabe in den rationalen Zahlengröſsen nicht lösen können, wie die Subtraction ganzer Zahlen in eben diesen Gröſsen nicht durchführbar ist, sofern der Minuend kleiner ist als der Subtrahend, oder die Division ganzer Zahlen nicht in ganzen Zahlen zu bewerkstelligen ist, wenn der Dividend kein Multiplum des Divisors ist, werden wir neue Gröſsen zu definiren und hierauf den Vergleich der neuen Gröſsen untereinander und mit den rationalen vorzunehmen haben. Dabei fordern wir, daſs sie denselben Verknüpfungsregeln folgen wie die ganzen Zahlen, und suchen ihre Rechnungsregeln, wie z. B. $cc' = c'$ eine war; oder besser wir fragen, ob und wie sind für die neuen Gröſsen $a, b, c \ldots$ die arithmetischen Grundoperationen (Addition, Multiplication, Subtraction und Division) zu definiren, damit $a + b$, ab, $a - b$, $\frac{a}{b}$ Gröſsen derselben Art bleiben wie a und b selbst, und daſs ferner die in den folgenden Gleichungen ausgesprochenen Gesetze gelten:

$$a + b = b + a, \quad (a + b) + c = (a + c) + b,$$
$$ab = ba, \quad (ab)c = (ac)b, \quad a(b + c) = ab + ac,$$
$$(a - b) + b = a, \quad \frac{a}{b}b = a.$$

Die Existenzberechtigung neuer Gröſsen in der Rechnung werden wir wie früher blos darin suchen, daſs sich von ihnen die Rechnungsoperationen in der nun bestimmten Weise widerspruchslos ausführen lassen.

Das bisherige und das weiterhin zu gewinnende Gröſsensystem für die Rechnung ist und wird auf einer — soweit wir hier sehen — allerdings bestimmten aber nur formalen Grundlage aufgebaut. Von vornherein besteht ja kein zwingender Grund, von neu definirten Gröſsen zu verlangen, daſs sie den Rechnungsgesetzen ganzer Zahlen gehorchen, aber diese (willkürliche) Forderung, die so lange erlaubt ist, als keine Widersprüche daraus erwachsen, hat eine unentbehrliche Harmonie in der Mathematik zur Folge. Es bedarf keiner Rechtfertigung, wenn wir gerade die Permanenz der formalen Gesetze zum Princip erheben; die Existenzberechtigung der neuen Gröſsen in der Rechnung ist aber zweifellos, wenn die genannten Forderungen auf Grund gewählter Definitionen zu erfüllen sind.

Andrerseits wird man aber auch die Definition eines neuen Begriffes nach dem Princip der Permanenz der formalen Gesetze wählen. Bei der Einführung eines neuen Begriffes in die Mathematik ist es oftmals gewissermafsen willkürlich, in welcher Weise man die auf frühere Begriffe angewandten Operationen auf die neuen überträgt. Ist etwa die Definition der Potenz einer rationalen Zahlengröfse a durch wiederholte Multiplication gegeben:

$$a^n = a \, . \, a \ldots a \; (n \, \mathrm{mal}),$$

so zwingt uns von vornherein nichts, dafs wir unter der ganzzahligen aber negativen Potenz etwas Bestimmtes verstehen. Unterwerfen wir aber die positive ganzzahlige Potenz den früheren Operationen und lassen wir die Rechnungsregel

$$\frac{a^m}{a^n} = a^{m-n} \quad (m > n)$$

auch dann gelten, wenn $m - n$ negativ oder Null ist, so folgt

$$a^{-(n-m)} = \frac{1}{a^{n-m}}$$

als Definition der negativen Potenz und ebenso $a^0 = 1$.

§ 5. Besondere Darstellung der rationalen Zahlengröfsen.*)

Wir wollen eine bestimmte Darstellung der bisherigen positiven Zahlengröfsen und zuerst der aus dem Grundelemente $e = 1$ gebildeten positiven ganzen Zahlen besprechen.

Ist α eine bestimmte Zahl > 2 und a eine beliebige Zahl $> \alpha$, so wird a mit einer der ganzzahligen Potenzen

$$\alpha, \; \alpha^2, \; \alpha^3, \; \ldots \; \alpha^m, \; \alpha^{m+1}, \; \ldots$$

übereinstimmen ($a = \alpha^m$) oder zwischen zwei aufeinander folgenden liegen ($\alpha^m < a < \alpha^{m+1}$). In diesem Falle ist nothwendig

$$a = \alpha^m c \quad \text{oder} \quad a = \alpha^m c + r,$$

wo die ganzen Zahlen $c < \alpha$ und $r < \alpha^m$ sind.

Ist $r \geqq \alpha$, so mufs

$$r = c_1 \alpha^{m_1} \quad \text{oder} \quad r = c_1 \alpha^{m_1} + r_1$$

sein, wo neben

$$m_1 < m, \quad 1 \leqq c_1 < \alpha, \quad r_1 < \alpha^{m_1}$$

ist. Im Falle $r_1 > \alpha$ setze man neuerdings

$$r_1 = c_2 \alpha^{m_2} \quad \text{oder} \quad r_2 = c_2 \alpha^{m_2} + r_2,$$

$$m_2 < m, \quad 1 < c_1 < \alpha, \quad r_2 < \alpha^{m_2}$$

usw. So fortfahrend wird man zum mindesten nach $(m-1)$maliger

*) Siehe Stolz: Vorlesungen über allgemeine Arithmetik.

Wiederholung zu einem Reste $r_{m-1} < \alpha$ gelangen und kann a als Summe

$$c\alpha^m + c_1\alpha^{m-1} + \cdots + c_{m-1}\alpha + r_{m-1} \tag{1}$$

darstellen, in der $c, c_1, \ldots c_{m-1}$ der Gröfsenreihe

$$0, 1, \ldots \alpha - 1$$

entnommen sind.

Diese Darstellung ist nur auf eine Art möglich; denn setzt man auch

$$a = d\alpha^n + d_1\alpha^{n-1} + \cdots + d_{n-1}\alpha + p_{n-1},$$

so ist die Übereinstimmung der beiden Darstellungen leicht erwiesen.

Da sowohl

$$\alpha^m < a < \alpha^{m+1} \quad \text{als auch} \quad \alpha^n < a < \alpha^{n+1}$$

gilt, ist ja

$$\alpha^m < \alpha^{n+1}, \quad \alpha^n < \alpha^{m+1},$$

und diese Ungleichungen bestehen nur zusammen, wenn $n = m$ ist. Weil ferner

$$c\alpha^m \leqq a < (c+1)\alpha^m, \quad d\alpha^m < a < (d+1)\alpha^m$$

ist, mufs

$$c < d + 1, \quad d < c + 1, \quad \text{also } d = c$$

sein. Durch dieselben Schlüsse folgt $d_1 = c_1$, $d_2 = c_2$, ... $p_{m-1} = r_{m-1}$, q. e. d.

Nehmen wir nun eine aus der Einheit und deren Bruchtheilen gebildete (positive) rationale Gröfse $\frac{a}{b}$ auf, so ist entweder

$$a = c_0 b \quad \text{oder} \quad a = c_0 b + r_0,$$

wo von den ganzen Zahlen c_0 und r_0 die letztere kleiner ist als b. Es wird also

$$\frac{a}{b} = c_0 \quad \text{oder} \quad c_0 < \frac{a}{b} < c_0 + 1.$$

Bildet man $\alpha r_0 = c_1 b$ oder $\alpha r_0 = c_1 b + r_1$, wo c_1 eine ganze Zahl aus der Reihe 0, 1, 2, ... $\alpha - 1$ und $1 < r_1 < b$ ist, so wird

$$\frac{a}{b} = c_0 + \frac{c_1}{\alpha} \quad \text{oder} \quad c_0 + \frac{c_1}{\alpha} < c_0 < c_0 + \frac{c_1 + 1}{\alpha}.$$

Indem man die Divisionen

$$\frac{a}{b} = c_0 + \frac{r_0}{b}, \quad \frac{\alpha r_0}{b} = c_1 + \frac{r_1}{b}, \quad \frac{\alpha r_1}{b} = c_2 + \frac{r_2}{b}, \quad \ldots$$

$$\frac{\alpha r_n}{b} = c_{n+1} + \frac{r_{n+1}}{b}, \quad \ldots$$

fortsetzt, folgt für $\frac{a}{b}$ eine Darstellung:

$$\frac{a}{b} = c_0 + \frac{c_1}{\alpha} + \frac{c_2}{\alpha_2} + \cdots + \frac{c_m}{\alpha^m}, \tag{2}$$

wenn die Division einmal ohne Rest r_m aufgeht. Weil mit der Gleichung $\frac{\alpha r_{m-1}}{b} = c_m$

$$\frac{\alpha^m r_0}{b} = \alpha^{m-1} c_1 + \alpha^{m-2} c_2 + \cdots + \alpha c_{m-1} + c_m$$

wird, sieht man, *dafs die genannte Darstellung nur möglich ist, wenn b allein aus Primfactoren von α zusammengesetzt ist;* dann aber gibt es für $\frac{a}{b}$ nur eine in Rede stehende Darstellung, in der man auch c_0 in der früheren Weise ausdrücken kann.

Sollte keine der Divisionen aufgehen, so gibt es in der Reihe der Gröfsen r höchstens $b-1$ verschiedene, da nur $b-1$ ganze Zahlen kleiner als b existiren. Wenn es somit in der Reihe $r_0, r_1 \ldots r_{b-1}$ einen wiederkehrenden Werth r_m gibt und etwa

$$r_{m+k} = r_k$$

ist, so wird

$$c_{m+k+\varkappa} = c_{m+\varkappa}, \quad r_{m+k+\varkappa} = r_{m+\varkappa} \quad (\varkappa = 1, 2 \ldots k)$$

und folglich wiederholen sich in der Reihe der Gröfsen $c_{m+1}, c_{m+2} \ldots$ die $k < b-1$ Gröfsen $c_{m+1}, c_{m+2} \ldots c_{m+k}$ ohne Ende.

Die Zahl

$$c_{m+1}\alpha^{k-1} + c_{m+2}\alpha^{k-2} + \cdots + c_{m+k-1}\alpha + c_{m+k} = C$$

heifst die zu $\frac{a}{b}$ gehörige *Periode* in Bezug auf die Basis α. Ob man in dem Falle des Erscheinens einer solchen Periode

$$\frac{a}{b} = c_0 + \frac{c_1}{\alpha} + \frac{c_2}{\alpha_2} + \cdots + \frac{c_m}{\alpha^m} + \frac{C}{\alpha^{m+k}}\left(1 + \frac{1}{\alpha^k} + \frac{1}{\alpha^{2k}} + \cdots\right)$$

setzen kann, mufs erst untersucht werden, denn jetzt können wir aus der Beschaffenheit unmittelbar aufeinander folgender Gröfsen c nur schliefsen, dafs die Ungleichungen

$$c_0 + \frac{c_1}{\alpha} + \frac{c_2}{\alpha_2} + \cdots + \frac{c_n}{\alpha^n} < \frac{a}{b} < c_0 + \frac{c_1}{\alpha} + \frac{c_2}{\alpha_2} + \cdots + \frac{c_{n+1}}{\alpha^n}$$

bestehen. Der absolute Betrag der Differenz der Gröfsen, zwischen welchen $\frac{a}{b}$ eingeschlossen ist, ist gleich $\frac{1}{\alpha^n}$ und dieser kann bei hinlänglich grofs gewähltem n kleiner gemacht werden, als ein noch so kleines Element $\varepsilon_\nu = \frac{1}{\nu}$.

Wir erkennen also, dafs die Darstellung einer positiven rationalen Gröfse $\frac{a}{b}$ nicht immer in der Form einer Summe einer endlichen Anzahl ganzer Zahlen und Brüche mit den Potenzen einer fest gewählten Zahl α als Nenner möglich ist, und bei dem Versuche, diese Darstellung allgemein durchzuführen, begegnen wir Summen mit einer unbeschränkten Anzahl von Elementen e und $\varepsilon_n = \frac{e}{n}$, die wir nun für sich behandeln müssen.

§ 6. Einführung der irrationalen Gröfsen.

Wir ziehen ganz allgemein Gröfsen in den Kreis der Betrachtung, die im Gegensatz zu den rationalen Zahlengröfsen durch Zusammensetzung einer unbeschränkten Anzahl von (vorderhand blofs positiven) Elementen gebildet sind. Begrifflich ist eine solche Gröfse durch eine „Reihe“

$$\varepsilon_{n_1} + \varepsilon_{n_2} + \cdots + \varepsilon_{n_m} + \cdots$$

vollkommen definirt, wenn man angeben kann, welche Elemente und wie oft diese in der Reihe auftreten.

Wir denken uns durch die Reihe ein Object, eine Gröfse gesetzt, fassen die Reihe im Gegensatz zu den Elementen und den Summen einer endlichen Anzahl von Elementen als Gröfse für sich auf.

Es mufs zunächst gezeigt werden, wie man die neuen Gröfsen untereinander und mit den rationalen Zahlengröfsen vergleichen kann.

Die Definition der Gleichheit rationaler Gröfsen, die auf der Transformation in gleiche Elemente ε_ν beruhte, ist hier nicht anwendbar, weil eine unbeschränkte Anzahl von Transformationen unausführbar ist. Man kann z. B. die Gleichheit von

$$\frac{1}{3} \quad \text{und} \quad \frac{3}{10} + \frac{3}{10^2} + \frac{3}{10^3} + \cdots,$$

wo 10 die Stelle des früheren a vertritt und 3 die Periode von $\frac{1}{3}$ ist, nicht in der früheren Weise darthun, und man mufs eine neue Definition der Gleichheit aufsuchen.

Dazu führt die folgende Definition: Nimmt man aus einer Gröfse a der neuen Art eine willkürliche aber beschränkte Anzahl von Elementen heraus, so sagt man, man habe einen *Bestandtheil* herausgegriffen. Darnach heifst b ein Bestandtheil von a, wenn eine beschränkte Anzahl von Elementen in a so transformirt werden kann, dafs in a nebst b noch andere Elemente vorkommen.

Gröfsen der neuen Art, in denen jede Zahl als Bestandtheil enthalten ist, heifsen *unendlich*. Wir schliefsen diese Gröfsen von der Betrachtung aus, bemerken aber gelegentlich, dafs eine Gröfse, die ein noch so kleines Element unendlich oft enthält, selbst unendlich ist. Da man z. B. zeigen kann, dafs

$$1 + \frac{1}{2} + \frac{1}{3} + \cdots + \frac{1}{n} + \cdots$$

das Element $\frac{1}{2}$ unendlich oft enthält, indem ja

$$\frac{1}{n+1}+\frac{1}{n+2}+\cdots+\frac{1}{n+n}>n\frac{1}{2n}=\frac{1}{2}$$

ist, so ist die genannte Gröfse unendlich.

Eine Gröfse a heifst endlich, wenn es eine aus einer angebbaren Anzahl von Elementen gebildete (rationale) Zahlengröfse gibt, die in a nicht als Bestandtheil enthalten ist, oder wenn man eine aus einer beschränkten Anzahl von Elementen zusammengesetzte Zahlengröfse b angeben kann, der Beschaffenheit, dafs jede aus Elementen von a gebildete Zahlengröfse in b enthalten ist.

Nach diesen Definitionen heifsen zwei Gröfsen der neuen Art *gleich*, wenn jeder Bestandtheil der einen Gröfse in der anderen als Bestandtheil enthalten ist.

Diese Definition umfafst offenbar die früheren Definitionen der Gleichheit rationaler Zahlengröfsen, bei denen wir ja auch von Bestandtheilen sprechen können.

Zwei unendliche Gröfsen sind einander gleich und jede ist gröfser als jede endliche Zahlengröfse.

Wir stellen nun folgende evidenten Sätze auf:

1) ist b ein Bestandtheil von a und $b=c$, so ist auch c Bestandtheil von a.

2) Ist c in b und b in a als Bestandtheil enthalten, so ist auch c Bestandtheil von a.

3) Sind a und b ungleich, so mufs es eine Gröfse c geben, die in a oder b enthalten, aber in b respective a nicht enthalten ist. Dann ist jeder Bestandtheil von b in a, beziehungsweise jeder Bestandtheil von a in b enthalten.

In dem ersten Falle heifst a *gröfser* als b, im zweiten a *kleiner* als b.

Zum Beweise des dritten Satzes sei

$$b=b_1+b_2, \qquad b_1<c,$$

also b_1 ein Bestandtheil von c. Wenn c Bestandtheil von a ist, wird b_1 in b und a enthalten sein; und das gilt von jedem Bestandtheil von b.

Für die Gleichheit zweier Gröfsen läfst sich ein einfaches Kriterium angeben.

Wir bemerken zunächst, dafs in der Folge von Zahlengröfsen

$$\frac{1}{n},\ \frac{2}{n},\ldots\frac{m}{n},\ \frac{m+1}{n},\ldots$$

gewifs eine erste existirt, die gleich oder gröfser ist als eine vorgelegte endliche Gröfse a. Es sei

$$\frac{m+2}{n}\geq a,$$

dann wird
$$\frac{m+1}{n}<a,\quad \frac{m}{n}<a,\quad \frac{m-1}{n}<a,\ldots.$$

d. h. $\frac{m}{n}$ ist Bestandtheil von a. Bringt man die Gröſse a nach Vereinigung einer endlichen Anzahl von Elementen auf die Form

$$a = a_1 + a_2, \text{ wo } a_1 > \frac{m}{n} \text{ ist},$$

so wird

$$a_2 < \frac{2}{n}.$$

Wählt man nun eine beliebig kleine Gröſse δ, so kann man nach einer endlichen Anzahl von Operationen einen solchen Bestandtheil a_1 aus a herausgreifen, daſs $a - a_1 < \delta$ wird. Man hat n nur so groſs zu wählen, daſs $\frac{2}{n} < \delta$ ist.

Sind zwei gleiche Gröſsen a und b gegeben, so zerlege man dieselben durch eine endliche Anzahl von Transformationen in

$$a = a_1 + a_2, \quad b = b_1 + b_2,$$

wo a_2 und b_2 kleiner sind als eine positive Gröſse δ. Weil der absolute Betrag von $a_1 - b_1$, den wir mit $|a_1 - b_1|$ bezeichnen, auch kleiner ist als δ, erhalten wir den Satz:

Aus zwei gleichen Zahlengröſsen a und b lassen sich stets solche Bestandtheile a_1 und b_1 herausnehmen, daſs die Differenzen $(a - a_1)$, $(b - b_1)$ und der absolute Betrag $|a_1 - b_1|$ kleiner wird als eine beliebig kleine vorgegebene positive Gröſse.

Dieser Satz wird durch seine Umkehrung von Bedeutung, die folgendermaſsen lautet:

Kann man von zwei Gröſsen $a = a_1 + a_2$, $b = b_1 + b_2$, wo die Bestandtheile a_2 und b_2 kleiner sind als eine vorgegebene beliebig kleine Gröſse δ, zeigen, daſs auch $|a_1 - b_1| < \delta$ wird, so sind a und b einander gleich, d. h. jeder Bestandtheil von a ist in b und umgekehrt jeder Bestandtheil von b ist in a enthalten.

Beweis. Es sei c ein Bestandtheil von a, dann zerlege man a derart in $a_1 + a_2$, daſs $a_2 < \delta$ und $a_1 > c$ wird. Ferner sei in $b = b_1 + b_2$ $b_2 < \delta$ und $|a_1 - b_1| < \delta$.

Zufolge der letzten Bedingung ist entweder a_1 Bestandtheil von b_1, und dann wird c in a und b enthalten sein, oder es ist b_1 Bestandtheil von a_1, also $a_1 - b_1 < \delta$. Es sei $a_1 = b_1 + \varepsilon$, wo ε ebenso wie a_1 und b_1 eine rationale Zahlengröſse bedeutet, die kleiner sein soll als δ, dann wird $b_1 > c - \varepsilon$ und $b - c > b_2 - \varepsilon$. Nehmen wir an, daſs c kein Bestandtheil von b sei, so muſs $\varepsilon > b_2$ sein und $a_1 - b_1 = \varepsilon$ wird nicht kleiner als das beliebig kleine δ. Ist aber c Bestandtheil von b, so wird $\varepsilon < b_2$ und unsere Bedingungen sind erfüllt. Damit ist der Satz bewiesen.

Sind a und b zwei durch eine unbeschränkte Anzahl von Elementen zusammengesetzte ungleiche Gröfsen, so kann man in dem Falle $b < a$ stets eine rationale Gröfse δ so finden, dafs auch noch

$$b + \delta < a$$

wird; ist aber $a < b$, so existirt eine Gröfse δ, für die noch die Ungleichung

$$b - \delta > a$$

erfüllt wird.

Beweis. Es sei

$$a = \frac{1}{n_1} + \frac{1}{n_2} + \cdots + \frac{1}{n_\nu} + \cdots$$

und $b < a$, dann gibt es einen Bestandtheil c von a, der nicht in b enthalten ist. Denken wir jetzt aus a so viele Elemente $\frac{1}{n_\mu}$ herausgegriffen, dafs

$$c \lessgtr \frac{1}{n_1} + \frac{1}{n_2} + \cdots + \frac{1}{n_\nu},$$

so wird $c + \frac{1}{n_{\nu+1}}$ auch Bestandtheil von a sein, aber gewifs nicht von $b + \delta$, wenn $\delta < \frac{1}{n_{\nu+1}}$ gewählt ist. Man kann also ein δ der Forderung gemäfs angeben.

Ist $b < a$, so kann man aber auch eine Gröfse δ so bestimmen, dafs $b + \delta = a$ wird.

Beweis. In der That wählen wir aus der Elementenreihe

$$1, \frac{1}{2}, \frac{1}{3}, \ldots \frac{1}{n}, \ldots$$

zwei aufeinander folgende Terme $\frac{1}{n_1 - 1}$, $\frac{1}{n_1}$, so dafs

$$b + \frac{1}{n_1 - 1} > a > b + \frac{1}{n_1}$$

und gilt hier die Gleichung $a = b + \frac{1}{n_1}$, so ist $\frac{1}{n_1}$ die verlangte Gröfse δ. Im Falle $a > b + \frac{1}{n_1}$ suche man ein Element $\frac{1}{n_2}$, so dafs

$$b + \frac{1}{n_1} + \frac{1}{n_2 - 1} > a > b + \frac{1}{n_1} + \frac{1}{n_2}.$$

Es kann hier $n_2 > n_1$, aber nicht $n_2 < n_1$ sein, sonst wäre nämlich die erste Ungleichung nicht richtig. — Gilt hier das Gleichheitszeichen, so ist $\frac{1}{n_1} + \frac{1}{n_2} = \delta$, andernfalls bestimmt man ein Element, so dafs

$$b + \frac{1}{n_1} + \frac{1}{n_2} + \frac{1}{n_3 - 1} > a \geqq b + \frac{1}{n_1} + \frac{1}{n_2} + \frac{1}{n_3}$$

usw. Durch das beschriebene, vielleicht endlose aber bestimmte Verfahren wird eine Gröfse δ definirt, denn man kann ihre Elemente nach und nach angeben; sie ist endlich und erfüllt die Gleichung

$$b + \delta = a.$$

In der That: wäre sie unendlich, so hätte sie einen Bestandtheil c, der gröfser ist als irgend eine willkürlich vorgelegte Zahlengröfse G. Ist dann ν so gewählt, dafs

$$G < b + \frac{1}{n_1} + \frac{1}{n_2} + \cdots + \frac{1}{n_\nu},$$

so mufs

$$a > G$$

sein, denn

$$b + \frac{1}{n_1} + \frac{1}{n_2} + \cdots + \frac{1}{n_\nu}$$

ist Bestandtheil von a usw. Nun wäre aber a auch unendlich und das widerspricht der Voraussetzung.

Endlich ist $b + \delta = a$, denn jeder Bestandtheil c von $b + \delta$ ist in a enthalten und umgekehrt. — Es sei wieder ν so gewählt, dafs

$$c < b + \frac{1}{n_1} + \frac{1}{n_2} + \cdots + \frac{1}{n_\nu},$$

dann folgt unmittelbar: c ist Bestandtheil von a, denn die rechtsstehende Gröfse ist in a enthalten.

Ist a andrerseits in $a_1 + a_2$ zerlegt, wo a_1 aus einer endlichen Anzahl von Elementen zusammengesetzt ist, so ist dieser Bestandtheil a_1 von a in $b + \delta$ enthalten. — Nimmt man in δ die gleichen Elemente zusammen, definirt δ also durch die Reihe:

$$\frac{\nu_1}{m_1} + \frac{\nu_2}{m_2} + \cdots + \frac{\nu_\mu}{m_\mu} + \cdots,$$

so bestehen die Ungleichungen

$$b + \frac{\nu_1}{m_1} + \frac{\nu_2}{m_2} + \cdots + \frac{\nu_\mu + 1}{m_\mu} > a > b + \frac{\nu_1}{m_1} + \frac{\nu_2}{m_2} + \cdots + \frac{\nu_\mu}{m_\mu},$$

denn es ist (aufser im Falle $m_\mu = 2$)

$$\frac{\nu_\mu + 1}{m_\mu} > \frac{(\nu_\mu - 1)}{m_\mu} + \frac{1}{m_\mu - 1} = \frac{\nu_\mu}{m_\mu} + \frac{1}{m_\mu\,(m_\mu - 1)}.$$

Wählt man μ derart, dafs $\frac{1}{m_\mu} < a_2$, so wird

$$b + \frac{\nu_1}{m_1} + \frac{\nu_2}{m_2} + \cdots + \frac{\nu_\mu}{m_\mu} < a_1$$

und a_1 erscheint als Bestandtheil von $b + \delta$.

Nach diesen Ausführungen ist es ein Leichtes, die Gleichheit von

$$\frac{3}{10} + \frac{3}{10^2} + \cdots + \frac{3}{10^n} + \cdots \quad \text{und} \quad \frac{1}{3}$$

oder die von

$$1 + \frac{1}{2} + \frac{1}{2^2} + \cdots + \frac{1}{2^{n-1}} + \cdots \quad \text{und} \quad 2$$

oder

$$\frac{1}{1.2} + \frac{1}{2.3} + \frac{1}{3.4} + \cdots + \frac{1}{n\,(n-1)} \quad \text{und} \quad 1$$

zu beweisen, indem man zeigt, dafs jeder Bestandtheil der links stehenden Gröfsen in den entsprechenden rechts vorkommt und umgekehrt.

Nach Aufstellung des Begriffes einer aus einer unbeschränkten Anzahl von Elementen gebildeten Gröfse, nach den Definitionen des Gleich-, Gröfser- und Kleiner-Seins zweier solcher Gröfsen, mufs man untersuchen, „ob und wie sich für dieselben die arithmetischen Grundoperationen so definiren lassen, dafs erstens die aus zweien Gröfsen a und b gebildeten Gröfsen

$$a+b, \quad a-b, \quad ab, \quad \frac{a}{b}$$

Gröfsen derselben Art sind und zweitens die in den auf Seite 15 angegebenen Gleichungen ausgesprochenen Gesetze gelten."

Die erste Gleichung verlangt, dafs die *Summe* zweier Gröfsen a und b als eine dritte Gröfse definirt wird, welche alle Elemente von a und b enthält und zwar in der Vielheit, als sie in a und b zusammen vorkommen.

Die Summe $a+b$ ist mit a und b endlich, denn es gibt Zahlengröfsen α und β, die gröfser sind als jeder Bestandtheil von a resp. b, und $\alpha+\beta$ wird gröfser als jeder Bestandtheil von $a+b$.

Die Summe einer angebbaren Anzahl endlicher Gröfsen ist wieder endlich, die Additionsgesetze bleiben erhalten und gleiche Gröfsen vertreten einander in der Summe.

Das *Product* zweier Gröfsen a und b ist eine Gröfse, die aus den Producten jeglicher Elemente von a und b zusammengesetzt ist. Darnach kann man angeben, welche Elemente und in welcher Anzahl diese in dem Product vorkommen, dasselbe ist also begrifflich definirt. Man mufs nur zeigen, dafs das Product mit den Factoren endlich bleibt, dafs die Multiplicationsgesetze erhalten bleiben und sich in dem Product gleiche Gröfsen vertreten können.

Zufolge der Definition der endlichen Gröfse kann man eine rationale Zahlengröfse α angeben derart, dafs jeder Bestandtheil $(a_1 + a_2 + \cdots + a_m)$ von a in α enthalten ist. Ebenso sei β eine rationale Gröfse, die jeden Bestandtheil $(b_1 + b_2 + \cdots + b_m)$ von b enthält. Greift man hierauf aus dem Producte ab einen Bestandtheil

$$\gamma = \sum_{\mu=1}^{k} \sum_{\nu=1}^{l} a_\mu b_\nu$$

heraus, wo k und l kleiner oder gleich m beziehungsweise n bleiben, so ist

$$\gamma < \sum_{\mu=1}^{m} \sum_{\nu=1}^{n} a_\mu b_\nu < \alpha . \beta$$

d. h. jeder Bestandtheil des Productes ist in $\alpha\beta$ enthalten und ab ist endlich.*)

Unter steter Verwendung des verallgemeinerten Gleichheitsbegriffes lassen sich die Multiplicationsgesetze beweisen und endlich ist auch $ab = ab'$, wenn $b = b'$ ist. Dazu mufs wieder jeder Bestandtheil γ von ab auch in ab' enthalten sein und umgekehrt.

In γ kommt ein Bestandtheil von a und einer von b vor, der letztere ist auch in b' enthalten. Es läfst sich also stets ein Bestandtheil $(b_1' + b_2' + \cdots + b_m')$ von b' angeben, der mit dem in Rede stehenden Bestandtheil von a multiplicirt zu einem Producte führt, das gröfser oder gleich γ ist. Folglich ist γ auch in ab' enthalten.

Umgekehrt ist jeder Bestandtheil von ab' auch in ab enthalten, und darum ist $ab = ab'$. —

Jetzt sind wir zu beurtheilen im Stande, wann die Summe einer vorgegebenen unendlichen Menge (zuerst blos) positiver und rationaler Zahlengröfsen $a_1, a_2 \ldots a_n$, d. i. diejenige Gröfse, welche alle Elemente a_ν in derselben Vielheit wie die Menge enthält, *eine bestimmte Bedeutung hat. Vor allem darf kein Element oder Summand* a_ν *unendlich sein und keiner unendlich oft vorkommen*, sonst wäre die Summe auch unendlich und darum unbestimmt, weil wir nur sagen können, sie ist gröfser als jede endliche Zahlengröfse. *Ferner mufs jede aus einer endlichen Anzahl von Elementen* a_ν *gebildete Summe kleiner sein als eine angebbare Zahlengröfse, damit die Summe der unendlich vielen Elemente endlich ist.*

In der That, bedeutet S_m die Summe irgend einer endlichen Anzahl von Elementen, so kann man in der Reihe von Summanden

$$a_1,\ a_2,\ \ldots\ a_n,\ \ldots$$

ein n stets so bestimmen, dafs

$$S_m < \sum_{\nu=1}^{n} a_\nu$$

ist. Wäre nun $S_m > G$, wo G irgend eine angebbare Zahlengröfse bezeichnet, so besäfse S_m einen Bestandtheil, der in G nicht mehr enthalten ist. Doch weil S_m nur Bestandtheile besitzt, die der Summe aller Elemente a_ν angehören, so müfste die Summe unendlich sein, indem ja G beliebig grofs gewählt werden kann. Die genannte Bedingung ist also nothwendig; sie ist aber auch hinreichend, denn wenn eine Zahlengröfse $g > S_m$ existirt, wird

---

*) Hier ist $\sum_{\nu=1}^{n} b_\nu$ das Zeichen für $b_1 + b_2 + \cdots + b_\nu$, $\sum_{\mu=1}^{m}\sum_{\nu=1}^{n} a_\mu b_\nu$ das Zeichen für die Summe aller Combinationen $a_\mu b_\nu$, wenn μ und ν die Zahlenreihen $1, 2 \ldots m$ und $1, 2 \ldots n$ durchlaufen.

$$g > \sum_{\nu=1}^{m} a_\nu$$

sein, wie grofs auch m gewählt sein mag, d. h. g enthält Bestandtheile, die der Summe nicht angehören. Wenn somit jeder Bestandtheil der Summe in der angebbaren Gröfse g enthalten ist, wird die Summe aller Elemente endlich.

Zufolge des für die aus unendlich vielen Elementen zusammengesetzten Gröfsen geltenden Gleichheitsbegriffes kann man die Summanden beliebig vertauschen, ohne dafs die Summe der neu geordneten Reihe von der ersten Summe abweicht.

Man kann die Summanden auch beliebig in Gruppen zusammenfassen und diese summiren. Hierbei ist es für das Resultat gleichgiltig, ob man Gruppen mit einer endlichen Anzahl und eine mit einer unbeschränkten Anzahl von Elementen bildet, oder eine endliche Anzahl von Gruppen, deren jede unendlich viele Elemente besitzt, oder ob man unendlich viele Gruppen mit einer endlichen Anzahl von Elementen zusammensetzt; die Summe besitzt jedesmal dieselben Bestandteile.

Es ist auch erlaubt, jedes Element a_ν durch eine demselben gleichwerthige Gröfse zu ersetzen, ja selbst dann, wenn die Elemente a_ν aus unendlich vielen Elementen zusammengesetzt sind:

$$a_\nu = b_1^{(\nu)} + b_2^{(\nu)} + \cdots + b_\mu^{(\nu)} + \cdots,$$

denn die Summe der Summanden $b_\mu^{(\nu)}$ ist mit der Summe der a_ν endlich und dieser gleich.

In der That existirt ja eine Gröfse g, die gröfser ist als jeder Bestandtheil der Summe a_ν, und wie grofs man n auch wählen mag, es wird

$$g > a_1 + a_2 + \cdots + a_n.$$

Nimmt man hierauf irgend eine Summe von Gröfsen $b_\mu^{(\nu)}$:

$$b_\alpha^{(\nu_\alpha)} + b_\beta^{(\nu_\beta)} + \cdots + b_\varkappa^{(\nu_\varkappa)},$$

so ist

$$a_{\nu_\alpha} + a_{\nu_\beta} + \cdots + a_{\nu_\varkappa} \leq b_\alpha^{(\nu_\alpha)} + b_\beta^{(\nu_\beta)} + \cdots + b_\varkappa^{(\nu_\varkappa)},$$

also umsomehr

$$g > b_\alpha^{(\nu_\alpha)} + b_\beta^{(\nu_\beta)} + \cdots + b_\varkappa^{(\nu_\varkappa)}$$

und die Summe der Gröfsen b ist endlich. Ebenso leicht folgt die zweite Behauptung. --

Aus der Definition des Productes zweier aus unendlich vielen Elementen zusammengesetzten Gröfsen a und b erschliefst man, wie eine endliche Summe unendlich vieler Summanden mit einer Gröfse multiplicirt wird und wie man das Product zweier solcher Summen erhält.

Es wird

$$(a_1 + a_2 + \cdots + a_n + \cdots)b = ba_1 + ba_2 + \cdots + ba_n + \cdots$$
$$= b(a_1 + a_2 + \cdots + a_n + \cdots)$$

und

$$(a_1 + a_2 + \cdots + a_n + \cdots)(b_1 + b_2 + \cdots b_n + \cdots)$$
$$= a_1 b_1 + a_1 b_2 + a_2 b_1 + \cdots + a_n b_1 + a_{n-1} b_2 + a_1 b_n + \cdots$$

Bezeichnet man die Summe der Gröfsen a_r mit S_a, die der Gröfsen b_r mit S_b, so haben die neu gebildeten Reihen die Summe $b . S_a$ resp. $S_a . S_b$. —

Ist eine unendliche Menge endlicher Gröfsen

$$a_1, a_2, \ldots a_n, \ldots$$

gegeben, unter denen nicht unendlich viele gleiche vorkommen, so sagt man, dafs die Summen

$$S_1 = a_1, \quad S_2 = a_1 + a_2, \quad S_3 = a_1 + a_2 + a_3, \ldots$$
$$S_n = a_1 + a_2 + \cdots + a_n$$

gegen eine Gröfse S *convergiren*, wenn nach Annahme einer beliebig kleinen positiven Gröfse δ eine ganze Zahl m so bestimmt werden kann, dafs für alle Werthe von $n \geqq m$

$$S - S_n < \delta.$$

Wenn die unendliche Menge von Gröfsen a_r eine endliche Summe S besitzt, so convergiren die Summen $S_1, S_2 \ldots S_n \ldots$ nach der Gröfse S.

Wählt man irgend eine kleine positive Gröfse ε, so kann man zu dieser eine ganze Zahl m derart finden, dafs für alle $n > m$

$$S - S_n < \varepsilon$$

wird und diese Ungleichung stimmt mit der früheren überein, sobald $\varepsilon < \delta$ ist. Dann convergiren die Gröfsen $S_1, S_2 \ldots S_n \ldots$ wirklich nach S.

Convergiren umgekehrt die Summen $S_1, S_2 \ldots S_n \ldots$ nach der endlichen Gröfse S, so ist S die Summe der Reihe

$$a_1 + a_2 + \cdots + a_n + \cdots,$$

denn wegen der jetzt geltenden Ungleichungen

$$S - S_n < \delta \quad (n > m)$$

ist die Summe endlich und von S nicht verschieden.

Damit ist die Definition der Summe einer unendlichen Reihe vollzogen und wir sehen, dafs die Summe einer unendlichen Menge positiver rationaler Gröfsen a_r gleich ist der durch die Zusammensetzung dieser Gröfsen definirten Gröfse, die wir oben als ein im Gegensatz zu den gegebenen Gliedern für sich bestehendes bestimmtes Object gedacht haben.

Jetzt können wir diese Gröfsen direct als Summe unendlicher Reihen in die Rechnung einführen und verstehen unter der Summe diejenige Gröfse, nach welcher die Theilsummen $S_1, S_2 \ldots S_n \ldots$ convergiren. Wir müssen nur noch zeigen, dafs bei gehöriger Definition auch $a-b$ und $\frac{a}{b}$ Gröfsen gleicher Art bleiben wie a und b und dafs die Gesetze gelten:

$$(a-b)+b=a, \qquad \frac{a}{b}\,b=a.$$

Die *Subtraction* neuer Gröfsen a und b macht keine Schwierigkeit, wenn der Minuend gröfser ist als der Subtrahend. Andernfalls mufs man auch *Gröfsen* einführen, *die aus einer unendlichen Anzahl positiver und negativer Elemente zusammengesetzt sind.*

Es seien

$$a=a_1+(-a_2), \quad b=b_1+(-b_2)$$

zwei solche Gröfsen, wo a_1, a_2, b_1, b_2 aus unendlich vielen positiven Elementen gebildet sind. Sie heifsen gleich, wenn

$$a_1+b_2=a_2+b_1$$

ist. Ist dann $a=b$ und $b=c$, wo $c=c_1+(-c_2)$ sei, so folgt aus

$$a_1+b_2=a_2+b_1 \quad \text{und} \quad b_1+c_2=b_2+c_1$$

$$a_1+c_2=a_2+c_1 \quad \text{oder} \quad a=c.$$

Eine aus unendlich vielen positiven und negativen Elementen zusammengesetzte Gröfse a heifst wieder *endlich*, wenn eine positive Gröfse existirt, die gröfser ist als der absolute Betrag irgend eines Bestandtheiles von a.

Ist a endlich, so mufs umgekehrt sowohl die aus den positiven als auch die aus den negativen Elementen von a allein zusammengesetzte Gröfse endlich sein. —

Eine Zahlengröfse a aus unendlich vielen positiven und negativen Elementen $\varepsilon_{m_\mu}=\frac{1}{m_\mu}$ resp. $\varepsilon'_{n_\nu}=-\frac{1}{n_\nu}$ kann durch eine endliche Anzahl von Operationen stets so transformirt werden, dafs der absolute Betrag der negativen (oder positiven) Elemente kleiner wird als eine beliebig kleine positive Gröfse δ.

Bezeichnet man

$$\alpha=\sum_{\mu=1,2,\ldots}\frac{1}{m_\mu}; \quad \beta=\sum_{\nu=1,2,\ldots}\frac{1}{n_\nu}$$

und ist etwa $\alpha>\beta$, so kann man $\beta=\beta_1+\beta_2$ so zerlegen, dafs β_1 Bestandtheil von α und $\beta_2<\delta$ wird. Setzt man darnach $\alpha=\alpha_1+\beta_1$, so wird

$$a=\alpha-\beta=\alpha_1+(-\beta_2).$$

Wäre $\alpha<\beta$, so entstünde in dieser Form ein positiver Theil, der kleiner ist als das vorgegebene δ.

Aus den letzten Definitionen und Sätzen gehen für die neuen Gröfsen aus positiven und negativen Elementen wie früher die Definitionen der Summe, des Productes und der Differenz entsprechend den Verknüpfungsregeln ganzer Zahlen hervor.

Wir betrachten hierauf wieder *die Summe einer unendlichen Menge positiver und negativer Gröfsen*, unter denen keine mit unendlichem absoluten Betrage und keine unendlich oft vorkommt. Sie wird endlich sein, wenn eine positive Gröfse g existirt, die gröfser ist als der absolute Betrag jedes Bestandtheiles der Menge, und daraus folgt, dafs die Summen der positiven und negativen Elemente für sich endlich sind, wenn die aus beiderlei Elementen gebildete Gröfse endlich ist (nach der früheren Definition).

Wir können auch sagen, *die nothwendige und hinreichende Bedingung dafür, dafs die Summe endlich ist, besteht in der Endlichkeit der Summe der positiven und negativen Elemente für sich, oder der Endlichkeit der Summe der absoluten Beträge aller Elemente.*

Nennen wir nämlich diejenigen Gröfsen, in welchen die positiven Elemente überwiegen, a_ν, diejenigen, wo die negativen Elemente vorherrschen, b_ν, und setzt man

$$a_\nu = a_\nu^{(1)} + (-a_\nu^{(2)}), \quad b_\nu = b_\nu^{(1)} + (-b_\nu^{(2)})$$

und denkt

$$a_\nu^{(2)} < \delta_\nu, \qquad b_\nu^{(1)} < \varepsilon_\nu$$

gewählt, wo δ_ν und ε_ν kleiner seien als das Glied α_ν einer Reihe positiver Elemente:

$$\alpha_1 + \alpha_2 + \cdots + \alpha_\nu + \cdots$$

mit endlicher Summe, so wird die ursprüngliche Summe gewifs endlich sein, sobald

$$\sum a_\nu^{(1)} \quad \text{und} \quad \sum b_\nu^{(2)}$$

endlich sind.

In den Reihen aus positiven und negativen Gliedern von endlicher Summe kann man die Summanden beliebig vertauschen und willkürlich in Gruppen zusammenfassen, ohne das Resultat der Summation zu ändern.

Mit den neuen Summen rechnet man wie früher mit den aus blos positiven Gröfsen gebildeten Summen.

Ist ferner

$$a_1, a_2, \ldots a_n, \ldots$$

eine unendliche Menge positiver und negativer Gröfsen, so sagt man wieder, die Summen

$$S_\nu = a_1 + a_2 + \cdots + a_\nu \quad (\nu = 1, 2 \ldots n \ldots)$$

convergiren nach einer Gröfse S, wenn nach Wahl einer beliebig kleinen positiven Gröfse δ ein m der Beschaffenheit zu finden ist, dafs für jedes $n > m$ der absolute Betrag von $S - S_n$:

$$| S - S_n | < \delta.$$

Besitzt die unendliche Menge von Gröfsen eine endliche Summe S, so convergiren die Gröfsen $S_1, S_2, \ldots S_n \ldots$ gegen die Gröfse S, und convergiren umgekehrt $S_1, S_2, \ldots S_n \ldots$ nach S, so ist die Summe der Menge S.

Wieder kann man die aus unendlich vielen positiven und negativen Elementen zusammengesetzten Gröfsen als Summe der Reihen einführen. —

Mit der genannten Definition der Endlichkeit einer aus entgegengesetzten Einheiten und deren Bruchtheilen gebildeten Gröfse sind diejenigen Reihen positiver und negativer Gröfsen a_ν und b_ν ausgeschlossen, welche eine endliche Summe besitzen, ohne dafs die Reihen der a_ν und b_ν für sich allein endliche Summen haben.

Solche Reihen, in denen $\sum a_\nu$ und $\sum b_\nu$ zugleich unendlich sein müssen, indem sonst $\sum a_\nu + \sum b_\nu$ nicht endlich sein könnte, besitzen nicht den Charakter von Summen und sollen deshalb aus der Rechnung ausgeschlossen werden. Die Additionsgesetze verlieren nämlich hier ihre Geltung. Nehmen wir so lange positive Elemente a_ν, bis ihre Summe gröfser ist als der absolute Betrag einer vorgegebenen Gröfse c, und dann negative Glieder b_ν, bis der absolute Betrag der neuen Summe kleiner ist als $|c|$, nehmen dann wieder positive Glieder, bis der absolute Betrag der so veränderten Summe gröfser ist als $|c|$ usw., so ist die Abweichung von $|c|$ nie gröfser als der absolute Werth des vor dem letzten Wechsel verwendeten Gliedes a_ν oder b_ν. Gibt es unter den Gröfsen a_ν und $|b_\nu|$ unendlich viele beliebig kleine, so werden die Abweichungen des absoluten Betrages der auf die genannte Weise entstehenden Summe von $|c|$ beliebig klein zu machen sein, wenn man nur hinlänglich viele Glieder a_ν und b_ν benützt. Sind demnach unter den Gröfsen a_ν und $|b_\nu|$ keine unendlich grofsen und nicht unendlich oft dieselben, dann kann man durch passende Anordnung der Summanden die Summen $S_1, S_2 \ldots S_n \ldots$ so bilden, dafs diese nach jeder beliebig vorgegebenen Gröfse c convergiren. Die Summe der gegebenen Reihe ist also von der Anordnung der Summanden abhängig.*)

Wir schliefsen diese Reihen aus und behalten blos diejenigen Reihen zurück, welche eine von der Anordnung der Summanden endliche Summe besitzen. Wir nennen sie *unbedingt* und *absolut convergent*

*) Vergl. Riemann's gesammelte Werke.

gent, indem auch die Summen der absoluten Beträge jeder endlichen Anzahl von Termen nach einer bestimmten Gröfse convergiren. —

Wir haben jetzt noch nachzusehen, ob wir den Quotienten zweier aus unendlich vielen Elementen zusammengesetzten Gröfsen a und b den genannten Forderungen entsprechend definiren können.

Der Divisor b sei gleich eine aus unendlich vielen positiven Elementen gebildeten Gröfse, denn die Division von a durch eine rationale Zahlengröfse $b = \frac{\alpha}{\beta}$ besteht einfach in der Multiplication von a mit $\frac{\beta}{\alpha}$, indem dann die neue Gröfse $\frac{a}{b}$ wirklich den Forderungen gemäfs definirt ist.

Es sei $b = p + q$ und hierin p zwar gröfser als q, aber doch nur ein aus einer endlichen Anzahl von Elementen gebildeter Bestandtheil von p. Der Dividend sei auch positiv.

Hierauf nehmen wir die folgenden Transformationen vor:

$$\frac{a}{p+q} = \frac{a}{p} + \left(\frac{a}{p+q} - \frac{a}{p}\right) = \frac{a}{p} - \frac{aq}{p(p+q)},$$

$$-\frac{aq}{p(p+q)} = -\frac{aq}{p^2} - \left(\frac{aq}{p(p+q)} - \frac{aq}{p^2}\right) = -\frac{aq}{p^2} + \frac{aq^2}{p^2(p+q)},$$

$$\frac{aq^2}{p^2(p+q)} = \frac{aq^2}{p^3} + \left(\frac{aq^2}{p^2(p+q)} - \frac{aq^2}{p^3}\right) = \frac{aq^2}{p^3} - \frac{aq^3}{p^3(p+q)}$$

$$\cdot \qquad \cdot$$

$$(-1)^n \frac{aq^n}{p^n(p+q)} = (-1)^n \frac{aq^n}{p^{n+1}} + (-1)^n \left(\frac{aq^n}{p^n(p+q)} - \frac{aq^n}{p^{n+1}}\right)$$
$$= (-1)^n \frac{aq^n}{p^{n+1}} + (-1)^{n+1} \frac{aq^{n+1}}{p^{n+1}(p+q)}$$

$$\cdot \qquad \cdot$$

und erhalten für $\frac{a}{p+q}$ die Reihe:

$$\frac{a}{p} - \frac{a}{p}\,\frac{q}{p} + \frac{a}{p}\,\frac{q^2}{p^2} - \cdots + (-1)^n \frac{a}{p}\,\frac{q^n}{p^n} + \cdots$$

Wir müssen aber zeigen, dafs diese formal gebildete Reihe unendlich vieler bestimmter Glieder eine bestimmte Bedeutung hat, also die Summe jeder endlichen (sonst beliebigen) Anzahl von Gliedern kleiner ist als eine angebbare Gröfse, und dafs die Multiplication der neu gebildeten Gröfse mit $(p + q)$ a gibt, denn dann haben wir die Division durch $p + q = b$ oder die Gröfse $\frac{a}{b}$ unseren Forderungen gemäfs definirt.

Betrachten wir allgemein eine Reihe

$$a_0 + a_1 c + a_2 c^2 + \cdots + a_n c^n + \cdots,$$

in der die positiven Gröfsen a_ν rational sind und der absolute Betrag der rationalen Gröfse c kleiner ist als Eins, und vergleichen sie mit einer Reihe

$$a + ac + ac^2 + \cdots + ac^n + \cdots,$$

wo a gröfser ist als jede der Gröfsen a_ν. Die Summe der ersten Reihe ist gewifs kleiner als die der zweiten, denn jeder Bestandtheil jener gehört auch dieser an. Die Summe der ersten n Glieder der ersten Reihe ist nicht gröfser als

$$a + ac + ac^2 + \cdots + ac^{n-1} = a\frac{1-c^n}{1-c}$$

und der absolute Betrag jener Summe ist kleiner als die endliche Zahlengröfse

$$\frac{a}{1-c}.$$

Das gilt für jedes n, daher ist die Summe der ersten Reihe endlich.

Bestehen die Gröfsen a_ν und c aus unendlich vielen Elementen, so bestimme man zwei positive rationale Gröfsen α und γ, derart dafs

$$\alpha > a_\nu \quad (\nu = 1, 2 \ldots) \quad \text{und} \quad 1 > \gamma > |c|,$$

wo $|c|$ den absoluten Betrag von c bezeichnet. Dann ist der absolute Betrag jedes Gliedes $a_\nu c^\nu$

$$|a_\nu c^\nu| < \alpha\gamma^\nu$$

und der absolute Betrag der Summe einer endlichen Anzahl von Gliedern der vorgelegten Reihe wird wieder kleiner als

$$\frac{\alpha}{1-\gamma},$$

d. h. auch jetzt ist die Reihe $\sum\limits_{\nu=0,1,2\ldots} a_\nu c^\nu$ endlich.

Die Anwendung dieser Betrachtungen auf die oben gebildete Reihe

$$\frac{a}{p} + \frac{a}{p}\left(-\frac{q}{p}\right) + \frac{a}{p}\left(-\frac{q}{p}\right)^2 + \cdots + \frac{a}{p}\left(-\frac{q}{p}\right)^n + \cdots,$$

deren Glieder immer kleiner und kleiner werden, lehrt unmittelbar, dafs sie eine endliche Summe besitzt. —

Das Product der Reihe und $(p+q)$ ist ferner gleich a, denn man kann entsprechend einem vorgelegten Bestandtheile von a ein n so bestimmen, dafs auch die Summe

$$(p+q)\cdot\sum_{\nu=1}^{n}\frac{a}{p}\left(-\frac{q}{p}\right)^{\nu-1} = (p+q)\cdot\frac{a}{p}\,\frac{1-\left(-\frac{q}{p}\right)^n}{1-\left(-\frac{q}{p}\right)}$$

oder

$$a\left(1-\left(-\frac{q}{p}\right)^n\right)$$

diesen Bestandtheil besitzt, und umgekehrt ist jeder Bestandtheil des Productes in a enthalten.

Die Änderungen in den Annahmen, b sei negativ, a positiv oder negativ, bedürfen gewiſs keiner Besprechung mehr und wir können sagen, daſs wir für die aus unendlich vielen positiven und negativen Elementen zusammengesetzten endlichen Gröſsen die arithmetischen Operationen den Forderungen gemäſs definirt haben und berechtigt sind, die neuen Gröſsen als Summen unendlicher Reihen in die Rechnung aufzunehmen.

§ 7. Zweite Definitionsform der irrationalen Zahlengröſsen.

Zur Begründung der neuen Gröſsen, die wir *irrationale Zahlengröſsen* nennen, wenn sie nicht wie die Reihe $\sum\limits_{\nu=1,2\ldots}\frac{3}{10^\nu}$ mit rationalen Gröſsen übereinkommen, wurden wir veranlaſst, als die Forderung gestellt war, die rationalen Zahlengröſsen in einer bestimmten Form darzustellen. Man wird zu den neuen Gröſsen bei vielen anderen Aufgaben gedrängt. Fragt man z. B. nach einer Gröſse x, welche die Eigenschaft hat, mit sich selbst multiplicirt eine positive rationale Zahlengröſse A zu geben, so stellt sich heraus, daſs unter den rationalen Zahlengröſsen keine der verlangten Art existirt, wenn A nicht selbst die zweite Potenz einer solchen ist.

Gibt es eine rationale Gröſse $x = \frac{p}{q}$, derart daſs

$$\frac{p}{q} \cdot \frac{p}{q} = A = \frac{a}{b}$$

ist, wo a und b und ebenso p und q ohne gemeinsamen Theiler vorauszusetzen sind, auf daſs auch p^2 und q^2 keinen gemeinsamen Theiler besitzen, so ist

$$p^2 b = q^2 a.$$

Weil hier p^2 und a, q^2 und b wechselweise durcheinander theilbar sein müssen, zerfällt die letzte Gleichung in die folgenden

$$p^2 = a, \quad q^2 = b,$$

und man hat nur mehr Gröſsen p und q zu suchen, die mit sich selbst multiplicirt die ganzen Zahlen a respective b geben.

Ist α eine bestimmte ganze Zahl gleich oder gröſser als 2, so schreiben wir zunächst die ganze Zahl $a > \alpha$ in der Form:

$$c_0 \alpha^m + c_1 \alpha^{m-1} + \cdots + c_m,$$

worin $c_0, c_1 \ldots c_m$ Zahlen aus der Folge $0, 1, 2 \ldots \alpha - 1$ bezeichnen. Das Verfahren zur Ermittlung einer Gröſse p, welche der Gleichung $pp = a$ genügt, besteht dann darin, daſs man zuerst die gröſste Zahl α_1 der Form $\beta_1 \alpha^\mu$ $(\beta_1 < \alpha)$ sucht, für welche

$$a - \alpha_1^2 > 0$$

ist, dann die gröfste Zahl α_2 der Form $\beta_2 \alpha^{\mu-1}$ $(\beta_2 > \alpha)$, derart dafs
$$a - (\alpha_1 + \alpha_2)^2 > 0$$
wird usw.

Wenn es keine rationale Zahl
$$p = \alpha_1 + \alpha_2 + \cdots + \alpha_\nu = \beta_1 \alpha^\mu + \beta_2 \alpha^{\mu-1} + \cdots + \beta_{\mu+1}$$
der verlangten Beschaffenheit gibt, oder — wie man sagt — keine rationale zweite Wurzel aus a, so läfst sich das angegebene Verfahren unbegrenzt fortsetzen und die successive gewonnenen rationalen Gröfsen
$$p_1 = \alpha_1, \quad p_2 = \alpha_1 + \alpha_2, \quad \ldots \quad p_n = \alpha_1 + \alpha_2 + \cdots + \alpha_n, \ldots$$
haben die Eigenschaft, die von p geforderte Beschaffenheit immer genauer und genauer zu erfüllen, indem die Differenzen
$$a - p_1^2, \quad a - p_2^2, \quad \ldots \quad a - p_n^2, \ldots$$
immer kleiner und kleiner werden. Zu einer beliebig kleinen positiven Gröfse δ kann man aber ein m so bestimmen, dafs die Differenz jedes auf p_m folgenden Gliedes $p_{m+\mu}$ der unbegrenzt fortsetzbaren Reihe
$$p_1, \; p_2, \; \ldots \; p_n \ldots$$
und p_m selber kleiner wird als δ.

Wir betrachten allgemeiner eine unendliche Menge rationaler Gröfsen
$$a_1, \; a_2, \; \ldots \; a_n, \; \ldots$$
und setzen fest, dafs zu jeder beliebig klein gewählten positiven (rationalen) Gröfse δ nur eine endliche Anzahl $(m-1)$ von Gliedern der Folge $(a_1, a_2, a_3 \ldots)$ gehöre, derart dafs die übrigen Glieder paarweise eine dem absoluten Betrage nach kleinere Differenz besitzen, als δ anzeigt. Eine solche Reihe von Gröfsen mit der Eigenschaft
$$|a_{n+\nu} - a_n| < \delta \qquad \begin{pmatrix} n \geq m \\ \nu = 1, 2, \ldots \end{pmatrix}$$
heifst eine *Fundamentalreihe* und speciell eine *Elementarreihe*, wenn die absoluten Beträge der Gröfsen a_n mit wachsendem Index n unter jede noch so kleine positive Gröfse herabsinken.*)

Aus diesen Definitionen geht hervor, dafs die absoluten Beträge der Glieder einer Fundamentalreihe stets kleiner bleiben als eine endliche Gröfse und gröfser als eine von Null verschiedene Gröfse.

Eine Reihe endlich bleibender Gröfsen a_ν, deren absolute Beträge von einem bestimmten m ab niemals abnehmen, ist eine Fundamentalreihe.

Wäre nämlich die Eigenschaft
$$|a_{n+\nu} - a_n| < \delta$$
nicht erfüllt, so müfsten die absoluten Beträge $|a_\nu|$ mit wachsendem

*) Vergl. Heine's Abhandlung in Crelle's J. Bd. 74.

ν gröfser werden als jede angebbare Gröfse, und das widerspricht der Voraussetzung.

Derselbe Satz gilt auch für Reihen endlicher Gröfsen, deren absolute Beträge von einem bestimmten m ab niemals zunehmen.

Zugleich mit zwei Reihen

$$a_1,\ a_2,\ \ldots\ a_n,\ \ldots$$
$$b_1,\ b_2,\ \ldots\ b_n,\ \ldots$$

sind auch die folgenden

$$a_1 + b_1,\quad a_2 + b_2,\ \ldots\quad a_n + b_n,\ \ldots$$
$$a_1 - b_1,\quad a_2 - b_2,\ \ldots\quad a_n - b_n,\ \ldots$$
$$a_1 b_1,\quad a_2 b_2,\quad \ldots\quad a_n b_n,$$
$$\frac{a_1}{b_1},\quad \frac{a_2}{b_2},\quad \ldots\quad \frac{a_n}{b_n},$$

Fundamentalreihen, denn es ist

$$|(a_{n+\nu} + b_{n+\nu}) - (a_n + b_n)| = |(a_{n+\nu} - a_n) + (b_{n+\nu} - b_n)|$$
$$|(a_{n+\nu} - b_{n+\nu}) - (a_n - b_n)| = |(a_{n+\nu} - a_n) - (b_{n+\nu} - b_n)|$$
$$|a_{n+\nu} b_{n+\nu} - a_n b_n| = |b_{n+\nu}(a_{n+\nu} - a_n) - a_n(b_{n+\nu} - b_n)|$$
$$\left|\frac{a_{n+\nu}}{b_{n+\nu}} - \frac{a_n}{b_n}\right| = \left|\frac{b_{n+\nu}(a_{n+\nu} - a_n) - a_n(b_{n+\nu} - b_n)}{b_{n+\nu} b_n}\right|$$

und die rechten Seiten dieser Gleichungen sind beliebig klein zu machen. Blos in der vierten Reihe dürfen die Gröfsen b_ν keine Elementarreihe bilden.

Zwei Fundamentalreihen heifsen gleich, wenn die zugehörige Reihe

$$a_1 - b_1,\quad a_2 - b_2,\ \ldots\ a_n - b_n,\ \ldots$$

eine Elementarreihe ist.

Darnach sind alle Elementarreihen gleich und niemals kann eine Elementarreihe einer Fundamentalreihe gleich sein, weil die aus beiden entstehende Reihe mit dem allgemeinen Gliede $a_\nu - b_\nu$ keine Elementarreihe sein kann.

Jeder Fundamentalreihe ordne man eine durch sie zu definirende Gröfse zu, d. h. man denke durch die Fundamentalreihe ein neues Ding gesetzt, und suche auf Grund von Definitionen den Vergleich desselben mit den rationalen Zahlengröfsen zu bewerkstelligen.

Wir nennen dieses neue Object jetzt schon Gröfse und definiren hierauf:

> *Die gleichen Fundamentalreihen zugeordneten Gröfsen heifsen gleich.* Zu Fundamentalreihen, deren Glieder a_ν alle gleich a sind, ordne man a selbst zu.

Darnach gehört zu jeder Elementarreihe die Gröfse Null, denn die den Elementarreihen zugeordneten Gröfsen sind einander gleich und der besonderen Elementarreihe (0, 0, ...) ist die Null zuzuordnen.

Unter dem *absoluten Betrage* der der Fundamentalreihe $(a_1, a_2 \ldots)$ zugeordneten Gröfse versteht man die zu der neuen Fundamentalreihe $(|a_1|, |a_2|, \ldots)$ gehörige Gröfse.

Der absolute Betrag der einer Reihe $(a_1, a_2 \ldots)$ zugeordneten Gröfse a heifst *gröfser* oder *kleiner* als der absolute Betrag der einer zweiten Reihe $(b_1, b_2, \ldots)$ zugehörigen Gröfse b, jenachdem die Differenzen $|a_n - b_n|$ von einem bestimmten n ab stets positiv oder negativ bleiben.

Läfst man in einer Fundamentalreihe $(a_1, a_2, \ldots)$ eine beliebige aber endliche Anzahl von Gliedern fort, so ist die der neuen Reihe

$$a_1', a_2', \ldots a_n' \ldots$$

zugeordnete Gröfse gleich der der ersten zugehörigen Gröfse, denn

$$a_1 - a_1', \quad a_2 - a_2', \ldots . \; a_n - a_n' \ldots$$

ist eine Elementarreihe.

Man kann jetzt sagen, dafs die einer Fundamentalreihe zugehörige Gröfse a ist, wenn die Terme von einem bestimmten endlichen ab gleich a sind.

Nach diesen Definitionen, durch welche der Begriff der neuen Gröfse fixirt ist, fragt es sich, ob und wie man für dieselben die arithmetischen Grundoperationen zu definiren hat, damit unsere früher gestellten Forderungen auch hier erfüllt werden.

Man definire die Rechnungsoperationen durch die Fundamentalreihen; und zwar verstehe man unter den Gröfsen

$$a + b, \quad a - b, \quad ab, \quad \frac{a}{b},$$

wo a und b die den Reihen $(a_1, a_2 \ldots)$ resp. $(b_1, b_2 \ldots)$ zugeordneten Gröfsen bedeuten, diejenigen, welche der Reihe nach zu den neuen Fundamentalreihen

$$(a_1 + b_1, a_2 + b_2, \ldots), \quad (a_1 - b_1, a_2 - b_2, \ldots)$$
$$(a_1 b_1, a_2 b_2, \ldots), \quad \left(\frac{a_1}{b_1}, \frac{a_2}{b_2} \ldots\right)$$

gehören.

Dann haben die Gleichungen

$$a + b = c, \quad a - b = c, \quad ab = c, \quad \frac{a}{b} = c$$

die bestimmte Bedeutung: die Fundamentalreihen, zu welchen die Gröfsen auf beiden Seiten gehören, sind gleich.

Man beweist leicht die Giltigkeit der arithmetischen Grundgesetze und ebenso die Richtigkeit der aus den letzten Gleichungen entstehenden Beziehungen:

$$a = c - b, \quad a = c + b, \quad a = \frac{c}{b}, \quad a = bc.$$

Wenngleich wir bereits zu beurtheilen im Stande sind, ob eine rationale Zahlengröfse gleich, gröfser oder kleiner ist als die einer Fundamentalreihe $(a_1, a_2, \ldots)$ zugeordnete Gröfse, müssen wir das Verhalten der neuen Gröfsen zu den rationalen noch genauer untersuchen.

Wenn man zu einer unendlichen Menge rationaler Zahlengröfsen $a_1, a_2, \ldots$ eine rationale Zahlengröfse α so angeben kann, dafs der absolute Betrag $|\alpha - a_n|$ mit wachsendem n kleiner wird als jede noch so kleine positive Gröfse δ, dann heifst α *der limes oder die Grenze der Gröfsen* a_ν.

Besitzen darnach die Glieder einer Fundamentalreihe eine rationale Grenze α, so ist α die der Reihe zugeordnete Gröfse a, denn

$$\alpha - a_1,\ \alpha - a_2, \ldots$$

ist zufolge der Definition der Grenze eine Elementarreihe. Jetzt ist

$$\alpha - a = 0, \quad \alpha = a \quad \text{oder} \quad \lim_{\nu = \infty} a_\nu = a,$$

wenn die Grenze der Gröfsen a_ν bei wachsendem ν mit $\lim a_\nu$ bezeichnet wird, und ∞ das Zeichen dafür ist, dafs ν unbeschränkt in's Unendliche wachsen soll. —

Wir finden also, die Grenze $\lim\limits_{\nu=\infty} a_\nu$ existirt und ist gleich a.

Um diesen Satz verallgemeinern zu können, schicken wir wieder eine Definition voraus.

Man sagt, die Glieder einer unendlichen Menge von Gröfsen

$$a_1,\ a_2, \ldots\ a_\nu\ \ldots,$$

die der Reihe nach den Fundamentalreihen

$$(a_1^{(n)},\ a_2^{(n)}, \ldots\ a_m^{(n)} \ldots) \qquad (n = 1, 2 \ldots)$$

zugeordnet sein mögen, sinken mit wachsendem ν unter jeden angebbaren Werth herab, wenn zu einer beliebig kleinen von Null verschiedenen positiven Gröfse δ stets ein $\nu = m$ so bestimmt werden kann, dafs

$$|a_{n+\nu}|$$

für jedes ν kleiner wird als δ, sobald $n \geq m$ ist.

Hier kann die Gröfse δ eine rationale Gröfse sein, oder zu einer Fundamentalreihe $(\delta_1, \delta_2, \ldots \delta_\mu \ldots)$ gehören. Die Fundamentalreihen zugeordneten Gröfsen umfassen die rationalen, und wenn dann die Gröfsenmenge $(a_1, a_2, \ldots)$ für alle rationalen δ die genannte Eigenschaft besitzt, besteht sie auch für Gröfsen δ, welche den aus den rationalen Gröfsen δ_μ gebildeten Fundamentalreihen zugeordnet sind. In der That: es gibt eine positive rationale Zahlengröfse d, die kleiner ist als die Gröfsen $\delta_{n+\nu}$, wenn nur n hinlänglich grofs gewählt ist, denn die δ_μ sinken nicht unter jeden Werth herab. Werden nun die Gröfsen $|a_{n+\nu}$ und $a_\mu^{(n+\nu)}|$ kleiner als d, so bleiben

$$d - |a_\mu^{(n+\nu)}| \text{ und } \delta_\mu - a_\mu^{(n+\nu)}$$

gleichzeitig positiv, w. z. b. w.

Ist jetzt a die einer Fundamentalreihe zugeordnete Gröfse und sinken die absoluten Beträge der Gröfsenmenge

$$a - a_1, \quad a - a_2, \ldots a - a_\nu \ldots$$

unter jede noch so kleine positive Gröfse δ, so heifst a wieder die Grenze der a_ν.

Daraus folgt, dafs a gerade die Grenze der Terme jener Reihe (a_1, a_2, ... a_ν ...) *ist, welcher a zugehört*, denn

$$a - a_1, \quad a - a_2, \ldots a - a_n \ldots$$

sinken für hinlänglich grofse n unter jeden Werth δ herab. *Lim* a_ν ($\nu = \infty$) *existirt und ist gleich a.* —

Bei einem Rückblick bemerken wir nun, dafs uns bei der Einführung der den Fundamentalreihen zugeordneten Gröfsen a ganz dieselben Aufgaben begegnen wie bei den gebrochenen und negativen Gröfsen. In Folge neuer Aufforderungen werden neue Gröfsen definirt und deren Eigenschaften untersucht und endlich deren Rechnungsregeln ermittelt. Hier ist

$$\lim_{\nu=\infty} a_\nu = a$$

die besondere Rechnungsregel, wie z. B. $(-1)(-1) = 1$ eine war.

In dem vorigen Paragraphen nahmen wir die aus einer unendlichen Menge endlicher rationaler Zahlengröfsen (unter denen keine unendlich oft vorkommt) zusammengesetzten Gröfsen auf, setzten aber fest, dafs sie nicht jede rationale Gröfse als Bestandtheil enthalten, dann konnten wir diese Gröfsen mit den rationalen und untereinander vergleichen, konnten für dieselben die Addition und Multiplication den Forderungen gemäfs definiren, und nachdem so — wie Georg Cantor sagt — „die neue Gröfse vermöge der ihr durch die Definitionen gegebenen Beschaffenheit eine bestimmte Realität in unserem Geiste erhalten" hatte, liefs sich dieselbe als Summe unendlich vieler Gröfsen in die Rechnung einführen, denn diese Summe war dadurch zu definiren, dafs man sie der neuen Gröfse gleich setzt.

Die durch die Fundamentalreihen gewonnenen Zahlengröfsen sind keine anderen als die durch die Zusammensetzung unendlich vieler bestimmter rationaler Gröfsen definirten Gröfsen.

Da nämlich in der unendlichen Reihe

$$a_1 + a_2 + \cdots + a_n + \cdots$$

kein Element $\frac{1}{m_1}$ unendlich oft vorkommen darf, so können die absoluten Beträge der Terme a_n nicht beständig wachsen, sondern sie müssen von einem bestimmten ab beständig abnehmen. Es gibt also unter den Gröfsen a, unendlich viele, die kleiner sind als eine beliebig kleine Gröfse δ. — Weil ferner der absolute Betrag der Summe jeder beliebigen aber endlichen Anzahl von Gliedern kleiner bleiben mufs als eine angebbare Gröfse g, so kann man nach Annahme einer beliebig kleinen Gröfse δ stets eine ganze Zahl n derart angeben, dafs der absolute Betrag

$$|a_{m+1} + a_{m+2} + \cdots + a_{m+\mu}$$

für jedes μ kleiner wird als δ, sobald nur $m > n$ ist.

Darum ist die Reihe der Gröfsen

$$S_1 = a_1, \quad S_2 = a_2, \ \ldots \ S_n = a_1 + a_2 + \cdots + a_n, \ \cdots$$

eine Fundamentalreihe und die derselben zugeordnete Gröfse S ist gerade die Summe der Reihe

$$a_1 + a_2 + \cdots + a_n + \cdots,$$

denn es gilt $S = \lim\limits_{n=\infty} S_n$, und $\lim\limits_{n=\infty} S_n$ ist diejenige Gröfse, nach welcher S_1, S_2, ... S_n ... convergiren, d. h. die Summe der Reihe.

Es entsteht nun noch die Frage, ob mit Hilfe der rationalen und irrationalen Zahlengröfsen a und b auch andere Gröfsen zu definiren sind, indem man den Fundamentalreihen aus rationalen und irrationalen Gröfsen neue Gröfsen c zuordnet und ob derselbe Fortgang fernerhin zu neuen Gröfsen führt oder nicht.

Man sieht leicht, dafs man einer Reihe

$$b_1, \ b_2, \ \ldots \ b_\nu \ \ldots$$

stets eine Fundamentalreihe aus rationalen Zahlengröfsen a so zuordnen kann, dafs

$$b_1 - a_1, \quad b_2 - a_2, \ \ldots\ldots \ b_\nu - a_\nu \ \ldots$$

eine Elementarreihe wird, darum ist die der ersten Reihe zugeordnete Gröfse b gleich der zu der zweiten Reihe zugeordneten irrationalen Gröfse a; man erhält also keine neuen Gröfsen c.

Indefs aber das Gebiet der rationalen Gröfsen a und das durch die Fundamentalreihen dieser definirte Gebiet von Gröfsen b in derartiger Beziehung steht, dafs jedes a unter den b vorkommt und nicht jedes b in dem Gebiete a enthalten ist, wird nicht allein jedes b unter den c, sondern auch jedes c unter den b vorkommen. —

Trotz dieser gegenseitigen Deckung der Zahlengebiete b und c spricht man von Zahlengröfsen c *zweiter Ordnung* gegenüber den dem Gebiete angehörigen (rationalen und irrationalen) Gröfsen der ersten Ordnung, dann von Gröfsen dritter und n^{ter} Ordnung, wenn sie aus den Gröfsen der ersten zwei oder $(n - 1)$ Gebiete gebildet sind, obgleich nirgends mehr neue Gröfsen durch Fundamentalreihen hervorgehen, die nicht in dem Gebiete b enthalten wären. —

Diese Bemerkung werden wir später verwerthen. —

Jetzt gehen wir auf die Bestimmung der Zahlengröfse zurück, welche mit sich selbst multiplicirt eine positive rationale Zahlengröfse a ergeben sollte, die wir mit $\sqrt{a}$ bezeichnen. Da das oben angedeutete Verfahren zu der Bestimmung von x eine Folge von rationalen Gröfsen lieferte, welche die Eigenschaft von x immer näher und näher erfüllte, die Folge aber eine Fundamentalreihe war, so ist x die Grenze ihrer Glieder und eine rationale oder irrationale Zahlengröfse. Neben $x = \sqrt{a}$ hat die entgegengesetzte Zahlengröfse $-\sqrt{a}$ dieselbe Eigenschaft wie $\sqrt{a}$, d. h. es ist

$$(-\sqrt{a})\cdot(-\sqrt{a}) = a.$$

Selbstverständlich existirt auch $x = \pm\sqrt{a}$, wenn a eine irrationale positive Zahlengröfse ist.

Der Bestimmung der zweiten Wurzel aus einer positiven Zahlengröfse entnehmen wir die Bemerkung, dafs wir bei der Berechnung einer Gröfse von verlangter Eigenschaft die Aufmerksamkeit auf die Entdeckung eines Verfahrens zu richten haben, durch welches eine Gröfsenreihe bestimmt wird, welche eine Fundamentalreihe constituirt, deren Glieder die Eigenschaft der gesuchten Gröfse mit immer gröfserer Annäherung erfüllen.

Die Grenze der Fundamentalreihe ist die gesuchte Gröfse.

§ 8. Aus mehreren Haupteinheiten zusammengesetzte Gröfsen.

Mit der Bildung der rationalen und irrationalen Zahlengröfsen haben wir einen gewissen Abschlufs erreicht, indem die Wiederholung der vier Rechnungsarten der Addition, Multiplication und den inversen Operationen der Subtraction und Division mit den gefundenen Gröfsen keine neuen Zahlengröfsen erzeugt. (Die Producte unendlich vieler Factoren werden wir später betrachten.) Wir finden aber in vielen Aufgaben die Aufforderung zur Gründung neuer Zahlengröfsen, wenn sie in den bisherigen Gröfsen noch nicht lösbar sind, wie z. B. in der Aufgabe, x unter der Bedingung $b - \left(\frac{a}{2}\right)^2 > 0$ so zu bestimmen, dafs die Gleichung $x^2 + ax + b = 0$ besteht.

Anstatt die Einführung neuer Gröfsen an eine besondere Aufgabe zu knüpfen und darnach zu zeigen, warum wir mit dem gewonnenen System von Gröfsen das Gebiet derjenigen Zahlengröfsen abzuschliefsen haben, welche unsere stets eingeführte Forderung erfüllen, dafs sich nämlich für die neuen Gröfsen die arithmetischen Grundoperationen den Verknüpfungsregeln ganzer Zahlen entsprechend definiren lassen, wollen wir die direct auf den Abschlufs gerichtete letzte denkbare Verallgemeinerung bei der Bildung neuer Gröfsen vornehmen, indem wir auch noch aus mehreren Grundelementen und deren Bruchtheilen zusammengesetzte Gröſsen einführen.

Setzen wir in den aus der positiven und negativen Einheit und deren Bruchtheilen gebildeten Zahlengröſsen

$$\xi = \sum_{\nu} \frac{1}{m_\nu},$$

wo m_ν eine positive oder negative ganze Zahl bedeutet, an Stelle des Grundelementes 1 das unbestimmte e, so sind die aus diesem Elemente gebildeten Zahlengröſsen der bisherigen Art durch

$$\xi e = \sum_{\nu} \frac{e}{m_\nu}$$

repräsentirt. Wir nennen sie Zahlengröſsen mit einem *Hauptelement* oder einer *Haupteinheit e.*

Indem wir Zahlengröſsen, die aus zwei entgegengesetzten Grundelementen e und e' und deren Theilen e_n und e'_n gebildet sind, stets so umformen können, daſs sie die genannte Gestalt erhalten, fragen wir, ob es aus mehreren Hauptelementen $e_1, e_2, \ldots e_n$ zusammengesetzte Gröſsen

$$\xi_1 e_1 + \xi_2 e_2 + \cdots + \xi_n e_n$$

gibt, für die sich die Grundoperationen so definiren lassen, daſs zugleich mit a und b auch $a + b$, $a - b$, ab, $\frac{a}{b}$ Gröſsen der Gesammtheit der aus denselben n Hauptelementen gebildeten Gröſsen sind und daſs die für die Zahlengröſsen aus einer Haupteinheit bestehenden arithmetischen Gesetze ihre Giltigkeit behalten.

Aus den Gesetzen der Rechnungsoperationen ganzer Zahlen ist dann abzuleiten, wie sich das Rechnungsverfahren der neuen complexen Gröſsen gestaltet.

Zwei complexe Gröſsen

$$a = \sum_{\nu=1}^{n} \alpha_\nu e_\nu, \quad b = \sum_{\nu=1}^{n} \beta_\nu e_\nu,$$

wo die griechischen Buchstaben Zahlengröſsen aus einer Haupteinheit bezeichnen sollen, sind gleich, wenn sie dieselben Einheiten und deren gleiche Bruchtheile in gleicher Anzahl enthalten, wenn also die n Gleichungen

$$\alpha_\nu = \beta_\nu \quad (\nu = 1, 2 \ldots n)$$

bestehen.

Die in den Gleichungen

$$a + b = b + a, \quad (a + b) + c = (a + c) + b, \quad (a - b) + b = a$$

ausgesprochenen Gesetze verlangen, daſs man die Summe $a + b$ und die Differenz $a - b$ durch die Formeln definirt:

$$a+b=\sum_{\nu=1}^{n}(\alpha_\nu+\beta_\nu)e_\nu\,,\quad a-b=\sum_{\nu=1}^{n}(\alpha_\nu-\beta_\nu)\,e_\nu.$$

Es soll auch ab eine aus den Einheiten $(e_1, e_2 \ldots e_n)$ gebildete complexe Gröfse c sein:

$$c=\sum_{\nu=1}^{n}\gamma_\nu e_\nu\,,$$

und zwar soll sie dadurch abgeleitet werden, dafs man die Gesetze der Multiplication ganzer Zahlen auf a und b anwendet.

Daraus folgt

$$ab=\sum_{\mu=1}^{n}\sum_{\nu=1}^{n}(a_\mu e_\mu)\,(b_\nu e_\nu)=\sum_{\mu}\sum_{\nu}(a_\mu b_\nu)\,(e_\mu e_\nu),$$

und indem das Product zweier Einheiten $e_\mu e_\nu$ ebenfalls eine complexe Gröfse der Form

$$\sum_{\lambda=1}^{n}\overset{(\lambda)}{\varepsilon}_{\mu,\nu}\,e_\lambda$$

sein soll, ergibt sich

$$ab=\sum_{\mu,\nu,\lambda}(a_\mu b_\nu \overset{(\lambda)}{\varepsilon}_{\mu\nu})\,e_\lambda\,,$$

wo unter $\sum\limits_{\mu,\nu,\lambda}$ das Zeichen $\sum\limits_{\mu}\sum\limits_{\nu}\sum\limits_{\lambda}$, also eine dreifache Summe zu verstehen ist.

Da die Gleichungen

$$e_\mu e_\nu=e_\nu e_\mu\,,\quad (e_\mu e_\nu)\,e_\lambda=(e_\mu e_\lambda)\,e_\nu\quad (\mu,\nu,\lambda=1,2\ldots n)$$

bestehen, sind die Gröfsen $\overset{(\lambda)}{\varepsilon}_{\mu\nu}$ an Bedingungsgleichungen gebunden, und zwar führen die ersten Gleichungen zu den Bedingungen

$$\overset{(\lambda)}{\varepsilon}_{\mu,\nu}=\overset{(\lambda)}{\varepsilon}_{\nu,\mu}\,,$$

die zweiten auf die Gleichungen

$$\sum\overset{(\lambda)}{\varepsilon}_{\mu\nu}\,\overset{(\lambda')}{\varepsilon}_{\mu'\lambda'}=\sum\overset{(\lambda)}{\varepsilon}_{\nu'\nu}\,\overset{(\lambda')}{\varepsilon}_{\mu'\mu}\,.$$

Im Falle $n=2$ lauten diese Gleichungen mit Rücksicht auf die ersten:

$$\varepsilon_{11}^{(2)}\varepsilon_{22}^{(1)}-\varepsilon_{12}^{(2)}\varepsilon_{12}^{(1)}=0$$

$$\varepsilon_{12}^{(2)}\left(\varepsilon_{11}^{(1)}-\varepsilon_{12}^{(2)}\right)-\varepsilon_{11}^{(2)}\left(\varepsilon_{12}^{(1)}-\varepsilon_{22}^{(2)}\right)=0$$

$$\varepsilon_{22}^{(1)}\left(\varepsilon_{11}^{(1)}-\varepsilon_{12}^{(2)}\right)-\varepsilon_{12}^{(1)}\left(\varepsilon_{12}^{(1)}-\varepsilon_{22}^{(2)}\right)=0.$$

Den angegebenen Bedingungsgleichungen kann man aber bei jedem $n>2$ noch durch unendlich viele Werthsysteme für $\varepsilon_{\mu\nu}^{(\lambda)}$ genügen.

In dem Falle $n=2$ setze man nur

$$\varepsilon_{11}^{(1)} - \varepsilon_{12}^{(2)} = \pi\sigma \qquad \varepsilon_{12}^{(1)} - \varepsilon_{22}^{(2)} = \pi'\sigma$$
$$\varepsilon_{12}^{(1)} = \pi\varrho \qquad \varepsilon_{22}^{(1)} = \pi'\varrho$$
$$\varepsilon_{11}^{(2)} = \pi\tau \qquad \varepsilon_{12}^{(2)} = \pi'\tau,$$

dann folgt:

$$e_1 e_1 = (\pi\sigma + \pi'\tau)e_1 + \pi\tau e_2$$
$$e_1 e_2 = e_2 e_1 = \pi\varrho e_1 + \pi'\tau e_2$$
$$e_2 e_2 = \pi'\varrho e_1 + (\pi\varrho - \pi'\sigma)e_2$$

und hier kann man π, π', σ, ϱ, τ irgend welche Werthe beilegen, nur dürfen π und π' nicht gleichzeitig Null sein, sonst wären alle Gröfsen $\varepsilon_{\mu\nu}^{(\lambda)}$ und die Producte $e_\mu e_\nu$ und ab Null.

Wenn man aber *ein* Werthesystem fixirt, dann ist auch das Product ab unzweideutig definirt, d. h. es ist ein Multiplicationsverfahren festgesetzt und zwar so, dafs die Multiplicationsgesetze

$$ab = ba, \quad (ab)c = (ac)b, \quad (a+b)c = ac + bc$$

gelten.

Soll endlich noch a durch b dividirt werden, so hat man eine Gröfse

$$c = \sum_{\nu=1}^{n} \gamma_\nu e_\nu$$

dadurch zu bilden, dafs man $\gamma_1, \gamma_2, \ldots \gamma_n$ aus der Gleichung $cb = a$ oder den n äquivalenten Gleichungen:

$$\gamma_1 \sum_\mu \varepsilon_{\mu 1}^{(\lambda)} \beta_\mu + \gamma_2 \sum_\mu \varepsilon_{\mu 2}^{(\lambda)} \beta_\mu + \cdots + \gamma_n \sum_\mu \varepsilon_{\mu n}^{(\lambda)} \beta_\mu = \alpha_\lambda \qquad (\lambda = 1, 2 \ldots n)$$

bestimmt, in denen die Gröfsen $\varepsilon_{\mu\nu}^{(\lambda)}$ nur mit den früheren Bedingungsgleichungen verträgliche Werthe annehmen.

Die Behandlung eines Systems linearer Gleichungen setzen wir hier als bekannt voraus, da die Lösung solcher Gleichungen, d. h. die Bestimmung der zu suchenden Gröfsen $\gamma_1, \gamma_2 \ldots \gamma_n$ ohne weitere Definitionen ausführbar ist. —

Hat die Determinante $\varDelta$ des Gleichungssystems einen von Null verschiedenen Werth, so lassen sich die Gröfsen γ_ν eindeutig bestimmen, und die Division ist möglich.

Ist hingegen $\varDelta = 0$, so ist die Division nur ausführbar, wenn die n Gleichungen derart zusammenhängen, dafs sie auf $(n-1)$ zurückkommen, d. h. wenn zwischen den Gröfsen $\alpha_1, \alpha_2, \ldots \alpha_n$ eine bestimmte Beziehung besteht. Doch dann gibt es unendlich viele Werthe für die Gröfsen γ_ν und der Quotient $\frac{a}{b}$ hat unendlich viele Werthe.

Um diesen Fall auszuschliefsen, müssen wir festsetzen, dafs die Determinante $\varDelta$ nicht für beliebige Werthe von $\beta_1, \beta_2, \ldots \beta_n$ (oder identisch) verschwindet. Doch wenn selbst die Gröfsen $\varepsilon_{\mu\nu}^{(\lambda)}$ solche

Werthe haben, dafs Δ nicht für ein beliebiges Werthesystem $(\beta_1, \beta_2, \ldots \beta_n)$ Null wird, kann es trotzdem specielle Werthesysteme und specielle Gröfsen b geben, für die Δ verschwindet. Wählt man aber die Gröfsen $\varepsilon_{\mu\nu}^{(\lambda)}$ allen genannten Bedingungen gemäfs, setzt $a = 0$ oder $\alpha_1 = \alpha_2 = \cdots = \alpha_n = 0$ und bestimmt hierauf die Gröfsen β_1, $\beta_2, \ldots \beta_n$, derart, dafs $\Delta = 0$ ist, so kann man für die Gröfsen γ_ν unendlich viele Werthe angeben, welche den Gleichungen

$$\sum_{\nu=1}^{n}\Big(\gamma_\nu \sum_{\nu=1}^{n} \varepsilon_{\mu\nu}^{(\lambda)} \beta_\mu\Big) = 0 \qquad (\lambda = 1, 2, \ldots n)$$

genügen, und zu jedem Werthesystem gehört dann eine Gröfse c der Beschaffenheit, dafs das Product unseres speciellen b und c Null ist, ohne dafs ein Factor verschwindet.

Deshalb heifst eine solche specielle Gröfse b ein *Theiler der Null.*

In der Theorie der Zahlengröfsen aus einer Haupteinheit konnte man nur der Null unendlich viele Gröfsen γ gleicher Art zuordnen, so dafs

$$0 . \gamma = 0$$

ist, es war also nur die Null ein Theiler der Null, oder ein Product konnte nicht verschwinden, wenn nicht einer der Factoren Null war.

Will man diesen Satz in der Theorie der aus mehreren Haupteinheiten zusammengesetzten Gröfsen erhalten sehen, so mufs man offenbar den Gröfsen $\varepsilon_{\mu\nu}^{(\nu)}$ noch derartige Beschränkungen auferlegen, dafs Δ nur für $\beta_1 = \beta_2 = \cdots = \beta_n = 0$ verschwindet. Wir thun dies in dem Falle zweier Einheiten e_1 und e_2. — Da lauten die Bestimmungsgleichungen für die Gröfsen γ_1 und γ_2 mit Rücksicht auf die bei der Multiplication eingeführten Bedingungen für die Gröfsen $\varepsilon_{\mu\nu}^{(\lambda)}$:

$$\gamma_1\,[(\pi\sigma + \pi'\tau)\beta_1 + \pi\varrho\beta_2] + \gamma_2\,[\pi\varrho\beta_1 + \pi'\varrho\beta_2] = \alpha_1$$
$$\gamma_1\,[\pi\tau\beta_1 + \pi'\tau\beta_2] + \gamma_2\,[\pi'\tau\beta_1 + (\pi\varrho - \pi'\sigma)\beta_2] = \alpha_2.$$

Die Determinante dieses Gleichungssystems wird

$$\Delta = (\tau\pi'^2 + \sigma\pi\pi' - \varrho\pi^2)\cdot[\tau\beta_1^2 - \sigma\beta_1\beta_2 - \varrho\beta_2^2]$$

und die Auflösungen heifsen:

$$\gamma_1 = \frac{1}{\Delta}\Big\{[\pi'\tau\beta_1 + (\pi\varrho - \pi'\sigma)\,\beta_2]\,\alpha_1 - [\pi\varrho\beta_1 + \pi'\varrho\beta_2]\,\alpha_2\Big\}$$

$$\gamma_2 = \frac{-1}{\Delta}\Big\{[\pi\tau\beta_1 + \pi'\tau\beta_2]\,\alpha_1 - [(\pi\sigma + \pi'\tau)\,\beta_1 + \pi\varrho\beta_2]\,\alpha_2\Big\}\,.$$

Da nun Δ nicht identisch oder für jedes beliebige Werthepaar (β_1, β_2) Null sein soll, darf der von β_1 und β_2 freie Factor

$$\delta = \tau\pi'^2 + \sigma\pi\pi' - \varrho\pi^2$$

nicht verschwinden. Mit dieser Bedingung ist das identische Verschwinden unserer Determinante ausgeschlossen, denn offenbar kann der zweite Factor von Δ nur dann für jedes Werthepaar (β_1, β_2) Null sein, wenn τ, σ und ϱ gleichzeitig Null gesetzt werden, und dann ist ja auch $\delta = 0$. Immerhin kann man aber β_1 und β_2 noch so wählen, dafs

$$\tau \beta_1^2 - \sigma \beta_1 \beta_2 - \varrho \beta_2^2$$

und somit Δ Null wird. Dazu hat man nur den Quotienten $\frac{\beta_1}{\beta_2}$ entsprechend der Gleichung

$$\tau \left(\frac{\beta_1}{\beta_2}\right)^2 - \sigma \left(\frac{\beta_1}{\beta_2}\right) - \varrho = 0$$

zu bestimmen. Eine solche Gleichung läfst aber für $\frac{\beta_1}{\beta_2}$ keine Lösungen in Zahlengröfsen aus einer Haupteinheit zu, sobald $\left(\frac{\sigma}{2}\right)^2 + \varrho\tau$ negativ ist. Setzen wir demnach fest, dafs σ, ϱ, τ gerade die Bedingung

$$-\left(\left(\frac{\sigma}{2}\right)^2 + \varrho\tau\right) > 0$$

erfülle, womit bestimmt wird, dafs weder ϱ noch τ verschwindet und die eine dieser Gröfsen positiv ist, wenn die andere negativ ist, und endlich δ nicht verschwindet, so bleibt als einziges Werthepaar, für welches die Determinante Δ Null wird, $\beta_1 = \beta_2 = 0$ übrig.

Entsprechend den nach diesen Bedingungen noch möglichen Werthesystemen für die Gröfsen π, π', ϱ, σ, τ erhält man zu jedem einmal fixirten System eine bestimmte Definition von ab und $\frac{a}{b}$, so dafs die Multiplicationsgesetze, ferner das Gesetz $\frac{a}{b} \cdot b = a$ gilt und endlich auch der Satz besteht: ein Product ist nur dann Null, wenn einer der Factoren verschwindet.

Es handelt sich nunmehr darum, durch besondere Wahl der noch willkürlichen Gröfsen ein möglichst einfaches Multiplications- und Divisionsverfahren complexer Gröfsen kennen zu lernen. Zu diesem Zwecke führen wir als eine Haupteinheit diejenige Gröfse g_0 ein, welche die Eigenschaft hat, dafs für jeden Werth von b

$$g_0 b = b g_0 = b$$

ist. Es gibt eine solche Gröfse g_0, denn ist b eine Gröfse derart, dafs $\Delta \gtrless 0$ ist, so wird $\frac{b}{b}$ eine Gröfse g_0, mit der multiplicirt jede andere Gröfse unverändert bleibt. Sie hat aber auch für jeden Werth von b denselben Werth, denn $\frac{b}{b}$ und $\frac{b'}{b'}$ sind gleich, weil diese Gröfsen mit b multiplicirt b unverändert lassen.

Ist ferner

$$g = \xi_1 e_1 + \xi_2 e_2$$

irgend eine andere Gröfse, für die Δ auch nicht verschwindet, und sind ξ_1 und ξ_2 so gewählt, dafs man aus den Gleichungen

$$g = \xi_1 e_1 + \xi_2 e_2$$

und

$$g \cdot g = g^2 = \eta_1 e_1 + \eta_2 e_2$$

e_1 und e_2 in bestimmter Weise entnehmen kann:

$$e_1 = \varepsilon_1^{(1)} g + \varepsilon_1^{(2)} g^2$$

$$e_2 = \varepsilon_2^{(1)} g + \varepsilon_2^{(2)} g^2$$

und bildet man

$$g^3 = \zeta_1 e_1 + \zeta_2 e_2$$

oder nach Substitution von e_1 und e_2 die Gleichung

$$g^3 + \varepsilon_1 g^2 + \varepsilon_2 g = 0,$$

die bei der Division durch g die Form erhält:

$$g^2 + \varepsilon_1 g + \varepsilon_2 g_0 = 0,$$

so ergibt sich für die aus den Einheiten e_1 und e_2 zusammengesetzten Gröfsen, welche wir jetzt in der Form

$$\xi_0 g_0 + \xi_1 g$$

schreiben, das in der Gleichung

$$\begin{aligned} a.b = (\alpha_0 g_0 + \alpha_1 g)(\beta_0 g_0 + \beta_1 g) &= \alpha_0 \beta_0 g_0 + (\alpha_0 \beta_1 + \alpha_1 \beta_0) g + \alpha_1 \beta_1 g^2 \\ &= (\alpha_0 \beta_0 - \alpha_1 \beta_1 \varepsilon_2) g_0 + (\alpha_0 \beta_1 + \alpha_1 \beta_0 - \alpha_1 \beta_1 \varepsilon_1) g \end{aligned}$$

ausgesprochene Multiplicationsverfahren.

Die Gröfse g_0 finden wir dadurch, dafs wir in den allgemeinen Ausdrücken für γ_1 und γ_2

$$\alpha_1 = \beta_1, \quad \alpha_2 = \beta_2$$

setzen. Es wird

$$\gamma_1 = \frac{\pi'}{\delta}, \quad \gamma_2 = -\frac{\pi}{\delta}$$

und

$$g_0 = \gamma_1 e_1 + \gamma_2 e_2 = \frac{1}{\delta}(\pi' e_1 - \pi e_2).$$

Um auch g passend zu wählen, beachten wir, dafs zwischen den Haupteinheiten e_1 und e_2 die folgende mit Hilfe der Ausdrücke für $e_1 e_1$, $e_1 e_2$, $e_2 e_2$ leicht zu verificirende Gleichung

$$\varrho^2 e_1 e_1 - \varrho \sigma e_1 e_2 - \varrho \tau e_2 e_2 = 0$$

besteht. Setzt man hier $\varrho e_1 = g e_2$, so folgt

$$e_2^2 (g^2 - \sigma g - \varrho \tau) = 0.$$

Suchen wir die in

$$g = \xi_1 e_1 + \xi_2 e_2$$

vorkommenden Gröfsen ξ_1, ξ_2, indem wir den Quotienten $\frac{\varrho e_1}{e_2}$ bilden, also in den allgemeinen Ausdrücken für γ_1 und γ_2

$$\alpha_1 = \varrho, \quad \alpha_2 = 0, \quad \beta_1 = 0, \quad \beta_2 = 1$$

setzen, so wird

$$g = \frac{\pi' \sigma - \pi \varrho}{\delta} e_1 + \frac{\pi \tau}{\delta} e_2$$

und jetzt ist leicht ersichtlich zu machen, dafs nicht $c_2 = 0$, sondern

$$g^2 - \sigma g - \varrho\tau g_0 = 0$$

ist.

An Stelle von g_0 und g setzen wir noch andere Haupteinheiten e und i, zwischen denen die einfachere Gleichung

$$i_1^2 + e_1^2 = 0$$

stattfindet.

Bildet man aus der Gleichung zwischen g und g_0 die folgenden:

$$g^2 - \sigma g g_0 - \varrho\tau g_0^2 = 0, \quad \left(g - \frac{\sigma}{2} g_0\right)^2 - g_0^2\left(\left(\frac{\sigma}{2}\right)^2 + \varrho\tau\right) = 0,$$

bezeichnet die positive Gröfse $-\left(\left(\frac{\sigma}{2}\right)^2 + \varrho\tau\right)$ mit k^2, so stehen die Gröfsen

$$i = \frac{1}{k}\left(g - \frac{\sigma}{2} g_0\right) \quad \text{und} \quad e = g_0$$

in der verlangten Beziehung — und ebenso $e = g_0$ und

$$i = -\frac{1}{k}\left(g - \frac{\sigma}{2} g_0\right).$$

Weil $e = g_0$ eine Gröfse ist, mit der multiplicirt jede Gröfse ungeändert bleibt, setzen wir $e = 1$ und finden

$i^0 = 1, \quad i^2 = -1, \quad i^3 = -i, \quad i^4 = 1, \quad i^{4\mu+\nu} = i^\nu. \quad (\nu = 0, 1, 2, 3.)$

Unter i selbst kann man die positive oder negative zweite Wurzel aus -1 verstehen. Kommen wir überein, $\sqrt{-1}$ mit i zu bezeichnen, so ist das früher genannte Multiplicationsverfahren für die aus den besonderen Einheiten 1 und $i = \sqrt{-1}$ zusammengesetzten Gröfsen der Form

$$\xi_1 + \xi_2 i$$

in der Gleichung:

$$ab = (\alpha_1 + \alpha_2 i)(\beta_1 + \beta_2 i) = (\alpha_1\beta_1 - \alpha_2\beta_2) + (\alpha_2\beta_1 - \alpha_1\beta_2) i$$

und das Divisionsverfahren in der Gleichung

$$\frac{\alpha_1 + \alpha_2 i}{\beta_1 + \beta_2 i} = \frac{\alpha_1\beta_1 + \alpha_2\beta_2}{\beta_1^2 + \beta_2^2} + \frac{\alpha_2\beta_1 - \alpha_1\beta_2}{\beta_1^2 + \beta_2^2} i$$

ausgesprochen.

Die Gröfsen $a = \alpha_1 + \alpha_2 i$ nennt man im engeren Sinne *complexe Zahlengrössen*, 1 und i sind ihre Haupteinheiten, -1 und $-i$ die entgegengesetzten (negativen) Hauptelemente. Die aus der Einheit 1 und deren Bruchtheilen gebildeten Zahlengröfsen α heifsen *reell*, 1 die reelle Einheit, und die aus diesen entstehenden Gröfsen αi *imaginär* und i die imaginäre Einheit. Darnach hat die complexe Gröfse $a = \alpha_1 + \alpha_2 i$ einen reellen und einen imaginären Theil.

Diese Zahlengröfsen werden wir in die Rechnung aufnehmen, denn sie erfüllen alle gestellten Forderungen. Man mufs aber jetzt fragen, ob man nicht auch Gröfsen, die aus mehr als zwei Haupteinheiten zusammengesetzt sind, unseren Forderungen entsprechend construiren kann. Diese Frage ist entschieden zu verneinen, wenn man die Theiler der Null aufser der Null selbst nicht zuläfst, indem die aus einer Haupteinheit gebildeten Gröfsen $\varepsilon_{\mu,\nu}^{(\lambda)}$ nicht derart zu beschränken sind, dafs die nicht identisch verschwindende Determinante Δ nur für das Werthesystem

$$\beta_1 = \beta_2 = \cdots = \beta_n = 0 \quad (n > 2)$$

den Werth Null annimmt.

Von dem Nachweis dieser Behauptung müssen wir hier absehen, da uns die nöthigen Hilfsmittel fehlen, und ebensowenig können wir an dieser Stelle auf die Untersuchungen des Herrn Weierstrafs eingehen, die zu dem Resultate führen, dafs selbst die Gesammtheit der aus n Haupteinheiten zusammengesetzten Gröfsen nicht mehr bietet als das oben definirte Gebiet von Gröfsen mit den Haupteinheiten e_1 und e_2 oder g_0 und g oder 1 und i, wenn man darin die Theiler der Null in naturgemäfser Verallgemeinerung des Falles, dafs für $n = 1$ und $n = 2$ Null ein Theiler der Null ist, zuläfst, indem nämlich statt der ursprünglichen n Haupteinheiten $(e_1, e_2, \ldots e_n)$ n andere $(e_1', e_2', \ldots e_n')$ eingeführt werden können derart, dafs das Gebiet von Gröfsen

$$\xi_1 e_1' + \xi_2 e_2' + \cdots + \xi_n e_n'$$

in Theilgebiete mit einer oder zwei Einheiten zerfällt, in denen das Multiplications- und Divisionsverfahren nach denjenigen Regeln gestaltet ist, welche für die Gröfsen α respective $\alpha_1 + \alpha_2 i$ aufgestellt wurden, wonach es dann „überflüssig“ erscheint, eine Arithmetik complexer Gröfsen mit mehr als zwei Haupteinheiten zu begründen.

Damit ist der Aufbau des Systems von Zahlengröfsen beendet, welche wir in der Rechnung benützen werden. Ob unsere Gröfsen aber ausreichen werden, d. h. ob jeder durch die Elementaroperationen definirte Zusammenhang zwischen gegebenen Gröfsen unserer Art und zu suchenden Gröfsen durch Gröfsen aus unserem Gebiete zu lösen sein wird, mufs die fernere Untersuchung lehren. Wir können nicht wissen, ob gewisse Aufgaben nicht Gröfsen erfordern werden, die auf anderer Basis als auf Grund der Permanenz der arithmetischen Gesetze aufgebaut sind, denn es ist z. B. erlaubt, Gröfsen einzuführen, welche nicht allen Rechnungsgesetzen ganzer Zahlen gehorchen (wie die Quaternionen) und andererseits besteht noch die Möglichkeit, dafs es neben der Addition, Multiplication, Subtraction und Division weitere Elementaroperationen gibt. Man kann nicht beweisen, dafs es keine anderen mehr gibt, und darum sind die Untersuchungen über die Zahlengröfsen nur insoweit abgeschlossen, als sie auf die nun genugsam hervorgehobenen Anforderungen gegründet sind.

§ 9. Graphische Darstellung der Zahlengröfsen.

Wenn wir zu dem Begriff der Zahl nur durch Betrachtung realer Objecte mit gemeinsamen Merkmalen gelangen konnten, liegt es nun nahe zu fragen, ob wir nicht von den rationalen und irrationalen und den complexen Zahlengröfsen ein Abbild schaffen können, an dem uns das formale Denken zuversichtlich erleichtert wird, da unser Denken ohnehin in letzter Instanz an Dinge der Sinnenwelt anknüpft und auf Erfahrungen über Vorgänge an Dingen der Sinnenwelt gestützt ist.

Auf einer geraden Linie lassen sich die Punkte dadurch begrifflich fixiren, dafs man nach Annahme einer Mafseinheit ihre Entfernungen von einem festen Punkte O der geraden Linie in dieser Mafseinheit angibt. Diesem Punkte O ordnen wir die Zahl Null zu und fassen ihn als „*Träger*“ der Null auf. Tragen wir von O aus die bestimmte Strecke, welche als Mafseinheit fixirt ist, ein, zwei, n mal auf den beiden Theilen der geraden Linie auf, so sollen die Endpunkte dieser Vielfachen der Mafseinheit Träger der Zahlen $+1, +2, \ldots +n \ldots$ resp. $-1, -2, \ldots -n \ldots$ sein, je nachdem wir uns in dem vorher fixirt gedachten positiven oder negativen Theile der Linie befinden. Die gleich grofsen Strecken zwischen zwei aufeinander folgenden Punkten, die die Träger von $+a$ oder $-a$ und $\pm(a+1)$ sind, theile man in n gleiche Theile und fasse den $m$ten Theilungspunkt, den man bei dem Fortschreiten von dem O näher liegenden Punkte erreicht, als Träger von

$$\pm\left(a + \frac{m}{n}\right)$$

auf. — So wird die Entfernung durch eine rationale Zahlengröfse fixirt, wenn sie in rationalem Verhältnis zur Mafseinheit steht; wenn aber dieses Verhältnis irrational ist, wird man eine unendliche Anzahl rationaler Elemente $a_1, a_2, \ldots a_n \ldots$ so angeben können, dafs die den Summen

$$a_1, \quad a_1 + a_2, \ldots a_1 + a_2 + \cdots + a_n, \ldots \qquad (a)$$

zugehörigen Punkte dem durch eine Zahlengröfse zu fixirenden Punkte mit wachsendem n beliebig nahe kommen, und man sagt: Die Entfernung des Punktes ist a, wenn a die der unendlichen Reihe $(a_1 + a_2 + \cdots)$ oder wenn a die der Fundamentalreihe (a) zugehörige Zahlengröfse ist.

Nach diesen Festsetzungen leuchtet ein, dafs zwei Entfernungen gleich oder verschieden sind, wenn die dieselben fixirenden Zahlengröfsen gleich oder verschieden sind.

So dienen die reellen Zahlengröfsen zur Bestimmung der Lage eines Punktes, und da umgekehrt jeder Zahlengröfse ein bestimmter Punkt der geraden Linie zuzuordnen ist (ein Satz, den Cantor mit vollem Recht als Axiom bezeichnet), so haben die reellen Zahlengröfsen in der That ein Abbild auf der geraden Linie.

Es fällt nun auch nicht schwer, ein Abbild der complexen Zahlengröfsen zu schaffen.

Legen wir durch einen festen Punkt O zwei einander senkrecht schneidende gerade Linien, die eine etwa horizontal, dann liegt jeder Punkt der durch die beiden Linien bestimmten Ebene auf einer oder keiner der Geraden oder Axen, nur O liegt auf beiden.

Die Punkte der Axen fixiren wir in der früheren Weise durch die Entfernungen von O und zwar mit dem positiven oder negativen Zeichen, je nachdem der Punkt der horizontalen Axe rechts oder links von O, und der der verticalen Axe ober- oder unterhalb der horizontalen Axe liegt.

Ein Punkt A der genannten Ebene, der aufserhalb der Axen liegt, ist fixirt, wenn man seine senkrechten Abstände von den Axen oder die gleichgrofsen Entfernungen der Fufspunkte P_1 und P_2 der von dem Punkte A auf die Axen gefällten Lothe von O kennt, oder wenn man die Länge des von A auf die horizontale Axe gefällten Lothes und die Entfernung des zugehörigen Fufspunktes P_1 von O angeben kann. Diese Entfernung heifst die Abscisse und jenes Loth die Ordinate des Punktes A. Die Abscisse ist positiv, wenn A rechts von der verticalen Axe liegt, und negativ im entgegengesetzten Falle. Die Ordinate wird positiv oder negativ genannt, je nachdem A ober- oder unterhalb der horizontalen Axe gelegen ist.

Jeder Punkt der Ebene ist nach diesen Festsetzungen durch seine Coordinaten, die Abscisse und Ordinate bestimmt; zu einem Paar von Zahlengröfsen, von denen die erste die Abscisse, die zweite die Ordinate ausdrücken soll, gehört aber auch ein bestimmter Punkt. Wenn wir darum in der complexen Zahlengröfse $a_1 + a_2 i$ die reelle Zahlengröfse a_1 als Abscisse und die zweite reelle Zahlengröfse a_2 als Ordinate eines Punktes ansehen, so gehört zu jeder Zahlengröfse $a_1 + a_2 i$ ein bestimmter Punkt und umgekehrt zu jedem Punkt auch eine Zahlengröfse.

Die reellen Zahlengröfsen finden ihre Träger auf der horizontalen, die rein imaginären auf der verticalen Axe, insbesondere sind die den vier Zahlengröfsen $1, \ -1, \ i, \ -i$ zugehörigen Punkte die in der Entfernung Eins auf dem positiven resp. negativen Theile der *„Axe der reellen oder rein imaginären Zahlengröfsen“* befindlichen Punkte.

Die Entfernung des der Zahlengröfse $a_1 + a_2 i = a$ zugehörigen Punktes A von dem Anfangspunkte der Coordinaten d. i. dem Punkte O ist nach dem Pythagoreischen Lehrsatze durch den positiven Werth der zweiten Wurzel aus der Summe der zweiten Potenzen a_1^2 und a_2^2 gemessen. Man nennt diese Gröfse

$$\sqrt{\alpha_1^2 + \alpha_2^2}$$

den *absoluten Betrag* von a und bezeichnet diesen wie früher mit

$$|a| \quad \text{oder} \quad |\alpha_1 + \alpha_2 i|.$$

Diese Definition des absoluten Betrages stimmt mit der früheren überein, wenn $\alpha_2 = 0$ und a eine reelle Gröfse wird.

Die Betrachtung der gegenseitigen Lage der den Gröfsen

$$0, \quad a, \quad b, \quad a + b$$

zugehörigen Punkte

$$O, \quad A, \quad B, \quad C$$

lehrt, dafs die Entfernungen

$$OA, \quad OB, \quad AC, \quad OC$$

durch die Gröfsen

$$|a|, \quad |b|, \quad |b|, \quad |a + b|$$

gemessen werden, und weil eine Seite eines Dreiecks nicht gröfser sein kann als die Summe und nicht kleiner ist als die Differenz der beiden andern, so folgen die Ungleichungen

$$\big||a| - |b|\big| < |a+b| < |a| + |b|.$$

Da ferner der absolute Betrag der Differenz zweier Gröfsen a und b durch die Entfernung der Träger derselben repräsentirt ist — wornach die der Bedingung $|x - a| = r$ genügenden Zahlengröfsen x in den Punkten eines Kreises um a mit dem Radius r ihre Träger besitzen — ist die Entfernung der Punkte A und B durch $|a - b|$ gemessen und auf Grund des oben genannten Satzes entstehen die Ungleichungen:

$$|a| + |b| \geqq |a - b| \geqq \big||a| - |b|\big|.$$

Wir beweisen die in den aufgestellten Ungleichungen ausgesprochenen Sätze in zweiter Linie durch Vergleich der absoluten Beträge von $|a + b|$ und $|a - b|$ mit den Gröfsen $|a| + |b|$ und $|a| - |b|$, weil wir die bei dem Beweise verwendeten geometrischen Beziehungen gewifs durch arithmetische Relationen ersetzen können und auch ersetzen müssen, wenn wir den Beweis als arithmetisch bindend erkennen wollen.

Es sei

$$a = \alpha_1 + \alpha_2 i, \quad b = \beta_1 + \beta_2 i,$$

dann ist

$$a + b = \alpha_1 + \beta_1 + i(\alpha_2 + \beta_2),$$

$$|a + b| . |a + b| = |a + b|^2 = (\alpha_1 + \beta_1)^2 + (\alpha_2 + \beta_2)^2$$
$$= \alpha_1^2 + \beta_1^2 + \alpha_2^2 + \beta_2^2 + 2(\alpha_1\beta_1 + \alpha_2\beta_2)$$

und

$$\big[|a| + |b|\big]^2 = \alpha_1^2 + \beta_1^2 + \alpha_2^2 + \beta_2^2 + 2\sqrt{\alpha_1^2 + \alpha_2^2} \cdot \sqrt{\beta_1^2 + \beta_2^2}.$$

Da aber

$$(\alpha_1\beta_2 - \alpha_2\beta_1)^2 > 0$$

und somit

$$2\,\alpha_1\beta_1\,\alpha_2\beta_2 < \alpha_1^2\beta_2^2 + \alpha_2^2\beta_1^2$$

ist, wird

$$4\,(\alpha_1\beta_1 + \alpha_2\beta_2)^2 < 4\,(\alpha_1^2 + \alpha_2^2)\,(\beta_1^2 + \beta_2^2),$$

$$2\,(\alpha_1\beta_1 + \alpha_2\beta_2) \leqq 2\sqrt{\alpha_1^2 + \alpha_2^2}\,.\,\sqrt{\beta_1^2 + \beta_2^2}$$

und endlich

$$|a + b|^2 < \big[|a| + |b|\big]^2$$

oder

$$|a + b| \leqq |a| + |b|,$$

d. h. *der absolute Betrag einer Summe ist nicht gröfser als die Summe der absoluten Beträge der Summanden.**)

Mit Hilfe derselben Schlüsse folgt ferner, dafs der absolute Betrag einer Summe nicht kleiner ist als der absolute Betrag der Differenz der absoluten Beträge der Summanden, dafs ferner der absolute Betrag einer Differenz nicht kleiner ist als der absolute Betrag der Differenz des absoluten Betrages von Minuend und Subtrahend, aber auch nicht gröfser als die Summe der absoluten Beträge von Minuend und Subtrahend.

Der absolute Betrag eines Productes ist gleich dem Producte der absoluten Beträge der Factoren.

Indem

$$ab = (\alpha_1\beta_1 - \alpha_2\beta_2) + (\alpha_1\beta_2 + \alpha_2\beta_1)\,i$$

ist, wird

$$|ab| = \sqrt{(\alpha_1\beta_1 - \alpha_2\beta_2)^2 + (\alpha_1\beta_2 + \alpha_2\beta_1)^2} = \sqrt{(\alpha_1^2 + \alpha_2^2)\,(\beta_1^2 + \beta_2^2)}$$

und diese Gröfse ist wirklich $|a|.|b|$.

Der absolute Betrag eines Quotienten ist gleich dem Quotienten der absoluten Beträge des Dividends und Divisors.

Da der Quotient

$$\frac{a}{b} = \frac{\alpha_1\beta_1 + \alpha_2\beta_2}{\beta_1^2 + \beta_2^2} + \frac{\alpha_2\beta_1 - \alpha_1\beta_2}{\beta_1^2 + \beta_2^2}\,i$$

ist, wird

$$\left|\frac{a}{b}\right| = \sqrt{\frac{(\alpha_1\beta_1 + \alpha_2\beta_2)^2 + (\alpha_2\beta_1 - \alpha_1\beta_2)^2}{(\beta_1^2 + \beta_2^2)^2}} = \sqrt{\frac{\alpha_1^2 + \alpha_2^2}{\beta_1^2 + \beta_2^2}}$$

und jetzt ist der Satz bewiesen; denn die Wurzel aus einem Quotienten ist gleich dem Quotienten der Wurzel aus Dividend und Divisor.

---

*) Der bei diesem Beweise benützte Satz: Die zweite Wurzel aus einem Producte ist gleich dem Product der Wurzeln aus den Factoren, folgt aus der Definition der Wurzel $\sqrt{m.n}$ als derjenigen Gröfse, welche mit sich selbst multiplicirt mn gibt und der Definition des Productes zweier Gröfsen $\sqrt{m}$ und $\sqrt{n}$.

§ 10. Summen unendlich vieler complexer Gröfsen.

Die Summen unendlich vieler rationaler Zahlengröfsen sind bereits untersucht, es bleibt uns noch übrig, die Summen unendlich vieler complexer Zahlengröfsen

$$a_\nu = \alpha_\nu' + \alpha_\nu'' i \qquad (\nu = 1, 2, 3 \ldots)$$

zu betrachten.

Wir wissen bereits, was man unter einer solchen Summe zu verstehen und wann sie eine Bedeutung für uns hat, denn die früheren Definitionen sagen ja aus, dafs die Summe diejenige Gröfse ist, deren reeller und imaginärer Theil

$$(\alpha_1' + \alpha_2' + \alpha_3' + \cdots) \quad \text{resp.} \quad (\alpha_1'' + \alpha_2'' + \alpha_3'' + \cdots)i$$

ist und es müssen die Summen

$$\sum_\nu \alpha_\nu' \quad \text{und} \quad \sum_\nu \alpha_\nu''$$

für sich endlich sein, damit $\sum_\nu a_\nu$ endlich ist. — Gibt es unter den Gröfsen α' positive und negative (β' und γ'), ebenso unter den Gröfsen α'' entgegengesetzt bezeichnete β'' und γ'', so müssen die Summen

$$\sum \beta_\nu', \quad \sum \beta_\nu'', \quad -\sum \gamma_\nu', \quad -\sum \gamma_\nu''$$

lauter endliche positive Gröfsen sein.

Hier handelt es sich darum, neue Kriterien für das Endlichsein einer Summe unendlich vieler complexer Gröfsen aufzustellen. Wir setzen voraus, dafs die Summen

$$\sum_\nu |\alpha_\nu'| = \sum_\nu \beta_\nu' + \sum_\nu (-\gamma_\nu')$$

$$\sum_\nu |\alpha_\nu''| = \sum_\nu \beta_\nu'' + \sum_\nu (-\gamma_\nu'')$$

endlich sind, dann ist

$$|\alpha_\nu'| + |\alpha_\nu''| > \sqrt{\alpha_\nu'^2 + \alpha_\nu''^2} = |\alpha_\nu|$$

und man sieht, dafs die Summe der absoluten Beträge einer unendlichen Reihe

$$a_1 + a_2 + a_3 + \cdots$$

nothwendig endlich sein mufs, wenn die Reihe eine endliche Summe haben soll.

Hat umgekehrt die Reihe $\sum_\nu |a_\nu|$ eine endliche Summe, so sind wegen der Ungleichungen

$$|a_\nu| = \sqrt{\alpha_\nu'^2 + \alpha_\nu''^2} \geq |\alpha_\nu'|$$

$$|a_\nu| = \sqrt{\alpha_\nu'^2 + \alpha_\nu''^2} \geq |\alpha_\nu''|$$

die Summen der Reihen $\sum|\alpha'_\nu|$, $\sum|\alpha''_\nu|$ und $\sum a_\nu$ endlich. Wir haben also den Satz:

Die nothwendige und hinreichende Bedingung dafür, dafs die Summe unendlich vieler complexer Gröfsen endlich ist, besteht in dem Endlichsein der Summe der absoluten Beträge dieser Gröfsen.

Ferner erkennt man als eine nothwendige und hinreichende Bedingung für das Endlichsein der Summe der unendlichen Reihe die folgende:

Es mufs der absolute Betrag der Summe von beliebig aber nicht unendlich vielen willkürlich gewählten Gliedern der Reihe kleiner bleiben als eine endliche positive Gröfse g.

Angenommen die Summe der unendlich vielen Gröfsen a_ν sei endlich, dann ist auch die Summe der Reihe $\sum_\nu |a_\nu|$ endlich und darum existirt eine positive endliche Gröfse g, die gröfser ist als die Summe irgend einer endlichen Anzahl von Gliedern $|a_\nu|$. Ist aber für irgend einen Werth von n

$$g > \sum_{\nu=1}^{n} |a_\nu|,$$

so wird umsomehr

$$g > \left|\sum_{\nu=1}^{n} a_\nu\right|$$

und die genannte Bedingung ergibt sich als nothwendig. Sie ist aber auch hinreichend, denn aus der Voraussetzung

$$g > \left|\sum_{\nu=1}^{n} a_\nu\right|$$

folgt jetzt

$$g > \sum_{\nu=1}^{n} \beta'_\nu, \quad g > \sum_{\nu=1}^{n} (-\gamma'_\nu), \quad g > \sum_{\nu=1}^{n} \beta''_\nu, \quad g > \sum_{\nu=1}^{n} (-\gamma''_\nu).$$

In der That nehmen wir diejenigen Gröfsen a_ν aus der Summe $\sum a_\nu$ heraus, in welchen z. B. der reelle Theil positiv ist, und nennen wir sie $\beta'_\nu + \alpha''_\nu i$, so wird

$$g > \left|\sum_{\nu=1}^{n} \beta'_\nu + i\sum_{\nu=1}^{n} \alpha''_\nu\right| > \sum_{\nu=1}^{n} \beta'_\nu$$

usw.

Ein weiteres Theorem ist das nachstehende:

Haben die unendlich vielen Zahlengröfsen

$$a_\nu = \alpha'_\nu + \alpha''_\nu i \quad (\nu = 1, 2 \ldots)$$

eine unendliche Summe S, so kann man nach Wahl einer beliebig kleinen positiven Gröfse δ stets ein n finden derart, dafs der absolute Betrag von

$$a_{m+1} + a_{m+2} + \cdots + a_{m+\mu} = \sum_{\nu=m+1}^{m+\mu} a_\nu$$

für jedes μ kleiner wird als δ, sobald nur $m > n$ ist.

Da diese Behauptung für die Reihe der absoluten Beträge

$$|a_1| + |a_2| + \cdots + |a_\nu| + \cdots$$

zutrifft und die Summe von absoluten Beträgen $|a_\nu|$ nicht kleiner ist als der absolute Betrag der Summe der Gröfsen a_ν, so ist das Theorem richtig.

Die Summen $S_n = \sum_{\nu=1}^{n} a_\nu$ *convergiren* nach der endlichen Gröfse S, denn es ist

$$|S - S_n| < \delta \quad (n \geq m)$$

und darum sagt man: *die unendliche Reihe* $\sum_\nu a_\nu$ *convergirt.*

Wie die Rechnungsoperationen mit Reihen complexer Gröfsen ausgeführt werden, bedarf keiner Erläuterung mehr.

Die in Rede stehenden Reihen, in welchen die Reihen der positiven und negativen Glieder $\sum a'_\nu$ und $\sum a''_\nu$ für sich endliche Summen haben, nennt man *unbedingt convergent*, womit angezeigt sein soll, dafs die Convergenz nach S unabhängig von der Anordnung der Terme a_ν eintritt. Nun sprechen wir den ersten der obigen Sätze folgendermafsen aus:

> Convergirt eine Reihe unendlich vieler complexer Gröfsen unbedingt, so convergirt auch die Reihe der absoluten Beträge der Gröfsen, und umgekehrt mufs eine Reihe unbedingt convergent sein, wenn die Reihe der absoluten Beträge — oder wie man sagt — wenn die Reihe *absolut* convergirt.

Reihen, deren Summe S von der Anordnung ihrer Glieder abhängig ist, heifsen *bedingt convergent*, und Reihen, deren Summe bei jeder Anordnung der Terme unendlich sind, *divergent*. Die bedingt convergenten Reihen nehmen wir nicht in die Rechnung auf, da ihnen der Charakter von Summen abgeht.

§ 11. Producte unendlich vieler Factoren.*)

In diesem Capitel haben wir noch das Product unendlich vieler Zahlengröfsen c_ν zu definiren. Den früheren Betrachtungen gemäfs mufs die Definition derart gewählt werden, dafs das *unendliche Product* den Fall eines endlichen Productes $c_1 c_2 \ldots c_n$ umfafst und für

---

*) Siehe Weierstrafs in Crelle's Journal Bd. 51, Pincherle l. c. und Mittag-Leffler in Acta mathematica Bd. 4.

dasselbe die Multiplicationsgesetze gelten. Ferner darf es nicht unendlich sein, wenn die durch Multiplication bestimmter Gröfsen c_1, c_2, $c_3 \dots$ begrifflich festgestellte Gröfse für uns eine Bedeutung haben soll.

Bringt man die Gröfsen c_ν auf die Form $1 + a_\nu$, bildet dann

$$
\begin{aligned}
P_1 &= 1 + a_1 \\
P_2 &= (1 + a_1)(1 + a_2) = 1 + a_1 + a_2 + a_1 a_2 \\
P_3 &= (1 + a_1)(1 + a_2)(1 + a_3) \\
&= 1 + a_1 + a_2 + a_1 a_2 + a_3 + a_1 a_3 + a_2 a_3 + a_1 a_2 a_3 \\
&\dots\dots\dots\dots \\
P_n &= (1 + a_1)(1 + a_2) \cdots (1 + a_n) \\
&= 1 + a_1 + a_2 + a_1 a_2 + a_3 + \cdots + a_n + a_1 a_n + a_2 a_n + \cdots \\
&\qquad + a_1 a_2 \cdots a_n,
\end{aligned}
$$

so läfst sich P_n als Summe der folgenden $(n + 1)$ Gröfsen g_ν darstellen:

$$
\begin{aligned}
g_0 &= 1 \\
g_1 &= a_1 \\
g_2 &= a_2 + a_1 a_2 = (1 + a_1) a_2 \\
g_3 &= a_3 + a_1 a_3 + a_2 a_3 + a_1 a_2 a_3 = (1 + a_1)(1 + a_2) a_3 \\
g_4 &= a_4 + a_1 a_4 + a_2 a_4 + a_1 a_2 a_4 + a_3 a_4 + a_1 a_3 a_4 + a_2 a_3 a_4 + a_1 a_2 a_3 a_4 \\
&= (1 + a_1)(1 + a_2)(1 + a_3) a_4 \\
&\dots\dots\dots\dots \\
g_n &= a_n + a_1 a_n + a_2 a_n + a_1 a_2 a_n + a_3 a_n + \cdots + a_1 a_2 \cdots a_{n-1} a_n \\
&= (1 + a_1)(1 + a_2) \cdots (1 + a_{n-1}) a_n .
\end{aligned}
$$

Das Product der unendlich vielen Factoren $c_\nu = 1 + a_\nu$ wird jetzt als Summe der unendlich vielen Summanden g_ν definirt, deren Bildungsgesetz die obigen Gleichungen klar erkennen lassen.

Diese Definition ist erlaubt, weil das Product einer endlichen Anzahl von Gröfsen mit eingeschlossen ist.

Wir fragen, wann das unendliche Product

$$(1 + a_1)(1 + a_2) \cdots (1 + a_\nu) \cdots,$$

welches mit

$$\prod_{\nu=1}^{\infty} (1 + a_\nu)$$

bezeichnet wird, endlich ist.

Offenbar dann, wenn ein Factor $(1 + a_\nu)$ Null ist. Wir denken aber diese Factoren abgesondert und untersuchen das Product unendlich vieler nicht verschwindender Factoren.

Soll ein solches Product unabhängig von der Anordnung der

Factoren endlich sein und das ist ja oben verlangt worden, so mufs die unendliche Reihe

$$g_0 + g_1 + g_2 + \cdots + g_\nu + \cdots$$

unbedingt convergiren; dann aber convergirt diese Reihe nothwendig absolut.

Bezeichnet man den absoluten Betrag von a_ν hier mit α_ν und setzt

$$\gamma_\nu = \alpha_\nu + \alpha_1\alpha_\nu + \alpha_2\alpha_\nu + \alpha_1\alpha_2\alpha_\nu + \alpha_3\alpha_\nu + \cdots + \alpha_1\alpha_2\cdots\alpha_\nu,$$

so wird $\gamma_\nu \geq |g_\nu|$, und setzt man voraus, dafs die Reihe positiver Gröfsen

$$1 + \gamma_1 + \gamma_2 + \cdots + \gamma_\nu + \cdots$$

convergirt, so convergirt die Reihe der g_ν absolut. Damit aber von einer endlichen Summe der Reihe $1 + \gamma_1 + \gamma_2 + \cdots$ die Rede sein kann, mufs nothwendig die Reihe der absoluten Beträge der Gröfsen a_ν endlich sein, enthält ja doch γ_ν die Gröfse $|a_\nu| = \alpha_\nu$, und diese Bedingung ist offenbar auch für die unbedingte Convergenz der Reihe der g nothwendig.

Wir nehmen also an, dafs die Reihe

$$\alpha_1 + \alpha_2 + \cdots + \alpha_\nu + \cdots \tag{A}$$

eine endliche Summe S besitze, und setzen fest, dafs S kleiner sei als Eins. Anderufalls kann man durch Absonderung einer blos endlichen Anzahl von Gliedern α_μ eine Reihe bilden, in welcher diese Forderung erfüllt ist, und in dem von der Anordnung der Factoren unabhängigen unendlichen Producte kann man die den Gliedern α_μ entsprechenden Factoren $(1 + a_\mu)$ abtrennen, deren Product für sich endlich ist. Es bleibt dann ein unendliches Product zur Untersuchung übrig, dessen zugeordnete Reihe (A) eine endliche Summe $S < 1$ besitzt. Die positiven Gröfsen α_ν sind jetzt kleiner als Eins, folglich wird

$$1 + \alpha_\nu < \frac{1}{1 - \alpha_\nu}$$

und

$$(1 + \alpha_1)(1 + \alpha_2)\cdots(1 + \alpha_n) < \frac{1}{(1 - \alpha_1)(1 - \alpha_2)\ldots(1 - \alpha_n)}.$$

Doch weil auch

$$(1 - \alpha_1)(1 - \alpha_2)\cdots(1 - \alpha_n) > 1 - (\alpha_1 + \alpha_2 + \cdots + \alpha_n),$$

wird das Product

$$(1 + \alpha_1)(1 + \alpha_2)\cdots(1 + \alpha_n) < \frac{1}{1 - (\alpha_1 + \alpha_2 + \cdots + \alpha_n)}$$

und umsomehr

$$(1 + \alpha_1)(1 + \alpha_2)\cdots(1 + \alpha_n) < \frac{1}{1 - S}.$$

Nun ist das unendliche Product $\prod_{\nu=1}^{\infty}(1 + a_\nu)$ endlich, wenn die unendliche Reihe

$$1 + \sum_{\nu=1}^{\infty}(\alpha_\nu + \alpha_1\alpha_\nu + \alpha_2\alpha_\nu + \cdots + \alpha_1\alpha_2\cdots\alpha_\nu)$$

convergirt; da aber die Summe der ersten $n+1$ Glieder

$$1 + \gamma_1 + \gamma_2 + \cdots + \gamma_n = (1+\alpha_1)(1+\alpha_2)\cdots(1+\alpha_n)$$

kleiner ist als die endliche Zahlengröfse $\frac{1}{1-S}$, was auch n sei, so ist das unendliche Product $\prod_{\nu=1}^{\infty}(1+\alpha_\nu)$, welches durch die Summe der unendlichen Reihen $1 + \sum_{\nu=1}^{\infty}\gamma_\nu$ definirt ist, und umsomehr der absolute Betrag von

$$\sum_{\nu=0}^{\infty} g_\nu \quad \text{oder} \quad \prod_{\nu=1}^{\infty}(1+a_\nu)$$

endlich.

Wir erhalten somit den Satz: *Die nothwendige und hinreichende Bedingung dafür, dafs ~~nie~~ ein von der Anordnung der Factoren unabhängiges Product $\prod_{\nu=1}^{\infty}(1+a_\nu)$ endlich ist, besteht in der Convergenz der unendlichen Reihe*

$$|a_1| + |a_2| + \cdots + |a_\nu| + \cdots$$

Man sagt, die Producte $P_1, P_2, \ldots P_n$ *convergiren* nach einem bestimmten Werthe P, wenn nach Wahl einer beliebig kleinen positiven Gröfse δ stets ein n so bestimmt werden kann, dafs für jedes $\nu \geqq n$

$$|P - P_\nu| < \delta.$$

Darnach behaupten wir, dafs in dem von der Anordnung der Factoren unabhängigen Producte $\prod_{\nu=1}^{\infty}(1+a_\nu)$, welches mit P bezeichnet sei, die Producte

$$P_n = (1+a_1)(1+a_2)\ldots(1+a_n)$$

mit wachsendem n nach dem unendlichen Producte P convergiren.

Bildet man den absoluten Betrag des Quotienten $\frac{P}{P_n}$, d. i.

$$|(1+a_{n+1})(1+a_{n+2})\cdots|$$

und bezeichnet

$$\prod_{\nu=n+1}^{\infty}(1+a_\nu) = (1+a_{n+1})(1+a_{n+2})\ldots$$

mit $1+\varepsilon_n$, wo

$$|\varepsilon_n| < \alpha_{n+1} + \alpha_{n+2} + \cdots + \alpha_{n+1}\alpha_{n+2} + \cdots,$$

so wird

$$\left|\frac{P}{P_n}\right| < 1 + |\varepsilon_n| < (1+\alpha_{n+1})(1+\alpha_{n+2})\cdots$$

Nennt man die Summe der Gröfsen

$$\alpha_{n+1}, \quad \alpha_{n+2}, \ \ldots \ \alpha_{n+\nu}, \ \ldots$$

S_n, so wird für hinlänglich grofse n S_n kleiner als 1 und kleiner als eine beliebig kleine vorgelegte Gröfse. Dann ist

$$1 + |\varepsilon_n| < \frac{1}{1 - S_n}$$

und

$$\left|\frac{P}{P_n}\right| < \frac{1}{1 - S_n}.$$

Bringt man endlich $\frac{1}{1-S_n}$ auf die Form $1 + \varepsilon$, wo ε beliebig klein ist, und setzt

$$\varepsilon\,|P_n| = \delta,$$

so wird

$$\left|\frac{P}{P_n}\right| - 1 < \left|\frac{P}{P_n} - 1\right| < \frac{\delta}{|P_n|}$$

oder

$$|P - P_n| < \delta,$$

und der Beweis ist erbracht.

Man sagt wieder, *das unendliche Product* $\prod\limits_{\nu=1}^{\infty}(1 + a_\nu)$ *convergirt*, wenn nach Annahme einer beliebig kleinen positiven Gröfse δ stets eine solche ganze Zahl n angebbar ist, dafs der absolute Betrag

$$\left|\prod_{\nu=m}^{\infty}(1 + a_\nu) - 1\right|$$

oder dafs für jeden Werth von μ der Betrag

$$\left|\prod_{\nu=m}^{m+\mu}(1 + a_\nu) - 1\right|$$

kleiner ist als δ, sobald nur $m \geqq n$ ist. *Die endliche Gröfse, nach welcher die Producte P_n convergiren, ist der Werth des unendlichen Productes.*

Ein unendliches Product heifst *absolut convergent*, wenn auch noch $\prod\limits_{\nu=1}^{\infty}(1 + \alpha_\nu)$ convergirt. In diesem Falle ist wegen der Ungleichung

$$(1 + \alpha_{m+1})\,(1 + \alpha_{m+2}) \cdots (1 + \alpha_{m+\mu}) - 1 > \alpha_{m+1} + \alpha_{m+2} + \cdots + a_{m+\mu}$$

die unendliche Reihe

$$a_1 + a_2 + \cdots + a_\nu + \cdots$$

absolut convergent.

Sind die Gröfsen $\alpha_1, \alpha_2, \ldots$ alle kleiner als Eins und hat ihre Summe einen endlichen Werth, so ist nicht allein $\prod(1 + \alpha_\nu)$, sondern auch das beständig abnehmende Product $\prod(1-\alpha_\nu)$ convergent ohne Null zu werden, denn es ist

$$\frac{P_{m+\mu}}{P_m} = \prod_{\nu=m+1}^{m+\mu}(1-\alpha_\nu) > 1-(\alpha_{m+1}+\alpha_{m+2}+\cdots+\alpha_{m+\mu})$$

und wenn m so grofs gewählt ist, dafs die Summe in den Klammern kleiner ist als δ, wird

$$P_{m+\mu} > P_m(1-\delta).$$

Zeigt man umgekehrt in einem besonderen Falle zunächst die Convergenz der Producte P_n nach einer von Null verschiedenen Gröfse, so folgt, dafs die Reihe der $\alpha_1, \alpha_2, \ldots$ eine endliche Summe besitzt. Die Convergenz von $\prod(1-\alpha_\nu)$ zieht nämlich diejenige von $\prod(1+\alpha_\nu)$ nach sich, indem

$$\begin{aligned} 1-\delta &< (1-\alpha_{m+1})(1-\alpha_{m+2})\cdots(1-\alpha_{m+\mu}) \\ &< (1-\alpha_{m+1}^2)(1-\alpha_{m+2}^2)\cdots(1-\alpha_{m+\mu}^2) < 1 \end{aligned}$$

und somit

$$1 \leq (1+\alpha_{m+1})(1+\alpha_{m+2})\cdots(1+\alpha_{m+\mu}) \leq \frac{1}{1-\delta}$$

wird, wo die rechte Seite bei hinlänglich grofsem m und beliebig kleinem δ von 1 um beliebig wenig abweicht. Z. B. das Product

$$\prod_{\nu=2}^{\infty}\left(1-\frac{1}{\nu^2}\right)$$

ist convergent, denn die Producte

$$\begin{aligned} \prod_{\nu=2}^{n}\left(1-\frac{1}{\nu^2}\right) &= \frac{1.3}{2.2}\cdot\frac{2.4}{3.3}\cdots\frac{(n-1)(n+1)}{n.n} = \frac{1.2\ldots(n-1)}{1.2\ldots n}\cdot\frac{3.4\ldots(n+1)}{2.3\ldots n} \\ &= \frac{n+1}{2n} = \frac{1}{2}+\frac{1}{2n} \end{aligned}$$

convergiren mit wachsendem n nach $\frac{1}{2}$, und darum ist auch die Summe der unendlichen Reihe

$$\frac{1}{2^2}+\frac{1}{3^2}+\cdots+\frac{1}{n^2}+\cdots$$

und umsomehr

$$\frac{1}{2^m}+\frac{1}{3^m}+\cdots+\frac{1}{n^m}+\cdots \qquad (m>2)$$

endlich.

Bei der Auswerthung eines absolut convergenten Productes kann man die Factoren beliebig in Gruppen zusammenfassen, und andererseits läfst sich das Product $\prod(1+\alpha_\nu)$ in ein convergentes unendliches Product verwandeln, dessen Factoren selbst unendliche Producte sind.

Es sei etwa

$$1 + b_1 = (1 + a_1)(1 + a_1') \ldots$$
$$1 + b_2 = (1 + a_2)(1 + a_2') \ldots$$
$$\cdot \quad \cdot \quad \cdot \quad \cdot \quad \cdot \quad \cdot \quad \cdot \quad \cdot \quad \cdot \quad \cdot \quad \cdot \quad \cdot$$

wo die Gröfsen $a_1, a_1' \ldots, a_2, a_2' \ldots$ Gröfsen a_ν sind, dann wird

$$b_1 = a_1 + a_1' + a_1 a_1' + \cdots$$
$$b_2 = a_2 + a_2' + a_2 a_2' + \cdots$$
$$\cdot \quad \cdot \quad \cdot \quad \cdot \quad \cdot \quad \cdot \quad \cdot \quad \cdot \quad \cdot \quad \cdot$$

und man sieht, dafs die das Product $\prod\limits_{\nu=1}^{\infty}(1 + b_\nu)$ definirende Summe keine anderen Glieder enthält als die Summe, durch welche das Product $\prod(1 + a_\nu)$ bestimmt ist. Doch diese endlichen Summen sind von der Anordnung der Summanden unabhängig und einander gleich.

Mit Producten der hier betrachteten Art rechnet man wie mit den früheren Zahlengröfsen.

Um z. B. das Product

$$\prod(1 + a_\nu) = P \quad \text{und} \quad \prod(1 + b_\nu) = Q$$

zu bilden, hat man das Product

$$\prod(1 + a_\nu)(1 + b_\nu) = \prod(1 + a_\nu + b_\nu + a_\nu b_\nu)$$

zusammenzusetzen. Es ist endlich und hat den Werth PQ, denn erstens ist

$$\sum |a_\nu + b_\nu + a_\nu b_\nu| \leqq \sum \{|a_\nu| + |b_\nu| + |a_\nu b_\nu|\}$$

mit $\sum|a_\nu|$ und $\sum|b_\nu|$ endlich und zweitens gibt der Vergleich der das neue Product definirenden Summe mit dem Producte der Reihen

$$\sum g_\nu = 1 + a_1 + \sum_{\nu=2}^{\infty}(1 + a_1)(1 + a_2) \ldots (1 + a_{\nu-1}) a_\nu$$

$$\sum h_\nu = 1 + b_1 + \sum_{\nu=2}^{\infty}(1 + b_1)(1 + b_2) \ldots (1 + b_{\nu-1}) b_\nu\,,$$

dafs die zweite Behauptung richtig ist.

Enthält das endliche Product $\prod(1 + a_\nu) = P$ *keinen verschwindenden Factor, so ist das Product* $\prod\left(\frac{1}{1 + a_\nu}\right)$ *ebenfalls endlich und besitzt den Werth* $\frac{1}{P}$.

Setzt man

$$\prod\left(\frac{1}{1 + a_\nu}\right) = \prod\left(1 - \frac{a_\nu}{1 + a_\nu}\right)$$

und zeigt, dafs

$$\sum \left| \frac{a_\nu}{1+a_\nu} \right|$$

zugleich mit $\sum |a_\nu|$ endlich ist, so hat das neue Product gewiſs einen endlichen Werth, und zwar folgt aus

$$\prod (1+a_\nu) \cdot \prod \left(\frac{1}{1-a_\nu}\right) = \prod (1+a_\nu) \frac{1}{1+a_\nu} = 1$$

$$\prod \left(\frac{1}{1+a_\nu}\right) = \frac{1}{P} \cdot$$

Die genannte Summe ist wirklich endlich, denn bezeichnet α einen positiven Werth, der kleiner ist als jeder der von Null verschiedenen Werthe $|1+a_\nu|$, so gilt die Ungleichung

$$\sum \left| \frac{a_\nu}{1+a_\nu} \right| < \frac{1}{\alpha} \sum |a_\nu|,$$

in der die rechte Seite kleiner ist als eine noch angebbare Gröſse g.

Man kann an diesen Satz die Bemerkung knüpfen: *Ein absolut convergentes Product* $\prod (1+a_\nu)$ *kann nicht verschwinden, wenn nicht einer der Factoren* $(1+a_\nu)$ *Null ist.* —

Der Quotient zweier endlichen Producte

$$\prod (1+a_\nu), \quad \prod (1+b_\nu)$$

mit den Werthen P und Q, deren zweites keinen verschwindenden Factor hat, ist

$$\prod \left(\frac{1+a_\nu}{1+b_\nu}\right)$$

und hat den Werth $\frac{P}{Q}$, denn es ist

$$\prod \left(\frac{1+a_\nu}{1+b_\nu}\right) = \prod (1+a_\nu) \cdot \prod \left(\frac{1}{1+b_\nu}\right) = \frac{P}{Q} \cdot$$

Wenn die einem Producte $\prod (1+a_\nu)$ zugeordnete Reihe

$$a_1 + a_2 + \cdots + a_\nu + \cdots$$

nur bedingt convergirt, kann man die früheren Schlüsse über die Convergenz des Productes nicht mehr ziehen. Das Product kann wohl mit der Reihe zugleich endlich sein, aber nicht bei jeder Factorenfolge, es ist nur bedingt convergent.

Z. B. ist das Product

$$\prod_{\nu=2}^{\infty} \left(1 + (-1)^\nu \frac{1}{\nu}\right)$$

bedingt convergent, denn die Reihe

$$\frac{1}{2} - \frac{1}{3} + \frac{1}{4} - \cdots - \frac{1}{2\nu-1} + \frac{1}{2\nu} - \cdots$$

convergirt nur bei bestimmter Summationsfolge. Indeſs

$$\left(-\frac{1}{2}\right)+\left(\frac{1}{3}-\frac{1}{4}\right)+\cdots+\left(\frac{1}{2\nu-1}-\frac{1}{2\nu}\right)+\cdots$$

oder

$$-\frac{1}{1.2}+\frac{1}{3.4}+\cdots+\frac{1}{(2\nu-1)2\nu}+\cdots$$

convergirt und mithin

$$\left(1+\frac{1}{2}\right)\left(1-\frac{2}{3.4}\right)\left(1-\frac{2}{5.6}\right)\cdots$$

endlich ist, wird

$$\frac{1}{2}+\frac{1}{4}+\cdots+\frac{1}{2\nu}+\cdots$$

und

$$\frac{1}{3}+\frac{1}{5}+\cdots+\frac{1}{2\nu-1}+\cdots$$

unendlich, und von den Producten

$$\prod_{\nu=1}^{\infty}\left(1+\frac{1}{2\nu}\right) \quad \text{und} \quad \prod_{\nu=1}^{\infty}\left(1-\frac{1}{2\nu+1}\right)$$

divergirt das erste nach Unendlich, das zweite nach Null, ohne dafs ein Factor verschwindet.

Die von der Anordnung der Factoren abhängigen unendlichen Producte haben nicht den Charakter der Producte, darum führen wir sie ebensowenig wie die bedingt convergenten unendlichen Reihen in die Rechnung ein.

Zweites Capitel.

I. Abschnitt.

Veränderliche Gröfsen, Gröfsenmengen.

§ 12. Definition der algebraischen rationalen ganzen und gebrochenen Ausdrücke.

Mit den in dem vorigen Capitel gewonnenen Zahlengröfsen haben wir zu operiren.

Ist eine endliche Anzahl reeller oder complexer Zahlengröfsen $a_1, a_2 \ldots a_n$ vorgelegt und verknüpft man dieselben eine endliche Anzahl Male durch die vier Rechnungsoperationen, wobei die Division der Beschränkung unterliegt, dafs der Divisor nicht Null sein darf, so erhält man Ausdrücke, deren Untersuchung den Gegenstand der *Algebra* bildet. Schliefsen wir die Division zunächst ganz aus, so liefert die Anwendung der drei übrigen Elementaroperationen Ausdrücke der Form:

$$A_1 a_1^{m_1^{(1)}} a_2^{m_2^{(1)}} \ldots a_n^{m_n^{(1)}} + A_2 a_1^{m_1^{(2)}} a_2^{m_2^{(2)}} \ldots a_n^{m_n^{(2)}} + \ldots$$
$$+ A_k a_1^{m_1^{(k)}} a_2^{m_2^{(k)}} \ldots a_n^{m_n^{(k)}},$$

wo einige der (positiven) ganzen Zahlen $m_1^{(\varkappa)} \ldots m_n^{(\varkappa)}$ auch den Werth Null haben können, in welchem Falle $a_\nu^0 = 1$ zu setzen ist, und wo die positiven und negativen ganzzahligen Gröfsen $A_\varkappa$ *Coefficienten* genannt werden.

Solche *„algebraische, rationale und ganze“* Ausdrücke haben offenbar die Eigenschaft, untereinander durch die ersten drei Rechnungsarten verbunden, wieder Ausdrücke derselben Art zu geben.

Wendet man bei der Verknüpfung der Elemente a_ν auch die Division an, so entstehen Quotienten ganzer Ausdrücke. Indem man ferner die durch Addition, Multiplication und Subtraction verbundenen Quotienten auf gemeinsame Nenner bringt, wird der allgemeinste *algebraische, rationale und gebrochene* Ausdruck unter der Form des Quotienten zweier ganzen Ausdrücke erscheinen.

Bei der Bildung genannter Ausdrücke wollen wir festsetzen, dafs einige Elemente a_ν einmal fixirte Werthe unveränderlich beibehalten, andere Elemente nach und nach andere Werthe aus unserem Gröfsensystem annehmen. Die ersteren Gröfsen heifsen *unveränderliche* oder *constante*, die letzteren *veränderliche* oder *variable*.

Der algebraische Ausdruck ändert seinen Werth, wenn man den Variabeln verschiedene Werthe beilegt. Diese Abhängigkeit des Werthes eines Ausdruckes von den Werthen der Variabeln spricht man dadurch aus, dafs man den Ausdruck eine *Function der Variabeln* nennt und zwar eine algebraische rationale ganze oder gebrochene Function, je nachdem die variabeln Gröfsen bei der Division nicht in Verwendung kamen oder aber auch bei dieser Rechnungsoperation zugelassen wurden.

Die algebraische rationale ganze Function ist eine Summe einer endlichen Anzahl von Gliedern der Form:

$$A_{\nu_1, \nu_2 \ldots \nu_m} x_1^{\nu_1} x_2^{\nu_2} \ldots x_m^{\nu_m},$$

wo die constanten Coefficienten $A_{\nu_1 \nu_2 \ldots \nu_m}$ beliebige Zahlengröfsen und die $x_1, x_2 \ldots x_m$ die Variabeln bedeuten.

Zwei Glieder der ganzen Function, in welchen die Exponenten der Variabeln der Reihe nach übereinstimmen, kann man zu einem Gliede vereinigen. Sind die Exponenten einmal alle gleich Null, so hat die ganze Function ein von den Variabeln freies, constantes Glied $A_{0, 0 \ldots 0}$. Kann der Exponent ν_μ $(\mu = 1, 2 \ldots m)$ alle Werthe von 0 bis m_μ durchlaufen, so schreibt man die ganze Function in Form der $m$fachen Summe:

$$\sum_{\nu_1=0}^{m_1} \sum_{\nu_2=0}^{m_2} \ldots \sum_{\nu_m=0}^{m_m} A_{\nu_1, \nu_2 \ldots \nu_m} x_1^{\nu_1} x_2^{\nu_2} \ldots x_m^{\nu_m},$$

oder einfacher:

$$\sum_{\nu_1, \nu_2 \ldots \nu_m = 0}^{m_1, m_2 \ldots m_m} A_{\nu_1, \nu_2 \ldots \nu_m} x_1^{\nu_1} x_2^{\nu_2} \ldots x_m^{\nu_m},$$

und hierin können einige der Coefficienten $A_{\nu_1' \nu_2' \ldots \nu_n'}$ wieder Null sein. Die algebraische rationale gebrochene Function ist der Quotient solcher Summen.

§ 13. Unbeschränkt veränderliche Gröfsen.

Bevor wir an die Untersuchung der eingeführten Functionen gehen können, müssen wir eine Reihe von Definitionen vorausschicken.

Wir sagten, eine Gröfse heifst veränderlich, wenn sie verschiedene Werthe annehmen kann. Diese Veränderlichkeit ist ganz unbestimmt, und im Allgemeinen wird eine solche Gröfse nicht zu verwerthen sein. Wir führen darum die *unbeschränkt veränderliche Gröfse* ein und verstehen darunter eine Gröfse, die jeden Werth unseres Gröfsen- oder Zahlensystems annehmen kann und auch gröfser werden darf, als jede vorgegebene Gröfse.

Eine solche Variable x hat folgende Eigenschaft:

Ist x_0 ein bestimmter endlicher Werth und r eine gegebene positive (reelle) Gröfse, so gehört die Gesammtheit von Zahlengröfsen x, für welche der absolute Betrag $|x - x_0|$ kleiner ist als r, ebenfalls zu den Werthen der Variabeln.

Wird eine Variable als eine Gröfse x definirt, welche alle Werthe annimmt, für die $|x - x_0|$ kleiner ist als eine beliebig kleine positive Gröfse δ, — wo x_0 einen ersten Werth bezeichnet — so nennt man sie *stetig veränderlich*. Die unbeschränkt variable Gröfse ist also stetig veränderlich.

Die Gesammtheit der Werthe x, welche die Bedingung

$$|x - x_0| < r$$

erfüllen, bezeichnet man als *Umgebung von* x_0. Der Ursprung dieser Bezeichnung ist durch die geometrische Repräsentation der Variabelnwerthe erklärt. Die Träger dieser Werthe sind die Punkte der *Zahlenebene*, der Träger des Werthes x_0 ist ein bestimmter *Punkt* oder eine *Stelle*, und die der genannten Bedingung unterworfenen x Werthe liegen innerhalb des um die Stelle x_0 mit dem Radius r beschriebenen Kreises. Nach der Gröfse r heifst die *Umgebung* von x_0 diejenige *mit dem Radius* r, oder die Umgebung r der Stelle x_0.

Es seien n von einander unabhängige unbeschränkt veränderliche Gröfsen $x_1, x_2 \ldots x_n$ vorgelegt.

Ein specielles Werthesystem $(a_1, a_2 \ldots a_n)$ oder, wie wir kürzer anzeigen wollen, ein Werthesystem (a) heifse eine Stelle oder ein Punkt aus der Gesammtheit der Werthesysteme (x).

Die Gesammtheit derjenigen Werthesysteme (x), welche die Bedingungen

$$|x_1 - a_1| < \delta, \quad |x_2 - a_2| < \delta, \quad \ldots |x_n - a_n| < \delta$$

erfüllen, heifse die Umgebung δ der Stelle (a); allgemeiner definirt man durch die Gesammtheit der den verschiedenen Bedingungen

$$|x_1 - a_1| < \delta_1, \quad |x_2 - a_2| < \delta_2 \ldots |x_n - a_n| < \delta_n$$

genügenden Werthesysteme die Umgebung $(\delta_1, \delta_2 \ldots \delta_n)$ oder (δ) der Stelle (a).

Sind die Variabeln wiederum so definirt, dafs die Gesammtheit der den Ungleichungen $|x_\nu - a_\nu| < \delta_\nu$ $(\nu = 1, 2 \ldots n)$ mit beliebig kleinen Gröfsen δ_ν genügenden Werthesystemen auch den Variabelwerthen angehören, so heifsen sie stetig veränderlich.

Wir sagen: Die Gesammtheit der reellen Werthe, welche eine unbeschränkte Variable annehmen kann, constituirt eine einfach unendliche Mannichfaltigkeit oder eine Mannichfaltigkeit einer Dimension.

Die Gesammtheit der reellen Werthesysteme, die n von einander unabhängige, unbeschränkt veränderliche Gröfsen $x_1, x_2 \ldots x_n$ annehmen können, bildet eine $n$fach unendliche Mannichfaltigkeit oder eine Mannichfaltigkeit n^{ter} Dimension.

Die Gesammtheit der n unbeschränkt veränderlichen Gröfsen

$$x_\nu = \xi_\nu + i\eta_\nu \quad (\nu = 1, 2 \ldots n),$$

wo ξ_ν und η_ν reelle Werthe bedeuten oder unbeschränkt reelle Variabeln sind, constituirt eine Mannichfaltigkeit von $2n$ Dimensionen und ein specielles Werthesystem (a_ν) ist eine Stelle oder ein Punkt dieser Mannichfaltigkeit. —

Wir denken nun in der zweifach unendlichen Mannichfaltigkeit eine unendliche Menge (A) von einander verschiedener *endlicher* Punkte gegeben, die durch eine bestimmte Regel oder eine gemeinsame Definition charakterisirt seien, wie z. B. dadurch, dafs in $x = \xi + i\eta$ die Coordinaten ξ und η rationale Zahlengröfsen sein sollen.

Hierauf definiren wir: *eine* (wenn auch noch so kleine) *Umgebung* r *einer Stelle* x_0 der Gesammtheit von Werthen x *gehört der Punktmenge* (A) *an*, wenn nebst x_0 jede Stelle dieser Umgebung ein Punkt der Menge ist.

Gibt es keinen Punkt x_0 unter den gegebenen, dem eine der Menge (A) angehörige Umgebung zuzuordnen ist, so heifst die Punktmenge *discret*.

Angenommen, dafs eine solche Stelle x_0 existirt, so kann man eine der Bedingung $|x - x_0| < r$ genügende Stelle x_1 herausnehmen, für die sich offenbar wieder eine der Menge (A) angehörige Umgebung r_1 finden läfst. Fährt man so fort, sucht stets die Umgebung r_ν einer Stelle x_ν, die der der Menge (A) angehörigen Umgebung $r_{\nu-1}$ von $x_{\nu-1}$ entnommen ist, so constituirt die Gesammtheit von Punkten, zu denen man auf diese Weise gelangen kann, in der zweifach unendlichen Mannichfaltigkeit von x Werthen oder in der x-Ebene, wo die Variable gedeutet wird, eine Menge (A_1) von Stellen, die wir einen *Bereich* nennen. Durch die beschriebene Vermittlung einer endlichen Anzahl von Stellen kann man von jeder Stelle x_0 des Bereiches (A_1) zu jeder anderen x' gelangen, ja noch mehr, man kann sogar eine endliche Anzahl von Stellen x_ν aus (A) zwischen x_0 und x' so einschalten, dafs die Entfernungen

$$|x_1 - x_0|, \quad |x_2 - x_1| \ldots |x' - x_n|$$

kleiner bleiben als eine beliebig kleine Gröfse δ, und die Umgebungen der Stellen $x_0, x_1, x_2 \ldots x_n$ mit dem Halbmesser δ der Punktmenge (A) angehören.

Man sagt, die Stellen $x_1, x_2 \ldots x_n$ vermitteln einen *zusammenhängenden Übergang* oder einen *continuirlichen Weg* von x_0 nach x'. Ein Bereich (A_1), zwischen dessen Stellen continuirliche Wege zu legen sind, heifst ein aus einem zweifach ausgedehnten Stücke bestehendes, zusammenhängendes *Continuum*, oder Continuum kurzweg.*)

Ist x' eine Stelle aus (A), der man eine dem Continuum (A_1) angehörige Umgebung zuordnen kann, so liegt x' *innerhalb* (A_1) und (A_1) *enthält* x'.

Gibt es unter den Stellen einer noch so kleinen Umgebung von x' solche, die (A_1) angehören und andere, die (A_1) nicht angehören, so liegt x' *auf der Begrenzung des Bereiches* (A_1).

Eine Stelle x'' *liegt endlich aufserhalb* (A_1), wenn man ihr eine wenn auch noch so kleine Umgebung zuordnen kann, welche keine dem Bereiche (A_1) angehörige Stellen umfafst. Die dem Continuum (A_1) angehörigen Umgebungen einer Stelle, die innerhalb (A_1) liegen, können bis an eine Stelle der Begrenzung hinanreichen, aber niemals eine solche Stelle enthalten.**)

Das Continuum (A_1) ist durch einzelne Stellen, durch eine oder mehrere Linien oder durch Punkte und Linien begrenzt.

Die Linie ist (hier etwas umständlich) als die Gesammtheit einer unendlichen Punktmenge (B) der Beschaffenheit aufzufassen, dafs in jeder (selbst beliebig kleinen) Umgebung jeder Stelle von (B) unendlich viele andere Stellen dieser Menge, und noch Stellen (x'') und (x') liegen, die sich aufserhalb resp. innerhalb des Continuums (A_1) befinden.

Die eine Linie definirende Punktmenge bildet kein zweifach ausgedehntes Continuum mehr, aber nothwendig lassen sich wieder zwischen irgend zwei Stellen ξ_0 und ξ_0' von (B) nach Annahme einer beliebig kleinen Gröfse ε eine endliche Anzahl neuer Stellen $\xi_1, \xi_2 \ldots \xi_\nu$, welche der Menge (B) angehören, den Bedingungen

$$|\, \xi_1 - \xi_0 \,| < \varepsilon, \ldots |\, \xi_\nu - \xi' \quad < \varepsilon$$

gemäfs einschalten. Darum heifst die Punktmenge (B) *zusammenhängend* und andererseits einfach unendlich oder einfach ausgedehnt, weil sie in der zweidimensionalen Mannichfaltigkeit kein Continuum bildet.

Es ist möglich, dafs unter den Stellen der ursprünglich gegebenen Punktmenge (A) solche existiren, die zwar aufserhalb (A_1) liegen, denen aber eine der Menge (A) angehörige Umgebung zuzuordnen ist. Dann gibt es mindestens ein zweites Continuum (A_2), dessen Begrenzung theilweise mit der des ersten Continuums zusammenfallen kann. So kann man nach und nach alle Continua aus (A) herausnehmen.

Die Gesammtheit der Werthe einer stetig veränderlichen Gröfse x constituirt gewifs ein Continuum. Indem sich die früheren Betrach-

*) Weierstrafs, Abhandl. aus der Functionenlehre S. 71.

**) Mittag-Leffler, Acta math. Bd. 4.

tungen auf den Fall unendlicher Punktmengen (A) in der $2n$-dimensionalen Mannichfaltigkeit ausdehnen lassen, gilt die letzte Behauptung auch für die Gesammtheit der Werthesysteme von n stetigen Veränderlichen. Die der Linie entsprechende Begrenzung des $2n$fach ausgedehnten Continuums wird aus einer $(2n - 1)$fach unendlichen Punktmenge zusammengesetzt sein und ferner werden die Begrenzungen durch $(2n - \nu)$fach unendliche Punktmengen gebildet sein können, indem in der Punktmenge (A) eine Menge von Stellen existiren kann, die niemals ein mehr als $(2n - \nu)$fach ausgedehntes Continuum zu bilden vermögen, in deren Umgebungen aber erstens unendlich viele Stellen dieser Menge selbst und ferner Stellen liegen, die sich innerhalb oder aufserhalb der der Menge (A) angehörenden Continua befinden. —

Gibt es unter den Werthen einer Variabeln x solche, die, ohne Null zu sein, dem absoluten Betrage nach kleiner sind als eine beliebig kleine positive Gröfse δ, so sagt man, dafs x *unendlich klein werden* kann.*) Ist x eine stetig veränderliche Gröfse und liegt die Stelle Null in dem Bereich der Gröfse oder auf der Begrenzung, so kann x unendlich klein werden und zwar gibt es *unendlich viele* Werthe x, für die $|x|$ kleiner wird als δ.

Die Null selbst erscheint hier im Gegensatz zu den Null werdenden oder unendlich klein werdenden Gröfsen als eine bestimmte Gröfse, nach welcher die Werthe x convergiren.

Ein Gröfsensystem $x_1, x_2 \ldots x_n$ *wird unendlich klein*, sobald wieder die Stelle (0) in dem Bereich der Veränderlichen oder auf der Begrenzung liegt.

Stehen hierauf zwei oder mehrere Gröfsen y und x oder y und $x_1, x_2 \ldots x_n$ in einem Zusammenhange, durch welchen jeder Stelle x oder (x) ein oder mehrere (vielleicht unendlich viele) Werthe für y zugeordnet werden, und existirt nach Annahme einer beliebig kleinen positiven Gröfse ε eine Umgebung der Stelle 0 oder (0)

$$|x| < \delta; \quad |x_\nu| < \delta_\nu, \quad (\nu = 1, 2 \ldots n),$$

die nur Stellen enthält, denen y Werthe von einem Betrage kleiner als ε zugeordnet sind, so sagt man, dafs die Gröfse y mit den unabhängigen Variabeln unendlich klein oder mit *unendlich kleinen Werthen der Variabeln* unendlich klein wird.

Wird $y - b$ mit $x - a$ oder mit $x_\nu - a_\nu$ $(\nu = 1, 2 \ldots n)$ unendlich klein, so gebraucht man die Bezeichnung: *y nähert sich der Grenze b*, indem die Gröfse x oder das Gröfsensystem $(x_1, x_2 \ldots x_n)$ nach der Stelle a oder (a) convergirt, d. h. wenn die Stelle x oder

*) Wir werden öfter die Worte *absoluter Betrag* weglassen, wenn es sich um den Vergleich complexer Gröfsen mit positiven (reellen) Gröfsen handelt.

(x) derart nach a oder (a) rückt, dafs die Differenzen $x - a$ oder $(x_\nu - a_\nu)$ unendlich klein werden.

Die Summe oder das Product y einer endlichen Anzahl stetig veränderlicher Gröfsen wird mit den Summanden respective mit *einem* Factor unendlich klein, sofern in dem Producte keiner der übrigen Factoren eine noch angebbare Gröfse überschreitet. Der Quotient y zweier stetig veränderlicher Gröfsen wird gewifs mit dem Dividend unendlich klein, wenn nur der Divisor nicht auch unendlich klein wird.

Eine veränderliche Gröfse wird *unendlich grofs* genannt, wenn ihr absoluter Betrag gröfser werden kann als jede angebbare positive Gröfse. Wie die Null als Grenze unendlich klein werdender Gröfsen aufzufassen ist, betrachtet man die Grenze der unendlich werdenden Gröfsen als eine bestimmte Gröfse: *Unendlich*, und spricht von ihr als dem Werthe des Ausdruckes $\frac{1}{x}$, wenn $x = 0$ gesetzt wird; diesem Werthe oder dieser Gröfse (∞) kommt der Name Unendlichkeitspunkt zu, herrührend von der geometrischen Repräsentation, bei der man nur einen unendlich fernen Punkt hat, sobald die Ebene als Kugel von unendlich grofsem Radius aufgefafst wird. Die Gesammtheit der (absolut genommen grofsen) Werthe von x, für welche $\left|\frac{1}{x}\right| < r$, heifst die Umgebung r der Stelle ∞. Darnach legt man also dem Ausdruck $x - \infty$ die Bedeutung von $\frac{1}{x}$, und dem Ausdruck $\frac{a - \infty}{x - \infty}$ die Bedeutung von $\frac{x}{a}$ bei.

Sollte die oben benützte Punkt- oder Werthemenge (A) der zweifach unendlichen Mannichfaltigkeit Gröfsen enthalten, deren absoluter Betrag gröfser ist als eine angebbare Grösse und gehört jede einer Bedingung $\left|\frac{1}{x}\right| < r$ genügende Stelle der Menge (A) an, so enthält (A) die Umgebung des unendlich fernen Punktes und *ein Continuum erstreckt sich in das Unendliche.*

§ 14. Häufungsstelle linearer Punktmengen.

Wir müssen die unendlichen Punktmengen noch näher studiren. Wir denken vor Allem in dem Bereich der unbeschränkt reellen Variabeln x', der durch die Gesammtheit der reellen Werthe unserer Variabeln x constituirt ist, eine aus einer einheitlichen Definition fliefsende Menge voneinander verschiedener Werthe gegeben. Dann besteht für jede solch *lineare unendliche Punktmenge* der wichtige Satz*):

In dem Bereich der reellen Variabeln gibt es mindestens eine

*) Siehe Pincherle l. c.

Stelle der Beschaffenheit, dafs in jeder noch so kleinen Umgebung derselben unendlich viele Stellen der Punktmenge sich befinden.

Wir setzen voraus, dafs die absoluten Beträge der gegebenen Gröfsen (x_1', x_2' ... x_ν' ...) endlich seien; dann können wir auch bestimmen, dafs sie alle positiv seien, denn andernfalls kann man wegen der ersten Voraussetzung stets eine positive Gröfse k so angeben, dafs

$$y_\nu' = x_\nu' + k \ (\nu = 1, 2 \ldots)$$

positiv werden.

Sind die unendlich vielen Gröfsen x_ν' nun alle positiv, gröfser als a und kleiner als $a + d$, so theile man das durch diese Gröfsen definirte Intervall (Bereich) in neue Bereiche, so dafs in einem Theilbereiche unendlich viele der gegebenen Gröfsen liegen.

Bezeichnen

$$\varepsilon_1, \varepsilon_2 \ldots \varepsilon_n \ldots$$

Gröfsen, die nur die Werthe 0 und 1 annehmen, so lassen sich unendlich viele Gröfsen x_ν' in das Intervall

$$\text{von} \quad a + \varepsilon_1 \frac{d}{2} = b_1 \quad \text{bis} \quad b_1 + \frac{d}{2},$$

ferner in das Intervall

$$\text{von} \quad b_2 = b_1 + \varepsilon_2 \frac{d}{2} \quad \text{bis} \quad b_2 + \frac{d}{2},$$

usw., endlich in ein Intervall

$$\text{von} \quad b_n = b_{n-1} + \varepsilon_n \frac{d}{2} \quad \text{bis} \quad b_n + \frac{d}{2}$$

einschliefsen. Nennt man die Summe

$$\frac{\varepsilon_1}{2} + \frac{\varepsilon_2}{4} + \cdots + \frac{\varepsilon_n}{2^n}$$

η_n, so wird

$$b_n = a + \eta_n d.$$

Wir behaupten, dafs dann, wenn b_n noch nicht die verlangte Stelle ist, die Zahlengröfse

$$b = a + d\left(\frac{\varepsilon_1}{2} + \frac{\varepsilon_2}{4} + \cdots + \frac{\varepsilon_n}{2^n} + \cdots\right) = a + d.\eta$$

die gesuchte Stelle in dem Intervall a bis $a + d$ definirt.*)

Diese Zahlengröfse ist vor Allem endlich, denn η ist nicht gröfser als

$$\frac{1}{2} + \frac{1}{2^2} + \cdots + \frac{1}{2^n} + \cdots = \frac{1}{2} \frac{1}{1 - \frac{1}{2}} = 1.$$

Ist dann δ eine beliebig kleine vorgelegte Gröfse und n so gewählt, dafs

*) Vergleiche Serret-Harnack, Lehrbuch der Differential- und Integralrechnung S. 26.

$$\frac{1}{2^n} < \delta, \quad \frac{1}{2^{n+1}} > \delta,$$

so wird η an die Ungleichungen gebunden sein:

$$\eta_n < \eta < \eta_n + \frac{1}{2^n},$$

oder:

$$\eta - d < \eta_n \quad \text{und} \quad \eta + \delta > \eta_n + \frac{1}{2^n}.$$

Dann ist aber das Intervall von b_n bis $b_n + \frac{d}{2^n}$ vollständig in dem Intervalle $(b - \delta d, b + \delta d)$ oder $\big(a + (\eta - \delta)d, a + (\eta + \delta)d\big)$ enthalten und weil dieses mit δ beliebig klein zu machen ist, fallen wirklich in jede noch so kleine Umgebung der Stelle b unendlich viele der vorgelegten Punkte.

Enthält die gegebene Punktmenge Gröfsen x'_ν, die gröfser sind als jede angebbare Gröfse, und gehören nicht alle endlichen Stellen der Menge an (in welchem Falle der frühere Satz auch hier bewiesen wäre), so greife man eine solche heraus — sie heifse ξ' —, setze dann

$$y = \frac{x}{x - \xi'},$$

so wird der Bereich der reellen Werthe y' gerade dem Bereich von x' entsprechen, indem

$$y'_\nu = \frac{x'_\nu}{x'_\nu - \xi'} = \frac{1}{1 - \frac{\xi'}{x'_\nu}}$$

reell ist. Die Stellen y'_ν liegen nicht unendlich fern, da $|y'_\nu|$ endlich bleibt und somit gibt es für die Punktmenge $(y_1', y_2' \ldots y'_\nu \ldots)$ eine ausgezeichnete Stelle der in Rede stehenden Art; sie heifse Y. Ihr entspricht in dem Bereiche von x' umgekehrt die Stelle:

$$X = \frac{Y\xi'}{Y - 1},$$

und diese ist die gesuchte *Grenz- oder Häufungsstelle* der gegebenen Punktmenge, denn die Stellen der nächsten Umgebung von Y werden in Stellen der nächsten Umgebung von X transformirt.

Wäre $Y = 1$, so folgt $X = \infty$ und dann gibt es in jedem noch so kleinen Bereiche, für welchen $\left|\frac{1}{x'}\right| < \delta$, unendlich viele der gegebenen Stellen. —

Man kann diese Betrachtungen auf den Fall ausdehnen, wo in dem Bereiche der n von einander unabhängigen unbeschränkten aber reellen Variabeln $(x_1', x_2' \ldots x_n')$, (also in einer Mannichfaltigkeit von n Dimensionen), unendlich viele von einander verschiedene (positive) Stellen (x') gegeben sind, die man in bestimmter Folge geordnet denken mag; z. B. dadurch dafs zwei Stellen (x') und $(\bar{x}')$ dann als aufeinander folgend angesehen werden, wenn $|x_1'| < |\bar{x}_1'|$ ist; sollte es aber zwei Stellen geben, denen dieselben Werthe x_1' zukommen, so folge (x') auf $(\bar{x}')$, wenn $x_2' < \bar{x}_2'$ usw.

In der $n$fach unendlichen Mannichfaltigkeit existirt wieder mindestens eine Stelle, derart, dafs in jeder beliebig kleinen Umgebung (δ) derselben unendlich viele der gegebenen Punkte enthalten sind.

Will man zeigen, dafs auch die unendliche Punktmenge in dem zweifach ausgedehnten Bereiche der unbeschränkten Variabeln

$$x = \xi + i\eta$$

eine Häufungsstelle besitzt $(b = \beta_1 + \beta_2 i)$, so dafs in jeder noch so kleinen Umgebung r von b unendlich viele der vorgegebenen Stellen $x' = \xi' + i\eta'$ liegen, so setze man b aus den Häufungsstellen β_1 und β_2 der Gröfsenmengen ξ' resp. η' zusammen und beweise, dafs sich nach Annahme zweier beliebig kleinen Gröfsen δ_1 und δ_2, welche der Bedingung $\delta_1^2 + \delta_2^2 < r^2$ genügen, unendlich viele reelle Werthe ξ' und η' finden lassen, für welche

$$|\xi' - \beta_1| < \delta_1, \quad |\eta' - \beta_2| < \delta_2,$$

denn dann gibt es auch unendlich viele Gröfsen x', die die Bedingung $|x' - b| < r$ erfüllen.

In entsprechender Weise gehe man in dem Falle vor, wo die Punktmenge in dem $2n$fach ausgedehnten Bereiche der n (complexen) Variabeln $x_1, x_2 \ldots . x_n$ gegeben ist. Es gibt auch hier mindestens eine Häufungsstelle.

§ 15. Abgeleitete Punktmengen.*)

Ist irgend eine unendliche lineare Punktmenge P gegeben, d. h. eine unendliche Menge verschiedener Punkte, so ist mit dieser eine zweite Punktmenge definirt, nämlich die der Häufungs- oder Grenzstellen. Man nennt die Gesammtheit der Grenzstellen die *erste abgeleitete Punktmenge* von P und bezeichnet sie mit $P^{(1)}$.

Die Punkte von $P^{(1)}$ brauchen der Menge P nicht anzugehören und ebensowenig ist die Menge P in $P^{(1)}$ enthalten. Heifst die Gesammtheit der in P aber nicht in $P^{(1)}$ vorkommenden Stellen Q, dann kann man jedem Punkte von Q eine Umgebung zuordnen, welche keine weiteren Stellen aus Q enthält, und die abgeleitete Menge $Q^{(1)}$ kann mit Q keine Stelle gemein haben. Man nennt die Punkte Q *isolirte Punkte.*

Besteht die Punktmenge $P^{(1)}$ aus unendlich vielen Stellen, so besitzt dieselbe eine erste abgeleitete Punktmenge $P^{(2)}$, die die zweite

*) Vergleiche die Untersuchungen von Cantor in den Mathemat. Annalen.

Abgeleitete von P heifst. — $P^{(2)}$ braucht nicht alle Stellen von $P^{(1)}$ zu enthalten, aber jede Stelle von $P^{(2)}$ gehört jetzt $P^{(1)}$ an, denn in jeder Umgebung einer Stelle von $P^{(2)}$ gibt es unendlich viele Stellen von $P^{(1)}$ und in jeder Umgebung dieser Stellen unendlich viele Punkte der Menge P. Der Ableitungsprozefs fördert also aus P höchstens einmal neue Stellen.

In der Bildung abgeleiteter Punktmengen kann man weiter gehen und die ν^{te} Ableitung von P, d. i. die erste Ableitung von $P^{(\nu-1)}$ aufsuchen; stets wird $P^{(\nu)}$ in $P^{(\nu-1)}$, in $P^{(\nu-2)}$ usw., endlich in $P^{(1)}$ enthalten sein. Kommt man bei dieser Succession zu einem Ende, indem eine abgeleitete Menge $P^{(n)}$ nur aus einer endlichen Anzahl von Stellen zusammengesetzt ist und $P^{(n+\nu)}$ für jedes ν keine Stellen enthält, so heifst die Punktmenge von der n^{ten} Ordnung. Man zeigt dies durch die Schreibweise an:

$$P^{(n+1)} \equiv 0\,.$$

Beispiele: 1) Die erste abgeleitete Punktmenge der gegebenen Menge $\left(1, \frac{1}{2}, \frac{1}{3}, \cdots \frac{1}{n}, \cdots\right)$ besteht aus der Stelle Null und es ist $P^{(2)} \equiv 0$.

2) Die erste Abgeleitete der Punktmenge, welche durch die innerhalb des Bereiches von 0 bis 1 befindlichen rationalen Zahlengröfsen definirt ist, besteht aus allen Punkten des Intervalles einschliefslich der durch die Stellen 0 und 1 gebildeten Grenzen und jede folgende abgeleitete Menge enthält dieselben Stellen.

3) Eine irrationale Zahlengröfse n^{ter} Ordnung war durch eine aus Zahlengröfsen $(n-1)^{\text{ter}}$ Ordnung gebildete Fundamentalreihe definirt, die irrationale Zahlengröfse erster Ordnung durch eine aus rationalen Gröfsen zusammengesetzte Fundamentalreihe. Sucht man die den rationalen Gröfsen entsprechende Punktmenge, welche eine irrationale Zahlengröfse n^{ter} Ordnung definirt, so ist dieselbe durch die Identität $P^{(n+1)} \equiv 0$ charakterisirt.

Bezeichnet man das System der zweien Punktmengen P_1 und P_2 gemeinsamen Stellen mit $D(P_1, P_2)$ und nennt diese Menge den gemeinsamen Theiler von P_1 und P_2, so erhält der früher ausgesprochene Hauptsatz einer Menge Q isolirter Stellen die Form:

$$D(Q, Q^{(1)}) \equiv 0\,,$$

und die Beziehung auf einander folgender abgeleiteter Punktmengen ist in der Formel enthalten:

$$D(P^{(\nu)}, P^{(\nu+1)}) \equiv P^{(\nu+1)}\,.$$

Bezeichnet man die durch Vereinigung zweier Punktmengen P_1 und P_2 ohne gemeinsamen Theiler entstehende Punktmenge P mit $P_1 + P_2$, so ist die frühere Punktmenge P mit der ersten Abgeleiteten

$P^{(1)}$ und der isolirten Menge Q in der nachfolgenden Weise zu charakterisiren:

$$P \equiv Q + D(P, P^{(1)}),$$

d. h. jede Punktmenge P ist als Vereinigung einer isolirten Menge und einer Theilmenge von $P^{(1)}$ darzustellen.

Ist P selbst eine abgeleitete Punktmenge, so wird diese Theilmenge von $P^{(1)}$ $P^{(1)}$ selbst, denn es ist:

$$P^{(\nu)} \equiv Q_\nu + D(P^{(\nu)}, P^{(\nu+1)}) \equiv Q_\nu + P^{(\nu+1)}$$

und $Q_\nu \equiv P^{(\nu)} - P^{(\nu+1)}$ ist eine isolirte Menge. So ersieht man auch, dafs die erste abgeleitete Punktmenge als Vereinigung isolirter Mengen aufzufassen ist, denn es gilt:

$$P^{(1)} \equiv (P^{(1)} - P^{(2)}) + (P^{(2)} - P^{(3)}) + \cdots + (P^{(n-1)} - P^{(n)}) + P^{(n)}$$

oder

$$P^{(1)} \equiv (P^{(1)} - P^{(2)}) + (P^{(2)} - P^{(3)}) + \cdots,$$

je nachdem $P^{(1)}$ von der $(n-1)^{\text{ten}}$ Ordnung ist, oder der Ableitungsprocefs im Endlichen keinen Abschlufs erreicht.

Eine Punktmenge P, welche ihre erste abgeleitete Punktmenge enthält (wo $D(P, P^{(1)}) \equiv P^{(1)}$ ist), heifse eine *abgeschlossene*. Für diese ist:

$$P \equiv Q + P^{(1)},$$

und weil $D(Q, Q^{(1)}) \equiv 0$ ist, so mufs $Q^{(1)}$ in $P^{(1)}$ als Theiler enthalten sein. Enthält P neben Q und $Q^{(1)}$ noch eine Punktmenge R, so gilt:

$$P = Q + Q^{(1)} + R, \quad Q^{(1)} + R \equiv P^{(1)}.$$

Während in hinlänglich kleinen Umgebungen der Stellen von Q keine Stellen dieser Menge existiren, gibt es in jeder Umgebung der Stellen von R Stellen, die R selbst angehören, folglich gehört R seiner ersten abgeleiteten Punktmenge $R^{(1)}$ an:

$$D(R, R^{(1)}) \equiv R.$$

Ferner ist nicht blos $D(R^{(1)}, R^{(2)}) \equiv R^{(2)}$, sondern auch

$$D(R^{(1)}, R^{(2)}) \equiv R^{(1)},$$

d. h. $R^{(2)}$ enthält alle Stellen von $R^{(1)}$ und keine anderen mehr. Der Ableitungsprocefs bringt demnach an der Menge $R^{(1)}$ keine Aenderung hervor.

Wir schliefsen diese Erörterungen über Punktmengen mit der nunmehr einleuchtenden Bemerkung: Nimmt man aus dem Bereich der unbeschränkt veränderlichen Gröfse $x = \xi + i\eta$ eine abgeschlossene Punktmenge heraus, von der kein Theil ein zweifach ausgedehntes Continuum bildet, so werden in dem Bereich ein oder mehrere Continua entstehen.

§ 16. Obere und untere Grenze unendlich vieler reeller Zahlengröfsen.

Wir kommen jetzt zu neuen Begriffen, denen der oberen und unteren Grenze unendlich vieler reeller positiver Zahlengröfsen x', welche im Allgemeinen keine Fundamentalreihe constituiren sollen.

Wir behaupten: Es gibt eine Zahlengröfse G, welche von den gegebenen Gröfsen x' an Gröfse nicht übertroffen wird und die Beschaffenheit hat, dafs entweder gewisse x' gleich G sind oder doch Gröfsen x' innerhalb des beliebig kleinen Intervalles G bis $G - \delta$ liegen. Sie heifst die *obere Grenze*. Die *untere Grenze* ist eine Gröfse g der Beschaffenheit, dafs keine der Gröfsen x' kleiner ist als g, aber Gröfsen x' existiren, welche in das beliebig kleine Intervall g bis $g + \delta$ fallen oder g gleich sind.

Der Beweis für das Vorhandensein dieser Grenzen läfst sich leicht an den für die Häufungsstelle einer Punktmenge anknüpfen, doch ziehen wir vor, einige Modificationen in der Beweisführung eintreten zu lassen, die bei der Wichtigkeit dieser Art von Untersuchungen am Platze sein dürften.

Wir setzen fest, dafs alle Gröfsen x' endlich seien. Wenn sie somit nicht über eine angebbare Gröfse hinausgehen, kann man in der Reihe rationaler Gröfsen:

$$0, \frac{1}{n}, \frac{2}{n}, \ldots \frac{m}{n}, \ldots,$$

wo $n > 1$ sein mag, ein erstes Glied $\frac{\mu_1}{n}$ finden, welches gröfser ist als alle Gröfsen x', dann gibt es aber Gröfsen x', die gröfser oder gleich $\frac{\mu_1 - 1}{n}$ sind. Ist niemals $x' > \frac{\mu_1 - 1}{n}$, aber $x' = \frac{\mu_1 - 1}{n}$, so ist $\frac{\mu_1 - 1}{n}$ die obere Grenze. Andernfalls sei in der weiteren Reihe:

$$0, \frac{1}{n^2}, \frac{2}{n^2}, \ldots \frac{m}{n^2}, \ldots$$

$\frac{\mu_2}{n^2}$ das erste Glied, welches gröfser ist als alle Gröfsen x'.

Es ist dann

$$\frac{\mu_1 - 1}{n} < \frac{\mu_2}{n^2}, \quad \frac{\mu_1}{n} > \frac{\mu_2 - 1}{n^2}$$

oder

$$\mu_1 n - n < \mu_2, \quad \mu_1 n > \mu_2 - 1$$

und daher

$$\mu_1 n \geqq \mu_2, \quad \frac{\mu_1 - 1}{n} < \frac{\mu_2}{n^2} < \frac{\mu_1}{n}.$$

Definirt man in derselben Weise die Gröfsen:

$$\frac{\mu_3}{n^3}, \frac{\mu_4}{n^4}, \ldots \frac{\mu_m}{n^m}, \ldots$$

für die dann die analogen Ungleichungen gelten:

$$\frac{\mu_{\nu-1}-1}{n^{\nu-1}} < \frac{\mu_\nu}{n^\nu} \leq \frac{\mu_{\nu-1}}{n^{\nu-1}},$$

und bildet die Gröfse:

$$G = \frac{\mu_1}{n} + \left(\frac{\mu_2}{n^2} - \frac{\mu_1}{n}\right) + \left(\frac{\mu_3}{n^3} - \frac{\mu_2}{n^2}\right) + \cdots,$$

so ist diese die verlangte endliche obere Grenze.

Bringt man G auf die Form:

$$G = \frac{\mu_1}{n} - \sum_{\varkappa=1}^{\infty} \frac{n\mu_\varkappa - \mu_{\varkappa+1}}{n^{\varkappa+1}},$$

oder schreibt nach Weglassung der ersten $\nu - 1$ Gröfsen $\frac{\mu_\varkappa}{n^\varkappa}$ und $-\frac{\mu_\varkappa}{n^\varkappa}$:

$$G = \frac{\mu_\nu}{n^\nu} - \sum_{\varkappa=\nu}^{\infty} \frac{n\mu_\varkappa - \mu_{\varkappa+1}}{n^{\varkappa+1}}$$

und beachtet die Ungleichungen:

$$n\mu_\varkappa - \mu_{\varkappa+1} < n \quad (\varkappa = \nu,\ \nu+1, \cdots),$$

so wird die unter dem Summenzeichen stehende Gröfse kleiner als $\frac{1}{n^\varkappa}$. Man kann darnach eine positive Gröfse $h < 1$ so bestimmen, dafs

$$G = \frac{\mu_\nu}{n^\nu} - h\frac{1}{n^\nu}\frac{1}{1-\frac{1}{n}}$$

wird, folglich ist G wirklich endlich, denn n war gröfser als 1.

Führt der beschriebene Procefs nicht zum Ende, so ist die durch unsere unendliche Reihe definirte Gröfse G so beschaffen, dafs kein x' gröfser ist als G und in dem Intervalle G bis $G - \delta$ Zahlengröfsen x' liegen. Wäre nämlich $x' > G$, so gibt es auch ein δ, für welches noch

$$x' > G + \delta$$

ist. Wählt man hierauf ein ν, der Bedingung

$$h\frac{1}{n^\nu}\frac{1}{1-\frac{1}{n}} = \frac{h}{n^\nu}\frac{n}{n-1} < \delta$$

entsprechend, so wird

$$G + \delta > \frac{\mu_\nu}{n^\nu},$$

doch weil gemäfs der Definition von μ_ν keine Gröfsen x' existiren, die gröfser sind als $\frac{\mu_\nu}{n^\nu}$, kann unsere Annahme nicht richtig sein und es ist jedenfalls $x' > G$. Da aber

$$G < \frac{\mu_\nu}{n^\nu}$$

ist und man stets ein ν entsprechend einer beliebig kleinen Gröfse δ so bestimmen kann, dafs neben der letzten Ungleichung auch die folgende gilt:

$$G - \delta < \frac{\mu_\nu - 1}{n^\nu}$$

— man hat ja nur $\frac{1}{n^\nu} > \delta$ zu machen — so gibt es in dem Intervall von G bis $G - \delta$ Gröfsen x', denn es existiren den Definitionen zufolge Gröfsen $x' \geqq \frac{\mu_\nu - 1}{n^\nu}$.

Sind unter den Gröfsen x' solche, die gröfser sind als eine beliebig vorgegebene Gröfse, so ist die obere Grenze $G = \infty$, und in jeder Umgebung der Unendlichkeitsstelle $\left|\frac{1}{x}\right| < \delta$ gibt es Gröfsen x'. Zum Beweise benütze man die schon oben verwendete Transformation:

$$y = \frac{x}{x - \xi}.$$

In genau derselben Weise folgt die Existenz der unteren Grenze. Enthält die gegebene Gröfsenmenge positive und negative Gröfsen x', so trenne man diese, suche die obere Grenze der positiven Gröfsen und andrerseits die der absoluten Beträge der negativen Gröfsen. Die letztere ist nach Aenderung des Zeichens die untere Grenze der gegebenen Gröfsen.

Es bedarf kaum der Erwähnung, dafs die Häufungsstellen unserer Punktmengen mit den hier bestimmten Grenzen einer unendlichen Anzahl von Zahlengröfsen zusammenfallen können, aber durchaus nicht übereinstimmen müssen, denn die Grenzen waren nicht dadurch definirt, dafs in jeder Umgebung derselben unendlich viele, sondern überhaupt gegebene Gröfsen liegen.

§ 17. Von reellen Variabeln abhängige stetig veränderliche Gröfsen.

Der Begriff der oberen und unteren Grenze unendlich vieler reeller Zahlengröfsen wird dort von Wichtigkeit, wo wir einer mit einer oder mehreren unbeschränkt oder stetig veränderlichen Gröfsen in derartigem Zusammenhang stehenden Gröfse y begegnen, dafs jedem Werthe oder Werthsysteme der Variabeln (x resp. $x_1, x_2 \ldots x_n$), das einem continuirlichen Bereiche entnommen ist, ein oder mehrere bestimmte Werthe der Gröfse y zugehören. Wir zeigen diese Abhängigkeit der Gröfse y von x oder $x_1, x_2 \ldots x_n$ durch die Schreibweise an:

$$y = f(x) \quad \text{oder} \quad y = f(x_1, x_2 \ldots x_n),$$

und lesen vorderhand nur, y ist eine von x oder $x_1, x_2 \ldots x_n$ abhängige Gröfse der genannten Art. Unter $f(x')$ oder $f(x_1', x_2' \dots x_n')$ verstehen wir dann die Werthe von y an der Stelle x' oder (x').

Es sei zunächst y eine von der reellen Variabeln x' abhängige Gröfse, die für jeden innerhalb des durch die Stellen $x' = a$ und $x' = b$ begrenzten Bereiches liegenden Werthes x' einen bestimmten endlichen und reellen Werth y' besitze, dann haben die unendlich vielen bestimmten Werthe y' eine obere und untere Grenze G und g, für die der folgende Satz gilt:

> Ist G die obere Grenze derjenigen Werthe von y, welche den innerhalb des Intervalles von a bis b liegenden Werthen von x' zugehören, so gibt es in diesem Intervalle mindestens eine Stelle $x' = X$ der Beschaffenheit, dafs die obere Grenze der Werthe y, welche den in beliebig kleiner Umgebung von X liegenden x' Werthen entsprechen, immer noch G bleibt.

Der Satz für die untere Grenze g lautet analog. Zum Beweise suche man wieder in der Reihe rationaler Gröfsen

$$0, \frac{1}{n}, \frac{2}{n}, \dots \frac{m}{n}, \dots$$

wo $n > 1$ ist, zwei Gröfsen $\frac{p}{n}$ und $\frac{p+q}{n}$, welche das Intervall von a bis b einschliefsen, theile das so gewonnene neue Intervall in q gleiche Theile ab, dann gibt es in jedem derselben für die den x' Werthen entsprechenden y Werthe eine obere Grenze und mindestens in einem Intervalle etwa von $\frac{\mu_1}{n}$ bis $\frac{\mu_1+1}{n}$ ist diese obere Grenze gerade G. Durch die weitere Reihe

$$0, \frac{1}{n^2}, \frac{2}{n^2}, \dots \frac{m}{n^2}, \dots$$

wird wieder mindestens ein Intervall etwa von $\frac{\mu_2}{n^2}$ bis $\frac{\mu_2+1}{n^2}$ zu bestimmen sein, in welchem die den x' Werthen zugeordneten y Werthe die obere Grenze G besitzen. Es ist aber

$$\frac{\mu_1}{n} < \frac{\mu_2+1}{n^2}, \quad \frac{\mu_2}{n^2} < \frac{\mu_1+1}{n}$$

oder

$$n\mu_1 < \mu_2 + 1, \quad \mu_2 < n\mu_1 + 1$$

und deshalb

$$n\mu_1 < \mu_2, \quad \mu_2 + 1 < \mu_1 + n,$$

$$\frac{\mu_1}{n} < \frac{\mu_2}{n^2}, \quad \frac{\mu_2+1}{n^2} \leqq \frac{\mu_1+1}{n},$$

d. h. das neue Intervall liegt ganz in dem ersten.

In der Bildung neuer Intervalle gehe man in der angegebenen Weise weiter, so dafs stets

$$0 < \mu_\nu - \nu\mu_{\nu-1} < n$$

bleibt, wie in dem Falle $\nu = 2$. Erhält man niemals einen Werth $\frac{\mu_\nu}{n^\nu}$, dem der Werth $y = G$ entspricht, so definirt der Ausdruck:

$$\frac{\mu_1}{n} + \left(\frac{\mu_2}{n^2} - \frac{\mu_1}{n}\right) + \left(\frac{\mu_3}{n^3} - \frac{\mu_2}{n^2}\right) + \cdots$$

$$= \frac{\mu_1}{n} + \frac{\mu_2 - n\mu_1}{n^2} + \frac{\mu_3 - n\mu_2}{n^3} + \cdots$$

oder

$$\frac{\mu_\nu}{n^\nu} + \sum_{\varkappa=1}^{\infty} \left(\frac{\mu_{\nu+\varkappa}}{n^{\nu+\varkappa}} - \frac{\mu_{\nu+\varkappa-1}}{n^{\nu+\varkappa-1}}\right)$$

die verlangte Stelle X. Wegen der genannten Ungleichungen ist erstens

$$X < \frac{\mu_1}{n} + \frac{1}{n-1} \quad \text{und} \quad \frac{\mu_1}{n} \leq X < \frac{\mu_1}{n} + \frac{1}{n-1}$$

und analog

$$\frac{\mu_\nu}{n^\nu} < X < \frac{\mu_\nu}{n^\nu} + \frac{1}{n^\nu} \frac{1}{1 - \frac{1}{n}},$$

und zweitens wegen

$$\mu_\nu - \nu\mu_{\nu-1} \leq n - 1$$

$$\frac{\mu_\nu}{n^\nu} \leq X < \frac{\mu_\nu + 1}{n^\nu}.$$

Ist hierauf eine beliebig kleine Gröſse δ vorgelegt, und wählt man ν der Bedingung gemäſs $\frac{1}{n^\nu} < \delta$, so fällt das Intervall von $\frac{\mu_\nu}{n^\nu}$ bis $\frac{\mu_\nu + 1}{n^\nu}$, in welchem die y Werthe die obere Grenze G haben, ganz in die Umgebung δ der Stelle $x' = X$ oder innerhalb des Intervalles von $X - \delta$ bis $X + \delta$; also in der That ist die obere Grenze der y Werthe in beliebig kleiner Umgebung der Stelle $x' = X$ immer noch G.

Ist der $x' = X$ entsprechende y-Werth genau gleich G, so heiſst die obere Grenze das *Maximum* der Gröſse y, und g heiſst in dem analogen Falle das *Minimum*.

Da die Grenzen unendlich vieler Gröſsen nicht zu diesen letzteren gehören müssen, ist nicht nothwendig, daſs eine Gröſse y den Maximal- und Minimalwerth erreicht, wir können nur behaupten, daſs sie denselben beliebig nahe kommt.

Nun ist auch der Satz verständlich: Wenn die Werthe y einer Gröſse K beliebig nahe kommen, so existirt mindestens eine Stelle derart, daſs in deren nächster Umgebung Stellen x' liegen, denen der Gröſse K beliebig nahe kommende y-Werthe entsprechen. —

Jetzt wollen wir Gröſsen y namhaft machen, welche einem Werthe K und ihren Grenzen G und g nicht blos beliebig nahe kommen, sondern diese Werthe wirklich annehmen.

Existirt in dem Bereiche der Variabeln x ein solches Gebiet (A), dafs nach Annahme einer beliebig kleinen Gröfse δ für jede Stelle x_0 innerhalb (A) eine Umgebung r_0 anzugeben ist, die nur Stellen x' umfafst, deren zugehörige Werthe y' die Bedingung

$$|y' - y_0| = |f(x') - f(x_0)| < \delta$$

erfüllen, so heifst y eine in dem Gebiete (A) von x abhängige, *stetig veränderliche* Gröfse.

Ebenso heifst eine von n Variabeln $x_1, x_2, \ldots x_n$ abhängige Gröfse y in einem continuirlichen Bereiche (A) stetig veränderlich, wenn nach Annahme einer beliebig kleinen positiven Gröfse δ für jede Stelle $(x^{(0)})$ innerhalb (A) eine solche Umgebung angegeben werden kann, dafs für alle Stellen $(x^{(1)})$ dieser Umgebung der absolute Betrag

$$|f(x_1^{(1)}, x_2^{(1)} \ldots x_n^{(1)}) - f(x_1^{(0)}, x_2^{(0)} \ldots x_n^{(0)})| < \delta$$

wird.

Ist nun y eine für jeden Werth x eines Intervalles (A) der (wieder reellen) Variabeln stetig veränderliche, endliche Gröfse, die für alle Werthe einschliefslich der Grenzstellen des Bereiches

$$(x = a, \ x = b = a + d)$$

definirt ist, *so erreicht* y für einen bestimmten Werth X *die obere Grenze* G.

Theilt man das Intervall in der früheren Weise ab, und nennt die Endpunkte der aufeinanderfolgenden Intervalle

$$a_1, b_1; \quad a_2, b_2; \quad \ldots . a_\nu, b_\nu; \quad \ldots .$$

so kommt man entweder auf eine Stelle, bei welcher der Werth von y gleich G ist, und dann ist die Behauptung erwiesen, oder der Theilungsprocefs ist unbegrenzt fortsetzbar. Dann definiren die Grenzstellen der Punktmengen:

$$a_1, a_2 \ldots a_\nu, \ldots$$
$$b_1, b_2 \ldots b_\nu, \ldots$$

eine Stelle X und für diese ist $f(X) = G$. Wäre nämlich $f(X)$ um eine endliche Gröfse k von G verschieden, also

$$f(X) = G - k,$$

so könnte y an der Stelle X nicht stetig sein.*)

In der That kann man für die stetig veränderliche Gröfse y nach Annahme einer beliebig kleinen Gröfse δ eine Umgebung der Stelle X so ausfindig machen, dafs für jede Stelle dieser Umgebung

$$(x' = X - \xi, \ x' = X + \xi)$$
$$|f(x') - f(X)| < \delta$$

wird. In das Intervall von $X - \xi$ bis $X + \xi$ fällt aber ein Intervall

*) Vergleiche Serret l. c.

von a_r bis b_r und zu diesem gehören y Werthe, die von G beliebig wenig abweichen. Setzt man also

$$f(x') = G - \varepsilon,$$

wo ε beliebig klein ist, so mufs auch

$$|G - \varepsilon - f(X)| = |G - \varepsilon - (G - k)| = |k - \varepsilon| < \delta$$

sein, und das ist unmöglich, wenn δ und ε beliebig klein sind. Man mufs $k = 0$ setzen und damit folgt

$$f(X) = G,$$

d. h. *die innerhalb eines Intervalles von $x = a$ bis $x = b$ einschliefslich dieser Grenzen stetige und endliche Gröfse y erreicht die obere Grenze, sie hat ein Maximum und ebenso ein Minimum.*

Besitzt ferner y an den innerhalb des Intervalles liegenden Stellen x_1 und x_2 die bestimmten (endlichen) Werthe $f(x_1)$ und $f(x_2)$, so kann man in gleicher Weise zeigen, dafs y für die innerhalb des Theilbereiches von x_1 bis x_2 gelegenen Stellen jeden Werth annimmt, der zwischen $f(x_1)$ und $f(x_2)$ gelegen ist.

Die stetig veränderliche Gröfse $y = f(x)$ überspringt demnach keinen innerhalb ihres Werthbereiches liegenden Werth, *sie ist continuirlich.*

Dieselben Betrachtungen lassen sich durchführen, wenn man eine Gröfse y mit n reellen Veränderlichen $x_1, x_2, \ldots x_n$ so verbunden denkt, dafs jeder Stelle eines zusammenhängenden Bereiches der $n$fach ausgedehnten Mannichfaltigkeit (einschliefslich der Grenzen) bestimmte reelle Werthe von y zugehören.

Diese Werthe haben eine obere und untere Grenze. Im Innern oder auf der Begrenzung des genannten Bereiches der Variabeln gibt es eine Stelle (a) derart, dafs die Werthe von y, welche den Stellen aus einer beliebig kleinen Umgebung von (a) zugehören, der oberen Grenze beliebig nahe kommen, und diese Grenze wird erreicht, wenn y eine stetig veränderliche Gröfse ist. —

Indem wir bemerken, dafs die in einem Intervall der reellen Variablen x endliche reelle und stetig veränderliche Gröfse $y = f(x)$ an einer Stelle x' des Intervalles denjenigen Werth hat, welcher die Grenze der (den nach x' convergirenden Variabelnwerthen zugehörigen) y Werthe bildet, und umgekehrt eine Gröfse y in einem Intervalle dann stetig zu nennen ist, wenn sie diese Eigenschaft hat, weil man nach Annahme einer Gröfse δ' stets eine Umgebung von x' so finden kann, dafs für alle Stellen x derselben

$$|f(x) - f(x')| < \delta'$$

wird und die genannte Umgebung nach Wahl einer Gröfse δ auch so zu bestimmen ist, dafs für jedes x' des ganzen Intervalles dieselbe Ungleichung besteht:

$$|f(x) - f(x')| < \delta,$$

so folgt leicht der nachstehende Satz:

> Wenn die Werthe einer von x abhängigen reellen stets positiven Gröfse y bei zunehmendem positiven x selbst wachsen oder abnehmen und in der einfach unendlichen Mannichfaltigkeit einen von den Stellen A und B begrenzten continuirlichen Bereich constituiren, so ist y stetig veränderlich.

Es nehme y mit x zu und x_1 und x_2 seien zwei Werthe von x, denen y_1 und y_2 zugehören; ferner sei $x_1 < x_2$ und deshalb $y_1 < y_2$. Bezeichnet dann x' einen in dem Intervall von x_1 bis x_2 liegenden Werth, so wird das zugehörige y' zwischen y_1 und y_2 liegen. Umgekehrt gehört der zwischen y_1 und y_2 liegende y-Werth zu einem Werthe x des Bereiches mit den Grenzstellen x_1 und x_2. — y_1 und y_2 bilden deshalb die untere und obere Grenze der Werthe y für $x > x_1$ resp. $x < x_2$, d. h. y_1 ist die Grenze der Werthe y, wenn das in dem Intervalle von x_1 bis x_2 liegende x nach der Stelle x_1 convergirt und y_2 die Grenze der Werthe y, wenn x nach x_2 convergirt, aber dann hat y an einer beliebigen Stelle x_0 des Bereiches von x denjenigen Werth y_0, für welchen $|y - y_0|$ zugleich mit $|x - x_0|$ unendlich klein wird, denn wie nahe an y_0 auch $y = y_0'$ gewählt werde, es gibt unter den zu den Stellen der Umgebung von x_0 gehörigen y-Werthen stets einen mit y_0 zusammenfallenden oder zwischen y_0' und y_0 gelegenen Werth. Darnach ist y auch stetig veränderlich. —

Daran schliefsen wir endlich eine Untersuchung über die von einer stetig veränderlichen complexen Gröfse x abhängige stetig veränderliche Gröfse $y = f(x)$.

Wir sagen: y ist *in der Umgebung einer Stelle* x_0 stetig veränderlich, wenn nach Angabe einer beliebig kleinen Gröfse δ_0 eine solche Umgebung gefunden werden kann, dafs für jede Stelle x' derselben

$$|f(x') - f(x_0)| < \delta_0.$$

Ist hierauf y in einem continuirlichen, zweifach ausgedehnten Bereiche (A) definirt und wissen wir, dafs sie in der Umgebung jeder Stelle x_0, die im Innern oder auf der Grenze eines dem Continuum (A) angehörigen endlichen Bereiches (A') liegt, stetig veränderlich ist, so läfst sich zeigen, *dafs y auch in dem ganzen Bereiche (A') stetig ist*, d. h. man kann nach Annahme einer Gröfse δ für jede Stelle x_0 eine solche Umgebung ermitteln, dafs für alle Stellen derselben

$$|f(x) - f(x_0)| < \delta$$

wird.

Erinnern wir uns, auf welche Weise ein zusammenhängender Bereich (A) definirt war, so können wir die folgenden Erwägungen anstellen: Sind a und b zwei Stellen innerhalb des Bereiches (A), von denen b in der Umgebung R der Stelle a liegt, und ist R der Radius der bis an eine Stelle der Begrenzung von (A) hinanreichenden, dem Bereiche (A) angehörigen Umgebung von a, und bezeichnet d den absoluten Betrag $|b - a|$, d. h. den Abstand der beiden Stellen, so kann der Radius R_1 der bis an eine Stelle der Begrenzung von (A) hinanreichenden und (A) angehörigen Umgebung von b nicht kleiner sein als $R - d$. Ist $d < \frac{R}{2}$ und darnach $R_1 > \frac{R}{2}$, so liegt a wieder in der Umgebung R_1 von b. Es mufs umgekehrt

$$R > R_1 - d$$

sein und es folgt, dafs die Gröfse R_1 zwischen den Grenzen

$$R_1 - d \quad \text{und} \quad R + d$$

liegt.*)

Beachten wir jetzt, dafs sich der Radius R der bis an eine Stelle der Begrenzung von (A) hinanreichenden und dem Bereiche (A) angehörigen Umgebung einer Stelle a dieses Bereiches bei stetiger Änderung von a selbst stetig ändert — wie die letzten Sätze leicht erkennen lassen —, so folgt, dafs die untere Grenze R_0 derjenigen Werthe R, welche der Halbmesser für die innerhalb und auf der Begrenzung von (A') liegenden Stellen annehmen kann, mindestens an einer Stelle erreicht wird und R_0 nicht Null sein kann. Theilen wir den Bereich (A') so in eine endliche Anzahl von Bereichen, dafs der Abstand irgend zweier einem Theilbereich entnommenen Stellen kleiner ist als R_0, so liegt jeder Theilbereich in der Umgebung R_0 einer in demselben willkürlich gewählten Stelle x'.

Die an jeder Stelle von (A') stetig veränderliche Gröfse y ist auch in dem ganzen Bereich stetig, denn nach Angabe einer Gröfse δ genügt offenbar ein endlicher Theilungsprocefs an den gewonnenen Bereichen zur Herstellung neuer, für die $|f(x) - f(x_0)| < \delta$ wird. Würde nämlich nur eine unendliche Anzahl neuer Theilungen zum Ziele führen können, so müfste der schliefsliche Bereich um eine Stelle x_0 kleiner werden als jeder beliebig kleine Bereich. Nun war aber vorausgesetzt, dafs sich eine endliche, wenn auch noch so kleine Umgebung von x_0 finden läfst, wo $|f(x) - f(x_0)| < \delta_0$, und darum ist unsere Behauptung erwiesen.

---

*) Weierstrafs, Abhandlungen aus der Functionenlehre S. 72.

II. Abschnitt.

Rationale ganze und gebrochene Functionen einer und mehrerer Variabeln.

§ 18. Rationale ganze Functionen einer Variabeln.

Nach diesen Vorbereitungen, durch die der Begriff der veränderlichen Gröfse festgestellt wurde, gehen wir zu den schon oben definirten algebraischen Functionen zurück, von denen uns zunächst die *rationale ganze Function einer unbeschränkt veränderlichen (complexen) Gröfse* x beschäftigen soll.

Ordnen wir diese ganze Function nach den ganzzahligen Potenzen der Variabeln, so erhält sie die Gestalt

$$a_0 x^n + a_1 x^{n-1} + \cdots + a_{n-1} x + a_n.$$

Sie ist eine für jeden endlichen Werth der Variabeln bestimmte Gröfse y, die wir wieder mit $f(x)$ bezeichnen. Die Variable heifst das Argument der Function und nach dem höchsten Potenzexponenten n des *Argumentes* nennt man die Function vom n^{ten} *Grade*, so dafs die ganze Function nullten Grades eine Constante ist und die ganze Function ersten Grades (oder die lineare Function) die Form $a_0 x + a_1$ erhält.

Die Beschaffenheit der ganzen Function irgend eines Grades, welcher zufolge der Entstehung der Function durch eine endliche Anzahl arithmetischer Operationen endlich sein mufs, werden wir beurtheilen können, wenn wir die Frage, ob und für welche Werthe des Argumentes die ganze Function einen bestimmt vorgegebenen Werth a annimmt, zu beantworten im Stande sind. Die erste Frage, ob $y = f(x)$ einen bestimmten Werth annehmen kann, werden wir dahin specialisiren, dafs wir für den Werth a die Null wählen, denn die Bestimmung von Werthen x, welche der Gleichung $f(x) = a$ genügen, kommt auf die Ermittelung derjenigen Werthe zurück, welche die ganze Function $f(x) - a$ zu Null machen. Es ist also nachzusehen, ob jede ganze Function für gewisse Werthe des Argumentes verschwindet, dann nimmt sie auch jeden endlichen Werth a an.

Es wird aber ferner zu untersuchen sein, ob die ganze Function $f(x)$ eine stetig veränderliche Gröfse ist, und ob einem Continuum von x Werthen ein Continuum von Werthen y entspricht.

Wir nehmen vorerst an, dafs Zahlengröfsen existiren, für welche $f(x)$ verschwindet — sie heifsen *Nullstellen* von $f(x)$ oder *Wurzeln der Gleichung* $f(x) = 0$ — und stellen die Beziehungen derselben zu der ganzen Function fest, schicken aber noch folgende Definition voraus: *Wenn sich $f(x)$ als Product zweier ganzer Functionen von x darstellen läfst, so heifst jeder Factor ein algebraischer Theiler von $f(x)$.*

Darnach ist jede ganze Function nullten Grades Theiler jeder ganzen Function, denn der Quotient von $f(x)$ und einer Constanten ist wieder eine ganze Function. Von diesem Theiler sehen wir ab, gerade wie wir bei den ganzen Zahlen den selbstverständlichen Theiler Eins aufser Acht gelassen, d. h. nicht als Theiler bezeichnet haben.

Wenn die Function $f(x)$ den Theiler ersten Grades $\alpha_0 x + \alpha_1$ besitzt, verschwindet $f(x)$ für die Wurzel der Gleichung $\alpha_0 x + \alpha_1 = 0$.

Die letzte Gleichung hat nur eine Wurzel $x_1 = -\frac{\alpha_1}{\alpha_0}$, denn wäre

$$\alpha_0 x_1 + \alpha_1 = 0 \quad \text{und} \quad \alpha_0 x_1' + \alpha_1 = 0,$$

so müfste das Product $\alpha_0(x_1 - x_1')$ verschwinden, ohne dafs ein Factor Null wäre.

Bringt man $\alpha_0 x + \alpha_1$ auf die Form $\alpha_0(x - x_1)$, so ist auch diese Function ein Theiler von $f(x)$, und offenbar $f(x_1) = 0$.

Wenn umgekehrt die Gleichung $f(x) = 0$ die Wurzel $x = x_1$ besitzt, so ist $f(x)$ durch $x - x_1$ theilbar.

Setzt man an Stelle der Variabeln x irgend eine andere y und bildet die Formel

$$f(x) - f(y) = a_0(x^n - y^n) + a_1(x^{n-1} - y^{n-1}) + \cdots + a_{n-1}(x - y),$$

so ist $x - y$ ein Factor von $f(x) - f(y)$, denn in

$$f(x) - f(y) = (x - y) \cdot \left[a_0 \frac{x^n - y^n}{x - y} + a_1 \frac{x^{n-1} - y^{n-1}}{x - y} + \cdots + a_{n-1} \frac{x - y}{x - y} \right]$$

läfst sich jeder Ausdruck $\frac{x^\nu - y^\nu}{x - y}$ auf die Form

$$x^{\nu-1} + x^{\nu-2} y + \cdots + x y^{\nu-2} + y^{\nu-1}$$

bringen, wenn nur y von x verschieden ist, was festgesetzt werden mag. Ertheilt man nach dieser Umgestaltung, durch welche $f(x) - f(y)$ die Form $(x - y) . \varphi_1(x, y)$ erhält, worin $\varphi_1(x, y)$ eine ganze Function von x und y bezeichnet, y den Werth x_1, so entsteht die Formel

$$f(x) = (x - x_1) . \varphi_1(x, x_1).$$

Da $\varphi_1(x, x_1)$ eine ganze Function von x ist, so ist die verlangte Darstellung von $f(x)$ als Product zweier Theiler erwiesen.

Der Grad von $\varphi_1(x, x_1)$ ist der $(n-1)^{\text{te}}$ und x^{n-1} hat den Coefficienten a_0. Besitzt die Gleichung $f(x) = 0$ noch eine zweite von x_1 verschiedene Wurzel x_2, so mufs in

$$f(x_2) = (x_2 - x_1) . \varphi_1(x_2, x_1)$$

nothwendig $\varphi_1(x_2, x_1)$ verschwinden. Dann läfst die ganze Function von x $\varphi_1(x, x_1)$ eine Zerlegung in das Product von $(x - x_2)$ und einer ganzen Function $\varphi_2(x, x_1, x_2)$ zu, und es wird

$$f(x) = (x - x_1)(x - x_2)\,\varphi_2(x, x_1, x_2).$$

Man überzeugt sich leicht, daſs $\varphi_2(x, x_1, x_2)$ als Function von x vom $(n-2)^{\text{ten}}$ Grade ist und die Potenz x^{n-2} wiederum den Coefficienten a_0 aufweist.

Man zeigt durch „den Schluſs von ν auf $\nu + 1$", daſs dieser Beweisgang fortzusetzen ist, d. h. angenommen, die Gleichung $f(x) = 0$ habe ν Wurzeln $x_1, x_2, \ldots x_\nu$ und dieser entspreche eine Darstellung

$$f(x) = (x - x_1)(x - x_2)\ldots(x - x_\nu).\varphi_\nu(x, x_1, x_2, \ldots x_\nu),$$

wo φ_ν eine ganze Function $(n-\nu)^{\text{ten}}$ Grades ist, in der der Coefficient der höchsten Potenz a_0 ist, so gibt es in dem Falle einer $(\nu+1)^{\text{ten}}$ Wurzel $x_{\nu+1}$ eine Zerlegung

$$f(x) = (x - x_1)(x - x_2)\ldots(x - x_\nu)(x - x_{\nu+1})\,\varphi_{\nu+1}(x, x_1, x_2, \ldots x_{\nu+1}),$$

wo die nach abnehmenden Potenzen geordnete ganze Function von x $\varphi_{\nu+1}$ mit dem Gliede $a_0 x^{n-(\nu+1)}$ beginnt.

In der That soll

$$f(x_{\nu+1}) = (x_{\nu+1} - x_1)(x_{\nu+1} - 2)\ldots(x_{\nu+1} - x_\nu)\,\varphi_\nu(x_{\nu+1}, x_1, x_2, \ldots x_\nu)$$

verschwinden, so muſs $\varphi_\nu(x, x_1, x_2, \ldots x_\nu)$ für $x = x_{\nu+1}$ Null sein und kann darum in das Product von $(x - x_\nu)$ und einer ganzen Function des Argumentes x $\varphi_{\nu+1}(x, x_1, x_2, \ldots x_{\nu+1})$ zerlegt werden. Das Anfangsglied wird das bezeichnete.

Indem aus der Annahme, daſs die in Rede stehende Zerlegung von $f(x)$ im Falle von ν Wurzeln gilt, die gleichartige Zerlegung bei $\nu + 1$ Wurzeln gefolgert werden kann, gilt dieselbe, welches auch die Anzahl der Wurzeln ist, denn die Darstellungen

$$f(x) = (x - x_1).\varphi_1(x, x_1) = (x - x_1)(x - x_2).\varphi_2(x, x_1, x_2)$$

wurden bewiesen; nur kann nicht angenommen werden, daſs die Anzahl der Wurzeln einer Gleichung n^{ten} Grades gröſser als n sei. Falls $\nu = n$ gesetzt wird, ist

$$f(x) = (x - x_1)(x - x_2)\ldots(x - x_n).\varphi_n(x, x_1, x_2, \ldots x_n)$$

und die ganze Function φ_n besitzt das Anfangsglied $a_0 x^{n-n} = a_0 x^0 = a_0$. Besäſse die Gleichung $f(x) = 0$ noch eine von den früheren verschiedene Wurzel x_{n+1}, so müſste $\varphi_n = a_0$ verschwinden und es entspränge eine ganze Function

$$a_1 x^{n-1} + a_2 x^{n-2} + \cdots + a_n,$$

die für n Werthe $x_1, x_2, \ldots x_n$ verschwindet. Zerlegen wir dieselbe in das Product

$$a_1(x - x_1)(x - x_2)\ldots(x - x_{n-1}),$$

so wird ersichtlich, daſs dieses nur für $x = x_n$ Null sein kann, wenn a_1 Null ist, und die ganze Function

$$a_2 x^{n-2} + a_3 x^{n-3} + \cdots + a_n$$

mufs nun noch für die $n-1$ Werthe $x_1, x_2, \ldots x_{n-1}$ verschwinden. Es folgt wieder $a_2 = 0$, und indem man durch den Schlufs von n auf $n+1$ fortgeht, erfährt man, dafs alle Coefficienten von $f(x)$ Null sein müssen, wenn die Gleichung $f(x) = 0$ $(n+1)$ Wurzeln haben soll. *Demnach kann eine algebraische Gleichung n^{ten} Grades $f(x) = 0$ nicht mehr als n Wurzeln besitzen,* und verschwindet eine ganze Function n^{ten} Grades für $n+1$ von einander verschiedene Werthe des Argumentes, so sind sämmtliche Coefficienten der Function Null und $f(x) = 0$ ist für jeden Werth x erfüllt.

Der zweite dieser Sätze soll eine wichtige Verwendung finden, indem wir zeigen, dafs die Coefficienten gleich hoher Potenzen zweier für beliebige Variabelnwerthe übereinstimmende ganze Functionen einander gleich sein müssen.

Die beiden Functionen seien von dem n^{ten} resp. m^{ten} Grade und es sei $n \geq m$, etwa $n = m + \nu$; sie heifsen

$$f(x) = a_0 x^n + a_1 x^{n-1} + \cdots + a_{n-1} x + a_n$$
$$g(x) = b_0 x^m + b_1 x^{m-1} + \cdots + b_{m-1} x + b_m .$$

Dann soll der Voraussetzung gemäfs die ganze Function n^{ten} Grades:

$$f(x) - g(x) = a_0 x^n + a_1 x^{n-1} + \cdots + a_{\nu-1} x^{n-(\nu-1)} + (a_\nu - b_0) x^{n-\nu}$$
$$+ (a_{\nu+1} - b_1) x^{n-(\nu+1)} + \cdots + (a_n - b_m)$$

für beliebige also auch für $(n+1)$ bestimmte aber von einander verschiedene Werthe der Variabeln verschwinden. Dazu mufs

$$a_0 = a_1 = \cdots = a_{\nu-1} = 0, \quad a_\nu - b_0 = 0,$$
$$a_{\nu+1} - b_1 = 0, \ldots a_n - b_m = 0$$

sein und der Satz leuchtet ein.

Ist von zwei ganzen Functionen keine von höherem als dem n^{ten} Grade, so kann man auch sagen: Diese Functionen sind identisch gleich, wenn sie für $(n+1)$ Argumentswerthe dieselben Werthe annehmen.

Ferner besteht der Satz: Läfst sich eine ganze Function in das Product zweier oder mehrerer ganzer Functionen zerlegen, so ist die Summe der Gradzahlen der Factoren gleich dem Grade der gegebenen Function und die Coefficienten gleichnamiger Potenzen der ursprünglichen Function und des Productes sind gleich.

Die unter der Voraussetzung, dafs eine Gleichung n^{ten} Grades $f(x) = 0$ n Wurzeln habe, gewonnene Darstellung der ganzen Function $f(x)$ durch das Product von n Factoren ersten Grades und dem Coefficienten der höchsten Potenz x^n:

$$f(x) = a_0 \prod_{\nu=1}^{n} (x - x_\nu)$$

kann man offenbar auch aus der Annahme ableiten, dafs jede Gleichung mindestens eine Wurzel besitze. Wie man aber auch die Zerlegung in Factoren ersten Grades ausführen mag, sie ist nur auf eine Weise möglich, wenn sie überhaupt existirt.

Ist nämlich auch

$$f(x) = \prod_{\nu=1}^{n} (p_\nu x - q_\nu),$$

wo p_ν und q_ν Constanten bezeichnen, so muſs vor Allem

$$a_0 = p_1 p_2 \ldots p_n$$

sein, und wenn a_0 nicht verschwindet, darf keine der Gröſsen p_ν Null sein. Setzt man nunmehr

$$f(x) = a_0 \cdot \prod_{\nu=1}^{n} \left(x - \frac{q_\nu}{p_\nu}\right),$$

so verschwindet $f(x)$ nicht blos an den Stellen $\frac{q_\nu}{p_\nu}$ $(\nu = 1, 2 \ldots n)$, sondern auch an den Stellen $x_1, x_2, \ldots x_n$. Diese Werthereihen müssen nach den früheren Sätzen übereinstimmen.

Nennen wir *Primfactor* eine ganze Function ersten Grades, welche nur für einen Werth der Variabeln verschwindet oder nur eine *Nullstelle* hat, so können wir das dem Satze: Eine zusammengesetzte Zahl kann nur auf eine einzige Art in das Product von Primzahlen zerlegt werden, analoge Theorem für die ganze Function folgendermaſsen aussprechen:

Eine ganze Function kann höchstens auf eine Art in das Product von Primfactoren zerlegt werden.

Bei dieser Zerlegung können einige Primfactoren öfter auftreten, dann erhält $f(x)$ die Form

$$f(x) = a_0 (x - x_1)^{n_1} (x - x_2)^{n_2} \ldots (x - x_m)^{n_m},$$

wo die ganzen Zahlen $n_1, n_2, \ldots n_m$ die Summe n besitzen. Hier heiſst x_μ eine *n_μ-fache Nullstelle der Function* $f(x)$, denn n_μ Wurzeln der Gleichung $f(x) = 0$ sind gleich x_μ.

Aus der angenommenen Zerlegung der ganzen Function

$$f(x) = a_0 \prod_{\nu=1}^{n} (x - x_\nu)$$

geht hervor, daſs man die Coefficienten der Function $\frac{1}{a_0} f(x)$ durch ganze rationale Ausdrücke in den Wurzeln $x_1, x_2, \ldots x_n$ darstellen kann. Die Ausführung der Multiplication und der Vergleich der Coefficienten gleichnamiger Potenzen in $\frac{1}{a_0} f(x)$ und $\prod (x - x_\nu)$ ergibt die Beziehungen:

$$\frac{a_1}{a_0} = -\sum_{\nu=1}^{n} x_\nu$$

$$\frac{a_2}{a_0} = \sum_{\nu'} \sum_{\nu''} x_{\nu'} x_{\nu''}$$

$$. \quad . \quad . \quad .$$

$$\frac{a_\mu}{a_0} = (-1)^\mu \sum_{\nu', \nu'', \dots \nu^{(\mu)}} x_{\nu'} x_{\nu''} \dots x_{\nu^{(\mu)}}$$

$$. \quad . \quad .$$

$$\frac{a_n}{a_0} = (-1)^n x_1 x_2 \dots x_n,$$

wo die μ-fache Summe in dem Ausdruck für $\frac{a_\mu}{a_0}$ über alle Producte von je μ verschiedenen der n Elemente $x_1, x_2, \dots x_n$, oder wie man sagt über alle Combinationen μ^{ter} Classe auszudehnen ist.*) Die Anzahl solcher Verbindungen ist bekanntlich gleich:

$$\frac{n(n-1)(n-2)\dots(n-\mu+1)}{1.2.3\dots\mu}$$

oder, wenn man für das Product $1.2.3\dots m$ das Zeichen $m!$ einführt (gelesen m Facultät), gleich:

$$\frac{n!}{\mu!\,(n-\mu)!}.$$

Will man diese Bezeichnung auch in dem Falle benützen, wo $\mu = n$ ist, so mufs man $(n-n)! = 1$ festsetzen.

Man sieht jetzt, dafs eine ganze Function n^{ten} Grades der Form

$$\varphi(x) = x^n + \alpha_1 x^{n-1} + \dots + \alpha_{n-1} x + \alpha_n$$

unzweideutig zu bestimmen ist, wenn festgesetzt wird, dafs $\varphi(x)$ die Nullstellen $\xi_1, \xi_2, \dots \xi_n$ besitze. Die Coefficienten α_μ sind die angegebenen Ausdrücke:

$$\alpha_\mu = (-1)^\mu \sum_{\nu', \nu'', \dots \nu^{(\mu)}} \xi_{\nu'} \xi_{\nu''} \dots \xi_{\nu^{(\mu)}} \qquad (\mu = 1, 2 \dots n).$$

Sind allgemein die Werthe angegeben, welche eine ganze Function n^{ten} Grades für $n+1$ bestimmte Argumentwerthe annimmt, so ist die ganze Function auch vollkommen bestimmt, denn man kann ihre Coefficienten nach einer endlichen Anzahl von Rechnungsoperationen finden.

In der That: sind die den Werthen $x = \xi_1, \xi_2, \dots \xi_{n+1}$ zugeordneten Functionswerthe

$$\eta_1, \eta_2, \dots \eta_{n+1},$$

*) Zum Beweise wende man den Schlufs von n auf $n+1$ an.

so ist

$$f(x) = \sum_{\nu=1}^{n+1} \eta_\nu \frac{(x-\xi_1)(x-\xi_2)\dots(x-\xi_{\nu-1})(x-\xi_{\nu+1})\dots(x-\xi_{n+1})}{(\xi_\nu-\xi_1)(\xi_\nu-\xi_2)\dots(\xi_\nu-\xi_{\nu-1})(\xi_\nu-\xi_{\nu+1})\dots(\xi_\nu-\xi_{n+1})}$$

diejenige ganze Function n^{ten} Grades von x, welche an den bezeichneten Stellen ξ_ν die vorgegebenen Werthe η_ν erhält, denn in der vorstehenden Summe ist der Factor von η_ν für $x = \xi_\nu$ gleich Eins und der Factor von $\eta_{\nu'}$ verschwindet an dieser Stelle.

Diese Formel heifst die *Lagrange'sche Interpolationsformel.*

Diejenige ganze Function n^{ten} Grades, welche die n-fache Nullstelle $x = \xi$ besitzt und für $x = 0$ den Werth $\eta = (-1)^n \xi^n$ annimmt, erhält nun die Gestalt

$$f(x) = (x-\xi)^n,$$

sie ist die n^{te} Potenz eines Binoms $(x-\xi)$, die wir mit Hilfe der obigen Ausdrücke für die Coefficienten der ganzen Function nach Potenzen von x ordnen können.

Setzt man in diesen Ausdrücken $x_1 = x_2 = \dots = x_n = \xi$, so wird

$$\frac{a_\mu}{a_0} = (-1)^\mu \frac{n!}{\mu!\,(n-\mu)!} \xi^\mu \quad \text{und speciell} \quad \frac{a_n}{a_0} = (-1)^n \xi^n.$$

Da aber $f(0) = a_n$ den Werth $(-1)^n \xi^n$ haben soll, ist $a_0 = 1$.

Bezeichnet man die Zahlencoefficienten

$$\frac{n!}{\mu!\,(n-\mu)!} \quad \text{mit} \quad \binom{n}{\mu} \quad \text{oder} \quad n_\mu,$$

$$\frac{n!}{n!} \quad \text{mit} \quad \binom{n}{0} \quad \text{oder} \quad n_0 \text{ *)},$$

so wird

$$(x-\xi)^n = \binom{n}{0} x^n - \binom{n}{1} \xi x^{n-1} + \binom{n}{2} \xi^2 x^{n-2} - \dots$$
$$+ (-1)^\mu \binom{n}{\mu} \xi^\mu x^{n-\mu} + \dots + (-1)^n \binom{n}{n} \xi^n$$

und nach Vertauschung von ξ mit $-\xi$ entsteht die Formel

$$(x+\xi)^n = \binom{n}{0} x^n + \binom{n}{1} \xi x^{n-1} + \binom{n}{2} \xi^2 x^{n-2} + \dots$$
$$+ \binom{n}{\mu} \xi^\mu x^{n-\mu} + \dots + \binom{n}{n} \xi^n.$$

Mit Hilfe dieser Darstellung der n^{ten} Potenz eines Binoms oder des sogenannten binomischen Lehrsatzes, den man unabhängig von der

---

*) Für die zufolge ihrer Definition durch

$$\frac{n(n-1)\dots(n-\mu+1)}{1.2\dots\mu}$$

das einfache Gesetz

$$\binom{n}{\mu} = \binom{n}{n-\mu} \quad \text{oder} \quad n_\mu = n_{n-\mu}, \quad \binom{n}{0} = \binom{n}{n} = 1$$

gilt.

Zerlegung der ganzen Function in ein Product von Primfactoren durch den Schlufs von n auf $n+1$ beweisen kann, wollen wir jetzt den Werth von $f(x+h)$ bestimmen, wenn

$$f(x) = a_0 x^n + a_1 x^{n-1} + \cdots + a_n$$

gegeben ist.

Es wird offenbar:

$$f(x+h) = \sum_{\nu=0}^{n} a_\nu \left\{ x^{n-\nu} + \binom{n-\nu}{1} x^{n-\nu-1} h + \cdots \right.$$
$$\left. + \binom{n-\nu}{\mu} x^{n-\nu-\mu} h^\mu + \cdots + \binom{n-\nu}{n-\nu} h^{n-\nu} \right\}$$

und wenn man die Summe nach Potenzen von x ordnet:

$$f(x+h) = \sum_{\nu=0}^{n} x^\nu \left\{ \binom{n}{\nu} a_0 h^{n-\nu} + \binom{n-1}{\nu} a_1 h^{n-\nu-1} + \cdots \right.$$
$$\left. + \binom{n-\mu}{\nu} a_\mu h^{n-\nu-\mu} + \cdots + \binom{\nu}{\nu} a_{n-\nu} \right\}.$$

Wir schreiben den Coefficienten von x^ν in der entwickelten Form:

$$\frac{1}{\nu!} \left\{ n(n-1)\cdots(n-\nu+1) a_0 h^{n-\nu} + (n-1)(n-2)\cdots(n-\nu) a_1 h^{n-\nu-1} + \cdots \right.$$
$$+ (n-\mu)(n-\mu-1)\cdots(n-\mu-\nu+1) a_\mu h^{n-\nu-\mu} + \cdots$$
$$\left. + \nu!\, a_{n-\nu} \right\},$$

bezeichnen diese ganze Function von h mit $\frac{1}{\nu!} f^{(\nu)}(h)$ und bemerken, dafs $f^{(\nu)}(h)$ aus der Function

$$f^{(\nu-1)}(h) = n(n-1)\ldots(n-\nu+2) a_0 h^{n-\nu+1}$$
$$+ (n-1)(n-2)\ldots(n-\nu+1) a_1 h^{n-\nu} + \cdots$$
$$+ (n-\mu)(n-\mu+1)\ldots(n-\mu-\nu+2) a_\mu h^{n-\nu-\mu+1} + \cdots$$
$$+ \nu!\, a_{n-\nu} h + (\nu-1)!\, a_{n-\nu-1}$$

hervorgeht, wenn man an Stelle jeder Potenz h^m $m h^{m-1}$ und an Stelle von h_0 Null setzt.

Man nennt $f^{(\nu)}(h)$ die ν^{te} *Ableitung* der Function $f(h)$, indem auch die erste dieser Functionen

$$f^{(1)}(h) = n a_0 h^{n-1} + (n-1) a_1 h^{n-2} + \cdots + 2 a_{n-2} h + a_{n-1}$$

nach derselben Regel aus $f(h)$ entspringt.

Die ν^{te} Ableitung ist offenbar die μ^{te} von $f^{(\nu-\mu)}(h)$, und die $(n+1)^{\text{te}}$ und jede folgende Ableitung der ganzen Function n^{ten} Grades $f(h)$ ist Null, denn es gilt die Formel:

$$f^{(n)}(h) = n!\, a_0.$$

Führt man die neu definirten Functionen in den letzten Ausdruck für $f(x+h)$ ein, so erhält man die Darstellung

$$f(x+h) = f(h) + f^{(1)}(h)\frac{x}{1} + f^{(2)}(h)\frac{x^2}{2!} + \cdots + f^{(n)}(h)\cdot\frac{x^n}{n!}$$

oder nach Vertauschung der Buchstaben x und h

$$f(x+h) = f(x) + f^{(1)}(x)\frac{h}{1} + f^{(2)}(x)\frac{h^2}{2!} + \cdots + f^{(n)}(x)\frac{h^n}{n!}.$$

Setzt man an Stelle von x den Werth x_1, für h den Werth $x - x_1$ ein, so folgt die Formel

$$f(x) = f(x_1) + f^{(1)}(x_1)\frac{x-x_1}{1} + f^{(2)}(x_1)\frac{(x-x_1)^2}{2!} + \cdots + f^{(n)}(x_1)\frac{(x-x_1)^n}{n!},$$

die ersichtlich macht, daſs eine ganze Function n^{ten} Grades auch vollkommen bestimmt ist, sobald man ihren Werth und den ihrer n Ableitungen $f^{(\nu)}(x)$ an einer Stelle x_1 kennt.

Beachtet man, daſs eine ganze Function n^{ten} Grades ohne ein von x freies Glied

$$g(x) = a_{n-1}x + a_{n-2}x^2 + \cdots + a_0 x^n$$

in der Umgebung der Stelle $x=0$ stetig veränderlich ist, indem nach Fixirung einer positiven Gröſse α, die gröſser ist als jeder der absoluten Beträge $|a_\nu|$,

$$|g(x)| < \alpha |x| \frac{1-|x|^{n+1}}{1-|x|}$$

wird und nun nach Annahme einer beliebig kleinen positiven Gröſse δ eine Gröſse ϱ so bestimmt werden kann, daſs für jede Stelle der durch die Bedingung $|x| < \varrho$ definirten Umgebung von Null,

$$\alpha\cdot|x|\cdot\frac{1-|x|^{n+1}}{1-|x|} < \delta,$$

so erhellt leicht, daſs eine beliebige ganze Function $f(x)$ in der Umgebung jeder endlichen Stelle x_1 stetig ist.

Man kann nämlich nach Angabe einer Gröſse δ eine Umgebung ϱ dieser Stelle so finden, daſs der absolute Betrag

$$|f(x) - f(x_1)| = \left|f^{(1)}(x_1)\frac{x-x_1}{1} + f^{(2)}(x_1)\frac{(x-x_1)^2}{2!} + \cdots + f^{(n)}(x_1)\frac{(x-x_1)^n}{n!}\right|$$

für jede Stelle x dieser Umgebung kleiner wird als δ. Dazu ist nur nothwendig, daſs man eine positive Gröſse α angeben kann, die gröſser ist als jeder der absoluten Beträge $|f^{(\nu)}(x_1)|$, und das wird wieder möglich sein, wenn keiner der Coefficienten a_ν von $f(x)$ und $|x_1|$ nicht unendlich ist.

Darnach ist die ganze Function (mit endlichen Coefficienten) *an jeder Stelle des endlichen Bereiches der Variabeln und auch in dem ganzen endlichen Bereiche stetig.*

Wenn damit auch festgestellt ist, daſs die ganze Function in hinreichend kleiner Umgebung einer Stelle x_1 nur Werthe annimmt, deren paarweis gebildete Differenz dem absoluten Betrage nach beliebig klein ist, so wissen wir noch nicht, ob die Function continuirlich ist, d. h.

es ist noch nicht nachgewiesen, dafs $y = f(x)$ jeden Werth, der in der nächsten Umgebung einer Stelle $y_1 = f(x_1)$ liegt, bei unendlich kleinen Änderungen der Variabeln annimmt. —

Um der Frage nach der Continuität näher zu kommen, wollen wir uns vorerst über die Frage nach den Nullstellen der ganzen Function orientiren und stellen zunächst die folgenden Betrachtungen an:

Es bestehen die Sätze: *)

1) Für den absoluten Betrag $|x| = \xi$ kann man einen Werth r so angeben, dafs für alle der Bedingung $|x| > r$ genügenden Werthe der Variabeln der absolute Betrag einer ganzen Function $f(x)$ gröfser wird als eine vorgegebene Gröfse g. Es sei

$$f(x) = a_0 x^n + a_1 x^{n-1} + \cdots + a_n$$
$$= a_0 x^n \left(1 + \frac{a_1}{a_0}\frac{1}{x} + \frac{a_2}{a_0}\frac{1}{x^2} + \cdots + \frac{a_n}{a_0}\frac{1}{x^n}\right),$$

dann wird

$$|f(x)| \leq |a_0 x^n| \cdot \left|1 + \frac{a_1}{a_0}\frac{1}{x} + \cdots + \frac{a_n}{a_0}\frac{1}{x^n}\right|.$$

Bezeichnet man den gröfsten Werth unter den absoluten Beträgen $\left|\frac{a_\nu}{a_0}\right|$ mit α, so liegt der absolute Betrag von $f(x)$ für diejenigen x Werthe, deren Betrag $|x| = \xi$ ist, wegen der Ungleichung

$$\alpha\left(\frac{1}{\xi} + \frac{1}{\xi^2} + \cdots + \frac{1}{\xi^n}\right) < \frac{1}{\xi}\,\frac{\alpha}{1 - \frac{1}{\xi}} = \frac{\alpha}{\xi - 1}$$

zwischen den Gröfsen:

$$|a_0|\,\xi^n\left(1 - \frac{\alpha}{\xi - 1}\right) \quad \text{und} \quad |a_0|\,\xi^n\left(1 + \frac{\alpha}{\xi - 1}\right).$$

Macht man hierauf $\frac{\alpha}{\xi - 1}$ dadurch kleiner oder gleich der beliebig kleinen positiven Gröfse δ, dafs man

$$|x| = \xi \geq \frac{\alpha + \delta}{\delta}$$

setzt, so liegt der besagte absolute Betrag von $f(x)$ zwischen den Werthen

$$|a_0|\,\xi^n (1 - \delta) \quad \text{und} \quad |a_0|\,\xi^n (1 + \delta).$$

Wählt man schliefslich $|x| = r$ noch der Bedingung

$$|a_0|\, r^n (1 - \delta) > g$$

entsprechend, so wird $|f(x)|$ für alle x, deren Betrag $|x| > r$ ist, auch gröfser als g.

2) Für ein x, dessen absoluter Betrag gröfser ist als jede angebbare Gröfse, wird ferner $|f(x)|$ wegen der Ungleichung

$$|f(x)| > |a_0|\,|x^n|\,(1 - \delta)$$

unendlich grofs.

*) Vergl. Serret, Höhere Algebra Bd. 1.

3) Es leuchtet auch ein, dafs man der Variabeln x stets Werthe geben kann, für die der absolute Betrag desjenigen Gliedes der ganzen Function, welches die höchste Potenz von x enthält, den absoluten Betrag der Summe der übrigen Glieder übertrifft.

4) Ist andrerseits eine an der Stelle $x=0$ verschwindende ganze Function gegeben

$$g(x) = a_0 x^n + a_1 x^{n-1} + \cdots + a_m x^m$$
$$= a_m x^m \left(1 + \frac{a_{m-1}}{a_m} x + \cdots + \frac{a_0}{a_m} x^{n-m}\right),$$

so kann man solche Variabelnwerthe x finden, dafs der absolute Betrag des Gliedes $a_m x^m$ mit der niedrigsten Potenz gröfser wird als der absolute Betrag der Summe der übrigen Glieder.

Bezeichnet nämlich α den gröfsten unter den Werthen $\left|\frac{a_\mu}{a_m}\right|$, so ist für jeden Werth $|x| < 1$

$$\left|\frac{a_{m-1} x}{a_m}\right| + \left|\frac{a_{m-2} x^2}{a_m}\right| + \cdots + \left|\frac{a_0 x^{n-m}}{a_m}\right| < \frac{\alpha |x|}{1-|x|}.$$

Bedeutet dann δ eine beliebig kleine Gröfse und wählt man

$$|x| < \frac{\delta}{\alpha + \delta},$$

so wird

$$\frac{\alpha |x|}{1-|x|} < \delta,$$

und nun liegt $|g(x)|$ zwischen den Werthen

$$|a_m x^m| (1-\delta) \quad \text{und} \quad |a_m x^m| (1+\delta),$$

woraus die genannte Behauptung hervorgeht.

5) Dem ersten Satze steht der folgende gegenüber: Ist $f(x)$ eine ganze Function, deren absoluter Betrag nicht verschwindet, wenn man x den bestimmten Werth x_1 beilegt, so kann man in beliebig kleiner Umgebung von x_1 Stellen $x = x_1 + h$ ermitteln, so dafs

$$|f(x_1 + h)| < |f(x_1)|.\text{*)}$$

Es war

$$f(x_1 + h) = f(x_1) + f'(x_1) \frac{h}{1} + \cdots + f^{(n)}(x_1) \frac{h^n}{n!},$$

doch der Allgemeinheit wegen setzen wir fest, dafs einige der Ableitungen von $f(x)$ und zwar die ersten $\nu - 1$ verschwinden, dann ist

$$f(x_1 + h) = f(x_1) + f^{(\nu)}(x_1) \frac{h^\nu}{\nu!} + \cdots + f^{(n)}(x_1) \frac{h^n}{n!}$$

und hierin $f(x_1)$ von Null verschieden, da $|f(x)|$ nicht verschwinden sollte, wenn $x = x_1$ gesetzt wird.

---

*) Serret l. c. § 43.

Bezeichnet man die endlichen Gröfsen:

$$\frac{1}{\mu!}\frac{f^{(\mu)}(x_1)}{f(x_1)} \quad \text{mit} \quad C_\mu = \alpha_\mu + i\beta_\mu \qquad (\mu = \nu,\ \nu+1, \ldots n),$$

so entsteht die Formel

$$\frac{f(x_1+h)}{f(x_1)} = 1 + (\alpha_\nu + i\beta_\nu)h^\nu + \cdots + (\alpha_n + i\beta_n)h^n$$

und daneben ist:

$$\left|\frac{f(x_1+h)}{f(x_1)}\right| = |1 + (\alpha_\nu + i\beta_\nu)h^\nu + \cdots + (\alpha_n + i\beta_n)h^n| .$$

Es fragt sich nur, ob man h so wählen kann, dafs die rechte Seite kleiner als 1 wird. In dem Falle eines negativen α_ν kann man gewifs einen positiven reellen Werth von h finden, so dafs in

$$\left|\frac{f(x_1+h)}{f(x_1)}\right| = \sqrt{(1 + \alpha_\nu h^\nu + \cdots + \alpha_n h^n)^2 + (\beta_\nu h^\nu + \cdots \beta_n h^n)^2}$$

der absolute Betrag des negativen Gliedes $2\alpha_\nu h^\nu$ den der Summe aller übrigen unter dem Wurzelzeichen stehenden Glieder, welche h Potenzen enthalten, übertrifft, und dann wird in der That

$$|f(x_1+h)| < |f(x_1)|.$$

In den Fällen

$$\alpha_\nu > 0; \quad \alpha_\nu = 0,\ \beta_\nu > 0; \quad \alpha_\nu = 0,\ \beta_\nu < 0,$$

läfst sich der aufgestellte Satz beweisen, wenn man der Reihe nach Gröfsen h von beliebig kleinem absoluten Betrage finden kann, für die h^ν reell und negativ, oder h^ν rein imaginär und positiv respective negativ ausfällt, denn dann sind wir auf den schon behandelten Fall zurückgeführt.*)

Versteht man unter Θ eine positive reelle Gröfse und setzt

$$h = \Theta k,$$

so mufs man nunmehr fragen, ob man Gröfsen k angeben kann, für welche

$$k^\nu = -1 \quad \text{oder} \quad k^\nu = i \quad \text{oder} \quad k^\nu = -i$$

ist. Ist ν zunächst eine ungerade Zahl $2\mu + 1$, so sind

$$-1, \qquad (-1)^\mu i, \qquad (-1)^\mu(-i)$$

Zahlengröfsen der verlangten Art; ist aber ν eine gerade Zahl $2^\varkappa(2\mu+1)$, so suche man in den Gleichungen

$$(k^{2^\varkappa})^{2\mu+1} = -1,\ i,\ -i$$

erst Werthe für $k^{2^\varkappa}$, deren $(2\mu+1)^{\text{te}}$ Potenz gleich -1, i, $-i$ sind. Solche Werthe a haben wir eben angegeben, und es handelt sich nur mehr um eine $\varkappa$-malige Wiederholung der Aufgabe, aus einer Gröfse a die zweite Wurzel zu ziehen, denn ist

---

*) Diesen Vorgang benützt Weierstrafs in seinen Vorlesungen.

$$k^{2^\varkappa} = a, \quad \text{so wird } k^{2^{\varkappa-1}} = \sqrt{a}, \quad k^{2^{\varkappa-2}} = \sqrt{\sqrt{a}} \quad \text{usw.}$$

Die Bestimmung einer Gröfse $p + iq$, deren zweite Potenz gleich $a = \alpha + i\beta$ ist, macht aber keine Schwierigkeit, denn die Gleichung

$$\alpha + i\beta = (p + iq)^2$$

erfordert nur die Ermittlung zweier reeller Gröfsen p und q aus den Gleichungen

$$p^2 - q^2 = \alpha, \quad 2pq = \beta$$

oder den Gleichungen:

$$p^4 - \alpha p^2 - \left(\frac{\beta}{2}\right)^2 = 0, \quad q^4 + \alpha q^2 - \left(\frac{\beta}{2}\right)^2 = 0.$$

Es wird somit:

$$p = \pm\sqrt{\frac{\alpha}{2} + \sqrt{\left(\frac{\alpha}{2}\right)^2 + \left(\frac{\beta}{2}\right)^2}}, \quad q = \mp\sqrt{-\frac{\alpha}{2} + \sqrt{\left(\frac{\alpha}{2}\right)^2 + \left(\frac{\beta}{2}\right)^2}}$$

und wir erkennen, dafs die speciellen Gleichungen $k^\nu = -1, i, -i$ stets Wurzeln besitzen.

Jetzt aber lassen sich in allen möglichen Fällen Werthe $(x_1 + h)$ finden, für die

$$|f(x_1 + h)| < |f(x_1)|,$$

und offenbar auch Werthe in beliebig kleiner Umgebung von x_1, denn man kann die Gröfse Θ beliebig klein wählen.

Nach dem ersten Satze wird der absolute Betrag einer ganzen Function $f(x)$ für alle einer Bedingung $|x| > r$ genügenden Werthe gröfser als eine vorgegebene Gröfse g, und nach dem letzten Theorem kann man von jeder die Umgebung r der Stelle $x = 0$ begrenzenden Stelle derart in das Innere dieses Bereiches fortschreiten, dafs $|f(x)|$ immer kleiner und kleiner wird. Der absolute Betrag $|f(x)|$ kann nicht unter den Werth Null herabsinken, kann aber der Null beliebig nahe kommen. Wenn $|f(x)|$ die untere Grenze erreicht, dann besitzt die ganze Function $f(x)$ eine Nullstelle und die Gleichung $f(x) = 0$ hat eine Wurzel.

Könnten wir nun zeigen, dafs

$$|f(x)| = |f(\xi + i\eta)| = |\varphi(\xi, \eta) + i\psi(\xi, \eta)|$$

eine von den reellen Variabeln ξ und η abhängige stetig veränderliche Gröfse ist, oder könnten wir die Stetigkeit einer durch die Gleichung

$$z^2 - \left(\varphi^2(\xi, \eta) + \psi^2(\xi, \eta)\right) = 0$$

definirten Gröfse z beweisen, dann müfste $|f(x)|$ innerhalb des durch die Bedingung $|x| < r$ definirten Bereiches die untere Grenze Null für ein Werthepaar (ξ, η) erreichen, und jede ganze Function hat dann eine Nullstelle.

Wir kommen also auf ein neues Problem, dessen Erledigung wir besser verschieben, weil wir später die Existenz der Nullstelle und die

Continuität der ganzen Function sehr einfach erkennen werden. Es mag hier nur noch hervorgehoben werden, daſs man zum Beweise der Existenz der Wurzel einer algebraischen Gleichung $f(x) = 0$ auch schon an dieser Stelle nach einem Verfahren forschen könnte, durch welches man eine Werthereihe

$$\xi^{(\nu)} + i\eta^{(\nu)} \qquad (\nu = 1, 2, 3 \ldots)$$

mit der Grenzstelle $x' = \xi' + i\eta'$ so bestimmt, daſs die zugehörigen Functionswerthe mit den absoluten Beträgen:

$$|f(\xi^{(\nu)} + i\eta^{(\nu)})| = \sqrt{\varphi^2(\xi^{(\nu)}, \eta^{(\nu)}) + \psi^2(\xi^{(\nu)}, \eta^{(\nu)})}$$

eine Elementarreihe constituiren, denn dann würde dem Grenzwerthe $\xi' + i\eta'$ ein Werth

$$\sqrt{\varphi^2(\xi', \eta') + \psi^2(\xi', \eta')} = 0$$

zugehören und weil hierin $\varphi(\xi', \eta')$ und $\psi(\xi', \eta')$ einzeln verschwinden müſsten, wäre auch

$$f(\xi' + i\eta') = \varphi(\xi', \eta') + i\psi(\xi', \eta') = 0,$$

und das Verfahren hätte eine Wurzel $x' = \xi' + i\eta'$ geliefert.*)

§ 19. Gröſster gemeinsamer Theiler zweier ganzer Functionen einer Variabeln.

Nachdem wir in der Zerlegung ganzer Zahlen und ganzer Functionen eine auffallende Übereinstimmung gefunden haben, liegt es nahe, die Verwandtschaft der Theorie der ganzen Functionen mit der der ganzen Zahlen näher zu verfolgen und vor Allem die Bestimmung des gröſsten gemeinsamen Theilers zweier Functionen vom n^{ten} und m^{ten} Grade vorzunehmen, d. h. denjenigen algebraischen Theiler zweier Functionen zu suchen, welcher den höchsten Grad besitzt.

Lassen die gegebenen Functionen $f(x)$ und $g(x)$ die Darstellungen zu:

$$f(x) = a_0 (x - x_1)^{n_1} (x - x_2)^{n_2} \ldots (x - x_\mu)^{n_\mu}$$
$$g(x) = b_0 (x - x_1')^{m_1} (x - x_2')^{m_2} \ldots (x - x_m')^{m_\nu},$$

wo $\sum_{\mu'=1}^{\mu} n_{\mu'} = n$ und $\sum_{\nu'=1}^{\nu} m_{\nu'} = m$ ist, und sind etwa $x_\alpha, x_\beta \ldots x_\varkappa$ gemeinsame Nullstellen und $\nu_\alpha, \nu_\beta, \ldots \nu_\varkappa$ die kleineren der zugehörigen Exponenten $n_\alpha, n_\beta, \ldots n_\varkappa$ resp. $m_\alpha, m_\beta, \ldots m_\varkappa$, so ist offenbar

$$(x - x_\alpha)^{\nu_\alpha} (x - x_\beta)^{\nu_\beta} \ldots (x - x_\varkappa)^{\nu_\varkappa}$$

der gröſste gemeinsame Theiler von $f(x)$ und $g(x)$.

---

*) Man sehe Lipschitz' Verfahren in seinem Lehrbuche der Analysis nach. Dort sind allerdings die trigonometrischen Functionen benützt, denen wir hier bei der Reproduction des Cauchy'schen Beweises ausgewichen sind.

Es ist leicht, eine *nothwendige und hinreichende Bedingung für die Existenz einer gemeinsamen Nullstelle zweier Functionen:*

$$f(x) = a_0 x^n + a_1 x^{n-1} + \cdots + a_n$$
$$g(x) = b_0 x^m + b_1 x^{m-1} + \cdots + b_m$$

aufzustellen.

Es seien $x_1, x_2, \ldots x_n$ die Wurzeln der Gleichung $f(x) = 0$, dann sind durch diese x Werthe die folgenden m Gleichungen

$$f(x) = 0, \quad x f(x) = 0, \ldots x^{m-1} f(x) = 0$$

gleichzeitig erfüllt und offenbar auch die n Gleichungen

$$g(x) - y = 0, \quad x g(x) - x y = 0, \ldots x^{n-1} g(x) - x^{n-1} y = 0,$$

wenn hierin x und y der Reihe nach die Werthe $x_1, x_2, \ldots x_n$ resp. $g(x_1), g(x_2), \ldots g(x_n)$ erhalten.

Faſst man die $(m+n)$ genannten Gleichungen als linear in den $(m+n)$ Potenzen $x^0, x^1, \ldots x^{m+n-1}$ auf, so wird die Determinante dieses Gleichungssystems

$$\begin{vmatrix}
a_0, & a_1, \ldots a_{m-1}, & a_m, & a_{m+1}, \ldots a_{n-1}, & a_n, & 0, & \ldots 0 \\
0, & a_0, \ldots a_{m-2}, & a_{m-1}, & a_m, \ldots a_{n-2}, & a_{n-1}, & a_n, & \ldots 0 \\
\cdot & \cdots & \cdot & \cdots & \cdot & \cdot & \cdots \\
0, \; 0, & \ldots a_0, & a_1, & a_2, \ldots a_{n-m}, & a_{n-m+1}, & a_{n-m+2}, & \ldots a_n \\
b_0, & b_1, \ldots b_{m-1}, & b_m - y, & 0, \ldots 0, & 0, & 0, & \ldots 0 \\
0, & b_0, \ldots b_{m-2}, & b_{m-1}, & b_m - y \ldots 0, & 0, & 0, & \ldots 0 \\
\cdot & \cdots & \cdot & \cdots & \cdot & \cdot & \cdots \\
0, \; 0, & \ldots 0, & 0, & 0, \ldots b_0, & b_1, & b_2, & \ldots b_m - y
\end{vmatrix}$$

jedesmal Null, wenn man y einen der angegebenen Werthe ertheilt.

Die Determinante selbst ist eine ganze Function n^{ten} Grades von y mit den Nullstellen $y_\nu = g(x_\nu)$ $(\nu = 1, 2 \ldots n)$. Denken wir die Determinante $\Phi(y)$ nach Potenzen von y geordnet, so ist das letzte von y freie Glied gleich dem Producte von

$$(-1)^n . g(x_1) g(x_2) \ldots g(x_n)$$

und dem Coefficienten von y^n d. i. $(-1)^n a_0^m$. Dasselbe Product kann man auch gewinnen, indem man in der Determinante y Null setzt, wobei eine neue Determinante R entsteht. Aus der Beziehung

$$a_0^m \, g(x_1) g(x_2) \ldots g(x_n) = R$$

schlieſst man aber, daſs die Determinante R verschwinden muſs, wenn die ganze Function $g(x)$ für eine Nullstelle von $f(x)$ Null werden soll.

Ist umgekehrt $R = 0$, so besitzen die Gleichungen $f(x) = 0$ und $g(x) = 0$ eine gemeinsame Wurzel, denn R ist die Determinante der $(m+n)$ Gleichungen

$$f = 0, \quad x f = 0, \ldots x^{m-1} f = 0$$
$$g = 0, \quad x g = 0, \ldots x^{n-1} g = 0$$

mit denselben Unbekannten $x^0, x^1, \ldots x^{m+n-1}$ und diese Gleichungen können nicht (wie es $R = 0$ verlangt) gleichzeitig d. h. für dieselben Werthe $x^0, x^1, \ldots x^{m+n-1}$ bestehen, wenn f und g keine Nullstelle gemein haben.

Daher ist $R = 0$ die nothwendige und hinreichende Bedingung dafür, dafs $f(x)$ und $g(x)$ mindestens einen gemeinsamen algebraischen Theiler ersten Grades besitzen.

Die ganze Function R der Coefficienten der gegebenen Functionen heifst die *Resultante* von f und g.

Tritt an Stelle der Function $g(x)$ die erste Ableitung von $f(x)$ $f'(x)$, so heifst die zu f und f' gehörige Determinante R die *Discriminante* von $f(x)$ und deren Verschwinden besagt, dafs $f(x)$ eine zweifache Nullstelle besitzt, denn die oben gewonnene, von der Existenz der Nullstellen unabhängige Darstellung der ganzen Function

$$f(x) = f(x_1) + f^{(1)}(x_1)\frac{x-x_1}{1} + f^{(2)}(x)\frac{(x-x_1)^2}{2!} + \cdots + f^{(n)}(x_1)\frac{(x-x_1)^n}{n!}$$

läfst erkennen, dafs $f(x)$ im Falle des gleichzeitigen Verschwindens von $f(x_1)$ und $f^{(1)}(x_1)$ durch $(x-x_1)^2$ theilbar ist.

Das analytische Äquivalent dafür, dafs $f(x)$ eine νfache Nullstelle $x = x_1$ besitzt, besteht in dem Verschwinden von

$$f(x_1),\quad f^{(1)}(x_1), \ldots f^{(n)}(x_1)$$

und umgekehrt wird x_1 unter diesen Bedingungen eine νfache Nullstelle von $f(x)$ sein.

§ 20. Fortsetzung.

Den gröfsten gemeinsamen Theiler zweier ganzer Functionen f_n und g_m, wo die Indices nun immer die Gradzahlen anzeigen sollen, können wir noch durch ein *Divisionsverfahren* ermitteln.

Wir bemerken, dafs man zwei gegebenen Functionen f_n und g_m (wo $n \geqq m$ sei) stets zwei ganze Functionen vom $(n-m)^{\text{ten}}$ und niedrigerem als dem m^{ten} Grade p_{n-m} und q_{m-1} so zuordnen kann, dafs

$$b_0^{n-m+1} f_n = g_m p_{n-m} + q_{m-1}$$

wird. *) Bildet man nämlich

$$\begin{aligned}
b_0 f_n \quad - a_0 \quad x^{n-m} \quad g_m &= c_0^{(1)} x^{n-1} + c_1^{(1)} x^{n-2} + \cdots + c_{n-1}^{(1)} = q_{n-1}\\
b_0 q_{n-1} - c_0^{(1)} x^{n-m-1} g_m &= c_0^{(2)} x^{n-2} + c_1^{(2)} x^{n-3} + \cdots + c_{n-2}^{(2)} = q_{n-2}\\
&\ldots\ldots\ldots\ldots\ldots\ldots\\
b_0 q_m - c_0^{(n-m)} g_m &= c_0^{(n-m+1)} x^{m-1} + c_1^{(n-m+1)} x^{m-2} + \cdots + c_{m-1}^{(n-m+1)} = q_{m-1}
\end{aligned}$$

und multiplicirt diese $(n-m+1)$ Gleichungen der Reihe nach mit

---

*) Vergl. Weierstrafs: Einige auf die Theorie der analytischen Functionen mehrerer Veränderlichen sich beziehende Sätze (in den Abhandlungen aus der Functionenlehre S. 117).

$$b_0^{n-m}, \quad b_0^{n-m-1}, \ldots b_0^1, \quad b_0^0$$

und addirt dann alle, so folgt:

$$b_0^{n-m+1} f_n - (a_0 b_0^{n-m} x^{n-m} + c_0^{(1)} b_0^{n-m-1} x^{n-m-1} + \cdots + c_0^{(n-m)}) g_m = q_{m-1}$$

oder wenn man die Klammergröfse mit p_{n-m} bezeichnet, die oben angeschriebene Gleichung.

Soll f_n durch g_m theilbar sein, so mufs q_{m-1} identisch verschwinden, und das tritt ein, wenn die aus den Coefficienten von f_n und g_m durch die ersten drei Rechnungsoperationen zusammengesetzten m ganzen Ausdrücke

$$c_0^{(n-m+1)}, \quad c_1^{(n-m+1)}, \quad \ldots c_{m-1}^{(n-m+1)}$$

alle Null sind.

Es kann nicht mehr als ein Paar Functionen p und q der verlangten Art geben. Denn wäre sowohl

$$b_0^{n-m+1} f_n = g_m p_{n-m} + q_{m-1},$$

als auch

$$b_0^{n-m+1} f_n = g_m P_{n-m} + Q_{m-1},$$

so müfste

$$g_m(P_{n-m} - p_{n-m}) + (Q_{m-1} - q_{m-1}) = 0$$

sein und diese Identität erfordert, dafs die ganze Function $(m-1)^{\text{ten}}$ Grades $Q_{m-1} - q_{m-1}$ einen Theiler m^{ten} Grades g_m besitze. Das geht nicht an, folglich mufs

$$Q_{m-1} = q_{m-1}$$

sein. Weil nunmehr $g_m(P_{n-m} - p_{n-m})$ für jeden Werth der Variabeln verschwinden soll, schliefsen wir auch auf das identische Verschwinden von $P_{n-m} - p_{n-m}$ oder die identische Übereinstimmung von P_{n-m} und p_{n-m}, und damit ist der Beweis geliefert.

Sollte in der früheren Folge von Gleichungen q_{m-1} nicht identisch verschwinden, so bilde man neben

$$b_0^{n-m+1} f_n = g_m p_{n-m} + q_{m-1},$$

oder wie wir bequemer schreiben:

$$f_n = g_m p_{n-m} + q_{m-1},$$

indem wir den Factor b^{m-n-1} in p_{n-m} und q_{m-1} aufnehmen, die Gleichungen

$$\begin{aligned} g_m &= q_{m-1} p_1^{(1)} + q_{m-2}, \\ q_{m-1} &= q_{m-2} p_1^{(2)} + q_{m-3}, \\ &\cdot \; \cdot \; \cdot \; \cdot \; \cdot \; \cdot \; \cdot \; \cdot \\ q_{\mu+1} &= q_\mu p_1^{(m-\mu)} + q_{\mu-1}, \\ q_\mu &= q_{\mu-1} p_1^{(m-\mu+1)}, \end{aligned}$$

wo für die neu eintretenden Functionen q stets der gröfstmögliche Grad angenommen ist. Das nicht weiter zu erläuternde Verfahren führt nothwendig auf einen gemeinsamen Theiler $q_{\mu-1}$ von f_n und g_m, der für $\mu = 1$ in eine Constante übergeht; und zwar ist $q_{\mu-1}$ der gröfste gemeinsame Theiler der gegebenen Functionen, weil jeder Theiler von f_n und g_m in $q_{\mu-1}$ enthalten sein mufs.

Ist $q_{\mu-1}$ eine Constante, so nennt man f und g_m Functionen ohne gemeinsamen Theiler und deren Resultante R ist von Null verschieden.

Wenn umgekehrt f_n und g_m keinen gemeinsamen Theiler besitzen, ist $q_{\mu-1}$ eine Constante und dann läfst sich der Quotient von f_n und g_m in der Form eines *Kettenbruches* anschreiben*):

$$\frac{f_n}{g_m} = p_{m-n} + \cfrac{1}{p_1^{(1)} + \cfrac{1}{p_1^{(2)} + \cdots + \cfrac{1}{p_1^{(m-1)} + \cfrac{1}{p_1^{(m)}}}}}.$$

Bildet man die Brüche, welche durch Vereinigung von p_{n-m} und den ersten ν Gliedern der Kette entstehen, d. h.

$$\frac{Z_0(x)}{N_0(x)} = \frac{p_{n-m}}{1}; \quad \frac{Z_1(x)}{N_1(x)} = p_{n-m} + \frac{1}{p_1^{(1)}} = \frac{p_1^{(1)} p_{n-m} + 1}{p_1^{(1)}},$$

$$\frac{Z_2(x)}{N_2(x)} = p_{n-m} + \cfrac{1}{p_1^{(1)} + \cfrac{1}{p_1^{(2)}}} = \frac{p_1^{(2)} Z_1 + Z_0}{p_1^{(2)} N_1 + N_2}$$

usw. und durch den Schlufs von $\nu - 1$ auf ν:

$$\frac{Z_\nu(x)}{N_\nu(x)} = p_{n-m} + \cfrac{1}{p_1^{(1)} + \cfrac{1}{p_1^{(2)} + \cdots + \cfrac{1}{p_1^{(\nu)}}}} = \frac{p_1^{(\nu)} Z_{\nu-1} + Z_{\nu-2}}{p_1^{(\nu)} N_{\nu-1} + N_{\nu-2}}, \quad **)$$

und endlich $\frac{Z_m(x)}{N_m(x)} = \frac{f_n}{g_m}$, so erfüllen zwei aufeinander folgende Brüche die durch denselben Schlufs leicht zu verificirende Beziehung:

$$Z_{\nu-1} N_\nu - Z_\nu N_{\nu-1} = (-1)^\nu$$

und speciell ist

$$(-1)^m (Z_{m-1} g_m - N_{m-1} f_n) = 1.$$

Setzt man

$$(-1)^{m+1} N_{m+1} = \psi_{m-1}, \quad (-1)^m Z_{m-1} = \varphi_{n-1},$$

wo die Indices offenbar gerade wieder die Gradzahlen dieser Functionen anzeigen, so wird

$$\varphi_{n-1} g_m + \psi_{m-1} f_n = 1.$$

1) *Wenn also f_n und g_m keinen gemeinsamen Theiler besitzen, so gibt es stets zwei bestimmte ganze Functionen des $(n-1)^{ten}$ und $(m-1)^{ten}$ Grades φ_{n-1} und ψ_{m-1}, welche die Gleichung:*

$$\varphi_{n-1} g_m + \psi_{m-1} f_n = 1 \qquad (\alpha)$$

identisch erfüllen.

---

*) Vergleiche Lipschitz l. c.

**) ~~Ich schreibe ausführlich~~ $\frac{p_1^{(\nu)} Z_{\nu-1} + Z_{\nu-2}}{p_1^{(\nu)} N_{\nu-1} + N_{\nu-2}}$

2) Dann aber gibt es auch zwei ganze Functionen Φ_{n+k-1} und Ψ_{m+k-1}, welche der Gleichung:

$$\Phi_{n+k-1}\, g_m + \Psi_{m+k-1} f_n = \Theta_k$$

genügen, denn dazu hat man in der mit Θ_k multiplicirten Gleichung (α) nur

$$\varphi_{n-1}\Theta_k = \Phi_{n+k-1}\,, \quad \psi_{m-1}\Theta_k = \Psi_{m+k-1}$$

zu setzen.

Bildet man hingegen

$$\varphi_{n-1}(g_m\Theta_k) + \psi_{m-1}(f_n\Theta_k) = \Theta_k$$

und bezeichnet $g_m\Theta_k$ und $f_n\Theta_k$ mit G_{m+k} und F_{n+k}, so sind diese Functionen mit dem gemeinsamen Theiler Θ_k zwei Functionen φ_{n-1} und ψ_{m-1} derart zugeordnet, daſs

$$\varphi_{n-1}\, G_{m+k} + \psi_{m-1} F_{n+k} = \Theta_k$$

wird.

3) Daraus schlieſst man, daſs man in dem Falle, wo g_m und f_n einen gemeinsamen Theiler k^{ten} Grades Θ_k besitzen, zwei ganze Functionen φ_{n-k-1} und ψ_{m-k-1} bestimmen kann, welche die Gleichung:

$$\varphi_{n-k-1}\, g_m + \psi_{m-k-1} f_n = \Theta_k$$

erfüllen; für zwei derartige Functionen existirt aber auch eine Gleichung

$$\varphi_{n-k}\, g_m + \psi_{m-k} f_n = 0\,,$$

denn es muſs ja einmal

$$f_n = \varphi_{n-k}\Theta_k\,, \quad g_n = -\psi_{m-k}\Theta_k$$

sein; niemals aber ist eine Gleichung der Gestalt

$$\varphi_{n-k-1}\, g_m + \psi_{m-k-1} f_n = \Theta_{k-\varkappa} \qquad (\varkappa = 1,\, 2,\, \ldots k)$$

möglich. In der That setzt man

$$\frac{g_m}{\Theta_k} = -\psi_{m-k}\,, \quad \frac{f_n}{\Theta_k} = \varphi_{n-k}\,,$$

so existirt für diese Functionen ohne gemeinsamen Theiler eine und und nur eine Gleichung der Form:

$$\varphi_{n-k-1}\,\psi_{m-k} + \psi_{m-k-1}\,\varphi_{n-k} = 1\,,$$

mit der die obige nicht vereinbar ist.

4) *Besteht eine Gleichung:*

$$\varphi_{n-k}\, g_m + \psi_{m-k} f_n = 0\,,$$

aber niemals eine Gleichung der Gestalt:

$$\varphi_{n-k-1}\, g_m + \psi_{m-k-1} f_n = 0\,,$$

so haben f_n und g_m einen gröſsten gemeinsamen Theiler k^{ten} Grades.

Setzten wir voraus, daſs

$$f_n = \varphi_{n-k}\,\Theta_k + \varphi'_{n-k-1}$$
$$g_m = -\psi_{m-k}\Theta_k - \psi'_{m-k-1}$$

wäre, so ergäbe sich nach Multiplication dieser Gleichungen mit ψ_{m-k} resp. φ_{n-k} und dann folgender Addition die Beziehung:

$$\varphi'_{n-k-1}\,\psi_{m-k} - \psi'_{m-k-1}\,\varphi_{n-k} = 0,$$

doch darum würde die Summe:

$$\varphi'_{n-k-1}\,g_m + \psi'_{m-k-1}\,f_n = 0.$$

Eine solche Gleichung sollte aber nicht existiren, folglich ist die Annahme unrichtig und f_n und g_m besitzen den Theiler Θ_k, aber gewiſs keinen Theiler höheren Grades, denn dann müſste eine Gleichung der ausgeschlossenen Art bestehen.

Das analytische Äquivalent dafür, daſs $f(x)$ den Theiler g_{nn} besitzt, lag in dem Verschwinden von m ganzen Ausdrücken $c_\nu^{(n-m+1)}$ in den Coefficienten von f_n und g_m. Ebenso müssen k ganze Functionen dieser Coefficienten verschwinden, wenn f_n und g_m einen gemeinsamen Theiler k^{ten} Grades haben sollen, denn damit in der Folge von Gleichungen auf S. 101 $q_{\mu-1}$ vom Grade k wird, muſs diese Folge mit der Gleichung

$$q_{k+1} = q_k\,p_1^{(m-k+1)} + q_{k-1}$$

abbrechen und hierin die ganze Function $(k-1)^{\text{ten}}$ Grades q_{k-1} mit k Coefficienten identisch Null sein.*)

Mit Hilfe der hier abgeleiteten Sätze lassen sich die für die ganzen Zahlen aufgestellten Theoreme über die Theilbarkeit auf die ganzen Functionen übertragen.

1) Sind f_n und g_m ganze Functionen ohne gemeinsamen Theiler und ist k eine beliebige dritte Function, so ist jeder gemeinsame Theiler von $f_n k$ und g_m auch Theiler von k.

Es ist nämlich

$$g_m\varphi_{n-1} + f_n\psi_{m-1} = 1$$
$$g_m\varphi_{n-1}k + f_nk\,.\,\psi_{m-1} = k$$

und jeder Theiler von f_nk und g_m ist Theiler der links stehenden Summe, er muſs daher auch in k allein vorkommen.

2) Das Product zweier Functionen f_n und k, von denen keine durch g_m theilbar ist, kann kein Vielfaches von g_m sein.

3) Sind f_n und g_m Functionen ohne gemeinsamen Theiler, ist aber g_m ein Theiler von f_nk, so muſs k durch g_m theilbar sein.

4) Besitzen f_n und g_m keinen gemeinsamen Theiler, so ist jedes gemeinsame Vielfache dieser Functionen von der Form f_ng_mk, ist aber $f_n = \varphi\Theta$, $g_m = \psi\Theta$ und haben φ und ψ keinen Theiler gemein, so erhält jedes Vielfache von f_n und g_m die Gestalt $\varphi\psi\Theta k_1$ und $\varphi\psi\Theta$ ist das kleinste gemeinschaftliche Vielfache.

Die Vielfachen von f_n und g_m besitzen nämlich die Gestalt f_np

*) Weierstraſs l. c. S. 121.

und $g_m q$, und wenn hier $f_n p$ durch g_m, $g_m q$ durch f_n theilbar sein soll, mufs nach dem ersten Satze $p = g_m k_1$, $q = f_n k_2$ sein und das gemeinsame Vielfache von f_n und g_m erhält die Gestalt $f_n g_m k$.

Damit ferner die Vielfachen von $\varphi\Theta$ und $\psi\Theta$ z. B. $\varphi\Theta p$ und $\psi\Theta q$ durch einander theilbar sind, mufs wieder $p = \varphi k_1$, $q = \varphi k_2$ werden, und das gemeinsame Vielfache nimmt die Form $\varphi\psi\Theta k$ an.—

Ein weiteres Resultat dieser Untersuchungen besteht darin, dafs wir, ohne den Existenzbeweis der Nullstellen einer ganzen Function und den Beweis für die Darstellung jeder Function $f(x)$ durch ein Product von Primfactoren erbracht zu haben, Zähler und Nenner eines Quotienten ganzer Functionen $\frac{f}{g}$ stets von den gemeinsamen Primfactoren und Theilern befreien können. Der *Quotient* von $f_n = \varphi\Theta$ und $g_m = \psi\Theta$ hat überall dort, wo Θ von Null verschieden ist, den Werth, welchen der Quotient $\frac{\varphi}{\psi}$ angibt. Ist Θ an einer Stelle x_1 Null, so setzt man als Werth des Quotienten

$$F(x) = \frac{f(x)}{g(x)},$$

für $x = x_1$, ebenfalls den Werth $\frac{\varphi(x_1)}{\psi(x_1)}$, wenngleich man aus der Relation

$$f\psi - g\varphi = 0$$

diesen Schlufs nicht ziehen kann, weil f und g Null sind. Doch diese Festsetzung ist darin begründet, dafs der Quotient $F(x)$ nach einem bestimmten Werthe und zwar nach $\frac{\varphi(x_1)}{\psi(x_1)}$ convergirt, wenn man x nach der Nullstelle von $\Theta(x)$ führt.

§ 21. Ganze rationale Functionen mehrerer unabhängiger Variabeln.

Es ist auch nothwendig, die ganzen Functionen mehrerer von einander unabhängiger Variabeln $x_1, x_2, \ldots x_n$:

$$f(x_1, x_2 \ldots x_n) = A_1 x_1^{m_1^{(1)}} x_2^{m_2^{(1)}} \ldots x_n^{m_n^{(1)}} + A_2 x_1^{m_1^{(2)}} x_2^{m_2^{(2)}} \ldots x_n^{m_n^{(2)}} + \cdots$$
$$+ A_\varkappa x_1^{m_1^{(\varkappa)}} x_2^{m_2^{(\varkappa)}} \ldots x_n^{m_n^{(\varkappa)}}$$

zu betrachten.

Ordnet man diese Function nach fallenden Potenzen einer Variabeln, z. B. x_1, so entsteht ein Ausdruck

$$a_0 x_1^{n_1} + a_1 x_1^{n_1 - 1} + \cdots + a_{n_1},$$

in welchem die Coefficienten $a_0, a_1, \ldots a_{n_1}$ Functionen der übrigen $(n-1)$ Variabeln sind. Jede dieser Functionen denke man etwa nach x_2 geordnet:

$$a_\nu = a_{\nu,0} x_2^{n_2^{(\nu)}} + a_{\nu,1} x_2^{n_2^{(\nu)} - 1} + \cdots + a_{\nu, n_2^{(\nu)}} \qquad (\nu = 0, 1, \cdots n_1),$$

und wiederum sind $a_{\nu,\mu}$ ganze Functionen von $x_3, x_4, \ldots x_n$; so fahre man fort.

Wenn in $f(x_1, x_2 \ldots x_n)$ x_1 in der n_1^{ten}, x_2 in der n_2^{ten}, x_n in der n_n^{ten} Potenz vorkommt und man gibt dann x_ν $(\nu = 1, 2 \ldots n)$ die $n_\nu + 1$ verschiedenen Werthe:

$$\xi_{\nu,1},\ \xi_{\nu,2} \ldots \xi_{\nu,n_\nu+1}$$

und setzt voraus, dafs f für jede Werthecombination

$$x_1 = \xi_{1,\alpha_1}, \quad x_2 = \xi_{2,\alpha_2}, \quad \ldots \ldots x_n = \xi_{n,\alpha_n}$$

verschwindet, wo α_ν irgend einen der Werthe $1, 2, \ldots n_\nu + 1$ bezeichnet, so müssen sämmtliche Constanten in $f(x_1, x_2 \ldots x_n)$ Null sein, d. h. f verschwindet identisch, was für ein Werthesystem

$$x_1 = \xi_1,\ x_2 = \xi_2, \ \ldots x_n = \xi_n$$

man auch wählen mag.

Gibt man den Variabeln $x_2, x_3, \ldots x_n$ irgend feste der vorgelegten Werthe, so verschwindet die ganze Function f noch für $n_1 + 1$ Werthe von x_1 und das ist nur möglich, wenn sämmtliche Constanten

$$a_0,\ a_1 \ldots a_{n_1}$$

Null sind. Da man denselben Schlufs ziehen mufs, welche der Werthecombinationen für $x_2, x_3, \ldots x_n$ auch verwendet werden, so müssen in jeder ganzen Function $a_0, a_1, \ldots a_{n_1}$ von $x_2, x_3 \ldots x_n$ alle Coefficienten verschwinden und dann ist f identisch Null.

Eine ganze Function $f(x_1, x_2, \ldots x_n)$ vom n_ν^{ten} Grade in

$$x_\nu \quad (\nu = 1, 2 \ldots n)$$

wird demnach für jedes Werthesystem $(x_1, x_2, \ldots x_n)$ Null, wenn sie für die

$$(n_1 + 1)\,(n_2 + 1) \ldots (n_n + 1)$$

Combinationen aus $n_1 + 1$ Werthen für x_1, $n_2 + 1$ Werthen für x_2, und $n_n + 1$ Werthen für x_n verschwindet.

Wenn jede ganze Function einer Variabeln Nullstellen hat, leuchtet ein, dafs eine ganze Function mehrerer Variabeln unendlich viele Nullstellen $(\xi_1, \xi_2, \ldots \xi_n)$ besitzen wird, doch unter diesen können nicht alle aus $n_\nu + 1$ Werthen für x_ν $(\nu = 1, 2 \ldots n)$ gewonnenen Combinationen vorkommen, sonst wäre die ganze Function an jeder Stelle Null.*)

Zwei ganze Functionen, von denen keine x_ν in höherem als dem

* In jeder Umgebung einer Nullstelle der ganzen Function liegen schon unendlich viele andere Nullstellen, doch die Gesammtheit constituirt nur ein Continuum von $(2n - 2)$-facher Ausdehnung, indem man $(n - 1)$ der Variabeln $x_1, x_2, \ldots x_n$ beliebige Werthe geben kann und die Werthe der n^{ten} nur in endlicher Anzahl vorhanden sein können, wenn die ganze Function nicht identisch Null werden soll. Andernfalls gäbe es nämlich eine Häufungsstelle (x), in deren Umgebungen unendlich viele Werthesysteme (x') liegen, für die die Function verschwindet.

n_ν^{ten} Grade enthält, werden nun offenbar in den Coefficienten gleichnamiger Glieder $x_1^{\alpha_1} x_2^{\alpha_2} \ldots x_n^{\alpha_n}$ übereinstimmen, wenn sie für alle Werthesysteme $(x_1, x_2, \ldots x_n)$, die man aus

$$x_\nu = \xi_{\nu,1}, \xi_{\nu,2}, \ldots \xi_{\nu,n_\nu+1} \quad (\nu = 1, 2 \ldots n)$$

zusammensetzen kann, dieselben Werthe annehmen.

Auf diesem Satze beruht die Verallgemeinerung der Lagrange-schen Formel, die wieder anzeigt, wie eine ganze Function

$$f(x_1, x_2 \ldots x_n)$$

aus den Werthen zusammengesetzt ist, welche sie an

$$(n_1 + 1)(n_2 + 1) \ldots (n_n + 1)$$

Stellen der in Rede stehenden Art annimmt.

Der arithmetische Bau der Formel für $f(x_1, x_2 \ldots x_n)$ ist nicht schwer zu beurtheilen, wenn man nur die Lagrange'sche Formel wiederholt anwendet. Zunächst ist:

$$f(x_1, x_2, \ldots x_n)$$

$$= \sum_{\alpha_1=1}^{n_1+1} f(\xi_{1,\alpha_1}, x_2, \cdots x_n) \frac{(x_1-\xi_{1,1})\cdots(x_1-\xi_{1,\alpha_1-1})(x_1-\xi_{1,\alpha_1+1})\cdots(x_1-\xi_{1,n_1+1})}{(\xi_{1,\alpha_1}-\xi_{1,1})\cdots(\xi_{1,\alpha_1}-\xi_{1,\alpha_1-1})(\xi_{1,\alpha_1}-\xi_{1,\alpha_1+1})\cdots(\xi_{1,\alpha_1}-\xi_{1,n_1+1})}$$

und diese Formel gibt für jedes Werthesystem $(x_1 = \xi_{1,\alpha_1}, x_2, \ldots x_n)$ die verlangte Identität. Zerlegt man hierauf:

$$f(\xi_{1,\alpha_1}, x_2, \ldots x_n) = \xi_{1,\alpha_1}^{n_1} f_0^{(\alpha_1)}(x_2, x_3 \ldots x_n)$$
$$+ \xi_{1,\alpha_1}^{n_1-1} f_1^{(\alpha_1)}(x_2, x_3 \ldots x_n) + \cdots + f_{n_1}^{(\alpha_1)}(x_2, x_3, \ldots x_n)$$

und wendet die Lagrange'sche Formel auf die ganzen Functionen $f^{(\alpha_1)}$ von $(n - 1)$ Variabeln von Neuem an, so kann man schliefslich so verfügen, dafs die $(n_1 + 1)(n_2 + 1) \ldots (n_n + 1)$ Gröfsen

$$f(\xi_{1,\alpha_1}, \xi_{2,\alpha_2}, \ldots \xi_{n,\alpha_n})$$

vorgeschriebene Werthe $\eta_{\alpha_1, \alpha_2 \ldots \alpha_n}$ annehmen. —

Entsprechend der Darstellung:

$$f(x+h) = f(x) + f^{(1)}(x)\frac{h}{1} + f^{(2)}(x)\frac{h^2}{2!} + \cdots + f^{(n)}(x)\frac{h^n}{n!}$$

kann man auch $f(x_1 + h_1, x_2 + h_2, \ldots x_n + h_n)$ als Summe von Gliedern

$$h_1^{\nu_1} h_2^{\nu_2} \ldots h_n^{\nu_n}$$

mit Coefficienten, die ganze Functionen von $x_1, x_2, \ldots x_n$ sind, ausdrücken, man hat nur den binomischen Lehrsatz zur Entwicklung des einzelnen Gliedes

$$(x_1 + h_1)^{m_1} (x_2 + h_2)^{m_2} \ldots (x_n + h_n)^{m_n}$$

anzuwenden. Man sieht, dafs die Differenz

$$f(x_1 + h_1, x_2 + h_2, \ldots x_n + h_n) - f(x_1, x_2, \ldots x_n)$$

die Gestalt

$$f_1(x_1, x_2 \cdots x_n)h_1 + f_2(x_1, x_2, \cdots x_n)h_2 + \cdots + f_n(x_1, x_2 \cdots + x_n)h_n$$
$$+ \sum_{\nu=1}^{n} h_\nu \varphi_\nu(x_1, x_2, \ldots x_n;\, h_1, h_2, \ldots h_n)$$

erhält, wo f_ν und φ_ν ganze Functionen ihrer Argumente sind und φ_ν mit den n Gröfsen h verschwinden.

Bezeichnet man die Ableitungen von f als ganze Function von x_ν allein betrachtet mit

$$f_{x_\nu}^{(1)},\ f_{x_\nu}^{(2)},\ \ldots f_{x_\nu}^{(n_\nu)} \quad \text{oder} \quad \frac{\partial f}{\partial x_\nu},\ \frac{\partial^2 f}{\partial x_\nu^2},\ \ldots \frac{\partial^{n_\nu} f}{\partial x_\nu^{n_\nu}}$$

und bildet man

$$f(x_1, x_2, \ldots x_{\nu-1}, x_\nu + h_\nu, x_{\nu+1}, \ldots x_n)$$
$$= f(x_1, x_2, \ldots x_n) + \frac{\partial f}{\partial x_\nu} h_\nu + \frac{\partial^2 f}{\partial x_\nu^2}\frac{h_\nu^2}{2!} + \cdots + \frac{\partial^{n_1} f}{\partial x_\nu^{n_1}}\frac{h_\nu^{n_1}}{n_1!},$$

so zeigt eine einfache Ueberlegung, dafs

$$f_\nu(x_1, x_2, \ldots x_n) = \frac{\partial f}{\partial x_\nu} \qquad (\nu = 1, 2 \ldots n)$$

sein mufs. Man nennt diese ganze Function f_ν *die erste Derivirte der Ableitung von f nach der Variabeln x_ν.*

Von dieser Function kann man Ableitungen nach anderen Variabeln x_μ bilden. Bezeichnet man $\frac{\partial f_\nu}{\partial x_\mu}$ mit $\frac{\partial^2 f}{\partial x_\mu \partial x_\nu}$ und $\frac{\partial f_\mu}{\partial x_\nu}$ mit $\frac{\partial^2 f}{\partial x_\nu \partial x_\mu}$, so wird aber

$$\frac{\partial^2 f}{\partial x_\mu \partial x_\nu} = \frac{\partial^2 f}{\partial x_\nu \partial x_\mu}.$$

Erinnert man sich, wie der Ableitungsprocefs definirt war, so ist klar, dafs dieser Satz bewiesen sein wird, wenn er an dem einzelnen Gliede der ganzen Function f:

$$A_{m_1, m_2 \ldots m_n} x_1^{m_1} x_2^{m_2} \ldots x_n^{m_n} = \varphi(x_1, x_2 \ldots x_n)$$

bestätigt werden kann. Es ist in der That:

$$\frac{\partial^2 \varphi}{\partial x_\mu \partial x_\nu} = \frac{\partial}{\partial x_\mu}\left(m_\nu A_{m_1, m_2 \ldots m_n} x_1^{m_1} x_2^{m_2} \ldots x_{\nu-1}^{m_{\nu-1}} x_\nu^{m_\nu - 1} x_{\nu+1}^{m_{\nu+1}} \ldots x_n^{m_n}\right)$$
$$= m_\nu m_\mu A_{m_1 m_2 \ldots m_n} x_1^{m_1} x_2^{m_2} \ldots x_\nu^{m_\nu - 1} \ldots x_\mu^{m_\mu - 1} \ldots x_n^{m_n}$$
$$= \frac{\partial}{\partial x_\nu}\left(m_\nu A_{m_1 m_2 \ldots m_n} x_1^{m_1} x_2^{m_2} \ldots x_\mu^{m_\mu - 1} \ldots x_n^{m_n}\right)$$
$$= \frac{\partial^2 \varphi}{\partial x_\nu \partial x_\mu}, \text{ w. z. b. w.}$$

Dieser Satz ist dahin zu verallgemeinern, dafs in

$$\frac{\partial^{\mu_1 + \mu_2 + \cdots + \mu_n} \varphi(x_1, x_2 \ldots x_n)}{\partial x_1^{\mu_1} \partial x_2^{\mu_2} \ldots \partial x_n^{\mu_n}}$$

das Resultat unabhängig ist von der Folge der Ableitungsprocesse. Nun fällt es nicht mehr schwer, das einzelne Glied:

$$A_{m_1, m_2, \dots m_n}(x_1 + h_1)^{m_1} (x_2 + h_2)^{m_2} \dots (x_n + h_n)^{m_n}$$
$$= \varphi(x_1 + h_1, \dots x_n + h_n)$$

aus $f(x_1 + h_1, x_2 + h_2, \dots x_n + h_n)$ als Summe von Gliedern

$$h_1^{\mu_1} h_2^{\mu_2} \dots h_n^{\mu_n}$$

anzuschreiben, deren Coefficienten zusammengesetzte Ableitungen von $\varphi(x_1, x_2, \dots x_n)$ sind. Das allgemeine Glied ist offenbar:

$$A_{m_1 m_2 \dots m_n} \cdot h_1^{\mu_1} h_2^{\mu_2} \dots h_n^{\mu_n} x_1^{m_1-\mu_1} x_2^{m_2-\mu_2} \dots$$
$$\dots x_n^{m_n-\mu_n} \binom{m_1}{m_1 \quad \mu_1} \binom{m_2}{m_2-\mu_2} \dots \binom{m_n}{m_n-\mu_n}$$
$$= A_{m_1 m_2 \dots m_n} \prod_{\nu=1}^{n} h_\nu^{\mu_\nu} x_\nu^{m_\nu-\mu_\nu} (m_\nu)(m_\nu - 1) \dots (m_\nu - \mu_\nu + 1) \frac{1}{\mu_\nu!}$$
$$= \frac{\partial^{\mu_1+\mu_2+\dots+\mu_\nu} \varphi(x_1, x_2 \dots x_n)}{\partial x_1^{\mu_1} \partial x_2^{\mu_2} \dots \partial x_n^{\mu_n}} \frac{h_1^{\mu_1}}{\mu_1!} \frac{h_2^{\mu_2}}{\mu_2!} \dots \frac{h_n^{\mu_n}}{\mu_n!},$$

und darnach wird

$$f(x_1 + h_1, x_2 + h_2, \dots x_n + h_n)$$
$$= \sum_{\nu_1, \nu_2 \dots \nu_n = 0}^{n_1, n_2, \dots n_n} \frac{\partial^{\nu_1+\nu_2+\dots+\nu_n} f(x_1, x_2, \dots x_n)}{\partial x_1^{\nu_1} \partial x_2^{\nu_2} \dots \partial x_n^{\nu_n}} \frac{h_1^{\nu_1}}{\nu_1!} \frac{h_1^{\nu_2}}{\nu_2!} \frac{h_n^{\nu_n}}{\nu_n!},$$

wo in der n-fachen Summe für $\nu_1, \nu_2 \dots \nu_n$ alle Werthecombinationen aus

$$\nu_1 = 0, 1, 2 \dots n_1; \quad \nu_2 = 0, 1, 2 \dots n_2; \quad \dots \nu_n = 0, 1, 2 \dots n_n$$

zu setzen sind. Der Werth des allgemeinen Gliedes, in welchem $\nu_1 = \nu_2 = \dots = \nu_n = 0$ ist, ist $f(x_1, x_2 \dots x_n)$. Die Summe

$$\nu_1 + \nu_2 + \dots + \nu_n$$

kann nicht gröfser sein als die gröfste der Summen der Exponenten in den einzelnen Gliedern $\varphi(x_1, x_2 \dots x_n)$.

Setzt man in der letzten Formel für x_n a_n und für

$$h_n \ (x_\nu - a_\nu) \qquad (\nu = 1, 2 \dots n),$$

so erhält man für die ganze Function f die Darstellung:

$$f(x_1, x_2, \dots x_n)$$
$$= \sum_{\nu_1, \nu_2 \dots \nu_n} \left(\frac{\partial^{\nu_1+\nu_2+\dots+\nu_n} f(x_1, x_2 \dots x_n)}{\partial x_1^{\nu_1} \partial x_2^{\nu_2} \dots \partial x_n^{\nu_n}} \right)_{x_1 = a_1, x_2 = a_2, \dots x_n = a_n,} \frac{(x_1 - a_1)^{\nu_1}}{\nu_1!} \frac{(x_2 - a_2)^{\nu_2}}{\nu_2!} \dots \frac{(x_n - a_n)^{\nu_n}}{\nu_n!}$$

wo die neben der Ableitung von f stehenden Werthe für x_ν anzeigen sollen, dafs man der Ableitung den Werth zu ertheilen hat, welchen sie an der Stelle (a) besitzt.

Wir führen die hier gebrauchte Bezeichnung für die Ableitungen auch in dem Falle einer Function einer Variabeln ein, schreiben aber statt runder grade d, um ein Unterscheidungszeichen für die vollständige und die oben vorkommende theilweise (partielle) Ableitung nach einer der Variabeln x_i zu besitzen, und erhalten:

$$f(x+h)$$

$$= f(x) + \frac{d f(x)}{d x}\frac{h}{1} + \frac{d^2 f(x)}{d x^2}\frac{h^2}{2!} + \cdots + \frac{d^n f(x)}{d x^n}\frac{h^n}{n!},$$

$$f(x) = \big(f(x)\big)_{x=a} +$$

$$+ \left(\frac{d f(x)}{d x}\right)_a \frac{x-a}{1} + \left(\frac{d^2 f(x)}{d x^2}\right)_a \frac{(x-a)^2}{2!} + \cdots + \left(\frac{d^n f(x)}{d x^n}\right)_a \frac{(x-a)^n}{n!}\,.$$

Man ordne die ganze Function noch in anderer Weise, bilde in jedem Gliede

$$A_{m_1 m_2 \ldots m_n} x_1^{m_1} x_2^{m_2} \ldots x_n^{m_n}$$

die Summe der Exponenten $(m_1 + m_2 + \ldots + m_n)$ die sogenannte *Gradzahl des Gliedes* und fasse die Glieder gleichen Grades zusammen.

Nennt man eine ganze Function, deren Glieder alle denselben Grad besitzen, ganze *homogene* Function, so läfst sich jede ganze Function f als Summe homogener Functionen

$$f_0 + f_1 + \cdots + f_m$$

darstellen, in welchen der Index den Grad des Gliedes anzeige. Die höchste dieser Gradzahlen m heifst die *Dimension* der Function f.

Ist eine ganze Function f ohne constantes Glied f_0 gegeben,

$$f = f_1 + f_2 + \cdots + f_m,$$

so ist f in der Umgebung der Stelle (0) eine stetige veränderliche Gröfse.

Bezeichnet nämlich g_μ eine positive Gröfse, die gröfser ist als der gröfste unter den Beträgen der Coefficienten in der homogenen Function f_μ, so ist

$$|f_\mu| < g_\mu (|x_1| + |x_2| + \cdots + |x_n|)^\mu.$$

Ist ferner g eine positive Gröfse, gröfser als jedes der g_μ, und nennt man die Summe $\sum_{\nu=1}^{n} |x_\nu| = \xi$, so wird:

$$|f(x_1, x_2 \ldots x_n)| < g(\xi + \xi^2 + \cdots + \xi^m) < g\xi\,\frac{1}{1-\xi}\,.$$

Jetzt kann man aber ξ so wählen, dafs $g\xi\,\frac{1}{1-\xi}$ kleiner wird als eine beliebig kleine Gröfse δ, und darum gibt es auch eine Umgebung r der Stelle (0) derart, dafs für jede Stelle derselben

$$|f(x_1, x_2, \ldots x_n)| < \delta$$

wird und das ist die nothwendige Bedingung für die Stetigkeit der Function f in dem genannten Bereiche.

Aus der Darstellung jeder ganzen Function $f(x_1, x_2 \ldots x_n)$ als Summe einer endlichen Anzahl von Gliedern:

$$A_{m_1 m_2 \ldots m_n}(x_1 - a_1)^{m_1}(x_2 - a_2)^{m_2} \ldots (x_n - a_n)^{m_n}$$

folgt aber, *dafs jede ganze Function in der Umgebung jeder endlichen Stelle* (a) *stetig ist*, denn man kann den absoluten Betrag von

$$f(x_1, x_2, \ldots x_n) - (a_1, a_2, \ldots a_n)$$

oder

$$f(x_1, x_2 \ldots x_n) - \left(\frac{\partial^0 f(x_1, x_2 \ldots x_n)}{\partial x_1{}^0, \partial x_2{}^0 \ldots \partial x_n{}^0}\right)_{a_1, a_2 \ldots a_n}$$

kleiner machen als eine beliebig kleine Gröfse δ, indem man die Variabeln $x_1, x_2 \ldots x_n$ in hinreichend kleiner Umgebung der Stelle (a) erhält.

§ 22. Gemeinsame Theiler zweier ganzer Functionen mehrerer Variabeln.

Wir fassen auch wieder das gegenseitige Verhalten zweier ganzer Functionen $f(x_1, x_2 \ldots x_n)$ und $g(x_1, x_2 \ldots x_n)$ ins Auge.

Vor Allem läfst sich den früheren Sätzen das Theorem entnehmen:

Die Function $g(x_1, x_2 \ldots x_n)$, als eine von x_1 abhängige Gröfse betrachtet, wird bei jedem Werthesystem $x_2, x_3 \ldots x_n$ ein Theiler der ganzen Function f von x_1 sein, wenn so viele ganze Functionen von $x_2, x_3 \ldots x_n$ identisch verschwinden, als der Grad von g in x_1 anzeigt.

Für ganze Functionen f_n und g_m einer Variabeln bestand eine bestimmte Gleichung

$$b_0^{n-m+1} f_n = p_{n-m} g_m + q_{m-1},$$

und damit f_n durch g_m theilbar war, mufste q_{m-1} identisch verschwinden. Indem nun in unserem Falle die Coefficienten von q_{m-1} ganze Ausdrücke in den Variabeln $x_2, x_3 \ldots x_n$ werden, ist die Behauptung richtig.

Um aber zeigen zu können, dafs unter den genannten Bedingungen, die auf das Verschwinden ganzer Ausdrücke in den Constanten von f und g, zurückkommen, f überhaupt durch g theilbar ist, als Function welcher Variabeln wir auch f und g auffassen, und dafs dann

$$f(x_1, x_2 \ldots x_n) = k(x_1, x_2, \ldots x_n) \cdot g(x_1, x_2 \ldots x_n)$$

wird, setzen wir mit Weierstrafs, in der Vermuthung, den Beweis mit Hilfe des Schlusses von $(n - 1)$ auf n erbringen zu können, fest:

1) Für zwei oder mehrere Functionen von $(n - 1)$ Variabeln mit einem gemeinsamen Theiler gibt es auch einen gröfsten Theiler,

der durch die Eigenschaft definirt ist, daſs er ein Vielfaches jedes gemeinsamen Theilers ist.

2) Sind f und g ganze Functionen von $(n-1)$ Variabeln ohne gemeinsamen Theiler und keine dritte Function dieser Variabeln, so ist jeder Theiler von fk und g ein Theiler von k.

3) Mehrere Functionen von $(n-1)$ Variabeln besitzen auch gemeinsame Vielfache und es existirt eines, das in allen übrigen als Theiler vorkommt. —

Ferner bemerken wir, daſs eine Function $f(x_1, x_2 \ldots x_n)$, die bei jedem Werthe von x_1 durch $g(x_2, x_3 \ldots x_n)$ theilbar ist, die Gestalt

$$g(x_2, x_3, \ldots x_n) \, . \, k(x_1, x_2, \ldots x_n)$$

besitzt.

In der That: ist

$$f(x_1, x_2, \ldots x_n) = f_0(x_2, x_3 \ldots x_n) x_1^{n_1} + f_1(x_2, x_3, \ldots x_n) x_1^{n_1-1} + \cdots + f_n(x_2, x_3, \ldots x_n),$$

so kann man die (n_1+1) Functionen f_ν als lineare Function der in der Darstellung:

$$f(x_1, x_2, \ldots x_n)$$

$$= \sum_{\mu=1}^{n_1+1} f(\xi_\mu, x_2, x_3 \ldots x_n) \frac{(x-\xi_1)\ldots(x-\xi_{\mu-1})(x-\xi_{\mu+1})\ldots(x-\xi_{n+1})}{(\xi_\mu-\xi_1)\ldots(\xi_\mu-\xi_{\mu-1})(\xi_\mu-\xi_{\mu+1})\ldots(\xi_\mu-\xi_{n+1})}$$

vorkommenden Gröſsen $f(\xi_\mu, x_2, \ldots x_n)$ ausdrücken, die der Voraussetzung nach durch $g(x_2, x_3 \ldots x_n)$ theilbar sind. (Unter $\xi_1, \xi_2 \ldots \xi_{n+1}$ sind ganz beliebige endliche Gröſsen zu verstehen.) Deshalb werden die Functionen $f_\nu(x_2, x_3 \ldots x_n)$ durch g theilbar sein und der Satz erscheint erwiesen.

Ist nun $f(x_1^{(n)}, x_2, \ldots x_n)$ durch eine Function

$$g(x_1, x_2, \ldots x_n) = g_0 x_1^m + g_1 x_1^{m-1} + \cdots + g_m,$$

wo die Functionen $g_0, g_1 \ldots g_m$ keinen gemeinsamen Theiler besitzen, theilbar in Hinsicht auf die Variable x_1, so wird

$$g_0^{n-m+1} f - p_{n-m}\, g = g_{m-1} = 0,$$

oder wenn man

$$g_0^{n-m+1}(x_2, x_3 \ldots x_n) = \gamma$$

setzt,

$$\gamma f - p_{n-m} g = 0.$$

Zufolge der Voraussetzung über die Beschaffenheit der Functionen $g_0, g_1 \ldots g_m$ kann γ kein Theiler von g sein, γ muſs vielmehr in p_{n-m} als Theiler vorkommen und dann wird

$$f(x_1, x_2, \ldots x_n) = g(x_1, x_2, \ldots x_n)\, k(x_1, x_2 \ldots x_n), \text{ w. z. b. w.}$$

Besitzen f und g als Functionen von x_1 einen gemeinsamen Theiler k^{ten} Grades Θ, so existirt einmal eine Gleichung

$$\varphi g + \psi f = \Theta.$$

Die aus den Coefficienten der x_1 Potenzen in f und g gebildeten Coefficienten von φ, ψ, Θ werden hierin gebrochene rationale Ausdrücke sein können, aber es ist klar, dafs man Θ die Form

$$x_1^k + \frac{\Theta_1}{\Theta_0} x_1^{k-1} \dots + \frac{\Theta_k}{\Theta_0}$$

geben kann, wo die Coefficienten Θ_k ganze Ausdrücke in den Variabeln x_2, x_3, ... x_n sind.

Wir denken die gemeinsamen Theiler dieser k-Functionen von $(n-1)$ Variabeln weggeschafft, und bezeichnen:

$$\Theta_0 x_1^k + \Theta_1 x_1^{k-1} + \dots + \Theta_k = \vartheta(x_1, x_2 \dots x_n),$$

dann erfordert die Voraussetzung, f besitze als Function von x_1 den Theiler Θ, die Existenz einer Beziehung

$$M(x_2, x_3 \dots x_n) f(x_1, x_2 \dots x_n) = N(x_1, x_2, \dots x_n)\, \vartheta(x_1, x_2 \dots x_n),$$

wo M und N ganze Ausdrücke bedeuten. Die Function M mufs in N oder ϑ als Theiler vorkommen, kann aber nicht Theiler von ϑ sein, weil die Functionen Θ_k keinen gemeinsamen Theiler mehr besitzen sollen, defshalb wird

$$f(x_1, x_2 \dots x_n) = \vartheta(x_1, x_2 \dots x_n)\, P(x_1, x_2 \dots x_n)$$

und entsprechend

$$g(x_1, x_2 \dots x_n) = \vartheta(x_1, x_2, \dots x_n)\, Q(x_2, x_3, \dots x_n).$$

Wir finden demnach, dafs $\vartheta(x_1, x_2, \dots x_n)$ auch als Function von x_2, x_3, ... x_n betrachtet gemeinsamer Theiler von f und g ist, sobald die Functionen Θ_k von den gemeinsamen Theilern von $(n-1)$ Variabeln befreit sind.

Man kann nunmehr die gemeinsamen Theiler zweier ganzen Functionen von n Variabeln angeben, wenn man die Theiler von Functionen von $(n-1)$ Variabeln zu finden vermag, und da die Lösung dieser Aufgabe in dem Falle *einer* Variabeln auszuführen ist, mufs sie allgemein möglich sein.

Wir haben in $\vartheta(x_1, x_2, \dots x_n)$ den gröfsten Theiler von f und g angegeben, der alle gemeinsame Theiler dieser Functionen enthält, denn die Functionen P und Q erfüllen die Gleichung:

$$\psi Q + \varphi P = 1,$$

die aussagt, dafs Q und P als Functionen der Variabeln x_1 keinen gemeinsamen Theiler besitzen und dann können sie auch als Functionen von x_ν keinen gemeinsamen Theiler haben. —

Ist die Function g nicht in f enthalten, wohl aber ein Theiler des Productes fk, so besteht eine Gleichung:

$$\varphi g + \psi f = 1,$$

in welcher die Coefficienten von φ und ψ den kleinsten gemeinsamen

Nenner $n(x_2, x_3 \ldots x_n)$ besitzen mögen. Dividirt man hierauf die Gleichung

$$\varphi k g + \psi f k = k$$

durch g, so folgt eine Beziehung:

$$\frac{K(x_1 . x_2 \ldots x_n)}{n(x_2, \ldots x_n)} = \frac{k}{g}$$

oder

$$k . n(x_2 \ldots x_n) = g . K(x_1 . x_2, \ldots x_n) .$$

Setzen wir fest, dafs g nicht in das Product zweier ganzer Functionen zerlegbar sei, deren eine blos $(n-1)$ Variable enthält, so wird

$$k = g . K'(x_1, x_2 \ldots x_n) ,$$

d. h. K ist durch n und k durch g theilbar.

Endlich besteht auch für ganze Functionen von n Variabeln der Satz:

> Jedes Vielfache zweier Functionen f und g ohne gemeinsamen Theiler ist durch fgk und jedes Vielfache von $f = \varphi \vartheta$ und $g = \psi \vartheta$ durch $\varphi \psi \vartheta k$ gegeben.

§ 23. Rationale gebrochene Functionen.

Handelt es sich nun darum, den Quotienten ganzer Functionen f und g, d. h. die rationale gebrochene Function

$$F(x_1, x_2, \ldots x_n) = \frac{f(x_1, x_2, \ldots x_n)}{g(x_1, x_2, \ldots x_n)}$$

zu untersuchen, die an jeder Stelle, die nicht Nullstelle des Nenners ist, einen bestimmten Werth besitzt, so können wir f und g von dem gröfsten gemeinsamen Theiler ϑ befreit denken, denn

$$F = \frac{f}{g} = \frac{\varphi \vartheta}{\psi \vartheta}$$

hat an allen Stellen, die nicht Nullstellen von ϑ sind, den Werth, welchen $\frac{\varphi}{\psi}$ daselbst besitzt, und der Werth von F an einer Nullstelle $(x^{(0)})$ von ϑ darf wieder als der Werth von

$$\frac{\varphi((x^{(0)}))}{\psi((x^{(0)}))}$$

definirt werden, indem der Werth von F nach eben diesem convergirt, wenn die Stelle (x) nach $(x^{(0)})$ convergirt.

Zur Beurtheilung der Beschaffenheit der rationalen Function F haben wir demnach nur mehr die Fälle zu untersuchen, wo der Nenner g aber der Zähler f nicht verschwindet, oder wo g und f dieselbe Nullstelle besitzen, ohne dafs das gleichzeitige Verschwinden von f

und g durch das Nullwerden eines gemeinschaftlichen Theilers verursacht ist.

Verschwindet g an einer Stelle (a), ist aber $|f((a))| > 0$, so wird der absolute Betrag von F für die der Stelle (a) unendlich benachbarten Stellen gröfser als jede angebbare Gröfse G und dann sagt man, F wird an der Stelle (a) selbst unendlich.

In der That: nach Annahme einer beliebig kleinen Gröfse δ kann man zunächst eine Umgebung (r) von (a) so bestimmen, dafs für alle Stellen derselben

$$\delta > |f((x)) - f((a))| \geqq \big| |f((x))| - |f((a))| \big| ,$$

und somit

$$|f((x))| > |f((a))| - \delta$$

wird. Wählt man hierauf eine positive Gröfse γ so klein, dafs

$$\frac{|f((a))| - \delta}{\gamma} > G ,$$

und γ selbst noch gröfser ist als der gröfste der Werthe:

$$|g(x_1, x_2, \ldots x_n) - g((a))| = |g((x))|$$

aus der Umgebung (r) von (a), was bei hinreichend kleiner Umgebung (r) gewifs möglich ist, so wird die den genannten Stellen (x) entsprechende Ungleichung für $\left|\frac{f}{g}\right|$ noch zutreffender als die angegebene, und deshalb ist die Behauptung erwiesen.

Verschwinden aber g und f an derselben Stelle (a), dann hat der Quotient der ganzen Functionen mehrerer Variabeln in unendlich kleiner Umgebung jeden beliebigen Werth und an dieser Stelle selbst keinen bestimmten Werth. Die rationale Function erscheint an der Stelle (a) nicht blos in der unbestimmten Form $\frac{0}{0}$, sondern ist daselbst wirklich *unbestimmt*.

Dieser Satz wird bewiesen sein, wenn man in einer unendlich kleinen Umgebung von (a) Werthesysteme $(x_1, x_2, \ldots x_n)$ finden kann, für welche f oder $f - Ag$ verschwindet, ohne dafs g Null ist, denn dann wird

$$F = \frac{f}{g} = \frac{f - Ag}{g} + A$$

Null respective A, und wenn man ferner Stellen angeben kann, an denen g aber nicht f Null ist, denn dann wird F auch unendlich.

Es kommt nur darauf an, einen dieser Fälle auszuführen, wobei wir die Existenz der Nullstellen einer ganzen Function wieder voraussetzen müssen. — Wir fragen demnach, ob man Werthesysteme

$$x_\nu = a_\nu + h_\nu \quad (\nu = 1, 2 \ldots n)$$

finden kann, für die

$$f(a_1 + h_1, a_2 + h_2, \dots a_n + h_n)$$

$$= \sum_{\nu_1, \nu_2, \dots \nu_n}{}' \left(\frac{\partial^{\nu_1+\nu_2+\dots+\nu_n} f(x_1, x_2 \dots x_n)}{\partial x_1^{\nu_1} \partial x_2^{\nu_2} \dots \partial x_n^{\nu_n}} \right)_{a_1, a_2 \dots a_n} \frac{h_1^{\nu_1}}{\nu_1!} \frac{h_2^{\nu_2}}{\nu_2!} \cdot \cdot \frac{h_n^{\nu_n}}{\nu_n!}$$

verschwindet, indessen

$$|g(a_1 + h_1, a_2 + h_2 \dots a_n + h_n) > 0$$

wird.

Der Strich bei dem Summenzeichen soll anzeigen, dafs $\nu_1, \nu_2 \dots \nu_n$ nicht gleichzeitig Null zu setzen sind, indem $f(a_1, a_2, \dots a_n) = 0$ ist.

Stellt man $f(a + h)$ in der Form dar:

$$A_0 h_1^{n_1} + A_1 h^{n_1 - 1} + \dots + A_{n_1},$$

so bezeichnen die Coefficienten A_{ν_1} ganze Functionen von $h_2, h_3 \dots h_n$. A_{n_1} wird mit den Gröfsen $h_2, h_3 \dots h_n$ unendlich klein, denn A_{n_1} kann kein constantes Glied enthalten, indem f die Nullstelle (a) besitzt.

Um eine Stelle $(a + h)$ der verlangten Art zu finden, wähle man für $h_2, h_3 \dots h_n$ ein System von Werthen in unendlich kleiner Umgebung der Stelle (0) und den zugehörigen Werth von h_1 entnehme man der Gleichung:

$$A_0 h_1^{n_1} + A_1 h_1^{n_1 - 1} + \dots + A_{n_1} = 0.$$

Dabei darf man natürlich $h_2, h_3 \dots h_n$ nicht solche Werthe geben, dafs die Resultante der Functionen f und g

$$R(x_2, x_3 \dots x_n)$$

die Nullstelle $(a_2 + h_2, a_3 + h_3, \dots a_n + h_n)$ besitzt, sonst könnte auch g daselbst verschwinden. Da die Resultante zweier Functionen f und g, welche keinen gemeinsamen Theiler haben, nicht identisch verschwinden wird, mufs es möglich sein, solche Werthe zu finden, und es fragt sich nur, ob jedem dieser Bedingung gehorchenden Werthesysteme $(h_2, h_3 \dots h_n)$ ein h_1 von unendlich kleinem absoluten Betrage zugehören kann.

Das Product der unserer Gleichung genügenden Werthe h_1 ist

$$(-1)^{n_1} \frac{A_{n_1}}{A_0}.$$

Damit also eine Wurzel h_1 von unendlich kleinem Betrage existirt, mufs $\left|(-1)^{n_1} \frac{A_{n_1}}{A_0}\right|$ mit $h_2, h_3 \dots h_n$ unendlich klein werden. Wenn $A_0(h_2, h_3 \dots h_n)$ mit $h_2, h_3 \dots h_n$ nicht unendlich klein wird, oder A_0 ein von den Gröfsen h freies Glied enthält, gibt es gewifs eine Wurzel h_1 der verlangten Art, denn A_{n_1} enthält keine Constante. Aber A_0 besitzt eine Constante, sobald in $f(x_1, x_2, \dots x_n)$ der Coefficient von $x_1^{n_1}$ ein von den Gröfsen $x_2, \dots x_n$ freies Glied enthält.

Andernfalls müssen wir zur Untersuchung der Beschaffenheit von F an der Stelle (a) eine lineare Transformation vornehmen, d. h. wir müssen $F(x_1, x_2, \ldots x_n)$ in eine rationale Function neuer Variabeln $y_1, y_2, \ldots y_n$ umwandeln, die mit den ersten durch n lineare Gleichungen verbunden sind.

Diese Gleichungen seien

$$x_\nu = \alpha_{\nu 1} y_1 + \alpha_{\nu 2} y_2 + \cdots + \alpha_{\nu n} y_n \quad (\nu = 1, 2, \ldots n)$$

und die Coefficienten seien nur den Beschränkungen unterworfen, daſs die Determinante

$$\begin{vmatrix} \alpha_{11}, & \alpha_{12} & \ldots & \alpha_{1n} \\ \alpha_{21}, & \alpha_{22} & \ldots & \alpha_{2n} \\ \cdot & \cdot & & \cdot \\ \cdot & \cdot & & \cdot \\ \cdot & \cdot & & \cdot \\ \alpha_{n1}, & \alpha_{n2} & \ldots & \alpha_{nn} \end{vmatrix}$$

von Null verschieden ist und in $F(y_1, y_2, \ldots y_n)$ eine der Potenzen $y_\nu^{n_\nu}$ $(\nu = 1, 2 \ldots n)$ ein constantes Glied besitzt. Dann entspricht jeder Stelle (x) eine und nur eine Stelle (y) und umgekehrt, und in unendlich kleiner Umgebung der der Stelle (a) entsprechenden Stelle $y_\nu = b_\nu$ $(\nu = 1, 2, \ldots n)$, an der $f(y_1, y_2, \ldots y_n)$ und $g(y_1, y_2, \ldots y_n)$ verschwinden, gibt es Stellen $b_\nu + \eta_\nu$ $(\nu = 1, 2, \ldots n)$, wo $f((y))$ Null wird und $g((y))$ nicht verschwindet.

Diesen Stellen entsprechen Stellen $(a_1 + h)$ in unendlich kleiner Umgebung von (a), für die $f((x))$ aber nicht $g((x))$ Null wird.

Der obige Satz ist daher in allen Theilen bewiesen.

Wir behaupten nun noch, daſs die rationale gebrochene Function

$$F = \frac{f}{g}$$

in der Umgebung jeder unendlichen Stelle (x), die nicht Nullstelle des Nenners ist, eine stetig veränderliche Gröſse sei.

In der That: bezeichnen Δf und Δg die Gröſsen, um welche sich f und g ändern, wenn die Argumente $x_1, x_2, \ldots x_n$ in $x_1 + h_1$, $x_2 + h_2$, $\ldots x_n + h_n$ übergehen, so wird

$$F(x_1 + h_1, x_2 + h_2, \ldots x_n + h_n) - F(x_1, x_2, \ldots x_n)$$
$$= \Delta F = \frac{f + \Delta f}{g + \Delta g} - \frac{f}{g} = \frac{g\Delta f - f\Delta g}{g^2 + g\Delta g} = \frac{g\Delta f - f\Delta g}{g^2} - \frac{g\Delta f - f\Delta g}{g(g^2 + g\Delta g)}\Delta g$$

und es ist ersichtlich gemacht, daſs man Δf und Δg oder die Gröſsen $h_1, h_2, \ldots h_n$ so wählen kann, daſs $|\Delta F|$ kleiner wird als eine beliebig kleine Gröſse δ, wofern nur g an der Stelle (x) nicht verschwindet. Die rationale gebrochene Function ist deshalb an allen Stellen des $2n$-fach ausgedehnten, im Endlichen gelegenen Bereiches stetig, mit Ausnahme der Nullstellen ihres Nenners.

§ 24. Lagrange'sche Interpolationsformel.

Summen gleicher Potenzen der Wurzeln einer Gleichung.

Wir haben in diesem Capitel noch eine Reihe von Sätzen über die ganzen und gebrochenen rationalen Functionen einer Variabeln vorzutragen, die eine mannigfache Verwendung finden werden. Wir beginnen mit einer Umgestaltung der Lagrange'schen Formel.

Jede ganze Function n^{ten} Grades war in der Form dargestellt:

$$f(x) = f(x_1) + f^{(1)}(x_1)\frac{x-x_1}{1} + f^{(2)}(x)\frac{(x-x_1)^2}{2!} + \cdots + f^{(n)}(x_1)\frac{(x-x_1)^n}{n!},$$

und wenn $f(x)$ die νfache Nullstelle x_1 besitzt, wird

$$f(x) = (x-x_1)^\nu\left[\frac{1}{\nu!}f^{(\nu)}(x_1) + f^{(\nu+1)}(x_1)\frac{x-x_1}{(\nu+1)!} + \cdots + f^{(n)}(x_1)\frac{(x-x_1)^{n-\nu}}{n!}\right].$$

Der Werth des Quotienten von $f(x)$ und $(x-x_1)^\nu$ an der Stelle x_1 ist, wie wir nun wissen, nicht etwa

$$\frac{0}{0}\ \frac{f^{(\nu)}(x_1)}{\nu!},$$

sondern es gilt

$$\left(\frac{f(x)}{(x-x_1)^\nu}\right)_{x=x_1} = \frac{1}{\nu!}f^{(\nu)}(x_1).$$

Gehen wir auf die Bestimmung der ganzen Function n^{ten} Grades zurück, wenn deren Werth für $(n+1)$ Variabelnwerthe $\xi_1, \xi_1, \ldots \xi_{n+1}$ gegeben ist:

$$f(\xi_\nu) = \eta_\nu \quad (\nu = 1, 2, \ldots n+1),$$

setzen jetzt

$$\prod_{\nu=1}^{n+1}(x-\xi_\nu) = \varphi(x),$$

so wird

$$(\xi_\nu - \xi_1)\ldots(\xi_\nu - \xi_{\nu-1})(\xi_\nu - \xi_{\nu+1})\ldots(\xi_\nu - \xi_{n+1})$$
$$= \left(\frac{\varphi(x)}{x-\xi_\nu}\right)_{x=\xi_\nu} = \varphi^{(1)}(\xi_\nu)$$

und die Lagrange'sche Formel erhält die Gestalt:

$$f(x) = \sum_{\nu=1}^{n+1}\frac{\eta_\nu}{\varphi'(\xi_\nu)}\frac{\varphi(x)}{x-\xi_\nu} = \sum_{\nu=1}^{n+1}\frac{f(\xi_\nu)}{\varphi'(\xi_\nu)}\cdot\frac{\varphi(x)}{x-\xi_\nu}.$$

Es erscheint hier wichtig, die erste Ableitung einer ganzen Function mit n Nullstellen, welche also die Darstellung

$$f(x) = a_0\prod_{\nu=1}^{n}(x-x_\nu)$$

zuläfst, direct bilden zu können.

Die erste Ableitung ist zufolge der Formel

$$f(x+h) = f(x) + f^{(1)}(x)\frac{h}{1} + f^{(2)}(x)\frac{h^2}{2!} + \cdots + f^{(n)}(x_1)\frac{h^n}{n!}$$

der Coefficient von h in dem entwickelten Producte

$$a_0 \prod_{\nu=1}^{n} (x + h - x_\nu).$$

Anstatt aber dieses Product auszuführen und jenen Coefficienten herauszunehmen, bemerken wir, dafs man den Quotienten der ersten Ableitung und $f(x)$ finden kann, indem man den Coefficienten von h in der rationalen Function

$$\frac{f(x+h)}{f(x)} = \prod_{\nu=1}^{n}\left(\frac{x+h-x_\nu}{x-x_\nu}\right) = \prod_{\nu=1}^{n}\left(1 + \frac{h}{x-x_\nu}\right)$$

heraushebt. Da ergibt sich unmittelbar die Formel

$$\frac{f'(x)}{f(x)} = \sum_{\nu=1}^{n} \frac{1}{x - x_\nu}$$

oder

$$f'(x) = f(x) \cdot \sum_{\nu=1}^{n} \frac{1}{x - x_\nu}.$$

Hat die vorgegebene Function mehrfache Nullstellen und ist

$$f(x) = a_0 \prod_{\mu=1}^{m} (x - x_\mu)^{n_\mu} \quad \left(\sum_{\mu=1}^{m} n_\mu = n\right),$$

so wird

$$f'(x) = f(x) \cdot \sum_{\mu=1}^{m} \frac{n_\mu}{x - x_\mu}.$$

Dieser Formel entnehmen wir die Beziehung:

$$f'(x) \cdot \prod_{\mu=1}^{m} (x - x_\mu) - f(x) \cdot \sum_{\mu=1}^{m} n_\mu (x - x_1) \ldots (x - x_{\mu-1})(x - x_{\mu+1}) \ldots$$
$$\ldots (x - x_m) = 0,$$

die wir in der Form

$$f'(x)\,\varphi_m - f(x)\,\psi_{m-1} = 0$$

anschreiben, um auch gleich abzulesen, dafs $f(x)$ und $f'(x)$ einen gemeinsamen Theiler $(n - m)^{\text{ten}}$ Grades besitzen. Dieser Theiler heifst

$$\prod_{\mu=1}^{m} (x - x_\mu)^{n_\mu - 1}$$

und darum wird die $n_\mu$fache Nullstelle der Function $f(x)$ eine $(n_\mu - 1)$-fache Nullstelle der ersten Ableitung $f'(x)$.

Weil die ν^{te} Ableitung von $f(x)$ die erste von $f^{(\nu-1)}(x)$ ist, wird ferner die $n_\mu$fache Nullstelle von $f(x)$ eine $(n_\mu - \nu)$fache Nullstelle der ν^{ten} Ableitung.

Wenn man die beiden Ausdrücke für die Ableitung einer ganzen Function mit n Nullstellen:

$$f(x) = \prod_{\nu=1}^{n}(x - x_\nu) = x^n + a_1 x^{n-1} + a_2 x^{n-2} + \cdots + a_n$$

~~d. i.~~ und

$$f'(x) = \sum_{\nu=1}^{n} \frac{f(x)}{x - x_\nu}$$

~~und~~ d. i.

$$f'(x) = n x^{n-1} + a_1 (n-1) x^{n-2} + \cdots + a_{n-1}$$

mit einander vergleicht, ergibt sich ein bemerkenswerther Satz für die Summe gleicher Potenzen der Wurzeln der Gleichung $f(x) = 0$.

Es folgt durch Division:

$$\frac{f(x)}{x - x_\nu} = x^{n-1} + (x_\nu + a_1) x^{n-2} + (x_\nu^2 + x_\nu a_1 + a_2) x^{n-3} + \cdots$$
$$+ (x_\nu^{n-1} + x_\nu^{n-2} a_1 + \cdots + x_\nu a_{n-2} + a_{n-1}),$$

und wenn man

$$x_1^\nu + x_2^\nu + \cdots + x_n^\nu = s_\nu$$

setzt, wird

$$\sum_{\nu=1}^{n} \frac{f(x)}{x - x_\nu} = n x^{n-1} + (s_1 + n a_1) x^{n-2} + (s_2 + s_1 a_1 + n a_2) x^{n-3} + \cdots$$
$$+ (s_{n-1} + s_{n-2} a_1 + \cdots + s_1 a_{n-2} + n a_{n-1}).$$

Jetzt gibt der Vergleich dieses Ausdruckes für $f'(x)$ mit dem zweiten der oben genannten die Beziehungen:

$$s_1 + a_1 = 0$$
$$s_1 + s_1 a_1 + 2 a_2 = 0$$
$$s_3 + s_2 a_1 + s_1 a_2 + 3 a_3 = 0$$
$$\cdots\cdots\cdots\cdots$$
$$s_{n-1} + s_{n-2} a_1 + s_{n-3} a_2 + s_{n-4} a_3 + \cdots + s_1 a_{n-2} + (n-1) a_{n-1} = 0,$$

aus denen man successive die Werthe für *die Potenzsummen* s_ν ermitteln kann:

$$s_1 = -a_1$$
$$s_2 = a_1^2 - 2 a_2$$
$$s_3 = -a_1^3 + 3 a_1 a_2 - 3 a_3$$
$$\cdots\cdots\cdots$$

und endlich s_{n-1}; s_0 ist gleich n.

Um die Summe der n^{ten} und höherer Potenzen der Wurzeln zu finden, bilde man

$$x^m f(x) = x^{n+m} + a_1 x^{n+m-1} + \cdots + a_n x^m = 0,$$

ersetze hierin x der Reihe nach durch $x_1, x_2, \ldots x_n$ und addire die Resultate, dann entsteht die Relation

$$s_{n+m} + a_1 s_{n+m-1} + \cdots + s_{m+1} a_{n-1} + s_m a_n = 0,$$

aus der die verlangten Summen successive hervorgehen, indem man $m = 0, 1, 2 \ldots$ setzt.

Alle Summen s_k sind ganze rationale Functionen der Coefficienten $a_1, a_2, \ldots a_n$, und umgekehrt die Coefficienten ganze rationale Functionen von n Potenzsummen s_k $(k > 0)$. —

Ist

$$f(x) = x^n - 1,$$

so wird

$$s_0 = s_n = s_{2n} = \cdots = s_{kn} = n,$$

wo k irgend eine ganze Zahl bezeichnet, und die Summen von Potenzen der n Wurzeln der Gleichung $f(x) = 0$, deren Exponenten nicht Vielfache von n sind, werden Null.

Unter dem früheren m kann man auch eine ganze negative Zahl verstehen, nur folgen dann die Summen gleicher Potenzen mit negativen Exponenten. —

Alle die genannten Summen

$$s_\mu = x_1^\mu + x_2^\mu + \cdots + x_n^\mu$$

bleiben als Functionen der n Gröfsen $x_1, x_2, \ldots x_n$ ihrer Form und ihrem Werthe nach ungeändert, wenn man irgend welche Umsetzungen der Gröfsen $x_1, x_2, \ldots x_n$ vornimmt.

Ausdrücke von n Elementen $x_1, x_2, \ldots x_n$, die ihre Form bei gegenseitigen Vertauschungen der Elemente nicht ändern, heifsen *symmetrisch*.

Die Coefficienten der Gleichung n^{ten} Grades

$$x^n + a_1 x^{n-1} + \cdots + a_n = \prod_{\nu=1}^{n} (x - x_\nu) = 0$$

sind solche symmetrische Ausdrücke der n Wurzeln, denn bei irgend welchen Vertauschungen der Gröfsen x_ν in

$$a_\mu = (-1)^\mu \sum_{\nu', \nu'', \ldots \nu^{(\mu)}} x_{\nu'} x_{\nu''} \ldots x_{\nu^{(\mu)}} \quad (\mu = 1, 2 \ldots n)$$

geht jeder Summand in einen anderen über.

Der symmetrische Ausdruck erfährt bei den Stellungsänderungen der x_ν offenbar keine Werthänderung.

Umgekehrt ist eine ganze rationale Function $f(x_1, x_2, \ldots x_n)$ der als veränderlich betrachteten Gröfsen $x_1, x_2, \ldots x_n$ in diesen *symmetrisch, sobald sie bei beliebigen Vertauschungen der Gröfsen* $(x_1, x, \ldots x_n)$ *keine Werthänderung erfährt.**)

---

*) Vergl. Netto's Substitutionentheorie.

Die Function

$$f(x_1, x_2, \dots x_n) = f_0(x_2, x_3, \dots x_n) x_1^{n_1} + f_1(x_2, x_3, \dots x_n) x_1^{n_1 - 1} + \cdots$$
$$+ f_{n_1}(x_2, x_3, \dots x_n)$$

möge bei einer Vertauschung der Gröfsen x_ν in

$$f(x_1, x_2, \dots x_n) = \varphi_0(x_2, x_3, \dots x_n) x_1^{n_1'} + \varphi_1(x_2, x_3, \dots x_n) x_1^{n_1' - 1} + \cdots$$
$$+ \varphi_{n_1'}(x_2, x_3, \dots x_n)$$

übergehen, dann sind die rechts stehenden Ausdrücke der Voraussetzung nach für jedes Werthesystem (x) einander gleich, und man erschliefst, dafs

$$n_1 = n_1', \quad f_0 = \varphi_0, \dots f_{n_1} = \varphi_{n_1}$$

wird. —

Eine symmetrische ganze Function $f(x_1, x_2, \dots x_n)$ läfst sich stets auf eine und nur eine Art als ganze rationale Function der n (oben genannten) *symmetrischen Functionen $a_1, a_2, \dots a_n$ darstellen.*

Ist ein Glied der Function $f(x_1, x_2, \dots x_n)$ von der Form

$$x_1^{\nu_1} x_2^{\nu_2} \dots x_\mu^{\nu_\mu} \quad (\mu \leqq n),$$

so kommen in derselben nothwendig alle durch Vertauschung der Gröfsen x_ν abzuleitenden Glieder vor, gibt es also ein Glied x_ν^α, so enthält f alle Summanden von

$$\sum_{\nu=1}^{\alpha} x_\nu^\alpha = s_\alpha$$

und s_α ist eine ganze rationale Function der Gröfsen $a_1, a_2, \dots a_n$.

Die Summe aller durch Vertauschung aus $x_\nu^\alpha x_{\nu'}^{\alpha'}$ hervorgehenden Glieder

$$\sum_{\nu, \nu'} x_\nu^\alpha x_{\nu'}^{\alpha'}$$

wird gleich

$$s_\alpha s_{\alpha'} - s_{\alpha + \alpha'},$$

wie man bei der Bildung des Productes $s_\alpha s_{\alpha'}$ leicht übersieht, und ferner gilt

$$\sum_{\nu, \nu'} x_\nu^\alpha x_{\nu'}^\alpha = \frac{1}{2} (s_\alpha^2 - s_{2\alpha}).$$

Da

$$s_{\alpha''} \sum_{\nu, \nu'} x_\nu^\alpha x_{\nu'}^{\alpha'} = \sum_{\nu, \nu', \nu''} x_\nu^\alpha x_{\nu'}^{\alpha'} x_{\nu''}^{\alpha''} + \sum_{\nu, \nu'} x_\nu^{\alpha + \alpha''} x_{\nu'}^{\alpha'} + \sum_{\nu, \nu'} x_\nu^\alpha x_{\nu'}^{\alpha' + \alpha''}$$

ist, wird

$$\sum_{\nu, \nu', \nu''} x_\nu^\alpha x_{\nu'}^{\alpha'} x_{\nu''}^{\alpha''} = s_\alpha s_{\alpha'} s_{\alpha''} - (s_{\alpha + \alpha'} s_{\alpha''} + s_{\alpha' + \alpha''} s_\alpha + s_{\alpha + \alpha''} s_{\alpha'}) + 2 s_{\alpha + \alpha' + \alpha''},$$

und so fortschreitend findet man, dafs jede Summe

$$\sum_{\nu', \nu'', \dots \nu^{(\mu)}} x_{\nu'}^{\alpha_1} x_{\nu''}^{\alpha_2} \dots x_{\nu^{(\mu)}}^{\alpha_\mu} \quad (\mu \leqq n)$$

als ganze rationale Function der Potenzsummen oder der symmetrischen Functionen $a_1, a_2, \ldots a_\mu$ darstellbar ist.

Setzen wir voraus, dafs dieselbe ganze symmetrische Function $f(x_1, x_2, \ldots x_n)$ sowohl durch $g_1(a_1, a_2, \ldots a_n)$ als auch durch $g_2(a_1, a_2, \ldots a_n)$ ausdrückbar sei, dann ist die Differenz

$$g_1 - g_2$$

zwar für alle Werthesysteme (x) identisch Null, aber als Function der Gröfsen a soll sie nicht identisch verschwinden, denn sonst wären die Darstellungen für f gleich.

Die genannten Eigenschaften sind nicht miteinander verträglich, denn die Umsetzung von $g_1((a)) - g_2((a))$ in eine Function der Gröfsen $x_1, x_2, \ldots x_n$ gäbe eine nicht identisch verschwindende Function, die für jedes Werthesystem (x) Null sein soll.

Es gibt also nur eine Darstellung der ganzen symmetrischen Function $f(x_1, x_2, \ldots x_n)$ als Function der Gröfsen $a_1, a_2, \ldots a_n$, welche die *elementarsymmetrischen Functionen* heifsen.

§ 25. Darstellung der rationalen gebrochenen Function einer Variabeln durch Partialbrüche.

Die oben gewonnene Formel

$$\frac{f'(x)}{f(x)} = \sum_{\mu=1}^{m} \frac{n_\mu}{x - x_\mu}$$

für den Quotienten der ganzen Functionen $f'(x)$ und $f(x)$ gibt die Anregung zu der allgemeinen Aufgabe:

> Es ist der Quotient ganzer Functionen als Summe solcher rationaler gebrochener Functionen darzustellen, die einzeln an den Nullstellen des Nenners unendlich werden, oder, was dasselbe sagt, als Summe rationaler Functionen, deren Nenner die Primfactoren des Nenners der vorgegebenen Function sind.

Auch diese Aufgabe hat in der Theorie der rationalen gebrochenen Zahlen ihr Analogon.

Zwischen zwei ganzen Functionen von dem n^{ten} und m^{ten} Grade f_n und g_m $(n \geq m)$ bestand eine Beziehung:

$$f_n = g_m p_{n-m} + q_{m-1},$$

aus der wir ablesen, dafs der Quotient einer Function n^{ten} und m^{ten} Grades:

$$\frac{f_n}{g_m} = p_{n-m} + \frac{q_{m-1}}{g_m}$$

als Summe einer ganzen Function vom $(n-m)^{\text{ten}}$ Grade und eines Quotienten darstellbar ist, in welchem der Grad des Zählers kleiner ist als der des Nenners.

Angenommen, dafs in einem solchen Quotienten $\frac{q_{m-1}}{g_m}$ der Nenner g_m als Product zweier ganzer Functionen $g^{(1)}$ und $g^{(2)}$ ohne gemeinsamen Theiler darzustellen sei, so kann man die Function $\frac{q_{m-1}}{g_m}$ als Summe zweier Quotienten ganzer Functionen ausdrücken, deren Nenner beziehungsweise die Factoren $g^{(1)}$ und $g^{(2)}$ sind.

Die Gradzahlen von $g^{(1)}$ und $g^{(2)}$ seien μ und ν $(\mu + \nu = m)$, dann kann man diesen Functionen $g_\mu^{(1)}$ und $g_\nu^{(2)}$ zwei und nur zwei Functionen $\varphi_{\nu-1}$ und $\psi_{\mu-1}$ so zuordnen, dafs die Gleichung

$$\varphi_{\nu-1}\, g_\mu^{(1)} + \psi_{\mu-1}\, g_\nu^{(2)} = 1$$

besteht. Es existirt deshalb eine Relation der Form:

$$\frac{1}{g_m} = \frac{\varphi_{\nu-1}}{g_\nu^{(2)}} + \frac{\psi_{\mu-1}}{g_\mu^{(1)}}$$

und dann wird

$$\frac{q_{m-1}}{g_m} = \frac{q_{m-1}\,\varphi_{\nu-1}}{g_\nu^{(2)}} + \frac{q_{m-1}\,\psi_{\mu-1}}{g_\mu^{(1)}}.$$

Setzt man

$$q_{m-1}\,\varphi_{\nu-1} = P_{m-2}\, g_\nu^{(2)} + Q_{\nu-1}\,,$$

$$q_{m-1}\,\psi_{\mu-1} = -P'_{m-2}\, g_\mu^{(2)} + Q_{\mu-1}\,,$$

so entsteht die Gleichung

$$\frac{q_{m-1}}{g_m} = (P_{m-2} - P'_{m-2}) + \frac{Q_{\nu-1}}{g_\nu^{(2)}} + \frac{Q_{\mu-1}}{g_\mu^{(1)}}$$

oder

$$q_{m-1} = (P_{m-2} - P'_{m-2})\, g_m + Q_{\nu-1}\, g_\mu^{(1)} + Q_{\mu-1}\, g_\nu^{(2)}.$$

Da aber die ganze Function q_{m-1} nicht die Summe einer Function $2(m-1)^{\text{ten}}$ und zweier Functionen $(m-1)^{\text{ten}}$ Grades sein kann, mufs hierin

$$P_{m-2} - P'_{m-2}$$

identisch verschwinden, und es folgt, dafs eine *echt gebrochene* rationale Function, (in welcher der Zähler von niedrigerem Grade ist als der Nenner, und) in welcher der Nenner das Product zweier ganzer Functionen ohne gemeinsamen Theiler ist, als Summe zweier echt gebrochener rationaler Functionen dargestellt werden kann, deren Nenner die genannten Factoren sind.

In der Gleichung

$$\frac{q_{m-1}}{g_m} = \frac{Q_{\nu-1}}{g_\nu^{(2)}} + \frac{Q_{\mu-1}}{g_\mu^{(1)}}$$

sind die Functionen $Q_{\nu-1}$, $Q_{\mu-1}$ höchstens von den bezeichneten Graden. —

Die hier durchgeführte Zerlegung eines Quotienten $\frac{q_{m-1}}{g_m}$ in ein Aggregat zweier echt gebrochener rationaler Functionen läfst sich fortsetzen, indem wir dieselben Erwägungen auf die gewonnenen *Partialbrüche* $\frac{Q_{\nu-1}}{g_\nu^{(2)}}$, $\frac{Q_{\mu-1}}{g_\mu^{(1)}}$ anwenden.

Ist etwa

$$g = g_1 \cdot g_2 \cdots g_k$$

und besitzt keiner der Factoren $g_\varkappa$, deren Grad uns jetzt nicht interessirt, mit einem zweiten $g_{\varkappa'}$ einen gemeinsamen Theiler, so existirt eine ganz bestimmte Zerlegung

$$\frac{q_{m-1}}{g_m} = \frac{Q_1}{g_1} + \frac{Q_2}{g_2} + \cdots + \frac{Q_k}{g_k},$$

denn gäbe es eine zweite

$$\frac{q_{m-1}}{g_m} = \frac{P_1}{g_1} + \frac{P_2}{g_2} + \cdots + \frac{P_k}{g_k},$$

so kommen wir in Widerspruch mit der Voraussetzung über das gegenseitige Verhalten der Factoren g_k. In der That: weil in der nun hervorgehenden Gleichung

$$\sum_{\varkappa=1}^{k} (Q_\varkappa - P_\varkappa) \frac{g}{g_\varkappa} = 0$$

jeder Summand bis auf den $\varkappa^{\text{ten}}$ den Factor $g_\varkappa$ besitzt und dieser Summand darnach durch $g_\varkappa$ theilbar sein soll, so müfste einer der Factoren $g_{\varkappa'}$ den Theiler $g_\varkappa$ haben, indem die ganze Function $Q_\varkappa - P_\varkappa$ diesen Theiler gewifs nicht besitzt, weil ihr Grad niedriger ist als der von $g_\varkappa$.

Wir specialisiren diese Sätze und nehmen an, dafs der Nenner $g(x)$ in der Form

$$\prod_{\varkappa=1}^{k} (x - \xi_\varkappa)^{m_\varkappa}$$

gegeben sei, wo die Summe der Exponenten $m_\varkappa$ gleich m ist. Dann ist der Theiler

$$g_\varkappa = (x - \xi_\varkappa)^{m_\varkappa},$$

und ein Quotient $\frac{q_{m-1}}{g_m}$ zerfällt in die Summe:

$$\sum_{\varkappa=1}^{k} \frac{q_\varkappa(x)}{(x - \xi_\varkappa)^{m_\varkappa}},$$

wo der Grad des Zählers $q_\varkappa(x)$ den Werth $m_\varkappa - 1$ nicht überschreiten kann, so dafs der Zähler die Gestalt erhält:

$$q_\varkappa(x) = c_{\varkappa,0}\, x^{m_\varkappa - 1} + c_{\varkappa,1}\, x^{m_\varkappa - 2} + \cdots + c_{\varkappa, m_\varkappa - 1}.$$

Will man die Coefficienten $c_\varkappa$ berechnen, so setze man in der Gleichung

$$q_{m-1}(x) = \prod_{\varkappa=1}^{k} (x - \xi_\varkappa)^{m_\varkappa} . \sum_{\varkappa=1}^{k} \frac{q_\varkappa(x)}{(x - \xi_\varkappa)^{m_\varkappa}}$$

die angegebenen Ausdrücke für $q_\varkappa(x)$ mit den unbestimmten Coefficienten ein, setze nach Ausführung der Multiplicationen die Coefficienten gleich hoher Potenzen in q_{m-1} und in der ganzen Function rechts einander gleich, so erhält man zur Bestimmung der m Gröfsen $c_\varkappa$ m lineare Gleichungen, deren Determinante nicht verschwinden wird, weil es eine bestimmte Zerlegung für den Quotienten $\frac{q_{m-1}}{g_m}$ gibt.

Die rationalen Functionen

$$\frac{q_\varkappa(x)}{(x - \xi_\varkappa)^{m_\varkappa}},$$

in welchen $m_\varkappa > 1$ ist, kann man noch weiter zerlegen, was am einfachsten dadurch geschieht, dafs man

$$q_\varkappa(x) = q_\varkappa(\xi_\varkappa) + q'_\varkappa(\xi_\varkappa)\frac{x - \xi_\varkappa}{1} + \cdots + q^{(m_\varkappa - 1)}(\xi_\varkappa) \cdot \frac{(x - \xi_\varkappa)^{m_\varkappa - 1}}{(m_\varkappa - 1)!}$$

setzt. Es wird dann

$$\frac{q_\varkappa(x)}{(x - \xi_\varkappa)^{m_\varkappa}} = \sum_{m_\varkappa = 0}^{m_\varkappa - 1} \frac{q_\varkappa^{(\mu_\varkappa)}(\xi_\varkappa)}{\mu_\varkappa!} \cdot \frac{1}{(x - \xi_\varkappa)^{m_\varkappa - \mu_\varkappa}}.$$

Jetzt erscheint nachgewiesen, dafs der Quotient zweier rationaler Functionen f_n und g_m, deren Nenner die

$$m_1, m_2, \ldots m_k \text{fachen}$$

Nullstellen

$$x = \alpha_1, \alpha_2, \ldots \alpha_k$$

besitzt, auf die Form

$$\begin{aligned}\frac{f_n(x)}{g_m(x)} &= a_0 x^{n-m} + a_1 x^{n-m+1} + \cdots + a_{n-m} \\ &+ \frac{A_1^{(1)}}{x - \alpha_1} + \frac{A_2^{(1)}}{(x - \alpha_1)^2} + \cdots + \frac{A_{m_1}^{(1)}}{(x - \alpha_1)^{m_1}} \\ &+ \frac{A_1^{(2)}}{x - \alpha_2} + \frac{A_2^{(2)}}{(x - \alpha_2)^2} + \cdots + \frac{A_{m_2}^{(2)}}{(x - \alpha_2)^{m_2}} \\ &\quad \cdots \quad \cdots \quad \cdots \\ &+ \frac{A_1^{(k)}}{x - \alpha^k} + \frac{A_2^{(k)}}{(x - \alpha_k)^2} + \cdots + \frac{A_{m_k}^{(k)}}{(x - \alpha_k)^{m_k}}\end{aligned}$$

gebracht werden kann, wo neben den Coefficienten $A_{m_\varkappa}^{(\varkappa)}$ auch die Coefficienten $a_0, a_1, \ldots a_{n-m}$ eindeutig bestimmt sind.

Im Falle einfacher Nullstellen erhält man die Formel:

$$\frac{f_n(x)}{g_m(x)} = p_{n-m}(x) + \sum_{\varkappa=1}^{m} \frac{A^{(\varkappa)}}{x-\alpha_\varkappa},$$

deren Coefficienten $A^{(\varkappa)}$ noch in anderer Weise als früher bestimmt werden sollen.

Bildet man die Gleichung

$$f_n(x) = p_{n-m}(x)\,g_m(x) + \sum_{\varkappa=1}^{m} \frac{A^{(\varkappa)}\,g_m}{x-\alpha_\varkappa}$$

und ersetzt hierin $g(x)$ durch

$$g'(\alpha_\varkappa)\frac{x-\alpha_\varkappa}{1} + g''(\alpha_\varkappa)\frac{(x-\alpha_\varkappa)^2}{2!} + \cdots + g^{(m)}(\alpha_\varkappa)\frac{(x-\alpha_\varkappa)^m}{m!},$$

so geht die Gleichung für $x = \alpha_\varkappa$ in

$$f_n(\alpha_\varkappa) = A^{(\varkappa)}\,g_m'(\alpha_\varkappa)$$

über und deshalb wird

$$\frac{f_n(x)}{g_m(x)} = p(x) + \sum_{\mu=1}^{m} \frac{f(\alpha_\varkappa)}{g'(\alpha_\varkappa)}\,\frac{1}{x-\alpha_\varkappa}.$$

Ist der Grad von f kleiner als der von g, so fällt die ganze Function $p(x)$ aus dieser Gleichung heraus; ist $f(x)$ vom Grade $m-1$, so gibt der Vergleich gleichnamiger Potenzen in der Relation

$$f(x) = a_0 x^{m-1} + a_1 x^{m-2} + \cdots + a_{m-1} = \sum_{\varkappa=1}^{m} \frac{f(\alpha_\varkappa)}{g'(\alpha_\varkappa)}\,\frac{g(x)}{x-\alpha_\varkappa},$$

dafs

$$a_0 = \sum_{\varkappa=1}^{m} \frac{f(\alpha_\varkappa)}{g'(\alpha_\varkappa)}$$

ist.

Wenn endlich die ganze Function f_n von niedrigerem als dem $(m-1)^{\text{ten}}$ Grade ist, so wird die Summe der Coefficienten der Partialbrüche, in welche der Quotient $\frac{f}{g_m}$ zerlegt ist,

$$A_1 + A_2 + \cdots + A_m = \sum_{\varkappa=1}^{m} \frac{f(\alpha_\varkappa)}{g'(\alpha_\varkappa)} = 0.$$

Will man die Coefficienten $A_{\mu\varkappa}^{(\varkappa)}$ in dem Falle einer vielfachen Nullstelle α_1 des Nenners

$$g_m = (x-\alpha_1)^{m_1}\,g_{m-m_1}$$

in analoger Weise bestimmen, so gehe man von der Zerlegung

$$\frac{f_n(x)}{g_m(x)} = p_{n-m}(x) + \frac{q_{m_1-1}(x)}{(x-\alpha_1)^{m_1}} + \frac{Q_1(x)}{g_{m-m_1}(x)}$$

oder

$$\frac{f(x)}{g(x)} = \frac{A_1^{(1)}}{x-\alpha_1} + \frac{A_2^{(1)}}{(x-\alpha_1)^2} + \cdots + \frac{A_{m_1}^{(1)}}{(x-\alpha_1)^{m_1}} + \frac{(x-\alpha_1)^{m_1}\,P_1(x)}{g(x)}$$

aus, multiplicire diese Gleichung mit $g(x)$, setze dann:

$$g(x) = (x-\alpha_1)^{m_1} \frac{g^{(m_1)}(\alpha_1)}{m_1!} + (x-\alpha_1)^{m_1+1} \frac{g^{(m_1+1)}(\alpha_1)}{(m_1+1)!} + \cdots + (x-\alpha_1)^m \frac{g^{(m)}(\alpha_1)}{m!}$$

$$f(x) = f(\alpha_1) + f'(\alpha_1)\frac{x-\alpha_1}{1} + \cdots + f^{(n)}(\alpha_1)\frac{(x-\alpha_1)^n}{n!}$$

$$P_n(x) = P(\alpha_1) + P^{(1)}(\alpha_1)\frac{x-\alpha_1}{1} + \cdots + P^{(n)}(\alpha_1)\frac{(x-\alpha_1)^n}{n!},$$

wobei angenommen ist, dafs $f(x)$ nicht die Nullstelle α_1 besitzt, und vergleiche dann die beiden Seiten der nach Potenzen von $(x-\alpha_1) = h_1$ zu ordnenden Gleichung. Es folgt die Reihe von Beziehungen:

$$A_{m_1}^{(1)} \frac{g^{(m_1)}(\alpha_1)}{m_1!} = f(\alpha_1)$$

$$A_{m_1-1}^{(1)} \frac{g^{(m_1)}(\alpha_1)}{m_1!} + A_{m_1}^{(1)} \frac{g^{(m_1+1)}(\alpha_1)}{(m_1+1)!} = \frac{f'(\alpha_1)}{1}$$

$$\cdots\cdots\cdots\cdots$$

$$A_1^{(1)} \frac{g^{(m_1)}(\alpha_1)}{m_1!} + A_2^{(1)} \frac{g^{(m_1+1)}(\alpha_1)}{(m_1+1)!} + \cdots + A_{m_1}^{(1)} \frac{g^{(2m_1-1)}(\alpha_1)}{(2m_1-1)!} = \frac{f^{(m_1-1)}(\alpha_1)}{(m_1-1)!},$$

aus denen die Werthe von $A_{\mu_1}^{(1)}$ successive zu entnehmen sind. Man sieht unmittelbar, dafs alle Coefficienten $A_{\mu_1}^{(1)}$ verschwinden, wenn $f(x)$ die $m_1$fache Nullstelle α_1 besitzt, und das sollte natürlich eintreffen.

Da die m_1 Coefficienten $A_{\mu_1}^{(1)}$ hier durch die $2m_1$ Gröfsen $g^{(\mu_1)}(\alpha_1)$ und $f^{(\mu_1)}(\alpha_1)$ und somit alle Coefficienten $A_{\mu_\varkappa}^{(\varkappa)}$ durch $2m$ Gröfsen bestimmt sind, endlich die ganze rationale Function p_{n-m} $n-m+1$ Coefficienten enthält, mufs die rationale Function $\frac{f_n}{g_m}$ $n+m+1$ constante Gröfsen besitzen, und man wird dieselbe angeben können, wenn ihre Werthe an $n+m+1$ Stellen

$$x = \xi_0, \xi_1, \ldots \xi_m, \xi_{m+1}, \ldots \xi_{m+n}$$

vorgegeben sind. Die zugehörigen Werthe heifsen

$$\eta_0, \eta_1, \ldots \eta_m, \eta_{m+1}, \ldots \eta_{m+n}.$$

Gäbe es zwei Functionen $\frac{f_n}{g_m}, \frac{F_n}{G_m}$ der verlangten Art, so müfste die Gleichung

$$f_n G_m - F_n g_m = 0$$

$(n+m)^{\text{ten}}$ Grades $(n+m+1)$ Wurzeln ξ haben; das geht nicht an, folglich ist die Forderung eine bestimmte und es fragt sich nur, wie die arithmetische Abhängigkeit der rationalen Function von dem Werthe der Variabeln ausfallen mufs, damit die Function den Anforderungen genügt.

Setzt man zunächst voraus, dafs n der Werthe η etwa $\eta_{m+\nu}$ $(\nu = 1, 2, \ldots n)$ Null sind, dann besitzt der Zähler f_n die Gestalt:

$$a\prod_{\nu=1}^{n}(x-\xi_{m+\nu}),$$

wo a vorderhand willkürlich ist. — Die Function g_m mufs für $x=\xi_\mu$ $(\mu=0,1,2,\ldots m)$ den Werth

$$\frac{a}{\eta_\mu}\prod_{\nu=1}^{n}(\xi_\mu-\xi_{m+\nu})=\zeta_\mu$$

annehmen, sonst könnte $\frac{f_n(\xi_\mu)}{g_m(\xi_\mu)}$ nicht gleich η_μ werden.

Bezeichnet man

$$\prod_{\mu=0}^{m}(x-\xi_\mu)=\varphi(x),$$

so wird der Nenner nach der Lagrange'schen Formel gleich

$$\sum_{\mu=1}^{m}\zeta_\mu\frac{\varphi(x)}{\varphi'(\xi_\mu)(x-\xi_\mu)}$$

zu setzen sein.

Die Function $\frac{f_n}{g_m}$, welche an den Stellen

$\xi_\mu \quad (\mu=0,1,\ldots m)$ die Werthe η_μ,

an den Stellen $\xi_{m+\nu} \quad (\nu=1,2,\ldots n)$ den Werth Null annimmt, erhält dann die Gestalt:

$$\frac{a\prod\limits_{\nu=1}^{n}(x-\xi_{m+\nu})}{a\sum\limits_{\mu=0}^{m}\left(\frac{\varphi(x)}{x-\xi_\mu}\cdot\frac{\prod\limits_{\nu=1}^{n}(\xi_\mu-\xi_{m+\nu})}{\eta_\mu\,\varphi'(\xi_\mu)}\right)}.$$

Gibt man der willkürlichen Constanten a den Werth

$$\frac{\eta_0\,\eta_1\ldots\eta_m}{\prod\limits_{\nu}(\xi_0-\xi_{m+\nu})\cdot\prod\limits_{\nu}(\xi_1-\xi_{m+\nu})\ldots\prod\limits_{\nu}(\xi_m-\xi_{m+\nu})}=\frac{\eta_0\,\eta_1\ldots\eta_m}{\prod\limits_{\mu,\nu}(\xi_\mu-\xi_{m+\nu})}$$

und bildet darauf die Summe aller aus dem Zähler $a\prod\limits_{\nu}(x-\xi_{m+\nu})$ und ebenso die Summe aller aus dem obigen Nenner durch Permutation der Indices

$$0,1,2,\ldots m,\ m+1,\ldots m+n$$

entstehenden Ausdrücke, so ist der Quotient derselben die ursprünglich verlangte Function $\frac{f_n}{g_m}$.*)

*) Die Lösung der letzten Aufgabe stammt von Cauchy her.

Drittes Capitel.

I. Abschnitt.

Potenzreihen einer und mehrerer Variabeln.

§ 26. Gleichmäfsige Convergenz.

Wie wir das System rationaler Zahlengröfsen verwandten, um die allgemeineren irrationalen Gröfsen zu definiren, wollen wir die rationalen (ganzen und gebrochenen) Functionen zur Bildung neuer mit den Variabeln veränderlicher Gröfsen benützen.

Verknüpft man rationale Functionen eine endliche Anzahl Male durch die elementaren Rechnungsoperationen, so entstehen immer wieder rationale Functionen. Um etwas Neues zu Tage zu fördern, müssen wir eine unendliche Anzahl rationaler Functionen

$$f_1(x),\ f_2(x),\ \ldots\ f_\nu(x),\ \ldots$$

vorlegen und diese verknüpfen, etwa durch Summation. Wir stellen uns also geradezu die Aufgabe, die Summe unendlich vieler rationaler Functionen

$$\sum_{\nu=1}^{\infty} f_\nu(x) = F(x)$$

zu untersuchen.

Die nothwendige und hinreichende Bedingung dafür, dafs diese Summe an einer Stelle $x = x_0$ eine bestimmte (von der Anordnung der Summanden unabhängige) Bedeutung habe, besteht in der Convergenz der Reihe der absoluten Beträge:

$$\sum_{\nu=1}^{\infty} \left| f_\nu(x_0) \right| ,$$

denn dann kann man nach Annahme einer beliebig kleinen Gröfse δ stets ein solches $\nu = n$ ausfindig machen, dafs der absolute Betrag jeder Differenz

$$\left| \sum_{\nu=1}^{\infty} f_\nu(x_0) - \sum_{\nu=1}^{m} f_\nu(x_0) \right| < \delta ,$$

sobald nur $m > n$ ist.

Damit die durch die Summe definirte Gröfse $F(x)$ die rationale Function umfasse oder nur irgend etwas mit der rationalen Function gemein habe, müssen wir voraussetzen, dafs die Summe nicht blos für einzelne Werthe der Variabeln, sondern für alle Stellen eines wenn auch noch so kleinen Bereiches in der Umgebung einer ersten Stelle x_0 absolut und somit auch unbedingt convergirt.

Soll die unendliche Reihe in einem Bereiche unabhängig von der Anordnung ihrer Glieder f_ν d. h. unbedingt convergiren, so mufs man nach Annahme einer Gröfse δ eine unendliche Anzahl von Gliedern derart abtrennen können, dafs der absolute Betrag der Summe von beliebig vielen der übrig bleibenden Glieder für jeden Werth von x aus dem Bereiche um x_0 kleiner ist als δ. Diese Bedingung wird offenbar erfüllt sein, sobald man eine Reihe solcher positiver Gröfsen

$$\alpha_1,\ \alpha_2,\ \ldots\ \alpha_\nu,\ \ldots.$$

von endlicher Summe angeben kann, dafs für jeden der in Rede stehenden Variabelnwerthe

$$|f_\nu| \leq \alpha_\nu \quad (\nu = 1,\ 2\ \ldots).$$

Die Gesammtheit der Stellen x_0, für welche die Convergenzbedingung erfüllt ist, constituirt den *Convergenzbereich der Summe*. Dieser Bereich besteht nothwendig aus einem oder mehreren von einander getrennten zweifach ausgedehnten Bereichen und jeder bildet ein zusammenhängendes Continuum.

Ob der Convergenzbereich einer Summe rationaler Functionen stets begrenzt sein mufs, ob er sich *in das Unendliche erstrecken* d. h. die Umgebung der *unendlich fernen* Stelle $x = \infty$ enthalten kann, werden wir zu untersuchen haben; hier mag nur hervorgehoben werden, dafs der Convergenzbereich der Summe einer endlichen Anzahl ganzer rationaler Functionen durch die Stelle ∞, der der Summe einer endlichen Anzahl echt gebrochener rationaler Functionen durch die Nullstellen der Nenner begrenzt ist, indem die einzelne dieser Functionen an den Stellen, wo der Nenner verschwindet, unendlich wird, und an der unendlich fernen Stelle das einzelne Glied der Partialbruchzerlegung

$$\frac{A}{(x-\alpha)^m}$$

Null ist, weil der absolute Betrag dort verschwindet. —

Man sieht leicht, dafs die Summe $\sum\limits_\nu f_\nu(x)$, welche einen Convergenzbereich besitzt, keineswegs eine stetig veränderliche Gröfse $y = F(x)$ definiren mufs; denn wenn $F(x)$ an einer Stelle x_0 des Convergenzbereiches stetig sein soll, so mufs man nach Annahme einer willkürlich kleinen Gröfse δ eine Umgebung ϱ von x_0 angeben können, dafs für alle der Bedingung

$$|x - x_0| < \varrho$$

genügenden Stellen x der absolute Betrag

$$|F(x) - F(x_0)|$$

oder

$$\left|\left(f_1(x) - f_1(x_0)\right) + \left(f_2(x) - f_2(x_0)\right) + \cdots\right|$$

kleiner wird als δ und diese Bedingung braucht nicht erfüllt zu sein. Wenngleich der absolute Betrag jeder einzelnen Differenz $\left(f_\nu(x) - f_\nu(x_0)\right)$ beliebig klein gemacht werden kann, ist durchaus noch nicht nothwendig, dafs der absolute Betrag der Summe unendlich vieler beliebig kleiner Gröfsen δ_ν endlich oder gar kleiner wird als δ.

Denkt man nach Fixirung eines endlichen Convergenzbereiches unserer Summe in jedem Punkte des Inneren und der Begrenzung ein Loth auf die Ebene der Variabeln x errichtet und darauf eine Strecke abgetragen, die als Maafs des absoluten Betrages $\left|\sum_\nu f_\nu(x_0)\right|$ anzusehen ist, so kann es möglich sein, dafs um den Endpunkt jedes Lothes eine Kugel zu legen ist, welche keinen anderen Endpunkt enthält. Dieses Bild veranschaulicht, welch grofse Regellosigkeit in den Werthen $\left|\sum f_\nu(x)\right|$ selbst dann zurückbleibt, wenn wir annehmen, dafs ein Convergenzbereich existirt.

Wir wollen die Convergenz der Summe $\sum_\nu f_\nu(x)$ so beschränken, dafs die durch dieselbe definirte Gröfse $F(x)$ ebenso wie die rationale Function stetig wird. Wir setzen fest:

Die unendliche Reihe $\sum_\nu f_\nu(x)$ convergire in einem Bereiche (A) derart, dafs sich nach Annahme einer willkürlich kleinen positiven Gröfse δ eine ganze Zahl m so bestimmen läfst, dafs der absolute Betrag der Summe

$$\sum_{\nu=n}^{\infty} f_\nu(x)$$

für jeden Werth von $n \geqq m$ und jede Stelle x des Bereiches kleiner wird als δ. Dann heifse die Reihe in dem Bereiche (A) *gleichmäfsig convergent.**)

So ist z. B. die Reihe

$$\sum_{\nu=0}^{\infty} x^\nu$$

in dem durch die Bedingungen

$$|x| = \xi < 1$$

*) Weierstrafs, Abhandlungen aus der Functionenlehre S. 70

definirten Bereiche gleichmäfsig convergent, denn man kann eine ganze Zahl m so bestimmen, dafs

$$|x^n + x^{n+1} + \cdots| \leq \xi^n + \xi^{n+1} + \cdots = \xi^n \frac{1}{1-\xi}$$

für jedes $n \geq m$ und jede der genannten Stellen kleiner wird als eine beliebig kleine Gröfse δ.

Offenbar liegt in dieser Definition der gleichmäfsig convergenten Reihe nichts, woraus man schliefsen könnte, die Reihe sei auch unbedingt convergent. Nehmen wir daher nur an, dafs die bestimmte Reihe

$$f_1(x) + f_2(x) + \cdots + f_\nu(x) + \cdots$$

bei der angegebenen Gliederfolge für $x = a$ convergirt, so kann man möglicherweise der Stelle $x = a$ eine solche Umgebung r zuordnen, dafs die Reihe für alle der Bedingung $|x - a| < r$ genügenden Werthe gleichmäfsig convergirt und man sagt dann, *die Reihe convergirt in der Nähe von a gleichmäfsig.*

Die für die Art der gleichmäfsigen Convergenz charakteristische ganze Zahl m ist auch als obere Grenze derjenigen Werthe zu deuten, welche sich ergeben, indem man für die in Rede stehenden Stellen x' Zahlen m' sucht, bei denen

$$\left| \sum_1^\infty f_\nu(x') - \sum_1^{n'} f_\nu(x') \right| < \delta$$

wird, sobald $n' \geq m'$ ist. — Ist die obere Grenze nicht endlich, so kann zwar die Reihe an jeder einzelnen Stelle convergiren, sie convergirt aber nicht gleichmäfsig in dem durch die Gesammtheit der Stellen constituirten Bereiche.

Die Umgebungen jeder einzelnen Stelle a, in deren Nähe die Reihe gleichmäfsig convergirt, haben eine obere Grenze R. Die Gesammtheit der durch die Bedingung

$$|x - a| < R$$

gekennzeichneten Stellen nennt man kurzweg die *Umgebung* von (a). Geht man von dieser aus, so gelangt man — den Begriff der Umgebung in diesem Sinne nehmend — auf bekannte Weise zu einem Continuum von Stellen, in deren Nähe die Reihe gleichmäfsig convergirt, dem *Bereiche gleichmäfsiger Convergenz.*

Weifs man, dafs eine Reihe in der Nähe jeder Stelle gleichmäfsig convergirt, die im Innern oder auf der Begrenzung eines Continuums liegt, so convergirt sie auch in dem ganzen Bereiche gleichmäfsig.

Dieser Satz ist gerade so zu beweisen, wie der bereits erledigte Satz: *eine an jeder Stelle eines Continuums stetig veränderliche Gröfse ist in dem ganzen Continuum stetig,* und darum unterdrücken wir hier den Beweis. Es soll nur bemerkt werden, dafs der Radius der Umgebung einer der Umgebung R von a angehörigen Stelle b innerhalb der Grenzen liegt

$$R - d \quad \text{und} \quad R + d,$$

wo $d = |b - a|$ ist.

Jetzt behaupten wir, dafs *die Summe einer Reihe innerhalb ihres Bereiches gleichmäfsiger Convergenz eine stetig veränderliche Gröfse ist.*

In der That: ist a eine Stelle, in deren Nähe die Reihe $\sum_{\nu=1}^{\infty} f_\nu(x)$ gleichmäfsig convergirt, und ist δ eine beliebig kleine positive Gröfse, die wir in die Summe von δ_1 und δ_2 zerlegt denken, so kann man eine ganze Zahl m derart angeben, dafs in gewisser Nähe von a der absolute Betrag von

$$\sum_{\nu=n}^{\infty} f_\nu(x)$$

kleiner wird als eine Gröfse ε, sobald $n > m$ ist, und

$$\left|\sum_{\nu=n}^{\infty} \bigl(f_\nu(x) - f_\nu(a)\bigr)\right| < \left|\sum_{\nu=n}^{\infty} f_\nu(x)\right| + \left|\sum_{\nu=n}^{\infty} f_\nu(a)\right| < \delta_2$$

wird. Wählt man dann noch eine Umgebung von a so klein, dafs auch

$$\left|\sum_{\nu=1}^{n} \bigl(f_\nu(x) - f_\nu(a)\bigr)\right| < \delta_1$$

wird, so ist die für die Stetigkeit von $F(x)$ an der Stelle a nothwendige Bedingung

$$|F(x) - F(a)| < \delta$$

erfüllt und die Behauptung erwiesen.

Von einer unendlichen Reihe rationaler Functionen mehrerer Variabeln

$$\sum_{\nu=1}^{\infty} f_\nu(x_1, x_2, \ldots x_n) = F(x_1, x_2, \ldots x_n)$$

sagt man ebenfalls, sie convergirt in einem $2n$-fach ausgedehnten zusammenhängenden Bereiche gleichmäfsig, wenn man nach Annahme einer beliebig kleinen Gröfse δ eine ganze Zahl m so angeben kann, dafs der absolute Betrag der Summe

$$\sum_{\nu=n}^{\infty} f_\nu(x_1, x_2, \ldots x_n)$$

für jede dem Bereiche angehörige Stelle (x) kleiner ist als δ, sobald $n > m$ ist.

Convergirt die Reihe in der Nähe einer Stelle (x) gleichmäfsig, so kann man, von diesem Bereiche ausgehend, ein $2n$-fach ausgedehntes Continuum von Stellen finden, in deren Nähe die Reihe gleichmäfsig convergirt. In diesem Bereiche gleichmäſsiger Convergenz ist die durch die unendliche Reihe definirte Gröſse wieder stetig, denn man kann einer Stelle (a) dieses Bereiches eine solche Umgebung (δ) zuordnen, daſs für jede Stelle $(a+h)$, wo

$$|h_\nu| < \delta_\nu \qquad (\nu = 1, 2 \ldots n),$$

der absolute Betrag der Differenz

$$F(a_1 + h_1, a_2 + h_2, \ldots a_n + h_n) - F(a_1, a_2, \ldots a_n)$$

kleiner wird als eine beliebig kleine vorgegebene Gröſse.

§ 27. Potenzreihen.

Wir beschäftigen uns nunmehr mit den aus unendlich vielen ganzen rationalen Functionen einer oder mehrerer Variabeln:

$$f_\nu(x) = a_\nu x^\nu, \quad f_{\mu_1, \mu_2 \ldots \mu_n}(x_1, x_2 \ldots x_n) = a_{\mu_1, \mu_2 \ldots \mu_n} x_1^{\mu_1} x_2^{\mu_2} \ldots x_n^{\mu_n}$$

gebildeten Reihen:

$$\sum_{\nu=0}^{\infty} a_\nu x^\nu, \quad \sum_{(\mu_\nu)=0}^{\infty} a_{\mu_1, \mu_2 \ldots \mu_n} x_1^{\mu_1} x_2^{\mu_2} \ldots x_n^{\mu_n}, \text{ *)}$$

die nach ganzen positiven Potenzen fortschreitende *Potenzreihen* heiſsen, und mit

$$\mathfrak{P}(x), \quad \mathfrak{P}(x_1, x_2, \ldots x_n)$$

bezeichnet werden sollen.

Soll die unendliche Potenzreihe an einer Stelle a oder (a) einen von der Summationsfolge unabhängigen endlichen Werth besitzen, so muſs die Summe der absoluten Beträge der einzelnen Glieder an der genannten Stelle convergiren. Wenn diese Summe für das Werthesystem $x = a$ respective $x_\nu = a_\nu$ $(\nu = 1, 2, \ldots n)$ nicht endlich ist, kann die Summe umsoweniger an einer Stelle convergiren, für die

$$|x| > |a| \quad \text{oder} \quad |x_\nu| > |a_\nu| \quad (\nu = 1, 2 \ldots n)$$

ist. *Wenn aber in der Potenzreihe $\mathfrak{P}(x)$ der absolute Betrag jedes Gliedes $|a_\nu x^\nu|$ für einen Werth von x mit dem Betrage ξ_0 endlich und deshalb kleiner bleibt als eine positive angebbare Gröſse g, so ist die Reihe für alle der Bedingung*

$$|x| = \xi < \xi_0$$

genügenden Werthe absolut und gleichmäſsig convergent.

Der Voraussetzung zufolge ist

$$|a_\nu x^\nu| = |a_\nu| \, \xi_0^\nu < g,$$

und daher

$$|a_\nu x^\nu| = |a_\nu| \, \xi^\nu < g \left(\frac{\xi}{\xi_0}\right)^\nu.$$

---

*) Wo $(\mu_\nu) = 0$ anstatt $\mu_1, \mu_2, \ldots \mu_n = 0$ geschrieben ist.

Weil dann

$$|\mathfrak{P}(x)| < \sum_{\nu=0}^{\infty} |a_\nu|\, \xi^\nu < g \sum_{\nu=0}^{\infty} \left(\frac{\xi}{\xi_0}\right)^\nu = g\, \frac{1}{1-\frac{\xi}{\xi_0}},$$

und hierin $\frac{\xi}{\xi_0} < 1$ ist, bleibt der absolute Betrag der Potenzreihe und die Reihe der absoluten Beträge der Glieder $a_\nu x^\nu$ endlich, welches auch der Werth von $|x| = \xi < \xi_0$ sei.

Die Potenzreihe ist in dem durch die Bedingung $|x| < \xi_0$ definirten Bereiche auch gleichmäfsig convergent. Denn wenn eine beliebig kleine Gröfse δ vorgegeben wird, so kann man immer eine ganze Zahl m so bestimmen, dafs

$$\left|\sum_{\nu=n}^{\infty} a_\nu x^\nu\right| < \delta \qquad (n \geqq m),$$

indem in der Ungleichung:

$$\left|\sum_{\nu=n}^{\infty} a_\nu x^\nu\right| \leqq \sum_{\nu=n}^{\infty} |a_\nu x^\nu| < g \left(\frac{\xi}{\xi_0}\right)^n \frac{1}{1-\frac{\xi}{\xi_0}}$$

die rechte Seite durch passende Wahl von n der Forderung gemäfs beliebig klein zu machen ist.

Die *Potenzreihe* $\mathfrak{P}(x)$ ist als gleichmäfsig convergente Reihe *in dem Convergenzbereiche stetig.*

Ertheilt man x einen besonderen Werth x_0, so sind durch die absoluten Beträge

$$|a_\nu x_0^\nu| \quad (\nu = 0, 1, 2 \ldots)$$

unendlich viele positive Gröfsen definirt, welche eine obere Grenze besitzen. Ist diese Grenze endlich, so convergirt die Reihe für jedes x, welches der Bedingung $|x| < |x_0| = \xi_0$ genügt. Nun sind auch unendlich viele Gröfsen ξ_0 definirt, die selbst eine obere Grenze R haben, und solange $|x| < R$, convergirt die Reihe. Ist aber $|x| > R$, so divergirt die Potenzreihe, denn dann werden einzelne Glieder unendlich grofs. Für die durch die Bedingung $|x| = R$ charakterisirten Stellen kann die Reihe durchweg convergiren, oder divergiren, oder an einzelnen Stellen divergiren und an anderen convergiren, darüber kann man hier nicht entscheiden.

Der Convergenzbereich der Potenzreihe $\mathfrak{P}(x)$ ist darnach in der Ebene der Variabeln durch eine *Kreisfläche* mit dem Radius R um die Stelle $x = 0$ repräsentirt, und R heifst der *Convergenzradius.*

Für die Potenzreihe $\mathfrak{P}(x_1, x_2, \ldots x_n)$ bestehen analoge Sätze.

Kann man solche Werthe $x_1^{(0)}, x_2^{(0)}, \ldots x_n^{(0)}$ mit den absoluten Beträgen $\xi_1^{(0)}, \xi_2^{(0)} \ldots \xi_n^{(0)}$ angeben, dafs der absolute Betrag jedes Gliedes der Reihe für dieses Werthesystem kleiner bleibt als eine angebbare Gröfse g, so convergirt die Reihe für alle durch die Bedingungen

$$\xi_\nu = |x_\nu| < \xi_n^{(0)} \qquad (\nu = 1, 2 \ldots n)$$

bestimmten Werthesysteme (x) absolut und gleichmäfsig.

Für solche Werthesysteme ist wieder:

$$|a_{\mu_1, \mu_2 \ldots \mu_n} x_1^{\mu_1} x_2^{\mu_2} \ldots x_n^{\mu_n}| < g \left(\frac{\xi_1}{\xi_1^{(0)}}\right)^{\mu_1} \cdot \left(\frac{\xi_2}{\xi_2^{(0)}}\right)^{\mu_2} \cdots \left(\frac{\xi_n}{\xi_n^{(0)}}\right)^{\mu_n},$$

und deshalb

$$|\mathfrak{P}(x_1, x_2, \ldots x_n)| <$$

$$< \sum_{(\mu_\nu)=0}^{\infty} |a_{\mu_1, \mu_2 \ldots \mu_n} x_1^{\mu_1} x_2^{\mu_2} \ldots x_n^{\mu_n}| < g \sum_{(\mu_\nu)=0}^{\infty} \left(\frac{\xi_1}{\xi_1^{(0)}}\right)^{\mu_1} \left(\frac{\xi_2}{\xi_2^{(0)}}\right)^{\mu_2} \cdots \left(\frac{\xi_n}{\xi_n^{(0)}}\right)^{\mu_n}$$

$$= g \frac{1}{\left(1 - \frac{\xi_1}{\xi_1^{(0)}}\right)\left(1 - \frac{\xi_2}{\xi_2^{(0)}}\right) \cdots \left(1 - \frac{\xi_n}{\xi_n^{(0)}}\right)} \text{ .*)}$$

Die Reihe $\mathfrak{P}(x_1, x_2, \ldots x_n)$ convergirt in der Umgebung $(\xi^{(0)})$ der Stelle (0) unbedingt, denn die rechte Seite unserer Ungleichung bleibt daselbst endlich, sie convergirt aber auch gleichmäfsig, da man stets solche ganze Zahlen $m_1, m_2, \ldots m_n$ finden kann, dafs der absolute Betrag der Reihe

$$\sum_{(\mu_\nu)=(n_1)}^{\infty} a_{\mu_1, \mu_2 \ldots \mu_n} x_1^{\mu_1} x_2^{\mu_2} \ldots x_n^{\mu_n},$$

der ja kleiner ist als

$$g \left(\frac{\xi_1}{\xi_1^{(0)}}\right)^{n_1} \left(\frac{\xi_2}{\xi_2^{(0)}}\right)^{n_2} \cdots \left(\frac{\xi_n}{\xi_n^{(0)}}\right)^{n_n} \frac{1}{\left(1 - \frac{\xi_1}{\xi_1^{(0)}}\right)\left(1 - \frac{\xi_2}{\xi_2^{(0)}}\right) \cdots \left(1 - \frac{\xi_n}{\xi_n^{(0)}}\right)},$$

an jeder Stelle der genannten Umgebung von (0) kleiner gemacht werden kann, als eine beliebig kleine vorgegebene Gröfse δ, sobald nur $n_1 > m_1$, $n_2 > m_2$, $\ldots n_n \geq m_n$. Dann ist es aber ein Leichtes, gerade die Bedingung erfüllt zu sehen, welche die Definition der gleichmäfsigen Convergenz vorschreibt, wenn man nur m die gröfste der Zahlen m_ν nennt.

Um eine Zahl m der verlangten Art ausfindig zu machen, denke man die kleinste der positiven Gröfsen $\xi_1^{(0)}, \xi_2^{(0)} \ldots \xi_m^{(0)}$ ausgewählt, — sie heifse $\xi^{(0)}$ — dann wird die gegebene Reihe an allen Stellen (x), für welche

---

*) Die hier angeschriebene Gleichheit können wir leicht bestätigen, da wir wissen, wie man die für $\frac{1}{1 - \frac{\xi_\nu}{\xi_\nu^{(0)}}}$ $(\nu = 1, 2 \ldots n)$ zu setzenden unendlichen Reihen mit einander multiplicirt.

$$|x_\nu| < \xi^{(0)}, \quad (\nu = 1, 2 \,.\,. n)$$

absolut convergiren und man darf die Reihe nach den Gliedern gleicher Dimension $\mu_1 + \mu_2 + \cdots + \mu_n = \mu$ ordnen. Ersetzt man hierauf

$$x_\nu \quad \text{durch} \quad c_\nu x, \quad (\nu = 1, 2 \,.\,. n),$$

wo die von Null verschiedenen Gröfsen c_ν nur die Bedingung zu erfüllen haben, dafs nach der Substitution die Coefficienten der Potenzen von x nicht alle verschwinden, so erhält man eine Reihe:

$$\sum_{\mu=0}^{\infty} A_\mu x^\mu$$

und für diese suche man ein m so, dafs für alle Stellen der kleinsten der Umgebungen $\frac{\xi^{(0)}}{|c_\nu|}$ der absolute Betrag jeder Summe

$$\sum_{\mu=m}^{\infty} A_\mu x^\mu \quad (m' > m)$$

kleiner wird als δ. — Dann ist die Zahl m eine der verlangten Art.

Ist $\xi^{(0)}$ die kleinste der Gröfsen $\xi_1^{(0)}, \xi_2^{(0)} \ldots \xi_n^{(0)}$ und R ihre obere Grenze, so convergirt die Potenzreihe für alle Stellen des Bereiches

$$|x_\nu| < R \quad (\nu = 1, 2, \,.\,. n).$$

Die Reihe convergirt möglicherweise auch für Werthesysteme

$$(x_1, x_2, \ldots x_n),$$

für die

$$|x_1| > R, \; |x_2| > R, \; \ldots \; |x_{n-1}| > R, \quad \text{aber } |x_n| < R.$$

Wir schenken aber der eben definirten Gröfse R unsere Aufmerksamkeit, weil wir gerade diese den Convergenzradius nennen können und damit eine Bestimmtheit der Ausdrucksweise erzielen, wie bei der Potenzreihe einer Variabeln.

§ 28. Der wahre Convergenzradius einer Potenzreihe einer Variabeln.

Wir kehren zu den Potenzreihen $\mathfrak{P}(x) = \sum_{\nu=0}^{\infty} a_\nu x^\nu$ zurück und bemerken, *wenn der absolute Betrag des Quotienten der Coefficienten aufeinanderfolgender Glieder* $\left|\frac{a_\nu}{a_{\nu+1}}\right|$ *stets gröfser ist als eine noch so kleine aber endliche Gröfse r, so ist die Potenzreihe mindestens solange convergent als $|x| < r$ ist.*

Es folgt aus den Ungleichungen:

$$\left|\frac{a_1}{a_0}\right| < \frac{1}{r}, \quad \left|\frac{a_2}{a_1}\right| < \frac{1}{r}, \quad \ldots \left|\frac{a_\nu}{a_{\nu-1}}\right| < \frac{1}{r}, \quad \ldots$$

durch Multiplication

$$\left|\frac{a_\nu}{a_0}\right| < \frac{1}{r^\nu} \quad \text{oder} \quad |a_\nu| r^\nu < |a_0|$$

für jedes ν, d. h. der absolute Betrag jedes Gliedes $a_\nu x^\nu$ bleibt kleiner als die endliche Gröfse $|a_0|$, wenn nur $|x| < r$ ist, aber dann convergirt die Reihe für alle Werthe des durch die Bedingung $|x| < r$ bestimmten Bereiches.

Der so gefundene Convergenzbereich braucht nicht der *„wahre"* zu sein, d. h. derjenige, welcher das Gebiet der Stellen, wo $\mathfrak{P}(x)$ endlich ist, von dem Gebiete trennt, wo die Potenzreihe divergirt.

Die Existenz dieses wahren Convergenzkreises ist uns zwar schon klar, doch wollen wir einen Beweis für dieselben erbringen. Wir behaupten also:

Wenn eine Potenzreihe $\mathfrak{P}(x)$ für gewisse Stellen endlich und für andere in gröfserer Entfernung von der Stelle $x = 0$ nicht endlich ist, dann gibt es einen wahren Convergenzkreis.

Der Voraussetzung nach findet sich in der Reihe von Werthen:

$$\mathfrak{P}(0),\ \mathfrak{P}(1),\ \mathfrak{P}(2) \ldots \mathfrak{P}(n) \ldots$$

ein erster nicht endlicher z. B. $\mathfrak{P}(n+1)$, dann gibt es in der neuen Werthereihe

$$\mathfrak{P}(n),\ \mathfrak{P}\left(n+\frac{1}{m}\right),\ \mathfrak{P}\left(n+\frac{2}{m}\right), \ldots \mathfrak{P}\left(n+\frac{m-1}{m}\right),\ \mathfrak{P}(n+1)$$

wieder einen letzten endlichen Werth, er heifse $\mathfrak{P}\left(n+\frac{m_1}{m}\right)$. Bestimmen wir ferner einen letzten Werth:

$$n + \frac{m_1}{m} + \frac{m_2}{m^2},$$

für welchen $\mathfrak{P}(x)$ endlich ist, fahren so fort und nehmen gleich an, dafs wir durch eine endliche Anzahl von Successionen nicht zu dem wahren Convergenzradius gelangen, so haben wir eine Gröfse

$$R = n + \frac{m_1}{m} + \frac{m_2}{m^2} + \frac{m_3}{m^3} + \cdots$$

definirt, die wegen der Beziehungen

$$\frac{m_1}{m} < 1,\quad \frac{m_2}{m^2} < \frac{1}{m},\quad \frac{m_3}{m^3} < \frac{1}{m^2},\ + \cdots$$

und der Ungleichung

$$R < n + 1 + \frac{1}{m} + \frac{1}{m^2} + \cdots = n + \frac{1}{1-\frac{1}{m}}$$

mit n endlich ist. Diese Gröfse ist der wahre Convergenzradius, denn nach Annahme einer willkürlich kleinen Gröfse δ kann man stets eine ganze Zahl ν so bestimmen, dafs

$$R - \left(n + \frac{m_1}{m} + \frac{m_2}{m^2} + \cdots + \frac{m_\nu}{m^\nu}\right) < \frac{1}{m^{\nu+1}} \frac{1}{1 - \frac{1}{m}} < \delta$$

wird, und

$$\mathfrak{P}\left(n + \frac{m_1}{m} + \frac{m_2}{m^2} + \cdots + \frac{m_\nu}{m^\nu}\right)$$

ist noch endlich, aber für eine positive Gröfse $x = R' > R$ kann die Potenzreihe nicht mehr convergiren. Man kann zwar die ganze Zahl ν noch so wählen, dafs

$$R + \frac{1}{m^\nu} < R'$$

bleibt, aber der Definition von R zufolge kann $\mathfrak{P}\left(R + \frac{1}{m^\nu}\right)$ nicht endlich sein.

Der Kreis mit dem Radius R um die Stelle $x = 0$ hat demnach die Eigenschaft des wahren Convergenzkreises.

Eine Potenzreihe kann entweder für jeden endlichen Werth der Variabeln oder *beständig* convergiren, dann ist der wahre Convergenzradius unendlich, oder sie hat nur einen unendlichen Convergenzbereich um die Stelle Null (der wahre Convergenzradius ist endlich), und schliefslich kann sie den Convergenzradius Null haben, wie z. B. die Reihe

$$\mathfrak{P}(x) = \sum_{n=0}^{\infty} n!\, x^n = 1 + x + 2!\, x^2 + 3!\, x^3 + \dots.$$

Wie klein man hier auch $|x|$ annehmen mag, die Werthe $|n!\, x^n|$ wachsen mit n ins Unendliche und der Quotient $\frac{n!}{(n-1)!}$ ebenso, daher ist R und natürlich auch r Null.

Die Reihe

$$1 + \frac{x}{1} + \frac{x^2}{2!} + \frac{x^3}{3!} + \cdots$$

convergirt jedenfalls für die Werthe x, deren absoluter Betrag kleiner ist als 1, denn der Quotient

$$\left(\frac{1}{n!}\right) : \left(\frac{1}{(n+1)!}\right) = n + 1 \quad (n = 0, 1, 2 \dots)$$

hat den kleinsten Werth 1. Der wahre Convergenzradius R ist aber gröfser als $r = 1$, und zwar unendlich, denn wie grofs man auch $|x| = \xi$ wählen mag, der absolute Betrag der einzelnen Glieder bleibt unter einer angebbaren Gröfse g. Man kann ja zu jedem endlichen Werthe ξ ein n so bestimmen, dafs

$$n > \xi > n - 1,$$

und dann bleibt der absolute Betrag jedes auf das n^{te} folgenden Gliedes

$$< \frac{\xi^{n-1}}{(n-1)!}.$$

Die Reihe

$$1 + x + x^2 + \cdots + x^\nu + \cdots$$

besitzt den endlichen Convergenzradius $R = r = 1$.

§ 29. Ein Satz über die Coefficienten der Potenzreihen.

Wir haben jetzt einen Satz zu beweisen, der uns einen wichtigen Aufschlufs über die Coefficienten convergenter Potenzreihen geben wird.*)

Sind in der rationalen Function

$$f(x) = a_0 + a_1 x^{m_1} + a_2 x^{m_2} + \cdots + a_r x^{m_r},$$

die Exponenten $m_1, m_2 \ldots m_r$ positive und negative ganze Zahlen, und bezeichnet g die obere Grenze der Werthe von $|f(x)|$ für alle Werthe x mit dem absoluten Betrage ξ, so hat g den Werth $|a|$ zur unteren Grenze.

Versteht man unter Θ eine Gröfse von dem absoluten Betrage 1, die aber keiner der Gleichungen

$$y^{m_\varrho} = 1 \qquad (\varrho = 1, 2 \ldots r)$$

genügt — und solcher Gröfsen gibt es unendlich viele, da wir nur eine endliche Anzahl von Werthen ausgeschlossen haben — und bildet man die Ausdrücke:

$$\begin{aligned}
f(\xi) &= a_0 + a_1 \xi^{m_1} + a_2 \xi^{m_2} + \cdots + a_r \xi^{m_r} \\
f(\xi\Theta) &= a_0 + a_1 \xi^{m_1}\Theta^{m_1} + a_2 \xi^{m_2}\Theta^{m_2} + \cdots + a_r \xi^{m_r}\Theta^{m_r} \\
f(\xi\Theta^2) &= a_0 + a_1 \xi^{m_1}\Theta^{2m_1} + a_2 \xi^{m_2}\Theta^{2m_2} + \cdots + a_r \xi^{m_r}\Theta^{2m_r} \\
&\cdots\cdots\cdots \\
f(\xi\Theta^{n-1}) &= a_0 + a_1 \xi^{m_1}\Theta^{(n-1)m_1} + a_2 \xi^{m_2}\Theta^{(n-1)m_2} + \cdots + a_r \xi^{m_r}\Theta^{(n-1)m_r},
\end{aligned}$$

so wird die Summe dieser nach Division durch n

$$\frac{1}{n}\sum_{\nu=0}^{n-1} f(\Theta^\nu \xi) = a_0 + \frac{1}{n}\sum_{\varrho=1}^{r} a_\varrho \xi^{m_\varrho} \frac{1 - \Theta^{m_\varrho n}}{1 - \Theta^{m_\varrho}}.$$

Der absolute Betrag der linken und deshalb auch der absolute Betrag der rechten Seite ist nicht gröfser als die obere Grenze g. Rechts kann aber zufolge der Voraussetzung über die Gröfse Θ kein Summand über jede Grenze wachsen, und bei hinlänglich grofsem n wird der rechtsstehende Ausdruck von a_0 um eine beliebig kleine Gröfse δ_n abweichen; sein absoluter Betrag

$$|a_0 + \delta_n|$$

wird kleiner als g, oder höchstens gleich g.

Wäre nun $|a_0| > g$, so könnte man ein n so bestimmen, dafs auch

$$|a_0| - |\delta_n| > g$$

*) Siehe **Pincherle** S. 334 und **Weierstrafs** S. 93.

würde, aber dann müfste wegen der Ungleichung:

$$|a_0 + \delta_n| > |a_0| - \delta_n|$$

auch

$$|a_0 + \delta_n| > g$$

sein. Das ist nicht der Fall, folglich wird in der That

$$|a_0| \leqq g .$$

Ist hierauf die obere Grenze der Werthe einer convergenten Potenzreihe

$$\mathfrak{P}(x) = \sum_{\nu=0}^{\infty} a_\nu x^\nu$$

mit dem Convergenzradius R für diejenigen Werthe x, deren absoluter Betrag $|x| = \xi < R$ ist, gleich g, *so genügt der absolute Betrag des Coefficienten a_ν der Ungleichung oder Gleichung:*

$$|a_\nu| < g \,.\, \xi^{-\nu}.$$

Bildet man nämlich das Product:

$$x^{-\nu}\mathfrak{P}(x) = a_0 x^{-\nu} + a_1 x^{-\nu+1} + \cdots + a_{\nu-1}x^{-1} + a_\nu + a_{\nu+1}x + a_{\nu+2}x^2 + \cdots,$$

so kann man in der Reihe

$$\sum_{\mu=0}^{\infty} a_{\nu+\mu} x^\mu$$

ein $\mu = m$ so angeben, dafs der absolute Betrag

$$\left|\sum_{\mu=m+1}^{\infty} a_{\nu+\mu} x^\mu\right|$$

für die der Bedingung $|x| \leqq \xi$ genügenden x Werthe kleiner wird als die beliebig kleine positive Gröfse ε. Ist dann δ eine Gröfse, deren absoluter Betrag $|\delta| < \varepsilon$ ist, so wird

$$g\xi^{-\nu} > |a_0 x^{-\nu} + a_1 x^{-\nu+1} + \cdots + a_\nu + a_{\nu+1}x + \cdots + a_{\nu+m}x^m + \delta|$$

und umsomehr

$$g\xi^{-\nu} + \varepsilon > \left|\sum_{\mu=-\nu}^{m} a_{\nu+\mu} x^\mu\right| .$$

Die obere Grenze der rechten Seite, wo $|x| = \xi$ zu setzen ist, wird nach dem früheren Satze niemals kleiner als $|a_\nu|$, daher ist

$$g\xi^{-\nu} + \varepsilon > |a_\nu| ,$$

und weil ε willkürlich klein ist, gilt

$$|a_\nu| \leqq g\xi^{-\nu} \quad \text{oder} \quad g > |a_\nu|\xi^\nu . *)$$

Ist eine Potenzreihe mit negativen Potenzen

*) Man beachte, dafs dieser Satz und der voranstehende Hilfssatz nur bewiesen werden kann, wenn wir complexe Variabeln in Rechnung ziehen.

$$a_0 + a_{-1}x^{-1} + a_{-2}x^{-2} + \cdots + a_{-\nu}x^{-\nu} + \cdots = \sum_{\nu=0}^{\infty} a_{-\nu}x^{-\nu},$$

die wir am besten mit

$$\mathfrak{P}\left(\frac{1}{x}\right)$$

bezeichnen, vorgelegt, so lassen sich für diese die früheren Betrachtungen wiederholen, wenn man nur bemerkt, daſs sie durch die Substitution

$$x = \frac{1}{y}$$

in eine Reihe $\mathfrak{P}(y)$ übergeht.

Wenn $\mathfrak{P}(y)$ in dem Bereiche $|y| < R$ um die Stelle $y = 0$ convergirt, so convergirt $\mathfrak{P}\left(\frac{1}{x}\right)$ auſserhalb der um die Stelle $x = 0$ liegenden Kreisfläche mit dem Radius $\frac{1}{R} = R_1$, denn zu einer Stelle in dem ersten Bereiche gehört eine und nur eine Stelle des zweiten Bereiches und umgekehrt und die Grenzstellen $|y| = R$ haben ihre entsprechenden auf dem Kreise $|x| = \frac{1}{R}$.

Ist die obere Grenze der Werthe $|\mathfrak{P}(y)|$ für die der Bedingung $|y| = \eta < R$ genügenden y Werthe g, so gilt

$$|a_{-\mu}| < g\eta^{-\mu},$$

und wenn $|x| = \xi = \frac{1}{\eta}$ ist,

$$|a_{-\mu}| < g\xi^{\mu}.$$

Der Convergenzbereich einer aus unendlich vielen Gliedern mit positiven und negativen Potenzen gebildeten Reihe

$$P(x) = \sum_{\nu=-\infty}^{+\infty} a_\nu x^\nu = \frac{1}{x}\mathfrak{P}_1(x) + \mathfrak{P}_2\left(\frac{1}{x}\right)$$

kann nur ein *Kreisring*, d. h. ein durch die Bedingungen

$$R_2 < |x| < R_1$$

definirter Bereich sein, denn wenn die Reihen

$$\mathfrak{P}_1(x) = \sum_{\nu=0}^{\infty} a_\nu x^\nu, \quad \frac{1}{x}\mathfrak{P}_2\left(\frac{1}{x}\right) = \sum_{\nu=1}^{\infty} a_{-\nu}x^{-\nu}$$

für solche x Werthe convergiren, deren absoluter Betrag

$$|x| < R_1 \quad \text{respective} \quad |x| > R_2$$

ist, kann die Summe nur in dem genannten Bereiche endlich sein.

Ist $R_2 > R_1$, d. h. enthält der Bereich, wo $|x| < R_1$ ist, keine Stelle, welche auſserhalb der Umgebung R_2 der Stelle Null liegt, so convergirt die Reihe $P(x)$ nirgends und ist $R_1 = R_2$, so kann $P(x)$ höchstens an Stellen des Kreises $|x| = R_1$ convergiren.

Zur Ableitung des dem früheren analogen Satzes für die Coefficienten einer Potenzreihe

$$\mathfrak{P}(x_1, x_2, \ldots x_n) = \sum_{(\mu_\nu)=0}^{\infty} a_{\mu_1, \mu_2 \ldots \mu_\nu} x_1^{\mu_1} x_2^{\mu_2} \ldots x_n^{\mu_n}$$

benöthigen wir den Hilfssatz über die rationale Function:

$$f(x_1, x_2, \ldots x_n) =$$

$$= a_0 + a_1 x_1^{m_1^{(1)}} x_2^{m_2^{(1)}} \ldots x_n^{m_n^{(1)}} + \cdots + a_r x_1^{m_1^{(r)}} x_2^{m_2^{(r)}} \ldots x_n^{m_n^{(r)}},$$

in der $m_1^{(\varrho)}, m_2^{(\varrho)} \ldots m_n^{(\varrho)}$ $(\varrho = 1, 2 \ldots r)$ positive oder negative Zahlen bezeichnen, welchem Satze gemäfs die obere Grenze g der Werthe von

$$|f(x_1, x_2, \ldots x_n)|$$

für alle Werthesysteme $(x_1, x_2, \ldots x_n)$, bei denen

$$|x_1| = \xi_1, \quad |x_2| = \xi_2, \quad \ldots |x_n| = \xi_n$$

ist, die untere Grenze $|a_0|$ besitzt.

Wählt man n Gröfsen $\Theta_1, \Theta_2 \ldots \Theta_n$ derart, dafs

$$|\Theta_1| = 1, \quad |\Theta_2| = 1, \quad \ldots |\Theta_n| = 1,$$

aber Θ_ν keiner der Gleichungen

$$y^{m_\nu^{(1)}} = 1, \; y^{m_\nu^{(2)}} = 1, \ldots y^{m_\nu^{(r)}} = 1$$

genügt und bildet man die Summe:

$$\frac{1}{m^n} \sum_{(\mu_\nu)=1}^{m} f(\xi_1 \Theta_1^{\mu_1 - 1}, \; \xi_2 \Theta_2^{\mu_2 - 1}, \ldots \xi_n \Theta_n^{\mu_n - 1}) =$$

$$= a_0 + \frac{1}{m^n} \sum_{\varrho=1}^{r} a_\varrho \xi_1^{m_1^{(\varrho)}} \xi_2^{m_2^{(\varrho)}} \ldots \xi_n^{m_n^{(\varrho)}} \frac{1 - \Theta_1^{m\, m_1^{(\varrho)}}}{1 - \Theta_1^{m_1^{(\varrho)}}} \cdot \frac{1 - \Theta_2^{m\, m_2^{(\varrho)}}}{1 - \Theta_2^{m_2^{(\varrho)}}} \cdots$$

$$\cdots \frac{1 - \Theta_n^{m\, m_n^{(\varrho)}}}{1 - \Theta_n^{m_n^{(\varrho)}}},$$

so ist der absolute Betrag dieser Ausdrücke nicht gröfser als g. Da die rechte Seite nach passender Wahl von m beliebig wenig von a_0 verschieden sein wird, etwa um δ_m, so ist

$$|a_0 + \delta_m| < g.$$

Wäre nun $|a_0| > g$, so müfste auch ein solches δ_m existiren, dafs noch

$$|a_0| - |\delta_m| > g$$

und umsomehr

$$|a_0 + \delta_m| > g$$

ausfällt. Der so hervorgebrachte Widerspruch verlangt, dafs man

$$|a_0| \leqq g$$

setzt.

Ist dann die obere Grenze der Werthe von $|\mathfrak{P}(x_1, x_2, \ldots x_n)|$

für alle Werthesysteme (x), für welche $|x_\nu| = \xi_\nu$ $(\nu = 1, 2, \ldots n)$ ist, gleich g, so wird

$$|a_{\mu_1, \mu_2 \ldots \mu_n}| < g \xi_1^{-\mu_1} \xi_2^{-\mu_2} \ldots \xi_n^{\mu_n},$$

und für solche Stellen (x), die innerhalb der durch die Gröfsen ξ_ν fixirten Umgebung der Stelle (0) liegen, ist

$$|a_{\mu_1, \mu_2 \ldots \mu_n} x_1^{\mu_1} x_2^{\mu_2} \ldots x_n^{\mu_n}| < g \left(\frac{|x_1|}{\xi_1}\right)^{\mu_1} \left(\frac{|x_2|}{\xi_2}\right)^{\mu_2} \ldots \left(\frac{|x_n|}{\xi_n}\right)^{\mu_n}.$$

Dann wird also der absolute Betrag des einzelnen Gliedes unserer Potenzreihe nicht gröfser als der des gleichnamigen Gliedes der Reihe für

$$\frac{g}{\left(1 - \frac{x_1}{\xi_1}\right)\left(1 - \frac{x_2}{\xi_2}\right) \ldots \left(1 - \frac{x_n}{\xi_n}\right)}.$$

Die Erweiterung dieses Theorems auf den Fall einer Potenzreihe

$$P(x_1, x_2 \ldots x_n) = \sum_{(\mu_\nu) = -\infty}^{+\infty} a_{\mu_1, \mu_2 \ldots \mu_n} x_1^{\mu_1} x_2^{\mu_2} \ldots x_n^{\mu_n} =$$

$$= \mathfrak{P}(x_1, x_2 \ldots x_n) + \sum_{(\mu_\nu) = 0}^{-\infty}{}' a_{\mu_1, \mu_2 \ldots \mu_n} x_1^{\mu_1} x_2^{\mu_2} \ldots x_n^{\mu_n},$$

wo der Strich bei der Summe anzeigt, dafs man die Combination $\mu_1 = \mu_2 = \ldots = \mu_n = 0$ auszuschliefsen habe, bildet keine Schwierigkeit. Es mag nur hervorgehoben werden, dafs der durch die Bedingungen

$$R_2^{(\nu)} < |x_\nu| < R_1^{(\nu)} \quad (\nu = 1, 2 \ldots n)$$

definirte $2n$-fach ausgedehnte zusammenhängende Convergenzbereich auch dadurch ausgezeichnet sein kann, dafs einige der Gröfsen $R_2^{(\nu)}$ verschwinden.

§ 30. Summen unendlich vieler Potenzreihen.

Die Addition einer endlichen Anzahl von Potenzreihen $\mathfrak{P}_\nu(x)$ oder $P_\nu(x)$, die einen gemeinsamen Convergenzbereich besitzen, bedarf keiner weiteren Erwägungen, denn es ist klar, dafs die Summe der Reihen

$$\mathfrak{P}_\nu(x) = \sum_{\mu=0}^{\infty} a_\mu^{(\nu)} x^\mu \quad \text{oder} \quad P_\nu(x) = \sum_{\mu=-\infty}^{+\infty} a_\mu^{(\nu)} x^\mu \quad (\nu = 1, 2 \ldots n)$$

selbst wieder Potenzreihen

$$\sum_{\nu=1}^{n} \mathfrak{P}_\nu(x) = \sum_{\nu=0}^{\infty} (a_\mu^{(1)} + a_\mu^{(2)} + \cdots + a_\mu^{(n)}) x^\nu$$

oder

$$\sum_{\nu=-\infty}^{+\infty} P_\nu(x) = \sum_{\mu=-\infty}^{+\infty} (a_\mu^{(1)} + a_\mu^{(2)} + \cdots + a_\mu^{(n)}) x^\mu$$

sind, die in dem den gegebenen Reihen gemeinsamen Convergenzkreise oder Ringe convergiren werden.

Sind unendlich viele Potenzreihen gegeben, so können wir die Summe nicht ohne Weiteres durch Vereinigung der gleichnamigen Glieder in eine Potenzreihe

$$\sum_{\mu=0}^{\infty} A_\mu x^\mu \quad \text{oder} \quad \sum_{\mu=-\infty}^{+\infty} A_\mu x^\mu$$

transformiren, wo

$$A_\mu = \sum_{\nu=1}^{\infty} a_\mu^{(\nu)}$$

ist. Setzen wir aber fest, dafs man einen Kreis mit dem Radius R oder einen Kreisring mit den Radien R_1 und R_2 $(0 < R_1 < R_2)$ angeben kann, in welchem nicht allein jede einzelne Reihe $\mathfrak{P}_\nu(x)$ bezw. $P_\nu(x)$, sondern auch die Summen

$$\sum_{\nu=1}^{\infty} \mathfrak{P}_\nu(x) \quad \text{resp.} \quad \sum_{\nu=1}^{\infty} P_\nu(x)$$

der in bestimmter Aufeinanderfolge gegebenen Reihen

$$\mathfrak{P}_\nu(x), \quad P_\nu(x) \quad (\nu = 1, 2 \ldots)$$

endlich sind und für alle x Werthe von gleichem absoluten Betrage gleichmäfsig convergiren, so kann man zeigen, dafs die Summe

$$\sum_{\nu=1}^{\infty} a_\mu^{(\nu)} = A_\mu$$

für jeden bestimmten Werth von μ einen bestimmten endlichen Werth annimmt und in den genannten Bereichen die Reihen

$$\mathfrak{P}(x) = \sum_{\mu=0}^{\infty} A_\mu x^\mu \quad \text{resp.} \quad P(x) = \sum_{\mu=-\infty}^{+\infty} A_\mu x^\mu$$

unbedingt und gleichmäfsig convergiren und

$$\mathfrak{P}(x) = \sum_{\nu=1}^{\infty} \mathfrak{P}_\nu(x), \quad P(x) = \sum_{\nu=1}^{\infty} P_\nu(x)$$

wird.

Wir beschäftigen uns mit dem Falle, wo die unendlich vielen Reihen

$$P_1(x), \ P_2(x), \ldots P_\nu(x) \ldots$$

gegeben sind.*)

Ist r eine in dem Intervalle von R_1 bis R_2 gelegene positive und ε eine beliebig kleine positive Gröfse, so kann man zufolge der Festsetzungen eine ganze Zahl m derart bestimmen, dafs der absolute Betrag der Summe

*) S. Weierstrafs, Zur Functionenlehre, Monatsber. der Berl. Akad. 1880.

$$\sum_{\nu=n}^{\infty} P_\nu(x)$$

für jeden Werth von x, dessen absoluter Betrag gleich r ist und für jede ganze Zahl $n \geqq m$ kleiner wird als ε. Ist $n' > n$, so mufs deshalb auch

$$\left|\sum_{\nu=n'}^{\infty} P_\nu(x)\right| < \varepsilon \quad \text{und} \quad \left|\sum_{\nu=n}^{n'} P_\nu(x)\right| < 2\,\varepsilon$$

werden.

Ziehen wir die hier genannten $(n'-n)$ Potenzreihen zusammen, indem wir die Glieder gleicher Potenzen vereinigen, so wird der Coefficient von x^μ, nämlich $\sum_{\nu=n}^{n'} a_\mu^{(\nu)}$, der Bedingung genügen:

$$\left|\sum_{\nu=n}^{n'} a_\mu^{(\nu)}\right| < 2\,\varepsilon\, r^{-\mu}$$

und diese Ungleichung reicht zu dem Schlusse hin, dafs $\sum_{\nu=1}^{\infty} a_\mu^{(\nu)} = A_\mu$ einen endlichen bestimmten Werth besitzt.

Die nun formal zu bildende Potenzreihe

$$P(x) = \sum_{\mu=-\infty}^{+\infty} A_\mu\, x^\mu$$

convergirt in dem Bereiche, wo $R_1 < |x| < R_2$ ist, unbedingt. Zum Beweise nehme man zwei positive Gröfsen r_1 und r_2, so dafs

$$R_1 < r_1 < r < r_2 < R_2$$

wird und wähle die ganze Zahl n derart, dafs

$$\left|\sum_{\nu=n}^{n'} a_\mu^{(\nu)}\right|$$

kleiner als $2\,\varepsilon\, r_2^{-\mu}$ und somit auch kleiner als $2\,\varepsilon\, r_1^{-\mu}$ ist, dann wird

$$\left|\sum_{\nu=n}^{\infty} a_\mu^{(\nu)}\right| < 2\,\varepsilon\, r_1^{-\mu} \quad \text{und} \quad \left|\sum_{\nu=n}^{\infty} a_\mu^{(\nu)}\right| \leqq 2\,\varepsilon\, r_2^{-\mu}.$$

Bezeichnet man hierauf

$$\sum_{\nu=1}^{n-1} a_\mu^{(\nu)} = A_\mu^{(1)} \qquad \sum_{\nu=n}^{\infty} a_\mu^{(\nu)} = A_\mu^{(2)},$$

wonach

$$A_\mu = A_\mu^{(1)} + A_\mu^{(2)}$$

zu setzen ist, so wird für die x Werthe von dem absoluten Betrage r

$$\sum_{\mu=0}^{\infty} |A_\mu^{(2)} x^\mu| < 2\,\varepsilon \sum_{\mu=0}^{\infty} \left(\frac{r}{r_2}\right)^\mu, \quad \sum_{\mu=1}^{\infty} |A_{-\mu}^{(2)} x^{-\mu}| < 2\,\varepsilon \sum_{\mu=1}^{\infty} \left(\frac{r}{r_1}\right)^{-\mu}$$

und

$$\sum_{\mu=-\infty}^{+\infty} |A_\mu^{(2)} x^\mu| \leq 2\varepsilon\left(\frac{r_1}{r-r_1} + \frac{r_2}{r_2-r}\right)$$

d. h. die Reihe

$$\sum_{\mu=-\infty}^{+\infty} A_\mu^{(2)} x^\mu$$

convergirt unbedingt und gleichmäfsig.

Die Summe der endlichen Anzahl von Reihen

$$\sum_{\nu=1}^{n-1} P_\nu(x) = \sum_{\mu=-\infty}^{+\infty} A_\mu^{(1)} x^\mu$$

besitzt selbstverständlich dieselben Eigenschaften und daher ist auch

$$\sum_{\mu=-\infty}^{+\infty} A_\mu x^\mu = P(x)$$

eine für jeden x-Werth, dessen absoluter Betrag in dem Intervall von R_1 bis R_2 liegt, *absolut, unbedingt und gleichmäfsig convergente Reihe.*

Schliefslich ist die gewonnene Reihe $P(x)$ daselbst gleich $\sum_{\nu=1}^{\infty} P_\nu(x)$, denn man kann in der Ungleichung

$$\left|\sum_{\nu=1}^{\infty} P_\nu(x) - \sum_{\mu=-\infty}^{+\infty} A_\mu x^\mu\right| = \left|\sum_{\nu=n}^{\infty} P_\nu(x) - \sum_{\mu=-\infty}^{+\infty} A_\mu^{(2)} x^\mu\right|$$

$$< 2\varepsilon + 2\varepsilon\left(\frac{\frac{r_1}{r}}{1-\frac{r_1}{r}} + \frac{1}{1-\frac{r}{r_2}}\right)$$

ε stets so klein wählen, dafs die von n unabhängige rechte Seite für jeden Werth $r = |x|$ unseres Intervalles kleiner wird als eine noch so kleine Gröfse δ, was für unsere Behauptung genügt. —

Es sei andrerseits eine unendliche Anzahl von Potenzreihen mehrerer Variabeln in bestimmter Aufeinanderfolge gegeben:

$$\mathfrak{P}_\nu(x_1, x_2, \ldots x_n) = \sum_{(\mu_\nu)=0}^{\infty} a^{(\nu)}_{\mu_1, \mu_2, \ldots \mu_n} x_1^{\mu_1} x_2^{\mu_2} \ldots x_n^{\mu_n} \quad (\nu = 1, 2, \ldots)$$

und es gebe eine Umgebung (R) der Stelle (0), für deren Punkte (x) jede einzelne Reihe $\mathfrak{P}_\nu$ und auch die Summe

$$\sum_{\nu=1}^{\infty} \mathfrak{P}_\nu(x_1, x_2, \ldots x_n)$$

convergirt und zwar gleichmäfsig convergirt für alle Stellen (x), bei denen

$$x_1, x_2, \ldots x_n$$

der Reihe nach ~~denselben~~ absoluten Betrag $r_1 < R_1$, $r_2 < R_2, \ldots$ $r_n < R_n$ besitzen.

Jetzt kann man nach Angabe von n Gröfsen $r_1, r_2, \ldots r_n$ und einer beliebig kleinen Gröfse ε eine ganze Zahl m so bestimmen, dafs für jedes Werthesystem $(x_1, x_2, \ldots x_n)$ der Beschaffenheit:

$$|x_1| = r_1, \quad |x_2| = r_2, \ \ldots \ |x_n| = r_n$$

und jede ganze Zahl $n > m$

$$\left| \sum_{\nu=n}^{\infty} \mathfrak{P}_\nu(x_1, x_2, \ldots x_n) \right| < \varepsilon,$$

und für jede ganze Zahl $n' > n$

$$\left| \sum_{\nu=n}^{n'} \mathfrak{P}_\nu(x_1, x_2, \ldots x_n) \right| < 2\varepsilon.$$

Dann aber mufs

$$\left| \sum_{\nu=n}^{n'} a^{(\nu)}_{\mu_1, \mu_2, \ldots \mu_n} \right| < 2\varepsilon\, r_1^{-\mu_1} r_2^{-\mu_2} \ldots r_n^{-\mu_n}$$

sein und

$$\sum_{\nu=1}^{\infty} a^{(\nu)}_{\mu_1, \mu_2, \ldots \mu_n} = A_{\mu_1, \mu_2, \ldots \mu_n}$$

wird endlich.

Die Potenzreihe

$$\sum_{(\mu_\nu)=0}^{\infty} A_{\mu_1, \mu_2, \ldots \mu_n} x_1^{\mu_1} x_2^{\mu_2} \ldots x_n^{\mu_n} = \mathfrak{P}(x_1, x_2, \ldots x_n)$$

ist in der Umgebung (R) von (0) auch unbedingt convergent, denn nach der Zerlegung

$$\begin{aligned} A_{\mu_1, \mu_2, \ldots \mu_n} &= \sum_{\nu=1}^{n-1} a^{(\nu)}_{\mu_1, \mu_2, \ldots \mu_n} + \sum_{\nu=n}^{\infty} a^{(\nu)}_{\mu_1, \mu_2, \ldots \mu_n} \\ &= A^{(1)}_{\mu_1, \mu_2, \ldots \mu_n} + A^{(2)}_{\mu_1, \mu_2, \ldots \mu_n} \end{aligned}$$

ist

$$|A^{(2)}_{\mu_1, \mu_2, \ldots \mu_n}| < 2\varepsilon\, r_1^{-\mu_1} r_2^{-\mu_2} \ldots r_n^{-\mu_n}$$

und für alle Stellen (x), für welche

$$|x_1| = \varrho_1 < r_1, \quad |x_2| = \varrho_2 < r_2, \ldots |x_n| = \varrho_n < r_n$$

ist, gilt die Beziehung:

$$\begin{aligned} \sum_{(\mu_\nu)=0}^{\infty} |A^{(2)}_{\mu_1, \mu_2, \ldots \mu_n} x_1^{\mu_1} x_2^{\mu_2} \ldots x_n^{\mu_n}| &\leq 2\varepsilon \sum_{(\mu_\nu)=0}^{\infty} \left(\frac{\varrho_1}{r_1}\right)^{\mu_1} \left(\frac{\varrho_2}{r_2}\right)^{\mu_2} \ldots \left(\frac{\varrho_n}{r_n}\right)^{\mu_n} \\ &= 2\varepsilon \left[\left(1 - \frac{\varrho_1}{r_1}\right)\left(1 - \frac{\varrho_2}{r_2}\right) \cdots \left(1 - \frac{\varrho_n}{r_n}\right)\right]^{-1}, \end{aligned}$$

also die Summe links ist endlich. Dasselbe gilt für die Summe

$$\sum_{(\mu_\nu)=0}^{\infty} |A^{(1)}_{\mu_1, \mu_2, \ldots \mu_n} x_1^{\mu_1} x_2^{\mu_2} \ldots x_n^{\mu_n}$$

und deshalb ist auch $\mathfrak{P}(x_1, x_2, \ldots x_n)$ für die genannten Stellen und in der ganzen Umgebung (R) von (0) endlich.

Schliefslich gibt die durch Vereinigung der gleichnamigen Glieder unserer Reihen $\mathfrak{P}_r$ gewonnenen Reihe $\mathfrak{P}$ in der Umgebung (R) der Stelle (0) dieselben Werthe wie $\sum_{r=1}^{\infty} \mathfrak{P}_r$, denn es ist der absolute Betrag

$$\left|\sum_{r=1}^{\infty} \mathfrak{P}_r - \mathfrak{P}\right| < 2\varepsilon + 2\varepsilon\left[\left(1-\frac{\varrho_1}{r_1}\right)\left(1-\frac{\varrho_2}{r_2}\right)\cdots\left(1-\frac{\varrho_n}{r_n}\right)\right]^{-1}$$

und kleiner als jede noch so kleine Gröfse δ.

Die Tragweite der vorstehenden Theoreme geht aus den folgenden Sätzen hervor:

1) Das Product zweier in der Umgebung R der Stellen $x = 0$ convergenten Potenzreihen

$$\mathfrak{P}_1(x) = \sum_{\mu=0}^{\infty} a_\nu x^\nu, \quad \mathfrak{P}_2(x) = \sum_{\mu=0}^{\infty} b_\mu x^\mu$$

läfst sich in eine Potenzreihe entwickeln, die in demselben Bereiche convergirt.

In der That ist die Summe der unendlich vielen Potenzreihen

$$b_\mu x^\mu \sum_{\nu=0}^{\infty} a_\nu x_\nu \quad (\mu = 0, 1, 2 \ldots)$$

in der Umgebung R der Stelle 0 gleichmäfsig convergent, denn es gibt eine solche ganze Zahl m, dafs für jedes x mit einem absoluten Betrage $r < R$

$$\left|\sum_{\mu=m'}^{\infty} b_\mu x^\mu\right| < \varepsilon \quad (m' > m) \quad \text{und} \quad \left|\mathfrak{P}_1(x) \sum_{\mu=m'}^{\infty} b_\mu x^\mu\right| < \varepsilon |\mathfrak{P}_1(x)|$$

wird, und weil die Reihe $\mathfrak{P}_1(x)$ daselbst convergirt, kann man m auch so wählen, dafs $\varepsilon|\mathfrak{P}_1(x)|$ kleiner wird als eine beliebig kleine positive Gröfse δ.

Jetzt darf man die unendlich vielen Potenzreihen in der früheren Weise vereinigen und es wird:

$$\sum_{\mu=0}^{\infty}(b_\mu x^\mu \mathfrak{P}_1(x)) = \sum_{\lambda=0}^{\infty}(a_0 b_\lambda + a_1 b_{\lambda-1} + \cdots + a_{\lambda-1} b_1 + a_\lambda b_0) x^\lambda$$

$$= \sum_{\lambda=1}^{\infty} c_\lambda x^\lambda = \mathfrak{P}(x) = \mathfrak{P}_1(x) \cdot \mathfrak{P}_2(x).$$

2) Eine ganze rationale Function

$$f(y_1, y_2, \ldots y_n)$$

der n Potenzeihen

$$y_\nu = \mathfrak{P}_\nu(x) \quad (\nu = 1, 2, \ldots n)$$

mit einem gemeinsamen Convergenzbereiche $|x| < R$ läfst sich in eine ebendaselbst convergente Potenzreihe $\mathfrak{P}(x)$ transformiren.

3) Setzt man für y_ν Potenzeihen mehrerer Variabeln

$$y_\nu = \mathfrak{P}_\nu(x_1, x_2, \ldots x_n),$$

so geht $f(y_1, y_2, \ldots y_n)$ in eine in dem gemeinsamen Convergenzbereich der Reihen $\mathfrak{P}_\nu$ convergente Potenzreihe über.

4) Tritt an Stelle der ganzen rationalen Function f eine convergente Potenzreihe

$$f(y) = \sum_{\nu=0}^{\infty} a_\nu y^\nu$$

und setzt man hierin für y eine Potenzreihe mit dem Convergenzradius R

$$y = \sum_{\mu=0}^{\infty} b_\mu x^\mu = \mathfrak{P}(x),$$

so wird $f(y)$ in eine nach Potenzen von x fortschreitende convergente Potenzreihe zu entwickeln sein, wenn die Summe der unendlich vielen Reihen

$$\sum_{\nu=0}^{\infty} a_\nu \mathfrak{P}^\nu(x)$$

in einer Umgebung der Stelle $x = 0$ gleichmäfsig convergirt. Bezeichnet x' eine Stelle in dem Convergenzbereiche der Reihe $\mathfrak{P}(x)$, an welcher nicht allein $|\mathfrak{P}(x)|$, sondern auch $\sum_{\mu=0}^{\infty} |b_\mu x^\mu|$ einen in dem Convergenzkreise der Reihe $f(y)$ liegenden Werth erhält, so wird die angegebene Summe gewifs gleichmäfsig convergiren, so lange

$$|x| < |x'|,$$

und in diesem Bereiche ist

$$\sum_{\nu=0}^{\infty} a_\nu y^\nu = \sum_{\lambda=0}^{\infty} c_\lambda x^\lambda.$$

Falls die Potenzreihe $f(y)$ beständig convergirt, wird die neue Reihe so lange convergiren, als x in dem Convergenzkreise der Potenzreihe $\mathfrak{P}(x)$ bleibt. Wenn $\mathfrak{P}(x)$ eine beständig convergente Reihe ist, mufs der Convergenzkreis der neuen Reihe so grofs sein als der der Reihe $f(y)$, und wenn endlich $\mathfrak{P}(x)$ und $f(y)$ beständig convergiren, wird auch die Reihe $\sum_\lambda c_\lambda x^\lambda$ einen unendlich grofsen Convergenzradius besitzen.

5) Ist $f(y_1, y_2, \ldots y_n)$ eine Potenzreihe

$$\sum_{(\varkappa_\nu)=0}^{\infty} a_{\varkappa_1, \varkappa_2, \ldots \varkappa_n} y_1^{\varkappa_1} y_2^{\varkappa_2} \ldots y_n^{\varkappa_n}$$

und sind y_ν Potenzreihen mit einem gemeinsamen Convergenzbereich:

$$y_\nu = \mathfrak{P}_\nu(x_1, x_2, \ldots x_n) = \sum_{(\mu_\nu)=0}^{\infty} b^{(\nu)}_{\mu_1, \mu_2 \ldots \mu_n} x_1^{\mu_1} x_2^{\mu_2} \ldots x_n^{\mu_n}$$

und gibt es ein Werthesystem

$$|x_1| = \xi_1, \quad |x_2| = \xi_2 \ldots |x_n| = \xi_n,$$

für welches die n Summen

$$\sum_{(\mu_\nu)=0}^{\infty} |b^{(\nu)}_{\mu_1, \mu_2, \ldots \mu_n}| \xi_1^{\mu_1} \xi_2^{\mu_2} \ldots \xi_n^{\mu_n}$$

die Werthe η_ν $(\nu = 1, 2, \ldots n)$ erhalten, die eine Stelle in dem Convergenzbereiche der Reihe $f(y_1, y_2, \ldots y_n)$ constituiren, so kann man offenbar $f(y_1, y_2, \ldots y_n)$ in eine Potenzreihe

$$\sum_{(\lambda_\nu)=0}^{\infty} c_{\lambda_1, \lambda_2, \ldots \lambda_n} x_1^{\lambda_1} x_2^{\lambda_2} \ldots x_n^{\lambda_n} = \mathfrak{P}'(x_1, x_2, \ldots x_n)$$

entwickeln, die für alle Stellen der Umgebung (ξ) von (0) convergirt, und dort gibt sie dieselben Werthe, die $f(y_1, y_2 \ldots y_n)$ in der Umgebung (η) annimmt.

Ist wiederum $f(y_1, y_2, \ldots y_n)$ beständig oder für jede endliche Stelle (y) convergent, so ist $\mathfrak{P}'(x_1, x_2, \ldots x_n)$ an allen Stellen des gemeinsamen Convergenzbereiches von $\mathfrak{P}_\nu(x_1, x_2, \ldots x_n)$ convergent, und $\mathfrak{P}'(x_1, x_2, \ldots x_n)$ convergirt beständig, wenn der gemeinsame Convergenzbereich der Reihen $\mathfrak{P}_\nu$ alle endlichen Stellen (x) enthält.

6) Die Sätze unter Nummer 4) und 5) lassen sich insofern erweitern, als man in die gegebene Reihe f Potenzreihen einsetzen darf, die mehr Variable enthalten als f.

Substituirt man z. B. an Stelle von y_ν eine Summe $u_\nu + v_\nu$, und sind $u_\nu^{(1)}$, $v_\nu^{(1)}$ Werthe, für welche

$$f(u_1^{(1)} + v_1^{(1)}, u_2^{(1)} + v_2^{(1)}, \ldots u_n^{(1)} + v_n^{(1)})$$

endlich ist, so kann man die Reihe $f(y_1, y_2, \ldots y_n)$ in eine Reihe nach Potenzen der neuen Variabeln transformiren, die gewifs so lange convergirt, als

$$|u_\nu| < |u_\nu^{(1)}|, \quad |v_\nu| < |v_\nu^{(1)}| \quad (\nu = 1, 2, \ldots n).$$

Dabei ist es aber erlaubt, die Reihe nach Potenzen der Gröfsen u oder der Gröfsen v zu ordnen und als Coefficienten Potenzreihen nach v oder u anzuschreiben. Jede der Reihen convergirt in dem durch die Bedingungen

$$|u_\nu| + |v_\nu| < R_\nu \quad (\nu = 1, 2, \ldots n)$$

definirten Bereiche, wenn $f(y_1, y_2, \ldots y_n)$ in der Umgebung (R) von (0) convergirt.

Bevor wir noch den Quotienten zweier in einer Umgebung der Stelle Null convergenten Potenzreihen in eine neue Potenzreihe entwickeln, schicken wir den Hilfssatz voraus:

Ist der Convergenzradius R einer an der Stelle Null nicht verschwindenden Potenzreihe

$$\mathfrak{P}(x) = \sum_{\mu=0}^{\infty} b_\mu x^\mu$$

von Null verschieden, so gibt es auch eine Umgebung $R_1 < R$ der Stelle Null, wo die Potenzreihe nicht verschwindet.

Ist r eine positive Gröfse kleiner als R und g die obere Grenze der Werthe $|\mathfrak{P}(x)|$ für alle Stellen x in der Entfernung r von Null, so gilt die Beziehung

$$|b_\mu| < g r^{-\mu} \quad (\mu = 0, 1, 2 \ldots)$$

und für ein $|x| = \varrho < r$ ist

$$|b_\mu| \varrho^\mu < g\left(\frac{\varrho}{r}\right)^\mu$$

und

$$|b_1 x + b_2 x^2 + \cdots| < \sum_{\mu=1}^{\infty} |b_\mu| \varrho^\mu < g \sum_{\mu=1}^{\infty} \left(\frac{\varrho}{r}\right)^\mu = g \frac{\varrho}{r} \cdot \frac{1}{1 - \frac{\varrho}{r}}.$$

Der Voraussetzung zufolge ist $|b_0|$ nicht Null, und darum kann man die Gröfse ϱ so bestimmen, dafs

$$g \frac{\varrho}{r - \varrho} < |b_0|.$$

Bezeichnet R_1 einen dieser Bedingung genügenden Werth, so wird für alle Stellen der Umgebung R_1 von $x = 0$ umsomehr

$$|b_1 x + b_2 x^2 + \cdots| < |b_0|$$

und darum kann

$$|\mathfrak{P}(x)|$$

daselbst nicht verschwinden. Es ist also ein Bereich der verlangten Art gefunden. —

Ist die vorgegebene Potenzreihe eine mit mehreren Variabeln:

$$\mathfrak{P}(x_1, x_2, \ldots x_n) = \sum_{(\mu_n)=0}^{\infty} b_{\mu_1, \mu_2, \ldots \mu_n} x_1^{\mu_1} x_2^{\mu_2} \ldots x_n^{\mu_n},$$

und hierin $b_{0,0\ldots0}$ von Null verschieden, ist ferner R eine positive Gröfse, die kleiner ist als jede der den Convergenzbereich der Reihe fixirenden Gröfsen $(R_1, R_2, \ldots R_n)$ und g die obere Grenze der Werthe $|\mathfrak{P}(x_1, x_2, \ldots x_n)|$ für alle durch die Bedingungen

$$|x_1| = |x_2| = \cdots = |x_n| = r < R$$

charakterisirten Stellen (x), so wird

$$|b_{\mu_1, \mu_2, \dots \mu_n}| \leq g r^{-(\mu_1+\mu_2+\dots+\mu_n)}$$

und an den Stellen (x), für welche $|x_\nu| = \varrho_\nu < r$ $(\nu = 1, 2, \dots n)$ ist, mufs

$$\left|\sum_{(\mu_\nu)=0}^{\infty}{}' b_{\mu_1, \mu_2, \dots \mu_n} x_1^{\mu_1} x_2^{\mu_2} \dots x_n^{\mu_n}\right| \leq g \sum_{(\mu_\nu)=0}^{\infty}{}' \left(\frac{\varrho_1}{r}\right)^{\mu_1} \left(\frac{\varrho_2}{r}\right)^{\mu_2} \dots \left(\frac{\varrho_n}{r}\right)^{\mu_n}$$

$$= g\left\{\left[\left(1 - \frac{\varrho_1}{r}\right)\left(1 - \frac{\varrho_2}{r_2}\right) \dots \left(1 - \frac{\varrho_n}{r_n}\right)\right]^{-1} - 1\right\}$$

sein. Doch weil man die Gröfsen $\varrho_1, \varrho_2, \dots \varrho_n$ so wählen kann, dafs die rechte Seite kleiner wird als die endliche von Null verschiedene Gröfse $|b_{0,0 \dots 0}|$, so kann man auch für die Potenzreihe mehrerer Variabeln eine Umgebung der Stelle (0) angeben, wo sie den Werth Null nicht annimmt.

In einem solchen Bereiche läfst sich

$$\frac{1}{\mathfrak{P}} = \frac{1}{b_{0,0 \dots 0} + \sum\limits_{(\mu_\nu)=0}^{\infty}{}' b_{\mu_1, \mu_2, \dots \mu_n} x_1^{\mu_1} x_2^{\mu_2} \dots x_n^{\mu_n}} = \frac{1}{b_{0,0 \dots 0} + y}$$

in eine Potenzreihe

$$\mathfrak{P}(x_1, x_2, \dots x_n)$$

entwickeln, denn solange $|q| < |p|$ gilt die Formel

$$\frac{1}{p+q} = \frac{1}{p} \sum_{\nu=0}^{\infty} (-1)^\nu \left(\frac{q}{p}\right)^{\nu-1}$$

und die mit y bezeichnete Potenzreihe hat gerade die Beschaffenheit, welche nach einem der früheren Sätze nothwendig ist, damit die Substitution dieser Reihe in

$$\frac{1}{b_{0,0 \dots 0} + y} = \sum_{\nu=0}^{\infty} \frac{(-1)^\nu}{b_{0,0 \dots 0}} \left(\frac{y}{b_{0,0 \dots 0}}\right)^\nu$$

eine in dem besagten Bereiche convergente Potenzreihe gibt.

7) Jetzt ist aber auch der Quotient zweier convergenter Potenzreihen

$$\mathfrak{P}_1(x_1, x_2, \dots x_n) \quad \text{und} \quad \mathfrak{P}_2(x_1, x_2, \dots x_n)$$

in eine Potenzreihe $\mathfrak{P}_3(x_1, x_2, \dots x_n)$ zu entwickeln, wenn nur $\mathfrak{P}_2(0, 0, \dots 0)$ von Null verschieden ist.

In dem Convergenzbereiche von $\mathfrak{P}_3$, der jedenfalls in dem gemeinsamen Convergenzbereiche der Reihen $\mathfrak{P}_1$ und $\mathfrak{P}_2$ die Umgebung der Stelle (0) bildet, wo der Nenner nicht verschwindet, ist

$$\frac{\mathfrak{P}_1}{\mathfrak{P}_2} = \mathfrak{P}_3 \quad \text{und} \quad \mathfrak{P}_1 = \mathfrak{P}_3 \cdot \mathfrak{P}_2.$$

Ist $\mathfrak{P}_1(x) = \sum_{\nu=0}^{\infty} a_\nu x^\nu$ und $\mathfrak{P}_2(x) = \sum_{\mu=m}^{\infty} b_\mu x^\mu$, so kann man immer noch einen Bereich angeben, wo

$$|b_{m+1} x + b_{m+2} x^2 + \cdots| < |b_m|,$$

und man darf

$$\frac{\mathfrak{P}_1(x)}{\mathfrak{P}_2(x)} = \frac{1}{x^m} \frac{\sum_{\nu=0}^{\infty} a_\nu x^\nu}{\sum_{\mu=0}^{\infty} b_{m+\mu} x^\mu} = \frac{1}{x^m} \mathfrak{P}_3(x) = \sum_{\lambda=-m}^{\infty} c_\lambda x^\lambda$$

setzen.

Den entsprechenden Fall für den Quotienten von Potenzreihen mehrerer Variabeln wollen wir bei späterer Gelegenheit untersuchen, da die unendlich vielen hier auftretenden Nullstellen des Nenners in einer beliebig kleinen Umgebung der Stelle (0) Schwierigkeiten machen. Sehr wohl kann aber der Satz bewiesen werden:

8) Der Quotient ganzer Functionen ohne gemeinsamen Theiler:

$$\frac{f(y_1, y_2, \ldots y_n)}{g(y_1, y_2, \ldots y_n)}$$

geht durch die Substitutionen

$$y_\nu = \mathfrak{P}_\nu(x) \quad (\nu = 1, 2 \ldots n)$$

in eine Potenzreihe $\mathfrak{P}(x)$ über, die in dem gemeinsamen Convergenzbereich der Reihen $\mathfrak{P}_\nu(x)$ so lange convergirt, als x nicht einen Werth annimmt, dem eine Nullstelle (y) von g entspricht.

9) Der Quotient zweier Potenzreihen

$$\frac{\mathfrak{P}_1(y_1, y_2, \ldots y_n)}{\mathfrak{P}_2(y_1, y_2, \ldots y_n)},$$

dessen Nenner an der Stelle (0) nicht verschwindet, kann auch wieder durch die obigen Substitutionen in eine Potenzreihe $\mathfrak{P}(x)$ verwandelt werden, nur mufs die Stelle

$$y_\nu^{(0)} = \mathfrak{P}_\nu(0) \quad (\nu = 1, 2 \ldots n)$$

in dem Convergenzbereich der gegebenen Reihen liegen; dann gibt es einen Bereich $|x| < r$, dem nur Stellen (y') des Convergenzbereiches von $\mathfrak{P}_1$ und $\mathfrak{P}_2$ angehören, und die Transformation in $\mathfrak{P}(x)$ ist möglich.

Wir unterbrechen diese Erwägungen, die die Bildung einer unübersehbaren Menge convergenter Potenzreihen gestatten, und ziehen aus den Sätzen über die an der Stelle Null nicht verschwindenden Potenzreihen einen Schlufs, der die formale Bildung neuer Potenzreihen wesentlich erleichtert.

Da eine Potenzreihe $\mathfrak{P}(x)$, die für $x = 0$ nicht verschwindet, in einem endlichen Bereiche um die Stelle Null keine Nullstelle besitzt, *so folgt, dafs eine Potenzreihe, die für unendlich viele unendlich kleine Werthe von x oder an unendlich vielen Stellen jeder beliebig kleinen Umgebung von $x = 0$ verschwindet, identisch Null sein mufs.*

Wenn daher zwei Potenzreihen an unendlich vielen Stellen einer Punktmenge, deren abgeleitete Punktmenge die Stelle Null enthält, dieselben Werthe annehmen, so ist die Differenz eine identisch verschwindende Potenzreihe, d. h. die Coefficienten derselben sind alle Null, und die Coefficienten gleichnamiger Glieder der gegebenen Reihen sind einander gleich.

Aus diesem Satze geht hervor, dafs man zur Berechnung der Potenzreihe $\sum_{\lambda=0}^{\infty} c_\lambda x^\lambda$, in welche sich der Quotient

$$\frac{\mathfrak{P}_1(x)}{\mathfrak{P}_2(x)} = \frac{\mathfrak{P}_1(x)}{b_0 + \sum_{\mu=1}^{\infty} b_\mu x^\mu}$$

entwickeln läfst, nicht erst die Entwicklung von $\mathfrak{P}_2^{-1}(x)$ und dann die Multiplication mit $\mathfrak{P}_1(x)$ nothwendig hat, sondern man setze

$$\mathfrak{P}_1(x) = \mathfrak{P}_2(x) \sum_{\lambda=0}^{\infty} c_\lambda x^\lambda$$

und bestimme die unbestimmt gelassenen Coefficienten c_λ so, dafs in dem Producte der Coefficient von x^ν gleich a_ν ist. Man erhält die Folge von Gleichungen

$$\begin{aligned}
a_0 &= b_0 c_0 \\
a_1 &= b_0 c_1 + b_1 c_0 \\
a_2 &= b_0 c_2 + b_1 c_1 + b_2 c_0 \\
&\cdot\quad\cdot\quad\cdot\quad\cdot\quad\cdot\quad\cdot \\
a_\nu &= b_0 c_\nu + b_1 c_{\nu-1} + b_2 c_{\nu-2} + \cdots + b_{\nu-1} c_1 + b_\nu c_0 \\
&\cdot\quad\cdot\quad\cdot\quad\cdot\quad\cdot\quad\cdot\quad\cdot\quad\cdot\quad\cdot\quad\cdot
\end{aligned}$$

aus denen sich die Gröfsen c_λ successive berechnen lassen. Das Gesetz der Composition aus den Gröfsen a_ν und b_μ ist ein ziemlich complicirtes.

Bei dieser *„Methode der unbestimmten Coefficienten"* darf man nicht am Ende folgendermafsen verfahren:

Die Gleichung

$$\sum_\nu a_\nu x^\nu - \sum_\mu b_\mu x^\mu \sum_\lambda c_\lambda x^\lambda = 0$$

oder

$$\sum_{\nu=0}^{\infty} a_\nu x^\nu - \sum_{\mu=0}^{\infty} (b_0 c_\mu + b_1 c_{\mu-1} + \cdots + b_\mu c_0) x^\mu = 0$$

besteht für $x = 0$ und darum ist $a_0 = b_0 c_0$. Weil dann

$$\sum_{\nu=1}^{\infty} a_\nu x^\nu - \sum_{\mu=1}^{\infty} (b_0 c_\mu + b_1 c_{\mu-1} + \cdots + b_\mu c_0) x^\mu = 0 \qquad (\alpha)$$

wird, kann man durch x dividiren und die nach der Division zu vollziehende Substitution des Werthes Null für x gibt $a_1 = b_0 c_1 + b_1 c_0$ usw.

Diese Schlufsfolge ist unrichtig, denn man darf durch x nicht dividiren, wenn man gefunden hat, dafs die Gleichung (α) gerade für $x = 0$ besteht, und man kann von vornherein nicht wissen, dafs die Reihen

$$\sum_{\nu=0}^{\infty} a_{\nu+1} x^\nu \quad \text{und} \quad \sum_{\mu=0}^{\infty} (b_0 c_{\mu+1} + b_1 c_\mu + \cdots + b_{\mu+1} c_0) x^\mu$$

auch für den Werth $x = 0$ übereinstimmen. Mit anderen Worten, man darf auf die Identität zweier Reihen erst dann schliefsen, wenn sie für unendlich viele unendlich kleine Werthe der Variabeln gleiche Werthe besitzen.

Zwei Potenzreihen mehrerer Variabeln $x_1, x_2, \ldots x_n$, die für alle Combinationen (x) von n nach Null convergirenden Werthereihen für x_ν:

$$x_\nu^{(1)},\ x_\nu^{(2)},\ \ldots\ x_\nu^{(\mu)} \ldots \qquad (\nu = 1, 2, \ldots n)$$

übereinstimmen, sind identisch gleich, denn die Differenz ist eine Potenzreihe, die für unendlich viele Stellen (x) jeder (noch so kleinen) Umgebung der Stelle (0) verschwindet.

Wir können wieder sagen, eine Potenzreihe ist identisch Null, wenn sie für eine Punktmenge, die die Stelle (0) zur Häufungs- oder Grenzstelle hat, verschwindet.

§ 31. Die abgeleitete Potenzreihe.

Aus jeder einzelnen convergenten Potenzreihe

$$\mathfrak{P}(x) = \sum_{\nu=0}^{\infty} a_\nu x^\nu$$

kann man unendlich viele andere ableiten. Bezeichnet x_0 einen bestimmten Werth, dessen absoluter Betrag kleiner ist als der wahre Convergenzradius R und setzen wir

$$x = x_0 + h,$$

wo

$$|x| = |x_0 + h| \leq |x_0| + |h| < R$$

sein soll, so kann man die Summe der unendlich vielen ganzen Functionen von h

$$f_\nu(h) = a_\nu (x_0 + h)^\nu \qquad (\nu = 1, 2, \ldots)$$

durch Vereinigung der gleichnamigen Glieder in h bilden, denn die Summe

$$\sum_{\nu=0}^{\infty} f_\nu(h)$$

ist so lange gleichmäfsig convergent, als $|h| < R - |x_0|$ ist. Es entsteht die Reihe

$$\mathfrak{P}(x_0+h) = \sum_{\nu=0}^{\infty} a_\nu (x_0+h)^\nu = \mathfrak{P}_0(x_0) + \mathfrak{P}_1(x_0)h + \mathfrak{P}_2(x_0)h^2 + \cdots,$$

wo die Coefficienten $\mathfrak{P}_\nu(x_0)$ Potenzreihen in x_0 sind, die endlich bleiben, wenn x_0 in dem Convergenzbereiche der Reihe $\mathfrak{P}(x)$ liegt.

Für den Werth $h = 0$ wird

$$\mathfrak{P}(x_0) = \mathfrak{P}_0(x_0),$$

was x_0 auch für einen Werth in dem Convergenzkreise von $\mathfrak{P}(x)$ haben mag, daher ist

$$\mathfrak{P}(x) = \mathfrak{P}_0(x)$$

und

$$\mathfrak{P}(x_0+h) - \mathfrak{P}(x_0) = \mathfrak{P}_1(x_0)h + h[\mathfrak{P}_2(x_0)h + \mathfrak{P}_3(x_0)h^2 + \cdots].$$

Der Klammerausdruck wird für unendlich kleine Gröfsen h selbst unendlich klein, und man schliefst neuerdings, dafs die Potenzreihe $\mathfrak{P}(x)$ an jeder Stelle ihres Convergenzbereiches stetig veränderlich ist.

Die Potenzreihe $\mathfrak{P}_1(x)$ heifst die *Derivirte* oder *Ableitung* von $\mathfrak{P}(x)$ und $\mathfrak{P}_1(x_0)$ ist die Derivirte von $\mathfrak{P}(x)$ an der Stelle x_0; sie ist unabhängig von dem Werthe des Incrementes h, welches wir mit dx_0 bezeichnen und das *Differential* von x an der Stelle x_0 nennen. Das Product

$$\mathfrak{P}_1(x_0)\, dx_0$$

wird als *Differentialänderung* von $\mathfrak{P}(x)$ an der Stelle x_0 bezeichnet und indem man

$$\mathfrak{P}_1(x_0)\, dx_0 = d\,\mathfrak{P}(x_0)$$

schreibt, heifst

$$\mathfrak{P}_1(x_0) = \frac{d\mathfrak{P}(x_0)}{dx_0}$$

auch der *Differentialquotient* an der Stelle x_0.

Die Ableitung $\mathfrak{P}_1(x)$ ist, wie wir aus der nach h-Potenzen geordneten Reihe $\sum_\nu a_\nu (x+h)^\nu$ ersehen, durch die Reihe

$$\sum_{\nu=1}^{\infty} \nu\, a_\nu x^{\nu-1}$$

definirt. Bildet man aus derselben

$$\mathfrak{P}_1(x_0+h) = \sum_{\nu=1}^{\infty} \nu a_\nu (x_0+h)^{\nu-1} = \mathfrak{P}_{1,0}(x_0) + \mathfrak{P}_{1,1}(x_0)h + \mathfrak{P}_{1,2}(x_0)h^2 + \cdots,$$

so ergibt sich leicht, dafs

$$\mathfrak{P}_1(x_0) = \mathfrak{P}_{1,0}(x_0) \quad \text{und} \quad \mathfrak{P}_1(x) = \mathfrak{P}_{1,0}(x).$$

$$\mathfrak{P}_{1,1}(x_0) = \sum_{\nu=2}^{\infty} \nu(\nu-1)\, a_\nu x_0^{\nu-2} = \frac{1}{1.2}\, \mathfrak{P}_2(x_0) = \mathfrak{P}^{(2)}(x_0)$$

ist und daſs allgemein die Derivirte von $\mathfrak{P}_1(x)$ oder $\frac{d\mathfrak{P}_1(x)}{dx} = \mathfrak{P}^{(2)}(x)$ zu setzen ist. Man nennt die Reihe

$$\sum_{\nu=2}^{\infty} \nu(\nu-1)\, a_\nu x^{\nu-2},$$

welche durch denselben Proceſs aus $\mathfrak{P}_1(x)$ zu bilden ist, wie $\mathfrak{P}_1(x)$ aus $\mathfrak{P}(x)$, d. h. dadurch daſs man an Stelle von x^μ $\mu x^{\mu-1}$ setzt, die zweite Derivirte von $\mathfrak{P}(x)$ und bezeichnet dieselbe anstatt durch

$$\frac{d\left(\frac{d\,\mathfrak{P}(x)}{dx}\right)}{dx} \quad \text{mit} \quad \frac{d^2\,\mathfrak{P}(x)}{dx^2}$$

und die zweite Differentialänderung mit

$$\mathfrak{P}^{(2)}(x)\,dx = d\mathfrak{P}_1(x) = d^2\,\mathfrak{P}(x).$$

So fortschreitend gelangt man zu der n^{ten} Derivirten von $\mathfrak{P}(x)$ oder dem n^{ten} Differentialquotienten

$$\mathfrak{P}^{(n)}(x) = \frac{1}{n!}\,\mathfrak{P}_n(x) = \frac{d^n\,\mathfrak{P}(x)}{dx^n} = \sum_{\nu=n}^{\infty} \nu(\nu-1)\ldots(\nu-n+1)a_\nu x^{\nu-n}.$$

Diese Potenzreihe ist von der Gestalt

$$n!\,a_\nu + x\,\overline{\mathfrak{P}}(x),$$

und man sieht, daſs der Coefficient von x^ν in der Reihe $\mathfrak{P}(x)$ gleich

$$\frac{1}{n!}\left(\frac{d^n\,\mathfrak{P}(x)}{dx^n}\right)_{x=0} = \frac{1}{n!}\,\mathfrak{P}^{(n)}(0),$$

und der Coefficient $\mathfrak{P}_n(x_0)$ gleich

$$\frac{1}{n!}\left(\frac{d^n\,\mathfrak{P}(x)}{dx^n}\right)_{x=x_0} = \frac{1}{n!}\,\mathfrak{P}^{(n)}(x_0)$$

ist. Schreibt man noch für $\mathfrak{P}_1$ $\mathfrak{P}^{(1)}$ oder $\mathfrak{P}'$, so wird

$$\mathfrak{P}(x) = \mathfrak{P}(0) + \mathfrak{P}^{(1)}(0)\,\frac{x}{1} + \mathfrak{P}^{(2)}(0)\,\frac{x^2}{2!} + \cdots$$

$$\mathfrak{P}(x_0+h) = \mathfrak{P}(x_0) + \mathfrak{P}^{(1)}(x_0)\,\frac{h}{1} + \mathfrak{P}^{(2)}(x_0)\,\frac{h^2}{2!} + \cdots$$

und wenn man hier an Stelle von x_0+h x setzt, entsteht die Reihe:

$$\mathfrak{P}[x_0+(x-x_0)] = \mathfrak{P}(x_0) + \mathfrak{P}^{(1)}(x_0)\,\frac{x-x_0}{1} + \mathfrak{P}^{(2)}(x_0)\,\frac{(x-x_0)^2}{2!} + \cdots$$

Diese auch direct durch die Substitution

$$x_0 + (x - x_0) \quad \text{für} \quad x_0$$

aus $\mathfrak{P}(x)$ ableitbare Potenzreihe, die wir mit

$$\mathfrak{P}(x\,|\,x_0) \quad \text{oder} \quad \mathfrak{P}(x-x_0)$$

bezeichnen, convergirt zum mindesten so lange als

$$|x - x_0| < R - |x_0|,$$

d. h. für alle Stellen in dem um x_0 mit dem Radius $R - |x_0|$ beschriebenen Kreise. Dieser Convergenzbereich braucht nicht der wahre zu sein, aber an den ihm angehörigen Stellen x hat $\mathfrak{P}(x - x_0)$ denselben Werth wie $\mathfrak{P}(x)$, dort ist

$$\sum_{\nu=0}^{\infty} a_\nu [x_0 + (x - x_0)]^\nu = \sum_{\nu=0}^{\infty} \mathfrak{P}^{(\nu)}(x_0) \frac{(x - x_0)^\nu}{\nu!}. -$$

Ist nun auch eine Potenzreihe

$$\mathfrak{P}(x_1, x_2, \ldots x_n) = \sum_{(\mu_\nu)=0}^{\infty} a_{\mu_1, \mu_2, \ldots \mu_n} x_1^{\mu_1} x_2^{\mu_2} \ldots x_n^{\mu_n}$$

vorgelegt und sind

$$(x^{(0)}) \quad \text{und} \quad (x^{(0)} + h)$$

Stellen in dem Convergenzbereiche, so kann man

$$\mathfrak{P}(x_1^{(0)} + h_1, x_2^{(0)} + h_2, \ldots x_n^{(0)} + h_n)$$

in eine nach Potenzen von $h_1, h_2, \ldots h_n$ fortschreitende Reihe

$$\sum_{(\mu_\nu)=0}^{\infty} \mathfrak{P}_{\mu_1, \mu_2, \ldots \mu_n}(x_1^{(0)}, x_2^{(0)}, \ldots x_n^{(0)}) h_1^{\mu_1} h_2^{\mu_2} \ldots h_n^{\mu_n}$$

entwickeln. Die Coefficienten sind wieder Potenzreihen in den Gröfsen $x_1^{(0)}, x_2^{(0)}, \ldots x_n^{(0)}$, und wieder gilt

$$\mathfrak{P}_{0,0\ldots 0}(x_1, x_2, \ldots x_n) = \mathfrak{P}(x_1, x_2, \ldots x_n).$$

Die Coefficienten von $h_1, h_2, \ldots h_n$, nämlich

$$\mathfrak{P}_{1,0,\ldots 0}(x_1^{(0)}, x_2^{(0)}, \ldots x_n^{(0)}), \mathfrak{P}_{0,1,0,\ldots 0}(x_1^{(0)}, x_2^{(0)}, \ldots x_n^{(0)}), \ldots \mathfrak{P}_{0,0,\ldots 1}(x_1^{(0)}, x_2^{(0)}, \ldots x_n^{(0)})$$

heifsen die *partiellen Ableitungen* der Reihe $\mathfrak{P}$ nach den Variabeln x_1, $x_2, \ldots x_n$ an der Stelle $(x^{(0)})$. Man bezeichnet sie mit

$$\left(\frac{\partial \mathfrak{P}}{\partial x_1}\right)_{(x^{(0)})}, \left(\frac{\partial \mathfrak{P}}{\partial x_2}\right)_{(x^{(0)})} \cdots \left(\frac{\partial \mathfrak{P}}{\partial x_n}\right)_{(x^{(0)})}$$

und zeigt leicht, dafs die partielle Derivirte nach x_ν $\frac{\partial \mathfrak{P}}{\partial x_\nu}$ aus $\mathfrak{P}$ hervorgeht, indem man an Stelle $x_\nu^{\mu_\nu}$ $\mu_\nu x^{\mu_\nu - 1}$ setzt.

Durch denselben Ableitungsprocefs kann man die Ableitungen aller Ordnungen

$$\frac{\partial^{\mu_1 + \mu_2 + \cdots + \mu_n} \mathfrak{P}(x_1, x_2, \ldots x_n)}{\partial x_1^{\mu_1} \partial x_2^{\mu_2} \ldots \partial x_n^{\mu_n}}$$

gewinnen, die von der Anordnung der Processe unabhängig sind. Der Werth dieser Ableitung $(\mu_1 + \mu_2 + \cdots + \mu_n)^{\text{ter}}$ Ordnung an der Stelle (0) ist bis auf den Factor

$$\mu_1! \; \mu_2! \ldots \mu_n!$$

gleich $a_{\mu_1, \mu_2, \dots \mu_n}$ und darum kann man die gegebene Reihe auf die Form bringen:

$$\mathfrak{P}(x_1, x_2, \dots x_n) = \sum_{(\mu_\nu) = 0}^{\infty} \left(\frac{\partial^{\mu_1 + \mu_2 + \dots + \mu_n} \mathfrak{P}}{\partial x_1^{\mu_1} \partial x_2^{\mu_2} \dots \partial x_n^{\mu_n}} \right)_{(0)} \frac{x_1^{\mu_1}}{\mu_1!} \frac{x_2^{\mu_2}}{\mu_2!} \cdot \cdot \frac{x_n^{\mu_n}}{\mu_n!},$$

und die Reihe für $\mathfrak{P}(x_1^{(0)} + h_1, x_2^{(0)} + h_2, \dots x_n^{(0)} + h_n)$ erhält die Gestalt

$$\sum_{(\mu_\nu) = 0}^{\infty} \left(\frac{\partial^{\mu_1 + \mu_2 + \dots + \mu_n} \mathfrak{P}}{\partial x_1^{\mu_1} \partial x_2^{\mu_2} \dots \partial x_n^{\mu_n}} \right)_{(x^{(0)})} \frac{h_1^{\mu_1}}{\mu_1!} \frac{h_2^{\mu_2}}{\mu_2!} \dots \frac{h_n^{\mu_n}}{\mu_n!}.$$

Setzt man an Stelle von h_ν $x_\nu - x_\nu^{(0)}$, so wird

$$\mathfrak{P}\left(x_1^{(0)} + (x_1 - x_1^{(0)}),\ x_2^{(0)} + (x_2 - x_2^{(0)}), \dots x_n^{(0)} + (x_n - x_n^{(0)})\right)$$

oder bei der der früheren analogen Bezeichungsweise

$$\mathfrak{P}\left(x_1, x_2, \dots x_n \mid (x^{(0)})\right)$$

$$= \sum_{(\mu_\nu) = 0}^{\infty} \left(\frac{\partial^{\mu_1 + \mu_2 + \dots + \mu_n} \mathfrak{P}}{\partial x_1^{\mu_1} \partial x_2^{\mu_2} \dots \partial x_n^{\mu_n}} \right)_{(x^{(0)})} \frac{(x_1 - x_1^{(0)})^{\mu_1}}{\mu_1!} \frac{(x_2 - x_2^{(0)})^{\mu_2}}{\mu_2!} \dots \frac{(x_n - x_n^{(0)})^{\mu_n}}{\mu_n!}.$$

An allen Stellen des Convergenzbereiches dieser abgeleiteten Reihe, soweit er mit dem der gegebenen Reihe übereinkommt, geben beide Reihen dieselben Werthe, denn daselbst ist die durch die Substitutionen

$$x_\nu^{(0)} + (x_\nu - x_\nu^{(0)}) \quad \text{für} \quad x_\nu$$

hervorgehende neue Reihe nur eine identische Umformung von

$$\sum_{(\mu_n) = 0}^{\infty} a_{\mu_1, \mu_2, \dots \mu_n} (x_1^{(0)} + (x_1 - x_0^{(0)}))^{\mu_1} (x_2^{(0)} + (x_2 - x_2^{(0)}))^{\mu_2} \dots (x_n^{(0)} + (x_n - x_n^{(0)}))^{\mu_n}.$$

§ 32. Beziehung zwischen den aus einer ersten Reihe abgeleiteten Reihen. Obere und untere Grenze der Convergenzradien der abgeleiteten Reihen.

Räumen wir der Reihe

$$\mathfrak{P}(x \mid a) = \sum_{\nu = 0}^{\infty} c_\nu (x - a)^\nu$$

die Rolle einer primitiven ein, so gelten für diese zunächst folgende Sätze: Eine Potenzreihe $\mathfrak{P}(x - a)$, die für unendlich viele Stellen einer Punktmenge mit der Häufungsstelle a verschwindet, ist identisch Null. Zwei nach Potenzen von $x - a$ fortschreitende Reihen sind identisch, wenn sie an unendlich vielen Stellen $(x_1, x_2, \dots x_n, \dots)$ mit der Häufungsstelle a dieselben Werthe annehmen. Ferner besitzt die Potenzreihe $\mathfrak{P}(x - a)$ in ihrem ganzen Convergenzbereiche den Werth A, wenn sie an unendlich vielen Stellen jeder (noch so kleinen) Umgebung von a den Werth A annimmt.

Ist a_1 eine Stelle in dem Convergenzkreise R unserer Reihe und ersetzen wir

$$x - a \quad \text{durch} \quad a_1 - a + (x - a_1),$$

ordnen die entstehende Reihe

$$\sum_{\nu=0}^{\infty} c_\nu \big(a_1 - a + (x - a_1)\big)^\nu$$

nach Potenzen von $x - a_1$, so geht eine Reihe

$$\mathfrak{P}_1(x|a_1) = \sum_{\nu=0}^{\infty} c_\nu^{(1)} (x - a_1)^\nu$$

hervor, in welcher die Coefficienten $c_n^{(1)}$ in folgender Weise zu definiren sind:

$$c_n^{(1)} = \frac{1}{n!}\big(\mathfrak{P}^{(n)}(x - a)\big)_{x=a_1} = \frac{1}{n!}\left(\frac{d^n \mathfrak{P}(x-a)}{dx^n}\right)_{x=a_1} =$$

$$= \frac{1}{n!} \sum_{\nu=n}^{\infty} \nu(\nu - 1)\ldots(\nu - n + 1)\, c_\nu (a_1 - a)^{\nu - n}.$$

Die neue aus $\mathfrak{P}(x|a)$ *abgeleitete Reihe* $\mathfrak{P}_1(x|a_1)$ bezeichnen wir, um ihre Entstehung anzudeuten, mit

$$\mathfrak{P}(x|a, a_1).$$

Sie convergirt mindestens so lange als

$$|x - a_1| < R - |a_1 - a| = R - d_1$$

und gibt in der Umgebung $R - d_1$ von a_1 dieselben Werthe wie $\mathfrak{P}(x|a)$.

Bezeichnet a_2 eine Stelle in dem Convergenzbereiche von

$$\mathfrak{P}(x|a, a_1)$$

und setzt man von Neuem anstatt

$$x - a_1 \quad a_2 - a_1 + (x - a_2),$$

so entsteht abermals eine neue Reihe:

$$\mathfrak{P}_2(x|a_2) = \mathfrak{P}_1(x|a_1, a_2) = \mathfrak{P}(x|a, a_1, a_2) = \sum_{\nu=0}^{\infty} c_\nu^{(2)}(x - a_2)^\nu,$$

deren Coefficienten

$$c_n^{(2)} = \frac{1}{n!}\left(\frac{d^n \mathfrak{P}(x|a, a_1)}{dx^n}\right)_{x=a_2} \quad (n = 0, 1, 2 \ldots)$$

sind. Ist der Convergenzradius von $\mathfrak{P}(x|a, a_1)$ R_1, so convergirt $\mathfrak{P}(x|a, a_1, a_2)$ gewifs für die durch die Bedingung

$$|x - a_2| < R_1 - |a_2 - a_1|$$

definirten Stellen.

Setzt man dieses Verfahren fort, wählt eine Stelle a_3 in dem Convergenzkreise von $\mathfrak{P}(x|a, a_1, a_2)$ und bildet $\mathfrak{P}(x|a, a_1, a_2, a_3)$

usw., wählt a_ν in dem Convergenzkreise von $\mathfrak{P}_{\nu-1}(x-a_{\nu-1})$, so folgt endlich eine Reihe:

$$\mathfrak{P}_n(x-a_n)=\mathfrak{P}(x|a, a_1, a_2, \dots a_n),$$

die man *eine durch Vermittlung der Stellen $a_1, a_2, \dots a_n$ aus $\mathfrak{P}(x|a)$ abgeleitete Reihe* nennt.

Liegt die Stelle a_1 in dem Kreise R um a, a_2 in dem Kreise $R-|a_1-a|=R_1$ um a_1, a_3 in der Umgebung $R_1-|a_2-a_1|=R_2$ von a_2 usw., endlich a_n in dem Kreise $R_{n-1}-|a_{n-1}-a_{n-2}|=R_n$ von a_{n-1}, so wird

$$|a_\nu-a|<R \quad (\nu=1,2\dots n),$$

und *daher gibt es auch eine direct ableitbare Reihe nach Potenzen von $(x-a_n)$ $\mathfrak{P}(x|a_n)$, die mit $\mathfrak{P}(x|a, a_1, a_2, \dots a_n)$ identisch ist.*

Wir beweisen diese Behauptung für den Fall $n=2$.

Die Reihen $\mathfrak{P}(x|a)$ und $\mathfrak{P}(x|a, a_1)$ stimmen an allen Stellen der Umgebung R_1 von a_2 überein, d. h. sie nehmen dort dieselben Werthe an, ebenso $\mathfrak{P}(x|a, a_1)$ und $\mathfrak{P}(x|a, a_1, a_2)$ und folglich auch $\mathfrak{P}(x|a)$ und $\mathfrak{P}(x|a, a_1, a_2)$. Die Reihen $\mathfrak{P}(x|a)$ und $\mathfrak{P}(x|a, a_2)$ besitzen aber an allen Stellen des Kreises $R-|a_2-a|$ um a_2 ebenfalls dieselben Werthe und nun ist klar, daſs die beiden Reihen $\mathfrak{P}(x|a, a_1, a_2)$ und $\mathfrak{P}(x|a, a_2)$ an unendlich vielen Stellen jeder Umgebung von a_2 übereinstimmen, und es wird in der That

$$\mathfrak{P}(x|a, a_2)=\mathfrak{P}(x|a, a_1, a_2),$$

und allgemein

$$\mathfrak{P}(x|a, a_n)=\mathfrak{P}(x|a, a_1, a_2, \dots a_n).$$

Aus diesem Satze geht gleichzeitig hervor, daſs der wahre Convergenzkreis einer aus $\mathfrak{P}(x|a, a_1)$ abgeleiteten Reihe $\mathfrak{P}(x|a, a_1, a_2)$ den Convergenzkreis von $\mathfrak{P}(x|a, a_1)$ keineswegs von innen berühren muſs, denn der Convergenzradius von $\mathfrak{P}(x|a, a_2)$ ist zum mindesten

$$R-|a_2-a|,$$

und er wird gröſser sein als

$$R_2=R_1-|a_2-a_1|=R-|a_1-a|-|a_2-a_1|,$$

wenn

$$|a_2-a_1|>\big||a_2-a|-|a_1-a|\big|,$$

und ebenso wird der Convergenzbereich von $\mathfrak{P}(x|a, a_1)$ nicht in dem Kreise R um a liegen müssen. Wir konnten eben nur beweisen, daſs er mindestens bis an den Kreis R hinanreicht. Es wird uns alsbald gelingen, ein Kriterium für die wahre Convergenzgrenze zu erkennen.

Zunächst zeigen wir: *Wenn man aus $\mathfrak{P}(x|a)$ eine Reihe $\mathfrak{P}(x|a, b)$ direct abzuleiten vermag, so kann man umgekehrt auch $\mathfrak{P}(x|a)$ aus $\mathfrak{P}(x|a, b)$ ableiten.*

Falls die Stelle a dem Convergenzbereiche der Reihe $\mathfrak{P}(x|a, b)$ angehört, so ist $\mathfrak{P}(x|a, b, a)$ eine direct ableitbare Reihe, die für jeden Werth x einer hinlänglich kleinen Umgebung von a mit $\mathfrak{P}(x|a, b)$ und mit $\mathfrak{P}(x|a)$ übereinstimmt, folglich ist

$$\mathfrak{P}(x|a, b, a) \quad \mathfrak{P}(x|a)$$

und $\mathfrak{P}(x|a)$ ist wirklich aus $\mathfrak{P}(x|a, b)$ abgeleitet.

Gehört aber die Stelle a dem Convergenzbereiche von $\mathfrak{P}(x|a, b)$ nicht an, so kann man eine Reihe vermittelnder Stellen

$$b_1, b_2, \ldots b_n$$

angeben, von denen b_1 in dem Convergenzbereiche von $\mathfrak{P}(x|a, b)$ und a näher liegt als die Stelle b, b_2 dem Convergenzbereiche von $\mathfrak{P}(x|a, b, b_1)$ angehört und a näher liegt als die Stelle b_1 usw., dann wird schliefslich die Reihe $\mathfrak{P}(x|a, b_1, b_2, \ldots b_n)$ an der Stelle a convergiren. Die Convergenzbereiche der hier successive abgeleiteten Reihen enthalten stets Stellen, die in dem Convergenzbereiche der vorangehenden Reihe nicht vorkommen und darum kann man auch schliefslich eine Reihe

$$\mathfrak{P}(x|a, b_1, b_2, \ldots b_n, a)$$

ableiten, die mit $\mathfrak{P}(x|a)$ identisch sein wird, weil $\mathfrak{P}(x|a, b_1, \ldots b_n)$ in einer gewissen Umgebung von a mit $\mathfrak{P}(x|a)$ übereinstimmt. —

Sind zwei Potenzreihen

$$\mathfrak{P}(x|a), \; \mathfrak{P}_1(x|b)$$

gegeben, deren Convergenzbereiche theilweise zusammenfallen, und besitzen sie an unendlich vielen Stellen jeder Umgebung des dem gemeinsamen Bereiche angehörigen Punktes c dieselben Werthe, so lassen sich die Reihen aus einander ableiten und haben an allen Stellen des gemeinsamen Bereiches dieselben Werthe.

Der Voraussetzung zufolge ist

$$\mathfrak{P}(x|a, c) \quad \mathfrak{P}_1(x|b, c)$$

und weil $\mathfrak{P}(x|a)$ aus $\mathfrak{P}(x|a, c)$, $\mathfrak{P}_1(x, b)$ aus $\mathfrak{P}_1(x|b, c)$ abzuleiten ist, geht auch $\mathfrak{P}_1(x|b)$ durch Vermittlung von a und einer Reihe von Stellen $b_1, b_2, \ldots b_n$ aus $\mathfrak{P}(x|a)$ und umgekehrt $\mathfrak{P}(x|a)$ durch Vermittlung von c und einer Reihe von Stellen $a_1, a_2, \ldots a_n$ aus $\mathfrak{P}_1(x|b)$ hervor.

Ist c' eine Stelle in dem gemeinsamen Convergenzbereiche (A) der gegebenen Reihen, an welcher die Übereinstimmung von $\mathfrak{P}(x|a)$ und $\mathfrak{P}_1(x|b)$ noch nicht bekannt ist, so wähle man innerhalb (A) eine Reihe vermittelnder Stellen $c_1, c_2, \ldots c_m$ derart, dafs c_μ dem um $c_{\mu-1}$ zu verzeichnenden Kreise angehört, der innerhalb (A) Platz findet, so wird

$$\mathfrak{P}(x|a, c, c_1, \ldots c_m, c') \quad \mathfrak{P}_1(x|b, c, c_1, \ldots c_m, c')$$

und

$$\mathfrak{P}(x|a, c') \quad \mathfrak{P}_1(x|b, c'),$$

denn es gilt zunächst

$$\mathfrak{P}(x|a, c, c_1) \quad \mathfrak{P}(x|a, c_1), \quad \mathfrak{P}(x|b, c, c_1) \ldots \mathfrak{P}_1(x|b, c_1)$$

und wegen der Identität

$$\mathfrak{P}(x|a, c, c_1) = \mathfrak{P}(x|b, c, c_1)$$

mufs

$$\mathfrak{P}(x|a, c_1) = \mathfrak{P}(x|b, c_1)$$

sein usw. —

Heifst der wahre Convergenzradius einer Reihe $\mathfrak{P}(x-a)$ R und ist a_1 eine dem Convergenzbereiche angehörige Stelle in der Entfernung $d = |a_1 - a|$ von a, wobei $d < \frac{R}{2}$ sein mag, so ist der Convergenzradius R_1 von $\mathfrak{P}(x|a, a_1)$ gewifs nicht kleiner als $R - d$, d. h. gröfser als $\frac{R}{2}$, und dann liegt a in dem Convergenzkreise der abgeleiteten Reihe. Weil man hierauf $\mathfrak{P}(x|a)$ wieder aus $\mathfrak{P}(x|a, a_1)$ ableiten kann, ist R nicht kleiner als $R_1 - d$, und *somit besitzt der Radius der abgeleiteten Reihe die Grenzen*

$$R - d \quad \text{und} \quad R + d.$$

Wählt man die Stelle a_1 in einer Entfernung d von a, die gröfser ist als $\frac{R}{2}$, so bleiben diese Grenzen für R_1 erhalten; die untere Grenze ganz offenbar und die obere Grenze darum, weil man anderenfalls aus $\mathfrak{P}(x|a, a_1)$ eine Reihe

$$\mathfrak{P}(x|a, a_1, b_1, b_2, \ldots b_n, a)$$

ableiten könnte, die mit $\mathfrak{P}(x|a)$ übereinstimmt, aber nicht den angenommenen Convergenzradius R hat.

Weil d die obere Grenze R besitzt, sind die Grenzen der Convergenzradien aller abgeleiteten Potenzreihen

$$0 \quad \text{und} \quad 2R.$$

Der wahre Convergenzradius R einer Potenzreihe $\mathfrak{P}(x-a)$ ist geradezu *dadurch charakterisirt, dafs die untere Grenze der Convergenzradien der abgeleiteten Reihen Null ist*, das will sagen: wenn die untere Grenze nicht Null ist, so ist der Convergenzradius nicht R, sondern gröfser als R.

Um das zu beweisen, setzen wir als bekannt voraus, dafs eine gegebene Reihe

$$\mathfrak{P}(x) = \sum_{\nu=0}^{\infty} c_\nu x^\nu$$

für alle Stellen a der Umgebung R von $x = 0$ convergire, dann ist für alle der Bedingung

$$|a| + |x| < R$$

genügenden Werthe von x und a die Reihe

$$\mathfrak{P}(x-a) = \mathfrak{P}(a) + \mathfrak{P}'(a)\frac{x-a}{1} + \mathfrak{P}^{(2)}(a)\frac{(x-a)^2}{1.2} + \cdots$$

convergent. Ferner sei die untere Grenze der Convergenzradien dieser für alle Stellen der Umgebung R von $x=0$ abgeleiteten Reihen nicht Null, sondern r. Wir wollen zeigen, dafs in diesem Falle die Reihe $\mathfrak{P}(x)$ den wahren Convergenzradius $R+r$ besitzt.

Es sei $\varrho < r$ und x' eine Stelle in dem durch die Radien R und $R+\varrho$ definirten Kreisringe um die Stelle $x=0$, also:

$$R < |x'| < R + \varrho,$$

dann hat der durch die Bedingung

$$|x - x'| < r$$

definirte Bereich um die Stelle x' mit der Umgebung R von $x=0$ einen Bereich (A) gemein und zu einer Stelle a in diesem letzteren gehört eine Reihe $\mathfrak{P}(x|a)$, deren Convergenzradius nicht kleiner ist als a. Der Kreis r um a enthält die Stelle x' und $\mathfrak{P}(x'|a)$ hat einen bestimmten Werth.

Ist b eine zweite Stelle innerhalb (A), so hat auch $\mathfrak{P}(x'|b)$ einen bestimmten Werth. Weil aber die um die Stelle

$$c = \frac{1}{2}(a+b)$$

giltigen Reihen $\mathfrak{P}(x|a,c)$ und $\mathfrak{P}(x|b,c)$ mit $\mathfrak{P}(x|c)$ und somit untereinander übereinstimmen, so nehmen die Reihen $\mathfrak{P}(x|a)$ und $\mathfrak{P}(x|b)$ an allen Stellen ihres gemeinsamen Convergenzbereiches und auch an der Stelle $x=x'$ dieselben Werthe an, es ist also

$$\mathfrak{P}(x'|a) = \mathfrak{P}(x'|b).$$

Jetzt ergibt sich leicht, dafs die gegebene Reihe $\mathfrak{P}(x)$ auch noch für $x=x'$ convergirt.

Die Reihe $\mathfrak{P}(x|a)$ ist der Voraussetzung nach convergent, wenn

$$|a| < R \quad \text{und} \quad |x-a| < r.$$

Bezeichnet dann g die obere Grenze der Werthe $|\mathfrak{P}(x|a)|$ für alle Stellen der Kreislinie $|x-a| = \varrho$, so ist

$$\frac{1}{\nu!}|\mathfrak{P}^{(\nu)}(a)| = \frac{1}{\nu!}\left|\sum_{\mu=\nu}^{\infty}\mu(\mu-1)\cdots(\mu-\nu+1)\,c_\mu a^{\mu-\nu}\right| < g\varrho^{-\nu},$$

und hierauf

$$\frac{\mu(\mu-1)\ldots(\mu-\nu+1)}{1.2\ldots\nu}|c_\mu| \leq g\varrho^{-\nu}\,|a^{-(\mu-\nu)}|$$

oder

$$\binom{\mu}{\nu}|c_\mu|\,|a^\mu|\left(\frac{\varrho}{R}\right)^\nu \leq g\frac{|a^\nu|}{R^\nu}.$$

Bezeichnet man $|a|$ mit α und bildet die Summe

$$\sum_{\nu=0}^{\mu}\binom{\mu}{\nu}|c_\mu|\,\alpha^\mu\left(\frac{\varrho}{R}\right)^\nu = \alpha^\mu|c_\mu|\left(1+\frac{\varrho}{R}\right)^\mu,$$

so ist diese wegen der letzten Ungleichung

$$< g \frac{1-\left(\frac{\alpha}{R}\right)^{\mu}}{1-\left(\frac{\alpha}{R}\right)} < \frac{gR}{R-\alpha},$$

und wenn somit die Gröfsen

$$|c_\mu|\left(\alpha+\frac{\alpha\varrho}{R}\right)^{\mu}$$

für jedes μ kleiner bleiben als eine angebbare Gröfse, mufs die Reihe

$$\mathfrak{P}(x)=\sum_{\mu=0}^{\infty} c_\mu x^\mu$$

für alle Werthe von x, deren absoluter Betrag

$$|x| < \alpha + \frac{\alpha\varrho}{R}$$

convergiren. Da α dem Werthe R beliebig nahe kommen kann, wird der Convergenzradius von $\mathfrak{P}(x)$ wirklich gröfser als R und wird von $R+\varrho$ und $R+r$ beliebig wenig abweichen. Dann mufs er aber gleich $R+r$ sein, denn der Convergenzradius kann seiner Natur zufolge einer oberen Grenze nicht blos beliebig nahe kommen, sondern er hat ein Maximum.

Es sei nunmehr R der wahre Convergenzradius einer Potenzreihe um die Stelle 0 oder a oder ∞ — sie heifse

$$\mathfrak{P}(x),\quad \mathfrak{P}(x-a),\quad \mathfrak{P}(x-\infty)=\mathfrak{P}\left(\frac{1}{x}\right)$$

— dann haben die Convergenzradien der abgeleiteten Reihen nothwendig die Null zur unteren Grenze. Es existirt deshalb eine Stelle, in deren noch so kleinen Umgebungen Stellen der Beschaffenheit liegen, dafs die ihnen zugehörigen abgeleiteten Reihen einen Convergenzradius besitzen, welcher kleiner ist als eine beliebig kleine Gröfse. Diese Stelle kann nicht im Innern des Convergenzkreises der vorgegebenen Reihe und mufs daher auf der Begrenzung liegen.

Wir können noch sagen, dafs es auf der wahren Grenze eines Convergenzbereiches mindestens eine Stelle c geben mufs, in deren Umgebung keine Potenzreihe $\mathfrak{P}'(x|c)$ existirt, die an den Stellen des dieser und der gegebenen Reihe gemeinsamen Convergenzbereiches mit der letzteren übereinstimmt, denn gäbe es für jeden Punkt der Begrenzung eine solche Reihe, so könnten die Convergenzradien der aus der ursprünglichen abgeleiteten Reihen nicht die untere Grenze Null haben. Die Anzahl solch ausgezeichneter Punkte c kann endlich oder unendlich sein, ja es ist denkbar, dafs alle Stellen der Begrenzung eines Convergenzbereiches von der genannten Art sind. Wenn eine unendliche Menge von Punkten c auf dem Convergenzkreise liegt, sind die Stellen der abgeleiteten Punktmenge Stellen gleicher Art, denn diese sind dadurch definirt, dafs in jeder Umgebung derselben unendlich viele der gegebenen Stellen liegen. Die Stellen, in deren Umgebung keine Potenzreihen existiren, welche mit der gegebenen Reihe an den Stellen des gemeinsamen Convergenzbereiches übereinstimmen, constituiren somit eine abgeschlossene Punktmenge.

Die den letzten entsprechenden Betrachtungen über die Potenzreihe mehrerer Variabeln

$$\mathfrak{P}(x_1, x_2, \ldots x_n | (a))$$

fassen wir kurz zusammen.

Man kann durch die Substitutionen

$$a'_\nu - a_\nu + (x_\nu - a'_\nu) \quad (\nu = 1, 2, \ldots n),$$

wo (a') eine Stelle in dem durch die Ungleichungen

$$|x_\nu - a_\nu| < R \quad (\nu = 1, 2, \ldots n)$$

charakterisirten Convergenzbereiche der gegebenen Reihe ist, vor Allem neue Potenzreihen

$$\mathfrak{P}_1(x_1, x_2, \ldots x_n | (a')) \quad \text{oder} \quad \mathfrak{P}(x_1, x_2, \ldots x_n | (a); (a'))$$

ableiten. Der Coefficient $a'_{\mu_1, \mu_2, \ldots \mu_n}$ der Reihe

$$\mathfrak{P}_1(x_1, x_2, \ldots x_n | (a'))$$

$$= \sum_{(\mu_\nu) = 0}^{\infty} a'_{\mu_1, \mu_2, \ldots \mu_n} (x_1 - a_1')^{\mu_1} (x_2 - a_2')^{\mu_2} \ldots (x_n - a'_n)^{\mu_n}$$

ist der Werth der Ableitung

$$\frac{\partial^{\mu_1 + \mu_2 + \cdots + \mu_n} \mathfrak{P}(x_1, x_2, \ldots x_n | (a))}{\partial x_1^{\mu_1} \partial x_2^{\mu_2} \ldots \partial x_n^{\mu_n}}$$

an der Stelle (a').

Wählt man in dem Convergenzbereiche der abgeleiteten Reihe mit dem Radius R_1 eine Stelle (a'') und liegt diese in dem Convergenzbereiche von $\mathfrak{P}$, so gibt es eine indirect und eine direct abgeleitete Reihe

$$\mathfrak{P}(x_1, x_2, \ldots x_n | (a), (a'), (a'')) \quad \text{und} \quad \mathfrak{P}(x_1, x_2, \ldots x_n | (a), (a'')),$$

die wieder identisch sind.

Fallen die Convergenzbereiche zweier Potenzreihen

$$\mathfrak{P}(x_1, x_2, \ldots x_n | (a)), \quad \mathfrak{P}_1(x_1, x_2, \ldots x_n | (b))$$

theilweise zusammen und stimmen sie an unendlich vielen Stellen, welche eine Häufungsstelle (c) haben, überein, so werden die Potenzreihen

$$\mathfrak{P}(x_1, x_2, \ldots x_n | (a), (c)), \quad \mathfrak{P}_1(x_1, x_2, \ldots x_n | (b), (c))$$

identisch und die gegebenen Reihen stimmen an allen Stellen des gemeinsamen Convergenzbereiches (A) überein, in deren Umgebungen aus $\mathfrak{P}(x_1, x_2, \ldots x_n | (a), (c))$ abgeleitete Reihen existiren.

Bezeichnet man den Convergenzradius von $\mathfrak{P}(x_1, x_2, \ldots x_n | (a), (c))$ mit ϱ und wählt man eine Stelle (c') so, dafs

$$|c_\nu - c'_\nu| < \varrho \quad (\nu = 1, 2, \ldots n),$$

so werden die gegebenen Reihen jedenfalls an allen Stellen derjenigen Umgebung von (c') übereinstimmen, welche dem Bereiche (A) und dem Convergenzbereiche von $\mathfrak{P}(x_1, x_2, \ldots x_n | (a), (c), (c'))$ angehören. So fortfahrend findet man ein $2n$fach ausgedehntes Continuum, wo die Reihen $\mathfrak{P}$ und $\mathfrak{P}_1$ übereinstimmen.

Ist der wahre Convergenzbereich einer Potenzreihe wieder durch die Gesammtheit der den Bedingungen folgender Art

$$|x_\nu - a_\nu| < R \quad (\nu = 1, 2, \ldots n)$$

genügenden Werthsysteme (x) definirt, für welche $\mathfrak{P}(x_1, x_2, \ldots x_n | (a))$ convergirt, indefs die Reihe für jedes Werthesystem:

$$|x_\nu - a_\nu| > R \quad (\nu = 1, 2, \ldots n)$$

divergirt, so mufs er dadurch charakterisirt sein, dafs unter den Stellen (x), für die

$$|x_\nu - a_\nu| = R \quad (\nu = 1, 2, \ldots n)$$

ist, mindestens eine existirt, in deren Umgebung keine Potenzreihe $\mathfrak{P}'(x_1, x_2, \ldots x_n | (c))$ aufzustellen ist, die an den Punkten des dieser und der gegebenen Reihe gemeinsamen Convergenzbereiches mit der letzteren übereinstimmt.

Die untere Grenze der Convergenzradien der abgeleiteten Reihen ist Null.

II. Abschnitt.

Begriff der monogenen analytischen Function. Allgemeine Eigenschaften der analytischen Function einer Variabeln.

§ 33. Definition der monogenen analytischen Function.

Überblicken wir die Sätze über die convergenten Potenzreihen einer Variabeln $\mathfrak{P}(x-a)$, so ist vor Allem hervorzuheben, dafs der Convergenzbereich (A) ein Kreis um die Stelle a ist, an dessen Stellen die Reihe einen bestimmten endlichen Werth annimmt, stetig ist und Ableitungen aller Ordnungen besitzt. Jede Ableitung $\mathfrak{P}^{(n)}(x-a)$ ist innerhalb des Convergenzkreises der gegebenen Reihe convergent.

Darnach verhält sich eine Potenzreihe dort, wo sie eine Bedeutung hat, wie eine ganze rationale Function in dem endlichen Bereiche der Variabeln.

Greift man in dem Convergenzkreise irgend eine Stelle b heraus, so kann man aus $\mathfrak{P}(x|a)$ eine nach Potenzen von $(x-b)$ fortschreitende Potenzreihe $\mathfrak{P}(x|a, b)$ in bestimmter Weise ableiten. Ihr Convergenzkreis um die Stelle b kann entweder ganz dem Convergenzbereiche der Reihe $\mathfrak{P}(x|a)$ angehören und berührt dann die Grenze des letzteren, oder aber er kann Stellen c der Begrenzung von (A) enthalten, und dann enthält er auch Stellen, die aufserhalb (A) liegen. An den Stellen des beiden Reihen gemeinsamen Convergenzbereiches nehmen $\mathfrak{P}(x|a)$ und $\mathfrak{P}(x|a, b)$ dieselben Werthe an. Wenn daher der Convergenzbereich von $\mathfrak{P}(x|a,b)$ nicht über den von $\mathfrak{P}(x|a)$ hinausragt, so nimmt die abgeleitete Reihe keine Werthe an, die nicht auch die primitive gibt. Andernfalls heifst die abgeleitete Reihe eine *Fortsetzung* der ersten. Weil $\mathfrak{P}(x|a)$ auch aus $\mathfrak{P}(x|a, b)$ abzuleiten ist, ist umgekehrt $\mathfrak{P}(x|a)$ eine Fortsetzung von $\mathfrak{P}(x|a, b)$.

Bezeichnet c eine Stelle auf der Begrenzung des Bereiches (A) und enthält der Convergenzkreis der Fortsetzung $\mathfrak{P}(x|a, b)$ diese Stelle, so gibt es auch eine nach Potenzen von $(x-c)$ fortschreitende Reihe $\mathfrak{P}(x|a,b,c)$, die an den Stellen des dieser und der Reihe $\mathfrak{P}(x|a)$ gemeinsamen Convergenzbereiches dieselben Werthe hat wie die primitive Reihe.

Darum kann der Convergenzkreis von $\mathfrak{P}(x|a, b)$ nicht alle Grenzstellen des Bereiches (A) enthalten, denn sonst gäbe es in der Umgebung jeder solchen Stelle c eine Reihe $\mathfrak{P}(x|a, b, c)$, die im Innern des dem Bereiche (A) und dem eigenen Convergenzkreise angehörigen Gebietes mit $\mathfrak{P}(x|a)$ übereinstimmt, und das ist nicht möglich, wenn (A) der wahre Convergenzbereich der gegebenen Reihe ist.

Man sieht also, dafs die ausgezeichneten Stellen der wahren Convergenzgrenze von (A), in deren Umgebung keine durch Vermittlung einer Stelle b aus $\mathfrak{P}(x|a)$ abgeleitete Reihe existirt, auch solch ausgezeichnete Stellen abgeleiteter Reihen $\mathfrak{P}(x|a, b)$ sein werden und offenbar wird der Convergenzkreis von $\mathfrak{P}(x|a, b)$ durch die der Stelle b nächstliegende Stelle der genannten Art auf der Begrenzung von (A) gehen müssen. Man nennt diese Stellen *singuläre*.

Aus den Reihen $\mathfrak{P}(x|a,b)$ kann man neue ableiten. Die Gesammtheit der aus der ursprünglichen direct und indirect ableitbaren Reihen stehen in derartigem Zusammenhang, dafs aus jeder Reihe jede andere abzuleiten ist, wornach jede die Rolle der ersten übernehmen kann. Man sagt:

Die Gesammtheit der aus einer gegebenen Reihe ableitbaren und in einander fortsetzbaren Potenzreihen constituirt eine monogene analytische Function.

Die einzelne Reihe heifst *ein Element der Function* und durch ein Element ist die Function vollständig definirt, denn man kann alle Fortsetzungen desselben ableiten.

Ist x_0 irgend eine Stelle im Bereiche der unbeschränkten Variabeln und kann man aus einem primitiven Elemente $\mathfrak{P}(x|a)$ eine Reihe ableiten, deren Convergenzkreis die Stelle x_0 enthält, so nennt man den Werth der neuen Reihe für $x = x_0$ den Werth der durch $\mathfrak{P}(x|a)$ definirten Function an der Stelle x_0. Indem es aber dann eine nach Potenzen von $(x - x_0)$ fortschreitende Reihe gibt, ist der Werth der Function für $x = x_0$ auch als das Anfangsglied dieser Reihe $\mathfrak{P}_1(x|x_0)$ zu definiren.

Wenn der Convergenzbereich jeder aus dem primitiven Elemente $\mathfrak{P}(x|a)$ abgeleiteten Reihe ganz dem Convergenzkreise dieses Elementes angehört, so stellt dasselbe allein eine analytische Function dar, d. h. die arithmetische Abhängigkeit des Werthes der Function von dem der Variabeln ist durch die Reihe $\mathfrak{P}(x|a)$ allein ausgedrückt, denn die abgeleiteten Reihen nehmen keine Werthe an, die nicht auch jene besitzt. Ist b eine Stelle in dem Convergenzbereiche von $\mathfrak{P}(x|a)$, so wird

$$[\mathfrak{P}(x|a, b)]_{x=b} = \mathfrak{P}(b|a).$$

Hat hingegen das primitive Element $\mathfrak{P}(x|a)$ Fortsetzungen, so wird die durch dasselbe definirte Function durch die Gesammtheit ihrer Elemente dargestellt.

Den Übergang von dem gegebenen Elemente $\mathfrak{P}(x|a)$ zu einer Reihe $\mathfrak{P}_1(x|x_0)$ kann man auf unendlich verschiedene Weise durch Vermittlung verschiedener Stellen bewerkstelligen. Gelangt man auf den unendlich vielen von a nach x_0 führenden continuirlichen Wegen in dem Bereiche der Variabeln x und in dem Convergenzbereiche der Gesammtheit von Elementen stets zu derselben Reihe, so hat die Function an der Stelle x_0 einen Werth; besitzt sie an jeder Stelle, in deren Umgebung überhaupt Potenzreihen existiren, welche in $\mathfrak{P}(x|a)$ fortzusetzen sind, nur einen Werth, so heifst sie eine *eindeutige analytische Function.* Die durch ein einziges Element vollständig dargestellte analytische Function ist darnach gewifs eindeutig.

Erhält man bei den verschiedenen Übergängen eine endliche Anzahl oder unendlich viele von einander verschiedene Elemente

$$\mathfrak{P}_\nu(x|x_0) \quad (\nu = 1, 2, 3 \ldots),$$

so heifst die durch $\mathfrak{P}(x|a)$ definirte monogene analytische Function viel- oder *mehrdeutig*, und zwar endlich oder unendlich vieldeutig. Die Function hat an der Stelle x_0 so viel Werthe, als es Elemente $\mathfrak{P}_\nu(x|x_0)$ gibt und dabei wird ein Werth mehrfach gezählt, wenn die Anfangsglieder mehrerer Elemente $\mathfrak{P}_\nu(x|x_0)$ gleich sind. — In dem gemeinsamen Convergenzbereiche zweier Elemente können aber nicht unendlich viele Stellen mit der Häufungsstelle x_0 liegen, für welche die Elemente gleiche Werthe haben, sonst wären sie identisch.

Setzt man, von dem gemeinsamen Convergenzbereiche der n Elemente einer n-deutigen Function ausgehend, die gegebenen Reihen $\mathfrak{P}_\nu(x|x_0)$ durch Vermittlung derselben Stellen nach x_1 fort, so heifsen die n nothwendig wieder von einander verschiedenen Elemente

$$\mathfrak{P}_\nu(x|x_0, a_1, a_2, \ldots a_m, x_1)$$

simultane Elemente der n-deutigen Function und die Werthe der Anfangsglieder dieser Reihen *simultane Functionswerthe.*

§ 34. Allgemeine Betrachtungen über die eindeutigen analytischen Functionen.

Die Gesammtheit der Stellen x_0, in deren Umgebung die durch ein primitives Element definirte eindeutige Function $f(x)$ durch eine Potenzreihe dargestellt ist, heifse der *Stetigkeitsbereich der Function.* Dieser Bereich ist nothwendig begrenzt, d. h. es gibt Stellen, in deren Umgebung keine aus dem primitiven Elemente $\mathfrak{P}(x|a)$ ableitbare Potenzreihe existirt, und zwar darum, weil jedes Element mindestens eine solch singuläre Stelle auf der Grenze seines Convergenzbereiches besitzt und die singuläre Stelle c des einzelnen Elementes singuläre Stelle derjenigen Fortsetzungen bleibt, welche Stellen der kleinsten Umgebung von c in ihrem Convergenzbereiche enthalten. Ob die Reihe $\mathfrak{P}_1(x|x')$ direct oder indirect aus $\mathfrak{P}(x|a)$ abgeleitet ist, die Stelle c kann nicht in ihrem Convergenzkreise liegen, sonst gäbe es auch eine Reihe $\mathfrak{P}_1(x|c)$, die an unendlich vielen Stellen mit $\mathfrak{P}(x|a)$ übereinstimmte.

Die Grenzstellen des Stetigkeitsbereiches der eindeutigen Function können eine *isolirte* Punktmenge bilden oder eine Punktmenge der Beschaffenheit, dafs in jeder Umgebung jeder Stelle unendlich viele andere Grenzstellen liegen, oder endlich Punktmengen, die aus Mengen der genannten Arten zusammengesetzt sind, sie können aber niemals ein zweifach ausgedehntes Continuum constituiren, denn sie sind singuläre Stellen ihrer Elemente, und darum gibt es in jeder Umgebung einer Grenzstelle auch Stellen, in deren Umgebung ein Element der Function existirt. Die in Rede stehenden Grenzstellen nennt man *singuläre Stellen der Function.*

Die Gesammtheit P der singulären Stellen c einer eindeutigen analytischen Function bildet auch eine abgeschlossene Menge (die ihre abgeleitete Punktmenge P' enthält), denn eine Stelle c', in deren kleinster Umgebung unendlich viele singuläre Stellen liegen, kann nicht dem Stetigkeitsbereiche der Function angehören, weil man nämlich

keine Potenzreihe $\mathfrak{P}(x|c)$ angeben kann, die keine singulären Stellen in ihrem Convergenzbereiche enthält. —

Wenn die singulären Stellen aller aus einem ersten hervorgehenden Elemente ein Continuum begrenzen, aufserhalb dessen noch Stellen x_0 existiren, so müssen wir sagen, dort ist die Function nicht definirt, denn man kann kein Element nach x_0 fortsetzen. Die Grenzstellen des Stetigkeitsbereiches einer Function werden wir aber später zu dem „Bereiche der Function" zählen, wenngleich man auch nach diesen Stellen kein Element fortsetzen kann.

Es sei $f(x)$ eine eindeutige Function. Läfst sich dieselbe in der Umgebung einer Stelle a in Form einer daselbst convergenten Potenzreihe $\mathfrak{P}(x|a)$ darstellen, gehen somit die Werthe von $f(x)$ in dem genannten Bereiche aus der Gleichung

$$\sum_{\nu=0}^{\infty} a_\nu (x-a)^\nu = f(x)$$

hervor, so heifst die Function in der Umgebung der Stelle a *regulär* oder *von regulärem Verhalten*.

Die Gesammtheit der Stellen, an denen sich eine eindeutige analytische Function regulär verhält, bildet den Stetigkeitsbereich derselben. Innerhalb dieses Bereiches ist $f(x)$ eine endliche, stetig veränderliche Gröfse, die an jeder Stelle x_0 einen bestimmten Werth annimmt, der auch offenbar als Grenzwerth derjenigen Werthe anzusehen ist, welche sich ergeben, wenn man für eine nach x convergirende Reihe von Variabelnwerthen die zugehörigen Functionalwerthe sucht. Befindet sich die Stelle x_0 auf dem Convergenzkreise eines Elementes $\mathfrak{P}_1(x|b)$ der Function, ohne auf der Begrenzung des Stetigkeitsbereiches derselben zu liegen, und bezeichnet

$$x_0^{(1)},\ x_0^{(2)},\ \ldots\ x_0^{(m)}\ \ldots$$

eine dem Convergenzbereiche von $\mathfrak{P}_1(x|b)$ angehörige Punktmenge mit der Grenzstelle x_0, so werden die Werthe

$$\mathfrak{P}_1(x_0^{(1)}|b),\quad \mathfrak{P}_1(x_0^{(2)}|b),\ \ldots\ \mathfrak{P}_1(x_0^{(m)}|b)\ \ldots$$

nach dem bestimmten Functionalwerthe $f(x_0)$ convergiren, denn es gibt eine Reihe $\mathfrak{P}_2(x|x_0)$, die an denjenigen Stellen ihres Convergenzbereiches, welche auch dem Convergenzbereiche der Reihe $\mathfrak{P}_1(x|b)$ angehören, dieselben Werthe besitzt wie $\mathfrak{P}_1(x|b)$, und der Functionalwerth an der Stelle x_0 ist gleich

$$[\mathfrak{P}_2(x|x_0)]_{x=x_0}$$

oder gleich dem Grenzwerthe der Reihe

$$\mathfrak{P}_2(x_0^{(n)}|x_0),\quad \mathfrak{P}_2(x_0^{(n+1)}|x_0)\ \ldots,$$

wo nun $x_0^{(n+\nu)}$ $(\nu = 0, 1, 2, \ldots)$ nur mehr Stellen sind, welche auch in dem Convergenzbereiche von $\mathfrak{P}_2(x|x_0)$ liegen.

Der so definirte Werth braucht nicht direct durch die Substitution $x = x_0$ aus der Reihe $\mathfrak{P}_1(x|b)$ hervorzugehen, da eine Potenzreihe nur in ihrem Convergenzbereiche stetig sein mufs.

Aus diesen Betrachtungen geht hervor, dafs eine eindeutige analytische Function an einer singulären Stelle c, wo eine der in dem Stetigkeitsbereiche bestehenden Eigenschaften der Endlich-, Stetig- und Eindeutigkeit verloren gehen mufs, nicht einen von demjenigen endlichen Grenzwerthe verschiedenen endlichen Werth besitzen kann, nach welchem die aus einem Elemente mit der singulären Stelle c entspringenden Functionalwerthe convergiren, sofern die Variabelnwerthe aus dem Innern des Convergenzbereiches des genannten Elementes nach c convergiren, d. h. *die analytische Function kann keine endlichen Discontinuitäten an ihren singulären Stellen erleiden.*

In der That: sei $f(x)$ eine analytische Function mit solch einer singulären Stelle c, so wird $(x-c) . f(x)$ in der Umgebung von c regulären Verhaltens sein und die das Product darstellende Potenzreihe hat die Gestalt

$$(x-c)\,\mathfrak{P}(x-c) = \sum_{\nu=1}^{\infty} c_\nu (x-c)^\nu,$$

weil das Product für $x = c$ verschwindet; dann aber ist $f(x)$ in der Umgebung von c regulär und die Voraussetzung ist nicht zulässig.

Die Function kann an einer singulären Stelle c auch nicht dadurch vieldeutig sein, dafs sie daselbst bei einer endlichen oder unendlichen Anzahl verschiedener Annäherungen mit den Variabelnwerthen verschiedene aber endliche Werthe annimmt, denn es gäbe immer noch Potenzreihen $\mathfrak{P}(x|c)$, die mit gewissen, aus dem primitiven Elemente abgeleiteten Reihen, deren Convergenzkreise die singuläre Stelle c besitzen, an unendlich vielen Stellen mit der Häufungsstelle c übereinstimmten, und übrigens wäre auch $(x-c)\,f(x)$ und dann $f(x)$ regulär. Also auch dieses Verhalten ist zufolge der Definition der singulären Stelle nicht möglich.

Die eindeutige analytische Function wird demnach an den singulären Stellen jedenfalls unendlich und gleichzeitig vielleicht auch vieldeutig. Diese Möglichkeit kann man hier nicht ausschliefsen, denn die letzten Argumentationen verlieren nun ihre Berechtigung. *Eine eindeutige analytische Function, die* aber überhaupt *nicht unendlich wird, gibt es nicht*, oder — was dasselbe sagt — eine solche Function kann nur eine Constante sein.

Um die Art des Unendlichwerdens zu fixiren, suchen wir zunächst die nothwendige und hinreichende Bedingung dafür, dafs eine eindeutige analytische Function $f(x)$ an einer Stelle x_0 endlich und stetig bleibt.

Wenn x_0 eine Stelle des Stetigkeitsbereiches der Function $f(x)$ ist, so convergirt das Product $(x-x_0)f(x)$ nach Null, auf welchem Wege immer die Variable nach x_0 rückt. Dasselbe gilt von dem Producte der Function $f(x)$ und einer in der Umgebung von x_0 regulären und für $x = x_0$ verschwindenden Function. Ist aber umgekehrt

$$[(x - x_0)\,f(x)]_{x=x_0} = 0,$$

so wird $f(x)$ in der Umgebung von x_0 durch eine Potenzreihe dargestellt.

In der That: nehmen wir zuerst an, dafs das Product $(x-x_0)f(x)$ bei irgend einer Annäherung von x an die Stelle x_0 nach dem endlichen Werthe a convergirt, so ist die analytische Function $(x-x_0)f(x)$ in der Umgebung von x_0 regulären Verhaltens und es existirt eine Darstellung:

$$(x-x_0)f(x) = a_0 + (x-x_0)\,\mathfrak{P}_1(x|x_0) = \sum_{\nu=0}^{\infty} a_\nu (x-x_0)^\nu.$$

Hieraus folgt, dafs

$$f(x) = \frac{a}{x-x_0} + a_1 + a_2(x-x_0) + a_3(x-x_0)^2 + \cdots$$

ist und $f(x)$ wird an der Stelle x_0 unendlich grofs, solange a_0 von Null verschieden ist. Ist aber

$$|(x - x_0)\,f(x)|_{x=x_0} = 0,$$

so mufs a_0 verschwinden, und $f(x)$ ist in der Umgebung von x_0 endlich und stetig. Die verlangte Bedingung ist somit gefunden.

Trifft man nun die Unterscheidung: Entweder gibt es eine ganzzahlige Potenz von $(x - c)$ derart, dafs das Product von $f(x)$ und dieser Potenz eine in der Umgebung der singulären Stelle c reguläre Function ist, oder es gibt keine solche Potenz, und nennt man in dem ersten Falle die singuläre Stelle eine *aufserwesentlich*, in dem zweiten Falle eine *wesentlich singuläre*, so erhellt, dafs die analytische Function in der Umgebung einer aufserwesentlich singulären Stelle in der bestimmten Gestalt

$$f(x) = \frac{1}{(x-c)^m}\,[a_0 + a_1(x-c) + a_2(x-c)^2 + \cdots] = \sum_{\mu=-m}^{\infty} a_\mu (x-c)^\mu$$

darstellbar ist, wo m eine positive ganze Zahl gleich oder gröfser als Eins bedeutet und a_0 von Null verschieden ist. Ferner wird $f(x)$ für jeden unendlich kleinen Werth von $|x - c|$ unendlich grofs und es gilt $f(x) = \infty$.*)

*) S. Weierstrafs: Zur Theorie der eindeutigen analytischen Functionen (in den Abhandl. der Berliner Akad. 1876 oder in den Abhandlungen aus der Functionenlehre S. 2).

Der Functionswerth ist somit auch an der aufserordentlich singulären Stelle als Grenze derjenigen Werthe anzusehen, welche die Function an den in beliebig kleiner aber endlicher Umgebung von c liegenden Stellen ihres Stetigkeitsbereiches annimmt. In diesem Umstande liegt der Grund, warum man auch die singulären oder Grenzstellen des Stetigkeitsbereiches zu dem Bereiche der Function rechnet.

In dem Convergenzbereiche der Reihe $\sum_{\mu=-m}^{\infty} a_\mu (x-c)^\mu$ gibt es nur eine singuläre Stelle der Function $f(x)$, nämlich c. Daraus folgt unmittelbar, dafs die Häufungsstelle unendlich vieler aufserwesentlich singulärer Stellen eine wesentlich singuläre Stelle sein mufs, denn für diese gibt es keine Umgebung, die nicht auch singuläre Stellen enthielte. Umgekehrt braucht natürlich die wesentlich singuläre Stelle nicht Häufungsstelle aufserwesentlich singulärer zu sein.

Da wir unter $x = \infty$ stets die Gröfse $\frac{1}{x}$ verstehen und demnach die an der Stelle ∞ reguläre Function in der Umgebung der unendlich fernen Stelle die Darstellung hat

$$a_0 + a_1 \frac{1}{x} + a_2 \frac{1}{x^2} + \cdots,$$

so wird die Stelle ∞ eine aufserwesentlich singuläre sein, wenn die Function daselbst erst nach Multiplication einer ganzzahligen Potenz von $\frac{1}{x}$ regulären Verhaltens ist. Die Function erhält dann die Darstellung

$$\sum_{\mu=0}^{\infty} a_\mu x^{m-\mu} \quad (a_0 \gtrless 0).$$

Die aufserwesentlich singulären Stellen c und ∞ sind nunmehr durch die Bedingungen gekennzeichnet, dafs die Gröfsen

$$\Big((x-c)^m f(x)\Big)_{x=c}, \quad \Big(\frac{1}{x^m} f(x)\Big)_{x=\infty}$$

endlich und von Null verschieden sind. Nach dem Exponenten m heifst die aufserwesentlich singuläre Stelle eine von der m^{ten} *Ordnung* oder eine *mfache.*

Die wesentlich singulären Stellen (c) einer Function $f(x)$ sind für die reciproke Function $\frac{1}{f(x)}$ gewifs Stellen gleicher Art. Denn wäre $\frac{1}{f(x)}$ in der Umgebung von c regulär oder hätte $\frac{1}{f(x)}$ die aufserwesentlich singuläre Stelle m^{ter} Ordnung, so müfste $f(x)$ ebenfalls regulär sein und zwar besäfse $f(x)$ in dem zweiten Falle die *mfache Nullstelle* c, denn das die Function $f(x)$ in der Umgebung von c darstellende Element hätte die Gestalt

$$(x-c)^m \mathfrak{P}(x-c).$$

Die Stelle c ist aber auch eine wesentlich singuläre Stelle von $f(x) - A$ und $\frac{1}{f(x) - A}$, wo A irgend eine angebbare Gröfse bezeichnet.

Daraus folgt, dafs die Function $f(x)$ in unendlich kleiner Umgebung einer wesentlich singulären Stelle jedem Werthe beliebig nahe kommen kann. Denn wenn die Functionalwerthe bei einer bestimmten Annäherung von x an die Stelle c der Begrenzung des Stetigkeitsbereiches nach dem Werthe ∞ convergiren, und auch die Functionen $\frac{1}{f(x)}$ und $\frac{1}{f(x)-A}$ in beliebiger Nähe von c dem absoluten Betrage nach gröfser werden als jede angebbare Gröfse G, so gibt es daselbst auch Stellen, wo $|f(x)|$ gröfser wird als G, und Stellen, wo $|f(x)|$ von jeder Gröfse A um die beliebig kleine Gröfse $\frac{1}{G}$ beliebig wenig verschieden ist.

Die Function ist demnach *an der wesentlich singulären Stelle völlig unbestimmt.* —

Es sollen die bisher aufgestellten, durch bestimmte arithmetische Gröfsenoperationen definirten Ausdrücke betrachtet werden, auf dafs wir die neuen Resultate gleich verwerthen können.

Die rationale Function einer Veränderlichen konnte stets auf die Form

$$f(x) = g(x) + \sum_{\nu=1}^{n} \left\{ \frac{A_1^{(\nu)}}{x - c_\nu} + \frac{A_2^{(\nu)}}{(x - c_\nu)^2} + \cdots + \frac{A_{m_\nu}^{(\nu)}}{(x - c_\nu)^{m_\nu}} \right\}$$

gebracht werden, wo $g(x)$ eine ganze rationale Function bedeutet, deren Grad etwa m sei. Die Function $f(x)$ ist eine eindeutige, stetig veränderliche Gröfse, aber auch eine monogene analytische Function, denn sie läfst sich in die Umgebung jeder von $c_1, c_2, \ldots c_n$ und ∞ verschiedenen Stelle x_0 durch eine Potenzreihe $\mathfrak{P}(x \mid x_0)$ darstellen, indem

$$g(x) = g(x_0) + g'(x_0) \frac{x - x_0}{1!} + \cdots + g^{(m)}(x_0) \frac{(x - x_0)^m}{m!}$$

ist und der Ausdruck

$$\frac{1}{(x - c_\nu)^{\mu_\nu}} = \frac{1}{(x_0 - c_\nu + (x - x_0))^{\mu_\nu}} = \frac{1}{(x_0 - c_\nu)^{\mu_\nu}} \; \frac{1}{\left(1 - \dfrac{x_\nu - x_0}{c_\nu - x_0}\right)^{\mu_\nu}}$$

in eine innerhalb des durch die Ungleichung

$$\left| \frac{x - x_0}{c_\nu - x_0} \right| < 1$$

definirten Bereiches convergente Potenzreihe zu entwickeln und die Summe einer endlichen Anzahl solcher Reihen nach Potenzen von $(x - x_0)$ gewifs endlich ist.

Die Stellen $c_1, c_2, \ldots c_n$ und ∞ sind die Grenzstellen des Stetigkeitsbereiches unserer Function $f(x)$, und weil

$$(x - c_\nu)^{m_\nu} f(x) \quad \text{und} \quad \frac{1}{x^m} f(x)$$

in der Umgebung von c_ν und ∞ regulären Verhaltens und an diesen Stellen von Null verschieden sind, sind die Grenzstellen aufserwesentlich singuläre der m_ν^{ten} und m^{ten} Ordnung.

Die rationale Function hat somit keine wesentlich singuläre Stellen. Diese Eigenschaft ist charakteristisch, denn *umgekehrt ist jede eindeutige analytische Function $f(x)$, deren Stetigkeitsbereich nur durch aufserwesentlich singuläre Stellen begrenzt ist, eine rationale Function.**)

Der Voraussetzung zufolge ist die durch die singulären Stellen definirte Punktmenge eine isolirte, welche keine abgeleitete Punktmenge besitzt, denn deren Stellen wären ja wesentlich singuläre Stellen. Daher ist $f(x)$ in der Umgebung jeder Stelle x_0 in der Form

$$(x - x_0)^{-m} [c_0 + c_1 (x - x_0) + c_2 (x - x_0)^2 + \cdots]$$

darzustellen, wo m nur für eine endliche Anzahl von Stellen x_0 positiv ist.

Gibt es im Endlichen keine Grenzstelle, läfst sich $f(x)$ demnach in der Umgebung jeder endlichen Stelle x_0 und auch in der Umgebung von $x = 0$ durch eine für alle endlichen Werthe von $|x - x_0|$ resp. $|x|$ convergente und ausschliefslich nach positiven Potenzen fortschreitende Reihe darstellen, so ist $f(x)$ nothwendig eine ganze rationale Function

$$f(x) = c_0 + c_1 (x - x_0) + \cdots + c_m (x - x_0)^m$$

oder

$$f(x) = a_0 + a_1 x + a_2 x^2 + \cdots + a_m x^m ,$$

denn die beständig convergenten Reihen

$$c_0 + c_1 (x - x_0) + c_2 (x - x_0)^2 + \cdots$$

oder

$$a_0 + a_1 x + a_2 x^2 + \cdots$$

müssen bei einem endlichen Gliede abbrechen, wenn eine ganze Zahl m existiren soll, so dafs

$$\left(\frac{1}{x}\right)^m f(x)$$

in der Umgebung der unendlich fernen Stelle ∞ regulär und für unendlich grofse Werthe von x endlich und von Null verschieden wird.

Existiren hingegen im Endlichen die n singulären Stellen $c_1, c_2, \ldots c_n$ und wird

$$(x - c_\nu)^{m_\nu} f(x) \quad (\nu = 1, 2, \ldots n)$$

in der Umgebung von c_ν regulär und an der Stelle c_ν endlich und von Null verschieden, so ist das Product

*) Weierstrafs, Abhandl. aus der Functionenlehre S. 3.

$$f(x)\prod_{\nu=1}^{n}(x-c_\nu)^{m_\nu}$$

in der Umgebung jeder endlichen Stelle in eine Potenzreihe zu entwickeln und somit eine ganze rationale Function $g(x)$, denn das Product von $f(x)$ und der ganzen rationalen Function $\prod_{\nu=1}^{n}(x-c_\nu)^{m_\nu}$ besitzt ebensowenig wie $f(x)$ die wesentlich singuläre Stelle ∞. Auf solche Weise ist die Darstellung von $f(x)$ als Quotient ganzer rationaler Function

$$f(x) = \frac{g(x)}{\prod_{\nu=1}^{n}(x-c_\nu)^{m_\nu}}$$

wirklich bewerkstelligt und der Satz bewiesen.

Fügt man darnach dem Stetigkeitsbereiche (A) einer Function $f(x)$ die aufserwesentlich singulären Stellen hinzu und stimmt der neue Bereich (A') mit dem unbegrenzten Bereiche der unbeschränkten Variabeln x überein, so ist $f(x)$ eine rationale Function. Ist aber der neue Bereich (A') begrenzt, so hat $f(x)$ nothwendig wesentlich singuläre Stellen. Die Function heifst dann *transcendent* und man sagt von ihr, dafs sie sich in dem Bereiche (A') wie eine rationale Function verhält. —

Entwickelt man den Quotienten gegebener rationaler Functionen

$$g_1(x) = \alpha_n x^n + \alpha_{n-1}x^{n-1} + \cdots + \alpha_0$$
$$g_2(x) = \beta_m x^m + \beta^{m-1}x^{m-1} + \cdots + \beta_0$$

in eine Potenzreihe

$$f(x) = \frac{g_1(x)}{g_2(x)} = \sum_{\nu=0}^{\infty} a_\nu x^\nu = \mathfrak{P}(x),$$

so sind die Coefficienten aller auf das $(n+1)^{\text{te}}$ folgenden Glieder durch eine Gleichung der Form

$$\beta_0 a_{n+\nu} + \beta_1 a_{n+\nu-1} + \cdots + \beta_m a_{n+\nu-m} = 0$$

definirt, d. h. jeder Coefficient $a_{n+\nu}$ ist als ein und dieselbe ganze Function ersten Grades einer constanten Anzahl m unmittelbar voranstehender Coefficienten darzustellen.

Eine Potenzreihe, deren Coefficienten von einem bestimmten ab diese Eigenschaft haben, heifst *recurrirend.*

Eine recurrirende Potenzreihe

$$\mathfrak{P}(x) = \sum_{\nu=0}^{\infty} c_\nu x^\nu$$

oder $\mathfrak{P}(x|x_0)$ stellt in ihrem Convergenzbereiche eine rationale Function dar.

Setzen wir unter Annahme einer für jedes ν geltenden Beziehung:

$$\beta_0 c_{n+\nu} + \beta_1 c_{n+\nu-1} + \cdots + c_{n+\nu-m}\beta_m = 0$$

$$\beta_m x^m + \beta_{m-1}x^{m-1} + \cdots + \beta_0 = g_2(x)$$

und bilden das Product $\mathfrak{P}(x).g_2(x)$, so ist die convergente Summe

$$\sum_{\mu=0}^{m}(\beta_\mu x^\mu \mathfrak{P}(x))$$

wegen der angesetzten Gleichung nur eine Potenzreihe mit einer endlichen Anzahl von Gliedern, d. h. eine ganze rationale Function $g_1(x)$ und aus

$$\mathfrak{P}(x).g_2(x) = g_1(x)$$

folgt

$$\mathfrak{P}(x) = \frac{g_1(x)}{g_2(x)}.$$

Die Potenzreihe ist also nur das Element der durch sie definirten *rationalen* Function. —

Von der Summe unendlich vieler rationaler Functionen

$$\sum_{\nu=1}^{\infty} f_\nu(x) = F(x)$$

können wir nun auch sagen, sie ist eine eindeutige analytische Function, wenn für dieselbe ein Bereich gleichmäfsiger Convergenz existirt. In der Umgebung einer Stelle x_0 dieses Bereiches kann man nämlich jede einzelne der rationalen Functionen $f_\nu(x)$ in eine Potenzreihe $\mathfrak{P}_\nu(x|x_0)$ entwickeln und hierauf die Summe

$$\sum_{\nu=1}^{\infty}\mathfrak{P}_\nu(x - x_0)$$

selbst in eine Potenzreihe $\mathfrak{P}(x - x_0)$ zusammenziehen. Diese Reihe bildet ein primitives Element der nunmehr schon als analytische Function erkannten Gröfse $F(x)$, aus dem man alle Elemente ableiten kann.

Der Bereich der gleichmäfsigen Convergenz einer Reihe $\sum_{\nu=1}^{\infty} f_\nu(x)$ kann aus mehreren von einander getrennten einfach zusammenhängenden und zweifach ausgedehnten Continuis bestehen. Da die Stellen auf den Begrenzungen eines Bereiches (A), der die Stellen x_0 enthält, nothwendig singuläre Stellen des primitiven Elementes $\mathfrak{P}(x|x_0)$ und seiner Fortsetzungen sein werden, so können die Convergenzbereiche der Elemente oder kann der Stetigkeitsbereich der durch $\mathfrak{P}(x|x_0)$ definirten Function nicht über das Continuum hinausragen.

In einem zweiten Continuum definirt die Reihe $\sum_{\nu=1}^{\infty} f_\nu(x)$ eine zweite Function, die mit der früheren — soweit wir jetzt ersehen —

aufser allem Zusammenhange steht, denn wir sind nicht im Stande, die Elemente der beiden Functionen in einander überzuführen.

Gibt es endlich auch Stellen aufserhalb aller Bereiche gleichmäfsiger Convergenz, so definirt die gegebene Summe dort keine analytische Function. —

Wir begegneten früher auch einer beständig convergenten Reihe

$$\mathfrak{P}(x) = 1 + \frac{x}{1} + \frac{x^2}{2!} + \frac{x^3}{3!} + \cdots$$

Diese definirt eine eindeutige analytische Function $f(x)$ und stellt sie vollständig dar; die Function $f(x)$ hat die wesentlich singuläre Stelle ∞ und ihr Werth an einer endlichen Stelle x_1 wird durch $\mathfrak{P}(x_1)$ oder den Werth einer direct abzuleitenden Reihe $\mathfrak{P}(x|x_0)$ an der Stelle x_1 anzugeben sein. Da offenbar jede Ableitung von $\mathfrak{P}(x)$ wieder $\mathfrak{P}(x)$ ist, wird

$$\mathfrak{P}(x - x_0) = \mathfrak{P}(x_0) \cdot \left(1 + \frac{x - x_0}{1} + \frac{(x - x_0)^2}{2!} + \cdots\right)$$

und nun

$$\mathfrak{P}(x_1 - x_0) = f(x_0) . f(x_1 - x_0) = f(x_1).$$

Die Function $f(x) = 1 + \frac{x}{1} + \frac{x^2}{2!} + \cdots$ hat also die in der Gleichung $f(x) = f(x_0) . f(x - x_0)$ ausgesprochene Eigenschaft, die vor Allem besagt, dafs $f(x)$ in seinem Stetigkeitsbereiche nicht verschwinden kann, indem mit einer Nullstelle x_0 auch x eine sein müfste und eine Function, die an jeder Stelle x verschwindet, keinen Sinn hat. Wir bezeichnen sie mit $E(x)$ und schreiben ihre Eigenschaft in der Form $E(x_1)\,E(x_2) = E(x_1 + x_2)$, indem wir an Stelle von x und x_0 x_1 resp. x_2 setzen.

Offenbar wird jede beständig convergente Reihe eine eindeutige analytische Function mit der wesentlich singulären Stelle ∞ darstellen, und umgekehrt wird eine für jeden endlichen Werth der Variabeln reguläre eindeutige analytische Function durch eine beständig convergente Reihe auszudrücken sein.

Diese eindeutigen Functionen heifsen *ganze Functionen* und zwar *ganze rationale* oder *ganze transcendente*, je nachdem die Stelle ∞ eine aufserwesentlich oder wesentlich singuläre Stelle ist. —

Für die ganze rationale Function $g(x)$ bestand der Satz: Es läfst sich stets eine positive Gröfse r der Beschaffenheit angeben, dafs für alle der Bedingung $|x| > r$ genügenden Werthe der Variabeln der absolute Betrag von $g(x)$ gröfser wird als eine beliebig vorgegebene Gröfse A. Für die ganze transcendente Function

$$G(x) = \sum_{\nu=0}^{\infty} a_\nu x^\nu$$

kann der gleiche Satz nicht ausgesprochen werden, denn der Beweis des voranstehenden Satzes beruhte auf der Voraussetzung, dafs die

Potenzexponenten eine angebbare Zahl nicht überschreiten. Doch wir können zeigen, dafs unter den Werthen x, deren Betrag gröfser ist als eine positive Gröfse r, stets solche existiren, für die der Betrag von $G(x)$ gröfser wird als eine beliebige Gröfse A.*)

In der That: bezeichnet K die obere Grenze der Werthe $|G(x)|$ für alle Werthe x mit dem Betrage ξ, so ist für jedes ν

$$K \geqq |a_\nu| \xi^\nu$$

und hier kann man $\xi > r$ so wählen, dafs die obere Grenze K auch gröfser wird als A; es mufs unter den Gröfsen $|a_\nu|$ nur solche geben, die von Null verschieden sind, und das ist zweifellos der Fall, wenn die ganze Function nicht überall Null oder constant ist.

Dieser Satz schliefst nicht aus, dafs die ganze transcendente Function in dem Bereiche $|x| > r$ Werthe annimmt, die kleiner sind als jede vorgegebene Gröfse, und das ist auch der Fall, denn in beliebig kleiner Umgebung der Stelle ∞ existiren Stellen, an denen die ganze Function jedem Werthe beliebig nahe kommt.

Wir betrachten endlich noch die Verallgemeinerung des Quotienten ganzer rationaler Functionen, nämlich den *Quotienten beständig convergenter Potenzreihen*

$$G_1(x) = \sum_{\nu=0}^{\infty} a_\nu x^\nu, \quad G_2(x) = \sum_{\nu=0}^{\infty} b_\nu x^\nu,$$

der sich gewifs in der Umgebung der Stelle Null in eine Potenzreihe entwickeln läfst, wenn $G_2(0)$ nicht verschwindet. Diese Reihe definirt wieder eine eindeutige analytische Function, und zwar wird die Fortsetzung der Reihe

$$\frac{\sum\limits_{\nu=0}^{\infty} a_\nu x^\nu}{\sum\limits_{\nu=0}^{\infty} b_\nu x^\nu} = \sum_{\nu=0}^{\infty} c_\nu x^\nu = \mathfrak{P}(x)$$

um eine Stelle x_0 mit derjenigen Reihe übereinstimmen, in welche der Quotient der aus $G_1(x)$ und $G_2(x)$ direct abgeleiteten Reihen

$$\sum_{\nu=0}^{\infty} a'_\nu (x - x_0)^\nu \quad \text{und} \quad \sum_{\nu=0}^{\infty} b'_\nu (x - x_0)^\nu$$

zu entwickeln ist.

Haben $G_1(x)$ und $G_2(x)$ in der Umgebung einer Stelle c die Gestalt

$$\alpha_m (x - c)^m + \alpha_{m+1} (x - c)^{m+1} + \cdots$$
$$\beta_m (x - c)^n + \beta_{n+1} (x - c)^{n+1} + \cdots$$

*) J. Thomae, Elementare Theorie der analytischen Functionen §§ 109, 164, 165.

wo die ganzen Zahlen m und n auch Null sein können, so wird der Quotient

$$\frac{G_1(x)}{G_2(x)} = (x-c)^{m-n} \frac{\alpha_m + \alpha_{m+1}(x-c) + \cdots}{\beta_m + \beta_{n+1}(x-c) + \cdots}$$

in der Umgebung von c nach Null oder $\frac{\alpha_m}{\beta_m}$ oder unendlich convergiren, je nachdem $m-n$ positiv, Null oder negativ ist. Nur in der Umgebung der Unendlichkeitsstellen c des Quotienten kann man keine Potenzreihe $\mathfrak{P}(x|c)$ herstellen, welche mit dem Quotienten übereinstimmt, daher reicht der Convergenzbereich des ursprünglichen Elementes $\mathfrak{P}(x)$ bis an die der Stelle Null nächstliegende Unendlichkeitsstelle des Quotienten, d. h. bis an die nächste $n$fache Nullstelle des Nenners $G_2(x)$, welche für den Zähler $G_1(x)$ Nullstelle niedrigerer Ordnung ist.

Hier heifst eine Nullstelle c wieder $n$fach, wenn die Entwicklung der ganzen Function $G(x)$ in der Umgebung von c mit dem Gliede n^{ter} Potenz beginnt oder wenn die Ableitungen der ersten $n-1$ Ordnungen für $x=c$ verschwinden.

Hat die ganze Function $G_2(x)$ im Endlichen keine Nullstelle, so mufs der Quotient $\frac{G_1}{G_2}$ wieder in eine beständig convergente Reihe zu entwickeln sein oder eine ganze Function definiren.

An diesen Satz schliefst sich unmittelbar das Fundamentaltheorem der ganzen rationalen Function:

Jede ganze rationale Function $G(x)$ hat Nullstellen,

denn andernfalls müfste ja $\frac{1}{g(x)}$, wo $g(0)$ natürlich von Null verschieden vorausgesetzt wird, eine ganze Function sein, doch das ist nicht möglich, weil man eine Gröfse r so angeben kann, dafs $|g(x)|$ für alle Werthe von x aufserhalb der Umgebung r von $x=0$ gröfser wird als eine vorgegebene Gröfse und dann keine Werthe in dem genannten Bereiche existiren, für welche auch $\left|\frac{1}{g(x)}\right|$ gröfser wird als eine angegebene Gröfse.

Dieser Beweis rührt von Weierstrafs her.

§ 35. Endlich vieldeutige analytische Functionen.

Wir wollen auch die aus einer gegebenen Potenzreihe entspringende mehrdeutige analytische Function im Allgemeinen untersuchen.

Es sei also eine convergente Potenzreihe $\mathfrak{P}(x|a)$ gegeben und es sei bekannt, dafs bei den unendlich vielen Übergängen von a nach einer Stelle x_0 eine endliche Anzahl von einander verschiedener Elemente

$$\mathfrak{P}_1(x|x_0), \quad \mathfrak{P}_2(x|x_0), \ \ldots \ \mathfrak{P}_n(x|x_0)$$

hervorgehen. Jedes dieser Elemente $\mathfrak{P}_\nu$ besitzt mindestens eine singuläre Grenzstelle, in deren Umgebung keine aus $\mathfrak{P}_\nu$ abgeleitete Reihe existirt, die mit $\mathfrak{P}_\nu$ an unendlich vielen Stellen übereinstimmt. Verschiedene Elemente können auch dieselbe singuläre Grenzstelle haben; daher ist es möglich, dafs gerade x_0 auch singuläre Grenzstelle weiterer aus $\mathfrak{P}(x|a)$ abgeleiteter Potenzreihen ist; setzen wir aber fest, dafs dies nicht der Fall sei, so definirt die ursprüngliche Reihe eine $n$deutige analytische Function.

Die n Elemente $\mathfrak{P}_\nu$ setze man auf gleichem Wege, d. h. durch Vermittlung derselben Stellen fort. Die Werthe simultaner Fortsetzungen an einer Stelle x_1 ihres gemeinsamen Convergenzbereiches sind die n Werthe der Function für $x = x_1$. Die Gesammtheit derjenigen Elemente, welche aus einem Elemente $\mathfrak{P}_\mu(x|x_0)$, aber bei gleichen vermittelnden Stellen aus keinem der übrigen Anfangselemente $\mathfrak{P}_\mu(x|x_0)$ hervorgehen, constituirt einen *Zweig* der $m$deutigen Function.

Jeder der m Zweige verhält sich insofern wie eine eindeutige Function, als er an jeder Stelle seines Stetigkeitsbereiches, der durch die Gesammtheit der regulären Stellen des Zweiges zu definiren ist, nur einen Werth besitzt, aber er besteht nicht als ein abgeschlossenes Ganze, sondern nur in Zusammenhang mit den übrigen Zweigen, denn man kann von jedem Elemente eines Zweiges zu jedem Elemente irgend eines anderen gelangen. Es ist darum auch nicht erlaubt, von vornherein zu behaupten, dafs der einzelne Zweig an den Grenzstellen seines Stetigkeitsbereiches wie die eindeutige analytische Function unendlich wird.

Es läfst sich aber beweisen, dafs die endlich mehrdeutige analytische Function unendlich werden mufs, und zwar dadurch, dafs mindestens einer ihrer Zweige unendlich wird.

Bilden wir aus den n zusammengehörigen Functionselementen

$$\mathfrak{P}_1(x|x_0),\quad \mathfrak{P}_2(x|x_0)\ldots\mathfrak{P}_n(x|x_0)$$

die n elementarsymmetrischen Ausdrücke

$$\mathfrak{P}_1+\mathfrak{P}_2+\cdots+\mathfrak{P}_n$$
$$\mathfrak{P}_1\mathfrak{P}_2+\mathfrak{P}_1\mathfrak{P}_3+\cdots+\mathfrak{P}_{n-1}\mathfrak{P}_n$$
$$\cdot\quad\cdot\quad\cdot\quad\cdot\quad\cdot\quad\cdot\quad\cdot\quad\cdot\quad\cdot\quad\cdot\quad\cdot\quad\cdot\quad\cdot$$
$$\mathfrak{P}_1\mathfrak{P}_2\ldots\mathfrak{P}_n,$$

die in dem gemeinsamen Convergenzbereiche der n Elemente selbst in Potenzreihen

$$\overline{\mathfrak{P}}_1(x|x_0),\quad \overline{\mathfrak{P}}_2(x|x_0),\ldots\overline{\mathfrak{P}}_n(x|x_0)$$

zu entwickeln sind, so haben wir n eindeutige analytische Functionen

$$f_1(x),\quad f_2(x),\ldots f_n(x)$$

definirt. — Heifsen nämlich die in der Umgebung einer Stelle x_1 existirenden simultanen Elemente

$$\mathfrak{P}_1'(x|x_1), \quad \mathfrak{P}_2'(x|x_1), \ldots \mathfrak{P}_n'(x|x_1),$$

und setzt man die obigen Ausdrücke auf irgend einem von x_0 nach x_1 führenden Wege fort, so erhält man stets dieselben Ausdrücke

$$\begin{array}{l} \mathfrak{P}_1' + \mathfrak{P}_2' + \cdots + \mathfrak{P}_n' \\ \mathfrak{P}_1' \mathfrak{P}_2' + \mathfrak{P}_1' \mathfrak{P}_3' + \cdots + \mathfrak{P}_{n-1}' \mathfrak{P}_n' \\ \cdot \quad \cdot \quad \cdot \quad \cdot \quad \cdot \qquad \cdot \quad \cdot \\ \mathfrak{P}_1' \mathfrak{P}_2' \ldots \mathfrak{P}_n'. \end{array}$$

Die n Reihen

$$\overline{\mathfrak{P}}_1'(x|x_1), \quad \mathfrak{P}_2'(x|x_1), \ldots \mathfrak{P}_n'(x|x_0),$$

in welche sich die transformirten Ausdrücke zusammenziehen lassen, sind keine anderen als die auf irgend einem Wege abgeleiteten Fortsetzungen der n Elemente $\mathfrak{P}_\nu(x|x_0)$ $(\nu = 1, 2, \ldots n)$.

Der Beweis ist sehr einfach: Nehmen wir zunächst an, dafs die Stelle x_1 in dem gemeinsamen Convergenzbereiche der Reihen $\mathfrak{P}_\nu(x|x_0)$ liege, und setzen z. B. in

$$\mathfrak{P}_1(x|x_0) + \mathfrak{P}_2(x|x_0) + \cdots + \mathfrak{P}_n(x|x_0) = \bar{\mathfrak{P}}(x|x_0)$$

jede Reihe nach x_1 fort, so entsteht durch Vereinigung der Reihen $\mathfrak{P}_\mu(x|x_0, x_1)$ eine Reihe

$$\overline{\mathfrak{P}}'(x|x_1) = \sum_{\mu=1}^{n} \mathfrak{P}_\mu(x|x_0, x_1),$$

die an unendlich vielen Stellen jeder Umgebung von x_1 mit der aus $\bar{\mathfrak{P}}(x|x_0)$ abgeleiteten Reihe $\bar{\mathfrak{P}}(x|x_0, x_1)$ übereinstimmt. Es wird also

$$\overline{\mathfrak{P}}(x|x_0, x_1) \equiv \overline{\mathfrak{P}}'(x|x_1).$$

So kann man fortfahren, und der Satz ist evident, den man allgemein dahin aussprechen kann: *Eine analytische d. h. durch die elementaren Gröfsenoperationen ausdrückbare Beziehung zwischen Potenzreihen von gemeinsamem Convergenzbereiche bleibt auch für die simultanen Fortsetzungen bestehen.*

Die n elementarsymmetrischen Ausdrücke oder die Potenzreihen $\mathfrak{P}_\mu(x|x_0)$ definiren somit eindeutige analytische Functionen, welche in dem Bereiche, wo es m aus $\mathfrak{P}(x|a)$ entspringende Elemente gibt, existiren. An den singulären Stellen werden sie aber unendlich, und weil $f_1(x)$ nur dadurch unendlich werden kann, dafs eines der Elemente $\mathfrak{P}_\mu(x|x_0)$ oder eine der Fortsetzungen dieser Reihen eine singuläre Stelle hat, in deren nächster Nähe der Werth eines Zweiges gröfser wird als jede vorgegebene Gröfse, so ist auch die $m$deutige analytische Function an einer ihrer Grenzstellen unendlich. —

Bezeichnen wir die $m$deutige Function mit $y(x)$ und sind die n Werthe an derselben Stelle x_0

$$y_1(x_0), \quad y_2(x_0), \ldots y_n(x_0)$$

und somit

$$y_1(x_0) + y_2(x_0) + \cdots + y_n(x_0) = f_1(x_0)$$

$$y_1(x_0)\, y_2(x_0) + y_1(x_0)\, y_3(x_0) + \cdots + y_{n-1}(x_0)\, y_n(x_0) = f_2(x_0)$$

$$\cdots\cdots\cdots\cdots\cdots$$

$$y_1(x_0)\, y_2(x_0) \ldots y_n(x_0) = f_n(x_0),$$

so erhellt, dafs die n besagten Werthe $y_\nu(x_0)$ die n Lösungen der algebraischen Gleichung

$$y^n - f_1(x_0)\, y^{n-1} + \cdots + (-1)^n f_n(x_0) = 0$$

sind.

Dieselbe Gleichung besteht offenbar für alle Systeme von y Werthen, die den Stellen x_0' des gemeinsamen Convergenzbereiches der Reihen $\mathfrak{P}_\mu(x|x_0)$ angehören, wenn nur das Argument der eindeutigen Functionen $f_\mu(x)$ in x_0' abgeändert wird, dann aber gilt für jedes System simultaner Functionalwerthe die Gleichung

$$y_n - f_1(x)\, y^{n-1} + f_2(x)\, y^{n-2} - \cdots + (-1)^n f_n(x) = 0.$$

Man sagt daher: Die n Elemente $y_\mu = \mathfrak{P}_\mu(x|x_0)$ und deren simultane Fortsetzungen genügen einer algebraischen Gleichung, in welcher die Coefficienten eindeutige Functionen sind und drückt damit aus, dafs die Substitution von

$$y = \mathfrak{P}_\mu(x|x_0) \quad \text{und} \quad f_\mu(x) = \mathfrak{P}_\mu(x|x_0)$$

eine identisch verschwindende Potenzreihe hervorruft.

Ist nunmehr bewiesen, dafs die $n$deutige analytische Function als Lösung einer algebraischen Gleichung mit eindeutigen Coefficienten zu betrachten ist, so folgt auch, dafs *jedenfalls einer der Coefficienten unendlich werden mufs, wenn ein Zweig der Function y und diese selbst unendlich wird.*

Es sei $y_n = \mathfrak{P}_n(x|x_0)$ ein Element eines Zweiges mit der singulären Stelle c, an welcher der Zweig unendlich ist, aber c gehöre noch dem Convergenzbereiche der übrigen $(n-1)$ Elemente $\mathfrak{P}_\mu(x|x_0)$ an. Bildet man dann die Potenzreihen, in welche sich die $(n-1)$ Ausdrücke

$$\mathfrak{P}_1 + \mathfrak{P}_2 + \cdots + \mathfrak{P}_{n-1}$$

$$\mathfrak{P}_1 \mathfrak{P}_2 + \mathfrak{P}_1 \mathfrak{P}_3 + \cdots + \mathfrak{P}_{n-2} \mathfrak{P}_{n-1}$$

$$\cdots\cdots\cdots$$

$$\mathfrak{P}_1 \mathfrak{P}_2 \ldots \mathfrak{P}_{n-1}$$

entwickeln lassen, sie heifsen

$$\mathfrak{p}_1(x|x_0), \quad \mathfrak{p}_2(x|x_0), \ldots \mathfrak{p}_{n-1}(x|x_0),$$

so sind die Coefficienten $f_\nu(x)$ in der Umgebung der Stelle x_0 der Reihe nach durch

$$\overline{\mathfrak{P}}_1(x|x_0) = \mathfrak{p}_1(x|x_0) + \mathfrak{P}_n(x|x_0)$$
$$\mathfrak{P}_{\nu'}(x|x_0) = \mathfrak{p}_{\nu'}(x|x_0) + \mathfrak{p}_{\nu'-1}(x|x_0).\mathfrak{P}_n(x|x_0) \quad (\nu' = 2, 3 \ldots n-1)$$
$$\mathfrak{P}_n(x|x_0) = \mathfrak{p}_{n-1}(x|x_0).\mathfrak{P}_n(x|x_0)$$

darzustellen, aber man kann aus diesen Reihen nicht n Potenzreihen nach $(x-c)$ bilden, weil $\mathfrak{P}_n(x|x_0)$ unendlich wird, wenn x nach c convergirt. Dann mufs $\overline{\mathfrak{P}}_n(x|x_0)$ und $f_n(x)$ die singuläre Stelle c besitzen, aufser wenn $\mathfrak{p}_{n-1}(c|x_0)$ verschwindet. In diesem Falle mufs $\mathfrak{P}_{n-1}(x|x_0)$ und $f_{n-1}(x)$ die singuläre Stelle c haben, wenn nur $[\mathfrak{p}_{n-1}(x|x_0)]_{x=c}$ von Null verschieden ist. Ist aber $\mathfrak{p}(c|x)$ gleich Null und verschwinden alle Potenzreihen $\mathfrak{p}(x|x_0)$ an der Stelle $x = c$, so mufs nothwendig der letzte Coefficient $f_1(x)$ die singuläre Stelle c besitzen. Einer der Coefficienten $f_\mu(x)$ wird also in der That an der Stelle c unendlich.

Denken wir nun eine $n$deutige analytische Function y direct durch eine algebraische Gleichung definirt, deren Coefficienten eindeutige analytische Functionen sind, und will man diejenigen Stellen finden, an denen mindestens ein Zweig der Function unendlich wird, so suche man die Grenzstellen des gemeinsamen Stetigkeitsbereiches dieser eindeutigen Functionen. Sind die Coefficienten ganze Functionen, so wird die Stelle ∞ die einzige Unendlichkeitsstelle.

Die vorstehenden Beweise sind nicht mehr anwendbar, wenn es sich um unendlich vieldeutige monogene analytische Functionen handelt, denn die Summe unendlich vieler Elemente $\mathfrak{P}_\mu(x|x_0)$ oder irgend eine der früher benützten Combinationen, die nun bis auf die letzte immer aus unendlich vielen Summanden bestehen, braucht keinen Bereich gleichmäfsiger Convergenz zu besitzen, und wir können die Reihen $\overline{\mathfrak{P}}_\mu(x|x_0)$ nicht mehr bilden. Wir dürfen nicht schliefsen, dafs die unendlich vieldeutige analytische Function auch unendlich werden müsse, und es erscheint möglich, dafs unendlich vieldeutige Functionen existiren, die nirgends unendlich werden; doch der Stetigkeitsbereich oder der Bereich regulärer Stellen einer solchen Function mufs auch begrenzt sein. —

Es ist jetzt noch zu erwägen, was man aus dem einzigen Umstande schliefsen kann, dafs einem Elemente $\mathfrak{P}(x|x_0)$ mehrere Potenzreihen $\mathfrak{P}_\nu(x|x_1)$ $(\nu = 1, 2 \ldots)$ entspringen. Der Einfachheit halber nehmen wir an, dafs wir es mit einer zweideutigen monogenen analytischen Function zu thun haben.

Ist das Element $\mathfrak{P}_1(x|x_1)$ durch Vermittlung der Stellen a_1, a_2, $\ldots a_n$ und der Reihen

$$\mathfrak{P}_1(x|x_0, a_1), \quad \mathfrak{P}_1(x|x_0, a_1, a_2), \ldots \mathfrak{P}_1(x|x_0, a_1, a_2, \ldots a_n)$$

aus $\mathfrak{P}_1(x|x_0)$ abgeleitet, so kann man auch noch unendlich viele andere continuirliche Wege finden, auf denen man wiederum von $\mathfrak{P}_1(x|x_0)$ auf $\mathfrak{P}_1(x|x_1)$ geführt wird.

Heifst der gemeinsame Convergenzbereich der aufeinanderfolgenden Elemente

$$\mathfrak{P}_1(x|x_0, a_1, a_2, \dots a_{r-1}) \quad \text{und} \quad \mathfrak{P}_1(x|x_0, a_1, a_2, \dots a_r)$$

A_r, und wählt man in demselben ein oder mehrere a_r hinlänglich benachbarte Stellen a'_r, so werden offenbar auch die Elemente

$$\mathfrak{P}_1(x|x_0, a_1'), \quad \mathfrak{P}(x|x_0, a_1', a_2') \dots \mathfrak{P}_{n'}(x|x_0, a_1', a_2', \dots a_n')$$

den Übergang zu der Reihe $\mathfrak{P}_1(x|x_0)$ vermitteln, denn deren Convergenzbereiche können ganz in denen der früheren Reihen enthalten sein.

Läfst man darauf x eine von x_0 über $a_1, a_2, \dots a_n$ nach x_1 und über $a'_{n'}, a'_{n'-1}, \dots a_1', a_0'$ nach x_0 zurückführende Werthemenge P durchlaufen, welche ein zweifach ausgedehntes Continuum vollständig begrenzt, verläfst man aber niemals das aus den Convergenzbereichen aller angeschriebenen Elemente zusammengesetzte Gebiet, so wird der diesen Variabelnwerthen entsprechende Functionalwerth von

$$[\mathfrak{P}_1(x|x_0)]_{x=x_0} \quad \text{ausgehend über} \quad [\mathfrak{P}_1(x|x_1)]_{x=x_1}$$

nach dem Anfangswerthe zurückkehren. Es gibt also *geschlossene Wege*, auf welchen ein Functionalwerth in sich selbst übergeführt wird; dieselben begrenzen ein Continuum, an dessen inneren und Begrenzungsstellen der zu $\mathfrak{P}_1(x|x_0)$ gehörige Zweig regulären Verhaltens ist.

Vermitteln ferner die Stellen $b_1, b_2, \dots b_m$ einen Übergang von $\mathfrak{P}_1(x|x_0)$ nach einer zweiten Reihe $\mathfrak{P}_2(x|x_1)$, so mufs der Functionalwerth $[\mathfrak{P}_2(x|x_1)]_{x=x_1}$ auf dem Wege von x_1 über die b und x_0 und die Stellen a bis x_1 in $[\mathfrak{P}_1(x|x_1)]_{x=x_1}$ übergehen und die Fortsetzungen

$$\mathfrak{P}_2(x|x_1, a_n), \quad \mathfrak{P}_2(x|x_1, a_n, a_{n-1}) \dots \mathfrak{P}_2(x|x_1, a_n, a_{n-1}, \dots a_1)$$

führen nothwendig zu einer von $\mathfrak{P}_1(x|x_0)$ verschiedenen Reihe $\mathfrak{P}_2(x|x_0)$.

Es gibt also auch geschlossene Wege, auf welchen ein Functionalwerth $[\mathfrak{P}_1(x|x_0)]_{x=x_0}$ in einen andern $[\mathfrak{P}_2(x|x_0)]_{x=0}$ übergeht. Dieselben begrenzen ein Continuum, innerhalb dessen Stellen liegen müssen, in deren Umgebung keine aus $\mathfrak{P}_1(x|x_0)$ oder $\mathfrak{P}_2(x|x_0)$ ableitbare Potenzreihe existirt.

Andernfalls könnte man ja innerhalb dieses Continuums immer eine Folge von Stellen

$$c_1, c_2, \dots c_r \quad \text{oder} \quad c_1', c_2', \dots c_s'$$

so angeben, dafs die Convergenzbereiche der Reihen

$$\mathfrak{P}_1(x|x_0, c_1), \quad \mathfrak{P}_1(x|x_0, c_1, c_2) \dots \mathfrak{P}_1(x|x_0, c_1, c_2, \dots c_r)$$

theilweise mit denen der Elemente

$$\mathfrak{P}_1(x|x_0, a_1, \ldots a_\nu), \quad \mathfrak{P}_1(x|x_0, b_1, \ldots b_\mu)$$

zusammenfallen und daselbst mit ihnen übereinstimmen; und dasselbe Verhältnifs bestünde zwischen den Reihen

$$\mathfrak{P}_2(x|x_0, c_1'), \quad \mathfrak{P}_2(x|x_0, c_1', c_2') \ldots \mathfrak{P}_2(x|x_0, c_1', c_2', \ldots c_s')$$

und den durch Vermittlung der Stellen a respective b aus $\mathfrak{P}_2(x|x_0)$ abgeleiteten Reihen. Sind aber die Stellen c_r und c_s' so nahe bei a_n und b_m gelegen, dafs der Convergenzbereich der Elemente

$$\mathfrak{P}_1(x|x_0, c_1, c_2, \ldots c_\nu) \quad \text{und} \quad \mathfrak{P}_2(x|x_0, c_1', c_2', \ldots c_s')$$

die letztgenannten Stellen umfafst, so kann man aus diesen direct die Reihen

$$\mathfrak{P}_1(x|x_0, a_1, a_2, \ldots a_n) \quad \text{und} \quad \mathfrak{P}_1(x|x_0, b_1, b_2, \ldots b_m)$$

beziehungsweise

$$\mathfrak{P}_2(x|x_0, a_1, a_2, \ldots a_n) \quad \text{und} \quad \mathfrak{P}_2(x|x_0, b_1, b_2, \ldots b_m)$$

ableiten, und zwar stimmen dann diese Paare von Elementen in ihrem gemeinsamen Convergenzbereiche überein, soweit er auch dem Bereiche von

$$\mathfrak{P}_1(x|x_0, c_1, c_2, \ldots c_r) \quad \text{oder} \quad \mathfrak{P}_2(x|x_0, c_1', c_2', \ldots c_s')$$

angehört. Wenn aber die Stellen a_n und b_m genügend nahe bei x_1 liegen, so enthält der in Rede stehende Bereich auch die Stelle x_1 und es werden die Reihen

$$\begin{aligned}
\mathfrak{P}_1(x|x_0, a_1, a_2, \ldots a_n, x_1) &\equiv \mathfrak{P}_1(x|x_1) \\
\mathfrak{P}_1(x|x_0, b_1, b_2, \ldots b_m, x_1) &\equiv \mathfrak{P}_2(x|x_1) \\
\mathfrak{P}_2(x|x_0, a_1, a_2, \ldots a_n, x_1) &\equiv \mathfrak{P}_2(x|x_1) \\
\mathfrak{P}_2(x|x_0, b_1, b_2, \ldots b_m, x_1) &\equiv \mathfrak{P}_1(x|x_1)
\end{aligned}$$

untereinander übereinstimmen, was gegen die Voraussetzung verstöfst.

Die ausgezeichnete Stelle (c) innerhalb des durch einen geschlossenen Weg begrenzten Bereiches, bei Durchlaufen dessen ein Element eines Zweiges in ein Element eines andern Zweiges übergeht, heifst eine *Verzweigungsstelle* der mehrdeutigen Function. Dieser Übergang ist nur dadurch erklärlich, dafs jedes Paar der aus $\mathfrak{P}_1(x|x_0)$ und $\mathfrak{P}_2(x|x_0)$ oder $\mathfrak{P}_1(x|x_1)$ und $\mathfrak{P}_2(x|x_1)$ abgeleiteten simultanen Elemente

$$\mathfrak{P}_1(x|x'), \quad \mathfrak{P}_2(x|x')$$

mit der singulären Stelle (c) Functionalwerthe gibt, die bei irgend einer innerhalb des Convergenzbereiches von $\mathfrak{P}_1(x|x')$ und $\mathfrak{P}_2(x|x')$ gelegenen Werthereihe der Variabeln mit der Häufungsstelle c immer nach derselben Grenze convergiren, denn dann kann bei einem durch c gelegten Wege ein Functionalwerth von jener gemeinsamen Grenze ab zwei verschiedene Wege einschlagen. Diese Grenze aber kann endlich oder unendlich sein.

Es ist aber wohl zu beachten, dafs aus der Aussage allein: Eine zweideutige Function hat an der Stelle c einen und nur einen Werth, noch nicht geschlossen werden kann, dafs sie sich dort verzweigt, denn die Function kann in der Umgebung dieser Stelle durch zwei Potenzreihen darstellbar sein, die einfach in den Anfangsgliedern übereinstimmen. Die Verzweigungsstelle mufs zudem eine solche sein, in deren Umgebung kein Zweig regulären Verhaltens ist. Es ist deshalb nicht jeder mehrfache Punkt (an welchem die Functionalwerthe übereinkommen) Verzweigungspunkt, aber jeder Verzweigungspunkt mehrfacher Punkt, und zwar wird die $n$deutige monogene analytische Function Verzweigungsstellen $1, 2, 3 \ldots (n-1)^{\text{ter}}$ Ordnung aufweisen können, an denen 2, 3 usw., endlich alle n Zweige zusammenhängen, jedenfalls aber mufs jeder Zweig mit jedem andern, sei es direct oder sei es indirect, verzweigt sein. —

Es sollte nun unsere Aufgabe sein, die voranstehenden Untersuchungen auf den Fall von Potenzreihen mehrerer Variabeln auszudehnen. Wenn wir wieder von einer Potenzreihe

$$\mathfrak{P}(x_1, x_2, \ldots x_n | (a))$$

mit dem Convergenzradius R ausgehen, und durch die Gesammtheit der ineinander fortsetzbaren, dem gegebenen Elemente entspringenden Potenzreihen die monogene analytische ein- oder mehrdeutige Function definiren und den Stetigkeitsbereich der $m$deutigen Function durch die Gesammtheit der Stellen bestimmen, in deren Umgebung m reguläre Elemente existiren, haben wir zunächst das Verhalten der eindeutigen Function an den Grenzstellen zu untersuchen und als erste Aufgabe erscheint die Bestimmung der nothwendigen und hinreichenden Bedingung dafür, dafs die analytische Function an einer Stelle $(x^{(0)})$ endlich und stetig bleibt.

Die nothwendige Bedingung besteht gewifs darin, dafs das Product der Function $f(x_1, x_2, \ldots x_n)$ und einer an der Stelle $(x^{(0)})$ verschwindenden Potenzreihe $\mathfrak{P}_2'(x_1, x_2, \ldots x_n | (x_0^{(0)}))$ in der Umgebung von $(x^{(0)})$ regulär und für $x_\nu = x_\nu^{(0)}$ $(\nu = 1, 2, \ldots n)$ Null wird. Will man aber erfahren, ob diese Bedingung auch hinreichend ist, so mufs man aus

$$f \cdot \mathfrak{P}_2' = \mathfrak{P}_1'(x_1, x_2, \ldots x_n | (x^{(0)}))$$

den Quotienten

$$\frac{\mathfrak{P}_1'}{\mathfrak{P}_2'}$$

entnehmen und erst fragen, wie sich dieser verhält. Man gelangt also zu einem Ausdruck, dessen Untersuchung wir schon früher verschoben haben, als es sich darum handelte, aus gegebenen Potenzreihen neue abzuleiten (S. 155). Auch hier genüge uns vorderhand der Begriff der analytischen Function mehrerer Variabeln. —

In diesem Capitel soll nur noch einer Reihe von Functionen gedacht werden, die zugleich mit einer analytischen Function existiren: wir meinen die *Ableitungen.*

Wir wissen, dafs das einzelne Element einer Function:

$$\mathfrak{P}(x|a) = \sum_{\nu=0}^{\infty} a_\nu (x-a)^\nu$$

eine bestimmte Ableitung besitzt:

$$\mathfrak{P}'(x|a) = \sum_{\nu=1}^{\infty} \nu a_\nu (x - a)^{\nu-1},$$

die zum mindesten ebenso lange convergirt als die gegebene Reihe; es mufs aber untersucht werden, ob die Ableitungen der Fortsetzungen von $\mathfrak{P}(x|a)$ auch Fortsetzungen von $\mathfrak{P}'(x|a)$ sind oder ob die Ableitungen aller Elemente einer monogenen analytischen Function selbst eine monogene analytische Function constituiren.*)

Diese Frage beantwortet man damit bejahend, dafs man zeigt, die Ableitung der durch Vermittlung von Stellen $a_1, a_2, \ldots a_n$ gewonnenen Potenzreihe

$$\mathfrak{P}(x|a, a_1, a_2, \ldots a_n, x_0) = \sum_{\nu=1}^{\infty} \beta_\nu (x-x_0)^\nu$$

ist identisch mit der auf demselben Wege ermittelten Fortsetzung von $\mathfrak{P}'(x|a)$, nämlich mit

$$\mathfrak{P}'(x|a, a_1, a_2, \ldots a_n, x_0).$$

Man hat den Beweis nur für direct ableitbare Reihen zu erbringen. Wir stellen also die Reihe

$$\mathfrak{P}(x|a, a_1) = \sum_{\nu=0}^{\infty} a_\nu (a_1 - a + (x-a_1))^\nu = \sum_{\nu=0}^{\infty} \beta_\nu (x - a_1)^\nu$$

auf, bilden die Ableitung und zeigen deren Identität mit

$$\mathfrak{P}'(x|a, a_1) = \sum_{\nu=0}^{\infty} \nu a_\nu (a_1 - a + (x-a_1))^\nu = \sum_{\nu=0}^{r} \beta'_\nu (x-a_1)^\nu.$$

Die Reihen $\mathfrak{P}(x|a)$ und $\mathfrak{P}(x|a, a_1)$ besitzen einen gemeinsamen Convergenzbereich. Sind x und $x+h$ zwei Stellen dieses Bereiches, so entsteht beim Ordnen der Reihe $\sum_{\nu=0}^{\infty} a_\nu (a - a_1 + (x+h-a_1))^\nu$ nach Potenzen von h:

$$\mathfrak{P}(x+h|a, a_1) = \mathfrak{P}(x|a) + \mathfrak{P}'(x|a).h + h.\mathfrak{P}(x_1 h),$$

wo auch $\mathfrak{P}_1(x|h)$ mit h unendlich klein wird.

Die genannten Ausdrücke stimmen in einer Umgebung von x überein. Da aber dort $\mathfrak{P}(x|a)$ und $\mathfrak{P}(x|a, a_1)$ dieselben Werthe ergeben und daselbst

---

*) Siehe Pincherle 2. Theil § 31.

$$\mathfrak{P}_1(x|a, a_1) - \mathfrak{P}'(x|a) = \mathfrak{P}(x, h) - \mathfrak{P}_1(x, h)$$

mit h beliebig klein wird, werden die Reihen $\mathfrak{P}_1(x|a, a_1)$ und $\mathfrak{P}'(x|a_1)$ an allen Stellen einer hinlänglich kleinen Umgebung von x dieselben Werthe annehmen. Indem nun noch $\mathfrak{P}'(x|a)$ und $\mathfrak{P}'(x|a, a_1)$ in dem genannten Bereiche übereinstimmen, werden die nach denselben Potenzen fortschreitenden Reihen $\mathfrak{P}_1(x|a, a_1)$ und $\mathfrak{P}'(x|a, a_1)$ identisch.

Damit ist der Satz begründet, dafs die erste Ableitung und dann auch jede folgende eine monogene analytische Function ist. Ob diese Derivirten ebenso vieldeutig sein werden wie die gegebene Function, ist a priori nicht zu entscheiden, nur die Derivirte einer eindeutigen Function ist gewifs wieder eindeutig.

Derselbe Satz gilt auch für die verschiedenen partiellen Derivirten einer analytischen Function mehrerer Variabeln $f(x_1, x_2, \ldots x_n)$, deren Differentialänderung $df(x_1, x_2, \ldots x_n)$ durch die Summe

$$\sum_{\nu=1}^{\infty} f_\nu(x_1, x_2, \ldots x_n)\, dx_\nu = \sum_{\nu=1}^{\infty} \frac{\partial f}{\partial x_\nu}\, dx_\nu$$

definirt ist. Sind die Gröfsen $x_1, x_2, \ldots x_n$ selbst analytische Functionen neuer Variabeln

$$x_\nu = \varphi_\nu(y_1, y_2, \ldots y_m),$$

so wird

$$dx_\nu = \sum_\mu \frac{\partial \varphi_\nu}{\partial y_\mu}\, dy_\mu$$

und

$$df(x_1, x_2, \ldots x_n) = \sum_{\mu,\nu} \frac{\partial f}{\partial x_\nu} \frac{\partial \varphi_\nu}{\partial y_\mu}\, dy_\mu .$$

Viertes Capitel.

Über den Umfang des Begriffes der analytischen Function.

I. Abschnitt.

Theorie der algebraischen Gleichungen.

---

§ 36. Einleitung.

Mit den bisherigen Definitionen hat die allgemeine Functionentheorie insoweit einen bestimmten Inhalt, als genau formulirt ist, was für veränderliche Gröfsen als Functionen bezeichnet werden; doch der bestimmt gewählte Begriff einer analytischen Function wird erst dadurch von Bedeutung, dafs man die durch irgend einen arithmetischen Zusammenhang definirten Gröfsen als analytische Functionen erkennen lernt. Wenn aber einmal gezeigt ist, dafs der Functionsbegriff die irgendwo in Rechnung tretenden Gröfsen wirklich umfafst und nicht zu eng gewählt ist, dann kann man andrerseits bei der Frage nach Gröfsen von bestimmt analytisch ausdrückbarer Eigenschaft stets verlangen, dafs die gesuchte Gröfse in einem endlichen, wenn auch noch so kleinem Bereiche der unabhängigen Variabeln eine analytische Function, und dort als solche durch eine convergente Potenzreihe darstellbar sei. Aus der primitiven Reihe, deren unbestimmte Coefficienten mit Hilfe der Voraussetzung bestimmt werden, dafs das Element die Eigenschaft der gesuchten Function besitze, geht durch Fortsetzung eine analytische Function hervor, welche in ihrem ganzen Giltigkeitsbereich die verlangte Beschaffenheit aufweist, wenn die gefundene Potenzreihe wirklich convergent ist. Wir ziehen dabei gewifs nur Zahlengröfsen in Betracht, welche in der arithmetischen Einleitung als in der Rechnung zulässige bezeichnet waren.

Nach dieser kurzen Andeutung zweier Aufgaben der Functionentheorie, die den Gang für die ferneren Untersuchungen vorzeichnen, wenden wir uns gleich zu der Frage, ob eine von n unabhängig veränderlichen Gröfsen $x_1, x_2, \ldots x_n$ abhängige Gröfse y, welche durch eine Gleichung m^{ten} Grades in y definirt sei, in welcher die Coefficienten eindeutige analytische Functionen sein mögen, eine analytische Function ist.

Die Gleichung laute:

$$F(y, x_1, x_2 \ldots x_n) = y^m \psi_0(x_1, x_2, \ldots x_n) + y^{m-1}\psi_1(x_1, x_2, \ldots x_n) + \cdots$$
$$\cdots + \psi_m(x_1. x_2, \ldots x_n) = 0 .$$

Wir wissen bereits, dafs jedem Werthesysteme der Variabeln $(x_1, x_2, \ldots x_n)$, für welches die Coefficienten ψ endliche Werthe besitzen, im Allgemeinen m von einander verschiedene Werthe y zugehören. Die Gröfse y ist also m-deutig, doch weil einer ihrer Werthe an der Stelle $(x^{(0)})$ unendlich wird, wenn diese eine Unendlichkeitsstelle eines der Coefficienten $\frac{\psi_\mu}{\psi_0}$ ist, so müssen die m Functionen

$$\frac{\psi_\mu}{\psi_0} \quad (\mu = 1, 2 \ldots m)$$

einen gemeinsamen Stetigkeitsbereich besitzen. Werden die letzten $(m - n)$ dieser Functionen an einer und derselben Stelle $(x^{(0)})$ ihres Stetigkeitsbereiches unendlich klein, $\frac{\psi_n}{\psi_0}$ aber nicht, so nimmt die aus der Gleichung

$$y^m + \frac{\psi_1}{\psi_0} y^{m-1} + \cdots + \frac{\psi_m}{\psi_0} = 0 \qquad (\alpha)$$

hervorgehende Gröfse y an der Stelle $(x^{(0)})$ $(m - n)$ unendlich kleine Werthe an. Im Falle $n = m - 1$ haben wir diese Behauptung als richtig erkannt und wenn wir sie als zutreffend ansehen, sofern die letzten $m - n - 1$ Coefficienten $\frac{\psi_\mu}{\psi_0}$ unendlich klein sind, so folgt sie auch in dem genannten Falle.

In der That: bezeichnet y' eine der $(m - n - 1)$ unendlich kleinen Wurzeln, die nun existiren, so genügen alle übrigen Lösungen der neuen Gleichung

$$\left(y^m + \frac{\psi_1}{\psi_0} y^{m-1} + \cdots + \frac{\psi_m}{\psi_0}\right) : (y - y') = 0 .$$

Da aber in dem Resultate der Division:

$$\frac{F(y) - F(y')}{y - y'} = \frac{y^m - y'^m}{y - y'} + \frac{\psi_1}{\psi_0} \frac{y^{m-1} - y'^{m-1}}{y - y'} + \cdots$$
$$\cdots + \frac{\psi_{m-2}}{\psi_0} \frac{y^2 - y'^2}{y - y'} + \frac{\psi_{m-1}}{\psi_0} \frac{y - y'}{y - y'}$$
$$= \sum_{\mu=1}^{m} y^{m-\mu} y'^{\mu-1} + \frac{\psi_1}{\psi_0} \sum_{\mu=2}^{m} y^{m-\mu} y'^{\mu-2} + \cdots + \frac{\psi_{m-1}}{\psi_0} \sum_{\mu=m} y^{m-\mu} y'^{\mu-m} ,$$

wenn dasselbe noch nach abnehmenden y-Potenzen geordnet wird, die letzten $(m - n - 1)$ Coefficienten unendlich klein werden, hat die Gleichung (α) wirklich $(m - n)$ unendlich kleine Wurzeln.

Faſst man die ursprüngliche Gleichung ins Auge, so kann man nur sagen, y hat an einer Stelle $(x^{(0)})$ des gemeinsamen Stetigkeitsbereiches der $(m+1)$ Functionen ψ $(m-n)$ unendlich kleine Wurzeln, wenn die letzten $(m-n)$ Coefficienten ψ daselbst unendlich kleine Werthe annehmen und $\psi_0(x_1^{(0)}, x_2^{(0)}, \ldots x_n^{(0)})$ nicht unendlich klein ist.

In ähnlicher Weise zeigt man, daſs n Wurzeln y unendlich groſs werden, wenn die ersten n Coefficienten $\psi_0, \psi_1, \ldots \psi_{n-1}$ unendlich kleine Werthe annehmen und keiner der übrigen Coefficienten unendlich groſs ist.

Damit ist auch leicht bewiesen, daſs die endlichen Wurzeln

$$y_1^{(0)},\ y_2^{(0)} \ldots y_m^{(0)},$$

welche einer Stelle $(x^{(0)})$ des Stetigkeitsbereiches der Coefficienten entsprechen, mit den Coefficienten stetig veränderlich sind. Denn wählen wir in einer Umgebung von $(x^{(0)})$ eine Stelle $(x^{(0)}+\xi)$, an welcher x_0 von Null verschieden ist, so werden in den zugehörigen Wurzeln

$$y_\mu^{(0)} + \eta_\mu \quad (\mu = 1, 2 \ldots m)$$

die Incremente η_μ mit den ξ_ν unendlich klein. Substituirt man zunächst in $F(y, x_1, x_2, \ldots x_n)$ an Stelle von x_ν, $x_\nu + \xi_\nu$, so entsteht eine Gleichung:

$$y^m(\psi_0)_{x^{(0)}} + y^{m-1}(\psi_1)_{x^{(0)}} + \cdots + (\psi_m)_{x^{(0)}} + y^m\chi_0 + y^{m-1}\chi_1 + \cdots$$
$$\cdots + \chi_m = 0,$$

wo $(\psi_\mu)_{x^{(0)}}$ für $\psi_\mu(x_1^{(0)}, x_2^{(0)} \ldots x_n^{(0)})$ gesetzt ist und χ_μ Functionen von $\xi_1, \xi_2 \ldots \xi_n$ sind, die mit diesen Gröſsen unendlich klein werden. Hier gibt die Substitution von $y_\mu^{(0)} + \eta_\mu$ an Stelle von $y_\mu^{(0)}$ einen Ausdruck der Gestalt:

$$F(\eta_\mu, x_1^{(0)}, x_2^{(0)}, \ldots x_n^{(0)}) + \Phi(\eta_\mu, \xi_1, \xi_2 \ldots \xi_n) = 0,$$

worin Φ mit den ξ_ν und F mit η_μ unendlich klein wird, so daſs einer der Werthe von η_μ gewiſs nach Null convergirt. Weil das aber für jedes η_μ zutrifft, so erscheint wirklich die unendlich kleine Werthänderung der Coefficienten, bei welcher ψ_0 nicht Null wird, mit einer unendlich kleinen Änderung der Werthe von y verbunden, d. h. die Wurzeln einer Gleichung $F = 0$ ändern sich stetig mit den Coefficienten, solange wir uns auf die Umgebung solcher Stellen des gemeinsamen Stetigkeitsbereiches der letzteren beschränken, für die der Coefficient der höchsten y-Potenz nicht verschwindet.

Diese Eigenschaft der zu untersuchenden m-deutigen Gröſse haben wir hier vorausgeschickt, um uns in dem Falle einer algebraischen Gleichung:

$$G(y, x_1, x_2, \ldots x_n) = \sum_{\mu=0}^{m} y^{m-\mu} f_\mu(x_1, x_2, \ldots x_n) = 0,$$

wo die Coefficienten ganze rationale Functionen sind, gleich über die Unendlichkeitsstellen der Function y orientiren zu können, in deren Umgebung y gewiſs nicht durch Potenzreihen darstellbar ist. Wir denken die rationalen Functionen f_μ von gemeinsamen Theilern befreit, dann sind die im Endlichen liegenden Nullstellen von $f_0(x_1, x_2, \ldots x_n)$ Stellen, in deren Umgebung wir die Stetigkeit von y nicht erschlieſsen können.

Wir setzen ferner fest, daſs $G(y, x_1, x_2, \ldots x_n)$ nicht in das Product mehrerer Functionen $G_\mu(y, x_1, x_2, \ldots x_n)$, deren Coefficienten wieder ganze rationale Functionen der unabhängigen Variabeln sind, zerlegbar oder *nicht reductibel* sei, denn andernfalls würden wir die Gleichungen $G_\mu = 0$ untersuchen und die hieraus bestimmten Gröſsen y genügten gewiſs der gegebenen Gleichung $G = 0$.

Die wahre Bedeutung der *irreductiblen ganzen rationalen Function* $G(y, x_1, x_2, \ldots x_n)$ erschlieſst der folgende Satz:

Sind $G(y, x_1, x_2, \ldots x_n)$ und $F(y, x_1, x_2, \ldots x_n)$ zwei ganze rationale Functionen der $(n+1)$ Variabeln $y, x_1, x_2, \ldots x_n$ und ist G irreductibel, haben aber die Gleichungen

$$G = 0, \quad F = 0$$

für jedes Werthesystem $x_\nu = a_\nu$ $(\nu = 1, 2, \ldots n)$ in der Umgebung einer Stelle

$$y^{(0)}, x_1^{(0)}, x_2^{(0)}, \ldots x_n^{(0)}$$

eine gemeinsame Lösung, so ist F durch G theilbar.

Andernfalls gäbe es nämlich zwei ganze rationale Functionen:

$$\Phi(y, x_1, x_2 \ldots x_n), \quad \Psi(y, x_1, x_2, \ldots x_n),$$

deren Grad in y niedriger ist als der der gegebenen Functionen F und G, und für diese wäre

$$F\Psi - G\Phi$$

eine rationale Function der n Variabeln $x_1, x_2, \ldots x_n$ $R(x_1, x_2, \ldots x_n)$, die nicht identisch verschwindet. Eine Gleichung

$$F\Psi - G\Phi = R$$

ist aber nicht mit der Annahme verträglich, daſs F und G an jeder Stelle einer Umgebung von $(x^{(0)})$ gleichzeitig verschwinden, es muſs also

$$F\Psi - G\Phi = 0,$$

und F durch G theilbar sein. —

Man kann diesen Satz natürlich dahin abändern, daſs man festsetzt, $F = 0$ und $G = 0$ haben für unendlich viele Stellen (x) mit der Häufungsstelle $(x^{(0)})$ eine Wurzel gemein.

Sind G und F ganze rationale Functionen einer Variabeln allein, so ist nur nöthig, daſs die irreductiblen Gleichungen $G(y) = 0$ und $F(y) = 0$ eine gemeinsame Wurzel $y = y^{(0)}$ besitzen, dann ist schon F durch G

theilbar und die Gleichung $F = 0$ hat alle Wurzeln, welche der Gleichung $G = 0$ zukommen. —

Wenn aus der irreductiblen algebraischen Gleichung

$$G(y, x_1, x_2, \ldots x_n) = 0$$

für ein bestimmtes Werthesystem der unabhängigen Variabeln

$$x_1 = a_1, \; x_2 = a_2 \ldots x_n = a_n$$

eine endliche Wurzel $y = b$ hervorgeht, so ist

$$G(y, a_1, a_2, \ldots a_n)$$
$$= \left(\frac{\partial G}{\partial y}\right)\frac{(y-b)}{1!} + \left(\frac{\partial^2 G}{\partial y^2}\right)\frac{(y-b)^2}{2!} + \cdots + \left(\frac{\partial^m G}{\partial y^m}\right)\frac{(y-b)^m}{m!},$$

wo $\left(\frac{\partial^\mu G}{\partial y^\mu}\right)$ den Werth des μ^{ten} Differentialquotienten von G nach y für $x_\nu = a_\nu$ $(\nu = 1, 2 \ldots n)$ und $y = b$ bezeichnet. Verschwindet $\left(\frac{\partial G}{\partial y}\right)$ an dieser Stelle, so ist $y = b$ eine zweifache Wurzel. Wir haben aber schon bemerkt, dafs mehrfache Stellen (a) für eine m-deutige analytische Function auch Stellen sein können, wo für dieselbe nicht m Potenzreihen existiren. Wenn wir daher beweisen wollen, dafs die durch eine Gleichung $G = 0$ definirte Gröfse y eine analytische Function ist, so werden wir, solange als es sich um den Nachweis handelt, dafs y in der Umgebung einer Stelle (x) des Stetigkeitsbereiches der Coefficienten $f_\mu(x_1, x_2, \ldots x_n)$ in eine Potenzreihe zu entwickeln sei, nicht allein die Nullstellen von $f_0(x_1, x_2, \ldots x_n)$, sondern auch diejenigen Stellen (x) ausschliefsen, für welche die Gleichungen

$$G = 0 \quad \text{und} \quad \frac{\partial G}{\partial y} = 0$$

gleichzeitig bestehen. Man findet diese Stellen, indem man die Nullstellen der Resultante von G und $\frac{\partial G}{\partial y}$, oder was gleichbedeutend ist, die Nullstellen der Discriminante von G sucht. Diese Discriminante

$$D(x_1, x_2, \ldots x_n)$$

wird keinesfalls identisch verschwinden, weil vorausgesetzt war, dafs G eine irreductible Function ist und G nicht durch $\frac{\partial G}{\partial y}$ theilbar sein kann. Umgekehrt werden aber den Nullstellen von D mehrfache Lösungen von y entsprechen, und gleiche Wurzeln y können nur an solchen Stellen bestehen, wo die Discriminante verschwindet.

Die Gesammtheit der zusammengehörigen Werthesysteme

$$(x_1, x_2, \ldots x_n, y),$$

welche die algebraische Gleichung erfüllen, nennt Weierstrafs das durch die Gleichung definirte *algebraische Gebilde* im $(2n+2)$-fach ausgedehnten Gebiete der Gröfsen $x_1, x_2 \ldots x_n, y$ und eines der Werthesysteme eine *Stelle des Gebildes.*

Ist $x_1 = a_1, x_2 = a_2, x_n = a_n$ ein Werthesystem, dem m von einander verschiedene endliche Stellen

$$(a_1, a_2, \ldots a_n, b_\mu) \quad \mu = 1, 2 \ldots m$$

zugehören, und setzt man darauf

$$x_\nu = a_\nu + \xi_\nu \quad (\nu = 1, 2 \ldots n), \quad y = b_\mu + \eta_\mu,$$

so geht die Gleichung $G = 0$ in die folgende über:

$$G(b_\mu + \eta_\mu, a_1 + \xi_1, a_2 + \xi_2, \ldots a_n + \xi_n) =$$
$$= \left(\frac{\partial G}{\partial y}\right) \eta_\mu + \left(\frac{\partial G}{\partial x_1}\right) \xi_1 + \left(\frac{\partial G}{\partial x_2}\right) \xi_2 + \cdots$$
$$\cdots + \left(\frac{\partial G}{\partial x_n}\right) \xi_n + \sum_{\nu=2} (\eta_\mu, \xi_1, \xi_2 \ldots \xi_n)_\nu,$$

wo $(\eta_\mu, \xi_1, \xi_2, \ldots \xi_n)_\nu$ die Summe über alle aus $\eta_\mu, \xi_1, \ldots \xi_n$ gebildeten Glieder ν^{ter} Dimension bedeutet. Es entsteht also eine Gleichung der Form

$$\eta_\mu^m \varphi_0(\xi_1, \xi_2 \ldots \xi_n) + \eta_\mu^{m-1} \varphi_1(\xi_1, \xi_2 \ldots \xi_n) + \cdots + \varphi_m(\xi_1, \xi_2, \ldots \xi_n) = 0,$$

deren Coefficienten φ_m und φ_{m-1} die Eigenschaft haben, für

$$\xi_1 = \xi_2 = \ldots = \xi_n = 0$$

die Werthe Null respective $\left(\frac{\partial G}{\partial y}\right)$ anzunehmen.

Und nun gehen wir an die Aufgabe, η_μ oder $y - b_\mu$ in der Umgebung der Stelle $\xi_1 = 0, \xi_2 = 0, \ldots \xi_n = 0$ resp.

$$x_1 = a_1, x_2 = a_2, \ldots x_n = a_n$$

in eine convergente Potenzreihe

$$\mathfrak{P}_\mu(\xi_1, \xi_2, \ldots \xi_n) = \mathfrak{P}_\mu\big(x_1, x_2, \ldots x_n | (a)\big)$$

zu entwickeln. Entsprechend den m Wurzeln b_μ werden wir m simultane Elemente:

$$y = b_\mu + \mathfrak{P}_\mu\big(x_1, x_2, \ldots x_n\, (a)\big) \quad (\mu = 1, 2 \ldots m)$$

erhalten, welche in ihrem gemeinsamen Convergenzbereiche die m-deutige durch die Gleichung $G = 0$ definirte Gröfse y vollständig bestimmen.

§ 37. Darstellung der Wurzeln einer algebraischen Gleichung.

Zum Beweise der Existenz einer Potenzreihe für die durch eine algebraische Gleichung $G(y, x_1, x_2, \ldots x_n) = 0$ definirte Grösse y in der Umgebung einer Stelle (x), die weder Nullstelle der Discriminante, noch Nullstelle der bei der höchsten Potenz von y stehenden ganzen rationalen Function ist, suche man ein Verfahren, durch welches man die Wurzel einer Gleichung

$$f(z) = \alpha_0 z^m + \alpha_1 z^{m-1} + \cdots + \alpha_{m-1} z + \alpha_m = 0$$

bestimmt, wo $|\alpha_0|$ und $|\alpha_{m-1}|$ nicht unendlich klein sind und die übrigen Coefficienten dem absoluten Betrage nach kleiner bleiben als eine angebbare Gröfse.

Heifsen die m von einander verschiedenen endlichen Wurzeln der Gleichung $f(z) = 0$

$$z_1,\ z_2,\ \ldots\ z_m,$$

so wird

$$f(z) = \alpha_0 (z - z_1)(z - z_2) \ldots (z - z_m)$$

$$\frac{f'(z)}{f(z)} = \frac{1}{z - z_1} + \frac{1}{z - z_2} + \cdots + \frac{1}{z - z_m}.$$

Bezeichnet ferner ζ eine von $z_1, z_2, \ldots z_m$ verschiedene endliche Gröfse, und bildet man

$$\frac{f'(z)}{f(z)} = \frac{f'(\zeta) + f^2(\zeta)\frac{z-\zeta}{1} + \cdots + f^{(m-1)}(\zeta)\cdot\frac{(z-\zeta)^{m-1}}{(m-1)!}}{f(\zeta) + f'(\zeta)\frac{z-\zeta}{1} + \cdots + f^{(m)}(\zeta)\cdot\frac{(z-\zeta)^m}{m!}}$$

und

$$\frac{f'(z)}{f(z)} = \sum_{\mu=1}^{m} \frac{1}{z - z_\mu} = -\sum_{\mu=1}^{m} \frac{1}{(z_\mu - \zeta)\left(1 - \frac{z-\zeta}{z_\mu - \zeta}\right)},$$

vergleicht hierauf die Coefficienten gleich hoher Potenzen von $(z - \zeta)$ in den für diese Ausdrücke geltenden Potenzreihen, die gewifs in einer Umgebung von $z = \zeta$ übereinstimmen, so wird der Coefficient der Potenz $(z - \zeta)^\lambda$:

$$\left[\frac{f'(z)}{f(z)}\right]_{(z-\zeta)^\lambda} = -\sum_{\mu=1}^{m} \frac{1}{(z_\mu - \zeta)^{\lambda+1}}.$$

Da dieser Ausdruck in den Wurzeln $z_1, z_2, \ldots z_m$ symmetrisch ist, wird er als rationale Function von ζ und den Coefficienten von $f(z)$ darzustellen sein. Dasselbe gilt dann auch für den Quotienten aufeinanderfolgender Entwicklungscoefficienten:

$$\frac{\sum_{\mu=1}^{m} (z_\mu - \zeta)^{-\lambda}}{\sum_{\mu=1}^{m} (z_\mu - \zeta)^{-\lambda-1}} = R_\lambda(\zeta),$$

der auf die Form

$$R_\lambda(\zeta) = (z_\nu - \zeta)\frac{\sum\limits_{\mu=1}^{m}\left(\frac{z_\nu - \zeta}{z_\mu - \zeta}\right)^\lambda}{\sum\limits_{\mu=1}^{m}\left(\frac{z_\nu - \zeta}{z_\mu - \zeta}\right)^{\lambda+1}}$$

gebracht werden mag.

Der Convergenzkreis der die eindeutige Function $\frac{f'(z)}{f(z)}$ in der Umgebung der Stelle $z = \zeta$ darstellenden Potenzreihe geht durch die dieser Stelle nächstliegende Nullstelle von $f(x)$, sie heifse z_ν. Dann sind die absoluten Beträge von

$$\frac{z_\nu - \zeta}{z_\mu - \zeta} \quad (\mu = 1,\ 2,\ \ldots\ \nu - 1,\ \nu + 1,\ \ldots\ m)$$

kleiner als Eins und der gröfste sei ε. Bestimmt man nun eine positive ganze Zahl λ derart, dafs

$$(m-1)\varepsilon^{\lambda+1} < 1$$

wird, so kann man den absoluten Betrag von $R_\lambda(\zeta) - (z - \zeta)$ kleiner machen als

$$|z_\nu - \zeta|\cdot\left(\frac{1+(m-1)\varepsilon^\lambda}{1-(m-1)\varepsilon^{\lambda+1}} - 1\right) \quad \text{und} \quad |z_\nu - \zeta|\cdot\frac{2(m-1)\varepsilon^\lambda}{1-(m-1)\varepsilon^{\lambda+1}}.$$

Fafst man ferner in der durch die Bedingungen

$$\left|\frac{z_\nu - \zeta}{z_\mu - \zeta}\right| < 1 \quad (\mu = 1,\ 2,\ \ldots\ \nu - 1,\ \nu + 1,\ \ldots\ m)$$

definirten Umgebung einer Stelle $(\zeta,\ z_1,\ z_2,\ \ldots\ z_m)$ denjenigen Bereich auf, wo die obere Grenze ε der absoluten Beträge der aus den als variabel gedachten Gröfsen $\zeta,\ z_1,\ z_2,\ \ldots\ z_m$ gebildeten Ausdrücke $\frac{z_\nu - \zeta}{z_\mu - \zeta}$ kleiner ist als Eins, so wird für alle Stellen dieses Bereiches

$$|R_\lambda(\zeta) - (z_\nu - \zeta)| < |z_\nu - \zeta|\,\frac{2(m-1)\varepsilon^\lambda}{1-(m-1)\varepsilon^{\lambda+1}}$$

und jetzt kann man eine ganze Zahl λ so finden, dafs

$$R_\lambda(\zeta) + \zeta$$

für alle Stellen des genannten Bereiches die Wurzel z_ν so genau angibt, als man nur will. Man sieht, dafs in derjenigen Umgebung einer Stelle $(\zeta,\ z_1,\ z_2,\ \ldots\ z_m)$, wo $|z_\nu - \zeta|$ kleiner ist als jede der übrigen Gröfsen $|z_\mu - \zeta|$, $R_\lambda(\zeta) + \zeta$ für ein λ, das gröfser ist als jede angebbare Gröfse, gleichmäfsig convergirt und gleich z_ν ist. Ersetzt man den gefundenen Ausdruck für die Wurzel z_ν durch

$$\zeta + R_1(\zeta) + (R_2(\zeta) - R_1(\zeta)) + (R_3(\zeta) - R_2(\zeta)) + \cdots$$

und entwickelt die rationalen Functionen $R_\lambda(\zeta)$ von ζ und den Coefficienten der Function $f(z)$ nach Potenzen von ζ, so wird auch die

Wurzel z_r durch eine (nach Potenzen von ξ fortschreitende) convergente Potenzreihe darzustellen sein, denn man kann die gleichmäfsig convergente Summe unendlich vieler rationaler Functionen selbst in eine convergente Potenzreihe umformen.

Diese von H. Runge herrührende *Entwicklung der Wurzeln einer algebraischen Gleichung in Summen rationaler Functionen der Coefficienten**) ist nicht mehr anwendbar, wenn $f(z)$ keine ganze rationale, sondern eine ganze transcendente Function oder das Element einer analytischen Function ist; und weil wir diese Fälle auch in Betracht ziehen müssen, wollen wir die verlangte Entwicklung einer Wurzel auf dem von H. Weierstrafs in seinen Vorlesungen eingehaltenen Wege direct ableiten, denn auf diesem ist die genannte Verallgemeinerung möglich.

Entnimmt man der Gleichung

$$f(z) = \alpha_0 z^m + \alpha_1 z^{m-1} + \cdots + \alpha_m = 0$$

die Beziehung:

$$z = -\left(\frac{\alpha_m}{\alpha_{m-1}} + \frac{\alpha_{m-2}}{\alpha_{m-1}} z^2 + \cdots + \frac{\alpha_0}{\alpha_{m-1}} z^m\right)$$

oder

$$z = b + b_2 z^2 + b_3 z^3 + \cdots + b_m z^m = g(z),$$

so handelt es sich um die Ermittelung eines Werthes z', welcher die Gleichung

$$z' = g(z')$$

identisch erfüllt. Um z' zu finden, suche man eine Folge von Zahlengröfsen

$$z_0,\ z_1,\ z_2,\ \ldots.\ z_\mu,\ \ldots,$$

die eine Fundamentalreihe constituiren und deren Terme die verlangte Eigenschaft, nämlich der Gleichung $z = g(z)$ zu genügen, immer näher und näher erfüllen. Dann wird

$$z_0 - g(z_0),\ z_1 - g(z_1),\ \ldots z_\mu - g(z_\mu)$$

eine Elementarreihe, und die Grenze der Fundamentalreihe z' ist die verlangte Wurzel der Gleichung $f(z) = 0$.

Das erste Glied z_0 einer Reihe von Gröfsen sei Null, z_1 sei $g(z_0)$ oder b, $z_2 = g(z_1) = b + b_2 b^2 + \cdots + b_m b^m$ usw., $z_\mu = g(z_{\mu-1})$. Es ist zu zeigen, dafs die so definirte Gröfsenmenge, deren einzelnes Glied eine ganze Function von b und $b_2, b_3, \ldots b_m$ wird und nur positive ganzzahlige Coefficienten enthält, eine Fundamentalreihe ausmacht.

Wenn man

$$z_{\mu+1} - z_\mu = (z_\mu - z_{\mu-1}) f_\mu$$

setzt, wird

---

*) Siehe Acta mathematica Bd. 6, S. 305

$$f_\mu = \frac{g(z_\mu) - g(z_{\mu-1})}{z_\mu - z_{\mu-1}} = b_2 \frac{z_\mu^2 - z_{\mu-1}^2}{z_\mu - z_{\mu-1}} + b_3 \frac{z_\mu^3 - z_{\mu-1}^3}{z_\mu - z_{\mu-1}} + \cdots$$
$$\cdots + b_m \frac{z_\mu^m - z_{\mu-1}^m}{z_\mu - z_{\mu-1}}$$

und

$$z_1 - z_0 = b$$
$$z_2 - z_1 = b f_1$$
$$z_3 - z_2 = b f_1 f_2$$
$$\cdot \quad \cdot \quad \cdot \quad \cdot \quad \cdot \quad \cdot \quad \cdot$$
$$z_{\mu+1} - z_\mu = b f_1 f_2 \ldots f_\mu$$

und die Addition dieser Gleichungen ergibt:

$$z_{\mu+1} = b(1 + f_1 + f_1 f_2 + \cdots + f_1 f_2 \cdots f_\mu).$$

Hier läſst sich nun beweisen, daſs $z_{\mu+1}$ für ein unendlich wachsendes μ endlich bleibt und

$$\lim (z_{\mu+1} - z_\mu) = \lim \big(g(z_\mu) - z_\mu\big) = 0$$

ist.

Ersetzt man $b_2, b_3 \ldots b_m$ durch bestimmte positive Gröſsen $\beta_2, \beta_3 \ldots \beta_m$, wo

$$\beta_2 \geqq |b_2|, \quad \beta_3 \geqq |b_3|, \ldots \beta_m \geqq |b_m|$$

ist, und b durch eine noch unbestimmt gelassene positive Gröſse β, bezeichnet die diesen Gröſsen entsprechenden Functionen f_μ und Gröſsen z_μ durch griechische Buchstaben, so wird

$$\zeta_\mu > \zeta_{\mu-1}$$

und deſswegen

$$\varphi_\mu = \sum_{\nu=2}^{m} \beta_\nu \frac{\zeta_\mu^\nu - \zeta_{\mu-1}^\nu}{\zeta_\mu - \zeta_{\mu-1}} = \sum_{\nu=2}^{m} \beta_\nu (\zeta_\mu^{\nu-1} + \zeta_\mu^{\nu-2}\zeta_{\mu-1} + \cdots + \zeta_\mu^{\nu-1}) <$$
$$< 2\beta_2\zeta_\mu + 3\beta_3\zeta_\mu^2 + \cdots + m\beta_m\zeta_\mu^{m-1} = \gamma'(\zeta_\mu).$$

Bezeichnet ferner ε eine beliebig kleine positive Gröſse und wählt man die positive Gröſse β derart, daſs

$$2\beta_2\beta(1+\varepsilon) + 3\beta_3\beta^2(1+\varepsilon)^2 + \cdots + m\beta_m\beta^{m-1}(1+\varepsilon)^{m-1} < \frac{\varepsilon}{1+\varepsilon},$$

— was gewiſs stets angeht — so ist jede Gröſse ζ_μ und das zugehörige φ_μ kleiner als

$$\beta(1+\varepsilon) \quad \text{beziehungsweise} \quad \frac{\varepsilon}{1+\varepsilon},$$

denn erstens ist

$$\zeta_1 = \beta < \beta(1+\varepsilon), \quad \varphi_1 = \beta_2\beta + \beta_3\beta^2 + \cdots + \beta_m\beta^{m-1} < \frac{\varepsilon}{1+\varepsilon}$$

und wenn die genannten Ungleichungen für $\zeta_2, \zeta_3 \ldots \zeta_\mu$ und $\varphi_2, \varphi_3, \ldots \varphi_\mu$ erfüllt sind, wird zweitens

$$\zeta_{\mu+1}=\beta(1+\varphi_1+\varphi_1\varphi_2+\cdots+\varphi_1\varphi_2\cdots\varphi_\mu)<\beta\left(1+\frac{\varepsilon}{1+\varepsilon}+\cdots+\left(\frac{\varepsilon}{1+\varepsilon}\right)^\mu\right)$$
$$<\beta\frac{1}{1-\frac{\varepsilon}{1+\varepsilon}}=\beta\,(1+\varepsilon)\,,$$

$$\varphi_{\mu+1}<2\beta_2\beta(1+\varepsilon)+3\beta_3\beta^2(1+\varepsilon)^2+\cdots+m\beta_m\beta^{m-1}(1+\varepsilon)^{m-1}<\frac{\varepsilon}{1+\varepsilon}\,,$$

d. h. die Ungleichungen gelten für jedes ζ_μ und φ_μ und es ist auch:

$$\zeta'=\lim\zeta_\mu=\beta(1+\varphi_1+\varphi_1\varphi_2+\varphi_1\varphi_2\varphi_3+\cdots)<\beta\,(1+\varepsilon)\,.$$

Dann aber mufs in dem Bereiche, wo

$$|b|\leq\beta,\quad |b_\nu|<\beta_\nu\quad(\nu=2,\,3\,\ldots\,m)$$

die Reihe

$$z'=\lim z_\mu=b\,(1+f_1+f_1f_2+f_1f_2f_3+\cdots)$$

unbedingt und gleichmäfsig convergiren, denn die Differenz

$$z_{\mu+1}-z_\mu=g(z_\mu)-z_\mu=b\,f_1f_2\,\ldots\,f_\mu$$

kann dem absoluten Betrage nach kleiner gemacht werden als

$$\beta\left(\frac{\varepsilon}{1+\varepsilon}\right)^\mu$$

und bei wachsendem μ kleiner als jede noch so kleine Gröfse δ.

Substituirt man für die Gröfsen f_μ ihre Ausdrücke:

$$f_1=b_2b+b_3b^2+\cdots+b_mb^{m-1}$$
$$f_2=b_2'b+b_3'b^2+\cdots+b'_{m(m-1)}b^{m(m-1)}$$
$$\cdot\quad\cdot\quad\cdot\quad\cdot\quad\cdot\quad\cdot\quad\cdot\quad\cdot\quad\cdot\quad\cdot\quad\cdot\quad\cdot\quad\cdot\quad\cdot\quad\cdot$$

welche alle ganze Functionen von b sind, so folgt für z' eine nach Potenzen von b fortschreitende convergente Potenzreihe

$$z'=b\,\mathfrak{P}(b)\,,$$

deren Coefficienten ganze Ausdrücke in $b_2,\,b_3,\,\ldots\,b_m$ mit ganzzahligen Coefficienten sind. $\mathfrak{P}(0)$ ist gleich 1, denn die Gleichung

$$z=b+b_2z^2+\cdots+b_mz^m$$

mufs durch z' identisch erfüllt sein.

Jetzt ist nachgewiesen, dafs zum mindesten eine Wurzel einer Gleichung $f(z)=0$ durch Zahlengröfsen der eingeführten Art darstellbar ist und dann ist es auch jede andere. Es ist aber auch klar, dafs man aus der Gleichung

$$f(z)=\alpha_0z^m+\alpha_1z^{m-1}+\cdots+\alpha_{m-1}z+\alpha_m=Z$$

stets eine in gewissem Bereiche um α_m convergente Potenzreihe

$$z=\mathfrak{P}\,(Z-\alpha_m)$$

entwickeln kann, die für jeden innerhalb des Convergenzkreises liegenden

Werth Z_0 einen Werth z_0 gibt, welcher die Gleichung $f(z) - Z_0 = 0$ erfüllt; es mufs nur $|\alpha_{m-1}| > 0$ sein.

Ersetzt man $f(z)$ durch eine in der Umgebung R der Stelle $z = 0$ convergente Potenzreihe

$$Z = \sum_{\mu=0}^{\infty} \alpha_\mu z^\mu ,$$

wo α_1 von Null verschieden ist und bildet man

$$z = \frac{Z}{\alpha_1} - \frac{\alpha_0}{\alpha_1} - \left(\frac{\alpha_2}{\alpha_1} z^2 + \frac{\alpha_3}{\alpha_1} z^3 + \cdots\right),$$

so ist auch diese Gleichung durch eine für $Z = \alpha_0$ verschwindende convergente Potenzreihe

$$z = \mathfrak{P}(Z - \alpha_0)$$

identisch zu erfüllen, wenn nur die Coefficienten $-\frac{\alpha_\nu}{\alpha_1} = b_\nu$ kleiner sind als die positiven Coefficienten $\beta_2, \beta_3 \ldots \beta_\nu, \ldots$ einer absolut convergenten Reihe, indem dann gewifs eine Gröfse β so bestimmbar ist, dafs

$$\sum_{\nu=2}^{\infty} \nu \beta_\nu \beta^{\nu-1} (1 + \varepsilon)^{\nu-1} < \frac{\varepsilon}{1+\varepsilon}$$

wird. Die Reihe $\mathfrak{P}(Z - \alpha_0)$ convergirt dann sicher in dem Bereiche, wo

$$\left|\frac{Z - \alpha_0}{\alpha_1}\right| < \beta\,(1 + \varepsilon)$$

ist.

Die Coefficienten $b_2, b_3, \ldots$ werden aber zweifellos die gestellte Bedingung erfüllen, weil $|Z|$ für alle Werthe $|z| = r < R$ ein Maximum g hat und

$$|\alpha_\mu| \leq g r^{-\mu} .$$

Damit, dafs eine Reihe $\mathfrak{P}(Z - \alpha_0)$ existirt, ist noch nicht gesagt, dafs die gegebene Reihe an einer Stelle z' ihres Convergenzbereiches verschwindet, denn die Stelle $Z = 0$ braucht nicht in dem Convergenzkreise der Reihe für z zu liegen. Es kann somit auch ganze transcendente Functionen geben, die für keinen endlichen Werth der Variabeln verschwinden, und in der That haben wir eine solche in der Function $E(x)$ bereits kennen gelernt.

Gehen wir nun wieder auf das durch eine Gleichung

$$G(y, x_1, x_2, \ldots x_n) = 0$$

definirte algebraische Gebilde mit der Stelle $(b_\mu, a_1, a_2, \ldots a_n)$ zurück und setzen fest, dafs in

$$G(b_\mu + \eta_\mu, a_1 + \xi_1, \ldots a_n + \xi_n) = \sum_{\mu=0}^{m} \varphi_\mu(\xi_1, \xi_2 \ldots \xi_n)\, \eta_\mu^{m-\mu} = 0$$

$\varphi_{m-1}(0, 0, \ldots 0)$ von Null verschieden sei, so läfst sich in der Umgebung der Stelle $\xi_1 = \xi_2 = \ldots = \xi_m = 0$ ein Bereich angeben, wo die Quotienten $-\frac{\varphi_\mu}{\varphi_{\mu-1}}$ durch convergente Potenzreihen

$$\overline{\mathfrak{P}}_{m-\mu}(\xi_1, \xi_2 \,.\,.\, \xi_n)$$

darstellbar sind. Dann werden aber die Coefficienten des Ausdruckes:

$$\eta_\mu = \mathfrak{P}_0(\xi_1, \xi_2, \dots \xi_n) + \mathfrak{P}_2(\xi_1, \xi_2 \dots \xi_n)\,\eta_\mu^2 + \dots + \mathfrak{P}_m(\xi_1, \xi_2 \dots \xi_n)\,\eta_\mu^m$$

in einem hinlänglich kleinem Bereiche um die Stelle $(\xi) = 0$ auch die Bedingungen erfüllen, welche für eine convergente Entwicklung

$$\eta_\mu = \mathfrak{P}_\mu(\xi_1, \xi_2 \dots \xi_n)$$

nothwendig sind. $\mathfrak{P}_\mu(0, 0, \dots 0)$ ist wieder gleich $\mathfrak{P}_0(0, 0 \dots 0)$, d. i. Null.

Ist endlich unter

$$G(y, x_1, x_2, \dots x_n)$$

eine in der Umgebung R einer Stelle $(b, a_1, a_2, \dots a_n)$ convergente Potenzreihe verstanden, die an dieser Stelle verschwindet und hat der Coefficient von $y - b$ nicht die Nullstelle (a), so geht aus der Gleichung $G = 0$ wieder eine zweite der Form

$$\eta - \mathfrak{P}_0(\xi_1, \xi_2 \dots \xi_n) - \mathfrak{P}_2(\xi_1, \xi_2, \dots \xi_n)\,\eta^2 - \mathfrak{P}_3(\xi_1, \xi_2, \dots \xi_n)\,\eta^3 - \dots = 0$$

hervor, wo die Potenzreihen $\mathfrak{P}$ einen gemeinsamen Convergenzradius r besitzen und η die Werthe annehmen kann, deren Betrag kleiner ist als R.

Offenbar gibt es auch hier eine die letzte Gleichung identisch erfüllende Potenzreihe

$$\eta = \mathfrak{P}(\xi_1, \xi_2, \dots \xi_n).$$

§ 38. Darstellung des algebraischen Gebildes.

Wissen wir einmal, dafs eine Gleichung

$$G(y, x_1, x_2, \dots x_n) = 0$$

in der Umgebung einer regulären d. h. endlichen und einfachen Stelle $(b_\mu, a_1, a_2, \dots a_n)$ durch eine bestimmte Potenzreihe

$$y - b_\mu = \mathfrak{P}(x_1, x_2, \dots x_n \,|\, (a))$$

identisch zu erfüllen ist, so können wir zur Ermittelung derselben die Methode der unbestimmten Coefficienten verwenden, d. h. wir substituiren in der gegebenen Gleichung eine Potenzreihe

$$y = b_\mu + \sum_{(\mu_\nu)=0}^{\infty} c_{\mu_1 \mu_2 \dots \mu_n}(x_1 - a_1)^{\mu_1}(x_2 - a_2)^{\mu_2} \dots (x_n - a_n)^{\mu_n}$$

und bestimmen die Coefficienten derart, dafs die Gleichung identisch besteht.

Ist z. B. die Gleichung

$$y^2 - (1 + x)^n = 0$$

vorgelegt, in welcher n eine positive oder negative ganze Zahl bedeutet, und beachten wir, dafs $(x = 0,\ y = 1)$ eine Stelle des algebraischen Gebildes ist, schreiben die Gleichung in der oben gebrauchten Form:

$$\big(2(y-1) - nx\big) + \Big((y-1)^2 - \frac{n(n-1)}{2}x^2\Big) - \frac{n(n-1)(n-2)}{1 \cdot 2 \cdot 3}x^3 - \cdots$$
$$- x^n = 0$$

und setzen

$$y - 1 = x\mathfrak{P}(x) = x\sum_{\nu=0}^{\infty} c_\nu x^\nu,$$

$$(y-1)^2 = x^2 \sum_{\nu=0}^{\infty} (c_0 c_\nu + c_1 c_{\nu-1} + c_2 c_{\nu-2} + \cdots + c_\nu c_0) x^\nu$$

in der letzten Gleichung ein, so gibt eine einfache Rechnung für den Coefficienten c_ν den Ausdruck:

$$\frac{\frac{n}{2}\left(\frac{n}{2} - 1\right) \cdots \left(\frac{n}{2} - \nu\right)}{1 \cdot 2 \cdot \ldots (\nu + 1)}.$$

Dieser Ausdruck ist aus $\frac{n}{2}$ gerade so zusammengesetzt, wie der $(\nu+1)^{\text{te}}$ Binominalcoefficient $\binom{n}{\nu+1}$ oder $(n)_{\nu+1}$ aus n, darum führen wir für c_ν die entsprechende Bezeichnung $\left(\begin{matrix}\frac{n}{2}\\ \nu+1\end{matrix}\right)$ oder $\left(\frac{n}{2}\right)_{\nu+1}$ ein, und die Entwicklung der Gröfse y in einer Umgebung der Stelle $(x = 0,\ y = 1)$ lautet:

$$y = 1 + \left(\frac{n}{2}\right)_1 x + \left(\frac{n}{2}\right)_2 x^2 + \cdots$$

In der Umgebung der Stelle $(x = 0,\ y = -1)$ folgt

$$y = -\left(1 + \left(\frac{n}{2}\right)_1 x + \left(\frac{n}{2}\right)_2 x^2 + \cdots\right).$$

Die gefundenen Reihen besagen, solange sie eine Giltigkeit haben, was man unter der zweiten Wurzel aus dem Ausdruck $(1 + x)^n$ zu verstehen hat, und man schreibt:

$$y = \pm\sqrt{(1+x)^n} = \pm\left(1 + \left(\frac{n}{2}\right)_1 x + \left(\frac{n}{2}\right)_2 x^2 + \cdots\right) = \pm(1+x)^{\frac{n}{2}}.$$

Die Potenzreihe $y = b + \mathfrak{P}(x_1, x_2, \ldots x_n | (a))$ können wir noch auf Grund einer anderen Bemerkung aufstellen. Weil y in der Umgebung einer Stelle (a), die weder Unendlichkeitsstelle eines Coefficienten der Gleichung:

$$y^m + \sum_{\mu=1}^{m} y^{m-\mu} f_\mu(x_1, x_2, \ldots x_n) = 0,$$

noch Nullstelle der Discriminante $D(x_1, x_2, \ldots x_n)$ ist, durch eine convergente Potenzreihe dargestellt wird, besitzt y an der Stelle (a) Ableitungen aller Ordnungen nach den Variabeln x_ν. Wenn wir diese Ableitungen aus der Gleichung $G(y, x_1, x_2, \ldots x_n) = 0$ selbst ablesen können, dürfen wir dann

$$y - b_\mu = \mathfrak{P}\big(x_1, x_2, \ldots x_n|(a)\big) =$$

$$= \sum_{(\mu_\nu)=0}' \left(\frac{\partial^{\mu_1+\mu_2+\cdots\mu_n} y}{\partial x_1^{\mu_1} \partial x_2^{\mu_2} \ldots \partial x_n^{\mu_n}}\right) \frac{(x_1 - a_1)^{\mu_1}}{\mu_1!} \frac{(x_2 - a_2)^{\mu_2}}{\mu_2!} \cdots \frac{(x_n - a_n)^{\mu_n}}{\mu_n!}$$

setzen.

Was diese Ableitungen betrifft, so sind diese wirklich leicht zu finden. Ist zunächst $G(y, x) = 0$ die vorgegebene Gleichung, und denken wir hierin y durch die ihr genügende Potenzreihe $b + \mathfrak{P}(x|a)$ ersetzt, so ist die Differentialänderung der convergenten Potenzreihe $G\big(b + \mathfrak{P}(x|a), x\big)$

$$dG(y, x) = \frac{\partial G}{\partial x} dx + \frac{\partial G}{\partial y} dy$$

identisch Null und demnach

$$\frac{dy}{dx} = -\frac{\frac{\partial G}{\partial x}}{\frac{\partial G}{\partial y}}$$

Aus den Gleichungen

$$d^2 G(y, x) =$$
$$= \left(\frac{\partial^2 G}{\partial x^2}\right) dx^2 + 2\left(\frac{\partial^2 G}{\partial x \partial y}\right) dx\, dy + \left(\frac{\partial^2 G}{\partial y^2}\right) dy\, dy + \left(\frac{\partial G}{\partial y}\right) d^2 y = 0,$$

$$d^3 G(y, x) =$$
$$= \frac{\partial^3 G}{\partial x^3} dx^3 + 3 \frac{\partial^3 G}{\partial x^2 \partial y} dx^2 dy + 3 \frac{\partial^3 G}{\partial y^2 \partial x} dx\, dy^2 + \frac{\partial^3 G}{\partial y^3} dy^3$$
$$+ 3 \frac{\partial^2 G}{\partial x \partial y} dx\, d^2 y + 3 \frac{\partial^2 G}{\partial y^2} dy\, d^2 y + \frac{\partial G}{\partial y} d^3 y = 0,$$

usw. folgt dann:

$$\frac{d^2 y}{dx^2} = -\frac{\frac{\partial^2 G}{\partial x^2} + 2 \frac{\partial^2 G}{\partial x \partial y} \frac{\partial y}{\partial x} + \frac{\partial^2 G}{\partial y^2} \left(\frac{dy}{dx}\right)^2}{\frac{\partial G}{\partial y}}$$

$$\frac{d^3 y}{dx^3} = -\frac{1}{\frac{\partial G}{\partial y}} \left\{\frac{\partial^3 G}{\partial x^3} + 3 \frac{\partial^3 G}{\partial x^2 \partial y} \left(\frac{dy}{dx}\right) + 3 \frac{\partial^3 G}{\partial x \partial y^2} \left(\frac{dy}{dx}\right)^2 + \frac{\partial^3 G}{\partial y^3} \left(\frac{dy}{dx}\right)^3\right.$$
$$\left. + 3 \left(\frac{\partial^2 G}{\partial x \partial y} + \frac{\partial^2 G}{\partial y^2} \left(\frac{dy}{dx}\right)\right) \frac{d^2 y}{dx^2}\right\}.$$

Es ist ersichtlich, dafs

$$\frac{d^2y}{dx^2} = \frac{d}{dx}\left(\frac{dy}{dx}\right) = \frac{d}{dx}\left(-\frac{\frac{\partial G}{\partial x}}{\frac{\partial G}{\partial y}}\right) \text{ und } \frac{d^3y}{dx^3} = \frac{d}{dx}\left(\frac{d^2y}{dx^2}\right) \text{ ist usw.}$$

Ist die gegebene Gleichung $G(y, x_1, x_2, \ldots x_n) = 0$, so wird

$$dG = \frac{\partial G}{\partial y}\,dy + \sum_{\nu=1}^{n} \frac{\partial G}{\partial x_\nu}\,dx_\nu = 0, \quad \frac{\partial y}{\partial x_\nu} = -\frac{\frac{\partial G}{\partial x_\nu}}{\frac{\partial G}{\partial y}},$$

$$d^2G = \sum_{\mu,\nu} \frac{\partial^2 G}{\partial x_\mu \partial x_\nu}\,dx_\mu dx_\nu + 2\sum_{\nu=1}^{n} \frac{\partial^2 G}{\partial x_\nu \partial y}\,dx_\nu dy$$
$$+ \frac{\partial^2 G}{\partial y^2}\,dy^2 + \frac{\partial G}{\partial y}\,dy^2 = 0 \quad \text{usw.}$$

Wendet man diese Methode zur Bestimmung der um die Stelle $(x = 0,\ y = 1)$ des Gebildes

$$y^m - (1 + x)^n = 0$$

giltigen Entwicklung für y an, so geht die Potenzreihe

$$y = 1 + \frac{n}{m}\,x + \frac{n}{m}\left(\frac{n}{m} - 1\right)\frac{x^2}{1.2} + \frac{n}{m}\left(\frac{n}{m} - 1\right)\left(\frac{n}{m} - 2\right)\frac{x^3}{3!} + \cdots$$

hervor und weil der Coefficient von x^ν

$$\frac{\frac{n}{m}\left(\frac{n}{m} - 1\right)\left(\frac{n}{m} - 2\right)\cdots\left(\frac{n}{m} - \nu + 1\right)}{1.2.3\ldots\nu}$$

wieder die Form des ν^{ten} Binomialcoefficienten einer ganzen Zahl $\frac{n}{m}$ hat, schreiben wir auch in dem Falle der gebrochenen Zahl $\frac{n}{m}$:

$$y = \sqrt[m]{(1 + x)^n} = (1 + x)^{\frac{n}{m}} = 1 + \left(\frac{n}{m}\right)_1 x + \left(\frac{n}{m}\right)_2 x^2 + \left(\frac{n}{m}\right)_3 x^3 + \cdots.$$

Sind $\varepsilon = 1,\ \varepsilon_2,\ \varepsilon_3 \ldots \varepsilon_m$ die m Wurzeln der Gleichung $\varepsilon^m = 1$, so sind die $x = 0$ zugehörigen y-Werthe ε_μ $(\mu = 1, 2 \ldots m)$, und die Darstellung der m-deutigen Gröfse y in der Umgebung der Stelle $(x = 0,\ y = \varepsilon_\mu)$ lautet:

$$y = \varepsilon_\mu\left(1 + \left(\frac{n}{m}\right)_1 x + \left(\frac{n}{m}\right)_2 x^2 + \cdots\right) = \varepsilon_\mu \sum_{\nu=0}^{\infty} \left(\frac{n}{m}\right)_\nu x^\nu,$$

wo nun auch die Bezeichnung $\left(\frac{n}{m}\right)_0 = 1$ benutzt ist.

Bildet man die m^{te} Wurzel der n_1^{ten} und n_2^{ten} Potenz von $(1 + x)$ in der Umgebung derselben Stelle $(x = 0,\ y = 1)$, so läfst sich durch Multiplication oder Division der diese Wurzeln darstellenden Potenzreihen leicht der Satz beweisen:

$$(1 + x)^{\frac{n_1}{m}}\,(1 + x)^{\frac{n_2}{m}} = (1 + x)^{\frac{n_1 + n_2}{m}},$$

respective

$$\frac{(1+x)^{\frac{n_1}{m}}}{(1+x)^{\frac{n_2}{m}}} = (1+x)^{\frac{n_1 - n_2}{m}},$$

d. h. für die gebrochenen Potenzen gelten dieselben formalen Rechnungsgesetze wie für die ganzzahligen Potenzen. Wenn diese Beziehungen zunächst in einem Bereiche um die Stelle $x = 0$ (welcher der Werth 1 zugeordnet ist) erkannt sind, gelten sie auch für die aus den primitiven Elementen auf gleichem Wege abgeleiteten Fortsetzungen, die schliefslich den ganzen Stetigkeitsbereich der m-deutigen Potenzen umfassen.

Wir werden später die allgemeine Potenz zu untersuchen haben; hier sollte nur darauf aufmerksam gemacht werden, dafs wir die Potenzen mit rationalen Exponenten bereits behandeln können und wir stehen nicht an, ihre Regeln schon hier zu verwenden. Es mag nur noch bemerkt werden, was für eine Eigenthümlichkeit das algebraische Gebilde aufweist, wenn in

$$y^m - (a + x)^n = 0 \quad \text{oder} \quad y^m - a^n\left(1 + \frac{x}{a}\right)^n = 0$$

die ganzen Zahlen m und n einen gemeinsamen Theiler k besitzen.

Es sei $m = m_1 k$ und $n = n_1 k$, dann wird die Entwicklung in der Umgebung von $x = 0$, $y = \sqrt[m]{a^n} = A = \sqrt[m_1]{a^{n_1}}$:

$$y = A\left(1 + \binom{m_1}{n_1}_1\left(\frac{x}{a}\right) + \binom{m_1}{n_1}_2\left(\frac{x}{a}\right)^2 + \cdots\right) = A\left(1 + \frac{x}{a}\right)^{\frac{n_1}{m_1}},$$

sie stimmt also dort vollständig mit der aus der Gleichung

$$y^{m_1} - A_1^{m_1}\left(1 + \frac{x}{a_1}\right)^{n_1} = 0$$

entspringenden Entwicklung überein, und jede Fortsetzung dieser letzteren genügt auch der ersten Gleichung, die reductibel sein mufs. Wenn man also y als die $\left(\frac{n}{m}\right)^{\text{te}}$ Potenz auffafst, ist y nur m_1-deutig. —

Gehören zu einer endlichen Stelle $x = a$ zufolge der algebraischen Gleichung

$$G(y, x) = f_0(x)y^m + f_1(x)y^{m-1} + \cdots + f_m(x) = 0$$

m endliche und von einander verschiedene Werthe $y = b_1, b_2, \ldots b_m$ und sind die Umgebungen der m Stellen $(x = a,\ y = b_\mu)$ durch

$$y = b_\mu + (x - a)\,\mathfrak{P}_\mu(x - a) = \mathfrak{P}^{(\mu)}(x\ a)$$

dargestellt, so folgt leicht, dafs der Convergenzradius keines der aufgestellten Elemente $\mathfrak{P}^{(\mu)}(x|a)$ kleiner sein kann als $|c - a|$, wenn c die der Stelle a nächstliegende Nullstelle der Function $f_0(x)$ oder der Discriminante $D(x)$ bedeutet. Denn andernfalls könnte man in der

Umgebung jeder Stelle x_0, welche auf der Begrenzung des kleinsten der Convergenzkreise unserer Elemente liegt, m Potenzreihen

$$y = \mathfrak{P}^{(\mu)}(x|x_0)$$

aufstellen, weil daselbst die für eine solche Entwicklung nothwendigen Bedingungen erfüllt sind. Allen Stellen x_1, welche dem gemeinsamen Convergenzbereiche dieser und der ursprünglichen Elemente angehören, lassen sich dann $2m$ Reihen

$$\mathfrak{P}^{(\mu)} x|a, x_1) \quad \text{und} \quad \mathfrak{P}^{(\mu)}(x|x_0, x_1)$$

zuordnen, die aber paarweise übereinstimmen müssen, weil es nur m Reihen geben kann, welche einem Werthe x_1 m der Gleichung $G(y,x)=0$ genügende y-Werthe zuweisen. Dann aber kann x_0 keine singuläre Stelle eines der gegebenen Elemente $\mathfrak{P}^{(\mu)}(x|a)$ sein, und man sieht, dafs in der Umgebung der nächsten Grenzstelle nicht m sondern weniger Potenzreihen existiren können, und dieselbe als Nullstelle von f_0 oder D zu definiren ist.

Bei der allgemeinen binomischen Gleichung

$$y^m f_0(x) + f_m(x) = 0$$

sind die Nullstellen der ganzen Functionen $f_0(x)$ und $f_m(x)$ die im Endlichen gelegenen singulären Stellen der allenthalben aufzustellenden Elemente für y. Sind die Coefficienten $f_0, f_1, \ldots f_m$ ganze transcendente Functionen, so können diese in einem endlichen Bereiche nicht unendlich viele Nullstellen besitzen, sonst müfsten sie ja in der Umgebung einer Häufungsstelle für unendlich viele Werthe Null und dann identisch Null sein. Darum aber läfst sich für Gleichungen $G(x, y) = 0$, deren Coefficienten ganze transcendente Functionen sind, der Satz über den gemeinsamen Convergenzbereich m simultaner Elemente um eine Stelle a ebenso aussprechen wie früher; er enthält alle Stellen, die a näher liegen als die nächste Nullstelle von $f_0(x)$ oder $D(x)$.

Andere Vorkommnisse wird man später leicht beurtheilen, wenn die Darstellung eindeutiger Functionen mit beliebigen singulären Stellen bekannt ist. —

Enthält die gegebene Gleichung mehrere unabhängige Variable $x_1, x_2, \ldots x_n$ und ist (a) eine Stelle, in deren Umgebung m Elemente

$$y = \mathfrak{P}^{(\mu)}(x_1, x_2, \ldots x_n|(a))$$

existiren, so kann eine Stelle $(x^{(0)})$ nur dann auf dem wahren gemeinsamen Convergenzbereiche dieser Reihen liegen, wenn es unter den den Bedingungen

$$|x_\nu - a_\nu| = |x_\nu^{(0)} - a_\nu|$$

gehorchenden Stellen (x) mindestens eine gibt, die zu jenen singulären gehört, welche bei Entwicklung der Elemente ausgeschlossen werden mufsten.

Die simultanen Fortsetzungen simultaner Elemente werden nach einem früheren Satze dieselbe Gleichung erfüllen wie diese und in ihrem gemeinsamen Convergenzbereiche geben sie alle Werthe y, deren diese Gröfse daselbst fähig ist, d. h. es gibt in dem Convergenzbereiche von m Reihen

$$y = \mathfrak{P}^{(\mu)}(x_1, x_2, \dots x_n | (a))$$

keine Stelle (x'), der zufolge der Gleichung

$$G(y, x_1, x_2, \dots x_n) = f_n + y f_{n-1} + y^2 f_{n-2} + \cdots + f_0 y^n = 0$$

andere Werthe für y zugehören, als diejenigen, welche eben die Reihen liefern.

Gäbe es neben den aus den Reihen entspringenden Werthen y_1', y_2', ... y_m' noch einen zu der Stelle (x') gehörigen Werth y', und setzt man

$$x_\nu = x_\nu' + \xi_\nu', \quad y = y_\mu' + \eta_\mu', \quad y = y_\mu' + \eta',$$

so entstehen die $(m+1)$ Gleichungen

$$\varphi_m(\xi_1', \xi_2', \dots \xi_n') + \eta_\mu \varphi_{m-1}(\xi_1', \xi_2', \dots \xi_n') + \cdots + \eta_\mu^m \varphi_0(\xi_1', \xi_2', \dots \xi_n') = 0 \quad (\mu = 1, 2, \dots m),$$

$$\varphi_m(\xi_1', \xi_2', \dots \xi_n') + \eta' \varphi_{m-1}(\xi_1', \xi_2', \dots \xi_n') + \cdots + \eta'^m \varphi_0(\xi_1', \xi_2', \dots \xi_n') = 0.$$

Die Subtraction ergibt:

$$(\eta_\mu - \eta')\varphi_{m-1} + (\eta_\mu^2 - \eta'^2)\varphi_{m-2} + \cdots + (\eta_\mu^m - \eta'^m)\varphi_0 = 0,$$

und weil man bei ungleichem η_μ und η' durch $\eta_\mu - \eta'$ dividiren kann, folgt auch

$$\varphi_{m-1} + (\eta_\mu + \eta')\varphi_{m-2} + \cdots + (\eta_\mu^{m-1} + \eta_\mu^{m-2}\eta' + \cdots + \eta'^{m-1})\varphi_0 = 0.$$

Doch diese Gleichung kann nicht bestehen, indem die Coefficienten von $(\eta_\mu + \eta')$, $(\eta_\mu^2 + \eta_\mu\eta' + \eta'^2)$ usw. mit ξ_1', ξ_2', ... ξ_n' beliebig klein werden und φ_{m-1} $(0, 0 \dots 0)$ von Null verschieden ist, weil ja in einer Umgebung von (x') m Reihen aufzustellen sind. Die Annahme war also unrichtig und der Satz erscheint bewiesen. —

Jetzt ist auch die in dem zweiten Capitel angeregte Frage nach der Continuität einer ganzen rationalen Function $f(z)$ dahin zu beantworten: Weil die ganze Function jeden Werth annimmt und die einem ersten für $z = a$ hervorgehenden Werthe A benachbarten Functionswerthe für solche Argumente z entspringen, die nur durch eine Potenzreihe gegeben werden, so ist die ganze rationale Function continuirlich.

§ 39. **Fortsetzung.**

Wir setzen nunmehr voraus, dafs die algebraische Gleichung (mit rationalen Coefficienten) $G(\overset{(m)}{y}, \overset{(n)}{x}) = 0$ in der Umgebung einer Stelle (b, a) nicht die vollständige Form

$$\left(\frac{\partial G}{\partial y}\right)\eta + \left(\frac{\partial G}{\partial x}\right)\xi + (\eta, \xi)_2 + (\eta, \xi)_3 + \cdots = 0$$

besitze, sondern dafs hierin

$$\frac{\partial G}{\partial x}, \frac{\partial^2 G}{\partial x^2}, \ldots \frac{\partial^{\mu-1} G}{\partial x^{\mu-1}}$$

an der Stelle $(x = a, \; y = b)$ verschwinden. Ist immer noch $\left(\frac{\partial G}{\partial y}\right)$ von Null verschieden, so werden die oben aufgestellten Differentialquotienten

$$\frac{dy}{dx}, \frac{d^2 y}{dx^2}, \ldots \frac{d^{\mu-1} y}{dx^{\mu-1}}$$

an der Stelle $(x = a, \; y = b)$ Null sein, und die oben benützte Entwicklungsform

$$y - b = \sum_{\nu=1}^{\infty} \left(\frac{d^\nu y}{dx^\nu}\right) \cdot \frac{(x-a)^\nu}{\nu!}$$

erhält die Gestalt

$$y = b + (x - a)^\mu \, \mathfrak{P}_1(x|a). \; -$$

Ist $y = \beta$ keine Nullstelle der Discriminante der Gleichung $G(y, x) = 0$ mit der unabhängigen Variabeln y und keine Nullstelle des Coefficienten von x^n in der nach x geordneten Gleichung (mit ganzen Functionen von y als Coefficienten), so können wir in der Umgebung einer Stelle $(y = \beta, \; x = \alpha)$ eine Potenzreihe

$$x = \alpha + (y - \beta)^\lambda \, \mathfrak{P}_2(y|\beta)$$

ableiten, sofern $\left(\frac{\partial G}{\partial x}\right)_{\alpha, \beta}$ von Null verschieden ist.

Jenachdem wir also x oder y als unabhängige Variable ansehen, folgt in der Umgebung einer nicht singulären Stelle (a, b) resp. (b, a) eine Entwicklung der Gestalt

$$x - a = t, \quad y - b = t^\mu \, \mathfrak{P}_1(t)$$

oder

$$y - b = t, \quad x - a = t^\lambda \, \mathfrak{P}_2(t),$$

wo t eine neue Variable bedeutet.

Substituirt man an Stelle der Variabeln t eine in der Umgebung der Stelle $u = 0$ verschwindende convergente Potenzreihe

$$t = \alpha_1 u + \alpha_2 u + \cdots,$$

so besteht in der Umgebung jeder endlichen Stelle (a, b), an welcher $\frac{\partial G}{\partial x}, \frac{\partial G}{\partial y}$ nicht gleichzeitig Null sind, eine Darstellung des algebraischen Gebildes in der Form:

$$x = a + u \, \mathfrak{P}_1(u), \quad y = b + u \, \mathfrak{P}_2(u),$$

wo $\mathfrak{P}_1(u)$ und $\mathfrak{P}_2(u)$ gewöhnliche Potenzreihen sind. — Beschränkt man die neue unabhängige Variable u auf den Bereich, wo $\mathfrak{P}_1$ und $\mathfrak{P}_2$ convergiren, so gehört zu jeder Stelle u ein Werth t und ein Werthepaar (x, y), und verschiedenen Werthen u_1, u_2 entsprechen verschiedene Werthepaare, wenn nur $|\alpha_1|$ von Null verschieden ist, denn dann werden u_1 und u_2 verschiedene Werthe t_1 und t_2 zuzuordnen sein. Wäre nämlich $t_1 = t_2$, so müfste in

$$t_1 - t_2 = (u_1 - u_2)\,(\alpha_1 + \alpha_2(u_1 + u_2) + \alpha_3(u_1^2 + u_1 u_2 + u_2^2) + \cdots)$$

der absolute Betrag von

$$\alpha_1 + \alpha_2(u_1 + u_2) + \cdots$$

verschwinden, und das geht bei der über $|\alpha_1|$ gemachten Annahme nicht an.

Setzt man an Stelle von u eine neue Potenzreihe mit der unabhängigen Variabeln v: $u = \mathfrak{P}(v)$, nimmt an, dafs $\mathfrak{P}(0)$ verschwindet und der Coefficient von v von Null verschieden ist, auf dafs

$$u = \beta_1 v + \beta_2 v^2 + \cdots$$

gilt, so folgt eine neue Darstellung:

$$x = a + \overline{\mathfrak{P}}_1(v), \quad y = b + \overline{\mathfrak{P}}_2(v).$$

Jedem Werthe v aus dem Convergenzbereiche der Reihen $\overline{\mathfrak{P}}_1$ und $\overline{\mathfrak{P}}_2$ gehört ein Werthepaar (x, y) und verschiedenen Werthen v_1 und v_2 gehören verschiedene Werthepaare (x, y) an, denn bei der gemachten Voraussetzung können die entsprechenden u-Werthe nicht gleich sein.

Auf die genannte Art läfst sich demnach ein Element des algebraischen Gebildes durch unendlich viele Paare von Potenzreihen darstellen; es ist nur zu zeigen, dafs die einem *Functionenpaare*

$$x = a + u\,\mathfrak{P}_1(u), \quad y = b + u\,\mathfrak{P}_2(u)$$

entspringenden Werthepaare (x, y) einer hinlänglich kleinen Umgebung von $u = 0$ identisch sind mit den aus einem zweiten Functionenpaare

$$x = a + v\,\overline{\mathfrak{P}}_1(v), \quad y = b + v\,\overline{\mathfrak{P}}_2(v)$$

hervorgehenden Werthen für x und y, wenn man v wieder in hinlänglich kleinem Bereiche um die Stelle $v = 0$ erhält.

Setzt man

$$x - a = a_0 u^\mu + a_1 u^{\mu+1} + \cdots, \quad y - b = b_0 u^\nu + b_1 u^{\nu+1} + \cdots$$

und leitet einen der μ Werthe von $\sqrt[\mu]{\frac{x-a}{a_0}}$ — er heifse X_μ — durch die Entwicklung von

$$\sqrt[\mu]{u^\mu\left(1 + \frac{a_1}{a_0}u + \frac{a_2}{a_0}u^2 + \cdots\right)}$$

oder

$$u\sqrt[\mu]{1 + \left\{\frac{a_1}{a_0}u + \frac{a_2}{a_0}u^2 + \cdots\right\}}$$

ab, bestimmt hierauf die der Reihe

$$X_\mu = u + a_2' u^2 + a_3' u^3 + \cdots \tag{α}$$

identisch genügende Reihe

$$u = \mathfrak{P}_1^{(1)}(X_\mu) = \mathfrak{P}_1^{(1)}\left(\left(\frac{x-a}{a_0}\right)^{\frac{1}{\mu}}\right) \qquad (\beta)$$

oder kehrt — wie man sagt — die Reihe (α) um, so wird die Reihe (β) die Gleichung $x - a = u\mathfrak{P}_1(u)$ identisch erfüllen. Durch Substitution der μ Reihen (β) in die Gleichung $y - b = u\mathfrak{P}_2(u)$ ordnet man andrerseits den μ Werthen von $\sqrt[\mu]{\frac{x-a}{a_0}}$ μ Werthe y zu, denn in

$$b_0\left(\mathfrak{P}_1^{(1)}\left(\left(\frac{x-a_1}{a_0}\right)^{\frac{1}{\mu}}\right)\right)^{\nu} + b_1\left(\mathfrak{P}_1^{(1)}\left(\left(\frac{x-x_1}{a_0}\right)^{\frac{1}{\mu}}\right)\right)^{\nu+1} + \cdots$$

können nicht alle Potenzen von $\left(\frac{x-a_1}{a_0}\right)^{\frac{1}{\mu}}$, die mit μ keinen Theiler gemein haben, verschwinden, denn sonst würden verschiedenen u-Werthen gleiche Werthepaare (x, y) entsprechen können. Man sieht also, dafs einem Werthe von x in der Nähe von a μ der Stelle b benachbarte Werthe y zugehören, und ebenso gehören einem Werthe y ν der Stelle a benachbarte Werthe x zu.

Ist andrerseits

$$x - a = A_0 v^{\mu'} + A_1 v^{\mu'+1} + \cdots, \quad y - b = B_0 v^{\nu'} + B_1 v^{\nu'+1} + \cdots,$$

so entsprechen einem Werthe x in der Reihe von a μ' Werthe y und einem Werthe y ν' Werthe von x. Das ist nicht anders möglich als wenn

$$\mu = \mu', \quad \nu = \nu'$$

ist, da einem x- oder y-Werthe nur eine bestimmte Anzahl von y- oder x-Werthen zugehören kann. Ferner lehrt ein ähnlicher Schlufs wie früher, dafs die Werthepaare (x, y) aus den beiden Functionenpaaren gleich sein müssen, d. h. solange u und v zufolge der Beziehung

$$u = \beta_1 v + \beta_2 v^2 + \cdots$$

um beliebig wenig von einander abweichen, können die zugehörigen Werthe x_1 und x_2 nicht verschieden ausfallen.

Umgekehrt sieht man, dafs die zweien Functionenpaaren entsprechenden unendlich kleinen Werthe für $(x - a)$ und $(y - b)$ nur übereinstimmen können, wenn u und v durch eine Gleichung

$$u = \beta_1 v + \beta_2 v^2 + \cdots \quad (|\beta_1| > 0)$$

oder

$$v = \beta_1' u + \beta_2' u^2 + \cdots \quad (|\beta_1'| > 0)$$

verbunden sind. —

Wir haben nun gelernt, wie man das algebraische Gebilde an jenen endlichen Stellen darstellt, wo die Discriminante $D_1(x)$ oder $D_2(y)$ verschwindet, jenachdem man x oder y als die unabhängige Variable betrachtet, doch war vorausgesetzt, dafs an diesen Verzweigungsstellen von $y(x)$ oder $x(y)$ $\left(\frac{\partial G}{\partial y}\right)$ respective $\left(\frac{\partial G}{\partial x}\right)$ nicht verschwindet. Dann konnte y oder x nach gebrochenen Potenzen von $(x-a)$ oder $(y-b)$ entwickelt werden oder es existirte ein Functionenpaar

$$x-a=\mathfrak{P}_1(u), \quad y-b=\mathfrak{P}_2(u),$$

wo die Potenzreihen $\mathfrak{P}_1$ und $\mathfrak{P}_2$ nicht beide mit Gliedern ersten Grades beginnen.

Wir setzen nun auch voraus, dafs die ganze Function $G(x, y)$ in der Umgebung einer im Endlichen gelegenen Nullstelle (a, b) die Form besitze:

$$G(a+\xi, b+\eta)=(\xi, \eta)_\mu+(\xi, \eta)_{\mu+1}+\cdots+(\xi, \eta)_m+\cdots,$$

wo $(\xi, \eta)_\nu$ wieder die Gesammtheit der Glieder ν^{ter} Dimension bezeichnet. Es sollen also die beiden Gröfsen

$$\left(\frac{\partial G}{\partial x}\right) \quad \text{und} \quad \left(\frac{\partial G}{\partial y}\right)$$

verschwinden und die Glieder niedrigster Dimension, welche nicht Null sind, seien Glieder μ^{ter} Dimension. Wir können voraussetzen, dafs die Coefficienten von ξ^μ und η^μ, d. i.

$$\left(\frac{\partial^\mu G}{\partial x^\mu}\right) \quad \text{und} \quad \left(\frac{\partial^\mu G}{\partial y^\mu}\right)$$

nicht Null sind, denn andernfalls führt eine homogene lineare Substitution

$$\xi=\alpha_{11}\xi'+\alpha_{12}\eta', \quad \eta=\alpha_{21}\xi'+\alpha_{22}\eta'$$

auf eine Darstellung von $G(a+\xi', b+\eta')$, in welcher die Coefficienten von ξ'^μ und η'^μ nicht verschwinden. In der That folgt ja aus der Existenz eines Gliedes μ^{ter} Dimension

$$\left(\frac{\partial^\mu G}{\partial x^{\mu-\nu}\partial y^\nu}\right)\frac{\xi^{\mu-\nu}}{(\mu-\nu)!}\frac{\eta^\nu}{\nu!}=\left(\frac{\partial^\mu G}{\partial x^{\mu-\nu}\partial y^\nu}\right)\frac{(\alpha_{11}\xi'+\alpha_{12}\eta')^{\mu-\nu}}{(\mu-\nu)!}\frac{(\alpha_{21}\xi'+\alpha_{22}\eta')^\nu}{\nu!}$$

das Vorhandensein nicht verschwindender Coefficienten von ξ'^μ und η'^ν.

Zerlegt man die homogene Function μ^{ten} Grades $(\xi, \eta)_\mu$ in das Product ihrer Primfactoren:

$$(\xi, \eta)_\mu=C(\beta_1\xi-\alpha_1\eta)^{\mu_1}(\beta_2\xi-\alpha_2\eta)^{\mu_2}\ldots(\beta_r\xi-\alpha_r\eta)^{\mu_r},$$

indem man zunächst $\frac{\xi}{\eta}=\zeta$ setzt, dann

$$(\xi, \eta)_\mu=\eta^\mu(\zeta)_\mu=\eta^\mu c\prod_{\varrho=1}^{r}(\zeta-\zeta_\varrho)^{\mu_\varrho}$$

bildet und endlich

$$\zeta_\varrho=\frac{\alpha_\varrho}{\beta_\varrho}, \quad C=c\beta_1^{-\mu_1}\beta_2^{-\mu_2}\ldots\beta_r^{-\mu_r}$$

substituirt, und wählt man nach der Zerlegung entsprechend den r Gröfsenpaaren α_ϱ, β_ϱ r Gröfsenpaare a_ϱ b_ϱ derart, dafs

$$a_\varrho \beta_\varrho - b_\varrho \alpha_\varrho = 1 \quad \text{und} \quad |a_\varrho \beta_{\varrho'} - b_\varrho \alpha_{\varrho'}| > 0$$

wird, so kann man r mal zwei Gröfsen ξ_ϱ und $\bar{\eta}_\varrho$ durch die Gleichungen

$$\xi = (-\alpha_\varrho + a_\varrho \bar{\eta}_\varrho)\bar{\xi}_\varrho, \quad \eta = (-\beta_\varrho + b_\varrho \bar{\eta}_\varrho)\bar{\xi}_\varrho$$

definiren, aus denen

$$\bar{\xi}_\varrho = b_\varrho \xi - a_\varrho \eta, \quad \bar{\eta}_\varrho = \frac{\beta_\varrho \xi - \alpha_\varrho \eta}{b_\varrho \xi - a_\varrho \eta}$$

resultirt. In den neuen Gröfsen $\bar{\xi}_\varrho, \bar{\eta}_\varrho$ erhält die Function $(\xi, \eta)_\mu$ die Gestalt:

$$(\xi, \eta)_\mu = \bar{\xi}_\varrho^\mu \bar{\eta}_\varrho^{\mu_\varrho} C \prod_{\varrho'=1}^{r}{}' (\beta_\varrho \alpha_{\varrho'} - \alpha_\varrho \beta_{\varrho'} - \bar{\eta}_\varrho (b_\varrho \alpha_{\varrho'} - a_\varrho \beta_\varrho))^{\mu_{\varrho'}}$$

und es wird

$$G(a+\xi, b+\eta) = \bar{\xi}_\varrho^\mu \{ \bar{\eta}_\varrho^{\mu_\varrho} \psi_1(\bar{\eta}_\varrho) + \bar{\xi}_\varrho \psi_2(\bar{\eta}_\varrho) + \cdots \} = \bar{\xi}_\varrho^\mu g_\varrho(\bar{\xi}_\varrho, \bar{\eta}_\varrho),$$

wo g_ϱ eine ganze Function von $\bar{\xi}_\varrho$ und $\bar{\eta}_\varrho$ bezeichnet.*)

Wir behaupten nun, dafs die Gesammtheit der aus den r Gleichungen

$$g_\varrho(\bar{\xi}_\varrho, \bar{\eta}_\varrho) = 0 \quad (\varrho = 1, 2, \ldots r)$$

entstandenen unendlich kleinen Werthepaare $(\bar{\xi}_\varrho, \bar{\eta}_\varrho)$ mit Hilfe der diese Gröfsen definirenden Gleichungen gerade in die der ursprünglichen Gleichung $G(a+\xi, b+\eta) = 0$ genügenden unendlich kleinen Werthepaare zu transformiren sind, oder mit anderen Worten: dafs die letzten r Gleichungen in der Umgebung der Stelle (0, 0) der Gleichung $G(a+\xi, b+\eta) = 0$ äquivalent sind.

Da $g_\varrho(\bar{\xi}_\varrho, \bar{\eta}_\varrho)$ keine von $\bar{\xi}_\varrho$ freien Glieder in $\bar{\eta}_\varrho$ enthält, die von niedrigerem als dem μ_ϱ ten Grade sind, entsprechen einem unendlich kleinem Werthe von $\bar{\xi}_\varrho$, μ_ϱ unendlich kleine Werthe η_ϱ, die wegen der Irreductibilität von g_ϱ im Allgemeinen von einander verschieden ausfallen. Daher gehören zu unendlich kleinen Werthen $\bar{\xi}_1, \bar{\xi}_2, \ldots \bar{\xi}_r$

*) Man kann andrerseits die Gröfsen a_ϱ und b_ϱ so wählen, dafs $a_\varrho - \zeta_\varrho b_\varrho$ für ein von ϱ verschiedenes ϱ' von Null verschieden und $a_\varrho - \zeta_{\varrho'} b_\varrho = 1$ wird, und dann setze man

$$\xi = (-\zeta_\varrho + a_\varrho \bar{\eta}_\varrho)\bar{\xi}_\varrho, \quad \eta = (-1 + b_\varrho \bar{\eta}_\varrho)\bar{\xi}_\varrho$$

oder

$$\xi_\varrho = b_\varrho \xi - a_\varrho \eta, \quad \bar{\eta}_\varrho = \frac{\xi - \zeta_\varrho \eta}{b_\varrho \xi - a_\varrho \eta},$$

so folgt

$$(\xi \eta)_\mu = \bar{\xi}_\varrho^\mu \bar{\eta}_\varrho^{\mu_\varrho} c \prod_{\varrho'=1}^{r}{}' (\zeta_{\varrho'} - \zeta_\varrho - \bar{\eta}_\varrho (\zeta_\varrho b_\varrho - a_\varrho))^{\mu_{\varrho'}}$$

und

$$G(a+\xi, b+\eta) = \bar{\xi}_\varrho^\mu g_\varrho(\bar{\xi}_\varrho, \bar{\eta}_\varrho),$$

wo g_ϱ ebenso wie $G(x, y)$ irreductibel sein mufs.

μ unendlich kleine Werthepaare $(\bar{\xi}_\varrho, \bar{\eta}_\varrho)$ $(\varrho = 1, 2, \ldots r)$ und die verschiedenen Gleichungen

$$g_\varrho(\bar{\xi}_\varrho, \bar{\eta}_\varrho) = 0 \quad g_{\varrho'}(\bar{\xi}_{\varrho'}, \bar{\eta}_{\varrho'}) = 0$$

entnommenen Werthepaare geben von einander verschiedene Lösungen

$$\xi_1 = (-\alpha_\varrho + a_\varrho \bar{\eta}_\varrho)\bar{\xi}_\varrho, \quad \eta_1 = (-\beta_\varrho + b_\varrho \bar{\eta}_\varrho)\bar{\xi}_\varrho$$
$$\xi_2 = (-\alpha_{\varrho'} + a_{\varrho'} \bar{\eta}_{\varrho'})\bar{\xi}_{\varrho'}, \quad \eta_2 = (-\beta_{\varrho'} + b_{\varrho'} \bar{\eta}_{\varrho'})\bar{\xi}_{\varrho'}$$

der Gleichung $G(a+\xi, b+\eta) = 0$. Setzt man nämlich voraus, daſs bei gleichen Werthen von $\bar{\xi}_\varrho$ und $\bar{\xi}_{\varrho'}$

$$\xi_1 = \xi_2, \quad \eta_1 = \eta_2$$

wird, so müſste bei den hier in Betracht kommenden unendlich kleinen Werthen von $\bar{\eta}_\varrho$ und $\bar{\eta}_{\varrho'}$

$$\alpha_\varrho = \alpha_{\varrho'}, \quad \beta_\varrho = \beta_{\varrho'}$$

sein, was gegen die angenommene Zerlegung von $(\xi, \eta)_\mu$ verstoſsen würde. Es gehen also aus den r Gleichungen $g_\varrho = 0$ und den die Gröſsen $\bar{\xi}_\varrho$, $\bar{\eta}_\varrho$ mit ξ und η verbindenden Gleichungen wirklich μ unendlich kleine Werthepaare ξ, η hervor, die der Gleichung

$$G(a+\xi, b+\eta) = 0$$

genügen. Weil aber diese Gleichung die Glieder ξ^μ und η^μ enthält, gehören umgekehrt zu einem Werthe ξ μ unendlich kleine Werthe η und μ_ϱ Werthepaare $\bar{\xi}_\varrho$, $\bar{\eta}_\varrho$. Jetzt ist die Äquivalenz des Systems von r Gleichungen $g_\varrho = 0$ mit der gegebenen Gleichung für unendlich kleine Werthepaare $(\bar{\xi}_\varrho, \bar{\eta}_\varrho)$ und (ξ, η) evident.

Um nun η als Function von ξ darzustellen, benütze man — sofern $\left(\frac{\partial g_\varrho}{\partial \bar{\eta}_\varrho}\right)$ an der Stelle $\bar{\eta}_\varrho = 0$, $\bar{\xi}_\varrho = 0$ nicht verschwindet — die aus den Gleichungen $g_\varrho(\bar{\xi}_\varrho, \bar{\eta}_\varrho) = 0$ hervorgehenden Potenzreihen:

$$\bar{\eta}_\varrho = \bar{\xi}_\varrho \mathfrak{P}_\varrho(\bar{\xi}_\varrho) \quad \text{oder} \quad \bar{\xi}_\varrho = t, \quad \bar{\eta}_\varrho = t\,\mathfrak{P}_\varrho(t).$$

Wenn demnach in der Zerlegung von $(\xi, \eta)_\mu$ μ von einander verschiedene Primfactoren $(\beta_\varrho \xi - \alpha_\varrho \eta)$ auftreten, gibt es in der Umgebung der Stelle $(x = a, y = b)$ des algebraischen Gebildes $G(x, y) = 0$ μ von einander verschiedene Functionenpaare:

$$\xi = \mathfrak{P}_1^{(\varrho)}(t), \quad \eta = \mathfrak{P}_2^{(\varrho)}(t)$$

oder

$$x - a = \mathfrak{P}_1^{(\varrho)}(t), \quad y - b = \mathfrak{P}_2^{(\varrho)}(t) \quad (\varrho = 1, 2, \ldots \mu)$$

und die Gesammtheit der aus denselben für hinlänglich kleine Werthe von t entspringenden Werthepaare (x, y) genügen der gegebenen Gleichung.

Die Stelle (a, b) heiſst eine μ*-elementige*, weil μ der m Elemente für y an der Stelle $x = a$ denselben Werth b annehmen.

Gibt es hingegen ganze Functionen $g_\varrho(\bar{\xi}_\varrho, \bar{\eta}_\varrho)$, in welchen das Glied niedrigsten Grades in $\bar{\eta}_\varrho$ $\bar{\eta}_\varrho^{\mu_\varrho}$ ist, so verfahre man mit der Gleichung

$$g_\varrho(\bar{\xi}_\varrho, \bar{\eta}_\varrho) = (\bar{\xi}_\varrho, \bar{\eta}_\varrho)_{\mu_\varrho} + (\bar{\xi}_\varrho, \bar{\eta}_\varrho)_{\mu_\varrho+1} + \cdots = 0$$

ebenso wie früher mit $G(a+\xi, b+\eta) = 0$. Man zerlege die homogene ganze Function $(\bar{\xi}_\varrho, \bar{\eta}_\varrho)$, welche die Glieder $\bar{\xi}_\varrho^{\mu_\varrho}$ und $\bar{\eta}_\varrho^{\mu_\varrho}$ wieder enthalten soll, in das Product ihrer Primfactoren:

$$C_\varrho \prod_{\pi=1}^{p} (\beta_{\varrho,\pi}\bar{\xi}_\varrho - \alpha_{\varrho,\pi}\bar{\eta}_\varrho)^{\mu_{\varrho,\pi}},$$

wo $\sum_{\pi=1}^{p} \mu_{\varrho,\pi} = \mu_\varrho$ ist, wähle dann p Gröfsenpaare $a_{\varrho,\pi}, b_{\varrho,\pi}$ derart, dafs

$$a_{\varrho,\pi}\beta_{\varrho,\pi} - b_{\varrho,\pi}\alpha_{\varrho,\pi} = 1, \quad |a_{\varrho,\pi}\beta_{\varrho,\pi'} - b_{\varrho,\pi}\alpha_{\varrho,\pi'}| > 0$$

wird, setze wieder

$$\bar{\xi}_\varrho = (-\alpha_{\varrho,\pi} + a_{\varrho,\pi}\bar{\eta}_{\varrho,\pi})\bar{\xi}_{\varrho,\pi}, \quad \bar{\eta}_\varrho = (-\beta_{\varrho,\pi} + b_{\varrho,\pi}\bar{\eta}_{\varrho,\pi})\bar{\xi}_{\varrho,\pi},$$

leite dann

$$g_\varrho(\bar{\xi}_\varrho, \bar{\eta}_\varrho) = (\bar{\xi}_{\varrho,\pi})^{\mu_\varrho} g_{\varrho,\pi}(\bar{\xi}_{\varrho,\pi}, \eta_{\varrho,\pi})$$

ab, so wird das System der p Gleichungen $g_{\varrho,\pi} = 0$ mit den neuen Variabeln $\bar{\xi}_{\varrho,\pi}, \bar{\eta}_{\varrho,\pi}$ der einen Gleichung $g_\varrho = 0$ in dem früheren Sinne äquivalent sein und es kann der Fall eintreten, dafs für $\bar{\eta}_{\varrho,\pi}$ eine an der Stelle $\bar{\xi}_{\varrho,\pi} = 0$ verschwindende Potenzreihe aufzustellen ist, die wieder die Existenz eines Functionenpaares

$$x - a = \mathfrak{P}_1^{(\varrho,\pi)}(t), \quad y - b = \mathfrak{P}_2^{(\varrho,\pi)}(t)$$

zur Folge hat.

Andernfalls mufs man die Transformationen der bisherigen Art fortsetzen, doch ist zu zeigen, dafs man nach einer endlichen Anzahl von Transformationen stets zu Gleichungen $g(\bar{\xi}, \bar{\eta}) = 0$ gelangt, welche die abhängige Variable $\bar{\eta}$ in der ersten Potenz enthalten.

Nehmen wir der Einfachheit halber an, dafs

$$(\xi, \eta)_\mu = C(\beta_1\xi - \alpha_1\eta)^{\mu_1}$$

sei, und schreiben wir die aufeinanderfolgenden Substitutionen in der übersichtlichen Form:

$$\begin{array}{lll}
\beta_1 a_1 - \alpha_1 b_1 = 1, & \xi = (-\alpha_1 + a_1\eta_1)\xi_1, & \eta = (-\beta_1 + b_1\eta_1)\xi_1 \\
\beta_2 a_2 - \alpha_2 b_2 = 1, & \xi_1 = (-\alpha_2 + a_2\eta_2)\xi_2, & \eta_1 = (-\beta_2 + b_2\eta_2)\xi_2 \\
\cdots & \cdots & \cdots \\
\beta_\nu a_\nu - \alpha_\nu b_\nu = 1, & \xi_{\nu-1} = (-\alpha_\nu + a_\nu\eta_\nu)\xi_\nu, & \eta_{\nu-1} = (-\beta_\nu + b_\nu\eta_\nu)\xi_\nu,
\end{array}$$

durch welche successive die Gleichungen

$$\begin{array}{ll}
G(a+\xi, b+\eta) & = \xi_1^{\mu_1} g_1(\xi_1, \eta_1) \\
g_1(\xi_1, \eta_1) & = \xi_2^{\mu_2} g_2(\xi_2, \eta_2) \\
\cdots & \cdots \\
g_{\nu-1}(\xi_{\nu-1}, \eta_{\nu-1}) & = \xi_\nu^{\mu_\nu} g_\nu(\xi_\nu, \eta_\nu)
\end{array}$$

hervorgehen, so mufs man beweisen, dafs die gewifs nicht zunehmenden Exponenten $\mu, \mu_1, \mu_2, \dots \mu_\nu$ nicht gleich bleiben können, sondern abnehmen und ein letzter den Werth Eins annehmen wird; dann enthält $g_\nu(\xi_\nu, \eta_\nu)$ gewifs ein Glied erster Dimension. Wenn aber in

$$g_\nu(\xi_\nu, \eta_\nu) = \gamma \xi_\nu + \delta \eta_\nu + (\xi_\nu, \eta_\nu)_2 + \cdots$$

$\delta = 0$ sein sollte, führt eine lineare Substitution

$$\xi_\nu = \xi'_\nu + c\eta'_\nu, \quad \eta_\nu = \eta'_\nu$$

auf eine Gleichung:

$$g'_\nu(\xi'_\nu, \eta'_\nu) = \gamma \xi'_\nu + c\gamma \eta'_\nu + (\xi'_\nu, \eta'_\nu)_2 + \cdots = 0,$$

der eine Potenzreihe:

$$\eta'_\nu = \xi'_\nu \mathfrak{P}(\xi'_\nu)$$

zu entnehmen ist. Weil ferner ξ und η rational durch ξ'_ν und η'_ν auszudrücken sind, existiren auch zwei Potenzreihen:

$$\xi = \mathfrak{P}_1(\xi'_\nu), \quad \eta = \mathfrak{P}_2(\xi'_\nu),$$

welche der Gleichung $G(a + \xi, b + \eta) = 0$ genügen.

Leitet man aus der Gleichung

$$G = \xi_1^{\mu_1} g_1(\xi_1, \eta_1)$$

die Relationen ab:

$$\frac{\partial G}{\partial \xi_1} = \frac{\partial G}{\partial \xi}\frac{\partial \xi}{\partial \xi_1} + \frac{\partial G}{\partial \eta}\frac{\partial \eta}{\partial \xi}, \quad \frac{\partial G}{\partial \eta_1} = \frac{\partial G}{\partial \xi}\frac{\partial \xi}{\partial \eta_1} + \frac{\partial G}{\partial \eta}\frac{\partial \eta}{\partial \eta_1}$$

oder

$$\mu_1 \xi_1^{\mu_1 - 1} g_1 + \xi_1^{\mu_1} \frac{\partial g_1}{\partial \xi_1} = \frac{\partial G}{\partial \xi}(-\alpha_1 + a_1 \eta_1) + \frac{\partial G}{\partial \eta}(-\beta_1 + b_1 \eta_1)$$

$$\xi_1^{\mu_1} \frac{\partial g_1}{\partial \eta_1} = \frac{\partial G}{\partial \xi} a_1 \xi_1 + \frac{\partial G}{\partial \eta} b_1 \xi_1$$

und berechnet aus diesem Gleichungssysteme

$$\frac{\partial G}{\partial \xi} = \left(b_1 \mu_1 g_1 + b_1 \xi_1 \frac{\partial g_1}{\partial \xi_1} + (\beta_1 - b_1 \eta_1)\frac{\partial g_1}{\partial \eta_1}\right) \xi^{\mu_1 - 1}$$

$$\frac{\partial G}{\partial \eta} = -\left(a_1 \mu_1 g_1 + a_1 \xi_1 \frac{\partial g_1}{\partial \eta_1} + (\alpha_1 - a_1 \eta_1)\frac{\partial g_1}{\partial \eta_1}\right) \xi^{\mu_1 - 1},$$

so erscheint $\frac{\partial G}{\partial \xi}$ und $\frac{\partial G}{\partial \eta}$ als homogene lineare Function von g_ν, $\frac{\partial g_1}{\partial \xi_1}$ und $\frac{\partial g_1}{\partial \eta_1}$. Drückt man wieder g_1 und die ersten partiellen Ableitungen durch g_2, $\frac{\partial g_2}{\partial \xi_2}$, $\frac{\partial g_2}{\partial \eta_2}$ aus usw., so wird

$$G = \xi_1^{\mu_1} \xi_2^{\mu_2} \dots \xi_\nu^{\mu_\nu} g^\nu(\xi_\nu, \eta_\nu)$$

$$\frac{\partial G}{\partial \xi} = \xi_1^{\mu_1 - 1} \xi_2^{\mu_2 - 1} \dots \xi_\nu^{\mu_\nu - 1} \varphi_\nu(\xi_\nu, \eta_\nu)$$

$$\frac{\partial G}{\partial \eta} = \xi_1^{\mu_1 - 1} \xi_2^{\mu_2 - 1} \dots \xi_\nu^{\mu_\nu - 1} \psi_\nu(\xi_\nu, \eta_\nu),$$

wo φ_ν und ψ_ν ganze Functionen bezeichnen. Stellt man auch noch $\xi_1, \xi_2, \dots \xi_{\nu-1}$ durch ξ_ν dar, so folgt:

$$G = \xi_\nu^{\mu_1+\mu_2+\cdots+\mu_\nu} \bar{g}_\nu(\xi_\nu, \eta_\nu)$$
$$\frac{\partial G}{\partial \xi} = \xi_\nu^{\mu_1+\mu_2+\cdots+\mu_\nu-\nu} \bar{\varphi}_\nu(\xi_\nu, \eta_\nu)$$
$$\frac{\partial G}{\partial \eta} = \xi_\nu^{\mu_1+\mu_2+\cdots+\mu_\nu-\nu} \psi_\nu(\xi_\nu, \eta_\nu).$$

Nehmen wir nun an, dafs die Exponenten $\mu_1, \mu_2, \ldots \mu_\nu$ gleich bleiben, dann ist vor Allem

$$g_1(\xi_1, \eta_1) = C\eta_1^{\mu_1} + \xi_1 \gamma_1(\xi_1, \eta_1),$$

und wenn $\gamma_1(\xi_1, \eta_1)$ Glieder der $(\mu_1 - 1)^{\text{ten}}$ Dimension enthält:

$$(\xi_1, \eta_1)_{\mu_1-1},$$

so mufs

$$C\eta_1^{\mu_1} + \xi_1(\xi_1, \eta_1)_{\mu_1-1}$$

die μ_1^{te} Potenz eines Fastors $(\beta_2' \xi_1 - \alpha_2' \eta_1)$ sein und die Coefficienten α_2', β_2' werden α_2 und β_2 proportional, weil die Function $(\xi_1, \eta_1)_{\mu_1}$ der Voraussetzung nach den Factor $(\beta_2 \xi_1 - \alpha_2 \eta_1)$ enthält Die Gröfse α_2 wird darnach gewifs von Null verschieden sein.

Durch denselben Schlufs ergibt sich, dafs unter der Annahme gleicher Exponenten $\mu_1, \mu_2, \ldots \mu_\nu$ auch $\alpha_3, \alpha_4, \ldots \alpha_\nu$ nicht Null sein können, aber dann resultirt endlich noch für ξ und η eine bestimmte Darstellung der Gestalt:

$$\xi = ((-1)^\nu \alpha_1 \alpha_2 \ldots \alpha_\nu + h_1(\xi_\nu, \eta_\nu))\, \xi_\nu$$
$$\eta = ((-1)^\nu \beta_1 \alpha_2 \ldots \alpha_\nu + h_2(\xi_\nu, \eta_\nu))\, \xi_\nu,$$

wo die ganzen Functionen h_1 und h_2 kein constantes Glied mehr enthalten.

Ist $G(x, y)$ eine irreductible Function, so können G und $\frac{\partial G}{\partial \eta}$ keine gemeinsamen Theiler in η besitzen. Dann gibt es zwei ganze Functionen $\Phi(\xi, \eta)$, $\Psi(\xi, \eta)$, deren Grad in η niedriger ist als der von G resp. $\frac{\partial G}{\partial \eta}$ und welche die Beschaffenheit haben, dafs

$$\Phi \frac{\partial G}{\partial \eta} + \Psi G$$

eine rationale Function von ξ allein wird. Wir setzen fest, dafs Φ und Ψ keine Potenz von ξ zum gemeinsamen Theiler haben und

$$\Phi \frac{\partial G}{\partial \eta} + \Psi G = \xi^\lambda R(\xi), \quad |R(0)| > 0$$

sei, benutzen dann die oben abgeleiteten Formeln, und vergleichen in der entstehenden Relation

$$\Phi(\xi_\nu, \eta_\nu)\, \xi_\nu^{\mu_1+\mu_2+\cdots+\mu_\nu-\nu} \bar{\psi}_\nu(\xi_\nu, \eta_\nu) + \Psi(\xi_\nu, \eta_\nu)\, \xi_\nu^{\mu_1+\mu_2+\cdots+\mu_\nu} \bar{g}_\nu(\xi_\nu, \eta_\nu)$$
$$= \xi_\nu^\lambda ((-1)^\nu \alpha_1 \alpha_2 \ldots \alpha_\nu + h_1(\xi_\nu, \eta_\nu))^\lambda R(\xi_\nu, \eta_\nu)$$

die niedrigsten Potenzen von ξ_ν, so wird nothwendig

$$\mu_1 + \mu_2 + \cdots + \mu_\nu - \nu = \nu(\mu_1 - 1) \leqq \lambda.$$

Da somit ν an die endliche obere Grenze $\frac{\lambda}{\mu_1 - 1}$ gebunden ist, existirt nur eine endliche Anzahl von Transformationen, durch welche der Exponent μ_1 nicht erniedrigt wird.

Mit diesem Satze ist vollständig bewiesen, dafs *die Umgebung jeder endlichen Stelle* (a, b) *eines algebraischen Gebildes durch ein oder mehrere Functionenpaare darzustellen ist, je nachdem an dieser Stelle*

$$\frac{\partial G}{\partial x} \quad \textit{und} \quad \frac{\partial G}{\partial y}$$

*nicht beide verschwinden oder beide Null sind.**)

Es handelt sich noch darum, die Darstellung des Gebildes in der Umgebung unendlich ferner Stellen (a, b) zu vollführen, wenn also a oder b oder beide Gröfsen a und b unendlich sind.

Man setze der Reihe nach

$$x = \frac{1}{\xi}, \quad y - b = \eta \quad \text{oder} \quad x - a = \xi, \quad y = \frac{1}{\eta}$$

oder

$$x = \frac{1}{\xi}, \quad y = \frac{1}{\eta}$$

und behandele η als Function von ξ in der Umgebung der Stelle $\xi = 0$. Es ergeben sich die Potenzreihen:

$$\eta = y - b = \xi \mathfrak{P}(\xi) \quad \text{oder} \quad \eta = \frac{1}{y} = \xi \mathfrak{P}(\xi)$$

oder

$$\eta = \frac{1}{y} = \xi \mathfrak{P}(\xi) = \frac{1}{x} \mathfrak{P}\left(\frac{1}{x}\right),$$

wenn

$$\left(\frac{\partial G(\eta, \xi)}{\partial \eta}\right)_{(\eta = 0,\ \xi = 0)}$$

von Null verschieden ist, und allgemein existirt ein Functionenpaar

$$\eta = \tau \mathfrak{P}_1(\tau), \quad \xi = \tau \mathfrak{P}_2(\tau).$$

Die Darstellung um die Stelle (∞, b) gilt aufserhalb desjenigen endlichen Bereiches, welcher alle im Endlichen gelegenen singulären Stellen x' enthält, für die die Gleichungen

$$G = 0, \quad \frac{\partial G}{\partial y} = 0$$

gleichzeitig bestehen.

Es ist nunmehr analytisch ausgedrückt, wie man die den x Werthen der Umgebung irgend einer Stelle in dem Bereiche der unabhängigen Variabeln x zugehörigen Werthe von y darstellt. Es soll noch kurz das Verhalten der durch eine algebraische Gleichung:

$$G(y, x) = f_0(x)\, y^m + f_1(x)\, y^{m-1} + \cdots + f_m(x) = 0$$

---

*) Die in diesem Paragraphen gegebenen Entwicklungen sind durchaus Weierstrafs' Vorlesungen entnommen.

— wo $f_\mu(x)$ ganze rationale Functionen sind — definirten Gröfse $y = f(x)$ an den verschiedenartigen Stellen x durch neue Bedingungen charakterisirt werden.

Ist $x = a$ ein Werth, dem eine einfache endliche oder unendliche Wurzel $y = f(a) = b$ zugehört, so wird

$$\left(f(x).(x-a)\right)_{x=a} = 0$$

oder

$$\left(f(x).(x-a)^{\nu+1}\right) = 0,$$

denn es gilt:

$$y - b = (x-a)^\nu \cdot \left(\frac{d^\nu y}{dx^\nu}\right)_{(a,\,b)} \frac{1}{\nu!} + (x-a)^{\nu+1}\left(\frac{d^{\nu+1} y}{dx^{\nu+1}}\right)_{(a,\,b)} \frac{1}{(\nu+1)!} + \cdots$$

beziehungsweise:

$$\frac{1}{y} = (x-a)^\nu \left(\frac{d^\nu y}{dx^\nu}\right)_{(a,\,\infty)} \frac{1}{\nu!} + (x-a)^{\nu+1}\left(\frac{d^{\nu+1} y}{dx^{\nu+1}}\right)_{(a,\,\infty)} \frac{1}{(\nu+1)!} + \cdots$$

Ist an der endlichen Stelle $(a,\ b)$ neben

$$G(a, b) = 0, \quad \left(\frac{\partial G}{\partial y}\right) = \left(\frac{\partial^2 G}{\partial y^2}\right) = \cdots = \left(\frac{\partial^{\mu-1} G}{\partial y^{\mu-1}}\right) = 0$$

aber $\left(\frac{\partial G}{\partial x}\right)$ von Null verschieden, so wird

$$\left(f(x).(x-a)^{\frac{1}{\mu}}\right)_{x=a} = 0,$$

weil die Entwicklung

$$y - b = (x-a)^{\frac{1}{\mu}}\, \mathfrak{P}\left((x-a)^{\frac{1}{\mu}}\right)$$

besteht. Ist erst das Product

$$\left(f(x).(x-a)^{\frac{\nu+1}{\mu}}\right)_{x=a} = 0,$$

so mufs die Entwicklung lauten:

$$\frac{1}{y} = (x-a)^{\frac{\nu}{\mu}}\, \mathfrak{P}\left((x-a)^{\frac{1}{\mu}}\right)$$

und man sagt: y oder $f(x)$ wird an der Stelle a von der Ordnung $\frac{\nu}{\mu}$ unendlich.

Tritt an Stelle des endlichen Werthes a die unendlich ferne Stelle $x = \infty$, so sind

$$\left(f(x).\left(\frac{1}{x}\right)^{\frac{1}{\mu}}\right)_{x=\infty} = 0 \quad \text{und} \quad \left(f(x).\left(\frac{1}{x}\right)^{\frac{\nu+1}{\mu}}\right) = 0$$

die Bedingungen dafür, dafs y an dem $(\mu-1)$fachen Verzweigungspunkte $x = \infty$ endlich oder von der $\left(\frac{\nu}{\mu}\right)^{\text{ten}}$ Ordnung unendlich ist.

Ist $x = a$ eine μ-elementige Stelle des algebraischen Gebildes, so können die genannten Vorkommnisse zusammenfallen, d. h. dieselbe Stelle kann aus einer oder mehreren einfachen oder Verzweigungsstellen bestehen, und y kann für $x = a$ endlich oder unendlich sein; zum Beweise erinnere man sich nur an die Äquivalenz der Gleichungen $G = 0$ und $g_\varrho = 0$ $(\varrho = 1, 2, \ldots r)$.

Wir behandeln ein bestimmtes Beispiel:

Es sei die algebraische Gleichung

$$y^m - A\prod_{\varkappa=1}^{\lambda}(x - a_\varkappa)^{n_\varkappa} = 0$$

gegeben und hierin

$$\sum_\varkappa n_\varkappa = n.$$

Die $(\lambda + 1)$ positiven ganzen Zahlen m und $n_\varkappa$ sollen keinen gemeinsamen Theiler haben, der gröfste gemeinsame Theiler von m und n heifse m_0, der von m und $n_\varkappa$ $m_\varkappa$ und es sei

$$m = m_0\mu_0 = m_\varkappa\mu_\varkappa, \quad n = m_0\nu_0, \quad n_\varkappa = m_\varkappa\nu_\varkappa.$$

In der Umgebung einer endlichen, nicht singulären Stelle (a, b) existirt ein Functionenpaar

$$x = a + t, \quad y = b(1 + t\,\mathfrak{P}(t)).$$

Ist aber a eine Nullstelle $a_\varkappa$ des Polynoms

$$A\prod_\varkappa(x - a_\varkappa)^{n_\varkappa} = R(x),$$

so setze man

$$y_m = A(x - a_\varkappa)^{n_\varkappa}\prod_{i=1}^{\lambda}{}'(a_\varkappa - a_i)^{n_i}\prod_{i=1}^{\lambda}{}'\left(1 + \frac{x - a_\varkappa}{a_\varkappa - a_i}\right)^{n_i},$$

wo der Strich bei den Productzeichen anzeigen soll, dafs unter denselben i nicht mehr den Werth $\varkappa$ anzunehmen hat. — Bezeichnet man

$$A\prod_i{}'(a_\varkappa - a_i)^{n_i} = B_\varkappa^{m_\varkappa},$$

so wird

$$y^{\mu_\varkappa} = B_\varkappa(x - a_\varkappa)^{\nu_\varkappa}(1 + (x - a_\varkappa)\,\mathfrak{P}(x - a_\varkappa)).$$

Sind $\mu'_\varkappa$, $\nu'_\varkappa$ zwei positive ganze Zahlen kleiner als $\mu_\varkappa$ resp. $\nu_\varkappa$, welche der Bedingung

$$\mu_\varkappa\nu'_\varkappa - \nu_\varkappa\mu'_\varkappa = 1$$

gehorchen, so wird

$$y^{\mu_\varkappa}B_\varkappa^{-\nu'_\varkappa\mu_\varkappa} = B_\varkappa^{-\nu_\varkappa\mu'_\varkappa}(x - a_\varkappa)^{\nu_\varkappa}(1 + (x - a_\varkappa)\,\mathfrak{P}(x - a_\varkappa))$$

und setzt man nun

$$B_\varkappa^{-\mu'_\varkappa}(x - a_\varkappa) = t^{\mu_\varkappa},$$

so folgen in der Umgebung der Stelle $(a_\varkappa, 0)$ entsprechend den $m_\varkappa$ Werthen von $B_\varkappa$ ebensoviele Functionenpaare:

$$x = a_\varkappa + B_\varkappa^{\mu'\varkappa} t^{\mu\varkappa}, \quad y = B_\varkappa^{\nu'\varkappa} t^{\nu\varkappa}(1 + B_\varkappa^{\mu'\varkappa} t^{\mu\varkappa} \mathfrak{P}(B_\varkappa^{\mu'\varkappa} t^{\mu\varkappa})).$$

Um y in der Umgebung der m_0 unendlich fernen Stellen darzustellen, setze man

$$y^{\mu_0} = A^{\frac{1}{m_0}} x^{\nu_0} \prod_{i=1}^{\lambda}\left(1 - \frac{a_i}{x}\right)^{\frac{n_\varkappa}{m_0}},$$

hierin aber

$$A^{\frac{1}{m_0}} = B = B^{\mu_0\nu_0' - \mu_0'\nu_0},$$

dann

$$B^{-\mu_0'} x = t^{-\mu_0},$$

so werden die m_0 Functionenpaare:

$$x = \frac{t^{-\mu_0}}{B^{-\mu_0'}}, \quad y = \frac{t^{-\nu_0}}{B^{-\nu_0'}}\left(1 + \frac{t^{\mu_0}}{B^{\mu_0'}} \mathfrak{P}\left(\frac{t^{\mu_0}}{B^{\mu_0'}}\right)\right).$$

Damit sind nun zu jeder Stelle (a, b) die zugehörigen Functionenpaare aufgestellt, und soweit das einzelne Paar eine Geltung hat, soweit sind die zusammengehörigen Werthe (x, y) durch dasselbe definirt.

§ 40. Transformation algebraischer Gleichungen.

Wenn jetzt die durch eine algebraische Gleichung $G(\overset{(m)}{y}, \overset{(n)}{x}) = 0$ definirte Gröfse y in der Umgebung jeder Stelle $x = a$ dargestellt werden kann und daselbst die zusammengehörigen Werthe x und y stets durch eine endliche Anzahl von Functionenpaaren auszudrücken sind, so läfst sich das Verhalten einer rationalen Function von x und y

$$R(x, y) = \frac{g_1(x, y)}{g_2(x, y)},$$

wo die ganzen Functionen g_1 und g_2 keinen gemeinsamen Theiler haben mögen, in der Umgebung jeder Stelle (a, b) angeben, indem man die daselbst bestehenden Functionenpaare für x und y in $R(x, y)$ einsetzt. Bezeichnet $R(a, b)$ den Werth von $R(x, y)$ an der gegebenen Stelle, so wird

$$R(x, y) - R(a, b)$$

durch eine in der Umgebung der Stelle $t = 0$ convergente Potenzreihe nach t dargestellt, sofern $R(a, b)$ endlich ist; andernfalls beginnt die Entwicklung mit einem Gliede ct^{-k}. Nach dem Werthe des Potenzexponenten k sagt man, dafs die rationale Function die $k$fache Stelle (a, b) besitzt und von der k^{ten} Ordnung unendlich wird.

Ist wie bisher $G(y, x)$ in y vom m^{ten} Grade und sind $y_1, y_2, \ldots y_m$ die m einem x-Werthe zugehörigen Werthe von y, so kann man in

$$\frac{g_1(x, y_\mu)}{g_2(x, y_\mu)} = \frac{g_1(x, y_\mu)\, g_2(x, y_1)\, g_2(x, y_2) \ldots g_2(x, y_{\mu-1})\, g_2(x, y_{\mu+1}) \ldots g_2(x, y_m)}{g_2(x, y_1)\, g_2(x, y_2) \ldots g_2(x, y_m)}$$

den Nenner, der eine symmetrische Function von $y_1, y_2, \ldots y_m$ ist, als

Function von x allein darstellen, der Zähler hingegen ist eine Function von x und y. Die rationale Function erhält also die Gestalt:

$$R(x, y) = \frac{f(x, y)}{g(x)}$$

und hierin kann $f(x, y)$ gewifs nicht den Theiler $G(x, y)$ haben, wenn $R(x, y)$ nicht überall verschwinden soll. Weil $G(x, y)$ irreductibel ist, haben $f(x, y)$ und $G(x, y)$ überhaupt keinen Theiler gemein.

Wir fragen nun nach den Stellen (x, y), für welche $R(x, y)$ einen bestimmten Werth z annimmt.

Bildet man das Product

$$\prod_{\mu=1}^{m}\left(z - R(x, y_x^{(\mu)})\right) = \frac{\psi(x) z^m + \psi_1(x) z^{m-1} + \cdots + \psi_m(x)}{\psi(x)} = \frac{\Psi(x, z)}{\psi(x)},$$

wo $y_x^{(\mu)}$ die zu einem x gehörigen y-Werthe sind und die ganzen Functionen $\psi_1, \psi_1, \psi_2, . \psi_m$ keinen gemeinsamen Theiler haben sollen, so wird einer der m Werthe $R(x, y_x^{(\mu)})$ gleich z, wenn x der Gleichung

$$\Psi(x, z) = 0$$

entlehnt ist. Dabei denken wir diejenigen x Werthe ausgeschlossen, für welche auch $\psi(x)$ verschwindet, weil dann unser Product in der unbestimmten Form $\frac{0}{0}$ erscheint.

Um zu sehen, wie oft eine rationale Function $R(x, y)$ einen Werth z annimmt, mufs man die Beschaffenheit von $\Psi(x, z)$ erkennen, und dazu behaupten wir, $\Psi(x, z)$ *ist irreductibel oder doch die ganzzahlige Potenz einer irreductiblen Function.*

Es sei $\Psi(x, z)$ das Product verschiedener irreductibler Factoren $\Psi_i(x, z)$ und x' eine Stelle, der nur endliche Wurzeln z' der Gleichung $\Psi_i = 0$ entsprechen, dann gehört zu z' eine Lösung der Gleichung $G(x, y) = 0$, für die $z' - R(y, x')$ verschwindet, denn andernfalls könnte das obige Product nicht Null sein. Da somit jede der Functionen $\Psi_i(x, R(x, y))$ für jede Stelle der Umgebung von x' eine Wurzel y mit $G(x, y)$ gemein hat, sind sie durch G theilbar. Jetzt aber sieht man, dafs je zwei der Functionen $\Psi_i(x, z)$ für jede Stelle aus der Nähe von x' auch eine gemeinsame Lösung z besitzen und darum jede durch die andere theilbar ist. Sie stimmen also bis auf einen von z unabhängigen Factor überein, doch weil $\Psi(x, z)$ keinen solchen Factor enthält, wird

$$\Psi(x, z) = (\Psi_i(x, z))^\lambda,$$

wo λ ein Theiler von m ist. Gleichzeitig wird der Coefficient von z^m, nämlich $\psi(z)$, die λ^{te} Potenz einer ganzen Function $\psi_i(x)$, und man kann das Product in der Form schreiben:

$$\prod\left(z - R(x, y_x^{(\mu)})\right) = \left(\frac{\Psi_i(x, z)}{\psi_i(x)}\right)^\lambda.$$

Ist der Grad von Ψ_i in x ν, so gehören gemäfs der Gleichung $\Psi_i=0$ zu einem Werthe von z ν Werthe x und jedem derselben entsprechen λ verschiedene Factoren $z - R(x, y_x^{(\mu)})$. Je λ Factoren des Productes liefern Ψ_i.

Hat man die zu einem z-Werthe gehörenden Werthe x gefunden, so gehen die entsprechenden y-Werthe aus den Gleichungen

$$G(x, y) = 0 \quad \text{und} \quad \Psi(x, R(x, y)) = 0 \quad \text{oder} \quad z - R(x, y) = 0$$

hervor. Ist $\Psi(x, z)$ irreductibel, so kann die diese y definirende Gleichung, deren Coefficienten rationale Functionen von x und z sind, in y gewifs nicht von höherem als dem ersten Grade sein und y wird rational durch x und z darstellbar, denn andernfalls entsprächen einem x-Werthe mehr als m Werthe y, und folglich gehören zu einem Werthe z so viele Stellen (x, y) als der Grad K von $\Psi(x, z)$ in x anzeigt. Ist aber Ψ die λ^{te} Potenz von Ψ_i, so gehören zu einem Werthepaare (z, x) λ im allgemeinen von einander verschiedene y-Werthe und zu einem Werthe z $\lambda\nu$ Stellen (x, y), wo $\lambda\nu = k$ ist.*)

Diese Sätze gelten auch, wenn man z einen Werth gibt, für den mehrere der x-Werthe einander gleich werden, nur mufs man diese und die y-Werthe stets in der gehörigen Vielheit zählen. Hat z einen Werth, dem gerade ein x zugehört, welches die Function $\psi(x)$ oder $\psi_i(x)$ zum Verschwinden bringt, so werden Grenzbetrachtungen die fortdauernde Giltigkeit der Sätze bestätigen können. Also jeden Werth z wird die rationale Function $R(x, y)$ an gleich viel Stellen (x, y) annehmen. Die Anzahl dieser Stellen nennt man den *Grad der rationalen Function.*

Sind neben der Gleichung $G(x, y) = 0$ zwei rationale Functionen

$$\xi = R_1(x, y), \quad \eta = R_2(x, y)$$

von dem μ^{ten} und ν^{ten} Grade gegeben, so entspricht jeder Stelle (x, y) ein Werthepaar (ξ, η). Es entsteht nur die Frage, wann umgekehrt einem Werthesysteme (ξ, η) eine einzige Stelle (x, y) zuzuordnen ist.

Zu einem Werthe ξ gehören μ Werthepaare (x, y) und μ Werthe η, die man auch aus einer Gleichung findet, welche zwischen ξ und η allein besteht. Nennt man die zu ξ gehörigen μ Werthepaare (x, y):

$$(x_1, y_1), (x_2, y_2), \ldots (x_\mu, y_\mu),$$

und bildet

$$\prod_{\varkappa=1}^{\mu} \left(\eta - R_2(x_\varkappa, y_\varkappa)\right),$$

so ist dieses Product eine irreductible Function von ξ und η oder die Potenz einer solchen. Besteht nämlich zwischen x und ξ die irreductible

---

*) Vergleiche die Darstellung von Weber und Dedekind in dem 92. Bd. des Journals für reine und angewandte Mathematik §§ 1, 2, 13.

Gleichung $\Psi_1(\xi, x) = 0$ und ist y rational durch x und ξ darstellbar, so geht das Product in ein nächstes über:

$$\prod_{\varkappa=1}^{\mu}\left(\eta - R_2'(x_\varkappa, \xi)\right),$$

welches wegen der symmetrisch eintretenden Gröfsen $x_\varkappa$ rational durch η und die Coefficienten von $\Psi_1(\xi, x) = 0$ auszudrücken ist; sind ja doch die zu einem ξ gehörigen Gröfsen $x_\varkappa$ gerade die Wurzeln dieser Gleichung. Es folgt also in der That die Existenz einer Gleichung:

$$\prod_{\varkappa}\left(\eta - R_2(x_\varkappa, y_\varkappa)\right) = \left(\frac{\Phi_2(\xi, \eta)}{\varphi_2(\xi)}\right)^{\lambda'}.$$

Sollte $\Psi_1(\xi, x)$ die λ^{te} Potenz eines irreductiblen Factors und y nicht rational durch x und ξ darstellbar sein, so führt eine einfache Substitution

$$\bar{x} = x + cy, \quad y = y$$

zu einer Gleichung $G(\bar{x}, y) = 0$ der Beschaffenheit, dafs die zu der rationalen Function $\xi = R_1(x, y)$ gehörige Gleichung zwischen ξ und x irreductibel ist, d. h. man kann c so wählen, dafs einem Werthe ξ nur verschiedene Werthe $\bar{x}$ entsprechen:

$$x_1 + cy_{x_1}^{(1)}, \ \ldots \ x_1 + cy_{x_1}^{(\lambda)}, \ \ldots \ x_\nu + cy_{x_\nu}^{(1)}, \ \ldots \ x_\nu + cy_{x_\nu}^{(\lambda)}.$$

Die Gleichung zwischen ξ und η lautet $\Phi_2(\xi, \eta) = 0$. Ist $\lambda' = 1$, so erreicht η in $\Phi_2(\xi, \eta)$ den Grad μ, denn es gibt zu einem ξ-Werthe μ Werthepaare (x, y). In diesem Falle $\lambda' = 1$ kann man umgekehrt x und y rational durch ξ und η darstellen, denn zufolge der Relationen

$$\Psi_1(\xi, x) = 0, \quad \eta - R_2'(\xi, x) = 0$$

ist zunächst x rational durch ξ und η auszudrücken und ebenso y, denn y ist eine rationale Function von x und ξ. —

Zwei rational in einander transformirbare algebraische Gleichungen

$$G(x, y) = 0, \quad \Gamma(\xi, \eta) = 0,$$

deren Stellen (x, y) und (ξ, η) einander wechselseitig entsprechen, zählt man als zu einer *Klasse* gehörig und eine jede Gleichung ist als Repräsentantin einer ganzen Klasse aufzufassen.

Will man einer Repräsentantin eine bestimmte Normalform geben, so kann für diese Form die geringste Constantenzahl oder die niedrigste Dimension oder eine andere Forderung mafsgebend werden; die Zweckmäfsigkeit hat hier zu entscheiden.

Beachtet man, dafs die verschiedenen algebraischen Gebilde einer Klasse verschiedenartige singuläre Stellen haben werden, so kann man nach denjenigen Transformationen

$$\xi = R_1(x, y), \quad \eta = R_2(x, y)$$

fragen, durch welche die entstehende transformirte Gleichung

$$\Gamma(\xi,\, \eta) = 0$$

besondere singuläre Stellen erhält, z. B. eine Stelle, in deren Umgebung das neue algebraische Gebilde durch ein einziges Functionenpaar dargestellt wird. Allerdings bedarf die Erledigung dieser Transformationen weitläufiger Untersuchungen, denn wir werden leicht gewahr, dafs eine rationale Function $z = R(x,\, y)$ mit vorgeschriebenen Unendlichkeitsstellen durchaus nicht existiren mufs und deshalb sind wir nicht sicher, ob man eine Gleichung derselben Klasse angeben kann, welche irgend gestellte Forderungen erfüllt. Man mufs also nachsehen, welche Forderungen mit der Natur einer rationalen Function $R(x,\, y)$ verträglich sind, sofern zwischen x und y eine algebraische Gleichung $G(x,\, y) = 0$ besteht.

Wir wollen zur Erläuterung zeigen, dafs eine rationale Function $z = R(x,\, y)$, die nur an einer Stelle und dort von der ersten Ordnung unendlich wird, im Allgemeinen nicht existiren kann, dafs vielmehr solche Functionen nur möglich sind, wenn die Gleichung

$$G(x,\, y) = 0$$

eine besondere Beschaffenheit aufweist.

Angenommen, dafs es eine solche Function $z = R(x,\, y)$ gibt, so kann sie jeden Werth z nur einmal annehmen. Zwischen z und x besteht dann eine Gleichung ersten Grades, und x und y lassen sich als rationale Functionen von z allein darstellen. Ist $x = a_0$ eine reguläre Stelle, der ein Werth $y = b_0$ zugehört, so kann man jetzt x und y durch recurrente Reihen

$$x = a_0 + a_1 z + a_2 z^2 + \cdots$$
$$y = b_0 + b_1 z + b_2 z^2 + \cdots$$

ausdrücken. Es existiren demnach Relationen:

$$\alpha_0 a_{n+\nu} + \alpha_1 a_{n+\nu-1} + \cdots + \alpha_p a_{n+\nu-p} = 0 \quad (\nu = 0,\, 1,\, 2\, ..)$$
$$\beta_0 b_{m+\mu} + \beta_1 b_{m+\mu-1} + \cdots + \beta_q b_{m+\mu-q} = 0 \quad (\mu = 0,\, 1,\, 2\, ..).$$

Substituirt man die Reihen für x und y in die Potenzreihe

$$y - b_0 = (x - a_0)\,.\,\mathfrak{P}(x - a_0) = (x - a_0)\,.\sum_{\lambda=0}^{\infty} c_\lambda (x - a_0)^\lambda,$$

welche die Umgebung der Stelle $(a_0,\, b_0)$ darstellt, und vergleicht die Coefficienten gleich hoher Potenzen von z, so ergeben sich wegen der Relationen in den Gröfsen a und b zwischen den von den Coefficienten der Function $G(x,\, y)$ abhängigen Constanten c_λ und somit zwischen den Constanten von $G(x,\, y)$ besondere Beziehungen.

Soll also eine rationale Function $R(x,\, y)$ ersten Grades existiren, so mufs die Gleichung $G(x,\, y) = 0$ eine specielle Natur besitzen und um diese allgemeine Einsicht war es uns hier zu thun.

Man erkennt nun die Berechtigung und Wichtigkeit der folgenden Frage: Welches ist die geringste Anzahl von Stellen (a, b), welche für eine rationale Function $R(x, y)$ Unendlichkeitsstellen erster Ordnung sein müssen, oder welches ist der geringste Grad einer rationalen Function? Existirt keine rationale Function $R(x, y)$ mit ϱ einfachen Unendlichkeitsstellen, gibt es aber rationale Functionen mit $\varrho + 1$ beliebigen Unendlichkeitsstellen, so heifst die offenbar endliche Zahl ϱ der *Rang* oder das *Geschlecht* des algebraischen Gebildes. —

Wählt man zwei rationale Functionen ξ und η vom $(\varrho + 1)^{\text{ten}}$ und $(\varrho + 2)^{\text{ten}}$ Grade, deren Unendlichkeitsstellen alle in eine einzige (x_0, y_0) zusammenfallen, und leitet man die zwischen ξ und η bestehende Gleichung $\Gamma(\xi, \eta) = 0$ ab, die in η von dem $(\varrho + 1)^{\text{ten}}$, in ξ von dem $(\varrho + 2)^{\text{ten}}$ Grade sein wird, so besagen die in der Umgebung von (x_0, y_0) giltigen Entwicklungen für ξ und η:

$$\xi = a_0 \frac{1}{\tau^{\varrho+1}} + a_1 \frac{1}{\tau^{\varrho}} + \cdots + a_{\varrho} \frac{1}{\tau} + \mathfrak{P}_1(\tau)$$

$$\eta = b_0 \frac{1}{\tau^{\varrho+2}} + b_1 \frac{1}{\tau^{\varrho+1}} + \cdots + b_{\varrho+1} \frac{1}{\tau} + \mathfrak{P}_2(\tau),$$

dafs das neue algebraische Gebilde $\Gamma(\xi, \eta) = 0$ in der Umgebung der Stelle $(\xi = \infty, \eta = \infty)$ nur durch ein Functionenpaar dargestellt wird, indem einem Werthe von ξ wirklich $(\varrho + 1)$ verschiedene Werthe η entsprechen, wie es die Gleichung verlangt; es ist ja

$$\eta = \mathfrak{P}\left(\xi^{\frac{1}{\varrho+1}}\right).$$

Die Gleichung $\Gamma(\xi, \eta) = 0$ ist gleichzeitig mit $G(x, y) = 0$ irreductibel, und $\Gamma(\xi, \eta)$ ist nicht die Potenz einer irreductiblen Function von ξ und η, gehört zu derselben Klasse und hat offenbar denselben Rang ϱ.

Diese Gleichung $\Gamma(\xi, \eta) = 0$ werden wir bei dem Beweise zu benutzen haben, dafs die durch eine irreductible Gleichung $G(x, y) = 0$ definirte Gröfse y eine *monogene* analytische Function ist.

§ 41. Beweis für die Monogenität der algebraischen Function.

Bisher ist nur nachgewiesen, dafs die einer irreductibeln algebraischen Gleichung

$$G(x, y) = f_0(x) y^m + f_1(x) y^{m-1} + \cdots + f_m(x) = 0$$

entstammende Gröfse y in der Umgebung jeder Stelle $x = a$, $y = b$ durch ein oder mehrere Functionenpaare

$$x - a = \mathfrak{P}_1(t), \quad y - b = \mathfrak{P}_2(t)$$

dargestellt werden kann, ob aber alle Functionenpaare aus einander abzuleiten sind und ein Functionenpaar als die Quelle aller anderen zu betrachten ist, das mufs erst untersucht werden.

Früher haben wir nur von den aus einem Elemente

$$y - b = \mathfrak{P}(x - a)$$

abgeleiteten Fortsetzungen gesprochen. Jetzt wollen wir den Begriff der Fortsetzung entsprechend der Darstellungsart zweier durch eine Gleichung $G(x, y) = 0$ zusammenhängenden Gröſsen durch Potenzreihen neuer Variabeln t erweitern.

Ist von vornherein ein Functionenpaar

$$x - a = \mathfrak{P}_1(t), \quad y - b = \mathfrak{P}_2(t)$$

gegeben, nach welchem einem t des gemeinsamen Convergenzbereiches der Reihen $\mathfrak{P}_1$ und $\mathfrak{P}_2$ ein Werthepaar x, y zugehört, und verschiedenen Stellen t verschiedene Werthesysteme (x, y), und endlich einem Werthepaare (x, y) eine Stelle t entspricht, und nennt man die Gesammtheit der dem Functionenpaare entstammenden Werthesysteme (x, y) im Gebiete der Gröſsen x und y *ein Element eines analytischen Gebildes*, so kann man aus diesem unendlich viele Elemente ableiten. Setzt man

$$t = \mathfrak{P}(\tau),$$

wo $\mathfrak{P}(0)$ eine Stelle t_0 in dem genannten Bereiche der t ist und τ eindeutig durch t auszudrücken ist, so daſs $\mathfrak{P}(\tau)$ ein Glied erster Dimension besitzt, so erhält man ein neues Element, das an unendlich vielen Stellen der Umgebung von t_0 mit dem ersten übereinstimmt. Die Elemente heissen daher *coincidirend*. Dort, wo die Elemente nicht übereinstimmen, ist das eine die Fortsetzung des zweiten.

Zwei Functionenpaare der oben genannten Art:

$$x - a = \mathfrak{P}_1(t), \quad y - b = \mathfrak{P}_2(t)$$
$$x - a' = \mathfrak{P}_1'(\tau), \quad y - b' = \mathfrak{P}_2'(\tau)$$

gehören demselben Gebilde an, wenn sie coincidiren, d. h. wenn sie in der Umgebung einer Stelle (α, β) ihres Giltigkeitsbereiches übereinstimmen. Dazu ist nothwendig, daſs für ein $t = t_0$ und $\tau = \tau_0$ $x = \alpha$, $y = \beta$ und

$$t - t_0 = (\tau - \tau_0)\mathfrak{P}(\tau - \tau_0)$$

wird, wo $\mathfrak{P}(\tau_0 - \tau_0)$ von Null verschieden ist, denn dann sind die Elemente aus einander abzuleiten und die aus je einem Functionenpaare entspringenden Elemente

$$y - b = \overline{\mathfrak{P}}(x - a) \quad \text{und} \quad y - b' = \overline{\mathfrak{P}}'(x - a')$$

sind Fortsetzungen früheren Sinnes.

Die mittelbar zusammenhängenden Functionenpaare oder Elemente eines analytischen Gebildes brauchen wir wohl nicht besonders zu erklären. —

Jetzt ist es leicht, den Zusammenhang zweier Elemente

$$y - b_1 = \mathfrak{P}_1(x - a_1), \quad y - b_2 = \mathfrak{P}_2(x - a_2),$$

die aus einer irreductiblen algebraischen Gleichung $G(x, y)$ entnommen sind, zu beweisen.

Zu diesem Zwecke gehe man von dem durch die Gleichung $G(y, x) = 0$ definirten algebraischen Gebilde zu dem oben besprochenen über, dessen Gleichung $\Gamma(\eta, \xi) = 0$ ist. Sind dann die den Stellen des ersten Gebildes (a_1, b_1), (a_2, b_2) entsprechenden Stellen des zweiten (α_1, β_1), (α_2, β_2), so kann man von α_1 und α_2 aus auf zwei über keine singuläre Stelle ξ führenden Wegen nach den in der Umgebung der Stelle $\xi = \infty$ gelegenen Stellen α_1', α_2' gelangen, wobei $\eta = \beta_1, \beta_2$ die Werthe β_1', β_2' erhalten mögen. Unter der Umgebung von $\xi = 0$ ist hier diejenige verstanden, welche aufser $\xi = \infty$ keine weitere singuläre Stelle enthält. Da nun die Umgebung der unendlich fernen Stelle $(\xi, \eta) = (\infty, \infty)$ durch das Functionenpaar

$$\frac{1}{\xi} = \tau^{\varrho+1}\mathfrak{P}_1(\tau), \quad \frac{1}{\eta} = \tau^{\varrho+2}\mathfrak{P}_2(\tau)$$

vollständig dargestellt wird, gibt es einen daselbst von α_1' nach α_2' führenden Weg, auf welchem β_1' in β_2' übergeht, denn das unendlich ferne Element coincidirt mit denen um die Stelle (α_1', β_1') und (α_2', β_2') und darum sind die Elemente

$$\eta - \beta_1' = \mathfrak{P}_1(\xi - \alpha_1') \quad \text{und} \quad \eta - \beta_2' = \mathfrak{P}_2'(\xi - \alpha_2')$$

zusammenhängend oder aus einander ableitbar.

Wenn endlich ξ von α_1 über α_1' nach α_2' und nach α_2 geht, gelangt man mit β_1 nach β_2 und entsprechend mit b_1 nach b_2.

Damit ist nun die Monogenität der durch eine irreductible algebraische Gleichung $G(x, y) = 0$ definirten Gröfse y erwiesen; sie ist eine monogene analytische Function und heifst *algebraische Function.*

Unser algebraisches Gebilde wird durch eine endliche Anzahl von Functionenpaaren dargestellt, denn es gibt nur eine endliche Anzahl von Unendlichkeitsstellen für die algebraische Function und nur eine endliche Anzahl von Discriminantenlösungen, und in der Umgebung mehrfacher Punkte genügt zur Darstellung ebenfalls eine endliche Anzahl von Functionenpaaren.

Wenn umgekehrt eine mit einer unabhängigen Variabeln x im Zusammenhange stehende monogene analytische Function y den Bedingungen genügt:

1) y nimmt für jeden Werth von $x = a$ mit Ausnahme einer endlichen Anzahl von Stellen $x = a$ m verschiedene Werthe an,
2) und zwar lassen sich in der Umgebung der Stellen a die zugehörigen Werthe von y aus m nach positiven ganzen Potenzen von $(x - a)$ fortschreitenden convergenten Reihen berechnen,
3) indefs die den Stellen x aus der Reihe der singulären Stellen α entsprechenden m y-Werthe durch eine endliche Anzahl con-

vergenter Reihen darzustellen sind, welche nach ganzen oder gebrochenen Potenzen von $(x - a)$ fortschreiten und nur eine endliche Anzahl negativer Potenzen enthalten,

dann ist y die Lösung einer irreductibeln algebraischen Gleichung m^{ten} Grades, deren Coefficienten rationale Functionen von x sind.

Offenbar genügt y als m-werthige analytische Function einer Gleichung m^{ten} Grades, deren Coefficienten eindeutige analytische Functionen sind. Doch können diese nur rationale Functionen sein, indem die Potenzsummen der zu einem Werthe x gehörigen y-Werthe eindeutige Functionen ohne wesentlich singuläre Stellen werden. —

Nun verlassen wir das durch eine Gleichung definirte algebraische Gebilde und verzichten auf die Construction der rationalen Functionen mit vorgegebenen Unendlichkeitsstellen und auf die Ermittlung der Abhängigkeit des Ranges eines Gebildes von der Beschaffenheit desselben, weil uns der blofse Begriff der algebraischen Gleichungen verschiedenen Ranges späterhin genügen wird.

§ 42. Systeme algebraischer Gleichungen. Das analytische Gebilde m^{ter} Stufe im Gebiete von $(m + n)$ Gröfsen.

Es sollen die voranstehenden Untersuchungen auf ein System n algebraischer Gleichungen mit $n + m$ variablen Gröfsen übertragen werden. Bezeichnen wir die unabhängigen Variabeln mit x_{n+1}, x_{n+2}, $\ldots x_{n+m}$, die abhängigen mit x_1, x_2, $\ldots x_n$ und die in den letzteren ganzen rationalen Functionen, die gleich Null gesetzt sein sollen, mit

$$G_\nu(x_1, x_2, \ldots x_n, x_{n+1}, \ldots x_{n+m}),$$

in welchen die Coefficienten analytische Functionen von x_{n+1}, x_{n+2}, $\ldots x_{n+m}$ mit einem gemeinsamen Stetigkeitsbereiche sind, so möge vorausgesetzt werden, dafs durch Elimination von je $(n - 1)$ der Gröfsen $x_1, x_2, \ldots x_n$ n algebraische Gleichungen

$$g_\nu(x_\nu, x_{n+1}, x_{n+2}, \ldots x_{n+m}) = 0$$

hervorgehen, aber niemals eine Gleichung in den m Variabeln $x_{n+\mu}$ $(\mu = 1, 2, \ldots m)$ allein resultirt, denn dann liefse sich das gegebene Gleichungssystem auf ein anderes reduciren, welches eine Variable weniger hat, indem etwa $x_{n+\mu}$ als eine von den übrigen $(m - 1)$ Variabeln abhängige Gröfse anzusehen wäre.

Die genannte Elimination von $(n - 1)$ Variabeln z. B. $x_1, \ldots x_{n-1}$ besteht nicht etwa in der successiven Bildung der $(n - 1)$ Resultanten $R^{(1)}_{\nu_1}(x_2, x_3, \ldots x_{n+m})$, der Bildung der $(n - 2)$ Resultanten $R^{(1)}_{\nu_2}(x_3, \ldots x_{n+m})$ der Gleichungen $R^{(1)}_{\nu_1} = 0$ usw., endlich in der Bildung der Resultante zweier Gleichungen

$$R_1^{(n-1)}(x_{n-1}, x_n, \ldots x_{n+m}) = 0, \quad R_2^{(n-1)}(x_{n-1}, x_n, \ldots x_{n+m}) = 0,$$

sondern man mufs vielmehr die $(n-1)$ Variabeln gleichzeitig eliminiren, indem man eine der Gleichungen $G_\nu = 0$, deren Ordnung in $x_1, \dots x_n$ k_ν sei, mit einer ganzen Function Γ_ν von $x_1, \dots x_n$ multiplicirt, dann in dem Producte $G_\nu \Gamma_\nu$ mit Hilfe der übrigen Gleichungen $G_{\nu'} = 0$ die durch $x_1^{k_1}, \dots x_{n-1}^{k_{n-1}}$ theilbaren Glieder fortschafft und über die willkürlichen Constanten von Γ_ν so verfügt, dafs $G_\nu \Gamma_\nu$ blos Glieder in der n^{ten} Variabeln x_n behält. Es resultirt dann $g_n(x_n, x_{n+1} \dots x_{n+m})$. (Vergleiche Serret Algebra Bd. 1, Cap. 4.) Die Werthesysteme $(x_1, \dots x_n)$, welche den Gleichungen $G_\nu = 0$ genügen, befriedigen auch die Gleichungen $g_\nu = 0$, weil man offenbar g_ν die Form geben kann $\sum_{\nu=1}^{n} G_\nu \Gamma_\nu$. —

Nun könnte man jede einzelne Gleichung $g_\nu = 0$ für sich behandeln, doch wenn man dann in der Umgebung einer Stelle

$$x_{n+\mu} = a_{n+\mu} \quad (\mu = 1, 2, \dots m),$$

welcher die m_ν Werthe

$$x_\nu = a_\nu^{(1)},\ a_\nu^{(2)}, \dots a_\nu^{(m_\nu)}$$

zugehören mögen, die Darstellungen finden kann:

$$x_\nu - a_\nu^{(\mu_\nu)} = \mathfrak{P}_{\mu_\nu}^{(\nu)}(x_{n+1}, x_{n+2}, \dots x_{n+m}\ (a_{n+\mu})) \quad (\mu_\nu = 1, 2, \dots m_\nu),$$

wo $\mathfrak{P}_{\mu_\nu}^{(\nu)}$ kein constantes Glied enthält, so mufs man untersuchen, ob n dieser $N = \sum_{\nu=1}^{n} m_\nu$ Potenzreihen $\mathfrak{P}_{\mu_\nu}^{(\nu)}$ einen gemeinsamen Convergenzbereich besitzen, derart dafs irgend einer Stelle desselben Werthesysteme für $x_1, x_2, \dots x_n$ zugehören, welche gleichzeitig die n Gleichungen $g_\nu = 0$ erfüllen. Denn bei der Frage, ob ein Gleichungssystem n analytische Functionen definirt, hat man in dem $2m$fach ausgedehnten Werthegebiete der Gröfsen $x_{n+\mu}$ Stellen ausfindig zu machen, in deren Umgebung n convergente Potenzreihen für $x_1, x_2, \dots x_n$ existiren, welche das Gleichungssystem identisch befriedigen.

Die Entscheidung hierüber könnte man dadurch herbeiführen, dafs man nachsieht, ob in der Umgebung einer Stelle $(a_{n+1}, a_{n+2}, \dots a_{n+m})$ des gemeinsamen Stetigkeitsbereiches der Coefficienten der Gleichungen $g_\nu = 0$ ein Bereich existirt, an dessen Stellen keine der Discriminanten

$$D_\nu(x_{n+1}, x_{n+2}, \dots x_{n+m})$$

verschwindet und keine der Gröfsen x_ν unendlich wird.

Andrerseits steht uns der Weg von den Gleichungen $g_\nu = 0$ zu einem oder mehreren denselben äquivalenten sogenannten Normalgleichungssystemen der Form

$$H(y, x_{n+1}, x_{n+2}, \dots x_{n+m}) = 0,$$

$$x_\nu = \frac{H_\nu(y, x_{n+1} \dots x_{n+m})}{\frac{\partial H}{\partial y}} \quad (\nu = 1, 2, \dots n)$$

offen, wo H eine irreductible ganze rationale Function der von den n Gröfsen x_ν linear abhängigen Gröfse y und H_ν ganze rationale Functionen von y bedeuten. An diese Systeme hat man wieder die Frage zu knüpfen, ob aus denselben Systeme gleichzeitig convergenter Potenzreihen für $y, x_1, x_2, \ldots x_n$ hervorgehen.

Endlich kann man die gegebenen Gleichungen $G_\nu = 0$ direct so behandeln, wie die eine Gleichung $G(y, x) = 0$. Wir wählen den letzten Weg, da wir noch Gelegenheit haben werden, Normalgleichungssysteme bilden und untersuchen zu können.

Es sei $(a_1, a_2, \ldots a_{m+n})$ eine endliche Stelle, welche den n Gleichungen

$$G_\nu(x_1, x_2, \ldots x_{n+m}) = 0 \quad (\nu = 1, 2, \ldots n)$$

genügt, und man setze

$$x_\nu - a_\nu = \xi_\nu, \quad x_{n+\mu} - a_{n+\mu} = \xi_{n+\mu},$$

dann erhalten die Gleichungen die bekannte Form:

$$\begin{aligned}
&A_{11}\xi_1 + A_{12}\xi_2 + \cdots + A_{1,m+n}\xi_{n+m} + (\xi_1, \xi_2, \ldots \xi_{n+m})_{1,2} + \cdots = 0\\
&A_{21}\xi_1 + A_{22}\xi_2 + \cdots + A_{2,m+n}\xi_{n+m} + (\xi_1, \xi_2, \ldots \xi_{n+m})_{2,2} + \cdots = 0\\
&\ldots\ldots\ldots\ldots\ldots\ldots\ldots\ldots\ldots\ldots\\
&A_{n,1}\xi_1 + A_{n,2}\xi_2 + \cdots + A_{n,m+n}\xi_{n+m} + (\xi_1, \xi_2, \ldots \xi_{n+m})_{n,2} + \cdots = 0,
\end{aligned}$$

wo $(\xi_1, \xi_2, \ldots \xi_{n+m})_{\nu,\lambda}$ die Glieder λ^{ter} Dimension aus der Gleichung:

$$G_\nu(a_1 + \xi_1, a_2 + \xi_2, \ldots a_{n+m} + \xi_{n+m}) = 0$$

umfafst.

Wenn dann in der Matrix

$$\left\| \begin{matrix} A_{11}, \ldots A_{1,n}, & A_{1,n+1}, \ldots A_{1,n+m}\\ A_{21}, \ldots A_{2,n}, & A_{2,n+1}, \ldots A_{2,n+m}\\ \ldots & \ldots\\ A_{n,1}, \ldots A_{n,n}, & A_{n,n+1}, \ldots A_{n,n+m} \end{matrix} \right\|$$

eine der Determinanten n^{ter} Ordnung, z. B.

$$\begin{vmatrix} A_{11}, A_{12}, \ldots A_{1,n}\\ A_{21}, A_{22}, \ldots A_{2,n}\\ \ldots\\ A_{n,1}, A_{n,2}, \ldots A_{n,n} \end{vmatrix} = \begin{vmatrix} \left(\frac{\partial G_1}{\partial x_1}\right) \cdots \left(\frac{\partial G_1}{\partial x_n}\right)\\ \left(\frac{\partial G_2}{\partial x_1}\right) \cdots \left(\frac{\partial G_2}{\partial x_n}\right)\\ \ldots\\ \left(\frac{\partial G_n}{\partial x_1}\right) \cdots \left(\frac{\partial G_n}{\partial x_n}\right) \end{vmatrix}$$

von Null verschieden ist, lassen sich n der Gröfsen ξ und zwar ξ_1, $\xi_2, \ldots \xi_n$ in der Umgebung der Stelle (0) nach Potenzreihen der m übrigen Variabeln ohne constantes Glied entwickeln:

$$\xi_\nu = \mathfrak{P}_\nu(\xi_{n+1}, \xi_{n+2}, \ldots \xi_{n+m}) \quad (\nu = 1, 2, \ldots n).$$

Man kann nämlich eine Folge von Stellen $(\xi_1, \xi_2, \ldots \xi_n)$ oder (ξ_ν)

$$0, (\xi_\nu^{(1)}), (\xi_\nu^{(2)}) \ldots (\xi_\nu^{(\varkappa)}) \ldots$$

mit einer solchen Grenzstelle (ξ'_ν) angeben derart, dafs die Grenzwerthe $\xi_1', \xi_2', \ldots \xi_n'$ durch Potenzreihen in den Variabeln $\xi_{n+1}, \xi_{n+2}, \ldots \xi_{n+m}$ auszudrücken sind, und die gegebenen Gléichungen erfüllen. Bildet man die Beziehungen

$$A_{\nu,1}\xi_1 + A_{\nu,2}\xi_2 + \cdots + A_{\nu,n}\xi_n = f_\nu(\xi_1, \xi_2, \ldots \xi_{m+n})$$
$$(\nu = 1, 2, \ldots n),$$

wo f_ν keine Glieder erster Dimension in den Gröfsen $\xi_1, \xi_2, \ldots \xi_n$ allein enthält, setzt rechts für $\xi_1, \xi_2, \ldots \xi_n$ Null und löst die entstehenden Gleichungen nach den links stehenden Unbekannten — was angeht, da die Determinante nicht verschwindet —, so findet man etwa

$$\xi_1 = \xi_1^{(1)}, \quad \xi_2 = \xi_2^{(1)}, \ldots \xi_n = \xi_n^{(1)}.$$

Die Substitution dieser Werthe in die Ausdrücke f_ν gibt neue Gleichungen mit den Lösungen

$$\xi_1 = \xi_1^{(2)}, \quad \xi_2 = \xi_2^{(2)}, \ldots \xi_n = \xi_n^{(2)}.$$

So fortfahrend gelangt man zu Grenzwerthen

$$\xi_1 = \xi_1', \quad \xi_2 = \xi_2', \ldots \xi_n = \xi_n',$$

welche den vorgegebenen Gleichungen genügen und als Potenzreihen nach den Variabeln $\xi_{n+1}, \xi_{n+2}, \ldots \xi_{n+m}$ auszudrücken sind, indem bei der Zusammensetzung nur Additionen und Multiplicationen zu vollziehen sind und die Summen ganzer rationaler Functionen in Potenzreihen umgeformt werden können, wenn die Summen gleichmässig convergiren.

Den Convergenzbeweis führen wir praktischer gleich in dem Falle, wo wir die $n + m$ Gröfsen ξ durch Potenzreihen nach m neuen Variabeln $t_1, t_2, \ldots t_m$ darstellen, wie das bei dem algebraischen Gebilde $G(y, x) = 0$ geschah.

Verbindet man mit den n gegebenen Gleichungen

$$A_{\nu,1}\xi_1 + A_{\nu,2}\xi_2 + \cdots + A_{\nu,n+m}\xi_{n+m} = \varphi_\nu(\xi_1, \xi_2, \ldots \xi_{n+m})$$
$$(\nu = 1, 2, \ldots n)$$

weitere m Gleichungen, welche m neue Variable t_μ mit den Gröfsen ξ in Zusammenhang bringen:

$$A_{n+\mu,1}\xi_1 + A_{n+\mu,2}\xi_2 + \cdots + A_{n+\mu,n+m}\xi_{n+m} = t_\mu$$
$$(\mu = 1, 2, \ldots m),$$

wo die Constanten $A_{n+\mu,\nu+\mu'}$ so gewählt sein mögen, dafs die Determinante $(n + m)^{\text{ter}}$ Ordnung

$$\begin{vmatrix} A_{1,1} & \ldots & A_{1,n+m} \\ \cdot & & \cdot \\ \cdot & & \cdot \\ \cdot & & \cdot \\ A_{n+m,1} & \ldots & A_{n+m,n+m} \end{vmatrix}$$

nicht verschwindet, und bestimmt aus den $(n+m)$ Gleichungen durch das frühere Verfahren denselben genügende Grenzwerthe $\xi_1, \xi_2, \dots \xi_{n+m}$ als Potenzreihen der Gröfsen $t_1, t_2, \dots t_m$,

$$\xi_\lambda = \mathfrak{P}_\lambda(t_1, t_2, \dots t_m),$$

so besitzen diese einen gemeinsamen Convergenzbereich um die Stelle (0).

Zum Convergenzbeweise ersetze man in den Lösungen der $(n+m)$ Gleichungen

$$\xi_1 = a_{11}t_1 + a_{12}t_2 + \cdots + a_{1m}t_m + \psi_1(\xi_1, \xi_2, \dots \xi_{n+m})$$
$$\xi_2 = a_{21}t_1 + a_{22}t_2 + \cdots + a_{2m}t_m + \psi_2(\xi_1, \xi_2, \dots \xi_{n+m})$$
$$\dots\dots\dots\dots\dots\dots\dots\dots\dots$$
$$\xi_{n+m} = a_{n+m,1}t_1 + a_{n+m,2}t_2 + \cdots + a_{n+m,m}t_m + \psi_{n+m}(\xi_1, \xi_2, \dots \xi_{n+m}),$$

wo die Ausdrücke ψ_λ keine Constanten und keine Glieder erster Dimension enthalten, auf dafs in ihrer Darstellung durch eine $(n+m)$-fache in einem Bereiche $|\xi_\lambda| < R$ convergente Summe:

$$\sum_{(\nu_\lambda)=0}^{\infty} b^{(\lambda)}_{\nu_1, \nu_2, \dots \nu_{n+m}} \xi_1^{\nu_1} \xi_2^{\nu_2} \dots \xi_{n+m}^{\nu_{n+m}}$$

$\sum_{\lambda=1}^{n+m} \nu_\lambda \geqq 2$ sein mufs, die Coefficienten $a_{\lambda,\mu}$ durch eine solche positive Gröfse γ, dafs der absolute Betrag:

$$|a_{\lambda,\mu}| \leqq \gamma$$

ist. Ist dann für jedes (λ) und ein $r < R$

$$\left| b^{(\lambda)}_{\nu_1, \nu_2, \dots \nu_{n+m}} \right| < g r^{-(\nu_1+\nu_2+\cdots+\nu_{n+m})},$$

so werden die Coefficienten der Reihe für

$$g \prod_{\lambda=1}^{n+m} \left(\frac{1}{1-\frac{\xi_\lambda}{r}} \right) - \left\{ g + g \frac{\xi_1 + \xi_2 + \cdots + \xi_{n+m}}{r} \right\}$$

nicht kleiner als die absoluten Beträge der Coefficienten gleichnamiger Glieder jeder Reihe ψ_λ, und umsoweniger kleiner als die der Reihe

$$\frac{g}{1-\frac{\xi_1+\xi_2+\cdots+\xi_{n+m}}{r}} - \left\{ g + g \frac{\xi_1 + \xi_2 + \cdots + \xi_{n+m}}{r} \right\}.$$

Sollten nun aus den $(n+m)$ Gleichungen:

$$\xi_\lambda = \gamma(t_1 + t_2 + \cdots + t_m) + g \sum_{\varkappa=2}^{\infty} \left(\frac{\xi_1 + \xi_2 + \cdots + \xi_{n+m}}{r} \right)^\varkappa$$
$$(\lambda = 1, 2, \dots n+m)$$

$(n+m)$ convergente Potenzreihen für die Gröfsen ξ_λ hervorgehen, so können wir sicher sein, dafs auch die gegebenen Gleichungen durch gleichzeitig convergente Potenzreihen identisch zu erfüllen sind.

Die Reihen, die aber den letzten $(n+m)$ Gleichungen genügen, werden offenbar gleich. Setzt man daher

$$t_1 + t_2 + \cdots + t_m = t, \quad \xi_1 + \xi_2 + \cdots + \xi_{n+m} = \xi,$$

so dafs $\xi_\lambda = \frac{\xi}{n+m}$ wird, so reducirt sich das letzte System auf die einzige Gleichung

$$\xi = (n+m)\gamma t + (n+m)\, g \left(\frac{\xi}{r}\right)^2 \frac{1}{1-\frac{\xi}{r}} = 0$$

oder

$$\xi^2 - \frac{r(n+m)\gamma t + r^2}{(n+m)g + r}\,\xi + \frac{r^2(n+m)\gamma t}{(n+m)g+r} = 0,$$

und weil ξ in der Umgebung der Stelle $t = 0$ in eine convergente Potenzreihe entwickelt werden kann, müssen auch die $(n+m)$ Potenzreihen

$$x_\lambda - a_\lambda = \mathfrak{P}_\lambda(t_1, t_2, \ldots t_m)$$

einen gemeinsamen Convergenzbereich besitzen, was zu zeigen war. —

Indem die Gröfsen t_μ als lineare Functionen der Gröfsen ξ_λ eingeführt waren, entspricht nicht allein jedem Werthesysteme aus dem gemeinsamen Convergenzbereiche der gefundenen Reihen eine bestimmte Stelle (x_λ), sondern es gehört auch zu jedem dieser Werthesysteme $x_1, x_2, \ldots x_{n+m}$ eine bestimmte Stelle (t). Ist $(\alpha_1, \alpha_2, \ldots \alpha_m)$ eine Stelle des gemeinsamen Giltigkeitsbereiches der Reihen $\mathfrak{P}_\lambda(t_1, t_2, \ldots t_m)$, welcher die Stelle $(a_1', a_2', \ldots a_{n+m}')$ entspricht, so existiren auch $(n+m)$ convergente Reihen

$$x_\lambda - a_\lambda' = \mathfrak{P}_\lambda'(t_1, t_2, \ldots t_m | (\alpha)) \quad (\lambda = 1, 2, \ldots n+m),$$

und wenn m der neuen Reihen $\mathfrak{P}_\lambda'$ die Bedingung erfüllen, dafs eine der Determinanten m^{ter} Ordnung aus der Matrix

$$\left\| \begin{matrix} \left(\frac{\partial \mathfrak{P}_1'}{\partial t_1}\right) & \cdots & \left(\frac{\partial \mathfrak{P}_{n+m}'}{\partial t_1}\right) \\ \cdot & & \cdot \\ \cdot & & \cdot \\ \cdot & & \cdot \\ \left(\frac{\partial \mathfrak{P}_1'}{\partial t_m}\right) & \cdots & \left(\frac{\partial \mathfrak{P}_{n+m}'}{\partial t_m}\right) \end{matrix} \right\|_{(\alpha)}$$

z. B. die aus den letzten m Verticalreihen gebildete nicht verschwindet, so kann man die m Gröfsen $t_\mu - \alpha_\mu$ durch Potenzreihen in den m Gröfsen $\xi_{n+\mu}' = x_{n+\mu} - a_{n+\mu}'$ $(\mu = 1, 2, \ldots m)$ darstellen und die Substitution dieser Reihen in die n übrigen gibt n gleichzeitig convergente Potenzreihen:

$$x_\nu - a_\nu' = \mathfrak{P}_\nu(x_{n+1}, x_{n+2}, \ldots x_{n+m} | a_{n+1}', a_{n+2}', \ldots a_{n+m}')$$
$$(\nu = 1, 2, \ldots n). —$$

Wir wissen bereits, dafs im Falle einer Gleichung

$$G(x_1, x_2, \ldots x_{n+m}) = 0,$$

aus welcher für x_1 eine Potenzreihe

$$x_1 - a_1 = \mathfrak{P}_1(x_2, x_3, \ldots x_{n+m} \mid a_2, a_3, \ldots a_{n+m})$$

entstammt sein mag, alle in einer gewissen Umgebung der Stelle $(a_1, a_2, \ldots a_{n+m})$ liegenden Stellen, welche dem durch die Gleichung definirten Gebilde angehören, aus der Potenzreihe hervorgehen. Dieser Satz gilt auch, wenn n Gleichungen mit $n+m$ Variabeln gegeben sind und an einer Stelle (a) n Potenzreihen

$$x_r - a_r = \mathfrak{P}_r(x_{n+1}, x_{n+2}, \ldots x_{n+m} \mid a_{n+1}, a_{n+2}, \ldots a_{n+m})$$

existiren, welche diesen Gleichungen genügen.

Weil dann die Determinante

$$\begin{vmatrix} A_{11}, & A_{12} \ldots & A_{1,n} \\ A_{12}, & A_{22}, \ldots & A_{2,n} \\ \cdot & \cdot & \cdot \\ \cdot & \cdot & \cdot \\ \cdot & \cdot & \cdot \\ A_{n,1}, & A_{n,2}, \ldots & A_{n,n} \end{vmatrix}$$

von Null verschieden sein muſs, gibt es gewiſs eine Gröſse $A_{1,r}$, welche nicht verschwindet, z. B. A_{11}. Entwickelt man dann zunächst aus der Gleichung:

$$A_{11}\xi_1 + A_{12}\xi_2 + \cdots + A_{1,n+m}\xi_{n+m} + (\xi_1, \xi_2, \ldots \xi_{n+m})_{1.2} + \cdots = 0$$

ξ_1 als eine Potenzreihe in den Variabeln $\xi_2, \xi_3, \ldots \xi_{n+m}$

$$\mathfrak{P}_1(\xi_2, \xi_3, \ldots \xi_{n+m})$$

und substituirt dieselbe in die übrigen $n-1$ Gleichungen, so entsteht ein System:

$$\begin{aligned} A'_{22}\xi_2 + \cdots + A'_{2,n+m}\xi_{n+m} + \chi_2(\xi_2, \ldots \xi_{n+m}) &= 0 \\ A'_{32}\xi_2 + \cdots + A'_{3,n+m}\xi_{n+m} + \chi_3(\xi_2, \ldots \xi_{n+m}) &= 0 \\ \cdot \quad \cdot \quad \cdot \quad \cdot \quad \cdot \quad \cdot \quad \cdot \quad \cdot \quad \cdot \quad \cdot \quad & \cdot \\ A'_{n,2}\xi_2 + \cdots + A'_{n,n+m}\xi_{n+m} + \chi_n(\xi_2, \ldots \xi_{n+m}) &= 0, \end{aligned} \qquad (\alpha)$$

welches dieselbe Behandlung zuläſst wie das gegebene, wenn nur eine Determinante $(n-1)^{\text{ter}}$ Ordnung mit der Matrix

$$\begin{vmatrix} A'_{22} & \ldots & A'_{2,n+m} \\ \cdot & & \cdot \\ \cdot & & \cdot \\ \cdot & & \cdot \\ A'_{n,2} & \ldots & A'_{n,n+m} \end{vmatrix}$$

von Null verschieden ist. Bemerkt man, daſs die Elemente der aus den ersten $(n-1)$ Verticalreihen gebildeten Determinante gefunden werden, indem man den Ausdruck

$$\xi_1 = \frac{-1}{A_{11}}(A_{12}\xi_2 + \cdots + A_{1,n+m}\xi_{n+m})$$

in den Gleichungen

$$A_{\nu,1}\xi_1 + A_{\nu,2}\xi_2 + \cdots + A_{\nu,n+m}\xi_{n+m} + (\xi_1, \xi_2, \ldots \xi_{n+m})_{\nu,2} + \cdots = 0$$
$$(\nu = 2, 3, \ldots n)$$

substituirt und die Coefficienten von $\xi_2, \xi_3, \ldots \xi_{n+m}$ sucht, wobei die Glieder höherer als der ersten Dimension nicht in Betracht kommen, so ist klar, dafs die in Rede stehende Determinante in den A' auch nicht verschwinden kann.

Dann aber gibt es $(n-1)$ Potenzreihen:

$$\xi_\nu = \mathfrak{P}'_\nu(\xi_{n+1}, \xi_{n+2}, \ldots \xi_{n+m}) \quad (\nu = 2, 3, \ldots n),$$

und wenn aus diesen alle möglichen Werthesysteme einer Umgebung der Stelle (0) zu entnehmen sind, welche den Gleichungen (α) genügen, so werden alle den ursprünglichen Gleichungen genügenden Werthesysteme einer gewissen Umgebung der Stelle $(\xi) = (0)$ zu finden sein, wenn man den hier genannten Stellen $(\xi_2, \xi_3, \ldots \xi_{n+m})$ denjenigen Werth ξ_1 zuordnet, welcher nach Substitution der $(n-1)$ Reihen $\mathfrak{P}'_\nu$ für ξ_ν aus der Reihe $\overline{\mathfrak{P}}_1(\xi_2, \xi_3, \ldots \xi_{n+m})$ hervorgeht.

So ist durch den Schlufs von $(n-1)$ auf n bewiesen, dafs die den gegebenen Gleichungen genügenden Stellen der Umgebung einer ersten Stelle (a) alle aus den Potenzreihen $\mathfrak{P}_\lambda(t_1, t_2, \ldots t_m)$ gefunden werden. —

Angenommen, dafs in der Umgebung einer zweiten Stelle (b_λ) des durch die Gleichungen $G_\nu = 0$ definirten Gebildes ein System neuer Reihen:

$$x_\lambda - b_\lambda = \mathfrak{P}'_\lambda(\tau_1, \tau_2, \ldots \tau_m)$$

das Gebilde darstellt, und innerhalb des gemeinsamen Convergenzbereiches dieser Reihen ein Bereich um eine Stelle $(\tau^{(0)})$ existirt, welchem nur Werthesysteme einer Umgebung der Stelle

$$x_1 = c_1, \quad x_2 = c_2, \ldots x_{n+m} = c_{n+m}$$

zugehören, die auch aus den Reihen

$$x_\lambda - a_\lambda = \mathfrak{P}_\lambda(t_1, t_2, \ldots t_m)$$

entspringen, wenn $t_1, t_2, \ldots t_m$ auf eine gewisse Umgebung einer Stelle $(t^{(0)})$ beschränkt wird, dann coincidiren die durch die beiden Systeme von Potenzreihen definirten Systeme von Stellen. Indem man ein solches System von Stellen ein *Element* des durch die Gleichungen $G_\nu = 0$ bestimmten Gebildes nennt, kann man sagen: die zwei Elemente *coincidiren* in der Umgebung der Stelle (c_λ).

Weil die Gröfsen t_μ lineare Functionen von $x_\lambda - a_\lambda$ waren:

$$t_\mu = \sum_{\lambda=1}^{n+m} A_{n+\mu,\lambda}(x_\lambda - a_\lambda) \quad (\mu = 1, 2, \ldots m),$$

die identisch in

$$\sum_{\lambda=1}^{n+m} A_{n+\mu,\lambda}(b_\lambda - a_\lambda + (x_\lambda - b_\lambda))$$

umzuformen sind, so lehrt die Substitution der Reihen für $x_\lambda - b_\lambda$, dafs t_μ in Potenzreihen nach den Gröfsen τ_μ entwickelt werden können; und da den Stellen $(t^{(0)})$ und $(\tau^{(0)})$ gleichzeitig die Stelle (c_λ) zugeordnet war, haben diese Reihen die Form

$$t_\mu - t_\mu^{(0)} = \mathfrak{p}_\mu(\tau_1, \tau_2, \ldots \tau_m | (\tau^{(0)})),$$

wo $\mathfrak{p}_\mu$ kein constantes Glied enthält. — Die Ausdrücke

$$a_\lambda + \mathfrak{P}_\lambda(t_1, t_2, \ldots t_m)$$

werden mit Hilfe dieser Reihen in $b_\lambda + \mathfrak{P}'_\lambda(\tau_1, \tau_2, \ldots \tau_m)$ übergehen.

Da die Gröfsen τ_μ lineare Functionen von $x_\lambda - b_\lambda$ sind, existiren auch m Potenzreihen

$$\tau_\mu - \tau_\mu^{(0)} = \mathfrak{p}'_\mu(t_1, t_2, \ldots t_m | (t^{(0)})),$$

die durch Umkehrung der früheren Reihen

$$t_\mu - t_\mu^{(0)} = \sum_{(\nu_\mu)=0}^{\infty}{}' c^{(\mu)}_{\nu_1, \nu_2, \ldots \nu_m} (\tau_1 - \tau_1^{(0)})^{\nu_1} (\tau_2 - \tau_2^{(0)})^{\nu_2} \ldots (\tau_m - \tau_m^{(0)})^{\nu_m}$$

zu gewinnen sein müssen, weil zu einem Werthesysteme der t nur ein bestimmtes System der τ gehören kann und umgekehrt. Dazu mufs nothwendig die Determinante

$$\begin{vmatrix} c^{(1)}_{1,0,\ldots 0} & \ldots & c^{(1)}_{0,0,\ldots 0,1} \\ \vdots & & \vdots \\ c^{(m)}_{1,0,\ldots 0} & \ldots & c^{(m)}_{0,0,\ldots 0,1} \end{vmatrix}$$

von Null verschieden sein.

Wenn darnach zwei Elemente eines durch n Gleichungen $G_\nu = 0$ definirten Gebildes in der Umgebung einer Stelle (c_λ) coincidiren und die Werthe c_λ für $t_\mu = \alpha_\mu$ und $\tau_\mu = \beta_\mu$ aus den Elementen entspringen, dann gibt es m Potenzreihen

$$t_\mu - \alpha_\mu = \mathfrak{p}_\mu(\tau_1, \tau_2, \ldots \tau_m | (\beta_\mu)),$$

welche das erste Element in das zweite überführen, und das zweite ist umgekehrt durch die aus diesen Reihen hervorgehenden Reihen

$$\tau_\mu - \beta_\mu = \mathfrak{p}'_\mu(t_1, t_2, \ldots t_m | (\alpha_\mu))$$

in das erste zu transformiren.

Damit ist klar, wie man ein Element:

$$x_\lambda - a_\lambda = \mathfrak{P}_\lambda(t_1, t_2, \ldots t_m) \quad (\mu = 1, 2, \ldots m)$$

fortzusetzen hat. Man greife aus dem gemeinsamen Convergenzbereiche der Reihen $\mathfrak{P}_\lambda$ eine Stelle (α_μ) heraus, setze dann anstatt t_μ $\alpha_\mu + (t_\mu - \alpha_\mu)$ und ordne die Reihen nach Potenzen von $t_\mu - \alpha_\mu$, führe statt $t_\mu - \alpha_\mu$ m convergente Potenzreihen

$$\mathfrak{p}_\mu(\tau_1, \tau_2, \ldots \tau_m | (\beta_\mu))$$

ohne constantes Glied ein, so entstehen die Reihen

$$x_\lambda - c_\lambda = \mathfrak{P}'_\lambda(\tau_1, \tau_2, \ldots \tau_m | (\beta_\mu)).$$

Setzt man schliefslich $\tau_\mu - \beta_\mu = u_\mu$, so folgt die frühere Form

$$x_\lambda - c_\lambda = \mathfrak{P}'_\lambda(u_1, u_2, \ldots u_m),$$

und dieses Element coincidirt mit dem ersten in der Umgebung von (c_λ). Die somit anstatt t_μ eingeführten Reihen

$$t_\mu = \alpha_\mu + \mathfrak{p}_\mu(u_1, u_2, \ldots u_m)$$

haben aber nothwendig die Eigenthümlichkeit, dafs die Determinante

$$\begin{vmatrix} \frac{\partial \mathfrak{p}_1}{\partial u_1}, & \frac{\partial \mathfrak{p}_1}{\partial u_2}, & \cdots & \frac{\partial \mathfrak{p}_1}{\partial u_m} \\ \cdot & \cdot & & \cdot \\ \cdot & \cdot & & \cdot \\ \cdot & \cdot & & \cdot \\ \frac{\partial \mathfrak{p}_m}{\partial u_1}, & \frac{\partial \mathfrak{p}_m}{\partial u_2}, & \cdots & \frac{\partial \mathfrak{p}_m}{\partial u_m} \end{vmatrix}$$

an der Stelle $u_1 = u_2 = \cdots = u_m = 0$ nicht verschwindet. —

Stellt man unabhängig von den ursprünglichen Gleichungen $G_\nu = 0$ als Definition eines monogenen analytischen Gebildes die Gesammtheit der durch ein Element:

$$x_\lambda - a_\lambda = \mathfrak{P}_\lambda(t_1, t_2, \ldots t_m) \quad (\lambda = 1, 2, \ldots n + m)$$

und seiner Fortsetzungen gegebenen Werthesysteme auf, so hat man zu zeigen, dafs dieses Gebilde das durch die n Gleichungen definirte umfafst. Nun wissen wir bereits, dafs überall, wo eine der Determinanten aus der Matrix

$$\begin{Vmatrix} \frac{\partial G_1}{\partial x_1}, & \cdots & \frac{\partial G_1}{\partial x_{n+m}} \\ \cdot & & \cdot \\ \cdot & & \cdot \\ \cdot & & \cdot \\ \frac{\partial G_n}{\partial x_1}, & \cdots & \frac{\partial G_n}{\partial x_{n+m}} \end{Vmatrix}$$

nicht verschwindet, n der Gröfsen x durch Potenzreihen in den übrigen m Variabeln und alle Gröfsen x durch Potenzreihen in m neuen Variabeln darstellbar sind. Die Fortsetzungen dieser n Reihen sind aber auch Fortsetzungen des Elementes, das nach der Anzahl der unabhängigen Variabeln t eines *m^{ter} Stufe in dem $2(n+m)$fach ausgedehnten Gebiete* der $(n+m)$ Gröfsen x_λ genannt wird.

In der That: wenn die n Reihen

$$x_\nu - a_\nu = \overline{\mathfrak{P}}_\nu(x_{n+1}, x_{n+2}, \ldots x_{n+m} | (a_{n+\mu}))$$

und das Element

$$x_\lambda - a_\lambda = \mathfrak{P}_\lambda(t_1, t_2, \ldots t_m)$$

in einem Bereiche um die Stelle (a) dieselben Werthesysteme (x) liefern, so werden die aus der Fortsetzung:

$$x_\lambda - c_\lambda = \mathfrak{P}'_\lambda(u_1, u_2, \ldots u_m)$$

abzuleitenden Potenzreihen

$$x_\nu - c_\nu = \mathfrak{P}'_\nu(x_{n+1}, x_{n+2}, \ldots x_{n+m} | (c_{n+\mu}))$$

Fortsetzungen der ersten n Reihen sein, denn wenn das erste und zweite Element in der Umgebung von (c_λ) coincidiren, so stimmen auch die n Reihen $\mathfrak{P}_\nu$ und $\overline{\mathfrak{P}}'_\nu$ für jede Stelle eines gewissen Bereiches um die Stelle (c) überein und umgekehrt.

Das analytische Gebilde m^{ter} Stufe in dem Gebiete von $m+n$ Gröfsen enthält aber mehr Stellen als das durch n primitive Reihen

$$x_\nu - a_\nu = \mathfrak{P}_\nu(x_{n+1}, \ldots x_{n+m} | (a_{n+\mu})) \quad (\nu = 1, 2, \ldots n)$$

definirte System analytischer Functionen, denn das Gebilde besitzt auch dort ein Element, wo die Determinante

$$\begin{vmatrix} \frac{\partial G_1}{\partial x_1}, & \ldots & \frac{\partial G_1}{\partial x_n} \\ \cdot & & \cdot \\ \cdot & & \cdot \\ \cdot & & \cdot \\ \frac{\partial G_n}{\partial x_1}, & \ldots & \frac{\partial G_n}{\partial x_n} \end{vmatrix}$$

verschwindet, sofern nur eine andere der Determinanten aus der oben genannten Matrix von Null verschieden ist.

Darum erheben wir das analytische Gebilde über die analytische Function des früheren Sinnes und treffen für die analytische Function folgende Festsetzung: Zu den Werthen $(c_{n+\mu})$ der unabhängigen Variabeln $x_{n+1}, x_{n+2}, \ldots x_{n+m}$ gehören bestimmte Werthe $c_1, c_2, \ldots c_n$ der durch ein System primitiver Elemente

$$x_\nu - a_\nu = \mathfrak{P}_\nu(x_{n+1}, \ldots x_{n+m} | a_{n+1}, \ldots a_{n+m})$$

definirten analytischen Functionen, wenn in dem Gebiete der $(n+m)$ unabhängigen Gröfsen x_λ ein Gebilde m^{ter} Stufe mit einem in der Umgebung der Stelle (c_λ) giltigen Elemente

$$x_\lambda - c_\lambda = \mathfrak{P}'_\lambda(u_1, u_2, \ldots u_m)$$

existirt, welches in jeder Umgebung der Stelle (0) unendlich viele Werthesysteme (x) mit der Häufungsstelle (c_λ) definirt, die auch aus n simultanen Elementen unseres Functionensystems hervorgehen. Darnach gehört z. B. die Stelle (∞) zu dem Giltigkeitsbereiche von n analytischen Functionen, und sie nehmen dort den Werth ∞ an, wenn man ein Element der Form:

$$\frac{1}{x_\lambda} = \mathfrak{P}_\lambda(v_1, v_2, \ldots v_m) \quad (\lambda = 1, 2, \ldots n+m)$$

angeben kann, in dessen Convergenzbereiche eine Stelle $(v^{(0)})$ der Beschaffenheit liegt, daſs in der Umgebung der zugehörigen Stelle $(x^{(0)})$ dieses Element mit den simultanen Fortsetzungen unserer primitiven Reihen übereinstimmt.

So haben wir an der Hand der Aufgabe, die durch algebraische Gleichungen definirten Gröſsen als analytische Functionen der unabhängigen Variabeln zu erkennen, den Functionsbegriff und den eines Systems von Functionen zu dem Begriffe des analytischen Gebildes erweitert, und wenn dieses durch ein Element

$$x_\lambda - a_\lambda = \mathfrak{P}_\lambda(t_1, t_2, \dots t_m) \quad (\lambda = 1, 2, \dots n+m)$$

definirt ist, so sind die Potenzreihen einzig und allein der Beschränkung zu unterwerfen, daſs eine der Determinanten aus der Matrix

$$\begin{vmatrix} \frac{\partial \mathfrak{P}_1}{\partial t_1}, & \dots & \frac{\partial \mathfrak{P}_{n+m}}{\partial t_1} \\ \cdot & \cdot\;\cdot\;\cdot & \cdot \\ \frac{\partial \mathfrak{P}_1}{\partial t_m}, & \dots & \frac{\partial \mathfrak{P}_{n+m}}{\partial t_m} \end{vmatrix}$$

nicht identisch verschwindet, denn andernfalls könnte zwischen den Gröſsen x_λ kein Zusammenhang bestehen. Wäre z. B. die aus den letzten m Verticalreihen gebildete Determinante identisch Null, so könnte man niemals t_1, t_2, ... t_m nach Potenzreihen von x_{n+1}, x_{n+2}, ... x_{n+m} entwickeln; und wenn die Gröſsen t niemals durch Potenzreihen in m der Gröſsen x darzustellen sind, gibt es auch keine Elemente der Form:

$$x_\lambda - a_\lambda = \mathfrak{P}_\lambda^{(1)}(x^{(1)}, x^{(2)}, \dots x^{(m)} | (a^{(\mu)}),$$

wo unter den $x^{(\mu)}$ und $a^{(\mu)}$ Gröſsen x_λ und a_μ zu verstehen sind, d. h. es bestünde zwischen den Gröſsen x_λ kein Zusammenhang.

Diejenigen Stellen, wo alle Determinanten der genannten Art verschwinden, sind die *singulären Stellen* des Gebildes m^{ter} Stufe. Im Falle das Gebilde durch eine algebraische Gleichung $G(y, x) = 0$ mit rationalen Coefficienten definirt ist, sind diese singulären Stellen diejenigen, wo man zur Darstellung des Gebildes mehrere Elemente oder Functionenpaare bedarf.

Wir kommen in dem letzten Capitel noch einmal auf das durch eine irreductible algebraische Gleichung definirte Gebilde m^{ter} Stufe in dem Gebiete von $m+1$ Gröſsen zurück, um auch der hier unberücksichtigt gebliebenen Frage nach der Monogenität eines solchen Gebildes unsere Aufmerksamkeit zuzuwenden.

II. Abschnitt.

Durch Differentialgleichungen definirte analytische Functionen.

§ 43. Totale Differentialgleichungen.

Die eingeführten analytischen Functionen besitzen an allen nicht singulären Stellen Differentialquotienten jeder Ordnung nach den unabhängigen Variabeln. Wenn aber (a_λ) eine singuläre Stelle ist, in deren Umgebung wohl ein Element

$$x_\lambda - a_\lambda = \mathfrak{P}_\lambda(t_1, t_2, \ldots t_m) \quad (\lambda = 1, 2 \ldots n + m)$$

aufzustellen ist, auf dafs

$$\frac{\partial x_\nu}{\partial t_\mu} \quad \text{und} \quad \frac{\partial x_{n+\mu'}}{\partial t_\mu}$$

existirt, kann man aber aus den letzten m Potenzreihen $t_1, t_2, \ldots t_m$ nicht nach Potenzen von $(x_{n+\mu} - a_{n+\mu})$ $(\mu = 1, 2 \ldots m)$ entwickeln, so wird der Differentialquotient

$$\frac{\partial x_\nu}{\partial x_{n+\mu}} = \frac{\partial x_\nu}{\partial x_\mu} \cdot \frac{\partial t_\mu}{\partial x_{n+\mu}}$$

an der Stelle (a_λ) nicht durch eine Potenzreihe

$$\mathfrak{P}(x_{n+1}, x_{n+2}, \ldots x_{n+m} \mid (a_{n+\mu}))$$

darstellbar sein; d. h. der Differentialquotient der analytischen Function x_ν von $x_{n+1}, x_{n+2}, \ldots x_{n+m}$ nach $x_{n+\mu}$ wird an der Stelle (a_λ) nicht von regulärem Verhalten sein.

Soviel steht aber fest, dafs wir die Ableitungen unserer Functionen als vollständig definirte analytische Functionen in Rechnung zu ziehen haben. Wenn die Ableitungen mit der Function gegeben sind, kann man fragen, ob eine vorgelegte analytische Function die Ableitung einer gleichartigen Function sein kann, und allgemeiner mufs man untersuchen, ob man n analytische Functionen x_ν von m unabhängigen Variabeln so bestimmen kann, dafs zwischen den unabhängigen Variabeln $x_{n+\mu}$ $(\mu = 1, 2 \ldots m)$ und den Gröfsen x_ν $(\nu = 1, 2 \ldots n)$ und einer nach den $x_{n+\mu}$ genommenen bestimmten Anzahl von Ableitungen verschiedener Ordnung derselben eine Reihe von Beziehungen besteht, die durch die arithmetischen Operationen mit den in Rede stehenden Gröfsen dargestellt sind.

Gibt es Functionen dieser Art, so heifsen sie *Integralfunctionen*. Wir nehmen zunächst an, dafs nur eine unabhängige Variable x in Betracht komme. Wir nennen die n von x abhängigen Gröfsen $x_1, x_2, \ldots x_n$ und setzen fest, dafs zwischen diesen Gröfsen x selbst und den ersten m_1 Ableitungen von x_1 nach x, den m_2 ersten Ableitungen von x_2 nach x, und endlich zwischen den m_n ersten Ableitungen von x_n nach x n in den höchsten Differentialquotienten algebraische Gleichungen bestehen:

$$F_\nu\left(x, x_1, x_2, \ldots x_n, \frac{dx_1}{dx}, \frac{d^2x_1}{dx^2}, \ldots \frac{d^{m_1}x_1}{dx^{m_1}}, \ldots\right.$$
$$\left.\ldots \frac{dx_n}{dx}, \frac{d^2x_n}{dx^2}, \ldots \frac{d^{m_n}x_n}{dx^{m_n}}\right) = 0,$$

deren Coefficienten rationale Functionen der übrigen Gröfsen sind.

Führen wir an Stelle der ersten $(m_\nu - 1)$ Ableitungen:

$$\frac{dx_\nu}{dx}, \frac{d^2x_\nu}{dx^2}, \ldots \frac{d^{m_\nu-1}x_\nu}{dx^{m_\nu-1}}$$

die neuen Gröfsen:

$$x_\nu^{(2)}, x_\nu^{(3)} = \frac{dx_\nu^{(2)}}{dx}, \ldots x_\nu^{(m_\nu)} = \frac{dx_\nu^{(m_\nu-1)}}{dx}$$

ein und schreiben für x_ν $x_\nu^{(1)}$, so erhalten wir:

$$n + \sum_{\nu=1}^{n} (m_\nu - 1) = \sum_{\nu=1}^{n} m_\nu = M$$

Differentialgleichungen erster Ordnung:

$$F_\nu\left(x;\, x_1^{(1)}, x_1^{(2)}, \ldots x_1^{(m_1)}, \frac{dx_1^{(m_1)}}{dx}; \ldots x_n^{(1)}, x_n^{(2)}, \ldots x_n^{(m_n)}, \frac{dx_n^{(m_n)}}{dx}\right) = 0$$

$$x_\nu^{(2)} - \frac{dx_\nu^{(1)}}{dx} = 0,\ x_\nu^{(3)} - \frac{dx_\nu^{(2)}}{dx} = 0, \ldots x_\nu^{(m_\nu)} - \frac{dx_\nu^{(m_\nu-1)}}{dx} = 0$$
$$(\nu = 1, 2 \ldots n)$$

mit M abhängigen Gröfsen $x_\nu^{(1)}, x_\nu^{(2)}, \ldots x_\nu^{(m_\nu)}$ $(\nu = 1, 2 \ldots n)$.

Dieses System ersetzen wir allgemeiner durch ein anderes gleicher Gestalt:

$$F_\nu\left(x;\, x_1, x_2, \ldots x_n, \frac{dx_1}{dx}, \frac{dx_2}{dx}, \ldots \frac{dx_n}{dx}\right) = 0 \quad (\nu = 1, 2 \ldots n).$$

Wenn die ursprünglichen Gleichungen nicht alle die höchsten in dem Systeme vorkommenden Differentialquotienten enthalten sollten, so sind sie nicht unmittelbar auf diese Form zu bringen, doch wird man mit Hilfe von Differentiationen der gegebenen Gleichungen stets ein System unserer Art bilden können. Hierauf hat man aber zu zeigen, dafs die Functionen, welche diesem Systeme genügen, auch das erste erfüllen und man wird ausfindig machen müssen, wie sich aus den durch das neue System bestimmten Functionen diejenigen ableiten lassen, welche den gegebenen Gleichungen genügen. Diese Aufgaben lassen wir hier aufser Acht. —

Wir setzen voraus, dafs man aus den neuen Gleichungen $F_\nu = 0$ bei der Elimination von $n-1$ Differentialquotienten niemals eine Gleichung in x und den Gröfsen $x_1, x_2, \ldots x_n$ allein ableiten könne, sondern dafs das System der Eliminationsresultate die Form erhält:

$$G_\nu\left(x;\, x_1,\, x_2, \cdots x_n,\, \frac{dx_\nu}{dx}\right) = 0,$$

denn wenn einmal eine Gleichung $G_\nu(x, x_1, \ldots x_n) = 0$ hervorginge, so könnte man diese zur Reduction des Gleichungssystems $F_\nu = 0$ auf ein anderes benützen, in welchem die Anzahl von Differentialgleichungen und Variabeln um Eins vermindert ist.

Das System $G_\nu = 0$, dem offenbar alle Lösungen der Differentialgleichungen $F_\nu = 0$ genügen, wollen wir durch ein oder mehrere *Normalgleichungssysteme* der schon oben genannten Art ersetzen.

Bezeichnet man die Differentialquotienten $\frac{dx_\nu}{dx}$ mit y_ν und führt eine neue Gröfse x_{n+1} ein, die durch den Ausdruck

$$a_1 y_1 + a_2 y_2 + \cdots + a_n y_n$$

mit n willkürlichen Constanten definirt sei, so kann man zunächst eine algebraische Gleichung ableiten, welcher x_{n+1} genügt. Ist die Function $G_\nu(x, x_1, x_2, \ldots x_n, y_\nu)$ in y_ν vom m_ν^{ten} Grade und sind die Lösungen der Gleichung $G_\nu = 0$

$$y_\nu^{(1)},\ y_\nu^{(2)}, \ldots y_\nu^{(m_\nu)},$$

so ist das Product

$$\Phi(x_{n+1}) = \prod \left(x_{n+1} - \left(a_1 y_1^{(\mu_1)} + a_2 y_2^{(\mu_2)} + \cdots + a_n y_n^{(\mu_n)}\right)\right) \qquad (\alpha)$$

über alle Factoren $x_{n+1} - (a_1 y_1^{(\mu_1)} + \cdots + a_n y_n^{(\mu_n)})$, die bei den verschiedenen Combinationen der Lösungen $y_\nu^{(m_\nu)}$ hervorgehen, eine ganze rationale Function von x_{n+1}. Die neue Gröfse x_{n+1} genügt der Gleichung $\Phi(x_{n+1}) = 0$.

Sind die Gleichungen $F_\nu = 0$ und $G_\nu = 0$ in den Gröfsen $x, x_1, x_2, \ldots x_n$ rational, so werden die Coefficienten der verschiedenen Potenzen von x_{n+1} rationale Functionen der Coefficienten der Gleichungen $G_\nu = 0$ und somit rational in $x, x_1, x_2, \ldots x_n, a_1, a_2, \ldots a_n$ sein. Zerlegt man hierauf das Product in seine irreductiblen Factoren:

$$H(x_{n+1};\, x,\, x_1, \ldots x_n,\, a_1,\, a_2, \ldots a_n),$$

so sind deren Nullstellen

$$x_{n+1}^{(i)} = a_1 y_1^{(i)} + a_2 y_2^{(i)} + \cdots + a_n y_n^{(i)}.$$

Genügt ein System von Gröfsen $y_\nu^{(i)}$ $(\nu = 1, 2 \ldots n)$ aus einer Wurzel der Gleichung $H = 0$ gleichzeitig den Gleichungen $G_\nu = 0$ und $F_\nu = 0$, so wird wegen der vorausgesetzten Irreductibilität der Gleichung $H = 0$ jedes in einer weiteren Lösung

$$x_{n+1}^{(j)} = a_1 y_1^{(j)} + a_2 y_2^{(j)} + \cdots + a_n y_n^{(j)}$$

auftretende System von Lösungen der Gleichungen $G_\nu = 0$ ebenfalls die ursprünglichen Gleichungen erfüllen, d. h. die Beziehung $H = 0$, welche zwischen n Lösungen $y_\nu^{(i)}$ der Gleichungen $F_\nu = 0$ besteht, bleibt erhalten, wenn man das System von n Functionen $y_\nu^{(i)}$ auf gleichem Wege fortsetzt.

Damit leuchtet ein, dafs aus der irreductiblen Gleichung $H = 0$ ein System zusammengehöriger Werthe für $y_1, y_2, \ldots y_n$ entspringt, und jedenfalls lassen sich die Lösungen der Gleichungen $G_\nu = 0$ in Gruppen ordnen, denen je ein irreductibler Factor entspricht.

Setzt man

$$H(x_{n+1}) = \prod_{i=1}^{k} (x_{n+1} - (a_1 y_1^{(i)} + a_2 y_2^{(i)} + \cdots + a_n y_n^{(i)})),$$

und bildet

$$-\frac{\partial H}{\partial a_\nu} = \sum_{i=1}^{k} \frac{y_\nu^{(i)} H}{x_{n+1} - (a_1 y_1^{(i)} + a_2 y_2^{(i)} + \cdots + a_n y_n^{(i)})}$$

$$\frac{\partial H}{\partial x_{n+1}} = \sum_{i=1}^{k} \frac{H}{x_{n+1} - (a_1 y_1^{(i)} + a_2 y_2^{(i)} + \cdots + a_n y_n^{(i)})},$$

und sind die willkürlichen Constanten a_ν so gewählt, dafs $\frac{\partial H}{\partial x_{n+1}}$ für keine der Wurzeln $x_{n+1}^{(i)}$ verschwindet, so wird

$$-\left(\frac{\frac{\partial H}{\partial a_\nu}}{\frac{\partial H}{\partial x_{n+1}}}\right) = y_\nu^{(i)},$$

d. h. jeder Lösung der Gleichung $H(x_{n+1}) = 0$ entspricht ein Werthesystem:

$$\frac{dx_\nu}{dx} = -\frac{\frac{\partial H}{\partial a_\nu}}{\frac{\partial H}{\partial x_{n+1}}} = \frac{H_\nu(x, x_1, x_2, \ldots x_n, x_{n+1})}{\frac{\partial H(x, x_1, x_2 \ldots x_n, x_{n+1})}{\partial x_{n+1}}},$$

und darum sind die gegebenen Gleichungen $G_\nu = 0$ durch ebensoviele Gleichungssysteme der Form

$$H = 0 \quad \text{und} \quad \frac{dx_\nu}{dx} = \frac{H_\nu}{\frac{\partial H}{\partial x_{n+1}}} \quad (\nu = 1, 2 \ldots n)$$

zu ersetzen, als irreductible Factoren in dem ursprünglichem Producte (α) enthalten sind.

Die willkürlichen Constanten a sind hier wieder verschwunden, weil wir ihnen solche bestimmte Werthe beigelegt dachten, dafs die Discriminante von H nicht identisch verschwindet.

Die genannte *canonische Form* eines Systems von n Differentialgleichungen mit n abhängigen und einer unabhängigen Variabeln läfst sich noch dahin modificiren, dafs man die hinzugetretene irreductible algebraische Gleichung $H = 0$ für die Hilfsgröfse x_{n+1} durch eine $(n+1)^{\text{te}}$ Differentialgleichung ersetzt. Durch Differentiation der Gleichung $H = 0$ nach x folgt:

$$\frac{dx_{n+1}}{dx} = -\frac{\frac{\partial H}{\partial x} + \sum_{\nu=1}^{n} \frac{\partial H}{\partial x_\nu} \cdot \frac{dx_\nu}{dx}}{\frac{\partial H}{\partial x_{n+1}}} = \frac{H_{n+1}(x, x_1 \ldots x_{n+1})}{\frac{\partial H}{\partial x_{n+1}}},$$

und umgekehrt mufs mit den $(n+1)$ Differentialgleichungen:

$$\frac{dx_\nu}{dx} = \frac{H_\nu}{\frac{\partial H}{\partial x_{n+1}}} \quad (\nu = 1, 2, \ldots n+1)$$

$$\frac{\partial H}{\partial x} = 0 \quad \text{oder} \quad H = \text{const.}$$

sein. Wir werden gleich sehen, dafs wir dieser Constanten den Werth Null beizulegen haben.

Der Vortheil des neuen Systems von Differentialgleichungen gegenüber dem canonischen beruht darin, dafs in demselben die Variablen Gröfsen $x_1, x_2, \ldots x_{n+1}$ gleichberechtigt erscheinen.

Indem wir x durch x_0 bezeichnen und eine weitere Variable t durch die Gleichung

$$\frac{dx_0}{dt} = \frac{\partial H}{\partial x_{n+1}} = H_0$$

einführen, erhalten wir das System von $(n+2)$ Differentialgleichungen:

$$\frac{dx_\nu}{dt} = H_\nu(x_0, x_1, \ldots x_{n+1}) \quad (\nu = 0, 1, 2 \ldots n+1),$$

wo die Function bis auf $H_{\nu+1}$ ganze rationale Functionen von x_{n+1} sind, welche die Variable t nicht enthalten.

Es handelt sich nun um den Beweis, dafs man das canonische System identisch erfüllen kann, indem man $x_1, x_2, \ldots x_{n+1}$ in der Umgebung einer Stelle $x = c$ durch convergente Potenzreihen darstellt, die für $x = c$ die Werthe $c_1, c_2, \ldots c_{n+1}$ annehmen, wo $c_1, c_2, \ldots c_n$ einzig an die Bedingung geknüpft sind, dafs der diesen Werthen zufolge der Gleichung $H(x_{n+1}) = 0$ zugeordnete Werth $x_{n+1} = c_{n+1}$ keine vielfache Wurzel ist, da dann $\left(\frac{\partial H}{\partial x_{n+1}}\right)$ verschwände.

Bei einer derartigen Wahl der willkürlichen Constanten ist offenbar in der früheren Gleichung $H =$ const. die Constante gleich Null zu setzen.

Will man beweisen, dafs das dritte System von Differentialgleichungen formell durch Potenzreihen nach der Variablen t zu erfüllen ist, so ordne man $t = 0$ solche Anfangswerthe $x_0, x_1 \ldots x_{n+1}$ zu, dafs die Functionen H_ν nicht verschwinden. Andernfalls würden alle Gröfsen x_ν Constanten.

Die hier genannte Forderung betreffs der Constanten ist die natürliche Erweiterung der früheren, denn die Anfangswerthe, welche die Gleichungen

$$H = 0 \quad \text{und} \quad \frac{\partial H}{\partial x_{n+1}} = 0$$

erfüllen, machen vor Allem die Functionen

$$H_\nu = -\frac{\partial H}{\partial a_\nu} = \sum_{i=1}^{k} \frac{y_\nu^{(i)} H}{x_{n+1} - (a_1 y_1^{(i)} + a_2 y_2^{(i)} + \cdots + a_n y_n^{(i)})}$$

zu Null, und die Function:

$$H_{n+1} = -\left(\frac{\partial H}{\partial x} + \sum_{\nu=1}^{n} \frac{\partial x_\nu}{\partial x}\right) = -\frac{\frac{\partial H}{\partial x} \frac{\partial H}{\partial x_{n+1}} - \sum_{\nu=1}^{n} \frac{\partial H}{\partial x_\nu} \frac{\partial H}{\partial a_\nu}}{\frac{\partial H}{\partial x_{n+1}}}$$

scheint wohl unbestimmt zu sein, da ihr Werth die Form $\frac{0}{0}$ erhält, doch sie verschwindet ebenfalls für die Anfangswerthe, weil

$$dH = 0 = \frac{\partial H}{\partial x} dx + \sum_{\nu=1}^{n} \frac{\partial H}{\partial x_\nu} \frac{dx_\nu}{dx} dx + \frac{\partial H}{\partial x_{n+1}} \frac{dx_{n+1}}{dx} dx$$

ist.*)

Nach dieser Ableitung der verschiedenen Formen eines Systems von Differentialgleichungen mit einer unabhängigen Variabeln gehen wir auf die dritte Form ein, setzen aber voraus, dafs in den n Gleichungen

$$\frac{dx_\nu}{dt} = F_\nu(x_1, x_2, \ldots x_n) \quad (\nu = 1, 2 \ldots n)$$

F_ν ganz allgemein analytische Functionen der n Variabeln seien, deren Stetigkeitsbereich wenigstens theilweise zusammenfällt.

Bezeichnet (c) eine Stelle dieses gemeinsamen Bereiches, so existirt

*) Aus diesem Umstande kann man schliefsen, dafs der angegebene Zähler in dem Ausdrucke für H_{n+1} durch $\frac{\partial H}{\partial x_{n+1}}$ als Function von x_{n+1} theilbar ist und überhaupt theilbar sein mufs, wenn die Coefficienten in den Gleichungen $G_\nu = 0$ rationale Functionen sind.

eine Umgebung derselben, in welcher jede der Functionen F_ν durch eine Potenzreihe

$$\mathfrak{P}_\nu(x_1, x_2, \ldots x_n\ (c))$$

dargestellt wird. Es soll aber die Stelle (c) nicht gerade eine solche sein, wo diese definirenden Elemente der analytischen Functionen alle den Werth Null annehmen.

Bildet man aus den gegebenen Gleichungen die höheren Ableitungen:

$$\frac{d^2 x_\nu}{dt^2} = \sum_{\mu=1}^{n} \frac{\partial F_\nu}{\partial x_\mu} \frac{dx_\mu}{dt} = \sum_{\mu=1}^{n} \frac{\partial F_\nu}{\partial x_\mu} F_\mu = F_\nu^{(2)}$$

$$\frac{d^3 x_\nu}{dt^3} = \sum_{\mu=1}^{n} \frac{\partial F_\nu^{(2)}}{\partial x_\mu} \frac{dx_\mu}{dt} = \sum_{\mu=1}^{n} \frac{\partial F_\nu^{(2)}}{\partial x_\mu} F_\mu^{(2)} = F_\nu^{(3)}$$

$$\cdots\cdots\cdots\cdots\cdots$$

$$\frac{d^\varkappa x_\nu}{dt^\varkappa} = F_\nu^{(\varkappa)}$$

und beachtet, dafs für die analytische Function x_ν einer Variabeln t — sofern $t = 0$ der Werth $x_\nu = c_\nu$ zugeordnet wird — die formelle Entwicklung

$$x_\nu - c_\nu = \sum_{\varkappa=1}^{\infty} \left(\frac{d^\varkappa x_\nu}{dt^\nu}\right) \frac{t^\varkappa}{\varkappa!}$$

gilt, so erhalten wir in unserem Falle die den Differentialgleichungen formell genügenden Reihen:

$$x_\nu - c_\nu = \sum_{\varkappa=1}^{\infty} F_\nu^{(\varkappa)}(c_1, c_2, \ldots c_n) \cdot \frac{t^\varkappa}{\varkappa!} \quad (\nu = 1, 2 \ldots n),$$

denen erst eine analytische Bedeutung zuzuschreiben ist, wenn gezeigt wird, dafs sie unter den für F_ν vorausgesetzten Bedingungen einen gemeinsamen Convergenzbereich besitzen.

Man sieht leicht, dafs die aufgestellten Reihen unsere Differentialgleichungen identisch erfüllen, denn wenn man in

$$F_\nu(x_1, x_2, \ldots x_n) = \mathfrak{P}_\nu\big(x_1, x_2 \ldots x_n \,|\, (c)\big) =$$
$$= \sum_{(\mu_\nu)=0}^{\infty} \left(\frac{\partial^{\mu_1+\mu_2+\cdots+\mu_n} F_\nu}{\partial x_1^{\mu_1} \partial x_2^{\mu_2} \ldots \partial x_n^{\mu_n}}\right) \frac{(x_1 - c_1)^{\mu_1}}{\mu_1!} \frac{(x_2 - c_2)^{\mu_2}}{\mu_2!} \cdots \frac{(x_n - c_n)^{\mu_n}}{\mu_n!}$$

die gewonnenen Reihen substituirt, so entsteht gerade die Reihe:

$$F_\nu^{(1)}(c_1, c_2 \ldots c_n) + F_\nu^{(2)}(c_1, c_2, \ldots c_n) \frac{t}{1} + F_\nu^{(3)}(c_1, c_2, \ldots c_n) \cdot \frac{t^2}{2!} + \cdots$$

$$= (F_\nu^{(1)}) + \left(\sum_{\mu=1}^{n} \frac{\partial F_\nu^{(1)}}{\partial x_\mu} F_\mu^{(1)}\right) \cdot \frac{t}{1} +$$

$$+ \left(\sum_{\mu, \mu'} \frac{\partial^2 F_\nu^{(1)}}{\partial x_\mu \partial x_{\mu'}} F_\mu^{(1)} F_{\mu'}^{(1)} + \frac{\partial F_\nu^{(1)}}{\partial x_\mu} \frac{\partial F_\mu^{(1)}}{\partial x_{\mu'}} F_{\mu'}^{(1)}\right) \frac{t^2}{2!} + \cdots = \frac{dx_\nu}{dt}.$$

Die Coefficienten $F_\nu^{(\kappa)}$ sind aus den gegebenen Functionen F_ν nur durch Addition und Multiplication entstanden, ob sie deshalb auch durch convergente Potenzreihen darzustellen sind, müssen wir erst untersuchen.

Convergiren die Reihen für $F_\nu(x_1, x_2, \ldots x_n)$ innerhalb des durch die Bedingungen:

$$|\xi_\nu| = |x_\nu - c_\nu| < R$$

definirten Bereiches und ist die obere Grenze der Werthe $|F_\nu|$ für alle Werthesysteme $x_1, x_2 \ldots x_n$, die aus den Gleichungen

$$|\xi_\nu| = |x_\nu - c_\nu| = r < R$$

hervorgehen, etwa gleich g_ν, so ist der absolute Betrag jedes Coefficienten der Reihe $\mathfrak{P}_\nu$ gleich oder kleiner als der entsprechende Coefficient der Reihe für

$$\frac{g_\nu}{\left(1-\frac{\xi_1}{r}\right)\left(1-\frac{\xi_2}{r}\right)\cdots\left(1-\frac{\xi_n}{r}\right)}.$$

Nehmen wir an, dafs die der Stelle $t = 0$ zugeordneten Anfangswerthe für $x_1, x_2, \ldots x_n$ alle Null sind, was durch die linearen Substitutionen $x_\nu - c_\nu = \xi_\nu$ stets zu erreichen ist, so vergleichen wir die Reihe $\mathfrak{P}_\nu(x_1, x_2, \ldots x_n)$ für F_ν mit der für

$$\frac{g_\nu}{\left(1-\frac{x_1}{r}\right)\left(1-\frac{x_2}{r}\right)\cdots\left(1-\frac{x_n}{r}\right)}.$$

Beachten wir, dafs

$$\prod_{\nu=1}^{n}\left(1-\frac{x_\nu}{r}\right) > 1 - \frac{x_1 + x_2 + \cdots x_n}{r},$$

so werden die Coefficienten der für den Ausdruck $g_\nu \dfrac{1}{1-\frac{\sum x_\nu}{r}}$ giltigen Reihe gröfser als die der Reihen $\mathfrak{P}_\nu(x_1, x_2 \ldots x_n)$. Wenn deshalb aus den neuen Differentialgleichungen

$$\frac{dx_\nu}{dt} = \frac{g_\nu}{1-\frac{x_1 + x_2 + \cdots + x_n}{r}} \qquad (\nu = 1, 2 \ldots n)$$

in der Umgebung der Stelle $t=0$; $x_1 = x_2 = \cdots = x_n = 0$ n Functionenelemente hervorgehen, die einen gemeinsamen Convergenzbereich besitzen, so wird das umsomehr für die früheren Differentialgleichungen gelten.

Ist g der gröfste Werth unter den g_ν, so wird das System von Differentialgleichungen

$$\frac{dx_\nu}{dt} = \frac{g}{1 - \frac{x_1 + x_2 + \cdots + x_n}{r}}$$

umsomehr zu dem genannten Schlusse geeignet sein. Leitet man die diesem System genügenden Potenzreihen für $x_1, x_2, \ldots x_n$ ab, indem man

$$\frac{d^\varkappa x}{dt^\varkappa} = 1 \cdot 3 \cdot 5 \ldots (2\varkappa - 3) \cdot \left(\frac{g}{r}\right)^{\varkappa-1} \frac{g}{\left(1 - \frac{\sum x_\nu}{r}\right)^{2\varkappa-1}}$$

und

$$\left(\frac{d^\varkappa x}{dt^2}\right) = 1 \cdot 3 \cdot 5 \ldots (2\varkappa - 3) \cdot g \left(\frac{g}{r}\right)^{\varkappa-1}$$

bildet, so folgt $n$mal dieselbe Reihe

$$x_\nu = \sum_{\varkappa=1}^{\infty} g \left(\frac{g}{r}\right)^{\varkappa-1} \frac{(2\varkappa - 2)!}{2^{\varkappa-1}(\varkappa - 1)!\, \varkappa!} t^\varkappa,$$

doch weil der Quotient der Coefficienten von $t^\varkappa$ und $t^{\varkappa+1}$, nämlich

$$\frac{r}{g} \frac{\varkappa + 1}{2\varkappa - 1},$$

gröfser bleibt als $\frac{r}{2g}$, so convergiren die gefundenen Reihen in dem Bereiche, wo

$$|t| < \frac{r}{2g},$$

und dieser Bereich ist darum, weil r von Null verschieden und g eine endliche angebbare Gröfse ist, nicht kleiner als jeder beliebig kleine Bereich.

Umsomehr müssen nun die früheren Reihen

$$x_\nu = \sum_{\varkappa=1}^{\infty} F_\nu^{(\varkappa)}(0, 0 \ldots 0) \cdot \frac{t^\varkappa}{\varkappa!}$$

oder

$$x_\nu - c_\nu = \sum_{\varkappa=1}^{\infty} F_\nu^{(\varkappa)}(c_1, c_2, \ldots c_n) \cdot \frac{t^\varkappa}{\varkappa!}$$

einen gemeinsamen Convergenzbereich besitzen. Wie grofs dieser Bereich ist, ist für unsere Untersuchungen ganz gleichgiltig, denn wir wissen, dafs die simultanen Fortsetzungen der gefundenen Elemente in derselben Beziehung zu einander stehen wie die primitiven, d. h. den Differentialgleichungen genügen.

Ist neben n ersten Elementen ein zweites System

$$x_\nu - c_\nu = \sum_{\varkappa=1}^{\infty} F_\nu^{(\varkappa)}(C_1, C_2, \ldots C_n) \cdot \frac{\tau^\varkappa}{\varkappa!}$$

gegeben, welches denselben Differentialgleichungen genügt, und läfst sich in dem gemeinsamen Convergenzbereiche dieser Reihen eine Stelle

$(\tau^{(0)})$ angeben, in deren Umgebung das neue Functionensystem dieselben Werthe gibt wie das erste in der Umgebung einer Stelle $t^{(0)}$ ihres gemeinsamen Convergenzbereiches, so coincidiren daselbst die beiden Systeme von Potenzreihen; sie gehören demselben durch die Differentialgleichungen definirten analytischen Gebilde erster Stufe in dem Gebiete von $(n+1)$ Gröfsen an.

Durch diese Untersuchungen ist klar geworden, dafs die in Rede stehenden Differentialgleichungen wirklich wieder analytische Functionen definiren und man kann ebenso wie bei den durch algebraische Gleichungen definirten Gröfsen beweisen, dafs sie ausschliefslich analytische Functionen bestimmen, d. h. dafs alle Gröfsen x_ν, welche die Differentialgleichungen erfüllen, durch Reihen der oben bestimmten Art auszudrücken sind.

Um diese Reihen zu finden, kann man sich auch der Methode der unbestimmten Coefficienten bedienen. Man setze für $x_\nu - c_\nu$ Potenzreihen mit unbestimmten Coefficienten

$$x_\nu - c_\nu = \sum_{\varkappa=1}^{\infty} a_\varkappa^{(\nu)} t^\varkappa$$

in die gegebenen Differentialgleichungen ein, entwickle die Substitutionsresultate nach Potenzen von t und vergleiche die Coefficienten gleichnamiger Glieder in t. Bestimmt man die unbestimmten Coefficienten so, dafs die Differentialgleichungen erfüllt sind, so kann man auch wieder zeigen, dafs sie einen gemeinsamen Convergenzbereich aufweisen.

§ 44. Partielle Differentialgleichungen.

Den eben bezeichneten Weg wollen wir einschlagen, wenn ein System von n algebraischen Differentialgleichungen vorgelegt ist, in welchen die n zu bestimmenden Functionen

$$x_1, x_2, \ldots x_n$$

nicht blos von einer sondern von $m+1$ von einander unabhängigen Variabeln

$$t_0, t_1, \ldots t_m$$

abhängen.

Die in den Differentialgleichungen auftretenden partiellen Ableitungen

$$\frac{\partial^{\alpha_0+\alpha_1+\cdots+\alpha_m} x_\nu}{\partial t_0^{\alpha_0} \partial t_1^{\alpha_1} \ldots \partial t_m^{\alpha_m}} \qquad (\nu = 1, 2 \ldots n)$$

seien höchstens von den Ordnungen m_ν $(\nu = 1, 2 \ldots n)$, so dafs

$$\alpha_0 + \alpha_1 + \cdots + \alpha_m < m_\nu$$

ist und wir setzen voraus, dafs die Ableitungen höchster Ordnung nach einer der Variabeln, z. B.

$$\frac{\partial^{m_1} x_1}{\partial t_0^{m_1}}, \frac{\partial^{m_2} x_2}{\partial t_0^{m_2}}, \dots \frac{\partial^{m_n} x_n}{\partial t_0^{m_n}}$$

wirklich in den Gleichungen vorkommen und diese nach den genannten Ableitungen auch lösbar seien.

Führt man dann wieder eine Hilfsfunction

$$x_0 = a_0 \frac{\partial^{m_1} x_1}{\partial t_0^{m_1}} + \dots + a_n \frac{\partial^{m_n} x_n}{\partial t_0^{m_n}}$$

ein, so genügt dieselbe einer algebraischen Gleichung $\Phi(x_0) = 0$ und wenn $H_0(x_0)$ ein irreductibler Factor von $\Phi(x_0)$ ist, so kann man die gegebenen Differentialgleichungen wieder durch canonische Systeme der Form:

$$H_0(x_0) = 0$$

$$\frac{\partial^{m_\nu} x_\nu}{\partial t_0^{m_\nu}} - \frac{H_\nu}{\frac{\partial H_0}{\partial x_0}} = 0 \quad (\nu = 1, 2 \dots n)$$

ersetzen, worin die Function H_ν, $\frac{\partial H_0}{\partial x_0}$ ganze rationale Functionen der Variabeln $t_0, t_1, \dots t_m$ und derjenigen Ableitungen:

$$\frac{\partial^{\alpha_0 + \alpha_1 + \dots + \alpha_m} x_\nu}{\partial t_0^{\alpha_0} \partial t_1^{\alpha_1} \dots \partial t_m^{\alpha_m}} = x_{\nu;\, \alpha_0, \alpha_1, \dots \alpha_m}$$

sind, in welchen

$$\alpha_0 + \alpha_1 + \dots \alpha_m < m_\nu, \quad \alpha_0 < m_\nu$$

ist.

Es sollen nun $(m+1)$ Potenzreihen

$$x_\nu = \sum_{(\alpha)=0}^{\infty} a^{(\nu)}_{\alpha_0, \alpha_1, \dots \alpha_m} \frac{(t_0 - c_0)^{\alpha_0}}{\alpha_0!} \frac{(t_1 - c_1)^{\alpha_1}}{\alpha_1!} \dots \frac{(t_m - c_m)^{\alpha_m}}{\alpha_m!}$$

$$= \mathfrak{P}_\nu(t_0, t_1, \dots t_m \,|\, (c)) = \sum_{\alpha_0=0}^{\infty} \mathfrak{P}_\nu^{(\alpha_0)} \frac{(t_0 - c_0)^{\alpha_0}}{\alpha_0!}$$

$$(\nu = 0, 1, 2 \dots n)$$

so bestimmt werden, dafs diese das canonische System von Differentialgleichungen befriedigen, d. h. man soll die vorderhand noch unbestimmt gelassenen Gröfsen

$$c_0, c_1, \dots c_m, a^{(\nu)}_{\alpha_0, \alpha_1, \dots \alpha_m}$$

derartig wählen, dafs die Differentialgleichungen durch die Reihen befriedigt werden.

Entwickelt man zunächst H_0 nach Potenzen von $t_0 - c_0$, $t_1 - c_1$,

$\ldots t_m - c_m$, so erhält man das constante Glied der Entwicklung, indem man in H_0

$$t_0 = c_0,\ t_1 = c_1,\ \ldots t_m = c_m$$

$$x_{\nu;\,\alpha_0,\alpha_1,\ldots\alpha_m} = a^{(\nu)}_{\alpha_0,\alpha_1,\ldots\alpha_m} \quad \text{und} \quad x_0 = a^{(0)}_{0,0\ldots 0}$$

setzt. Das so zu bestimmende Glied — es heifse h_0 — mufs für sich verschwinden.

Entwickelt man H_0 blos nach Potenzen von $(t_0 - c_0)$ und will man den Coefficienten von $(t_0 - c_0)^0$, so mufs man in H_0

$$t_0 = c_0 \quad \text{und} \quad x_{\nu;\,\alpha_0,\alpha_1,\ldots\alpha_m} = \frac{\partial^{\alpha_1+\alpha_2+\cdots+\alpha_m}\overset{(\alpha_0)}{\mathfrak{P}_\nu}}{\partial t_1^{\alpha_1}\,\partial t_2^{\alpha_2}\ldots\partial t_m^{\alpha_m}} \quad \text{und} \quad x_0 = \overset{(0)}{\mathfrak{P}_0}$$

setzen; der Coefficient wird also eine ganze Function von $\overset{(0)}{\mathfrak{P}_0}$:

$$H(\overset{(0)}{\mathfrak{P}_0})$$

und deren Coefficienten sind wieder ganze Functionen von $t_1, t_2, \ldots t_m$ und den Gröfsen

$$\overset{(0)}{\mathfrak{P}_\nu},\ \overset{(1)}{\mathfrak{P}_\nu},\ \ldots \overset{(m_\nu-1)}{\mathfrak{P}_\nu} \quad (\nu = 1, 2 \ldots m)$$

und Ableitungen dieser. Für

$$t_1 = c_1,\ t_2 = c_2,\ \ldots t_m = c_m$$

geht $H(\overset{(0)}{\mathfrak{P}_0})$ in h_0 über.

Offenbar hat man nun $\overset{(0)}{\mathfrak{P}_0}$ so zu bestimmen, dafs auch $\overline{H}(\overset{(0)}{\mathfrak{P}_0})$ verschwindet, und $\overset{(0)}{\mathfrak{P}_0}$ eine Potenzreihe von $t_1 - c_1, \ldots t_m - c_m$ wird, die für $t_1 = c_1,\ t_2 = c_2, \ldots t_m = c_m$ den Werth $a^{(0)}_{0,0\ldots 0}$ erhält. Das ist aber immer möglich, wenn man die in h_0 vorkommenden Gröfsen

$$c_0,\ c_1,\ \ldots c_m \quad \text{und} \quad a^{(\nu)}_{\alpha_0,\alpha_1,\ldots\alpha_m}$$

so beschränkt, dafs die Gleichung $h_0 = 0$ eine endliche und einfache Lösung $a^{(0)}_{0,0\ldots 0}$ zuläfst. Im Übrigen kann man die $(m_1 + m_2 + \ldots + m_n)$ Functionen

$$\overset{(0)}{\mathfrak{P}_\nu}(t_1, t_2 \ldots t_m|(c)),\ \ldots \overset{(m_\nu-1)}{\mathfrak{P}_\nu}(t_1, t_2, \ldots t_m|(c)) \quad (\nu = 1, 2 \ldots n)$$

willkürlich wählen. Wenn sie nur einen gemeinsamen Convergenzbereich besitzen, dann hat auch die Reihe

$$\overset{(0)}{\mathfrak{P}_0}(t_1, \ldots t_m|(c))$$

einen Convergenzbereich.

Differentiirt man die Ausdrücke

$$\frac{\partial H_0}{\partial x_0}\frac{\partial^{m_\nu} x_\nu}{\partial t_0^{m_\nu}} - H_\nu,$$

die wir als Functionen von t_0 ansehen, μ mal nach t_0, so erhält die μ^{te} Ableitung die Gestalt:

$$\frac{\partial H_0}{\partial x_0}\frac{\partial^{m_\nu+\mu} x_\nu}{\partial t_0^{m_\nu+\mu}} + H_\nu^{(\mu)},$$

wo $H_\nu^{(\mu)}$ eine ganze Function von $t_0, t_1, \ldots t_m$ und denjenigen Ableitungen

$$x_{\nu;\,\alpha_0,\,\alpha_1,\ldots\,\alpha_m}$$

ist, in welchen

$$\alpha_0 + \alpha_1 + \cdots + \alpha_m < m_\nu + \mu \quad \text{und} \quad \alpha_0 < m_\nu + \mu\,.$$

Daher hat der Coefficient von $\frac{(t_0-c_0)^\mu}{\mu!}$ in der Entwicklung von

$$\frac{\partial H_0}{\partial x_0}\frac{\partial^{m_\nu} x_\nu}{\partial t_0^{m_\nu}} - H_\nu$$

die Form:

$$\frac{\overline{\partial H_0}}{\partial x_0}\overset{(m_\nu+\mu)}{\mathfrak{P}_\nu} + H_\nu^{(\mu)},$$

wenn $\frac{\partial H}{\partial x_0}$ und $H_\nu^{(\mu)}$ die Werthe von $\frac{\partial H_0}{\partial x_0}$ und $H_\nu^{(\mu)}$ für

$$t_0 = c_0 \quad \text{und} \quad x_{\nu;\,\alpha_0,\,\alpha_1,\ldots\,\alpha_m} = \frac{\partial^{\alpha_1+\cdots+\alpha_m}\overset{(\alpha_0)}{\mathfrak{P}_\nu}}{\partial t_1^{\alpha_1}\ldots\partial t_m^{\alpha_m}}$$

bezeichnen.

Die μ^{te} Ableitung von H_0 nach t_0 hat die Form:

$$\frac{\partial H_0}{\partial x_0}\frac{\partial^\mu x_0}{\partial t_0^\mu} + H_0^{(\mu)}.$$

Versteht man wieder unter $\frac{\overline{\partial H_0}}{\partial x_0}$ und $H_0^{(\mu)}$ die Ausdrücke, welche bei den oben genannten Substitutionen aus $\frac{\partial H_0}{\partial x_0}$ und $H_0^{(\mu)}$ hervorgehen, so lautet der Coefficient von $\frac{(t_0-c_0)^\mu}{\mu!}$ in der Entwicklung von H_0 nach Potenzen von $(t_0 - c_0)$:

$$\frac{\partial H_0}{\partial x_0}\overset{(\mu)}{\mathfrak{P}_0} + H_0^{(\mu)}.$$

Sollen nun die gegebenen Differentialgleichungen durch unsere Reihen erfüllt werden, so müssen die Gleichungen bestehen:

$$\frac{\partial H_0}{\partial x_0}\overset{(m_\nu+\mu)}{\mathfrak{P}_\nu} + H_\nu^{(\mu)} = 0 \qquad (\nu = 0,\,1,\,2\,..\,n), \qquad (\alpha)$$

doch weil $\frac{\partial H_0}{\partial x_0}$ für $t_1 = c_1, \ldots t_m = c_m$ nicht verschwindet, kann man

$$\overset{(m_\nu+\mu)}{\mathfrak{P}_\nu} = -\frac{H_\nu^{(\mu)}}{\frac{\partial H_0}{\partial x_0}} \quad \begin{pmatrix} \nu = 1, 2 \ldots n \\ \mu = 0, 1, 2 \ldots \end{pmatrix}$$

und

$$\overset{(1+\mu)}{\mathfrak{P}_0} = -\frac{\overline{H}_0^{(\mu)}}{\frac{\partial \overline{H}_0}{\partial x_0}} \quad (\mu = 0, 1, 2, \ldots)$$

durch bestimmte Potenzreihen von $(t_1 - c_1)$, $(t_2 - c_2)$, $\ldots (t_m - c_m)$ darstellen, wenn nur

$$\overset{(0)}{\mathfrak{P}_0} \text{ und } \overset{(0)}{\mathfrak{P}_\nu}, \overset{(1)}{\mathfrak{P}_\nu}, \ldots . \overset{(m_\nu-1)}{\mathfrak{P}_\nu} \quad (\nu = 1, 2 \ldots n)$$

bestimmt sind.

Nimmt man somit die Gröfsen c_0, c_1, $\ldots c_m$ und die in h_0 vorkommenden Gröfsen $a^{(\nu)}_{\alpha_0, \alpha_1, \ldots \alpha_m}$ derart an, dafs die Gleichung $h_0 = 0$ eine einfache und endliche Wurzel $a^{(0)}_{0, 0 \ldots 0}$ besitzt und wählt im Übrigen die Functionen

$$\overset{(0)}{\mathfrak{P}_\nu}, \overset{(1)}{\mathfrak{P}_\nu} \ldots \overset{(m_\nu-1)}{\mathfrak{P}_\nu}$$

willkürlich, so kann man zunächst $\overset{(0)}{\mathfrak{P}_0}$ und dann $\overset{(1+\mu)}{\mathfrak{P}_0}$ und $\overset{(m_\nu+\mu)}{\mathfrak{P}_\nu}$ so bestimmen, dafs die Potenzreihen

$$x_\nu = \sum_{\alpha_0=0}^{\infty} \overset{(\alpha_0)}{\mathfrak{P}_\nu}(t_1, t_2, \ldots t_m \,|\, c_1, c_2, \ldots c_m) \frac{(t_0 - c_0)^{\alpha_0}}{\alpha_0!} \quad (\nu = 0, 1, 2 \ldots n)$$

den Differentialgleichungen und $H_0 = 0$ formell genügen. —

Setzt man

$$t_0 = c_0 + u_0, \; t_1 = c_1 + u_1, \; \ldots \; t_m = c_m + u_m$$

und versteht unter $x_{\nu;\, \alpha_0, \alpha_1, \ldots \alpha_m}$ nunmehr die Potenzreihe von u_0, u_1, $\ldots u_m$, in welche

$$\frac{\partial^{\alpha_0+\alpha_1+\cdots+\alpha_m} x_\nu}{\partial t_0^{\alpha_0} \partial t_1^{\alpha_1} \ldots \partial t_m^{\alpha_m}}$$

zu transformiren ist, und bezeichnet man

$$1) \qquad x_{\nu;\,1,0,\ldots 0} = \frac{\partial x_\nu}{\partial u_0}, \; x_{\nu;\,2,0,\ldots 0} = \frac{\partial x_{\nu;\,1,0\ldots 0}}{\partial u_0}, \ldots$$

$$\ldots x_{\nu;\,m_\nu-1,0,\ldots 0} = \frac{\partial x_{\nu;\,m_\nu-2,0,\ldots 0}}{\partial u_0},$$

so werden die Differentialgleichungen des canonischen Systems:

$$2) \qquad \frac{\partial H_0}{\partial x_0} \frac{\partial x_{\nu;\,m_\nu-1,0\ldots 0}}{\partial u_0} - H_\nu = 0\,.$$

Ferner ist aber für jede Gröfse $x_{\nu;\,\alpha_0, \alpha_1, \ldots \alpha_m}$, in welcher

$$\alpha_0 + \alpha_1 + \cdots + \alpha_m < m_\nu$$

und mindestens eine der Zahlen α von Null verschieden ist,

$$3)\qquad \frac{\partial x_{\nu;\,\alpha_0,\,\alpha_1\ldots\alpha_m}}{\partial u_0}=\frac{\partial x_{\nu;\,\alpha_0+1,\,\alpha_2,\ldots\alpha_\mu-1,\ldots\alpha_m}}{\partial u_\mu}.$$

Beachtet man endlich, dafs neben $H_0=0$ die Gleichung:

$$\frac{\partial H_0}{\partial x_0}\frac{\partial x_0}{\partial u_0}+H_0^{(1)}=0$$

besteht, wo $H_0^{(1)}$ eine ganze Function von $u_0,\,u_1,\ldots u_m$ und denjenigen Gröfsen $x_{\nu;\,\alpha_0,\,\alpha_1,\ldots\alpha_m}$ bezeichnet, in welchen die Summe der α nicht gröfser als $m_\nu+1$ und $\alpha_0<m_\nu$ ist, und eliminirt man mit Hilfe der früheren Gleichungen (α) die Gröfsen

$$\frac{\partial^{m_\nu}x_\nu}{\partial t_0^{m_\nu}}\quad\text{und}\quad\frac{\partial^{m_\nu+1}x_\nu}{\partial t_0^{m_\nu}\partial t_\mu}\quad\begin{pmatrix}\nu=1,\,2\ldots n\\ \mu=1,\,2\ldots m\end{pmatrix},$$

so geht eine Gleichung

$$4)\qquad \left(\frac{\partial H_0}{\partial x_0}\right)^k\frac{\partial x_0}{\partial u_0}-G_0=0$$

hervor, in der G_0 aus denselben Gröfsen zusammengesetzt ist wie H_ν, und wo k eine ganze Zahl bezeichnet.

Da noch

$$5)\qquad \frac{\partial t_0}{\partial u_0}=1,\quad\frac{\partial t_1}{\partial u_0}=0,\quad\ldots\frac{\partial t_m}{\partial u_0}=0$$

ist, hat man in den Gleichungen 1) bis 5) für die Gröfsen $t_0,\,t_1,\ldots t_m$ und diejenigen Gröfsen

$$x_{\nu;\,\alpha_0,\,\alpha_1,\ldots\alpha_m},$$

in welchen $\alpha_0+\alpha_1+\ldots+\alpha_m<m_\nu$, die Potenzreihen von $u_0,\,u_1\ldots u_m$ sind, ein System von Differentialgleichungen der Form:

$$G^{(\varrho)}(x_1,x_2,\ldots x_r)\frac{\partial x_\varrho}{\partial u_0}=G^{(\varrho)}_{0,0}(x_1,x_2,\ldots x_r)+$$

$$+\sum_{\pi=1}^{r}G^{(\varrho)}_{1,\pi}(x_1,x_2,\ldots x_r)\cdot\frac{\partial x_\pi}{\partial u_1}+\cdots+\sum_{\pi=1}^{r}G^{(\varrho)}_{m,\pi}(x_1,x_2,\ldots x_r)\cdot\frac{\partial x_\pi}{\partial u_m}$$

$$(\varrho=1,\,2\ldots r),$$

worin die Gröfsen $G^{(\varrho)}$, $G^{(\varrho)}_{0,0}$ und $G^{(\varrho)}_{\mu,\pi}$ Potenzreihen von $x_1,x_2,\ldots x_r$ sind. Wir beschäftigen uns mit diesem allgemeinen System.

Lauten die diesen Differentialgleichungen formell genügenden Potenzreihen

$$x_\varrho=\mathfrak{P}_\varrho(u_0,\,u_1,\ldots u_m)\quad(\varrho=1,\,2\ldots r),$$

und haben — wie in unserem früheren Falle — die Potenzreihen

$$\mathfrak{P}_\varrho(0,\,u_1,\ldots u_m)\quad(\varrho=1,\,2\ldots r)$$

einen gemeinsamen Convergenzbereich, gehört ferner die Stelle

$$\mathfrak{P}_\varrho(0,\,0,\ldots 0)\quad(\varrho=1,\,2\ldots r)$$

dem Convergenzbereiche aller Reihen G an und ist keine der Functionen $G^{(\varrho)}(x_1, x_2, \ldots x_r)$ für

$$x_\varrho = \mathfrak{P}_\varrho(0, 0 \ldots 0) \quad (\varrho = 1, 2 \ldots r)$$

Null, dann besitzen — so behaupten wir — die Potenzreihen $\mathfrak{P}_\varrho(u_0, u_1, \ldots u_m)$ einen gemeinsamen Convergenzbereich und definiren somit r analytische Functionen.

Zum Beweise gehen wir zunächst auf die Differentialgleichungen der einfacheren Gestalt:

$$\frac{\partial x_\varrho}{\partial u_0} = \sum_{\pi=1}^{r} G^{(\varrho)}_{1,\pi}(x_1, \ldots x_r)\frac{\partial x_\pi}{\partial u_1} + \cdots + \sum_{\pi=1}^{r} G^{(\varrho)}_{m,\pi}(x_1, \ldots x_r)\frac{\partial x_\pi}{\partial u_m}$$

$$(\varrho = 1, 2 \ldots r)$$

ein und setzen fest, dafs in den formell gebildeten Reihen

$$x_\varrho = \mathfrak{P}_\varrho(u_0, u_1, \ldots u_m) = \sum_{\beta_0=0}^{\infty} \overset{(\beta_0)}{\mathfrak{P}}_\varrho(u_1 \ldots u_m) \cdot \frac{u_0^{\beta_0}}{\beta_0!}$$

die r übrigens willkürlich zu fixirenden Reihen

$$\overset{(0)}{\mathfrak{P}}_\varrho = \sum_{(\beta)=0}^{\infty} b^{(\varrho)}_{0, \beta_1, \beta_2 \ldots \beta_m} \frac{u_1^{\beta_1}}{\beta_1!} \cdots \frac{u_m^{\beta_m}}{\beta_m!}$$

kein constantes Glied $b^{(\varrho)}_{0, 0, \ldots 0}$ besitzen, wonach die Stelle

$$x_\varrho = \mathfrak{P}_\varrho(0, 0 \ldots 0) \quad (\varrho = 1, 2 \ldots r)$$

gewifs in dem Convergenzbereiche der Reihen $G^{(\varrho)}_{\mu,\pi}$ liegt. — Substituirt man die Reihen für x_ϱ in die Differentialgleichungen, so wird zunächst

$$\overset{(1)}{\mathfrak{P}}_\varrho(u_1, \ldots u_m) = \sum_{\pi=1}^{r} G^{(\varrho)}_{1\pi}(\overset{(0)}{\mathfrak{P}}_1, \ldots \overset{(0)}{\mathfrak{P}}_r) \frac{\partial \overset{(0)}{\mathfrak{P}}_\pi}{\partial u_1} + \cdots$$

$$\cdots + \sum_{\pi=1}^{r} G^{(\varrho)}_{m,\pi}(\overset{(0)}{\mathfrak{P}}_1, \ldots \overset{(0)}{\mathfrak{P}}_r) \frac{\partial \overset{(0)}{\mathfrak{P}}_\pi}{\partial u_m}.$$

Hierauf ist jede der zu suchenden Reihen

$$\overset{(\beta_0)}{\mathfrak{P}}_\varrho(u_1, \ldots u_m) = \sum_{(\beta)=0}^{\infty} b^{(\varrho)}_{\beta_0, \beta_1, \ldots \beta_m} \frac{u_1^{\beta_1}}{\beta_1!} \cdots \frac{u_m^{\beta_m}}{\beta_m!}$$

$$(\varrho = 1, 2 \ldots r, \quad \alpha_0 = 1, 2, \ldots)$$

als ganze rationale Function einer endlichen Anzahl von Ableitungen der Gröfsen $\overset{(0)}{\mathfrak{P}}_\varrho$ nach $u_1, u_2, \ldots u_m$ auszudrücken, deren Coefficienten wiederum Potenzreihen von $\overset{(0)}{\mathfrak{P}}_\varrho$ sind. Doch die Coefficienten dieser letzten Reihen sind nur aus einer endlichen Anzahl von Coefficienten der Reihen $G^{(\varrho)}_{\mu,\pi}$ durch Addition und Multiplication zusammengesetzt, so dafs auch die Gröfsen

$$b^{(\varrho)}_{\beta_0, \beta_1, \beta_2 \ldots \beta_m}$$

nur ganze rationale Function einer endlichen Anzahl von Gröfsen $b^{(\varrho)}_{\beta_0, \beta_1, \ldots \beta_m}$ und den Coefficienten von $G^{(\varrho)}_{\mu, \pi}$ werden.

Soll von den formell genügenden Reihen

$$x_\varrho = \sum_{(\beta)=0}^{\infty} b^{(\varrho)}_{\beta_0, \beta_1 \ldots \beta_m} \frac{u_0^{\beta_1}}{\beta_1!} \frac{u_1^{\beta_1}}{\beta_2!} \cdots \frac{u_m^{\beta_m}}{\beta_m!}$$

gezeigt werden, dafs sie innerhalb eines Bereiches um die Stelle $u_0 = 0$, $u_1 = 0$, $\ldots u_m = 0$ gleichzeitig convergiren, so bringen wir dieselben mit den einem neuen System von Differentialgleichungen gleicher Gestalt:

$$\frac{\partial y_\varrho}{\partial u_0} = \sum_{\pi=1}^{r} G^{(\varrho)}_{1, \pi}(y_1, y_2, \ldots y_r) \frac{\partial y_\varrho}{\partial u_1} + \cdots$$

$$\cdots + \sum_{\pi=1}^{r} G^{(\varrho)}_{m, \pi}(y_1, y_2, \ldots y_r) \frac{\partial y_\pi}{\partial u_m},$$

worin aber die Reihen $G^{(\varrho)}_{\mu, \pi}$ nur positive Coefficienten besitzen, die nicht kleiner sind als die absoluten Beträge der entsprechenden Coefficienten von $G^{(\varrho)}_{\mu, \pi}$, genügenden Reihen in Vergleich.

Fixirt man anstatt der früheren Reihen $\overset{(0)}{\mathfrak{P}}_\varrho$ neue $\overset{(0)}{y}_\varrho$, deren ausschliefslich positive Coefficienten gegenüber denen von $\overset{(0)}{\mathfrak{P}}_\varrho$ wieder von gröfserem oder gleichem Betrage sind, so werden die den letzten Differentialgleichungen genügenden Reihen für y_ϱ nur positive Coefficienten haben, die nicht kleiner sind als die absoluten Beträge der gleichnamigen Coefficienten in den Reihen für x_ϱ. Wenn demnach die Reihen für y_ϱ gleichzeitig convergiren, ist das umsomehr bei den Reihen für x_ϱ der Fall.

Zur Vereinfachung des letzten Systems von Differentialgleichungen bemerke man noch, dafs man einer positiven Gröfse R der Beschaffenheit, dafs die Reihen $G^{(\varrho)}_{\mu, \pi}(x_1, x_2, \ldots x_r)$ alle an der Stelle

$$x_1 = x_2 = \ldots = x_r = R$$

convergiren, eine positive Gröfse G so zuordnen kann, dafs die positiven Coefficienten der Reihe für

$$\frac{G}{1 - \dfrac{y_1 + y_2 + \cdots + y_r}{R}}$$

— die $\mathfrak{P}(y_1, y_2, \ldots y_r)$ heifse — gröfser sind als die absoluten Beträge der entsprechenden Coefficienten der Reihen $G^{(\varrho)}_{\mu, \pi}(x_1, x_2, \ldots x_r)$ und andrerseits auch zwei positive Gröfsen R' und G' angebbar sind, so dafs die positiven Coefficienten der Reihe für

$$G' \frac{u_1 + u_2 + \cdots + u_m}{1 - \dfrac{u_1 + u_2 + \cdots + u_m}{R'}}$$

— sie heifse $U(u_1, u_2, \dots u_m)$ — gröfser sind als die absoluten Beträge der gleichnamigen Coefficienten der Reihen

$$\overset{(0)}{\mathfrak{P}}_\varrho(u_1, u_2, \dots u_m) \quad (\varrho = 1, 2 \dots r).$$

Läfst man nun an Stelle der Reihen $\overline{G}^{(\varrho)}_{\mu, \pi}$ die Reihe $\mathfrak{P}(y_1, y_2, \dots y_\varrho)$ treten und setzt fest, dafs die Reihen für y_ϱ in dem Falle, wo $u_0 = 0$ gesetzt wird, in die Reihe $U(u_1, u_2, \dots u_m)$ übergehen, so werden die Reihen für y_ϱ, welche den r Differentialgleichungen

$$\frac{\partial y_\varrho}{\partial u_0} = \mathfrak{P}(y_1, y_2, \dots y_r) \cdot \sum_{\mu=1}^{m} \left(\frac{\partial y_1}{\partial u_\mu} + \frac{\partial y_2}{\partial u_\mu} + \dots + \frac{\partial y_r}{\partial u_\mu} \right)$$
$$(\varrho = 1, 2 \dots r)$$

genügen, einander gleich und werden blos von u_0 und

$$\frac{u_1 + u_2 + \dots + u_m}{R'}$$

abhängig.

Setzt man

$$u_0 = u, \quad \frac{u_1 + u_2 + \dots + u_m}{R'} = z \quad \text{und} \quad \frac{y_1 + y_2 + \dots + y_r}{G'} = y,$$

und somit

$$\mathfrak{P}(y_1, y_2, \dots y_r) = \frac{G}{1-y}, \quad y_\varrho = \frac{G'}{r} y,$$

so reducirt sich das System auf die einzige Differentialgleichung:

$$\frac{\partial y}{\partial u} = \frac{m \cdot r}{R'} G \frac{1}{1-y} \frac{\partial y}{\partial z} = \frac{a}{1-y} \frac{\partial y}{\partial z},$$

und aus dieser soll y derart als Function von u und z gefunden werden, dafs y für $u = 0$ in

$$G' R' \frac{z}{1-z} = b \frac{z}{1-z}$$

übergeht.

Die Methode der unbestimmten Coefficienten liefert aber leicht eine Reihe für y:

$$y = \frac{bz}{1-z} + \sum_{\alpha=1}^{\infty} \overset{(\alpha)}{\mathfrak{P}}(z) \frac{u^\alpha}{\alpha!},$$

deren Coefficienten $\overset{(\alpha)}{\mathfrak{P}}(z)$ aus der Gleichung:

$$\overset{(1)}{\mathfrak{P}}(z) + \overset{(2)}{\mathfrak{P}}(z) \frac{u}{1} + \overset{(3)}{\mathfrak{P}}(z) \frac{u^2}{2!} + \dots =$$

$$= \frac{a(1-z)}{1-(1+b)z} \cdot \frac{1}{1 - \dfrac{\left(\overset{(1)}{\mathfrak{P}}(z) u + \overset{(2)}{\mathfrak{P}}(z) \dfrac{u^2}{2!} + \dots \right)(1-z)}{1-(1+b)z}}$$

$$\times \left[\frac{b}{(1-z)^2} + \frac{u}{1} \frac{\partial \overset{(1)}{\mathfrak{P}}(z)}{\partial z} + \frac{u^2}{2!} \frac{\partial \overset{(2)}{\mathfrak{P}}(z)}{\partial z} + \dots \right]$$

hervorgehen, indem man die Coefficienten gleicher Potenzen von u gleichsetzt, und diese Reihe wird convergent. Dann hat aber auch die durch die Substitution

$$z = \frac{u_1 + u_2 + \cdots + u_m}{R'}$$

zu bildende Reihe einen Convergenzbereich, und endlich müssen die Reihen für $x_1, x_1, \ldots x_r$ einen gemeinsamen Convergenzbereich aufweisen.

Setzt man nicht fest, dafs die Reihen

$$\overset{(0)}{\mathfrak{P}}_\varrho(u_1, u_2, \ldots u_m)$$

kein constantes Glied haben, sondern dafs das Werthesystem

$$x_\varrho^{(0)} = \overset{(0)}{\mathfrak{P}}_\varrho(0, 0 \ldots 0) \quad (\varrho = 1, 2 \ldots r)$$

in dem gemeinsamen Convergenzbereiche der Reihen $G^{(\varrho)}_{\mu, \pi}$ liege, so bleiben die früheren Betrachtungen unberührt, wenn man die Gröfsen

$$x_\varrho - x_\varrho^{(0)}$$

als die zu bestimmenden Functionen ansieht.

Für ein Gleichungssystem der Gestalt

$$\frac{\partial x_\varrho}{\partial u_0} = \sum_{\pi=1}^{r} G^{(\varrho)}_{1, \pi}(x_1, \ldots x_r) \frac{\partial x_\pi}{\partial u_1} + \cdots$$

$$\cdots + \sum_{\pi=1}^{r} G^{(\varrho)}_{m, \pi} \frac{\partial x_\pi}{\partial u_m} + G^{(\varrho)}_{0, 0}(x_1, \ldots x_r)$$

$$(\varrho = 1, 2 \ldots r)$$

gelten dieselben Sätze, denn die Aufnahme einer neuen Gleichung

$$\frac{\partial x_0}{\partial u_0} = 0$$

mit der Festsetzung, dafs x_0 für u_0 gleich u_μ sei, erlaubt eine Zurückführung der $(r + 1)$ Gleichungen auf die frühere Form, da man die Gröfsen $G^{(\varrho)}_{0, 0}$, ohne eine Änderung herbeizuführen, mit $\frac{\partial x_0}{\partial u_\mu}$ multipliciren darf.

Sind endlich die Reihen $G^{(\varrho)}_{\mu, \pi}$ Quotienten zweier Potenzreihen mit dem Nenner $G^{(\varrho)}(x_1, \ldots x_r)$, auf dafs man wieder das Gleichungssystem auf Seite 258 erhält, so werden auch hier die formell genügenden Reihen $x_\varrho = \mathfrak{P}_\varrho(u_0, u_1, \ldots u_m)$ einen gemeinsamen Convergenzbereich besitzen und analytische Functionen definiren, wenn nur das Werthesystem

$$\bar{x}_\varrho = \mathfrak{P}_\varrho(0, u_1, \ldots u_m) = \overset{(0)}{\mathfrak{P}}_\varrho \quad (\varrho = 1, 2 \ldots r)$$

dem Convergenzbereiche aller Functionen $G^{(\varrho)}_{\mu\pi}$, $G^{(\varrho)}_{00}$ und $G^{(\varrho)}$ angehört und die Stelle

$$x_\varrho^{(0)} = \overset{(0)}{\mathfrak{P}}_\varrho(0, 0 \ldots 0) \quad (\varrho = 1, 2, \ldots r)$$

keine Nullstelle von einer oder mehreren der Gröfsen $G^{(\varrho)}$ ist.*)

Nunmehr ist auch bewiesen, dafs die angegebenen Potenzreihen

$$x_\nu = \mathfrak{P}_\nu(t_0, t_1, \ldots t_m | (c)) \quad (\nu = 1, 2 \ldots n)$$

des ursprünglichen canonischen Systems partieller Differentialgleichungen n Elemente von n diesen Gleichungen genügenden analytischen Functionen der $m+1$ Variabeln $t_0, t_1, \ldots t_m$ sind, deren simultane Fortsetzungen jedenfalls wieder die Gleichungen befriedigen. —

Hier schliefsen wir die Untersuchungen über den Umfang des Begriffes der analytischen Function ab, denn an der Behandlung der algebraischen Gleichungen und algebraischen Differentialgleichungen ist klar geworden, wie man das ursprünglich gestellte Problem, die durch irgend einen arithmetischen Zusammenhang definirten Gröfsen als analytische Functionen zu kennzeichnen, anzufassen hat.

*) Diese letzte Bedingung ist eigentlich zu beschränkend, indem ja die Reihen $G^{(\varrho)}_{00}$ und $G^{(\varrho)}_{\mu\pi}$ dieselbe Nullstelle haben und die Quotienten $\frac{G^{(\varrho)}_{\mu\pi}}{G^{(\varrho)}}$ und $\frac{G^{(\varrho)}_{00}}{G^{(\varrho)}}$ trotzdem durch Potenzreihen darstellbar sein können.

Fünftes Capitel.

Ableitung der elementaren transcendenten Functionen einer Variabeln.

§ 45. Die Exponentialfunction.

Indem wir uns zu der zweiten der zu Beginn des vorigen Capitels definirten Aufgaben wenden, nämlich zu der Ermittlung analytischer Functionen (einer unabhängigen Variabeln) von vorgegebener analytisch ausdrückbarer Eigenschaft, nehmen wir stets an, dafs ein Element der zu suchenden Function $y = f(x)$, d. i. eine Potenzreihe mit noch unbestimmten Coefficienten

$$y = \mathfrak{P}(x - a) = \sum_{\nu=0}^{\infty} c_\nu (x - a)^\nu$$

die vorausgesetzte Eigenschaft innerhalb seines endlichen, wenn auch noch so kleinen Convergenzbereiches besitze. Aus der die Eigenschaft definirenden analytischen Beziehung werden dann jedesmal Schlüsse über die Coefficienten c_ν zu ziehen und diese zu bestimmen sein. Wenn die so gefundene Reihe einen Convergenzbereich besitzt, existirt eine analytische Function, von der noch gezeigt werden mufs, dafs ihr in dem ganzen Giltigkeitsbereiche die Eigenschaft zukommt, die das primitive Element in seinem Convergenzbereiche aufweist.

Für die ganzzahligen Potenzen einer Gröfse a besteht die in der Gleichung

$$a^{z_1} a^{z_2} = a^{z_1 + z_2}$$

ausgedrückte Eigenschaft. Wir fragen, ob nicht eine analytische Function existirt, welche die hier entlehnte allgemeine Gleichung

$$f(z_1) . f(z_2) = f(z_1 + z_2)$$

erfüllt, wo z_1 und z_2 nicht blos ganzzahlige, sondern beliebige Werthe aus dem Stetigkeitsbereiche der Function sind.

Wenn eine solche Function $f(z)$ existirt, so mufs sie in der Umgebung einer Stelle a in eine Potenzeihe

$$\sum_{\nu=0}^{\infty} c_\nu (z - a)^\nu$$

zu entwickeln sein und in deren (als endlich vorausgesetztem) Convergenzbereiche besteht die Gleichung:

$$\sum_{\nu=0}^{\infty} c_\nu (z_1 - a)^\nu \cdot \sum_{\nu=0}^{\infty} c_\nu (z_2 - a)^\nu = \sum_{\nu=0}^{\infty} c_\nu (z_1 + z_2 - a)^\nu.$$

Wir können annehmen, dafs das die fundamentale Eigenschaft erfüllende Functionselement die Stelle Null in seinem Convergenzbereiche enthalte oder dafs dasselbe direct in der Umgebung dieser Stelle als bestehend vorausgesetzt werde, denn substituirt man statt z $x + a$, so wird zufolge der Fundamentalgleichung

$$f(z) = f(a + z - a) = f(a) . f(z - a) = f(a) . f(x) = \sum_{\nu=0}^{\infty} c_\nu x^\nu$$

und nun

$$f(x) = \frac{1}{f(a)} \sum_{\nu=0}^{\infty} c_\nu x^\nu = \mathfrak{P}(x),$$

wenn nur $f(a)$ von Null verschieden ist. Die Gleichung

$$f(z) = f(a) . f(z - a)$$

lehrt aber, dafs $f(x)$ für keinen Werth a aus dem Convergenzbereiche des primitiven Elementes verschwinden kann, denn sonst wäre $f(z)$ an jeder Stelle desselben Null, und es gäbe keine Function der verlangten Art.

Wenn demnach eine Function von besagter Beschaffenheit existirt, so gehört die Stelle Null und ein endlicher Bereich um diese Stelle zu ihrem Stetigkeitsbereiche.

Wir überlegen nun, dafs für die Fortsetzungen von $\mathfrak{P}(x)$ die Fundamentaleigenschaft des primitiven Elementes erhalten bleibt. In der That: wenn wir in der für einen festen Werth a und jeden Werth von x einer Umgebung von a giltigen Gleichung

$$f(x + a) - f(x) . f(a) = 0 \tag{α}$$

für $f(x)$ und $f(x + a)$ die Potenzreihen $\mathfrak{P}(x)$ und $\mathfrak{P}(x + a)$ einsetzen, so müssen in der links entstehenden Reihe die einzelnen Potenzen von x verschwindende Coefficienten haben. Setzen wir aber statt $f(x)$ und $f(x + a)$ Fortsetzungen $\mathfrak{P}(x - x_0 + x_0)$ und $\mathfrak{P}(x - x_0 + (x_0 + a))$ ein, so wird die neue Potenzreihe an unendlich vielen Stellen des Convergenzbereiches mit der früheren Reihe übereinstimmen, also auch identisch verschwinden.

Da somit dieselbe Beziehung (α) bei einem festen Werthe a bestehen bleibt und nun a auch variirt werden kann, so haben die Fortsetzungen die Fundamentaleigenschaft mit dem primitiven Elemente wirklich gemein.

Jetzt können wir zeigen, dafs die in Frage stehende Function in der Umgebung jeder im Endlichen gelegenen Stelle in eine Potenzreihe entwickelt werden kann.

Wäre nämlich b_1 eine Stelle auf dem blos endlichen Convergenzkreise von $\mathfrak{P}(x)$, in deren Umgebung keine durch Vermittlung einer innerhalb des Kreises gelegenen Stelle b_0 ableitbare Potenzreihe

$$\mathfrak{P}(x \mid b_0, b_1)$$

existirt, so könnte überhaupt keine Function $f(x)$ gefunden werden.

Beachten wir vorher, dafs

$$f(a) = f(0) \, . \, f(a) \quad \text{also} \quad f(0) = 1 = \mathfrak{P}(0) = c_0$$

und deshalb

$$f(a) \, . \, f(-a) = 1 \quad \text{also} \quad f(-a) = \frac{1}{f(a)}$$

ist und bilden darauf

$$f(b_0 + (x - b_0)) = f(b_0) \, . \, f(x - b_0)$$

oder $\mathfrak{P}(x - b_0)$, so könnte man nicht mehr weiter schliefsen, dafs

$$f(x - b_1 + (b_1 - b_0)) = f(b_1 - b_0) \, . \, f(x - b_1)$$

ist, weil ja b_1 nicht in dem Convergenzbereiche von $\mathfrak{P}(x \mid b_0)$ liegen kann und eine Reihe

$$\mathfrak{P}(x \mid b_0, b_1) = f(x - b_1) = \frac{f(x - b_0)}{f(b_1 - b_0)} = \frac{f(x)}{f(b_1)}$$

der Annahme nach nicht existirt. Diese formal gebildete Reihe ist aber zugleich mit $\mathfrak{P}(x)$ convergent, wenn nur $f(b_1)$ von Null verschieden ist. Wir müssen also annehmen, dafs es auf der Grenze des endlichen Convergenzbereiches von $\mathfrak{P}(x)$ eine Stelle b_1 gibt, wo $f(x)$ verschwindet. Dann wäre aber wegen

$$f(b_1) = f\left(\frac{b_1}{2} + \frac{b_1}{2}\right) = f\left(\frac{b_1}{2}\right) \cdot f\left(\frac{b_1}{2}\right) = 0 \qquad (\alpha)$$

die Function $f(x)$ auch innerhalb ihres Stetigkeitsbereiches Null, und das widerspricht unserm früheren Satze. Folglich ist die Annahme falsch und es existirt eine Reihe $\mathfrak{P}(x \mid b_0, b_1)$. Wenn wir so fortfahren, ist die Behauptung erwiesen; die in Frage stehende Function ist durch eine beständig convergente Potenzreihe darstellbar.

Wir beweisen diesen Satz nochmals auf eine zweite Art.*)

Die Gleichung

$$f(x_1 + x_2) = f(x_1) \, . \, f(x_2)$$

ist für diejenigen Werthesysteme x_1 und x_2 giltig, für welche

$$|x_1| < \frac{r}{2}, \quad |x_2| < \frac{r}{2},$$

wenn der Convergenzradius des Elementes $\mathfrak{P}(x)$ r genannt wird. Setzt man nun $x_1 = x_2$, so gilt

$$f(2x_1) = f(x_1) \cdot f(x_1) \quad \text{und} \quad f(x_1) = f\left(\frac{x_1}{2}\right) \cdot f\left(\frac{x_1}{2}\right).$$

Doch weil der Convergenzbereich des hier rechts stehenden Ausdruckes

*) Der erste Beweis ist nicht einwurfsfrei. Man kann an der Existenz der Gleichung (α) zweifeln, da b_1 schon auf der Convergenzgrenze des primitiven Elementes liegt.

doppelt so grofs ist als der von $f(x_1)$, aber innerhalb des Kreises $|x_1| < r$ die Übereinstimmung beider Seiten angenommen war, so mufs $f(x_1)$ soweit eine Bedeutung haben, als dem Product $f\left(\frac{x_1}{2}\right)f\left(\frac{x_1}{2}\right)$ eine zukommt, d. h. der Convergenzbereich von $f(x)$ ist ein Kreis mit dem Radius $2r$.

So kann man weiter schliefsen und findet, dafs $\mathfrak{P}(x)$ eine beständig convergente Reihe sein mufs.

Um die Existenz von $f(x)$ wirklich zu beweisen, ersetzen wir in der Gleichung

$$f(x_1).f(x_2) = f(x_1 + x_2)$$

$f(x_1)$, $f(x_2)$ und $f(x_1 + x_2)$ der Reihe nach durch

$$1 + c_1 x_1 + c_2 x_1^2 + \cdots + c_n x_1^n + \cdots$$

$$1 + c_1 x_2 + c_2 x_2^2 + \cdots + c_n x_2^n + \cdots$$

$$1 + c_1(x_1 + x_2) + c_2(x_1 + x_2)^2 + \cdots + c_n(x_1 + x_2)^n + \cdots$$

Es wird dann

$$\begin{aligned} f(x_1).f(x_2) = 1 &+ (c_1 x_1 + c_2 x_2) + (c_2 x_1^2 + c_1^2 x_1 x_2 + c_2 x_2^2) + \cdots \\ &+ (c_n x_1^n + c_{n-1} x_1^{n-1} x_2 + \cdots + c_{n-\nu} c_\nu x_1^{n-\nu} x_2^\nu + \cdots \\ &+ c_n x_2^n) + \cdots \end{aligned}$$

gleich

$$\begin{aligned} f(x_1 + x_2) = 1 &+ c_1(x_1 + x_2) + c_2(x_1^2 + 2x_1 x_2 + x_2^2) + \cdots \\ &+ c_n\left(x_1^n + \binom{n}{1} x_1^{n-1} x_2 + \cdots + \binom{n}{\nu} x_1^{n-\nu} x_1^\nu + \cdots \right. \\ &\left. + \binom{n}{n} x_2^n\right) + \cdots \end{aligned}$$

und nun liefert die Vergleichung gleichnamiger Glieder die Beziehungen

$$c_{n-1} c_1 = c_n \binom{n}{1}, \quad c_{n-2} c_2 = c_n \binom{n}{2}, \cdots$$

$$c_{n-\nu} c_\nu = c_n \binom{n}{\nu}, \ldots c_n = c_n.$$

Aus der ersten derselben folgt

$$c_1 c_1 = 2c_2, \quad c_2 c_1 = 3c_3, \ldots c_{n-1} c_1 = n c_n.$$

Multiplicirt man diese Gleichungen mit einander, so entsteht

$$c_1^n c_2 c_3 \ldots c_{n-1} = n!\, c_2 c_3 \ldots c_n \quad \text{oder} \quad c_n = \frac{c_1^n}{n!}.$$

Wenn wir somit bereits alle Coefficienten c_n durch einen c_1 ausgedrückt haben, müssen wir nachsehen, ob diese Bestimmung mit der allgemeinen Beziehung

$$c_{n-\nu} c_\nu = c_n \binom{n}{\nu}$$

in Einklange steht und ob vielleicht auch c_1 zu berechnen ist. Die Substitution der gefundenen Werthe gibt blos eine Identität

$$\frac{c_1^{n-\nu}}{(n-\nu)!}\,\frac{c_1^\nu}{\nu!} = \frac{c_1^n}{n!}\binom{n}{\nu} = \frac{c_1^n}{n!}\,\frac{n(n-1)\ldots(n-\nu+1)}{\nu!},$$

und wir können c_1 nicht berechnen. Bezeichnen wir c_1 einfach mit c, so folgt die Reihe

$$\mathfrak{P}(x) = 1 + \frac{cx}{1} + \frac{(cx)^2}{2!} + \frac{(cx)^3}{3!} + \cdots,$$

die zum mindesten den Convergenzradius $\left|\frac{1}{c}\right|$ oder 1 besitzt, je nachdem die willkürliche Constante c dem absoluten Betrage nach < 1 oder > 1, denn der Quotient der Coefficienten aufeinanderfolgender Glieder $\frac{c_{\nu+1}}{c_\nu}$ bleibt dem absoluten Betrage nach kleiner als $|c|$ oder 1.

Das auf Grund der Fundamentaleigenschaft abgeleitete primitive Element convergirt, $f(x)$ existirt und ist als beständig convergente Reihe eine eindeutige ganze transcendente Function.

Mit Rücksicht darauf, dafs die Function mit dem Product cx ungeändert bleibt, bezeichnen wir besser cx mit x und $f\left(\frac{x}{c}\right)$ mit $g(x)$.

Nennt man den Werth $g(1)$ c, so gilt für ganze Zahlen $x = m$ die Gleichung

$$g(m) = c^m, \quad \text{weil} \quad g(m) = g\left(1 + 1 + \cdots + 1 \binom{m}{\text{mal}}\right) = g(\overset{m}{1})$$

ist, und wegen dieser Eigenschaft bezeichnet man $g(x)$ passend mit e^x und es ist

$$e^x = 1 + \frac{x}{1} + \frac{x^2}{2!} + \cdots$$

Die Fundamentaleigenschaft der neugeschaffenen sogenannten *Exponentialfunction* ist jetzt in folgender Weise zu schreiben:

$$e^{x_1+x_2} = e^{x_1} \cdot e^{x_2}$$

und es gilt

$$e^0 = 1, \quad e^{-x} = \frac{1}{e^x},$$

für jedes positive oder negative ganzzahlige n aber ist

$$e^{nx} = (e^x)^n.$$

Wenn darnach das Argument x der Exponentialfunction durch Addition und Subtraction aus den Gröfsen $x_1, x_2, \ldots x_n$ entstanden ist, so läfst sich e^x rational durch die den Argumenten $x_1, x_2, \ldots x_n$ zugehörigen Functionswerthe darstellen.

Die Ableitung der Exponentialfunction

$$\frac{de^x}{dx} \quad \text{ist gleich} \quad e^x.$$

Der Ableitungsprocefs bringt demnach keine Änderung hervor.

Diese Eigenschaft von $g(x) = e^x$ folgt auch aus der Functionalgleichung

$$g(x+y) = g(x) . g(y),$$

denn die Differentiation nach den mit einander vertauschbaren Gröfsen x und y gibt

$$\frac{\partial g(x+y)}{\partial x} = \frac{dg(x)}{dx} g(y), \quad \frac{\partial g(x+y)}{\partial y} = \frac{dg(y)}{dy} g(x).$$

Doch weil

$$\frac{\partial g(x+y)}{\partial x} = \frac{\partial g(x+y)}{\partial (x+y)} \frac{\partial (x+y)}{\partial x} = \frac{\partial g(x+y)}{\partial (x+y)} \frac{\partial (x+y)}{\partial y} = \frac{\partial g(x+y)}{\partial y}$$

ist, folgt

$$\frac{1}{g(x)} \cdot \frac{dg(x)}{dx} = \frac{1}{g(y)} \cdot \frac{dg(y)}{dy} = \text{const.}$$

Ordnet man dem Werthe $x = 0$ $g(x) = 1$ zu und heifst die Constante c, so gibt die Lösung der Differentialgleichung

$$\frac{dg(x)}{dx} = cg(x)$$

wieder

$$g(x) = 1 + \frac{cx}{1!} + \frac{(cx)^2}{2!} + \cdots = e^{cx},$$

und setzt man noch fest, dafs auch die Ableitung $\frac{dg(x)}{dx}$ an der Stelle Null den Werth 1 besitze, so wird

$$g(x) = e^x.$$

§ 46. Aus der Exponentialfunction rational zusammengesetzte Functionen.

Wir untersuchen jetzt einige aus der Exponentialfunction e^{cx} rational zusammengesetzte, also eindeutige Functionen

$$f(x) = R(e^{cx}).$$

Für diese besteht offenbar auch die Eigenthümlichkeit, dafs die zu den drei Argumentswerthen

$$x, \quad y \quad \text{und} \quad x+y$$

gehörigen Functionswerthe

$$f(x+y), \quad f(x), \quad f(y)$$

eine algebraische Gleichung

$$G(f(x+y), f(x), f(y)) = 0$$

erfüllen, deren Coefficienten von den Variabelnwerthen unabhängig sind; man hat ja nur zu bemerken, dafs man aus den Gleichungen

$$f(x) = R(e^{cx}), \quad f(y) = R(e^{cy}), \quad f(x+y) = R(e^{cx}.e^{cy})$$

die Exponentialfunction eliminiren kann.

Man sagt: für die Function $f(x) = R(e^{cx})$ besteht ein *algebraisches Additionstheorem.* Jede rationale Function von $f(x)$ genügt dann wieder einer Gleichung der eben besagten Art.

Wenn wir die Gleichung $G = 0$ noch x und y differentiiren, so entstehen die Gleichungen

$$\frac{\partial G}{\partial f(x)}\frac{df(x)}{dx} + \frac{\partial G}{\partial f(x+y)}\frac{\partial f(x+y)}{\partial x} = 0$$

$$\frac{\partial G}{\partial f(y)}\frac{df(y)}{dy} + \frac{\partial G}{\partial f(x+y)}\frac{\partial f(x+y)}{\partial y} = 0$$

und nach Subtraction folgt wegen der Beziehung:

$$\frac{\partial f(x+y)}{\partial x} = \frac{\partial f(x+y)}{\partial y}$$

$$\frac{\partial G}{\partial f(x)}\frac{df(x)}{dx} - \frac{\partial G}{\partial f(y)}\frac{df(y)}{dy} = 0$$

und diese Gleichung ermöglicht es, $f(x+y)$ als algebraische Function von $f(x)$, $f(y)$ und den ersten Ableitungen $\frac{df(x)}{dx}$ und $\frac{df(y)}{dy}$ darzustellen.

Neben dem Additionstheorem kann man auch eine Gleichung zwischen

$$f(x) \quad \text{und} \quad \frac{df(x)}{dx}$$

ableiten, denn man braucht nur e^{cx} aus

$$f(x) = R(e^{cx}) \quad \text{und} \quad \frac{df(x)}{dx} = R'(e^{cx})$$

zu eliminiren.

Die wichtigsten unter den rationalen Functionen der Exponentialfunction sind im Nachstehenden kurz besprochen.

Es seien die Functionen

$$f_1(x) = \frac{1}{2}(e^{xi} + e^{-xi}), \quad f_2(x) = \frac{1}{2i}(e^{xi} - e^{-xi})$$

vorgelegt. — Die halbe Summe oder Differenz der ganzen Functionen e^{xi} und $\frac{1}{e^{xi}}$ sind gewifs wieder ganze Functionen und dargestellt sind sie durch die Reihen:

$$f_1(x) = 1 - \frac{x^2}{2!} + \frac{x^4}{4!} - \cdots + (-1)^n \frac{x^{2n}}{(2n)!} + \cdots$$

$$f_2(x) = x - \frac{x^3}{3!} + \frac{x^5}{5!} - \cdots + (-1)^n \frac{x^{2n+1}}{(2n+1)!} + \cdots$$

Die Fundamentaleigenschaft dieser die Namen *cosinus* und *sinus* führenden Functionen, für welche die Bezeichnung

$$f_1(x) = \cos x, \quad f_2(x) = \sin x$$

gebraucht wird, leiten wir in der angegebenen Weise ab, d. h. wir eliminiren die Exponentialfunction aus den Ausdrücken für

$$\cos(x+y), \quad \cos x, \quad \cos y$$

respective

$$\sin(x+y), \quad \sin x, \quad \sin y$$

oder aus den den Definitionen entspringenden Gleichungen ab:

$$e^{2xi} e^{2yi} - e^{xi} e^{yi} 2 \cos(x+y) + 1 = 0$$
$$e^{2xi} - e^{xi} 2 \cos x + 1 = 0$$
$$e^{2yi} - e^{yi} 2 \cos y + 1 = 0,$$

beziehungsweise

$$e^{2xi} e^{2yi} - e^{xi} e^{yi} 2i \sin(x+y) - 1 = 0$$
$$e^{2xi} - e^{xi} 2i \sin x - 1 = 0$$
$$e^{2yi} - e^{yi} 2i \sin y - 1 = 0.$$

Bemerkt man aber, daſs

$$e^{xi} = \cos x + i \sin x, \qquad e^{-xi} = \cos x - i \sin x$$

ist, so wird

$$\cos(x+y) = \frac{1}{2}\left(e^{(x+y)i} + e^{-(x+y)i}\right) = \cos x \cos y - \sin x \sin y$$

$$\sin(x+y) = \frac{1}{2i}\left(e^{(x+y)i} - e^{-(x+y)i}\right) = \sin x \cos y + \cos x \sin y$$

und die Gleichungen, welche das Additionstheorem enthalten, lauten

$$\cos^2(x+y) - 2\cos(x+y)\cos x \cos y + \cos^2 x + \cos^2 y - 1 = 0$$
$$\sin^4(x+y) - 2\sin^2(x+y)(\sin^2 x - 2\sin^2 x \sin^2 y + \sin^2 y)^2$$
$$+ (\sin^2 x - \sin^2 y)^2 = 0,$$

wie sich leicht ergibt, wenn man noch die zwischen $\sin x$ und $\cos x$ bestehende Beziehung berücksichtigt:

$$\cos^2 x + \sin^2 x = 1.$$

Drückt man $\cos(x+y)$ auf die oben angegebene Weise als algebraische Function von $\cos x$, $\cos y$, $\frac{d \cos x}{dx}$, $\frac{d \sin x}{dx}$ aus, so folgt wegen der Beziehung:

$$(\cos(x+y)\cos y - \cos x)\frac{d\cos x}{dx} - (\cos(x+y)\cos x - \cos y)\frac{d\cos y}{dy} = 0$$

$$\cos(x+y) = \frac{\cos x \frac{d\cos x}{dx} - \cos y \frac{d\cos y}{dy}}{\cos y \frac{d\cos x}{dx} - \cos x \frac{d\cos y}{dy}}.$$

Weil ferner

$$\frac{d\cos x}{dx} = -\sin x, \qquad \frac{d\sin x}{dx} = \cos x$$

ist, erhalten die Additionstheoreme auch die Gestalt:

$$\cos(x+y) = \cos x \cos y - \frac{d\cos x}{dx}\frac{d\cos y}{dy}$$

$$\sin(x+y) = \sin x \frac{d\sin y}{dy} + \sin y \frac{d\sin x}{dx}$$

und $\cos(x+y)$, $\sin(x+y)$ erscheinen als rationale Functionen von $\cos x$, $\cos y$ respective $\sin x$, $\sin y$ und den ersten Ableitungen dieser Functionen.

Die Reihen für $\cos x$ und $\sin x$ lassen auch die Relationen

$$\cos(-x) = \cos x \quad \text{und} \quad \sin(-x) = -\sin x$$

erkennen, und darum bestehen die Gleichungen:

$$\cos(x-y) = \cos x \cos y + \sin x \sin y$$
$$\sin(x-y) = \sin x \cos y - \cos x \sin y$$

und hierauf

$$\cos(x+y) + \cos(x-y) = 2\cos x \cos y$$
$$\cos(x+y) - \cos(x-y) = -2\sin x \sin y = -2\frac{d\cos x}{dx}\frac{d\cos y}{dy}$$
$$\sin(x+y) + \sin(x-y) = 2\sin x \cos y = 2\sin x \frac{d\sin y}{dy}$$
$$\sin(x+y) - \sin(x-y) = 2\cos x \sin y = 2\frac{d\sin x}{dx}\sin y.$$

Führt man hier die Zeichen ein:

$$x + y = u, \qquad x - y = v,$$

so erhält man die Formeln:

$$\cos u + \cos v = 2\cos\frac{u+v}{2}\cos\frac{u-v}{2}$$
$$\cos u - \cos v = -2\sin\frac{u+v}{2}\cos\frac{u-v}{2}$$
$$\sin u + \sin v = 2\sin\frac{u+v}{2}\cos\frac{u-v}{2}$$
$$\sin u - \sin v = 2\cos\frac{u+v}{2}\sin\frac{u-v}{2}.$$

Aus der ~~Gleichung~~ zwischen $\cos x$ und der Ableitung $\frac{d\cos x}{dx}$ bestehenden Gleichung $\cos^2 x + \sin^2 x = 1$ folgt eine wichtige Eigenschaft der Exponentialfunction: Der absolute Betrag von e^x, wo $x = \xi + i\eta$ und ξ und η reell sei, ist gleich e^ξ.

Da nämlich

$$e^x = e^\xi e^{i\eta} = e^\xi(\cos\eta + i\sin\eta)$$

und

$$|e^x| = |e^\xi e^{i\eta}| = |e^\xi|$$

ist und e^ξ für positive oder negative Werthe von ξ positiv bleibt, indem $e^{-\xi} = \frac{1}{e^\xi}$ zu setzen ist, wird in der That $|e^x| = e^\xi$.

Läfst man ξ von Null an zunehmen, so wächst e^ξ von 1 bis ∞ und erhält dabei jeden in diesem Intervall liegenden Werth nur einmal, weil jedes Glied der Potenzreihe für e^ξ für verschiedene Argumentswerthe ξ_1 und ξ_2 verschiedene Werthe annimmt, und mit $\xi_1 < \xi_2$

$$\frac{\xi_1^n}{n!} < \frac{\xi_2^n}{n!}.$$

Durchläuft ξ die Werthe von 0 bis $-\infty$, so nimmt e^ξ von 1 an ab und wird für unendlich grofse Werthe unendlich klein.

Wenn somit e^ξ für reelle Werthe ξ jeden positiven reellen Werth nur einmal annimmt, hat umgekehrt die Gleichung

$$e^{\xi} - a = 0,$$

wo a reell und positiv ist, eine einzige reelle Wurzel ξ.

Weil die Exponentialfunction e^x für keinen endlichen Werth des Argumentes den endlichen Werth Null erhält, sind wir darauf aufmerksam gemacht, dafs die Gleichung

$$1 + \frac{x}{1!} + \frac{x^2}{2!} + \cdots = 0$$

und allgemein die gleich Null gesetzte ganze transcendente Function gewifs nicht in allen Stücken als Verallgemeinerung der algebraischen Gleichung angesehen werden kann, denn indem eine ganze rationale Function n^{ten} Grades jeden Werth $n$mal annimmt, braucht die ganze Function nicht jeden Werth so oft anzunehmen, als ihr Grad anzeigt, d. i. unendlich oft.

Wir werden später zu zeigen haben, dafs in jeder Umgebung eines Werthes a, welchen die eindeutige Function an einer regulären Stelle erhält, Werthe b liegen, welche die Function an beliebig vielen Stellen annimmt und dafs die ganze transcendente Function höchstens einen endlichen Werth im regulären Bereiche (d. i. im Endlichen) nicht annimmt. Jetzt wollen wir nur beweisen, dafs die Function $e^x = f(x)$ einen Werth a, den sie an zwei endlichen Stellen x_1 und x_2 erhält, auch für unendlich viele Werthe des Argumentes annimmt. In der That ist

$$f(x_1) = a, \quad f(x_2) = a,$$

so wird

$$f(x + x_1) = f(x)\,a, \quad f(x + x_2) = f(x)\,a$$

und

$$f(x + x_1) - f(x + x_2) = 0$$

oder

$$f(x + (x_1 - x_2)) = f(x).$$

Bezeichnet man $x_1 - x_2$ mit 2ω, so wird

$$f(x + 2\omega) = f(x),$$

und wenn n eine beliebige ganze positive oder negative Zahl bedeutet, gilt auch

$$f(x + 2n\omega) = f(x).$$

Diese Gleichung besagt, dafs unsere Function e^x den Werth, welchen sie für x annimmt, auch für die unendlich vielen Werthe

$$x + 2n\omega \quad (n = 0, \pm 1, \pm 2, \ldots)$$

erhält.

Man nennt eine analytische Function $F(x)$ *periodisch*, wenn bei beliebigem Werthe ihres Argumentes für eine gewisse constante Gröfse ω die Gleichung

$$F(x + \omega) = F(x)$$

besteht. Die Gröfse ω und jedes ganzzahlige Vielfache von ω heifst eine *Periode*. Lassen sich alle Perioden einer Function $F(x)$ durch Addition und Subtraction aus r Gröfsen

$$2\omega_1,\ 2\omega_2, \ldots 2\omega_r$$

zusammensetzen, zwischen denen keine ganzzahlige homogene lineare Relation besteht, so heifst die Function *rfach periodisch.*

Wenn darnach die Exponentialfunction einen Werth a zweimal annimmt, so ist sie mindestens einfach periodisch, und weil für jede Periode $2n\omega$

$$f(2n\omega) = 1 \quad \text{oder} \quad e^{2n\omega} = 1$$

ist, findet man die Perioden durch Auflösung der Gleichung

$$e^x - 1 = 0,$$

und zwar ist jede Wurzel $x = \xi$ eine Periode, denn wenn $e^\xi = 1$ ist, besteht die Gleichung

$$f(x+\xi) = f(x)\,f(\xi) = f(x).$$

Hat die Exponentialfunction die Perioden $2n\omega$, dann besitzen die Functionen

$$\cos x = \frac{1}{2}(e^{xi} + e^{-xi}) \quad \text{und} \quad \sin x = \frac{1}{2i}(e^{xi} - e^{-xi})$$

offenbar die Perioden $\frac{2n\omega}{i}$, d. h. es bestehen die Gleichungen

$$\cos\left(x + \frac{2n\omega}{i}\right) = \cos x, \quad \sin\left(x + \frac{2n\omega}{i}\right) = \sin x,$$

und weil $\cos(0) = 1$, $\sin 0 = 0$ ist, wird

$$\cos\frac{2n\omega}{i} = 1, \quad \sin\frac{2n\omega}{i} = 0$$

und wegen der Beziehungen

$$\cos\frac{2\omega}{i} = \cos^2\frac{\omega}{i} - \sin^2\frac{\omega}{i} = 1$$

$$\cos^2\frac{\omega}{i} + \sin^2\frac{\omega}{i} = 1$$

ist ferner

$$\sin\frac{\omega}{i} = 0, \qquad \sin(2n+1)\frac{\omega}{i} = 0$$

$$\cos\frac{\omega}{i} = \pm 1, \quad \cos(2n+1)\frac{\omega}{i} = \pm 1,$$

doch ist über das Zeichen augenblicklich noch nicht zu entscheiden. Jedenfalls ist aber für jedes ganzzahlige n

$$\cos\left(x + n\frac{\omega}{i}\right) - \cos\left(x - n\frac{\omega}{i}\right) = 0$$

$$\sin\left(x + n\frac{\omega}{i}\right) - \sin\left(x - n\frac{\omega}{i}\right) = 0$$

und die halben Perioden $n\frac{\omega}{i}$ sind diejenigen Werthe a, welche — wenn $f(x)$ für $\cos x$ oder $\sin x$ gesetzt wird — die Gleichung

$$f(x+a) - f(x-a) = 0$$

erfüllen. Aus den früheren Darstellungen für die Differenz von

$$f(x+y) - f(x-y)$$

entnehmen wir umgekehrt, dafs die halben Perioden $\frac{n\omega}{i}$ $\frac{d\cos x}{dx}$ oder $-\sin x$ zum Verschwinden bringen. Es gilt daher

$$\sin\frac{n\omega}{i} = 0, \quad \cos\frac{n\omega}{i} = \pm 1.$$

Die halben Perioden $m\frac{\omega}{i}$ sind somit als diejenigen x-Werthe erkannt, für welche $z = \cos x$ gleich $+1$ oder -1 wird. Hat man aber einen Werth $x_2 = \frac{\omega_1}{i}$ gefunden, für den $z = -1$ ist, so mufs $x_1 = \frac{\omega_1}{i} + \frac{\omega_1}{i}$ ein Werth sein, für welchen $z = +1$ wird.

Wir fragen zunächst, ob es Werthe $x_2 = \frac{\omega_1}{i}, \frac{\omega_2}{i}, \cdots \frac{\omega_r}{i}$ gibt, für die $\cos x$ den Werth -1 erhält, und welches diese sind.

Zur Beantwortung dieser Frage gehen wir auf die Differentialgleichung ein, welcher $\cos x = z$ genügt. Sie lautet

$$\left(\frac{dz}{dx}\right)^2 = 1 - z^2,$$

und wir wissen, dafs $x = 0$, $z = 1$ zusammengehörige Werthe sind.

Beachten wir, dafs z bei den von Null ab zunehmenden reellen Werthen der Variabeln x zunächst abnimmt, und das läfst ja die folgende Schreibweise der den Cosinus definirenden Reihe unmittelbar erkennen:

$$\cos x = \left(1 - \frac{x^2}{2}\right) + \frac{x^4}{4!}\left(1 - \frac{x^2}{5.6}\right) + \frac{x^8}{8!}\left(1 - \frac{x^2}{9.10}\right) + \cdots,$$

so werden wir aus der Differentialgleichung die Beziehung

$$dx = \frac{-dz}{\sqrt{(1-z)(1+z)}}$$

entnehmen und hier für die Wurzel in der Umgebung der Stelle Null das positive Zeichen festsetzen.

Benützt man in der Gleichung

$$dx = -(1-z^2)^{-\frac{1}{2}} dz$$

die innerhalb des Bereiches $|z| < 1$ giltige Entwicklung:

$$(1-z^2)^{-\frac{1}{2}} = 1 + \frac{z^2}{2} + \frac{1.3}{2.4}z^4 + \frac{1.3.5}{2.4.6}z^6 + \cdots,$$

so ist die Function x, welche der obigen Differentialgleichung genügt, offenbar durch das in dem Bereiche $|z| < 1$ giltige Element

$$x = -\left(z + \frac{1}{2}\frac{z^3}{3} + \frac{1.3}{2.4}\frac{z^5}{5} + \cdots\right) + \text{const}$$

definirt, und die Constante ist derart zu bestimmen, dafs $x = 0$ und $z = 1$ zusammengehörige Werthe sind.

Sie besitzt also den Werth

$$1+\frac{1}{2.3}+\frac{1.3}{2.4}\frac{1}{5}+\cdots+\frac{1.3\ldots 2n-1}{2.4\ldots 2n}\frac{1}{2n+1}+\cdots$$

und dieser ist endlich, denn die Glieder dieser Reihe sind kleiner als die entsprechenden der Reihe

$$1+\frac{1}{2}+\sum_{n=1}^{\infty}\frac{1.3\ldots 2n-1}{2.4\ldots 2n}\frac{1}{2n+2},$$

welche den endlichen Werth 2 hat, weil

$$1-\left(\frac{1}{2}y+\frac{1}{2}\frac{y^2}{4}+\frac{1.3}{2.4}\frac{y^3}{6}+\cdots\right)=\sqrt{1-y}$$

auch für $y=1$ convergent ist.

Nun erhält man einen Werth x_2, wenn man in dem Ausdrucke für x $z=-1$ setzt, und zwar folgt

$$x_2=2\left(1+\frac{1}{2}\frac{1}{3}+\frac{1.3}{2.4}\frac{1}{5}+\cdots\right).$$

Wir bezeichnen diesen positiven reellen Werth mit π, dann wird

$$\begin{aligned}
&\cos\pi=-1, && \sin\pi=0,\\
&\cos(\pi+\pi)=\cos 2\pi=1, && \sin 2\pi=0,\\
&\cos 2n\pi=1, && \sin 2n\pi=0,\\
&\cos(2n+1)\pi=-1, && \sin(2n+1)\pi=0
\end{aligned}$$

und wegen

$$\cos\left(\frac{\pi}{2}+\frac{\pi}{2}\right)=-1=\cos^2\frac{\pi}{2}-\sin^2\frac{\pi}{2}$$

$$1=\cos^2\frac{\pi}{2}+\sin^2\frac{\pi}{2}$$

$$\cos\frac{\pi}{2}=0,\quad \sin\frac{\pi}{2}=\pm 1.$$

Hier ist das positive Zeichen zu wählen, weil

$$\sin x=\frac{x}{1}\left(1-\frac{x^2}{2.3}\right)+\frac{x^5}{5!}\left(1-\frac{x^2}{6.7}\right)+\frac{x^9}{9!}\left(1-\frac{x^2}{10.11}\right)+\cdots$$

offenbar so lange positiv bleibt, als x solche reelle Werthe annimmt, für die $x^2<6$ ist, aber $\frac{\pi}{2}$ kleiner ist als 2. Es bestehen deshalb die Beziehungen

$$\sin\frac{\pi}{2}=1,\quad \sin\left(\frac{1}{2}+n\right)\pi=(-1)^n,$$

$$\cos\frac{\pi}{2}=0,\quad \cos\left(\frac{1}{2}+n\right)\pi=0$$

und

$$\cos\left(\left(\frac{1}{2}+n\right)\pi-\frac{\pi}{2}\right)=\cos n\pi=(-1)^n,$$

$$\sin\left(\left(\frac{1}{2}+n\right)\pi-\frac{\pi}{2}\right)=\sin n\pi=0.$$

Die Functionen $\cos x$ und $\sin x$ besitzen demnach die Fundamentalperiode 2π. Wenn wir zeigen können, dafs bereits alle Werthe angegeben sind, für welche $\cos x = \pm 1$ ist und $\sin x$ verschwindet, so erscheint nachgewiesen, dafs diese Functionen nur die Perioden $2n\pi = \frac{2n\omega}{i}$ besitzen und auch die Exponentialfunction nur einfach periodisch ist, indem alle Perioden positive oder negative ganzzahlige Vielfache von $2\pi i = 2\omega$ sind.

Wir überlegen zunächst, dafs $\sin x$ für keine complexen Werthe $x = \xi + i\eta$ verschwinden kann, denn für diese Werthe müfste

$$e^{xi} - e^{-xi} = 0$$

oder

$$e^{2xi} = e^{-2\eta+2\xi i} = e^{-2\eta}(\cos 2\xi + i \sin 2\xi) = 1$$

und

$$|e^{2xi}| = e^{-2\eta} = 1$$

sein. Doch diese Gleichung erfordert, dafs η Null ist, denn es gibt nur diesen einen reellen Werth der verlangten Art. Die Nullstellen von $\sin x$ sind demnach alle reell und an diesen wird $\cos x = \pm 1$. Darum sehen wir nach, ob wir alle Stellen gefunden haben, wo $\cos x$ diese Werthe annimmt.

Der gefundene Werth π war kleiner als 4, und $\frac{\pi}{2}$ ist darum, weil

$$\cos x = \sum_{\nu=0}^{\infty}\left(1 - \frac{x^2}{(4\nu+1)(4\nu+2)}\right)\frac{x^{4\nu}}{(4\nu)!}$$

gewifs positiv bleibt, solange das reelle $x < \sqrt{2}$ ist, gröfser als $\sqrt{2}$, denn es war $\cos\frac{\pi}{2} = 0$.

Gäbe es nun innerhalb der Grenzen $2\sqrt{2}$ und 4 noch einen Werth π', für den $\cos x = -1$ wäre, so müfste wieder

$$\cos\frac{\pi'}{2} = 0, \quad \sin\frac{\pi'}{2} = 1$$

und

$$\sin(\pi' - \pi) = 0$$

sein. Doch $\pi' - \pi$ ist kleiner als $4 - 2\sqrt{2} < 2$, und der Sinus war solange positiv, als $x^2 \leq 6$ war, daher gibt es innerhalb der genannten Grenzen keinen weiteren Werth, für den $\cos x = -1$ ist. Nun überzeugt uns die Gleichung

$$\cos(x + n\pi) = \cos(x - n\pi) \quad (n = \pm 1, 2 \ldots)$$

des Weiteren, dafs wir alle verlangten Stellen gefunden haben.

Die Functionen cosinus und sinus sind also einfach periodisch und ebenso die Exponentialfunction. Dann aber gehen alle Werthe x, für welche

$$e^x = a$$

ist, aus einem ersten x_0 hervor, wenn man ganzzahlige Vielfache von $2\omega = 2\pi i$ beliebig addirt oder subtrahirt. Es ist

$$e^{x_0 \pm 2n\pi i} = e^{x_0} e^{\pm 2n\pi i} = e^{x_0}(\cos 2n\pi \pm \sin 2n\pi) = e^{x_0} = a$$

und man hat nur zu untersuchen, ob stets ein erster Werth x_0 existirt, für den

$$e^{x_0} = a$$

wird, oder ob die Exponentialfunction (außer Null) jeden Werth a annehmen kann.

Man setze

$$a = \alpha + i\beta, \quad x_0 = \xi_0 + i\eta_0,$$

dann ist

$$|e^{x_0}| = e^{\xi_0} = |a|$$

und diese Gleichung hat eine und nur eine Lösung ξ_0. Es ist noch η_0 so zu bestimmen, daſs

$$e^{i\eta_0} = \cos\eta_0 + i\sin\eta_0 = \frac{\alpha + i\beta}{\sqrt{\alpha^2 + \beta^2}}$$

wird. Ist a von Null verschieden und complex, so wird $\left|\frac{\alpha}{a}\right| < 1$ und dann gibt es nur einen positiven reellen Werth η_0 zwischen 0 und π, für den

$$\cos\eta_0 = \frac{\alpha}{|a|}.$$

In der That: gäbe es zwei Werthe $\eta_0^{(1)}$ und $\eta_0^{(2)}$, so müſste wegen der Relation

$$\cos\eta_0^{(1)} - \cos\eta_0^{(2)} = -2\sin\frac{\eta_0^{(1)} + \eta_0^{(2)}}{2}\sin\frac{\eta_0^{(1)} - \eta_0^{(2)}}{2} = 0$$

der Sinus einer von Null verschiedenen Gröſse, die kleiner ist als π, verschwinden, was nicht angeht. Es gibt somit höchstens einen innerhalb der genannten Grenzen liegenden Werth, für den $\cos\eta_0 = \frac{\alpha}{|a|}$ ist; aber ein solcher Werth existirt gewiſs, weil der Cosinus der reellen Variabeln eine überall stetige Function ist.

Für diesen Werth η_0 wird

$$\sin^2\eta_0 = 1 - \cos^2\eta_0 = 1 - \left|\frac{\alpha}{a}\right|^2 = \frac{\beta^2}{\alpha^2 + \beta^2}$$

und

$$\sin \pm\eta_0 = \pm\sin\eta_0 = \frac{\beta}{\sqrt{\alpha^2 + \beta^2}},$$

wo das positive oder negative Zeichen zu wählen ist, je nachdem β positiv oder negativ ist. Wenn β positiv ist, genügt daher der Gleichung

$$e^{\eta_0 i} = \frac{\alpha + i\beta}{\sqrt{\alpha^2 + \beta^2}}$$

eine positive, und wenn β negativ ist, eine negative reelle Gröſse η_0, deren absoluter Betrag kleiner ist als π. Ist $\beta = 0$, so setze man je nach einem positiven oder negativen α η gleich 0 oder π, und im

Falle α Null ist, entweder $\eta = \frac{\pi}{2}$ oder $-\frac{\pi}{2}$, je nachdem β positiv oder negativ ist.

Die Gleichung $e^x = a$ ist also stets durch einen endlichen Werth x_0 befriedigt, wenn a nicht Null ist, und darum kann man jede Zahlengröfse $a = \alpha + i\beta$ in der Form

$$a = e^{x_0} = e^{\xi_0 + i\eta_0} = e^{\xi_0}(\cos\eta_0 + i\sin\eta_0)$$

darstellen und zwar auf unendlich viele Arten, doch weichen in den verschiedenen Darstellungen die Werthe η_0 nur um Vielfache von 2π von einander ab. Diejenige Darstellung einer nicht negativen reellen Gröfse a, in welcher $|\eta_0| < \pi$ ist, heifst die Hauptdarstellung. Diese ändert sich stetig mit dem Werthe a, d. h. e^{ξ_0} und η_0 ändern sich stetig. Wenn aber a aus dem Bereiche der Stellen mit negativem imaginären Bestandtheil nach einer Stelle a' des negativen Theiles der reellen Axe übergeht, so müssen die zugehörigen η_0-Werthe mit der unteren Grenze $-\pi$ nach π überspringen, sofern die Stellen der kleinsten Umgebung von a', deren imaginärer Bestandtheil positiv ist, wieder die Hauptdarstellung finden sollen. Mit anderen Worten: in der Hauptdarstellung ist η_0 an den Stellen a der negativen Abscissenaxe unstetig.

Man kann η_0 offenbar auch aus der Gleichung $\sin\eta_0 = \frac{\beta}{\sqrt{\alpha^2 + \beta^2}}$ berechnen und η_0 in das Intervall von $-\frac{\pi}{2}$ bis $\frac{3\pi}{2}$ einschliefsen und die positive Grenze zu ihren Werthen zählen, oder man kann η_0 aus einer Gleichung

$$\sin(\varepsilon + \eta_0) = \frac{\beta}{\sqrt{\alpha^2 + \beta^2}}$$

berechnen, wo ε beliebig gewählt ist, und festsetzen, dafs $0 < \eta_0 < 2\pi$ werde usw. Darnach wird blos die Art der Hauptdarstellung einer ersten Lösung der Gleichung $e^x = a$ geändert. —

Man kann jetzt auch jede Gleichung

$$\sin x = a \quad \text{oder} \quad \cos y = a$$

auflösen, indem man zuerst die Anfangswerthe aus den Gleichungen

$$e^{ix} = ia \pm \sqrt{1 - a^2}$$

oder

$$e^{iy} = a \pm \sqrt{a^2 - 1}$$

entnimmt. Sind die Hauptlösungen $x_0^{(1)}$ und $x_0^{(2)}$ respective $y_0^{(1)}$ und $y_0^{(2)}$, so sind alle übrigen Lösungen

$$x_0^{(1)} \pm 2n\pi \quad \text{und} \quad -x_0^{(1)} \pm (2m + 1)\pi$$

oder

$$y_0^{(1)} \pm 2n\pi \quad \text{und} \quad -y_0^{(1)} \pm 2m\pi,$$

denn es ist

$$e^{i(x_0^{(1)}+x_0^{(2)})} = -1, \quad e^{i(y_0^{(1)}+y_0^{(2)})} = 1$$

und

$$x_0^{(1)} + x_0^{(2)} = (2k+1)\pi, \quad y_0^{(1)} + y_0^{(2)} = 2k\pi,$$

wo k irgend eine ganze Zahl bezeichnet.

Die inversen Functionen der eindeutigen analytischen Functionen

$$e^x = y, \quad \sin x = y, \quad \cos x = y$$

$x = \varphi(y)$ sind unendlich vieldeutige analytische Functionen, denn zu einem Werthe der jetzt unabhängigen Variabeln y gehören unendlich viele Werthe von x, die allerdings nur um Vielfache einer constanten Gröfse $2\pi i$ von einander verschieden sind. Sie genügen beziehungsweise den Differentialgleichungen

$$\frac{dy}{dx} = y, \quad \frac{dy}{dx} = +\sqrt{1-y^2}, \quad \frac{dy}{dx} = -\sqrt{1-y^2},$$

und zwar sind der Reihe nach

$$x = 0,\ y = 1; \quad x = 0,\ y = 0; \quad x = 0,\ y = 1$$

zusammengehörige Werthepaare, und in der Umgebung der Stelle $y = 0$ sind die Wurzeln positiv zu nehmen, weil y bei den von Null an zunehmenden x-Werthen zunächst wächst respective abnimmt.

Die Stellen

$$y = 0, \infty; \quad y = \pm 1, \infty; \quad y = \pm 1, \infty$$

werden für die neuen Functionen singuläre Stellen sein, denn in deren Umgebung läfst sich x gewifs nicht als Potenzreihe von y darstellen.

Die Umkehrungsfunction von $\cos x$ hat — wie wir sahen — in der Umgebung der Stelle $y = 0$ die Entwicklung:

$$x = \varphi(y) = \frac{\pi}{2} - \left[y + \sum_{n=1}^{\infty} \frac{1.3\ldots(2n-1)}{2.4\ldots 2n} \frac{y^{2n+1}}{2n+1}\right].$$

Für die Umkehrungsfunction des Sinus folgt mit Rücksicht auf die andere Anfangsbedingung:

$$x = \psi(y) = y + \sum_{n=1}^{\infty} \frac{1.3\ldots(2n-1)}{2.4\ldots 2n} \frac{y^{2n+1}}{2n+1}$$

und deshalb stehen die Functionen $\varphi(y)$ und $\psi(y)$ in dem Convergenzbereiche der definirenden Elemente und somit in ihrem gemeinsamen Stetigkeitsbereiche in der Beziehung

$$\varphi(y) + \psi(y) = \frac{\pi}{2},$$

die entsprechenden Relationen zwischen dem Sinus und Cosinus lauten dann

$$\cos x = \sin\left(\frac{\pi}{2} - x\right)$$

$$\sin x = \cos\left(\frac{\pi}{2} - x\right). —$$

Es soll auch das in der Umgebung der Stelle $y = 1$ giltige Element der Umkehrungsfunction von $e^x = y$ angegeben werden.

Weil die Ableitungen

$$\frac{dx}{dy} = \frac{1}{y}, \quad \frac{d^2x}{dy^2} = -\frac{1}{y^2}, \ldots \quad \frac{d^\nu x}{dy^\nu} = (-1)^{\nu-1}\frac{(\nu-1)!}{y^\nu}$$

an der Stelle $(y = 1,\ x = 0)$ die Werthe

$$1, \quad -1, \quad 1.2, \quad -1.2.3, \ldots \quad (-1)^{\nu-1}.1.2\ldots(\nu-1)$$

annehmen, wird

$$x = \chi(y) = \sum_{\nu=1}^{\infty}(-1)^{\nu-1}(\nu-1)!\,\frac{(y-1)^\nu}{\nu!} = \sum_{\nu=1}^{\infty}(-1)^{\nu-1}\frac{(y-1)^\nu}{\nu}.$$

Unter den rationalen Functionen der Exponentialfunction e^x mit den Perioden $2n\pi i$ oder der Function $e^{\frac{\pi i}{\omega}x}$ mit der Fundamentalperiode 2ω führen wir zunächst noch die folgende an:

$$y = \frac{1}{i}\,\frac{e^{2xi}-1}{e^{2xi}+1} = \frac{\sin x}{\cos x},$$

die den Namen *Tangente* von x führt.

Man kann diese Function $\operatorname{tg} x$ in der durch die Beziehung $|x| < \frac{\pi}{2}$ definirten Umgebung der Stelle $x = 0$ in eine Potenzreihe

$$\mathfrak{P}(x) = \sum_{\nu=0}^{\infty} a_\nu x^\nu$$

entwickeln, weil $\cos x$ erst für $x = \frac{\pi}{2}$ und $-\frac{\pi}{2}$ verschwindet. Durch die Methode der unbestimmten Coefficienten findet man aus der Gleichung

$$\frac{\displaystyle\sum_{\mu=0}^{\infty}\frac{(-1)^\mu}{(2\mu+1)!}\,x^{2\mu+1}}{\displaystyle\sum_{\mu=0}^{\infty}\frac{(-1)^\mu}{(2\mu)!}\,x^{2\mu}} = \sum_{\nu=0}^{\infty} a_\nu x^\nu,$$

dafs alle Coefficienten a^ν mit geradem Index ν verschwinden und die mit ungeradem Index der Recursionsformel genügen:

$$a_{2n+1} = \frac{(-1)^n}{(2n+1)!} + \left\{\frac{a_{2n-1}}{2!} - \frac{a_{2n-3}}{4!} + \cdot + \cdot + (-1)^{n-1}\frac{a_1}{(2n)!}\right\},$$

welche nach der Substitution

$$a_\nu = \frac{c_\nu}{\nu!}$$

in die folgende übergeht:

$$c_{2n+1} - \binom{2n+1}{2}c_{2n-1} + \binom{2n+1}{4}c_{2n-3} - \cdots + (-1)^n\binom{2n+1}{2n}c_1 = (-1)^n.$$

Weil a_1 und c_1 gleich Eins ist, wird $c_3 = 2$, $c_5 = 16$ usw.

Jede Fortsetzung des primitiven Elementes besitzt ein oder zwei auf einander folgende Nullstellen von $\cos x$ als singuläre Stellen.

Weil an der einfachen Nullstelle $\left(\frac{1}{2}+n\right)\pi$ von $\cos x$ $\sin x$ nicht verschwindet, hat $\operatorname{tg} x$ daselbst eine Darstellung in der Form

$$\left(x-\left(\frac{2n+1}{2}\pi\right)\right)^{-1}\mathfrak{P}\left(x-\frac{2n+1}{2}\pi\right)$$

d. h. die Nullstellen von $\cos x$ sind für die Function $\operatorname{tg} x$ außerwesentlich singuläre Stellen der ersten Ordnung.

Das Additionstheorem nimmt die in den folgenden Formeln enthaltene Gestalt an:

$$\frac{\sin(x+y)}{\cos(x+y)}=\operatorname{tg}(x+y)=\frac{\operatorname{tg}x+\operatorname{tg}y}{1-\operatorname{tg}x\operatorname{tg}y}$$

$$\operatorname{tg}(x-y)=\frac{\operatorname{tg}x-\operatorname{tg}y}{1+\operatorname{tg}x\operatorname{tg}y}$$

$$\operatorname{tg}(x+y)-\operatorname{tg}(x-y)=2\frac{\operatorname{tg}y\,(1+\operatorname{tg}^2 x)}{1-\operatorname{tg}^2 x\operatorname{tg}^2 y}.$$

Doch weil

$$\frac{d\operatorname{tg}x}{dx}=\frac{\cos^2 x+\sin^2 x}{\cos^2 x}=1+\operatorname{tg}^2 x=\frac{1}{\cos^2 x}$$

ist, gilt die Beziehung:

$$\operatorname{tg}(x+y)-\operatorname{tg}(x-y)=\frac{2\operatorname{tg}y\,\frac{d\operatorname{tg}x}{dx}}{1-\operatorname{tg}^2 x\operatorname{tg}^2 y}.$$

Für die halben Perioden α ist wiederum

$$\operatorname{tg}(x+\alpha)-\operatorname{tg}(x-\alpha)=0,$$

daher sind α diejenigen Werthe von y, für welche $\operatorname{tg} y$ verschwindet, also wird α gleich $2n\pi$.

Ähnliche Betrachtungen gelten für den Quotienten

$$\frac{\cos x}{\sin x}=\frac{1}{\operatorname{tg}x},$$

der als die *Cotangente* von x bezeichnet wird. Diese neue Function $y=\operatorname{cotg} x$ genügt der Differentialgleichung

$$\frac{dy}{dx}=-(1+y^2)=-\frac{1}{\sin^2 x}$$

und $x=\frac{\pi}{2}$, $y=0$ sind zusammengehörige Werthe.

Das Reciproke des Cosinus und Sinus heifst die *Secante* und *Cosecante*:

$$\frac{1}{\cos x}=\sec x,\quad \frac{1}{\sin x}=\operatorname{cosec} x.$$

Diese Functionen stehen mit der Tangente und Cotangente in der einfachen Beziehung

$$\frac{1}{\cos^2 x}=1+\operatorname{tg}^2 x=\sec^2 x;\quad \frac{1}{\sin^2 x}=1+\operatorname{cotg}^2 x=\operatorname{cosec}^2 x$$

und genügen den Differentialgleichungen

$$\frac{dy}{dx} = y\sqrt{y^2 - 1}; \quad \frac{dy}{dx} = -y\sqrt{y^2 - 1}$$

und zwar sind bei positiv gewählten Wurzeln $x = 0$, $y = 1$ respective $x = \frac{\pi}{2}$, $y = 1$ zusammengehörige Werthe.

§ 17. Logarithmus.

Wir wenden uns zur Lösung einer zweiten Functionalgleichung:

$$f(x) + f(y) = f(x.y).$$

Die zu suchende analytische Function mufs, wenn sie überhaupt existirt, in der Umgebung einer Stelle x_0 durch eine convergente Potenzreihe

$$f(x) = \sum_{\nu=0}^{\infty} a_\nu (x - x_0)^\nu$$

darstellbar sein; doch weil in deren Convergenzbereiche

$$f(x_0 + (x - x_0)) = f\left(x_0\left(1 + \frac{x - x_0}{x_0}\right)\right) = f(x_0) + f\left(1 + \frac{x - x_0}{x_0}\right)$$

gilt, und

$$f\left(1 + \frac{x - x_0}{x_0}\right) + f(x_0) = a_0 + a_1 x_0 \left(\frac{x - x_0}{x_0}\right) + a_2 x_0^2 \left(\frac{x - x_0}{x_0}\right)^2 + \cdots$$

ist, so folgt, wenn wir an Stelle $a_\nu x_0^\nu$ c_ν und für $\frac{x - x_0}{x_0}$ x schreiben, auch eine Entwicklung

$$f(1 + x) + f(x_0) = c_0 + c_1 x + c_2 x^2 + \cdots.$$

Da zufolge der Fundamentalgleichung die Beziehung

$$f(x) + f(1) = f(x)$$

besteht und daher $f(1) = 0$ sein mufs, ergibt sich aus der letzten Entwicklung für den Werth $x = 0$ $f(x_0) = c_0$, und man erhält die Darstellungen:

$$f(1 + x) = \sum_{\nu=1}^{\infty} c_\nu x^\nu \quad \text{und} \quad f(x) = \sum_{\nu=1}^{\infty} c_\nu (x - 1)^\nu.$$

Schreibt man die Functionalgleichung in der Form:

$$f(1 + x + y) = f(1 + x) + f\left(1 + \frac{y}{1 + x}\right),$$

so mufs endlich

$$\sum_{\nu=1}^{\infty} c_\nu (x + y)^\nu = \sum_{\nu=1}^{\infty} c_\nu x^\nu + \sum_{\nu=1}^{\infty} c_\nu \left(\frac{y}{1 + x}\right)^\nu$$

sein, und wenn wir hier die gleichnamigen Glieder gleich setzen, erhält man die Werthe der noch unbestimmten Coefficienten c_ν.

Zunächst sind die von y freien Terme beiderseits gleich und der Coefficient von y^ν ist links

$$c_\nu + c_{\nu+1}\binom{\nu+1}{1}x + c_{\nu+2}\binom{\nu+2}{2}x^2 + \cdots = \sum_{\mu=0}^{\infty} c_{\nu+\mu}\binom{\nu+\mu}{\mu}x^\mu$$

und rechts:

$$\frac{c_\nu}{(1+x)^\nu} \quad \text{oder} \quad c_\nu\left(1 - \nu\frac{x}{1} + \frac{\nu(\nu+1)}{1.2}x^2 - \frac{\nu(\nu+1)(\nu+2)}{1.2.3}x^3 + \cdots\right).$$

Diese Entwicklung wird leicht aus derjenigen für $\frac{1}{1+x}$ durch den Schlufs von ν auf $(\nu+1)$ bewiesen.

Da

$$(-1)^\mu \frac{\nu(\nu+1)(\nu+2)\dots(\nu+\mu-1)}{1.2.3\dots\mu} = \frac{(-\nu)}{1}\frac{(-\nu-1)}{2}\cdots\frac{(-\nu-\mu+1)}{\mu}$$

ist, kann man diesen Ausdruck als den μ^{ten} Binomialcoefficienten der $(-\nu)^{\text{ten}}$ Potenz einführen und mit $\binom{-\nu}{\mu}$ bezeichnen. Dann ist

$$\frac{c_\nu}{(1+x)^\nu} = c_\nu \sum_{\mu=0}^{\infty}\binom{-\nu}{\mu}x^\mu.$$

Der Vergleich der gefundenen Coefficienten von y^ν führt auf die Relation

$$c_{\nu+\mu}\binom{\nu+\mu}{\mu} = c_\nu\binom{-\nu}{\mu}$$

oder

$$c_{\nu+\mu}\frac{(\nu+\mu)(\nu+\mu-1)\dots(\nu+1)}{1.2\dots\mu} = c_\nu(-1)^\mu\frac{\nu(\nu+1)\dots(\nu+\mu-1)}{1.2\dots\mu},$$

aus der die Beziehung folgt:

$$c_{\nu+\mu} = c_\nu(-1)^\mu\frac{\nu}{\nu+\mu} \quad (\nu = 1, 2, \dots \infty).$$

Es ist daher für $\nu = 1$

$$c_{\mu+1} = c_1\frac{(-1)^\mu}{\mu+1},$$

und wenn man hierin für μ $\nu - 1$ oder $\mu + \nu - 1$ setzt, ergeben sich die Formeln:

$$c_\nu = c_1\frac{(-1)^{\nu-1}}{\nu}, \quad c_{\nu+\mu} = c_1\frac{(-1)^{\nu+\mu-1}}{\nu+\mu},$$

welche die voranstehende Gleichung identisch erfüllen.

Ersetzt man noch c_1 durch $\frac{1}{c}$, so erhält die Potenzreihe für $f(x)$ in der Umgebung der Stelle $x = 0$ die Gestalt

$$f(x) = \frac{1}{c}\left\{(x-1) - \frac{(x-1)^2}{2} + \frac{(x-1)^3}{3} - \cdots\right\}$$

und in der Umgebung der Stelle x_0 besteht die Darstellung:

$$f(x) = f(x_0) + f\left(1 + \frac{x-x_0}{x_0}\right) = f(x_0) + \frac{1}{c}\sum_{\mu=1}^{\infty}\frac{(-1)^{\mu-1}}{\mu}\left(\frac{x-x_0}{x_0}\right)^\mu.$$

Der Convergenzbereich dieser Reihen kann die Stelle $x=0$ nicht enthalten, denn es wird

$$f(0) = f(x_0) - \frac{1}{c}\left(1 + \frac{1}{2} + \frac{1}{3} + \cdots\right)$$

und hier ist die eingeklammerte Reihe unendlich und $f(x_0)$ ist endlich, weil x_0 eine Stelle des Stetigkeitsbereiches der Function ist. Die Stelle $x=0$ liegt aber auf der Grenze des Convergenzbereiches, weil die Reihen für die durch die Bedingungen

$$|x-1| < 1 \quad \text{respective} \quad |x - x_0| < |x_0|$$

definirten Stellen endlich sind, indem ja der absolute Betrag jedes einzelnen Gliedes für diejenigen Stellen, wo $|x-1| = 1$ oder $|x-x_0| = |x_0|$, endlich bleibt.

Wir behaupten, dafs die zweite Reihe eine Fortsetzung der ersten ist. In der That nehmen wir in dem Bereiche $|x-1|<1$ eine Stelle x_1 an und bilden aus der Reihe $\mathfrak{P}(x|1)$ das Element

$$\mathfrak{P}(x|1, x_1) = \mathfrak{P}(x_1|1) + \mathfrak{P}'(x_1|1)\frac{x-x_1}{1!} + \mathfrak{P}''(x_1|1)\frac{(x-x_1)^2}{2!} + \cdots,$$

indem wir die Ableitungen aufsuchen:

$$\mathfrak{P}'(x|1) = \frac{1}{c}\sum_{\mu=0}^{\infty}(-1)^{\mu}(x-1)^{\mu} = \frac{1}{c}\,\frac{1}{1+(x-1)} = \frac{1}{cx}$$

$$\mathfrak{P}^{(2)}(x|1) = \frac{1}{c}\sum_{\mu=0}^{\infty}(-1)^{\mu+1}(\mu+1)(x-1)^{\mu} = -\frac{1}{cx^2}$$

$$\cdot \quad \cdot$$

$$\mathfrak{P}^{(\nu)}(x|1) = \frac{1}{c}\sum_{\mu=0}^{\infty}(-1)^{\mu+\nu-1}(\mu+1)(\mu+2)\ldots(\mu+\nu-1)(x-1)^{\mu}$$
$$= (-1)^{\nu-1}\frac{(\nu-1)!}{cx^{\nu}},$$

so hat dasselbe die Form:

$$\mathfrak{P}(x|1, x_1) = f(x_1) + \frac{1}{c}\sum_{\mu=1}^{\infty}\frac{(-1)^{\mu-1}}{\mu}\left(\frac{x-x_1}{x_1}\right)^{\mu}$$

und besitzt den Convergenzradius $|x_1|$. Ist x_2 eine Stelle in dem Convergenzkreise der neuen Reihe, so folgt ebenso:

$$\mathfrak{P}(x|1, x_1, x_2) = f(x_2) + \frac{1}{c}\sum_{\mu=1}^{\infty}\frac{(-1)^{\mu-1}}{\mu}\left(\frac{x-x_2}{x_2}\right)^{\mu}$$

und so fortfahrend, gelangt man offenbar zu der Reihe

$$\mathfrak{P}(x|1, x_1, x_2, \ldots x_n, x_0) = f(x_0) + \frac{1}{c}\sum_{\mu=1}^{\infty}\frac{(-1)^{\mu-1}}{\mu}\left(\frac{x-x_0}{x_0}\right)^{\mu},$$

die früher mit Hilfe des Fundamentaltheorems abgeleitet werden konnte. Wir sehen somit, dafs es eine analytische Function $f(x)$ mit einer willkürlichen Constanten c gibt, die unserer Functionalgleichung genügt. Sie besitzt im Endlichen nur die einzige singuläre Stelle $x=0$, wie der Convergenzbereich jeder Fortsetzung des primitiven Elementes ersehen läfst.

Um die Beschaffenheit der Function $f(x)$ an der Stelle Null zu untersuchen, kann man die Reihe $\mathfrak{P}(x|1)$ fortsetzen und nachsehen, ob jede Fortsetzung

$$\mathfrak{P}(x|1, x_1, x_2, \ldots x_n, 1)$$

mit der ersten Reihe identisch ist. Man wähle hierzu continuirliche Wege, welche die singuläre Stelle nicht umgeben, und andere, welche sie umgeben. Gelangt man auf solche Weise zu verschiedenen Werthen, so ist die durch das primitive Element definirte monogene analytische Function vieldeutig. Diese Art der Untersuchung liefse aber an Umständlichkeit nichts zu wünschen übrig.

Erinnern wir uns, dafs die eindeutige Function an einer singulären Stelle c nicht die Bedingung

$$\Big((x-c)f(x)\Big)_{x=c} = 0$$

erfüllen konnte, läfst sich aber beweisen, dafs hier

$$\Big(x f(x)\Big)_{x=0} = 0$$

wird, so mufs die neue Function vieldeutig sein.

Setzt man der Einfachheit halber die willkürliche Constante $c=1$, und bemerkt, dafs der reelle Theil von

$$\varphi(x) = f(x) = \sum_{\mu=1}^{\infty} \frac{(-1)^\mu}{\mu}(x-1)^\mu$$

bei abnehmenden Werthen $|x|$ wächst, so werden den abnehmenden positiven reellen Gröfsen

$$r_1, r_2, \ldots r'$$

wachsende Functionalwerthe zugehören:

$$\varphi(r_1) < \varphi(r_2) < \cdots < \varphi(r').$$

Schliefst man r' in beliebig kleine Grenzen $\frac{1}{2^n}$ und $\frac{1}{2^{n+1}}$ ein und stellt die Ungleichung auf:

$$-f\left(\tfrac{1}{2^n}\right) = -nf\left(\tfrac{1}{2}\right) = -nf\left(1-\tfrac{1}{2}\right) = n\left(\tfrac{1}{2}+\tfrac{1}{2.4}+\tfrac{1}{3.8}+\tfrac{1}{4.16}+\cdots\right) < n,$$

wonach

$$-\frac{1}{2^n} f\left(\frac{1}{2^n}\right) < \frac{n}{2^n} = \frac{n}{(1+1)^n} = \frac{n}{1+\binom{n}{1}+\binom{n}{2}+\ldots+\binom{n}{n}}$$

ist und die Gröfsen,

$$\frac{1}{2^{n-1}} f\left(\frac{1}{2^n}\right) \quad \text{und} \quad \frac{1}{2^n} f\left(\frac{1}{2^{n+1}}\right)$$

mit wachsendem n beliebig klein werden, so folgt:

$$-r'f(r') < -r'f\left(\frac{1}{2^{n+1}}\right) < -\frac{1}{2^n}f\left(\frac{1}{2^{n+1}}\right) < \delta. \qquad \text{q. e. d.}$$

Die Function $f(x)$ ist nach diesem Satze wirklich vieldeutig, und nun könnte man fragen, ob $f(x)$ in der Umgebung der Stelle Null ein Verhalten besitzt wie die algebraische Function in der Umgebung ihrer Verzweigungsstellen. Da aber die Function $e^y = x$ der Differentialgleichung $\frac{dx}{dy} = x$ genügte und aus der Differentialgleichung

$$\frac{dy}{dx} = \frac{1}{x}$$

bei der Zuordnung $x = 0 \quad y = 1$ das Element

$$y = -\sum_{\mu=1}^{\infty} \frac{(-1)^\mu}{\mu}(x-1)^\mu$$

gefunden war, so erkennen wir in der der Functionalgleichung

$$f(x) + f(y) = f(xy)$$

genügenden analytischen Function $f(x)$ gerade die Umkehrungsfunction der Exponentialfunction $e^{cy} = x$, und diese ist unendlich vieldeutig, da zu einem Werthe x unendlich viele Werthe cy gehörten.

Die neue Function $f(x)$ heifst der *Logarithmus* von x und wird, im Falle die Constante $c = 1$ ist, mit $\log x$ bezeichnet. Dann wird

$$f(x) = \frac{1}{c}\log x,$$

und hier kann man c so wählen, dafs $f(x)$ an einer bestimmten Stelle x_0 einen beliebig festgesetzten Werth annimmt. Ist $f(x_0) = 1$, so heifst $f(x)$ der Logarithmus von x in Bezug auf die Basis x_0, und zwar wird dieser *künstliche* Logarithmus durch die Logarithmen für die Basis e (wo $c = 1$ ist), welche *natürliche* heifsen, in folgender Weise darzustellen sein:

$$f(x) = \frac{\log x}{\log x_0}.$$

In der Analysis wird durchwegs der natürliche Logarithmus verwendet.

Da jede von Null verschiedene, nicht reelle negative Zahlengröfse $a = \alpha + i\beta$ auf eine einzige Art in der Form

$$a = e^{x_0} = e^{\xi_0 + i\eta_0} = e^{\xi_0}(\cos\eta_0 + i\sin\eta_0)$$

dargestellt werden konnte, wo

$$e^{\xi_0} = |a|$$

ist und die reelle Gröfse η_0 einen absoluten Betrag kleiner als π besitzt, so wird der Werth des natürlichen Logarithmus von a

$$\log a = \xi_0 + i\eta_0 = \log|a| + i\eta_0$$

und alle anderen Werthe gehen durch Addition ganzzahliger Vielfacher der Gröfse $2\pi i$ hervor.

Man bezeichnet den erstgenannten Werth des natürlichen Logarithmus als *Hauptwerth* $\operatorname{Log} a$ oder $\log \operatorname{nat} a$.

Als Hauptwerth negativ reeller Zahlengröfsen a wird die Gröfse

$$\xi_0 + i\pi$$

definirt.*) —

In der Umgebung einer endlichen Stelle a existiren die unendlich vielen Elemente

$$\log x = \operatorname{Log} a + 2n\pi i + \sum_{\mu=1}^{\infty} \frac{(-1)^{\mu}}{\mu} \left(\frac{x-a}{a}\right)^{\mu}.$$

Die Fortsetzungen eines Elementes, welche nicht mit denen eines zweiten übereinstimmen, constituiren einen Zweig des Logarithmus, und der Inbegriff der Hauptwerthe, der aus demjenigen Elemente hervorgeht, in welchem $n = 0$ ist, heifst der *Hauptzweig* der Function.

Der Logarithmus hat die beiden singulären Stellen 0 und ∞ und ist in dem durch diese Stellen begrenzten Continuum durchwegs endlich und stetig, der einzelne Zweig aber ist längs der von 0 bis $-\infty$ sich erstreckenden negativ reellen Axe unstetig, indem η_0 zufolge der früheren Festsetzungen bei Überschreiten dieser Axe aus dem Gebiete von Gröfsen mit negativ reellem und imaginärem Bestandtheil um 2π wächst. Setzt man aber den Logarithmus mit Hilfe der Potenzreihen fort, so kommt man bei dem Überschreiten des negativen Theiles der Abscissenaxe in das Gebiet eines nächsten Zweiges etwa aus dem des n^{ten} in das Gebiet des $(n-1)^{\text{ten}}$ Zweiges.

Da der Übergang von einem Zweige in einen anderen auf geschlossenem Wege nur möglich ist, wenn der von dem Wege begrenzte Bereich eine singuläre Stelle enthält, so kann die Fortsetzung des Logarithmus von einer Stelle a aus zu keinem anderen Werthe in a führen, sofern der bei der Fortsetzung eingehaltene geschlossene Weg die Stelle $x = 0$ oder, was auf dasselbe hinauskommt, die Stelle ∞ nicht umschliefst, selbst wenn man dabei aus dem Gebiete eines Zweiges in das eines anderen und dann wieder in das des ersten gelangen sollte. Ein geschlossener Weg um die Stelle Null, der aber die negative Abscissenaxe m mal im Sinne der wachsenden und n mal im Sinne der abnehmenden Gröfsen η_0 überschreitet, führt zu dem um

$$2(m-n)\pi i$$

vermehrten ursprünglichen Functionalwerthe, der dem $(m-n)^{\text{ten}}$ Zweige angehört, wenn der Hauptzweig der nullte heifst.

*) Es ist besonders der Hauptwerth von

$$\log 1 = 0, \quad \log(-1) = i\pi, \quad \log e = 1, \quad \log e^n = n,$$

$$\log i = \frac{1}{2} i\pi, \quad \log(-i) = -\frac{1}{2} i\pi, \quad \log e^x = x.$$

Es ist noch interessant, die Beziehung der in dem einzelnen Zweige befindlichen Werthe des Logarithmus zu den Variabelnwerthen aufzusuchen, wie sie bei der geometrischen Betrachtung sich präsentirt.

Wenn man in $y = \log x$ x alle möglichen Werthe beilegt, so werden die zugehörigen y-Werthe eines Zweiges nur einen Parallelstreifen in der y-Ebene ausfüllen, und zwar entsprechen den unendlich vielen Werthen des Logarithmus an einer Stelle x unendlich viele Punkte y, die in den unendlich vielen Parallelstreifen homolog liegen. Einem Kreise $|x| = r$ entspricht in dem einzelnen Streifen eine Folge von Punkten gleichen reellen Bestandtheiles usw.

§ 48. **Die allgemeine Potenz.**

Den bisher behandelten Functionalgleichungen

$$f(x).f(y) = f(x + y), \quad f(x) + f(y) = f(xy)$$

in der Form sehr nahe verwandte sind die folgenden

$$f(x).f(y) = f(xy), \quad f(x) + f(y) = f(x + y).$$

Wir wissen bereits, dafs es analytische Functionen mit einer der hier ausgesprochenen Eigenschaften gibt, denn die ganzzahlige Potenz a^n genügte nicht allein der Rechnungsregel

$$a^m . a^n = a^{m+n},$$

sondern es war andererseits

$$x^m . y^m = (xy)^m;$$

und ferner ist $f = ax$ eine analytische Function, welche der zweiten Functionalgleichung genügt, denn es ist

$$ax + ay = a(x + y).$$

Suchen wir zunächst die allgemeinste Function, welche der zweiten Gleichung entspringt, so haben wir anzusetzen, dafs einmal

$$f(x) = \sum_{\nu=0}^{\infty} a_\nu (x - x_0)^\nu$$

ist. Doch weil $f(0) = 0$ sein mufs, existirt auch eine Entwicklung:

$$f(x) = \sum_{\nu=1}^{\infty} c_\nu x^\nu,$$

und nun gibt die Substitution in die Functionalgleichung die Identität:

$$\sum_{\nu=1}^{\infty} c_\nu (x + y)^\nu = \sum_{\nu=1}^{\infty} c_\nu x^\nu + \sum_{\nu=1}^{\infty} c_\nu y^\nu.$$

Da die hier nothwendigen Beziehungen

$$c_\nu + c_{\nu+1} \binom{\nu+1}{1} x + c_{\nu+2} \binom{\nu+2}{2} x^2 + \cdots = c_\nu \quad (\nu = 1, 2, \ldots)$$

lehren, dafs nur c_1 von Null verschieden sein kann, haben wir bereits die allgemeinste Function der verlangten Art in $f(x) = ax$ angegeben.

Für die der ersten Functionalgleichung genügende Function ergeben sich zunächst die folgenden Eigenschaften:

$$f(x).f\left(\frac{1}{x}\right) = f(1) = 1, \qquad f\left(\frac{1}{x}\right) = \frac{1}{f(x)},$$

$$f(x_1.x_2\ldots x_n) = f(x_1).f(x_2)\ldots f(x_n),$$

$$(f(x))^n = f(x^n), \qquad \frac{1}{f(x)^n} = f\left(\frac{1}{x^n}\right) = f(x^{-n}) = (f(x))^{-n},$$

wo n ganzzahlig ist.

Setzt man

$$f(x) = \sum_{\nu=0}^{\infty} a_\nu (x - x_0)^\nu$$

und bildet

$$f(x) = f(x_0 + (x - x_0)) = f(x_0).f\left(1 + \frac{x - x_0}{x_0}\right)$$

$$= f(x_0) \sum_{\nu=0}^{\infty} a_\nu x_0^\nu \left(\frac{x - x_0}{x_0}\right)^\nu,$$

so wird für $x = x_0$ $a_0 = 1$, und wenn man wie früher $a_\nu x_0^\nu = c_\nu$ und für $\frac{x - x_0}{x_0}$ x setzt, wird

$$f(1 + x) = 1 + \sum_{\nu=1}^{\infty} c_\nu x^\nu \quad \text{und} \quad f(x) = 1 + \sum_{\nu=1}^{\infty} c_\nu (x - 1)^\nu.$$

Weil endlich

$$f(1 + x + y) = f(1 + x).f\left(1 + \frac{y}{1 + x}\right)$$

ist, besteht die Beziehung:

$$1 + \sum_{\nu=1}^{\infty} c_\nu (x + y)^\nu = \left(1 + \sum_{\nu=1}^{\infty} c_\nu x^\nu\right).\left(1 + \sum_{\nu=1}^{\infty} c_\nu \frac{y^\nu}{(1 + x)^\nu}\right)$$

und hierin ist der Coefficient von y^ν linkerseits

$$\sum_{\mu=0}^{\infty} c_{\nu+\mu} \binom{\nu + \mu}{\mu} x^\mu,$$

rechterseits hingegen

$$c_\nu \left(1 + \sum_{\nu=1}^{\infty} c_\nu x^\nu\right).\left(1 + \binom{-\nu}{1} x + \binom{-\nu}{2} x^2 + \cdots\right)$$

oder bis auf den Factor c_ν

$$1 + \left(c_1 - \frac{\nu}{1}\right) x + \left(c_2 - c_1 \frac{\nu}{1} + \frac{\nu(\nu+1)}{1.2}\right) x^2 + \cdots$$

$$\cdots + \left(c_\mu - c_{\mu-1} \frac{\nu}{1} + c_{\mu-2} \frac{\nu(\nu+1)}{1.2} - \cdots + (-1)^\mu \frac{\nu(\nu+1)\ldots(\nu+\mu-1)}{1.2\ldots\mu}\right) x^\mu + \cdots$$

Darnach wird

$$c_{\nu+1}\binom{\nu+1}{1} = c_\nu\left(c_1 - \frac{\nu}{1}\right)$$

$$c_{\nu+2}\binom{\nu+2}{2} = c_\nu\left(c_2 - c_1\frac{\nu}{1} + \frac{\nu(\nu+1)}{1.2}\right)$$

$$\cdot \quad \cdot \quad \cdot \quad \cdot \quad \cdot \quad \cdot \quad \cdot \quad \cdot \quad \cdot \quad \cdot \quad \cdot \quad \cdot$$

$$c_{\nu+\mu}\binom{\nu+\mu}{\mu} = c_\nu\left(c_\mu - c_{\mu-1}\frac{\nu}{1} + c_{\mu-2}\frac{\nu(\nu+1)}{1.2} \cdots + (-1)^\mu \frac{\nu(\nu+1)\ldots(\nu+\mu-1)}{1.2\ldots\mu}\right)$$

Schreibt man wieder anstatt c_1 c, so geben diese Beziehungen für $\nu = 1$ der Reihe nach die Formeln:

$$c_2 = \frac{c(c-1)}{1.2}, \quad c_3 = \frac{c(c-1)(c-2)}{1.2.3} \ldots$$

$$c_\mu = \frac{c(c-1)(c-2)\ldots(c-\mu+1)}{1.2.3\ldots\mu}.$$

Diese Ausdrücke, welche wieder aus c so zusammengesetzt sind wie die Binomialcoefficienten, auf dafs wir

$$c_\mu = \binom{c}{\mu}$$

setzen können, erfüllen die früheren Gleichungen mit einem beliebigen Werthe ν identisch, d. h. die Coefficienten sind bereits allen Forderungen gemäfs bestimmt. —

Das verlangte Functionenelement lautet nunmehr:

$$f(x) = 1 + \sum_{\nu=1}^{\infty}\binom{c}{\nu}(x-1)^\nu$$

und es ist auch:

$$f(1+x) = \sum_{\nu=0}^{\infty}\binom{c}{\nu}x^\nu$$

und in der Umgebung einer Stelle x_0 besitzt $f(x)$ die Darstellung

$$f(x) = f(x_0)\sum_{\nu=0}^{\infty}\binom{c}{\nu}\left(\frac{x-x_0}{x_0}\right)^\nu.$$

wo nun $\binom{c}{0}$ für 1 gesetzt ist.

Weil $f(1+x)$ für ganze positive und negative und auch für gebrochene Zahlengröfsen c gerade mit $(1+x)^c$ übereinstimmt, bezeichnet man die hier definirte Function allgemein mit

$$f(1+x) = (1+x)^c \quad \text{und} \quad f(x) = x^c$$

und nennt sie die *allgemeine Potenz*. In diesem Zeichen lautet die Functionalgleichung

$$x^c . y^c = (x y)^c.$$

Zur näheren Untersuchung der allgemeinen Potenz bringen wir dieselbe mit dem Logarithmus in nahe Verbindung.

Indem man die Gleichung

$$f(x).f(y) = f(x.y)$$

logarithmirt, d. h.

$$\log(f(x).f(y)) = \log f(x) + \log f(y) = \log f(xy)$$

bildet, — was functionentheoretisch keiner Erläuterung mehr bedarf, da man in einer convergenten Potenzreihe die unabhängige Variable durch eine Potenzreihe in einer neuen Variabeln ersetzen darf, — so erscheint $\log f(x)$ als eine Function, welche der Fundamentaleigenschaft des Logarithmus theilhaftig ist. Man kann deshalb

$$\log f(x) = \varphi(x) = c \log x$$

und

$$f(x) = e^{c \log x}$$

setzen, wo unter $\log x$ zunächst der Hauptwerth des Logarithmus von x zu verstehen ist. Die Function $f(x)$ genügt der Differentialgleichung

$$\frac{d f(x)}{dx} = \frac{c}{x} f(x),$$

wobei $x = 1$ und $f(x) = 1$ zusammengehörige Werthe sind. Diese Differentialgleichung kann man durch die beiden nachstehenden ersetzen:

$$\frac{dx}{dt} = x \quad \text{und} \quad \frac{dy}{dt} = cy$$

und dann hat man $t = 0$ $x = 1$, $y = 1$ zuzuordnen.

Für ganzzahlige Werthe von c gilt

$$f(x) = e^{m \log x} = (e^{\log x})^m = x^m$$

d. h. $f(x)$ wird eine ganze rationale und eindeutige Function. Gibt man $\log x$ irgend einen seiner Werthe

$$\operatorname{Log} x + 2n\pi i,$$

so bleibt $e^{m \log x}$ immer ungeändert, weil $e^{2mn\pi i} = 1$ ist.

In dem allgemeinen Falle schreiben wir $f(x)$ auch als eine Potenz

$$f(x) = x^c,$$

deren Ableitung

$$\frac{d x^c}{dx} = c x^{c-1}$$

ist, und verstehen unter x^c umgekehrt diejenige Function, welche in der Umgebung der Stelle x_0 die Darstellung zuläfst:

$$x^c = \sum_{\nu=0}^{\infty} \frac{c^\nu}{\nu!} \left\{ \sum_{\mu=1}^{\infty} \frac{(-1)^{\mu-1}}{\mu} \left(\frac{x - x_0}{x_0}\right)^\mu \right\}^\nu.$$

Ordnet man diese Reihe nach Potenzen von $(x - x_0)$, so findet man wieder die frühere Potenzreihe

$$x^c = x_0^c \sum_{\mu=0}^{\infty} \binom{c}{\mu} \left(\frac{x - x_0}{x_0}\right)^\mu$$

und diese wird gewifs so lange convergiren, als

$$|x - x_0| < |x_0|.$$

Die allgemeine Potenz hat demnach auch die singuläre Stelle $x=0$. Ist c eine ganze negative Zahl $-m$, so wird x^{-m} die aufserwesentlich singuläre Stelle $x = 0$ besitzen, aber sonst überall regulären Verhaltens sein. Ist c eine rationale gebrochene Zahlengröfse $\frac{m}{n}$, die auf keine kleinere Benennung zu bringen ist, so wird

$$f(x) = x^{\frac{m}{n}} = e^{\frac{m}{n}\log x}$$

$n$deutig, denn wenn man für $\log x$ der Reihe nach alle Werthe setzt, so kann man neben dem Hauptwerthe der Potenz: $e^{\frac{m}{n}\log\operatorname{nat} x} = x^{\frac{m}{n}}$ nur die weiteren $(n-1)$ verschiedenen Werthe:

$$e^{\frac{m}{n}2k\pi i}\, x^{\frac{m}{n}} \quad (k = 1, 2, \ldots n-1)$$

auffinden, indem

$$e^{\frac{m}{n}2(k+n)\pi i} = e^{\frac{m}{n}2k\pi i}$$

ist. Der Functionalgleichung zufolge ist

$$\left(x^{\frac{m}{n}}\right)^n = x^m$$

und darum ist $x^{\frac{m}{n}}$ auch als die durch die algebraische Gleichung

$$y^n - x^m = 0$$

definirte algebraische Function y mit der $(n-1)$fachen Verzweigungsstelle $x = 0$ aufzufassen.

Haben in dieser Gleichung m und n den gemeinsamen Theiler k und ist $n = \nu k$, $m = \mu k$, so hat die algebraische Function wohl n Werthe, aber die $\left(\frac{m}{n}\right)^{\text{te}}$ Potenz von x nur ν Werthe, man darf daher — wie wir schon früher sahen — die n^{te} Wurzel aus der m^{ten} Potenz von x nicht ausnahmslos als gebrochene Potenz hinstellen.

Wir geben hier gelegentlich die n Lösungen der Gleichung

$$y^n = 1$$

oder die n Wurzeln aus der Einheit an. Sie lauten offenbar

$$1,\ e^{\frac{2\pi i}{n}},\ e^{\frac{4\pi i}{n}}, \ldots e^{\frac{2(n-1)\pi i}{n}}$$

oder

$$\cos\frac{2k\pi}{n} + i\sin\frac{2k\pi}{n} \quad (k = 0, 1, 2, \ldots n-1)$$

und sie sind als Potenzen einer einzigen $c_\varkappa = e^{\frac{2\varkappa\pi i}{n}}$ darzustellen, wo $\varkappa$ und n relativ prim sind, indem

$$\varepsilon_\varkappa,\ \varepsilon_\varkappa^2, \ldots \varepsilon_\varkappa^{n-1},\quad \varepsilon_\varkappa^n = \varepsilon_\varkappa^0 = 1$$

verschieden ausfallen und die n^{ten} Potenzen dieser Gröfsen offenbar den Werth Eins annehmen. Wäre nämlich

$$\varepsilon_\varkappa^{\nu_1+\nu_2} = \varepsilon_\varkappa^{\nu_2},$$

und hierin ν_2 und $\nu_1+\nu_2$ kleiner als n, so müfste $\varepsilon_\varkappa^{\nu_1} = 1$ sein, und das ist nach den über $\varkappa$ und ν_1 gemachten Festsetzungen unmöglich. Man nennt eine solche Wurzel $\varepsilon_\varkappa$ eine *primitive* n^{te} *Einheitswurzel.*

Ist endlich in der Potenz x^c c eine irrationale oder complexe Zahlengröfse, so wird die Potenz unendlich vieldeutig, denn den zwei zu einem Werthe von x gehörigen Werthen des Logarithmus von x:

$$\log x + 2m\pi i \quad \text{und} \quad \log x + 2n\pi i$$

entsprechen verschiedene Werthe

$$e^{c(\log x + 2m\pi i)},\quad e^{c(\log x + 2n\pi i)},$$

indem in

$$e^{2c(m-n)\pi i}$$

$c(m-n)$ keine reelle ganze Zahl sein kann.

Ist c eine beliebige Gröfse, deren absoluter Betrag gröfser wird als irgend eine vorgegebene Gröfse, und bildet man

$$\left(1+\frac{x}{c}\right)^c = e^{c\log\left(1+\frac{x}{c}\right)} = e^{c\sum\limits_{\mu=1}^{\infty}\frac{(-1)^{\mu-1}}{\mu}\left(\frac{x}{c}\right)^\mu}$$

$$= e^{x-\sum\limits_{\mu=2}^{\infty}\frac{(-1)^\mu}{\mu}\frac{x^\mu}{c^{\mu-1}}},$$

so ist in dem Giltigkeitsbereiche dieser Identität der absolute Betrag der Summe

$$\sum_{\mu=2}^{\infty}\frac{(-1)^\mu}{\mu}\left(\frac{x}{c}\right)^\mu c$$

für unendlich grofse c kleiner als jede beliebig kleine vorgegebene Gröfse und daher kann man setzen:

$$\left(\left(1+\frac{x}{c}\right)^c\right)_{c=\infty} = e^x.$$

Wenn wir bei jedem Werthe von m

$$e^{m\log a} = (e^{\log a})^m = a^m$$

setzen können, wollen wir auch die Exponentialfunction e^{cx} auf die Form einer Potenz a^x bringen. Indem wir $c = \log a$ setzen, wird

$$e^{\log a . x} = a^x$$

und die diese Function definirende Reihe lautet:

$$1 + \frac{x\log a}{1} + \frac{(x\log a)^2}{2!} + \cdots$$

und die Ableitung ist:

$$\frac{da^x}{dx} = \log a . a^x = c c^{cx}.$$

Für den Logarithmus von a darf man jeden beliebigen Werth seiner Werthe wählen, daher wird die Exponentialfunction a^x erst bestimmt sein, wenn $\log a$ festgesetzt ist.

Werfen wir noch einen Blick auf die Umkehrungsfunctionen der Functionen $y = \sin x$, $\cos x$, $\operatorname{tg} x$, $\operatorname{cotg} x$, die als rationale Functionen der Exponentialfunction eingeführt waren, so ist klar, dafs jene als Logarithmen algebraischer Functionen von y erscheinen müssen.

Es war z. B.

$$y = \operatorname{tg} x = i \frac{1 - e^{2ix}}{1 + e^{2ix}},$$

und weil nun

$$e^{2ix} = \frac{1 + iy}{1 - iy}$$

ist, wird

$$x = -\frac{i}{2} \log\left(\frac{1 + iy}{1 - iy}\right) = \frac{i}{2} \log\left(\frac{1 - iy}{1 + iy}\right).$$

Bemerkt man, dafs neben

$$\log(1 + z) = \sum_{\mu=1}^{\infty} \frac{(-1)^{\mu-1}}{\mu} z^{\mu}$$

die Darstellungen

$$\log(1 - z) = -\sum_{\mu=1}^{\infty} \frac{z^{\mu}}{\mu} \quad \text{und} \quad \log\left(\frac{1 + z}{1 - z}\right) = 2 \sum_{\mu=0}^{\infty} \frac{z^{2\mu+1}}{2\mu + 1}$$

gelten, so folgt für die Umkehrungsfunction der Tangente von x in der Umgebung der Stelle $y = 0$ die Darstellung:

$$x = y - \frac{y^3}{3} + \frac{y^5}{5} - \frac{y^7}{7} + \cdots$$

Die durch dieses Element definirte Function, die *Arcustangente* von y heifst, ist unendlich vieldeutig und zwar gehen alle Werthe aus einem ersten hervor, indem man diesen um ganze Vielfache von π vermehrt. Da $\operatorname{arctg} y$ der Differentialgleichung genügt

$$\frac{dx}{dy} = \frac{1}{1 + y^2},$$

wobei $y = 0$ und $x = 0$ zugeordnete Werthe sind, wird diese Function überall regulären Verhaltens sein aufser an den Unendlichkeitsstellen von $(1 + y^2)^{-1}$, d. h. an den Stellen $y = \pm i$. Dasselbe Resultat ergibt sich aus der Bemerkung, dafs

$$\operatorname{arctg} y = \frac{1}{2} i \log\left(\frac{1 - iy}{1 + iy}\right)$$

an denjenigen Stellen nicht regulär ist, für welche das Argument des Logarithmus verschwindet oder unendlich ist.

Für arctg y mufs sich deshalb in der Umgebung der Stelle $y=\infty$ eine Entwicklung angeben lassen, die nur positive ganze Potenzen von $\left(\frac{1}{y}\right)$ enthält. Das ist wirklich der Fall, denn wenn man

$$\operatorname{arctg} y = \frac{1}{2} i \log\left(\frac{-\frac{i}{y}-1}{-\frac{i}{y}+1}\right) = \frac{\pi}{2} + \frac{1}{2} i \log\left(\frac{1+\frac{i}{y}}{1-\frac{i}{y}}\right)$$

setzt, wo $\frac{\pi}{2}$ der dem $(-1)^{\text{ten}}$ Zweige angehörige Werth von $\frac{i}{2}\log(-1)$ ist, so führt die Anwendung der früheren Formel für $\log\left(\frac{1+z}{1-z}\right)$ zu der Darstellung:

$$\operatorname{arctg} y = \frac{\pi}{2} - \left(\frac{1}{y} - \frac{1}{y^3}\cdot\frac{1}{3} + \frac{1}{y^5}\cdot\frac{1}{5} - \cdots\right).$$

Zieht man nun die Umkehrungsfunction von

$$y = \operatorname{cotg} x = i\,\frac{e^{2ix}+1}{e^{2ix}-1},$$

die *Arcuscotangente* von y, in Betracht, so findet man mit Hilfe der Gleichung

$$e^{2ix} = \frac{iy-1}{iy+1}$$

$$\operatorname{arc\,cotg} y = \frac{1}{2i}\log\left(\frac{iy-1}{iy+1}\right) = \frac{\pi}{2} - \frac{i}{2}\log\left(\frac{1-iy}{1+iy}\right),$$

wo $\frac{\pi}{2}$ den Hauptwerth von $\frac{1}{2i}\log(-1)$ bezeichnet. Jetzt folgt die Beziehung

$$\operatorname{arctg} y + \operatorname{arc\,cotg} y = \frac{\pi}{2},$$

deren entsprechende für die Umkehrungsfunctionen des Sinus und Cosinus schon oben abgeleitet wurde.

Wegen dieser Relationen, denen die Gleichungen

$$\sin x = \cos\left(\frac{\pi}{2} - x\right), \quad \cos x = \sin\left(\frac{\pi}{2} - x\right)$$

$$\operatorname{tg} x = \operatorname{cotg}\left(\frac{\pi}{2} - x\right), \quad \operatorname{cotg} x = \operatorname{tg}\left(\frac{\pi}{2} - x\right)$$

zugehören, haben wir nur nöthig die Umkehrungsfunction je einer der Functionen sin und cos oder tg und cotg zu untersuchen, die unter dem Namen der *trigonometrischen Functionen* zusammengefafst werden.

Für die Function arctg y sind die Stellen $y=+i, -i$ Verzweigungsstellen, und in dem durch diese Ausnahmsstellen begrenzten Continuum ist die Function durchaus stetig, nur der einzelne Zweig wird aufser diesen Stellen längs einer von $+i$ nach $-i$ führenden Linie, welche nicht zwei oder mehrere Continua vollständig begrenzt, unstetig sein, derart, dafs der Functionalwerth des Zweiges bei Überschreiten dieser Linie um die Gröfse π wächst oder abnimmt.

Bei der hier genannten Linie, welche der von der Stelle Null nach $-\infty$ führenden Unstetigkeitslinie des Zweiges des Logarithmus entspricht, haben wir einer grofsen Willkür Raum gelassen, da man — wie früher hervorgehoben wurde — auch die Unstetigkeitslinie des Logarithmus verschiedenartig wählen kann.

Die Umkehrungsfunction von

$$y = \sin x = \frac{1}{2i}(e^{xi} - e^{-xi}),$$

für die wir schon ein Element aufgestellt haben, läfst sich wegen der Gleichung

$$e^{2ix} - 2iy\, e^{xi} - 1 = 0$$

durch die Formel

$$x = \text{arc} \sin y = -i \log (iy \pm \sqrt{1 - y^2})$$

definiren.

Da wir die algebraische Function $iy \pm \sqrt{1 - y^2}$ und den Logarithmus vollständig kennen gelernt haben, sind wir auch im Stande, die neue Function $\text{arc} \sin y$ zu untersuchen. Wir stehen davon ab und verweisen auf eine ausführliche Darlegung ihrer Eigenschaften in Thomae's Functionentheorie auf Seite 102 ff.

§ 49. Der Cosinus und Sinus ganzzahliger Vielfacher des Argumentes.

Wir wollen an die Untersuchung der allgemeinen Potenz die Ableitung einiger späterhin nothwendiger Ausdrücke für

$$\cos nx \quad \text{und} \quad \sin nx$$

anschliefsen.

Da

$$e^{nxi} = \cos nx + i \sin nx = (e^{xi})^n = (\cos x + i \sin x)^n$$
$$e^{-nxi} = \cos nx - i \sin nx = (e^{-xi})^n = (\cos x - i \sin x)^n$$

ist, wird

$$\cos nx = \frac{1}{2}((\cos x + i \sin x)^n + (\cos x - i \sin x)^n)$$

$$\sin nx = \frac{1}{2i}((\cos x + i \sin x)^n - (\cos x - i \sin x)^n).$$

Bezeichnet n irgend eine endliche Zahlengröfse, so kann man $\frac{\cos nx}{\cos^n x}$ und $\frac{\sin nx}{\cos^n x}$ in dem durch die Bedingung $|\text{tg}\, x| < 1$ definirten Bereiche um die Stelle $x = 0$ in eine Potenzreihe nach Potenzen von $\text{tg}\, x$ entwickeln, denn daselbst wird man die in den Ausdrücken:

$$\cos nx = \frac{1}{2} \cos^n x((1 + i\, \text{tg}\, x)^n + (1 - i\, \text{tg}\, x)^n)$$

$$\sin nx = \frac{1}{2} \cos^n x((1 + i\, \text{tg}\, x)^n - (1 - i\, \text{tg}\, x)^n)$$

auftretenden n^{ten} Potenzen der Binome $1 \pm i \operatorname{tg} x$ in der genannten Weise darstellen können. Weil $\operatorname{tg} x = 1$ ist, sobald

$$\sin x = \cos\left(\frac{\pi}{2} - x\right) = \cos x$$

wird, so sieht man, dafs $x = \pm \frac{\pi}{4}$ die der Stelle $x = 0$ nächstliegenden Stellen sind, für die die in Rede stehende Darstellung zu existiren aufhört.

Setzt man voraus, dafs n nur eine ganze Zahl sei, so werden $\cos nx$ und $\sin nx$ als rationale Functionen von $\cos x$ und $\sin x$ auszudrücken sein, und zwar gilt:

$$\cos nx = \cos^n x - \binom{n}{2} \cos^{n-2} x \sin^2 x + \binom{n}{4} \cos^{n-4} x \sin^4 x \cdots$$
$$+ \begin{cases} \pm \sin^n x \\ \pm \binom{n}{n-1} \cos x \sin^{n-1} x \end{cases}$$

$$\sin nx = \binom{n}{1} \cos^{n-1} x - \binom{n}{3} \cos^{n-3} x \sin^3 x + \binom{n}{5} \cos^{n-5} x \sin^5 x -$$
$$\cdots + \begin{cases} \mp \binom{n}{n-1} \cos x \sin^{n-1} x \\ \pm \sin^n x, \end{cases}$$

je nachdem $n \equiv 0, 2, 1, 3 \pmod 4$ ist.

Ersetzt man $\cos^2 x$ durch $1 - \sin^2 x$, so erhalten diese Formeln die Gestalt:

$$\cos nx = \cos 2\nu x = (1 - \sin^2 x)^\nu - \binom{n}{2} (1 - \sin^2 x)^{\nu-1} \sin^2 x +$$
$$+ \binom{n}{4} (1 - \sin^2 x)^{\nu-2} \sin^4 x - \cdots + (-1)^\nu \sin^n x$$

$$\cos nx = \cos(2\nu+1) x = \cos x \Big[(1 - \sin^2 x)^\nu - \binom{n}{2} (1 - \sin^2 x)^{\nu-1} \sin^2 x +$$
$$+ \binom{n}{4} (1 - \sin^2 x)^{\nu-2} \sin^4 x - \cdots + (-1)^\nu \binom{n}{n-1} \sin^{n-1} x\Big]$$

$$\sin nx = \sin 2\nu x = \cos x \Big[\binom{n}{1} (1 - \sin^2 x)^{\nu-1} \sin x -$$
$$- \binom{n}{3} (1 - \sin^2 x)^{\nu-2} \sin^3 x + \cdots + (-1)^{\nu-1} \binom{n}{n-1} \sin^{n-1} x\Big]$$

$$\sin nx = \sin(2\nu+1) x = \binom{n}{1} (1 - \sin^2 x)^\nu \sin x - \binom{n}{3} (1 - \sin^2 x)^{\nu-1} \sin^3 x +$$
$$\cdots + (-1)^\nu \sin^n x.$$

Entwickelt man die rechten Seiten nach steigenden Potenzen von $\sin x$, ersetzt aber den Binomialcoefficienten

$$\binom{\nu-\varkappa}{\mu} \quad \text{durch} \quad \binom{\frac{n-2\varkappa}{2}}{\mu},$$

so kann man den Coefficienten von $(-1)^\mu \sin^{2\mu} x$ in dem Ausdrucke für $\cos 2\nu x$ auf die folgende Form bringen:

$$\frac{n(n-2)\dots(n-2\mu+2)}{1.3\dots2\mu-1}\left[\frac{(2\mu-1)(2\mu-3)\dots3.1}{2.4\dots(2\mu-2)\,2\mu}+\frac{(2\mu-1)(2\mu-3)\dots3}{2.4\dots(2\mu-2)}\,\frac{n-1}{2}\right.$$
$$\left.+\frac{(2\mu-1)(2\mu-3)\dots5}{2.4\dots(2\mu-4)}\,\frac{(n-1)(n-3)}{2.4}+\dots+\frac{(n-1)(n-3)\dots(n-2\mu+1)}{2.4\dots2\mu}\right]$$

und wenn man in der Klammergröfse für $(2\mu-1)$ a und für $(n-1)$ b schreibt, erscheint diese in der übersichtlichen Gestalt:

$$\frac{a(a-2)\dots(a-2\mu+2)}{2.4\dots2\mu}+\frac{a(a-2)\dots(a-2\mu+4)}{2.4\dots(2\mu-2)}\,\frac{b}{2}+\frac{a(a-2)\dots(a-2\mu+6)}{2.4\dots(2\mu-4)}\,\frac{b(b-2)}{2.4}$$
$$+\dots+\frac{a}{2}\,\frac{b(b-2)\dots(b-2\mu+4)}{2.4\dots(2\mu-2)}+\frac{b(b-2)\dots(b-2\mu+2)}{2.4\dots2\mu}=$$
$$=\frac{(a+b)(a+b-2)\dots(a+b-2\mu+2)}{2.4\dots2\mu}.$$

Die Anwendung dieser von **Cauchy** benützten Hilfsformel*), die man leicht bestätigen kann, führt auf die Darstellungen:

$$\cos nx=\cos 2\nu x=1-\frac{n^2}{2!}\sin^2 x+\frac{n^2(n^2-2^2)}{4!}\sin^4 x-\frac{n^2(n^2-2^2)(n^2-4^2)}{6!}\sin^6 x$$
$$+\dots+(-1)^{\frac{n}{2}}\frac{n^2(n^2-2^2)\dots(n^2-(n-2)^2)}{n!}\sin^n x$$

$$\cos nx=\cos(2\nu+1)x=\cos x\left[1-\frac{n^2-1^2}{2!}\sin^2 x+\frac{(n^2-1^2)(n^2-3^2)}{4!}\sin^4 x-\right.$$
$$\left.\dots+(-1)^{\frac{n-1}{2}}\frac{(n^2-1^2)(n^2-3^2)\dots(n^2-(n-2)^2)}{(n-1)!}\sin^{n-1} x\right]$$

$$\sin nx=\sin 2\nu x=\cos x\left[\frac{n}{1}\sin x-\frac{n(n^2-2^2)}{3!}\sin^3 x+\frac{n(n^2-2^2)(n^2-4^2)}{5!}\sin^5 x\right.$$
$$\left.-\dots+(-1)^{\frac{n-2}{2}}\frac{n(n^2-2^2)(n^2-4^2)\dots(n^2-(n-2)^2)}{(n-1)!}\sin^{n-1} x\right]$$

$$\sin nx=\sin(2\nu+1)x=\frac{n}{1}\sin x-\frac{n(n^2-1^2)}{3!}\sin^3 x+\frac{n(n^2-1^2)(n^2-3^2)}{5!}\sin^5 x-$$
$$\dots+(-1)^{\frac{n-1}{2}}\frac{n(n^2-1^2)(n^2-3^2)\dots(n^2-(n-2)^2)}{n!}\sin^n x.$$

Setzt man an Stelle des Argumentes x $\left(\frac{\pi}{2}-x\right)$ ein und bemerkt, dafs

---

*) Siehe Algebraische Analysis (deutsche Ausgabe von C. Itzigsohn) Cap. I § 3.

$$\cos 2\nu\left(\frac{\pi}{2}-x\right)=(-1)^{\nu}\cos 2\nu x,$$

$$\cos(2\nu+1)\left(\frac{\pi}{2}-x\right)=(-1)^{\nu}\sin(2\nu+1)x,$$

$$\sin 2\nu\left(\frac{\pi}{2}-x\right)=(-1)^{\nu+1}\sin 2\nu x,$$

$$\sin(2\nu+1)\left(\frac{\pi}{2}-x\right)=(-1)^{\nu}\cos(2\nu+1)x$$

ist, so erhält man noch die Formeln:

$$(-1)^{\frac{n}{2}}\cos nx=(-1)^{\nu}\cos 2\nu x=1-\frac{n^2}{2!}\cos^2 x+\frac{n^2(n^2-2^2)}{4!}\cos^4 x-$$
$$-\frac{n^2(n^2-2^2)(n^2-4^2)}{6!}\cos^6 x+\cdots$$

$$(-1)^{\frac{n-1}{2}}\cos nx=(-1)^{\nu}\cos(2\nu+1)x$$
$$=\sin x\left[1-\frac{n^2-1^2}{2!}\cos^2 x+\frac{(n^2-1^2)(n^2-3^2)}{4!}\cos^4 x-\cdots\right]$$

$$(-1)^{\frac{n+2}{2}}\sin nx=(-1)^{\nu+1}\sin 2\nu x$$
$$=\sin x\left[\frac{n}{1}\cos x-\frac{n(n^2-2^2)}{3!}\cos^3 x+\frac{n(n^2-2^2)(n^2-4^2)}{5!}\cos^5 x-\cdots\right]$$

$$(-1)^{\frac{n-1}{2}}\sin nx=(-1)^{\nu}\sin(2\nu+1)x$$
$$=\frac{n}{1}\cos x-\frac{n(n^2-1^2)}{3!}\cos^3 x+\frac{n(n^2-1^2)(n^2-3^2)}{5!}\cos^5 x-\cdots$$

Man sieht also, dafs $\cos 2\nu x$ und $\sin(2\nu+1)x$ als rationale Functionen von $\cos x$ oder $\sin x$ allein darzustellen sind. Das Umgekehrte findet nicht statt, vielmehr ergibt sich $\cos x$ und $\sin x$ aus den Gleichungen als die Wurzel einer Gleichung n^{ten} Grades, die wir später angeben werden.

Anhang.

In diesem Capitel sei nur noch einer wichtigen Reihe Erwähnung gethan, welche eine analytische Function definirt, die alle durch unsere Functionalgleichungen bestimmten transcendenten Functionen: die Exponentialfunction, den Logarithmus und die allgemeine Potenz umfafst. Diese Reihe lautet:

$$\Psi(x)=1+\frac{\alpha}{1}\frac{\beta}{\gamma}x+\frac{\alpha(\alpha+1)}{1.2}\frac{\beta(\beta+1)}{\gamma(\gamma+1)}x^2+\frac{\alpha(\alpha+1)(\alpha+2)}{1.2.3}\frac{\beta(\beta+1)(\beta+2)}{\gamma(\gamma+1)(\gamma+2)}x^3+$$
$$+\cdots=\sum_{\nu=0}^{\infty}a_\nu x^\nu,$$

wo die Constanten α, β, γ der Bedingung genügen müssen, dafs die Gröfsen

$$\left|\frac{a_\nu}{a_{\nu+1}}\right|=\left|\frac{\gamma+(\gamma+1)\nu+\nu^2}{\alpha\beta+(\alpha+\beta)\nu+\nu^2}\right|\quad(\nu=0,1,2\ldots)$$

nicht unter jede angebbare Gröfse herabsinken, denn andernfalls hätte die Potenzreihe keinen Convergenzbereich.

Bezeichnet man die durch das angegebene Element definirte analytische Function mit

$$y = F(\alpha, \beta, \gamma, x),$$

so wird zunächst bei unendlich grofsem $|\beta|$

$$e^x = F\left(1, \beta, 1, \frac{x}{\beta}\right),$$

denn der Coefficient von $\frac{x^\nu}{\nu!}$, nämlich $(\beta(\beta+1)\ldots(\beta+\nu-1)\beta^{-\nu})$ wird Eins. Ferner ist

$$\log(1+x) = xF(1, 1, 2, -x)$$

$$\log\left(\frac{1+x}{1-x}\right) = 2xF\left(\frac{1}{2}, 1, \frac{3}{2}, x^2\right)$$

$$(1+x)^\alpha = F(-\alpha, \beta, \beta, -x)$$

usw. Die Frage nach Functionen bestimmter Art, die in $F(\alpha,\beta,\gamma,x)$ enthalten sind, z. B. den algebraischen Functionen, und eine solche ist ja bereits bei geeignetem α in $(1+x)^\alpha$ angeführt, stellt man passend dort, wo $F(\alpha, \beta, \gamma, x)$ durch eine übersichtliche Functionalgleichung definirt ist, in die vielleicht auch die Ableitungen von y nach x eintreten. Man wird also zur Untersuchung der Function $F(\alpha,\beta,\gamma,x)$ besser daran thun, wenn man an der Hand des Elementes zunächst die Differentialgleichung aufsucht, welcher dieselbe genügt.

Bildet man die Ableitungen:

$$\frac{dy}{dx} = \alpha\frac{\beta}{\gamma}F(\alpha+1, \beta+1, \gamma+1, x) = \alpha\frac{\beta}{\gamma}F_1$$

$$\frac{d^2y}{dx^2} = \alpha(\alpha+1)\frac{\beta(\beta+1)}{\gamma(\gamma+1)}F(\alpha+2, \beta+2, \gamma+2, x) = \alpha(\alpha+1)\frac{\beta(\beta+1)}{\gamma(\gamma+1)}F_2$$

und allgemein:

$$\frac{d^ny}{dx^n} = \alpha(\alpha+1)\ldots(\alpha+n-1)\frac{\beta(\beta+1)\ldots(\beta+n-1)}{\gamma(\gamma+1)\ldots(\gamma+n-1)}F(\alpha+n, \beta+n, \gamma+n, x),$$

so findet man leicht die von Gaufs angegebene Beziehung zwischen F, F_1 und F_2 bestätigt:

$$\gamma(\gamma+1)F-(\gamma+1)(\gamma-(\alpha+\beta+1)x)F_1-(\alpha+1)(\beta+1)x(1-x)F_2=0$$

und wegen dieser Identität besteht für y die Differentialgleichung:

$$\frac{d^2y}{dx^2} + \frac{\gamma-(\alpha+\beta+1)x}{x(1-x)}\frac{dy}{dx} - \frac{\alpha\beta}{x(1-x)}y = 0,$$

die nach der Substitution $\frac{dy}{dx} = y_1$ durch das canonische System zu ersetzen ist:

$$\frac{dx}{dt} = x(1-x), \quad \frac{dy}{dt} = x(1-x)y_1,$$

$$\frac{dy_1}{dt} = (\gamma-(\alpha+\beta+1)x)y_1 - \alpha\beta y,$$

dem man nun leicht die singulären Stellen für jede particuläre Integralfunction, die von der Zuordnung der Anfangswerthe von x, y, y_1 zu $t=0$ abhängt, entnehmen kann. Man sieht, dafs y als Function von x überall regulären Verhaltens sein wird, ausgenommen an den Stellen $x=0, 1, \infty$, wenngleich daselbst für besondere Integralfunctionen y auch convergente Potenzreihen:

$$x^{\alpha_1}\mathfrak{P}(x),\quad (x-1)^{\alpha_2}\mathfrak{P}(x-1),\quad \left(\frac{1}{x}\right)^{\alpha_3}\mathfrak{P}\left(\frac{1}{x}\right)$$

existiren können, wobei die Gröfsen α_1, α_2, α_3 nur specielle Werthe haben dürfen.*)

---

*) Es ist hier nicht der Raum, diese wichtige Differentialgleichung zu untersuchen, ich verweise deshalb den Leser auf die Originalabhandlungen von:

Gaufs: Disquisitiones generales circa seriem infinitam.

Riemann: Beiträge zur Theorie der durch die Gaufsische Reihe $F(\alpha, \beta, \gamma, x)$ darstellbaren Functionen (ges. Werke).

Schwarz: Zur Theorie der hypergeometrischen Reihe (Journal für reine und angewandte Mathematik Bd. 75).

Sechstes Capitel.

Darstellung der eindeutigen analytischen Functionen einer Veränderlichen.

§ 50. Einleitung.

Darstellung der ganzen transcendenten Function durch Producte. Darstellung jeder Function mit einer wesentlich singulären Stelle.

Eine eindeutige analytische Function einer Veränderlichen mit blos aufserwesentlich singulären Stellen war stets als Quotient ganzer rationaler Functionen darstellbar; eine eindeutige Function, die im Endlichen überall regulären Verhaltens ist und die einzige (wesentlich) singuläre Stelle ∞ hat, konnte man durch eine beständig convergente Potenzreihe definiren usw.

Darnach liegt die Frage nahe, ob man auch die arithmetische Abhängigkeit des Werthes einer eindeutigen Function von dem Werthe der Variabeln angeben kann, wenn für die Function singuläre Stellen in beliebiger Anzahl vorgelegt sind.

Diese Frage ist für die neuere Functionentheorie charakteristisch, indem sie zwischen dem Euler'schen Functionenbegriff, der mit dem Begriff des arithmetischen Ausdruckes zusammenfällt, und dem von Cauchy auf die Stetigkeit gestützten Begriff einer Function vermittelnd eintritt; sie definirt die analytische Function durch ein System ineinander fortsetzbarer Potenzreihen und lehrt hinterher, wie man den arithmetischen Ausdruck einer solchen Function einheitlich bestimmt, wenn ihre Unstetigkeitsstellen gegeben sind.

Die Grundlage für die Beantwortung der betreffs der eindeutigen Function einer Variabeln gestellten Aufgabe bietet die Darstellung der ganzen Function mit unenendlich vielen Nullstellen als Product von Factoren, die nur an einer Stelle verschwinden und die Darstellung einer Function mit unendlich vielen singulären Stellen, die eine Grenzstelle c haben, als Summe von Functionen, deren jede aufser an der hier auftretenden wesentlich singulären Stelle c nur an einer der gegebenen Stellen irregulären Verhaltens ist. —

Bevor wir aber die Bestimmung einer ganzen rationalen Function mit vorgeschriebenen Nullstellen $a_1, a_2, \ldots a_n$ und einem bestimmten Werthe A an einer von den a_ν verschiedenen Stellen x_0 in der Form

$$G(x) = A \cdot \frac{\prod_{\nu=1}^{n}(x - a_\nu)}{\prod_{\nu=1}^{n}(x_0 - a_\nu)}$$

auf den Fall einer ganzen transcendenten Function ausdehnen, für die unendlich viele Nullstellen vorgegeben sind, müssen wir einige Bemerkungen über unendliche Producte analytischer Functionen $f_\nu(x)$ vorausschicken.

Angenommen, dafs jede der Functionen $f_\nu(x)$ auf die Form gebracht sei:

$$1 + \varphi_\nu(x),$$

so wissen wir, dafs

$$F(x) = \prod_{\nu=1}^{\infty}(1 + \varphi_\nu(x))$$

nur dann an einer Stelle x_0 convergirt, wenn auch

$$\sum_{\nu=1}^{\infty} \varphi_\nu(x_0)$$

endlich ist. Damit also das Product eine Bedeutung habe, ist nothwendig, dafs die Functionen $\varphi_\nu(x)$ einen gemeinsamen Convergenzbereich besitzen und $\sum_{\nu=1}^{r} \varphi_\nu(x)$ wenigstens in einem Theile dieses Bereiches convergirt. Wir sind aber nicht im Stande zu zeigen, dafs das Product eine analytische Function darstellt, wenn wir nicht auch annehmen, dafs diese Summe $\sum_{\nu=1}^{\infty} \varphi_\nu(x)$ in einem Bereiche (A) gleichmäfsig convergirt. Dann aber convergirt das Product gleichmäfsig, ist daselbst stetig und definirt eine analytische Function; d. h. man kann dann nach Annahme einer Gröfse ε eine solche ganze Zahl n finden, dafs der absolute Betrag des Productes

$$\prod_{\nu=m}^{m+m'} f_\nu(x) \quad \text{und} \quad \prod_{\nu=m}^{\infty} f_\nu(x)$$

für jedes m' und ein $m > n$ und jede Stelle des Bereiches (A) von Eins um weniger abweicht als ε anzeigt, und ferner wird $F(x)$ in gewisser Nähe jeder in dem Bereiche (A) liegenden Stelle a der Bedingung

$$|F(x) - F(a)| < \varepsilon$$

genügen und endlich durch eine Potenzreihe darstellbar sein.

Obwohl die gleichmäfsige Convergenz einer Reihe $\sum_{\nu=1}^{\infty}\varphi_\nu(x)$ noch nicht die der unbedingten Convergenz nach sich zieht, womit nicht behauptet ist, dafs wirklich gleichmäfsig convergente Reihen existiren, die nicht auch unbedingt convergent sind, setzen wir bei dem Beweise voraus, dafs diese Reihe gleichmäfsig und unbedingt convergire.

Dann kann man ein n so angeben, dafs nicht allein für jedes $m > n$

$$\left|\sum_{\nu=m}^{\infty}\varphi_\nu(x)\right| < \delta, \text{ sondern auch} \sum_{\nu=m}^{\infty}|\varphi_\nu(x)| < \delta$$

wird. Bezeichnet man hierauf

$$\prod_{\nu=m}^{\infty}(1+\varphi_\nu(x)) = 1 + S_m \quad \text{und} \quad \prod_{\nu=m}^{\infty}(1+|\varphi_\nu(x)|) = 1 + S'_m$$

(wo die $|\varphi_\nu(x)| < 1$ seien), so wird

$$\left|\prod_{\nu=m}^{\infty}(1+\varphi_\nu(x))\right| = |1+S_m| < 1 + |S_m| < 1 + S'_m =$$

$$= \prod_{\nu=m}^{\infty}(1+|\varphi_\nu(x)|) < \frac{1}{1-\sum_{\nu=m}^{\infty}|\varphi_\nu(x)|}$$

und man sieht, dafs unser Product wirklich unbedingt und gleichmäfsig convergirt. Dasselbe definirt aber auch eine analytische Function, denn wenn man

$$1 + \varphi_\nu(x) \quad \text{durch} \quad e^{\varphi_\nu(x) - \frac{1}{2}\varphi_\nu^2(x) + \frac{1}{3}\varphi_\nu^3(x) - \cdots} =$$

$$= e^{\varphi_\nu(x)\,.\,\psi_\nu(x)} = e^{\mathrm{Log}(1+\varphi_\nu(x))}$$

ersetzt und beachtet, dafs keine der Functionen $\psi_\nu(x)$ in dem Bereiche (A) einen gewissen angebbaren Betrag g überschreitet, so ist

$$\left|\sum_{\nu=m}^{\infty}\varphi_\nu(x)\,\psi_\nu(x)\right| < \sum_{\nu=m}^{\infty}|\varphi_\nu(x)\,\psi_\nu(x)| < g\sum_{\nu=m}^{\infty}|\varphi_\nu(x)|,$$

und weil $\sum\varphi_\nu(x)$ eine analytische Function darstellt, mufs auch $\sum\varphi_\nu(x)\,\psi_\nu(x)$ und

$$e^{\sum\varphi_\nu(x)\,\psi_\nu(x)} = \prod(1+\varphi_\nu(x))$$

eine analytische Function definiren und darstellen.

Nach diesen Vorbemerkungen denken wir eine ganze transcendente Function gegeben, die unendlich viele Nullstellen besitzt (wie z. B. $\sin x$ oder $\cos x$).

Innerhalb eines endlichen Bereiches kann nur eine endliche Anzahl von Nullstellen liegen, — wobei wir eine Nullstelle als n fach zählen, wenn die Function nebst ihren ersten $n-1$ Ableitungen daselbst verschwindet, — denn andernfalls gäbe es eine Grenzstelle, in deren Umgebungen unendlich viele Nullstellen enthalten wären und die ganze Function müfste identisch Null sein.

Ebensowenig wird irgend eine eindeutige Function in einem endlichen Bereiche, der keine wesentliche singuläre Stelle umfafst, an unendlich vielen Stellen denselben Werth A annehmen. Damit leuchtet ein, dafs man die Nullstellen einer ganzen Function $G(x)$

$$a_1,\ a_2,\ \ldots\ a_\nu\ \ldots$$

stets den Bedingungen gemäfs ordnen kann:

$$|a_{\nu+1}| > |a_\nu|, \quad \lim_{\nu=\infty} |a_\nu| = \infty .$$

Ist nun eine solche Reihe von Stellen gegeben, so fragen wir, ob es stets eine ganze transcendente Function gibt, welche an diesen Stellen verschwindet.

Diese Frage wird man unbedingt bejahen müssen, aber es wird sich herausstellen, dafs die ganze transcendente nicht so wie die ganze rationale Function blos bis auf eine Constante, sondern bis auf eine im Endlichen nirgends verschwindende ganze Function bestimmt ist.

Wir wollen zunächst an einem Beispiel ersehen, um was es sich bei Construction einer Function mit vorgegebenen Nullstellen überhaupt handelt und zwar an demjenigen, welches Herrn **Weierstrafs** den Schlüssel zur Lösung gegeben zu haben scheint. Die Reihe der Nullstellen sei

$$-1,\ -2,\ \ldots.\ -\nu,\ \ldots$$

dann kann das Product

$$\prod_{\nu=0}^{\infty}\left(1+\frac{x}{\nu}\right)$$

nicht convergent sein, weil $\sum\limits_{\nu=1}^{\infty}\frac{1}{\nu}$ divergirt. Bildet man aber nach Gauss' Vorgang das Product:

$$\frac{1}{n^x}\prod_{\nu=1}^{n}\left(1+\frac{x}{\nu}\right) = \Psi(n,\ x)$$

$$= \frac{\left(1+\frac{x}{1}\right)}{2^x}\,\frac{\left(1+\frac{x}{2}\right)2^x}{3^x}\cdots\frac{\left(1+\frac{x}{n}\right)n^x}{(n+1)^x}\cdot\frac{(n+1)^x}{n^x}$$

$$= \frac{\left(1+\frac{x}{1}\right)}{\left(1+\frac{1}{1}\right)^x}\,\frac{\left(1+\frac{x}{2}\right)}{\left(1+\frac{1}{2}\right)^x}\cdots\frac{\left(1+\frac{x}{n}\right)}{\left(1+\frac{1}{n}\right)^x}\cdot\left(1+\frac{1}{n}\right)^x,$$

und stellt man den einzelnen Factor in der Umgebung der Stelle $x = 0$ durch die Potenzreihe dar:

$$\left(1 + \frac{x}{\nu}\right)\left(1 - \frac{x}{\nu} + \frac{x(x+1)}{1 \cdot 2} \frac{1}{\nu^2} - \cdots\right) = \left(1 - \frac{x(x+1)}{1 \cdot 2} \frac{1 + X_\nu}{\nu^2}\right),$$

wo $|X_\nu|$ bei hinlänglich grofsen Werthen von ν beliebig klein zu machen ist, so wird

$$\lim_{\nu=\infty} \Psi(n, x) = \prod_{\nu=1}^{\infty} \left(1 + \frac{x}{\nu}\right)\left(1 + \frac{1}{\nu}\right)^{-x},$$

und nach der Substitution:

$$\left(1 + \frac{1}{\nu}\right)^{-x} = e^{-x \operatorname{Log}\left(1 + \frac{1}{\nu}\right)}$$

wird

$$\lim_{n=\infty} \Psi(n, x) = \prod_{\nu=1}^{\infty} \left(1 + \frac{x}{\nu}\right) \cdot e^{-x \operatorname{Log} \frac{\nu+1}{\nu}}.$$

Dieses Product convergirt in einem endlichen Bereiche um die Stelle $x = 0$ unbedigt und gleichmäfsig, denn die Summe

$$\sum_{\nu=m}^{\infty} \left| \frac{1 + X_\nu}{\nu^2} \right|$$

kann kleiner gemacht werden als eine beliebig kleine Gröfse δ.

Bringt man noch die Summe

$$\sum_{\nu=m}^{n} \operatorname{Log} \frac{\nu+1}{\nu}$$

mit den ersten n Gliedern der *harmonischen Reihe* in Vergleich und setzt

$$c_n = \sum_{\nu=1}^{n} \left(\frac{1}{\nu} - \operatorname{Log} \frac{\nu+1}{\nu}\right) = \sum_{\nu=1}^{n} \frac{1}{\nu^2} \left(\frac{1}{2} - \frac{1}{3} \frac{1}{\nu} + \frac{1}{4} \frac{1}{\nu^2} - \cdots\right)$$

$$= \sum_{\nu=1}^{n} \frac{\delta_\nu}{\nu^2},$$

wo δ_ν eine positive Gröfse kleiner als Eins ist, auf dafs

$$c = \lim_{n=\infty} c_n = \sum_{\nu=1}^{\infty} \frac{\delta_\nu}{\nu^2} \quad \text{zugleich mit} \quad \sum_{\nu=1}^{\infty} \frac{1}{\nu^2}$$

convergirt, so kann man auch bei unendlich grofsem n

$$-\sum_{\nu=1}^{n} \operatorname{Log} \frac{\nu+1}{\nu} = -\sum_{\nu=1}^{n} \frac{1}{\nu} + c_n,$$

und hierauf

$$\lim_{n=\infty} \Psi(n, x) = e^{cx} \prod_{\nu=1}^{\infty} \left(1 + \frac{x}{\nu}\right) \cdot e^{-\frac{x}{\nu}}$$

setzen.

Dieses Product ist beständig convergent und definirt eine ganze Function mit den vorgegebenen Nullstellen $-\nu$; sie heifst *Factorielle* von x und wird mit $Fc(x)$ bezeichnet.

Die Constante c besitzt den angenäherten Werth:

$$0{,}57721\ 56649\ 01532\ 86060\ \ldots$$

und führt den Namen der Mascheroni'schen Constanten.

An diesem Beispiele bemerken wir, dafs das Product ganzer transcendenter Functionen

$$\left(1+\frac{x}{\nu}\right)\cdot e^{-\frac{x}{\nu}},$$

deren jede nur eine im Endlichen gelegene Nullstelle und im Unendlichen eine wesentlich singuläre Stelle besitzt, die verlangte ganze transcendente Function liefert, und damit ist man zu der Vermuthung geführt, dafs die ganze Function mit unendlich vielen Nullstellen a_ν der oben besagten Beschaffenheit als beständig convergentes unendliches Product ganzer transcendenter Functionen darzustellen sei, die nur je eine der Nullstellen besitzen.*) Diese Functionen

$$\left(1-\frac{x}{a_\nu}\right)\cdot e^{g_\nu(x)},$$

wo $g_\nu(x)$ eine ganze Function bezeichnet, heifsen *Primfunctionen*, weil sie den Primfactoren der ganzen rationalen Function entsprechen.

Bildet man eine Reihe von Primfunctionen:

$$E(x,0)=1-x,\quad E(x,1)=(1-x)\cdot e^{x},\quad E(x,2)=(1-x)\,.\,e^{x+\frac{x^2}{2}},$$

$$\ldots\ E(x,m)=(1-x)\,.\,e^{x+\frac{1}{2}x^2+\frac{1}{3}x^3+\cdots+\frac{1}{m}x^m},$$

und stellt mit Hilfe der in dem Einheitskreise giltigen Entwicklung

$$\log(1-x)=-\sum_{\mu=1}^{\infty}\frac{x^\mu}{\mu}+2n\pi i$$

und

$$1-x=e^{-\sum\limits_{\mu=1}^{\infty}\frac{x^\mu}{\mu}}$$

$E(x,m)$ für alle der Bedingung $|x|<1$ genügenden x-Werthe in der Form

$$E(x,m)=e^{-\sum\limits_{\mu=m+1}^{\infty}\frac{x^\mu}{\mu}}=e^{-\sum\limits_{\mu+1}^{\infty}\frac{x^{m+\mu}}{m+\mu}}$$

dar und wählt für die dieser Primfunction entsprechende Function mit der von Null verschiedenen Nullstelle a_ν:

*) Siehe Weierstrafs, Functionenlehre p. 16 u. s. f.

$$E\left(\frac{x}{a_\nu}, m_\nu\right) = \left(1 - \frac{x}{a_\nu}\right) \cdot e^{\sum\limits_{\mu=1}^{m_\nu} \frac{1}{\mu}\left(\frac{x}{a_\nu}\right)^\mu},$$

wo m_ν eine ganze Zahl bezeichnet, innerhalb des Bereiches, wo

$$\left|\frac{x}{a_\nu}\right| < 1$$

ist, die Darstellung

$$E\left(\frac{x}{a_\nu}, m_\nu\right) = e^{-\sum\limits_{\mu=1}^{\infty} \frac{1}{m_\nu+\mu}\left(\frac{x}{a_\nu}\right)^{m_\nu+\mu}},$$

so läfst sich leicht beurtheilen, wann das unendliche Product

$$\prod_{\nu=0}' E^{n_\nu}\left(\frac{x}{a_\nu}, m_\nu\right)$$

eine ganze transcendente Function mit den $n_\nu$fachen Nullstellen a_ν definirt.

Gibt man x einen Werth, dessen absoluter Betrag kleiner ist als $|a_{n+1}|$, so ist zunächst nachzusehen, ob in dem Producte

$$\prod_{\nu=1}^{n} E^{n_\nu}\left(\frac{x}{a_\nu}, m_\nu\right) \cdot \prod_{\nu=n+1}^{\infty} E^{n_\nu}\left(\frac{x}{a_\nu}, m_\nu\right)$$

der zweite Factor, der innerhalb des Bereiches $\left|\frac{x}{a_{n+1}}\right| < 1$ die Darstellung

$$e^{-\sum\limits_{\nu=n+1}^{\infty} \sum\limits_{\mu=1}^{\infty} \frac{n_\nu}{m_\nu+\mu}\left(\frac{x}{a_n}\right)^{m_\nu+\mu}}$$

gestattet, unbedingt und gleichmäfsig convergiren kann. Dazu ist nothwendig, dafs die unendliche Summe

$$\sum_{\nu=n+1}^{\infty} \sum_{\mu=1}^{\infty} \frac{n_\nu}{m_{\nu+\mu}} \left|\frac{x}{a_\nu}\right|^{m_\nu+\mu}$$

convergirt, und das wird der Fall sein, wenn die Reihe von gröfserer Summe

$$\sum_{\nu=n+1}^{\infty} \sum_{\mu=1}^{\infty} n_\nu \left|\frac{x}{a_\nu}\right|^{m_\nu+\mu} = \sum_{\nu=n+1}^{\infty} \frac{n_\nu}{1 - \left|\frac{x}{a_\nu}\right|} \left|\frac{x}{a_\nu}\right|^{m_\nu+1}$$

oder wenn gar die Reihe:

$$N\left|\frac{x}{k}\right| \sum_{\nu=n+1}^{\infty} \left|\frac{1}{a_\nu}\left(\frac{x}{a_\nu}\right)^{m_\nu}\right|$$

endlich ist, wo k den kleinsten der Werthe $1 - \left|\frac{x}{a_\nu}\right|$ $\nu = 1, n+2, \ldots)$ und N die gröfste der ganzen Zahlen n_ν bezeichnet.

Wählt man deshalb die ganzen Zahlen m_ν so, dafs die Summe

$$\sum_{\nu=1}^{\infty} \left| \frac{x^{m_\nu}}{a_\nu^{m_\nu+1}} \right|$$

beständig convergirt — und das ist zweifellos möglich, denn die durch die besondere Festsetzung $m_\nu = \nu - 1$ entstehende Summe:

$$\sum_{\nu=1}^{\infty} \left| \frac{1}{a_\nu} \left(\frac{x}{a_\nu}\right)^{\nu-1} \right|$$

ist endlich —, so wird das Product

$$\prod_{\nu=n+1}^{\infty} E^{n_\nu}\left(\frac{x}{a_\nu}, m_\nu\right)$$

für alle Stellen des Bereiches $\left|\frac{x}{a_{n+1}}\right| < 1$ unbedingt aber auch gleichmäfsig convergiren, denn nach Annahme einer beliebig kleinen Gröfse δ kann man ein $\nu = n$ so angeben, dafs jedes Product

$$\prod_{\nu=n'}^{\infty} E^{n_\nu}\left(\frac{x}{a_\nu}, m_\nu\right) \quad (n' > n)$$

in demjenigen Bereiche um die Stelle Null, wo $|x| = \xi$ kleiner ist als ein beliebig grofser Betrag r, von der Einheit um eine Gröfse $q_{n'}$ abweicht, deren Betrag wieder kleiner ist als δ.

Ist nämlich $|a_{n+1}| < r$, so wird in dem Bereiche $|x| \leq r$

$$E^{n_\nu}\left(\frac{x}{a_\nu}, m_\nu\right) = e^{-\sum\limits_{\mu=1}^{\infty} \frac{n_\nu}{m_\nu+\mu}\left(\frac{x}{a_\nu}\right)^{m_\nu+\mu}},$$

sobald nur $\nu > n$ ist, und das Product $\prod\limits_{\nu=n'}^{\infty} E^{n_\nu}\left(\frac{x}{a_\nu}, m_\nu\right)$ erfüllt dann die genannte Forderung, indem bei wachsendem n die Summe

$$\sum_{\nu=n+1}^{\infty} \sum_{\mu=1}^{\infty} \frac{n_\nu}{m_\nu+\mu} \left(\frac{x}{a_\nu}\right)^{m_\nu+\mu}$$

zugleich mit

$$\lim_{n=\infty} \sum_{\nu=n+1}^{\infty} \left| \frac{1}{a_\nu} \left(\frac{x}{a_\nu}\right)^{m_\nu} \right|$$

unendlich klein d. h. auch kleiner als δ wird.

Das unendliche Product läfst sich aber auch durch eine äquivalente beständig convergente Potenzreihe ersetzen.

Stellt man die innerhalb des Bereiches $|x| < |a_{n+1}|$ unbedingt und gleichmäfsig convergente Doppelsumme

$$\sum_{\nu=n+1}^{\infty} \sum_{\mu=1}^{\infty} \frac{n_\nu}{m_\nu+\mu} \left(\frac{x}{a_\nu}\right)^{m_\nu+\mu}$$

durch eine Potenzreihe

$$\mathfrak{P}(x, n+1)$$

dar, indem man die gleichnamigen Glieder zusammenzieht, so werden in dem Bereiche $|x| < |a_1|$ gewifs alle Potenzreihen

$$\mathfrak{P}(x, \nu) \quad (\nu = 1, 2, \ldots n+1, \ldots)$$

convergiren, und zwar gilt daselbst die Beziehung:

$$\mathfrak{P}(x, 1) - \mathfrak{P}(x, n+1) = \sum_{\nu=1}^{n} \sum_{\mu=1}^{\infty} \frac{n_\nu}{m_\nu + \mu} \left(\frac{x}{a_\nu}\right)^{m_\nu + \mu},$$

doch weil die Primfunction $E\left(\frac{x}{a_\nu}, m_\nu\right)$ durch die Reihe

$$e^{-\sum\limits_{\mu=1}^{\infty} \frac{1}{m_\nu + \mu} \left(\frac{x}{a_\nu}\right)^{m_\nu + \mu}}$$

dargestellt wird, kann man

$$e^{-\mathfrak{P}(x, 1) + \mathfrak{P}(x, n+1)} = \prod_{\nu=1}^{n} E^{n_\nu}\left(\frac{x}{a_\nu}, m_\nu\right)$$

oder

$$e^{-\mathfrak{P}(x, 1)} = \prod_{\nu=1}^{n} E^{n_\nu}\left(\frac{x}{a_\nu}, m_\nu\right) e^{-\mathfrak{P}(x, n+1)}$$

setzen. Da man hierin jede Function E als ganze Function in eine beständig convergente Reihe $\mathfrak{P}_\nu(x)$ entwickeln kann und der Factor $e^{-\mathfrak{P}(x, n+1)}$ in dem Bereiche $\left|\frac{x}{a_{n+1}}\right| < 1$ durch eine convergente Reihe $\mathfrak{P}'(x, n+1)$ zu ersetzen ist, so wird die ganze rechte Seite in eine innerhalb dieses Bereiches convergente Potenzreihe $\overline{\mathfrak{P}}(x, n+1)$ zu transformiren sein. Der Ausdruck $e^{-\mathfrak{P}(x, 1)}$ ist zunächst nur durch eine in dem Bereiche $\left|\frac{x}{a_1}\right| < 1$ convergente Potenzreihe $\mathfrak{P}(x, 1)$ zu ersetzen; doch weil diese Reihe daselbst mit der Reihe $\overline{\mathfrak{P}}(x, n+1)$ übereinstimmt, mufs sie jedenfalls in der Umgebung der Stelle Null, wo $|x| < |a_{n+1}|$ ist, convergiren. Da wir endlich n so grofs annehmen können als wir nur immer wollen, so wird die Reihe $\overline{\mathfrak{P}}(x, 1)$ für jeden noch so grofsen Werth von x convergiren und eine ganze Function $G(x)$ definiren. Diese Function besitzt zufolge der Gleichung:

$$G(x) = \prod_{\nu=1}^{\infty} E^{n_\nu}\left(\frac{x}{a_\nu}, m_\nu\right) e^{-\lim\limits_{n=\infty} \mathfrak{P}(x, n+1)}$$

die Eigenschaft, an der Stelle a_ν mit der vorgeschriebenen Ordnungszahl n_ν zu verschwinden, den das Product enthält den Factor:

$$\left(1 - \frac{x}{a_\nu}\right)^{n_\nu}.$$

Wir bemerken noch, dafs

$$\lim_{n=\infty} \mathfrak{P}(x, n+1) = \lim_{n=\infty} \sum_{\nu=n+1}^{\infty} \sum_{\mu=1}^{\infty} \frac{n_\nu}{\mu + m_\nu} \left(\frac{x}{a_\nu}\right)^{m_\nu+\mu}$$

gleich Null zu setzen ist, und sagen: Die gegebene Reihe von Stellen

$$a_1, a_2, \ldots a_\nu, \ldots$$

ist die Reihe von Nullstellen derjenigen ganzen Function, welche durch Entwicklung des Ausdruckes

$$e^{-\sum\limits_{\nu=1}^{\infty} \sum\limits_{\mu=1}^{\infty} \frac{n_\nu}{m_\nu+\mu} \left(\frac{x}{a_\nu}\right)^{\mu}}$$

in eine Potenzreihe nach x entsteht, oder durch das unendliche Product

$$\prod_{\nu=1}^{\infty} \left(1 - \frac{x}{a_\nu}\right)^{n_\nu} e^{n_\nu \sum\limits_{\mu=1}^{m_\nu} \frac{1}{\mu} \left(\frac{x}{a_\nu}\right)^{\mu}}$$

dargestellt wird. Multiplicirt man $G(x)$ noch mit x^{n_0}, so geht eine ganze Function hervor, die aufser den Nullstellen a_ν noch an der Stelle Null n_0 mal verschwindet.

Man kann also stets eine ganze Function mit vorgeschriebenen Nullstellen angeben, aber schon darum, weil die ganzen Zahlen m_ν gewissermafsen willkürlich geblieben sind, ist die Function nicht eindeutig bestimmt, und ferner ist das Product einer ersten ganzen Function $G_0(x)$ der verlangten Art und einer im Endlichen nicht verschwindenden ganzen Function

$$e^{g_0(x)}$$

— wo $g_0(x)$ selbst eine ganze Function bezeichnet — eine Function derselben Art.

Aber umgekehrt ist jede ganze Function mit den gegebenen Nullstellen in der Form

$$G(x) = G(x)\, e^{g_0(x)} = e^{g_0(x)} \prod_{\nu=1}^{\infty} \left(1 - \frac{x}{a_\nu}\right)^{n_\nu} e^{n_\nu \sum\limits_{\mu=1}^{m_\nu} \frac{1}{\mu} \left(\frac{x}{a_\nu}\right)^{\mu}}$$

darstellbar, denn der Quotient zweier ganzer Functionen mit denselben $n_\nu$fachen Nullstellen ist eine im Endlichen nirgends verschwindende und durchaus endliche, also ganze Function

$$\frac{G(x)}{G_0(x)} = G_1(x),$$

die stets auf die Form $e^{g_1(x)}$ gebracht werden kann.

In der That: bildet man die sogenannte logarithmische Ableitung von $G_1(x)$, d. i.

$$\frac{d \log G_1(x)}{dx} = \frac{1}{G_1} \frac{dG_1}{dx},$$

so ist diese wieder eine ganze Function $y_1(x)$, und wenn man der Stelle $x = 0$ den Anfangswerth $G_1(0)$ zuordnet, wird

$$G_1(x) = e^{y_0(x)}.$$

Darnach sind alle ganzen Functionen $G(x)$ mit den Nullstellen der *einfachen Function* $G_0(x)$ wirklich in der Formel

$$G_0(x) . e^{y_0(x)}$$

enthalten, in der $e^{y_0(x)}$ der *äufsere Factor* von $G(x)$ heifsen möge.

Eine ganze Function ist somit in einer der drei Formen darstellbar:

$$e^{g(x)}, \quad x^n \prod_{\nu=1}^{n} \left(1 - \frac{x}{a_\nu}\right)^{n_\nu} e^{g(x)}, \quad x^{n_0} \prod_{\nu=1}^{\infty} E^{n_\nu}\left(\frac{x}{a_\nu}, m_\nu\right) e^{g(x)},$$

je nachdem sie keine, oder eine endliche oder unendliche Anzahl von Nullstellen besitzt. Wenn man die ganze Function

$$g(x) - g(0)$$

in eine unbedingt und gleichmäfsig convergente Summe ganzer rationaler Functionen $\gamma_\nu(x)$ zerlegt, die für $x = 0$ verschwinden, und

$$n_\nu \sum_{\mu=1}^{m_\nu} \frac{1}{\mu} \left(\frac{x}{a_\nu}\right)^\mu + \gamma_\nu(x) \quad \text{mit} \quad g_\nu(x),$$

$$e^{g(0)} \quad \text{mit} \quad C$$

bezeichnet, so wird das beständig unbedingt und gleichmäfsig convergente Product in das Product der Primfunctionen

$$\left(1 - \frac{x}{a_\nu}\right)^{n_\nu} e^{g_\nu(x)}$$

und eines Factors $C . x^{n_0}$ übergehen.

Die Willkürlichkeit, die bei der Construction einer ganzen Function mit vorgegebenen Nullstellen übrig bleibt, liegt in der Wahl der Constanten C und gewissermafsen in der der rationalen Functionen $g_\nu(x)$. —

Eine eindeutige Function, welche überall mit Ausnahme der Stelle c regulären Verhaltens ist, mufs eine ganze Function von $\frac{1}{x-c}$ $G\left(\frac{1}{x-c}\right)$ sein, und diese kann nur unendlich viele Nullstellen

$$a_1, a_2, \ldots a_\nu, \ldots$$

besitzen, wenn die Grenzstelle der a_ν die Stelle c ist, oder was dasselbe sagt, wenn man die Reihe der a_ν so ordnen kann, dafs

$$|a_\nu - c| \leqq |a_{\nu-1} - c| \quad \text{und} \quad \lim_{\nu=\infty} |a_\nu - c| = 0$$

wird.

Ist umgekehrt eine derartige Reihe von Stellen gegeben und nennt man jetzt Primfunction eine ganze Function von $\left(\frac{1}{x-c}\right)$, die nur an einer Stelle a_ν verschwindet, so gibt es wiederum eine durch ein Product solcher Primfactoren darstellbare ganze Function $G_0\left(\frac{1}{x-c}\right)$ mit den vorgegebenen Nullstellen.

Nimmt man zunächst an, dafs keine der Nullstellen a_ν Null oder unendlich ist, und bildet die Primfunctionen

$$E_\nu(x) = \left(1 - \frac{a_\nu - c}{x - c}\right)^{n_\nu} c^{n_\nu \sum\limits_{\mu=1}^{m_\nu} \frac{1}{\mu}\left(\frac{a_\nu - c}{x - c}\right)^\mu},$$

entwickelt sie innerhalb des Bereiches

$$\left|\frac{a_\nu - c}{x - c}\right| < 1$$

in der Form

$$c^{-\sum\limits_{\mu=1}^{\infty} \frac{n_\nu}{m_\nu + \mu}\left(\frac{a_\nu - c}{x - c}\right)^\mu}$$

und wählt die ganzen Zahlen m_ν derart, dafs

$$\sum_{\nu=1}^{\infty}\left|(a_\nu - c)\left(\frac{a_\nu - c}{x - c}\right)^{m_\nu}\right|$$

für alle endlichen Werthe von $\frac{1}{x-c}$ endlich ist, dann ist das unendliche Product

$$\prod_{\nu=1}^{\infty} E_\nu^{n_\nu}(x)$$

die ganze Function $G_0\left(\frac{1}{x-c}\right)$ der verlangten Art.

Soll diese noch die $n_0$fache Nullstelle $x = 0$ haben, so tritt der Factor

$$\left(1 + \frac{c}{x - c}\right)^{n_0}$$

hinzu, und ist die Stelle ∞ $n_0$fache Nullstelle, so erscheint auch der Factor

$$\left(\frac{\frac{1}{x}}{\frac{1}{x} - \frac{1}{c}}\right)^{n_0},$$

der für $c = \infty$ durch $\left(\frac{1}{x}\right)^{n_0}$ zu ersetzen ist.

Die hier besprochene Erweiterung bietet also gar keine Schwierigkeiten und man kann unmittelbar jede ganze Function $G\left(\frac{1}{x-c}\right)$ als Product von Primfunctionen

$$\left(1 - \frac{a_\nu - c}{x - c}\right)^{n_\nu} c^{g_\nu\left(\frac{1}{x-c}\right)}$$

darstellen, die nur eine Nullstelle a_ν und eine wesentlich singuläre Stelle c besitzen.

In der Umgebung jeder Stelle x_0, die nicht Nullstelle von $G\left(\frac{1}{x-c}\right)$ ist, wird die ganze Function durch eine innerhalb des Bereiches $\left|\frac{x-x_0}{c-x_0}\right| < 1$ convergente Potenzreihe $\mathfrak{P}(x-x_0)$ und in der durch die Bedingung $\left|\frac{1}{x}\right| < \left|\frac{1}{c}\right|$ definirten Umgebung der regulären Stelle $x = \infty$ durch eine Potenzreihe $\mathfrak{P}\left(\frac{1}{x}\right)$ darstellbar sein. In derjenigen Umgebung von $x = x_0$, welche keine Nullstelle von $G\left(\frac{1}{x}\right)$ enthält, kann man die ganze Function fernerhin auch durch eine Formel

$$e^{\mathfrak{P}(x-x_0)}$$

darstellen, indem daselbst

$$\frac{1}{G}\frac{dG}{dx}$$

in eine Potenzreihe zu entwickeln ist. Aber in der Umgebung einer Nullstelle a_ν wird man den Quotienten

$$\frac{G\left(\frac{1}{x-c}\right)}{E_\nu^{n_\nu}(x)}$$

in eine Potenzreihe $\mathfrak{P}(x-a_\nu)$ entwickeln können, und darum wird $G\left(\frac{1}{x-c}\right)$ daselbst durch eine Formel

$$\left(1-\frac{x}{a_\nu}\right)^{n_\nu} e^{\mathfrak{P}(x-a_\nu)}$$

definirt werden, indem die Primfunction $E_\nu(x)$ in der Umgebung ihrer Nullstelle a_ν durch eine Reihe derselben Gestalt

$$(x-a_\nu).e^{\mathfrak{P}_\nu(x-a_\nu)}$$

darstellbar ist. —

Aus den voranstehenden Sätzen kann man einen Schlufs auf die *Darstellungsform jeder eindeutigen Function* ziehen, *die* in dem Bereiche der unbeschränkten variablen Gröfse x *nur eine wesentlich singuläre Stelle c besitzt.*

Hat die eindeutige Function keine von c verschiedene singuläre Stelle, so ist sie eine ganze Function des Argumentes $\frac{1}{x-c}$. Besitzt sie aber beliebig viele (eine endliche oder unendliche Anzahl) aufserwesentlich singulärer Stellen

$$b_1, b_2, \ldots b_\nu, \ldots$$

welche jedenfalls den Bedingungen:

$$|b_{\nu-1}-c| \geq |b_\nu - c|, \qquad \lim |b_\nu - c| = 0$$

gemäfs zu ordnen sind, so gibt es eine ganze Function $G_2\left(\frac{1}{x-c}\right)$, die an diesen Stellen in derselben Ordnung verschwindet, als die in Rede stehende Function $F(x)$ dort unendlich wird. Das Product von $F(x)$ und $G_2\left(\frac{1}{x-c}\right)$ wird dann eine mit Ausnahme der Stelle c überall endliche und eindeutige Function $G_1\left(\frac{1}{x-c}\right)$ und darum nimmt $F(x)$ selbst die Gestalt an:

$$F(x) = \frac{G_1\left(\frac{1}{x-c}\right)}{G_2\left(\frac{1}{x-c}\right)} = e^{g(x)} \frac{\prod\limits_{\nu=1}^{\infty} E^{n_\nu}(x, m_\nu)}{\prod\limits_{\nu=1}^{\infty} E^{n'_\nu}(x, m'_\nu)}$$

d. h. die eindeutige Function mit der wesentlich singulären Stelle c ist durch den Quotienten zweier ganzer Functionen des Argumentes $\frac{1}{x-c}$ auszudrücken, von denen eine gewifs transcendent ist. Die Function G_2 mufs dann transcendent sein, wenn $F(x)$ unendlich viele aufserwesentlich singuläre Stellen besitzt.

Umgekehrt ist der Quotient zweier ganzer Functionen desselben Argumentes $\frac{1}{x-c}$, von denen beide oder blos eine transcendent sei, eine eindeutige Function mit der wesentlich singulären Stelle c, denn wäre sie in der Umgebung von c durch ein Product:

$$\frac{1}{(x-c)^m} \mathfrak{P}(x-c)$$

darzustellen, so könnte weder G_1 noch G_2 transcendent sein.

Man kann aus der Darstellungsform von $F(x)$ entnehmen, dafs diese Function in unendlich kleiner Umgebung ihrer wesentlich singulären Stelle c jedem Werthe beliebig nahe kommen kann.

Man bemerke zunächst, dafs $|F(x)|$ für beliebig kleine Werthe von $|x-c|$ gröfser gemacht werden kann als eine beliebig vorgelegte Gröfse K. Wenn G_2 eine transcendente Function ist, so liegen in beliebiger Nähe von c Nullstellen dieser Function, an denen $F(x)$ unendlich grofs wird. Ist aber G_2 eine ganze rationale Function, so bringe man den Quotienten auf die Form

$$\frac{G_1^{(1)} + G_2 G_1^{(2)}}{G_2},$$

wo auch $G_1^{(1)}$ eine ganze rationale Function, aber niedrigeren Grades als G_2 ist und $G_1^{(2)}$ eine ganze transcendente Function bedeutet. Dann wird $\frac{G_1^{(1)}}{G_2}$ für unendlich grofse Werthe des Argumentes $\frac{1}{x-c}$ unendlich klein und $|F(x)|$ in unendlich kleiner Umgebung von c unendlich grofs.

Da endlich die eindeutigen Functionen

$$\frac{1}{F(x)} \quad \text{und} \quad \frac{1}{F(x) - C}$$

dieselbe wesentlich singuläre Stelle besitzen, so existiren in dem genannten Bereiche um c auch Stellen, wo

$$|F(x)| < \frac{1}{K} \quad \text{und} \quad |F(x) - C| < \frac{1}{K}$$

wird, womit die Behauptung erwiesen ist.

§ 51. Fortsetzung. Darstellung der trigonometrischen Functionen.

Wir kehren wieder zu unserer Function

$$G_0(x) = x^{n_0} \prod_{\nu=1}^{\infty} \left(1 - \frac{x}{a_\nu}\right)^{n_\nu} e^{n_\nu \sum_{\mu=1}^{m_\nu} \frac{1}{\mu}\left(\frac{x}{a_\nu}\right)^\mu}$$

zurück und wollen sie — wie das bei der gleichmäfsigen und unbedingten Convergenz des Productes erlaubt ist — ebenso wie das Product einer endlichen Anzahl von Factoren differentiiren. Es ist

$$\frac{1}{G_0}\frac{dG_0}{dx} = \frac{d\log G_0}{dx} = \sum_{\nu=1}^{\infty} n_\nu \left(\frac{1}{x - a_\nu} + \frac{1}{a_\nu} + \frac{1}{a_\nu}\left(\frac{x}{a_\nu}\right) + \cdots + \frac{1}{a_\nu}\left(\frac{\nu}{a_\nu}\right)^{m_\nu - 1}\right)$$

$$= \sum_{\nu=1}^{\infty} \left[\frac{d \log (x - a_\nu)^\nu}{dx} + \frac{n_\nu}{a_\nu}\left(1 + \frac{x}{a_\nu} + \cdots + \left(\frac{x}{a_\nu}\right)^{m_\nu - 1}\right)\right]$$

und wir wissen, dafs $\frac{d\log G_0}{dx}$ in der Umgebung jeder von den Nullstellen a_ν und der unendlich fernen Stelle verschiedenen Stelle regulären Verhaltens sein mufs.*)

*) Man bemerkt, dafs

$$\frac{G_0(x) \cdot \frac{dE\left(\frac{x}{a_\nu}, m_\nu\right)}{dx}}{E\left(\frac{x}{a_\nu}, m_\nu\right)}$$

für $x = a_\nu$ gleich $\left(\frac{dG_0}{dx}\right)_{x = a_\nu} = G_0'(a_\nu)$ und für $x = a_{\nu'}$ Null wird. Deshalb stellt die Summe

$$\sum_{\nu=1}^{\infty} \eta_\nu \frac{G_0(x)}{G_0'(a_\nu)} \frac{\frac{dE\left(\frac{x}{a_\nu}, m_\nu\right)}{dx}}{E\left(\frac{x}{a_\nu}, m_\nu\right)} e^{g_\nu(x) - g_\nu(a_\nu)}$$

eine ganze Function $G(x)$ dar, die an den unendlich vielen Nullstellen $a_1, a_2 \ldots$ die festgesetzten Werthe $\eta_1, \eta_2, \ldots$ annimmt.

Wann diese Summe beständig convergirt, wollen wir nicht untersuchen, denn es ist uns nur darum zu thun, die Erweiterung der Lagrange'schen Interpolationsformel anzudeuten.

Ist die Häufungsstelle der unendlich vielen Stellen, an denen eine ganze Function vorgegebene Werthe hat, nicht $x = \infty$, sondern $x = c$, so mufs die Stelle c eine wesentlich singuläre Stelle der gesuchten Function sein, denn in

Setzen wir innerhalb des Bereiches $\left|\frac{x}{a_\nu}\right| < 1$

$$\frac{n_\nu}{x - a_\nu} = -\frac{n_\nu}{a_\nu}\left(1 - \frac{x}{a_\nu} + \cdots + \left(\frac{x}{a_\nu}\right)^{m_\nu - 1}\right) + \left(\frac{x}{a_\nu}\right)^{m_\nu} \frac{n_\nu}{x - a_\nu},$$

so wird die logarithmische Ableitung von G_0 auch durch die innerhalb des Bereiches $\left|\frac{x}{a_\nu}\right| < 1$ zweifellos convergente unendliche Summe rationaler Functionen

$$\sum_{\nu=1}^{\infty} \left(\frac{x}{a_\nu}\right)^{m_\nu} \frac{n_\nu}{x - a_\nu} \tag{α}$$

definirt sein.

Sind $a_1, a_2, \ldots$ unendlich viele Stellen, von denen in einem endlichen Bereiche nur eine endliche Anzahl liegt, auf dafs also

$$|a_{n+1}| > |a_n| \quad \text{und} \quad \lim_{\nu=\infty} |a_\nu| = \infty$$

ist, bezeichnen ferner n_ν endliche ganze Zahlen und m_ν derartige ganze Zahlen, dafs die Summe

$$\sum_{\nu=1}^{\infty} \left| \frac{1}{a_\nu} \left(\frac{x}{a_\nu}\right)^{m_\nu} \right|$$

beständig convergirt, dann kann man für die voranstehende Summe (α) die gleichmäfsige Convergenz in demjenigen Bereiche beweisen, der durch die Bedingungen charakterisirt wird:

$$|x| < R, \quad |a_{n+1}| > R > |a_n|, \quad |x - a_\nu| > \varrho_\nu \quad (\nu = 1, 2, \ldots n),$$

wo R eine beliebig grofse aber endliche Gröfse ist und ϱ_ν beliebig klein sind.*)

Der genannte Bereich wird durch eine Kreisfläche um die Stelle $x = 0$ gebildet, auf deren Grenze keine der Stellen a_ν liegt, aus deren Innerem aber beliebig kleine um die daselbst befindlichen Stellen $(a_1, a_2, \ldots a_n)$ sich erstreckende Kreisflächen ausgeschlossen sind.

Wenn nach Annahme einer endlichen Gröfse R ein endliches $\nu = n$ gefunden ist, so dafs

$$|a_n| < R < |a_{n+1}|,$$

so wird die Summe

$$\sum_{\nu=1}^{n} \left(\frac{x}{a_\nu}\right)^{m_\nu} \frac{n_\nu}{x - a_\nu}$$

innerhalb unseres Bereiches gewifs gleichmäfsig convergiren und von der Summe

beliebig kleiner Umgebung der Häufungsstelle hat sie unendlich viele Werthe, unter denen beliebig kleine und beliebig grofse sein können.

*) Vergl. Cesaro, Giornale di matematiche 1885.

$$\sum_{\nu=n+1}^{\infty} \left(\frac{x}{a_\nu}\right)^{m_\nu} \frac{n_\nu}{x-a_\nu}$$

werden wir das auch behaupten können, wenn die Summe der absoluten Beträge der Summanden endlich ist.

Da aber

$$|x| < |a_{n+\nu}|, \qquad |a_{n+\nu} - x| > |a_{n+\nu}| - |x| > 0$$

ist, so wird

$$\sum_{\nu=n+1}^{\infty} \left|\frac{x}{a_\nu}\right|^{m_\nu} \frac{n_\nu}{|a_\nu - x|} < \sum_{\nu=n+1}^{\infty} \left|\frac{x}{a_\nu}\right|^{m_\nu} \frac{n_\nu}{|a_\nu| - |x|} = \sum_{\nu=\nu+1}^{\infty} \left|\frac{1}{a_\nu}\left(\frac{x}{a_\nu}\right)^{m_\nu}\right| \frac{n_\nu}{1 - \left|\frac{x}{a_\nu}\right|}.$$

Heifst N wieder die gröfste der ganzen Zahlen $n_{n+\nu}$ und ist die kleinste der Gröfsen $1 - \left|\frac{x}{a_\nu}\right|$ K, so wird die letzte Summe kleiner als

$$\frac{N}{K} \sum_\nu \left|\frac{1}{a_\nu}\left(\frac{x}{a_\nu}\right)^{m_\nu}\right|$$

und damit ist die Behauptung der Voraussetzung zufolge bewiesen.

Es ist auch zu sehen, dafs in eben demselben Bereiche gleichzeitig die neuen Summen

$$\sum_{\nu=1}^{\infty} \left(\frac{x}{a_\nu}\right)^{m_\nu} \frac{n_\nu}{(x-a_\nu)^k}$$

gleichzeitig convergiren, wenn k eine ganze Zahl bezeichnet. Denn nennt man die kleinste der Gröfsen ϱ_ν ϱ, so ist an jeder Stelle unseres Bereiches

$$|a_\nu - x| > \varrho$$

und deshalb

$$\left|\left(\frac{x}{a_\nu}\right)^{m_\nu} \frac{n_\nu}{(a_\nu - x)^k}\right| < \frac{1}{\varrho^{k-1}} \left|\left(\frac{x}{a_\nu}\right)^{m_\nu} \frac{n_\nu}{a_\nu - x}\right|,$$

womit der Satz einleuchtet.

Läfst sich den von Null verschiedenen Nullstellen a_ν unserer ganzen Function $G_0(x)$ eine ganze Zahl $m+1$ so zuordnen, dafs

$$\sum_{\nu=1}^{\infty} \left|\frac{1}{a_\nu}\right|^{m+1}$$

endlich ist, so kann man offenbar allen Zahlen m_ν den Werth m beilegen, denn

$$\sum_\nu \left|\frac{1}{a_\nu}\left(\frac{x}{a_\nu}\right)^{m_\nu}\right| = |x^m| \sum_\nu \left|\frac{1}{a_\nu}\right|^{m+1}$$

wird für jeden endlichen Werth von x endlich bleiben. Dann convergiren aber auch die Summen

$$\sum_\nu \frac{n_\nu}{a_\nu^m (x-a_\nu)} \quad \text{und} \quad \sum_\nu \frac{n_\nu}{a_\nu^m (x-a_\nu)^k}$$

in dem früher genannten Bereiche gleichmäfsig.

Nehmen wir von vornherein an, dafs keine der den Nullstellen a_ν zugeordneten ganzen Zahlen m_ν eine endliche angebbare Zahl m übertrifft, so kommt man leicht zu dem Schlusse, es mufs dann $\sum_\nu \left|\frac{1}{a_\nu}\right|^{m+1}$ endlich sein. In der That führt die $m$malige Differentiation der Gleichung:

$$\frac{d\log G_0}{dx} = \sum_{\nu=1}^{\infty}\left[\frac{d\log(x-a_\nu)^{n_\nu}}{dx} + \frac{n_\nu}{a_\nu}\left(1+\frac{x}{a_\nu}+\cdots+\left(\frac{x}{a_\nu}\right)^{m_\nu-1}\right)\right]$$

auf eine Summe:

$$\frac{d^{m+1}\log G_0}{dx^{m+1}} = \sum_{\nu=1}^{\infty}\frac{d^{m+1}\log(x-a_\nu)^{n_\nu}}{dx^{m+1}} = \sum_{\nu=1}^{\infty}\frac{(-1)^{m+1}\,m!\,n_\nu}{(x-a_\nu)^{m+1}},$$

die in der Umgebung der nicht singulären Stelle $x=0$ endlich sein soll, aber nicht endlich sein kann, wenn $\sum_{\nu=1}^{\infty}\left|\frac{1}{a_\nu}\right|^{m+1}$ nicht convergirt.

Laguerre nennt *eine ganze transcendente Function $G_0(x)$ vom Range m*, wenn für die Reihe ihrer Nullstellen m die kleinste ganze Zahl ist, für die $\sum_\nu \left|\frac{1}{a_\nu}\right|^{m+1}$ endlich ist. Darnach sind die Functionen

$$Fc(x),\quad \sin\pi x,\quad \cos\pi x$$

ganze Functionen ersten Ranges. Die Reihe der Nullstellen von $\sin\pi x$ und $\cos\pi x$ sind

$$0,\ \pm 1,\ \pm 2,\ldots \quad \text{beziehungsweise} \quad \pm\frac{1}{2},\ \pm\frac{3}{2},\ \pm\frac{5}{2},\ldots$$

und weil die Reihe

$$\sum_{\nu=1}^{\infty}\frac{1}{\nu^2} \quad \text{und umsomehr} \quad \sum_{\nu=1}^{\infty}\frac{1}{(2\nu+1)^2}$$

convergirt, kann man diese Functionen in der Form darstellen:

$$x\prod_{\nu=-\infty}^{+\infty}{}'\left(1-\frac{x}{\nu}\right).e^{\frac{x}{\nu}}.e^{g(x)}$$

$$\prod_{\nu=-\infty}^{+\infty}\left(1-\frac{2x}{2\nu+1}\right)e^{\frac{2x}{2\nu+1}}e^{\gamma(x)}.$$

Doch müssen hier die *äufseren Factoren* $e^{g(x)}$, $e^{\gamma(x)}$ noch passend bestimmt werden, damit die Producte gerade $\sin\pi x$ und $\cos\pi x$ und nicht blos Functionen mit denselben Nullstellen definiren.

Zur Bestimmung dieses Factors dienen folgende allgemeine Betrachtungen.

Ist $0, a_1, a_2,\ldots$ die Reihe der Nullstellen einer ganzen Function des m^{ten} Ranges und läfst man x unendlich zunehmen, ohne dabei den Bereich der gleichmäfsigen Convergenz der Summe

$$\sum_\nu \frac{1}{a_\nu^m} \frac{n_\nu}{(x-a_\nu)}$$

zu verlassen, so kann das stets in solcher Weise geschehen, dafs diese Summe und auch die der absoluten Beträge der Summanden nach Null convergirt.

Wir haben nur nöthig, die zweite Behauptung zu erweisen. Man kann stets ein $\nu = n$ so angeben, dafs

$$\sum_{\nu=n+1}^{\infty} \frac{n_\nu}{|a_\nu^m|\,|a_\nu - x|}$$

kleiner wird als eine beliebig kleine Gröfse δ, und weil man in der somit bestehenden Ungleichung:

$$\sum_{\nu=n+1}^{\infty} \frac{n_\nu}{|a_\nu^m|\,|a_\nu - x|} < \sum_{\nu=1}^{n} \frac{n_\nu}{|a_\nu^m|\,|a_\nu - x|} + \delta$$

für die Summe der endlichen Anzahl von Gliedern nach Annahme einer kleinen Gröfse ε eine positive Gröfse ξ so bestimmen kann, dafs für jedes x von gröfserem Betrage als ξ die Summe kleiner wird als ε, so convergirt die genannte Summe für unendlich wachsende Werthe von x unseres Bereiches nach Null.

Daraus folgt, dafs die logarithmische Ableitung von $G_0(x)$ nach Multiplication mit x^{-m}

$$\frac{1}{x^m} \frac{d \log G_0}{dx} = \frac{n_0}{x^{m+1}} + \sum_{\nu=1}^{\infty} \frac{n_\nu}{a_\nu^m (x-a_\nu)}$$

mit unendlich wachsendem x nach Null convergirt.

Dasselbe gilt auch, wenn die ganze Function m^{ten} Ranges einen äufseren Factor $e^{g(x)}$ besitzt, in welchem die ganze rationale Function $g(x)$ den m^{ten} Grad nicht übersteigt.

Zur Charakterisirung der Convergenz der in Rede stehenden Summe nach Null, wenn x ohne eine singuläre Stelle a_ν zu überschreiten, nach ∞ übergeht, mag hervorgehoben werden, dafs das Product

$$x \sum_{\nu=1}^{\infty} \frac{n_\nu}{a_\nu^m (x-a_\nu)} = \sum_{\nu=1}^{\infty} \frac{n_\nu}{a_\nu^m \left(1 - \frac{a_\nu}{x}\right)}$$

unter gleichen Umständen divergirt, indem nämlich die Summe:

$$\sum_\nu \frac{n_\nu}{|a_\nu^m|\,\left|1 + \frac{a_\nu}{x}\right|}$$

und umsomehr die Summe der absoluten Beträge $\frac{n_\nu}{|a_\nu^m|\,\left|1 - \frac{a_\nu}{x}\right|}$ mit $\sum_{\nu=1}^{\infty}\left|\frac{1}{a_\nu}\right|^m$ unendlich wird.

Durch ganz ähnliche Betrachtungen läfst sich zeigen, dafs die Summen

$$\sum_{\nu} \frac{x^k}{a_\nu^m (x - a_\nu)^{k+1}}$$

mit wachsendem x nach Null, aber

$$\sum_{\nu} \frac{x^k}{a_\nu^m (x - a_\nu)^k}$$

nach Unendlich convergiren, und dann kann man sich überzeugen, dafs gleichzeitig mit $x^{-m} \frac{d \log G_0}{dx}$ auch die Quotienten

$$\frac{G_0^{(\mu+1)}(x)}{x^m G_0^{(\mu)}(x)}$$

nach Null convergiren, wo $G_0^{(\mu)}(x)$ die μ^{te} Ableitung von $G_0(x)$ bezeichnet. Nun ist jede Ableitung einer ganzen Function wieder eine solche, und wenn man daher zeigen kann, dafs eine an die Eigenschaften

$$\lim_{x=\infty} \left(\frac{G'(x)}{x^m G(x)}\right) = 0, \quad \lim_{x=\infty} \left(\frac{G'(x)}{x^{m-1} G(x)}\right) = \infty$$

geknüpfte ganze Function vom m^{ten} Range sein mufs, hat man auch gezeigt, dafs jede Ableitung einer ganzen Function des m^{ten} Ranges von demselben Range m ist.

Man sieht aber leicht, dafs der Rang m' einer ganzen Function $G(x)$, welche die genannten Eigenschaften besitzt und deren zugeordnete Zahlen m_ν höchstens den Werth m erhalten, nicht gröfser odeı kleiner sein kann als m, weil im ersten Falle

$$x^{m'-m} \sum_{\nu=1}^{\infty} \frac{n_\nu}{a_\nu^m (x - a_\nu)}$$

nicht nach Null convergiren und in dem zweiten Falle die zweite der oben genannten Bedingungen verletzt werden würde.

Da die Zahlen m_ν aber auch nicht in's Unendliche zunehmen können, wie z. B. im allgemeinen Falle, wo wir $m_\nu = \nu - 1$ setzten, ist wirklich $G(x)$ vom m^{ten} Range. In dem äufseren Factor kann $G(x)$ natürlich den Grad m nicht übersteigen.

Sollten wir nunmehr bemerken, dafs

$$\frac{1}{x} \frac{d \log \sin \pi x}{dx} = \frac{\pi}{x} \operatorname{cotg} \pi x = \frac{g'(x)}{x} + \frac{1}{x^2} + \sum_{\nu=-\infty}^{+\infty}{}' \frac{1}{\nu(x - \nu)}$$

für $x = \infty$ nach Null convergirt, so mufs der äufsere Factor in dem Producte für $\sin \pi x$ die Form

$$e^{ax+b}$$

besitzen. Nun ist

$$\frac{\pi}{x} \operatorname{cotg} \pi x = \frac{i\pi}{x} \frac{e^{2\pi x i} + 1}{e^{2\pi x i} - 1}$$

und wenn wir hier $x = \xi + i\eta$ nach Unendlich convergiren lassen, ohne die auf der reellen Axe liegenden Nullstellen von $\sin \pi x$ zu überschreiten, also z. B. dadurch, dafs wir nur η nach $\pm \infty$ gehen lassen, so wird

$$\operatorname{cotg} \pi(\xi + i\eta) \text{ nach } \pm i \text{ und } \frac{\pi}{x} \operatorname{cotg} \pi x \text{ nach Null}$$

convergiren. — Wir setzen deshalb

$$\pi \operatorname{cotg} \pi x = a + \frac{1}{x} + \sum_{\nu}{}' \frac{x}{\nu(x - \nu)}$$

und weil

$$-\pi \operatorname{cotg} \pi x = a - \frac{1}{x} - \sum_{\nu}{}' \frac{x}{\nu(x - \nu)}$$

ist, folgt, dafs $a = 0$ ist. Vergleicht man schliefslich die Entwicklungen von

$$\sin \pi x \quad \text{und} \quad e^{b} x \prod_{\nu}{}' \left(1 - \frac{x}{\nu}\right) \cdot e^{\frac{x}{\nu}}$$

in der Umgebung der Stelle $x = 0$, so erkennt man, dafs $e^{b} = \pi$ zu setzen ist und damit wird:

$$\sin \pi x = \pi x \prod_{\nu=-\infty}^{+\infty}{}' \left(1 - \frac{x}{\nu}\right) \cdot e^{\frac{x}{\nu}}$$

und entsprechend

$$\cos \pi x = \prod_{\nu=-\infty}^{+\infty} \left(1 - \frac{2x}{2\nu + 1}\right) \cdot e^{\frac{2x}{2\nu + 1}}.$$

Daneben ist:

$$\sin \pi x = \pi x \prod_{\nu=1}^{\infty} \left(1 - \frac{x^2}{\nu^2}\right), \qquad \cos \pi x = \prod_{\nu=1}^{\infty} \left(1 - \frac{4x^2}{(2\nu - 1)^2}\right)$$

und

$$\pi \operatorname{cotg} \pi x = \frac{1}{x} + \sum_{\nu=-\infty}^{+\infty}{}' \left(\frac{1}{x - \nu} + \frac{1}{\nu}\right) = \frac{1}{x} + \sum_{\nu=-\infty}^{+\infty}{}' \frac{x}{\nu(x - \nu)}$$

$$= \frac{1}{x} + \sum_{\nu=1}^{\infty} \frac{2x}{x^2 - \nu^2} = \frac{1}{x} + \sum_{\nu=1}^{\infty} \left(\frac{1}{x - \nu} + \frac{1}{x + \nu}\right)$$

$$-\pi \operatorname{tg} \pi x = \sum_{\nu=-\infty}^{+\infty} \left(\frac{1}{x - \frac{2\nu + 1}{2}} + \frac{1}{\frac{2\nu + 1}{2}}\right) = \sum_{\nu=-\infty}^{+\infty} \frac{4x}{(2\nu + 1)(2x - (2\nu + 1))}$$

$$= \sum_{\nu=1}^{\infty} \frac{2x}{x^2 - \left(\frac{2\nu - 1}{2}\right)^2} = \sum_{\nu=1}^{\infty} \left(\frac{1}{x - \frac{2\nu - 1}{2}} + \frac{1}{x + \frac{2\nu - 1}{2}}\right),$$

wobei aber in den an vierter Stelle stehenden Summen die Größen $\frac{1}{x-\nu}$ und $\frac{1}{x+\nu}$ nicht von einander zu trennen sind. Die Differentiation dieser Gleichungen führt auf die Formeln:

$$\frac{\pi^2}{\sin^2\pi x} = \sum_{\nu=-\infty}^{+\infty}\frac{1}{(x-\nu)^2}, \quad \frac{\pi^2}{\cos^2\pi x} = \sum_{\nu=-\infty}^{+\infty}\frac{1}{\left(x-\frac{2\nu+1}{2}\right)^2}.$$

Setzt man in dem ersten Ausdruck für $\sin\pi x$ an Stelle x $(x-a)$, wo a keine ganze Zahl bedeuten soll und dividirt $\sin\pi(x-a)$ durch $\sin(-\pi a)$ so entsteht die Gleichung

$$\frac{\sin\pi(x-a)}{\sin(-\pi a)} = \left(1-\frac{x}{a}\right)\prod_\nu{}'\left(1-\frac{x}{\nu+a}\right)e^{\frac{x}{\nu}}.$$

Will man rechterhand die Primfunctionen $\left(1-\frac{x}{\nu+a}\right)e^{\frac{x}{\nu+a}}$ auftreten lassen, so beachte man, daſs man

$$\left(1-\frac{x}{a}\right)\prod_\nu{}'\left(1-\frac{x}{\nu+a}\right)e^{\frac{x}{\nu}}$$

$$=\left(1-\frac{x}{a}\right)\prod{}'\left(1-\frac{x}{\nu+a}\right)\cdot e^{\frac{x}{\nu+a}}\prod{}' e^{x\left(\frac{1}{\nu}-\frac{1}{\nu+a}\right)}$$

setzen darf, indem das Product

$$\prod_\nu{}' e^{x\left(\frac{1}{\nu}-\frac{1}{\nu+a}\right)} = e^{x\sum_\nu{}'\left(\frac{1}{\nu}-\frac{1}{\nu+a}\right)} = e^{x\left(\frac{1}{a}+\pi\,\mathrm{cotg}\,(-\pi a)\right)}$$

beständig gleichmäſsig convergirt, wie das nach der allgemeinen Theorie nothwendig ist.

Nun entsteht die später zu benutzende Formel

$$\left(1-\frac{x}{a}\right)\cdot e^{\frac{x}{a}}\prod_\nu{}'\left(1-\frac{x}{\nu+a}\right)\cdot e^{\frac{x}{\nu+a}} = \frac{\sin\pi(x-a)}{\sin(-\pi a)}\,e^{\pi x\,\mathrm{cotg}\,\pi a},$$

der die nachstehende leicht zuzugesellen ist:

$$\prod_\nu\left(1-\frac{x}{\frac{2\nu+1}{2}+a}\right)\cdot e^{\frac{x}{\frac{2\nu+1}{2}+a}} = \frac{\cos\pi(x-a)}{\cos(-\pi a)}\,e^{\pi x\,\mathrm{tg}\,\pi a},$$

wo a aber keine der Zahlen $\frac{2\mu+1}{2}$ $(\mu = 0, \pm 1, \pm 2, \ldots)$ sein darf.

Zunächst kann man diese Formeln dazu benutzen, um die Functionen

$$\frac{\cos \pi x + \cos \pi a}{1 + \cos \pi a} = \frac{\cos \pi\left(\frac{x+a}{2}\right) \cos \pi\left(\frac{x-a}{2}\right)}{\cos^2 \pi \frac{a}{2}}$$

$$\frac{\cos \pi x - \cos \pi a}{1 - \cos \pi a} = \frac{\sin \pi\left(\frac{x+a}{2}\right) \sin \pi\left(\frac{x-a}{2}\right)}{\sin^2 \pi \frac{a}{2}}$$

$$\frac{\sin \pi x + \sin \pi a}{\sin \pi a} = \frac{\sin \pi\left(\frac{x+a}{2}\right) \cos \pi\left(\frac{x-a}{2}\right)}{\sin \pi \frac{a}{2} \cos \pi \frac{a}{2}}$$

$$\frac{\sin \pi x - \sin \pi a}{\sin \pi a} = \frac{\cos \pi\left(\frac{x+a}{2}\right) \sin \pi\left(\frac{x-a}{2}\right)}{\cos \pi \frac{a}{2} \sin \pi \frac{a}{2}}$$

durch Producte darzustellen, die als Functionen von x beständig convergiren, auf deren Bildung Euler weitläufig eingegangen ist.

Setzt man in den obigen Formeln $x = a + \frac{1}{2}$ respective $x = a$, so erhält man die Gleichungen:

$$-\operatorname{cosec} \pi a = \prod_{\nu=-\infty}^{+\infty} \left(\frac{2\nu - 1}{2\nu + 2a}\right) e^{\frac{2a+1}{2\nu+2a}} \cdot e^{-\frac{\pi}{2}(2a+1)\operatorname{cotg} \pi a}$$

$$\sec \pi a = \prod_{\nu=-\infty}^{+\infty} \left(\frac{2\nu + 1}{2\nu + 1 + 2a}\right) e^{\frac{2a}{2\nu+1+2a}} \cdot e^{-\pi a \operatorname{tg} \pi a},$$

in denen die rechten Seiten als Functionen von a in der Umgebung der Stelle $a = 0$ höchstens in den Bereichen

$$|a| < 1 \qquad |a| < \frac{1}{2}$$

eine Bedeutung haben. (Vergleiche die Producte in § 186 der Introductio in analysin infinitorum von Euler.)

Da unseren allgemeinen Betrachtungen zufolge die Functionen $\sin \pi x$ und $\cos \pi x$ auch durch

$$\pi x\, e^{-\sum_{\nu=1}^{\infty} \sum_{\mu=1}^{\infty} \frac{1}{\mu+1}\left(\frac{x}{\nu}\right)^{\mu+1}} \quad \text{beziehungsweise} \quad e^{-\sum_{\nu=1}^{\infty} \sum_{\mu=1}^{\infty} \frac{1}{\mu+1}\left(\frac{2x}{2\nu+1}\right)^{\mu+1}}$$

darzustellen sind (siehe pag. 312) und die Entwicklung dieser Ausdrücke nach Potenzen von x der Form nach andere Coefficienten enthält als die schon bekannten Potenzreihen

$$\sin \pi x = \pi x - \frac{(\pi x)^3}{3!} + \frac{(\pi x)^5}{5!} - \cdots$$

$$\cos \pi x = 1 - \frac{(\pi x)^2}{2!} + \frac{(\pi x)^4}{4!} - \cdots,$$

so kann man durch Vergleich der beiden Entwicklungen eine Reihe interessanter Ausdrücke für die ganzzahligen Potenzen von π aufstellen. Es wird

$$1 + \frac{1}{2^2} + \frac{1}{3^2} + \frac{1}{4^2} + \cdots = \frac{\pi^2}{6} = \frac{1}{6} \frac{2\pi^2}{2!}$$

$$1 + \frac{1}{2^4} + \frac{1}{3^4} + \frac{1}{4^4} + \cdots = \frac{\pi^4}{90} = \frac{1}{30} \frac{2^3\pi^4}{4!}$$

$$1 + \frac{1}{2^6} + \frac{1}{3^6} + \frac{1}{4^6} + \cdots = \frac{\pi^6}{945} = \frac{1}{42} \frac{2^5\pi^6}{6!}$$

$$1 + \frac{1}{2^8} + \frac{1}{3^8} + \frac{1}{4^8} + \cdots = \frac{\pi^8}{9450} = \frac{1}{30} \frac{2^7\pi^8}{8!}$$

$$1 + \frac{1}{2^{10}} + \frac{1}{3^{10}} + \frac{1}{4^{10}} + \cdots = \frac{\pi^{10}}{93555} = \frac{5}{66} \frac{2^9\pi^{10}}{10!}$$

u. s. w. Die numerischen Factoren $\frac{1}{6}, \frac{1}{30}, \frac{1}{42}, \frac{1}{30}, \frac{5}{66}, \ldots$ heifsen die Bernoulli'schen Zahlen, die wir mit

$$B_1, B_3, B_5, \ldots$$

bezeichnen.

Der Vergleich der beiden Reihen für $\cos \pi x$ gibt uns Ausdrücke für die Summen

$$\sum_{\nu=1}^{\infty} \frac{1}{(2\nu-1)^{2\mu}} \quad (\mu = 1, 2, 3 \ldots),$$

die sich aber bereits aus der Summe der $(-2\mu)^{\text{ten}}$ Potenzen aller ganzen Zahlen in folgender Weise bestimmen lassen: Nennt man die Summe

$$\sum_{\nu=1}^{\infty} \frac{1}{\nu^{2\mu}} = S_{2\mu},$$

so ist

$$\frac{S_{2\mu}}{2^{2\mu}} = \sum_{\nu=1}^{\infty} \frac{1}{(2\nu)^{2\mu}} \text{ und } S_{2\mu} - \frac{S_{2\mu}}{2^{2\mu}} = \frac{2^{2\mu}-1}{2^{2\mu}} S_{2\mu} = \sum_{\nu=1}^{\infty} \frac{1}{(2\nu-1)^{2\mu}}$$

oder

$$\sum_{\nu=1}^{\infty} \frac{2}{(2\nu-1)^{2\mu}} = B_{2\mu-1} \frac{2^{2\mu}-1}{2} \frac{\pi^{2\mu}}{(2\mu)!}$$

und ferner ist auch

$$S_{2\mu} - \frac{2S_{2\mu}}{2^{2\mu}} = \frac{2^{2\mu-1}-1}{2^{2\mu-1}} S_{2\mu} = \sum_{\nu=1}^{\infty} \frac{(-1)^{\nu-1}}{\nu^{2\mu}} = B_{2\mu-1} \frac{2^{2\mu-1}-1}{(2\mu)!} \pi^{2\mu}.$$

Mit Hilfe der Formeln:

$$\operatorname{cotg} x = \frac{1}{x} + \sum_{\nu=1}^{\infty} \frac{2x}{(x^2-\nu^2\pi^2)}, \quad \operatorname{tg} x = \sum_{\nu=1}^{\infty} \frac{2x}{\left(\left(\frac{2\nu-1}{2}\right)^2\pi^2 - x^2\right)}$$

kann man cotg x und tg x in der Umgebung der Stelle $x = 0$ durch Potenzreihen nach x darstellen, indem man die einzelnen der Summanden nach Potenzen von x entwickelt. Es wird dann:

$$\operatorname{cotg} x = \frac{1}{x} - \frac{2x}{\pi^2} \sum_{\mu=0}^{\infty} \left(\frac{x^{2\mu}}{\pi^{2\mu}} \sum_{\nu=1}^{\infty} \frac{1}{\nu^{2\mu+2}} \right)$$

$$= \frac{1}{x} - \left(B_1 \frac{2^2 x}{2!} + B_3 \frac{2^4 x^3}{4!} + B_5 \frac{2^6 x^5}{6!} + \cdots \right)$$

$$\operatorname{tg} x = \frac{2^3 x}{\pi^2} \sum_{\mu=0}^{\infty} \left(\left(\frac{2x}{\pi} \right)^{2\mu} \sum_{\nu=1}^{\infty} \frac{1}{(2\nu-1)^{2\mu+2}} \right)$$

$$= B_1 2^2 (2^2-1) \frac{x}{2!} + B_3 2^4 (2^4-1) \frac{x^3}{4!} + B_5 2^6 (2^6-1) \frac{x^5}{6!} + \cdots.$$

Da die Coefficienten der Potenzreihe für tg x:

$$\sum_{\mu=1}^{\infty} c_{2\mu-1} \frac{x^{2\mu-1}}{(2\mu-1)!}$$

der Recursionsformel genügten:

$$c_{2n-1} - \binom{2n-1}{2} c_{2n-3} + \binom{2n-1}{4} c_{2n-5} - \cdots$$
$$+ (-1)^{n-1} \binom{2n-1}{2n-2} c_1 = (-1)^{n-1},$$

wird man die Bernoulli'schen Zahlen nach und nach aus den Gleichungen

$$\frac{2^{2n}(2^{2n}-1)}{2n} B_{2n-1} - \binom{2n-1}{2} \cdot \frac{2^{2n-2}(2^{2n-2}-1)}{2n-2} B_{2n-3} + \cdots$$
$$+ (-1)^{n-2} \binom{2n-1}{2n-4} \frac{2^4(2^4-1)}{4} B_3 + (-1)^{n-1} \binom{2n-1}{2n-2} \frac{2^2(2^2-1)}{2} B_1 = (-1)^{n-1}$$
$$(n = 2, 3 \ldots)$$

bestimmen können.

Beachtet man, dafs

$$\frac{1}{2}\left(\operatorname{cotg}\frac{x}{2} + \operatorname{tg}\frac{x}{2}\right) = \frac{1}{2}\left(\frac{\cos\frac{x}{2}}{\sin\frac{x}{2}} + \frac{\sin\frac{x}{2}}{\cos\frac{x}{2}}\right) = \frac{1}{2\sin\frac{x}{2}\cos\frac{x}{2}} = \frac{1}{\sin x} = \operatorname{cosec} x,$$

$$\operatorname{cotg} \pi x + \operatorname{tg} \pi \frac{x}{2} = \operatorname{cosec} \pi x$$

ist, so ergibt sich für die Function Cosecante erstens die Reihenentwicklung

$$\operatorname{cosec} x = \frac{1}{x} + \sum_{n=1}^{\infty} B_{2n-1} \frac{2^{2n-1}-1}{n} \frac{x^{2n-1}}{(2n-1)!}$$

und durch Addition der Gleichungen:

$$\pi \operatorname{cotg} \pi x = \frac{1}{x} + \sum_{\nu=-\infty}^{+\infty}{}' \frac{x}{\nu(x-\nu)}$$

$$\pi \operatorname{tg} \pi \frac{x}{2} = \sum_{\nu=-\infty}^{+\infty} \frac{2x}{(2\nu+1)(2\nu+1-x)}$$

die Darstellung:

$$\pi \operatorname{cosec} \pi x = \frac{1}{x} + \sum_{\nu=-\infty}^{+\infty}{}' \frac{(-1)^\nu x}{\nu(x-\nu)} = \frac{1}{x} + \sum_{-\infty}^{+\infty}{}' (-1)^\nu \left(\frac{1}{x-\nu} + \frac{1}{\nu}\right)$$

$$= \frac{1}{x} + \sum_{\nu=1}^{\infty} \frac{(-1)^\nu 2x}{x^2-\nu^2} = \frac{1}{x} + \sum_{\nu=1}^{\infty} (-1)^\nu \left(\frac{1}{x-\nu} + \frac{1}{x+\nu}\right).$$

Um den Cyclus der Darstellungen der trigonometrischen Functionen durch Potenzreihen, unendliche Producte oder unendliche Summen rationaler Functionen voll zu machen, hat man noch $\pi \sec \pi x$ durch eine Summe und $\sec x$ in der Umgebung der Stelle $x = 0$ durch eine convergente Potenzreihe $\sum_{\nu=0}^{\infty} c_\nu \frac{x^\nu}{\nu!}$ darzustellen. Wir werden diese Aufgabe alsbald lösen und bemerken hier nur, dafs $c_0 = 1$ und alle Coefficienten $c_{2\mu-1}$ Null sein müssen, weil

$$\sec 0 = 1 \quad \text{und} \quad \left(\frac{d^{2\mu-1} \sec x}{dx^{2\mu-1}}\right)_{x=0} = 0$$

ist. —

Um eine andere Anwendung der früheren Sätze über die ganzen Functionen mit gegebenen Nullstellen vorzubringen, wollen wir den *Sinus und Cosinus ganzzahliger Vielfache des Argumentes x als Product einer endlichen Anzahl von Sinus und Cosinus-Functionen neuer Argumente* darstellen.

Da die Function $\sin mx$ offenbar dieselben Nullstellen besitzt wie all die Functionen

$$\sin x,\ \sin\left(\frac{\pi}{m} - x\right),\ \sin\left(\frac{2\pi}{m} - x\right), \dots \sin\left(\frac{(m-1)\pi}{m} - x\right)$$

oder

$$\sin x,\ \sin\left(x + \frac{\pi}{m}\right),\ \sin\left(x + \frac{2\pi}{m}\right), \dots \sin\left(x + \frac{(m-1)\pi}{m}\right)$$

und keine weiteren, so kann man

$$\sin mx = e^{g(x)} \sin x \prod_{k=1}^{m-1} \sin\left(x + \frac{k\pi}{m}\right) = e^{g(x)} \sin x \prod_{k=1}^{m-1} \sin\left(\frac{k\pi}{m} - x\right)$$

setzen, und der Vergleich der beiden Seiten dieser Gleichung zugehörigen Darstellungen durch ein Product von Primfunctionen lehrt, wie die ganze Function $g(x)$ beschaffen sein mufs.

Ist m eine ungerade Zahl $2\mu+1$, so schreibe man statt der Factoren $\sin\left(x+\frac{k\pi}{m}\right)$ $(k=\mu+1,\ \mu+2,\dots 2\mu)$ $\sin\left(\frac{(m-k)\pi}{m}-x\right)$ und wenn $m=2\mu$ ist, setze man an Stelle von $\sin\left(x+\frac{\mu\pi}{m}\right)$ $\sin\left(\frac{\pi}{2}-x\right)$ $=\cos x$ und für

$$\sin\left(x+\frac{(\mu+\nu)\pi}{m}\right)=\sin\left(\frac{\mu-\nu}{m}\pi-x\right)\ (\nu=1,2,\dots\mu-1),$$

dann geht die obige Gleichung in die folgenden über:

$$\sin mx=\sin(2\mu+1)x=e^{g_1(x)}\sin x\prod_{\lambda=1}^{\mu}\sin\left(\frac{\pi\lambda}{m}-x\right)\sin\left(\frac{\pi\lambda}{m}+x\right),$$

$$\sin mx=\sin 2\mu x=e^{g_2(x)}\sin x\cos x\prod_{\lambda=1}^{\mu-1}\sin\left(\frac{\pi\lambda}{m}-x\right)\sin\left(\frac{\pi\lambda}{m}+x\right).$$

Wenn man ferner die leicht zu verificirende Beziehung:

$$\sin(u+v)\cdot\sin(u-v)=\sin^2 u-\sin^2 v$$

verwendet, erhält man die nachstehenden Darstellungen:

$$\sin mx=\sin(2\mu+1)x=e^{g_1(x)}\cdot\sin x\prod_{\lambda=1}^{\mu}\left(\sin^2\frac{\pi\lambda}{m}-\sin^2 x\right)$$

$$\sin mx=\sin 2\mu x=e^{g_2(x)}\sin x\cos x\prod_{\lambda=1}^{\mu-1}\left(\sin^2\frac{\pi\lambda}{m}-\sin^2 x\right),$$

aus denen mit Hilfe der Reihenentwicklung für $\sin mx$ und $\sin x$ abzulesen ist, dafs $e^{g_1(x)}$ und $e^{g_2(x)}$ nur Constante C_1 und C_2

$$C_1=\frac{2\mu+1}{\prod\limits_{\lambda=1}^{\mu}\sin^2\frac{\pi\lambda}{2\mu+1}},\quad C_2=\frac{2\mu}{\prod\limits_{\lambda=1}^{\mu-1}\sin^2\frac{\pi\lambda}{2\mu}}$$

sein können.

Ebenso findet man die Gleichungen:

$$\cos mx=\cos(2\mu+1)x=C\cos x\prod_{\lambda=1}^{\mu}\sin\left(\frac{\pi}{2}\frac{2\lambda-1}{m}-x\right)\sin\left(\frac{\pi}{2}\frac{2\lambda-1}{m}+x\right)$$

$$=C\cos x\prod_{\lambda=1}^{\mu}\left(\sin^2\frac{\pi}{2}\frac{2\lambda-1}{m}-\sin^2 x\right)$$

$$\cos mx=\cos 2\mu x=C\prod_{\lambda=1}^{\mu}\sin\left(\frac{\pi}{2}\frac{2\lambda-1}{m}-x\right)\sin\left(\frac{\pi}{2}\frac{2\lambda-1}{m}+x\right)$$

$$=C\prod_{\lambda=1}^{\mu}\left(\sin^2\frac{\pi}{2}\frac{2\lambda-1}{m}-\sin^2 x\right)$$

und die Constante C ist das Reciproke des Productes $\prod\limits_{\lambda=1}^{\mu}\sin^2\frac{\pi}{2}\cdot\frac{2\lambda-1}{m}$.

Da

$$2(\sin^2 u - \sin^2 v) = (\cos^2 v - \sin^2 v) - (\cos^2 u - \sin^2 u) = \cos 2v - \cos 2u$$

ist, bestehen auch die folgenden Formeln:

$$\sin mx = \sin(2\mu+1)x = \frac{2\mu+1}{2^\mu}\,\frac{1}{\prod\limits_{\lambda=1}^{\mu}\sin^2\frac{\pi\lambda}{m}}\,\cos\left(\frac{\pi}{2}-x\right)\prod_{\lambda=1}^{\mu}\left(\cos 2x - \cos\frac{2\pi\lambda}{m}\right)$$

$$\sin mx = \sin 2\mu x = \frac{2\mu}{2^{\mu-1}}\,\frac{1}{\prod\limits_{\lambda=1}^{\mu-1}\sin^2\frac{\pi\lambda}{m}}\,\cos x\cos\left(\frac{\pi}{2}-x\right)\prod_{\lambda=1}^{\mu-1}\left(\cos 2x - \cos\frac{2\pi\lambda}{m}\right)$$

$$\cos mx = \cos(2\mu+1)x = \frac{1}{2^\mu\prod\limits_{\lambda=1}^{\mu}\sin^2\frac{\pi}{2}\frac{2\lambda-1}{m}}\,\cos x\prod_{\lambda=1}^{\mu}\left(\cos 2x - \cos\pi\frac{2\lambda-1}{m}\right)$$

$$\cos mx = \cos 2\mu x = \frac{1}{2^\mu\prod\limits_{\lambda=1}^{\mu}\sin^2\frac{\pi}{2}\frac{2\lambda-1}{m}}\prod_{\lambda=1}^{\mu}\left(\cos 2x - \cos\pi\frac{2\lambda-1}{m}\right).$$

Vergleicht man die obigen Formeln mit den auf Seite 298 angeschriebenen Darstellungen von $\sin mx$ und $\cos mx$ als rationale Functionen von $\sin x$ und $\cos x$, so erhält man durch Gleichsetzen der Coefficienten der höchsten Potenzen von $\sin x$ die Beziehungen:

$$(-1)^\mu C_1 = \frac{(-1)^\mu(2\mu+1)}{\prod\limits_{\lambda=1}^{\mu}\sin^2\frac{\pi\lambda}{2\mu+1}} = (-1)^\mu\frac{m(m^2-1^2)\ldots(m^2-(m-2)^2)}{m!} = (-1)^\mu 2^{m-1}$$

oder

$$2^{2\mu}\prod_{\lambda=1}^{\mu}\sin^2\frac{\pi\lambda}{2\mu+1} = 2\mu+1, \quad C_1 = 2^{m-1},$$

und ebenso

$$2^{2\mu-1}\prod_{\lambda=1}^{\mu-1}\sin^2\frac{\pi\lambda}{2\mu} = 2\mu, \quad C_2 = 2^{m-1},$$

$$2^{2\mu}\prod_{\lambda=1}^{\mu}\sin^2\frac{\pi}{2}\frac{2\lambda-1}{2\mu+1} = 1, \quad 2^{2\mu-1}\prod_{\lambda=1}^{\mu}\sin^2\frac{\pi}{2}\frac{2\lambda-1}{2\mu} = 1, \quad C = 2^{m-1}.$$

Setzt man $\sin x = u$ und $m = 2\mu+1$, so besteht die Gleichung:

$$1 - \frac{m}{1!}\frac{u}{\sin mx} + \frac{m(m^2-1^2)}{3!}\frac{u^3}{\sin mx} \cdots + (-1)^{\frac{m+1}{2}}\,2^{m-1}\frac{u^m}{\sin mx} = 0,$$

deren m Wurzeln u wir angeben wollen. Das Product derselben ist

$$\frac{(-1)^\mu}{2^{m-1}}\sin mx \text{ oder } (-1)^\mu \sin x \prod_{\lambda=1}^{\mu} \sin\left(\frac{\pi\lambda}{m}-x\right)\sin\left(\frac{\pi\lambda}{m}+x\right)$$

und weil — wie man sich leicht überzeugt —

$$\sin x \prod_{\lambda=1}^{\mu} \sin\left(\frac{\pi\lambda}{m}-x\right)\sin\left(\frac{\pi\lambda}{m}+x\right) = (-1)^\mu \prod_{k=0}^{m-1} \sin\left(x+\frac{2k\pi}{m}\right)$$

ist, heifsen die m Wurzeln:

$$\sin x,\ \sin\left(x+\frac{2\pi}{m}\right),\ \sin\left(x+\frac{4\pi}{m}\right), \ldots \sin\left(x+\frac{2(m-1)\pi}{m}\right)$$

oder

$$\sin x,\ \pm\sin\left(\frac{\lambda\pi}{m}+x\right),\ \mp\sin\left(\frac{\lambda\pi}{m}-x\right) \ (\lambda=1,2\ldots\mu),$$

und zwar gelten hier die oberen oder unteren Zeichen, je nachdem λ gerade oder ungerade ist.

Da unsere Gleichung das Glied in u^{m-1} nicht enthält, ist

$$\sum_{k=0}^{m-1} \sin\left(x+\frac{2k\pi}{m}\right) = 0$$

und der Coefficient von $-u\dfrac{n}{\sin mx}$ mufs gleich

$$\sum_{k=0}^{m-1} \frac{1}{\sin\left(x+\frac{2k\pi}{m}\right)}$$

sein.

Bei geradem $m = 2\mu$ besteht die Gleichung:

$$\sin^2 mx - u^2(1-u^2)\left(\frac{n}{1}-\frac{n(n^2-2^2)}{3!}u^2+\cdots+(-1)^{\mu-1}2^{2\mu-1}u^{2\mu-2}\right)^2 = 0.$$

Das Product ihrer Wurzeln ist

$$\frac{\sin^2 mx}{2^{2m-2}} = \sin^2 x \sin^2\left(\frac{\pi}{2}-x\right)\prod_{\lambda=1}^{\mu-1}\sin^2\left(\frac{\pi\lambda}{m}-x\right)\sin^2\left(\frac{\pi\lambda}{m}+x\right)$$

und die positiv und negativ genommenen Factoren der rechten Seite sind die Wurzeln selbst. Die positiven allein genügen der Gleichung:

$$\sin mx = +\sqrt{1-u^2}\left(\frac{n}{1}u-\frac{n(n^2-2^2)}{3!}u^3+\cdots+(-1)^{\mu-1}2^{2\mu-1}u^{2\mu-1}\right).$$

In entsprechender Weise hat man vorzugehen, um die Wurzeln der Gleichungen

$$\cos mx = \cos(2\mu+1)x = +\sqrt{1-u^2}\left(1-\frac{(n^2-1^2)}{2!}u^2+\cdots+(-1)^\mu 2^{m-1}u^{m-1}\right)$$

$$\cos mx = \cos 2\mu x = 1-\frac{n^2}{2!}u^2+\frac{n^2(n^2-2^2)}{4!}u^4-\cdots+(-1)^\mu 2^{m-1}u^m$$

zu finden.

§ 52. Die Weierstrafs'sche σ-Function.

Wir wollen noch eine ganze Function $G_0(x)$ herstellen, welche die unendlich vielen Nullstellen

$$w = 2\mu\omega + 2\mu'\omega' \quad (\mu, \mu' = 0, \pm 1, \pm 2, \ldots \pm \infty)$$

besitzt, wo ω und ω' solche Gröfsen sein müssen, dafs in einem endlichen Bereich der Variablen x nicht unendlich viele Nullstellen w liegen, denn andernfalls gäbe es keine ganze Function der verlangten Art.*)

Es kann zunächst keine der Gröfsen ω und ω' unendlich klein sein; sie können aber auch nicht in reellem Verhältnis stehen, denn wäre in

$$w = 2\omega\left(\mu + \mu' \frac{\omega'}{\omega}\right)$$

die Klammergröfse reell und zunächst $\frac{\omega'}{\omega}$ eine rationale Zahlengröfse, so könnte man unendlich viele ganze Zahlen μ und μ' angeben, für die $\mu + \mu' \frac{\omega'}{\omega}$ gleich Eins würde und dann wäre die Nullstelle $x = 2\omega$ von unendlich hoher Ordnung, was nicht zulässig ist. Wäre aber $\frac{\omega'}{\omega}$ eine irrationale Zahlengröfse, so liefsen sich stets ganze Zahlen μ_ν und μ'_ν finden, für die

$$|2\mu_\nu\omega - 2\mu'_\nu\omega'|$$

kleiner würde als eine beliebig kleine positive Gröfse δ und dann wäre $x = 0$ eine Häufungsstelle von Nullstellen. In der That: entwickelt man das reelle Verhältnis $\frac{\omega'}{\omega}$ in einen unendlichen Kettenbruch, ein endlicher kann sich nicht ergeben, weil sonst $\frac{\omega'}{\omega}$ rational wäre, und bildet die Differenz von $\frac{2\omega'}{2\omega}$ und dem ν^{ten} Näherungsbruche $\frac{\mu_\nu}{\mu'_\nu}$, so wird deren absoluter Betrag kleiner als $\left(\frac{1}{\mu'_\nu}\right)^2$ und

$$2\mu_\nu\omega - 2\mu'_\nu\omega' = \pm \frac{2\omega\varepsilon}{\mu'_\nu},$$

wo ε positiv und kleiner als 1 ist. Weil aber Zähler und Nenner der Näherungsbrüche eines Kettenbruches fortwährend zunehmen, so kann man auch ein ν so angeben, dafs $\left|\frac{2\omega\varepsilon}{\mu_\nu}\right| < \delta$ wird, w. z. b. w.

---

*) Vergleiche Weierstrafs, Formeln und Lehrsätze zum Gebrauche der elliptischen Functionen (herausgegeben von H. A. Schwarz) und andrerseits Kiepert, ganzzahlige Multiplication der elliptischen Functionen (Borchardt's Journal, Bd. 76).

Soll demnach eine ganze Function existiren, welche die Nullstellen w besitzt, so mufs das Verhältnis

$$\frac{\omega'}{\omega} = \tau$$

complex oder der reelle Theil von $\frac{\omega'}{i\omega}$ $\Re\left(\frac{\omega'}{i\omega}\right)$ von Null verschieden sein, aber dann gibt es in einem endlichen Bereiche nur eine endliche Anzahl von Stellen $2\mu\omega + 2\mu'\omega'$.

Zum Beweise beachte man, dafs sich bei nicht reellem Verhältnis der Gröfsen $2\omega = \alpha + i\beta$ und $2\omega' = \alpha' + i\beta'$, wo $(\alpha\beta' - \alpha'\beta)$ von Null verschieden ist, jede Gröfse $2a = a_1 + ia_2$ in der Form $2\xi_1\omega + 2\xi_2\omega'$ darstellen läfst, wobei ξ_1 und ξ_2 reelle Gröfsen bleiben. Man hat ξ_1 und ξ_2 nur aus den zwei Gleichungen $a_1 = \alpha\xi_1 + \alpha'\xi_2$ und $a_2 = \beta\xi_1 + \beta'\xi_2$ zu entnehmen. Darauf läfst sich jeder endliche Bereich durch die Gesammtheit der Stellen $2\xi_1\omega + 2\xi_2\omega'$ definiren, für welche ξ_1 und ξ_2 zwischen endlichen Grenzen gelegen sind, und man sieht, dafs ξ_1 und ξ_2 innerhalb des Bereiches nur eine endliche Anzahl Male ganze Zahlen sein können.

Man nennt zwei Gröfsenpaare $(2\omega, 2\omega')$ und $(2\varpi, 2\varpi')$ von nicht reellem Verhältnis *äquivalent*, wenn die Gesammtheit der Werthe

$$w = 2\mu\omega + 2\mu'\omega'$$

mit der Gesammtheit der Werthe

$$\tilde{w} = 2\nu\varpi + 2\nu'\varpi' \quad (\nu, \nu' = 0, \pm 1, \pm 2 \ldots)$$

übereinstimmt. Man sieht, dafs die nothwendige und hinreichende Bedingung für die Äquivalenz zweier Gröfsenpaare in der Existenz zweier Gleichungen liegt:

$$\varpi = p\omega + q\omega', \quad \varpi' = p'\omega + q'\omega',$$

in welchen die positiven oder negativen ganzen Zahlen wieder der Bedingung

$$pq' - p'q = \pm 1$$

genügen, denn unter diesen Umständen kann man stets zwei ganze Zahlen ν und ν' so bestimmen, dafs

$$2\mu\omega + 2\mu'\omega' = 2\nu\varpi + 2\nu'\varpi' = 2(\nu p + \nu' p')\varpi + 2(\nu q + \nu' q')\omega'$$

wird, und umgekehrt müssen die obigen Bedingungen erfüllt sein, wenn jeder Stelle w eine Stelle $\tilde{w}$ und umgekehrt entspricht.

Wir können jetzt festsetzen, dafs $\Re\left(\frac{\omega'}{\omega i}\right) > 0$ sei, denn andernfalls wähle man nur ein $(2\omega, 2\omega')$ äquivalentes Gröfsenpaar $(2\varpi, 2\varpi')$, für welches

$$\Re\left(\frac{\varpi'}{\varpi i}\right) = \Re\left(\frac{p'\omega + q'\omega'}{p\omega + q\omega'}\,\frac{1}{i}\right)$$

gröfser als Null ist und dazu mufs nur $pq' - q'p = -1$ sein.

Jetzt handelt es sich noch darum, in den Primfunctionen

$$E\left(\frac{x}{w}, m_{\mu,\mu'}\right)$$

die ganzen Zahlen $m_{\mu,\mu'}$ passend zu wählen, denn wenn wir auch schon wissen, daſs das Product

$$x\prod{}'\left(1-\frac{x}{w_\nu}\right)e^{\sum\limits_{\mu=1}^{\nu-1}\frac{1}{\mu}\left(\frac{x}{w_\nu}\right)^\mu}$$

eine ganze Function der verlangten Art definirt, sofern die Nullstellen

$$w_1, w_2, \ldots w_\nu, \ldots$$

der Bedingung

$$|w_\nu| < |w_{\nu+1}|$$

gemäſs geordnet sind, so braucht dies durchaus nicht die einfachste Function zu sein. Wir sehen darum nach, ob es etwa eine ganze Zahl m derart gibt, daſs

$$\sum_{\mu,\mu'}{}'\left|\frac{1}{2\mu\omega+2\mu'\omega'}\right|^{m+1}$$

endlich wird, denn dann existirt eine ganze Function m^{ten} Ranges, welche die Nullstellen w besitzt.

Bemerkt man, daſs man $2n+1$ Gröſsen $w = 2\mu\omega + 2\mu'\omega'$ angeben kann, bei denen μ oder μ' gleich $\pm n$ ist, so finden sich im Ganzen

$$4(2n+1) - 4 = 8n$$

Nullstellen, bei denen eine der Gröſsen μ, μ' den Werth $+n$ oder $-n$ besitzt. Stellt man alle diese Gröſsen w in der Form $n\delta_n$ dar, so kann $|\delta_n|$ niemals kleiner werden als eine endliche Gröſse $|\delta_0|$ und man sieht, daſs in der Ungleichung:

$$\sum_{\mu,\mu'}{}'\left|\frac{1}{w}\right|^{m+1} < \frac{8}{|\delta_0|^{m+1}}\sum_{n=1}^{\infty}\frac{n}{n^{m+1}} = \frac{8}{|\delta_0|^{m+1}}\sum_{n=1}^{\infty}\frac{1}{n^m}$$

die rechte Seite schon für $m=2$ endlich ist und umsomehr

$$\sum_{\mu,\mu'}\left|\frac{1}{w^3}\right|$$

convergirt.

Deshalb wird bereits das Product

$$x\prod_{(\mu,\mu')}{}'\left(1-\frac{x}{w}\right)e^{\frac{x}{w}+\frac{1}{2}\left(\frac{x}{w}\right)^2}$$

beständig convergiren. Diese ganze Function bezeichnen wir mit $\sigma(x)$.

Die logarithmische Ableitung derselben:

$$\frac{\sigma'(x)}{\sigma(x)} = \frac{1}{x} + \sum_{\mu,\mu'}{}'\left(\frac{1}{x-w}+\frac{1}{w}+\frac{x}{w^2}\right) = \frac{1}{x} + \sum_{\mu,\mu'}{}'\frac{x^2}{w^2(x-w)},$$

ferner

$$-\frac{d^2 \log \sigma(x)}{dx^2} = \frac{1}{x^2} + \sum_{\mu,\mu'}' \left(\frac{1}{(x-w)^2} - \frac{1}{w^2}\right)$$

und

$$-\frac{d^3 \log \sigma(x)}{dx^3} = -2 \sum_{\mu,\mu'} \frac{1}{(x-w)^3}$$

stellen analytische Functionen dar, die im Endlichen die ein-, zwei- oder dreifachen aufserwesentlich singulären Stellen $x = w$ besitzen, deren Häufungsstelle $x = \infty$ ist.

Die dritte der genannten Functionen bleibt ungeändert, wenn man x um irgend eine der aus 2ω und $2\omega'$ durch Addition oder Subtraction zusammengesetzten Gröfsen w vermehrt. Da aber zufolge des nicht reellen Verhältnisses $\frac{\omega'}{\omega}$ keine homogene ganzzahlige lineare Relation zwischen 2ω und $2\omega'$ besteht, ist die Function $-\frac{d^3 \log \sigma(x)}{dx^3}$ *doppeltperiodisch.*

Bezeichnet man

$$-\frac{d^2 \log \sigma(x)}{dx^2} = p(x),$$

so ist

$$p'(x+2\omega) = p'(x+2\omega') = p'(x+w) = p'(x).$$

Weil aber

$$\sigma(-x) = -\sigma(x), \quad \sigma'(-x) = \sigma'(x), \quad \frac{\sigma'(-x)}{\sigma(-x)} = -\frac{\sigma'(x)}{\sigma(x)},$$

$$p(-x) = p(x) \quad \text{und} \quad p'(-x) = -p'(x)$$

ist, wird

$$p'(\omega) = 0, \quad p'(\omega') = 0, \quad p'(\omega+\omega') = 0$$

und

$$p(\omega) = p(-\omega), \quad p(\omega') = p(-\omega').$$

Nach dieser Zusammenstellung der Werthe von $p(x)$ und $p'(x)$ an zwei Stellen entnehmen wir den Gleichungen:

$$\frac{dp(x+2\omega)}{dx} = \frac{dp(x)}{dx}, \quad \frac{dp(x+2\omega')}{dx} = \frac{dp(x)}{dx}$$

die Beziehungen

$$p(x+2\omega) = p(x), \quad p(x+2\omega') = p(x)$$

d. h. auch $p(x)$ hat die beiden Perioden 2ω und $2\omega'$ und die aus diesen ganzzahlig zusammengesetzten Perioden w.

Die doppeltperiodische Function $p(x)$ wird an jeder Nullstelle der Function $\sigma(x)$ so unendlich, dafs erst

$$(x-w)^2 p(x)$$

in der Umgebung derselben regulären Verhaltens ist und wird an allen übrigen Stellen regulär; sie mufs daher als Quotient zweier ganzen Functionen darstellbar sein.

Die Function $\frac{\sigma'(x)}{\sigma(x)}$ ist nicht mehr doppeltperiodisch, es entstehen vielmehr durch Integration der letzten Gleichungen die Beziehungen

$$\frac{\sigma'(x+2\omega)}{\sigma(x+2\omega)} = \frac{\sigma'(x)}{\sigma(x)} + 2\eta$$

$$\frac{\sigma'(x+2\omega')}{\sigma(x+2\omega)} = \frac{\sigma'(x)}{\sigma(x)} + 2\eta'$$

und hier sind die Constanten 2η und $2\eta'$ so zu bestimmen, dafs für $x = -\omega$ die richtigen Gleichungen

$$\frac{\sigma'(-\omega)}{\sigma(-\omega)} = -\frac{\sigma'(\omega)}{\sigma(\omega)}, \quad \frac{\sigma'(-\omega')}{\sigma(-\omega')} = -\frac{\sigma'(\omega')}{\sigma(\omega')}$$

hervorgehen. Man erhält

$$\eta = \frac{\sigma'(\omega)}{\sigma(\varpi)}, \quad \eta' = \frac{\sigma'(\omega')}{\sigma(\omega')}.$$

Eine abermalige Integration führt unter Rücksicht auf die Gleichungen

$$\sigma(-\omega) = -\sigma(\omega), \quad \sigma(-\omega') = -\sigma(\omega')$$

zu den Relationen

$$\sigma(x+2\omega) = -e^{2\eta(x+\omega)}\sigma(x), \quad \sigma(x+2\omega') = -e^{2\eta'(x+\omega')}\sigma(x).$$

Bildet man aus jeder dieser Gleichungen $\sigma(x+2\omega+2\omega')$, so müssen nothwendig die Exponenten in den Factoren bei $\sigma(x)$

$$2\eta(x+\omega+2\omega') + 2\eta'(x+\omega')$$

und

$$2\eta'(x+\omega'+2\omega') + 2\eta(x+\omega)$$

bis auf ein ganzzahliges Vielfaches von $2\pi i$ gleich sein. Es wird also

$$(2\eta+2\eta')x+2\eta\omega+2\eta'\omega'+4\eta\omega'-((2\eta'+2\eta)x+2\eta\omega+2\eta'\omega'+4\eta'\omega)$$
$$= \pm 2m\pi i$$

oder

$$\eta\omega' - \eta'\omega = \pm \frac{m}{2}\pi i.$$

Ferner folgt aber bei der Änderung des Argumentes x um eine beliebige Periode w der Function $p(x)$ die Gleichung:

$$\sigma(x+2\mu\omega+2\mu'\omega') = \sigma(x+2\varpi) = (-1)^{\mu\mu'+\mu+\mu'}e^{2(\mu\eta+\mu'\eta')(x+\varpi)}\sigma(x),$$

wo wir fernerhin für $\mu\eta+\mu'\eta' = \tilde{\eta}$ schreiben.

Es ist dann

$$\frac{\sigma'(x+2\varpi)}{\sigma(x+2\varpi)} = \frac{\sigma'(x)}{\sigma(x)} + 2\tilde{\eta}, \quad \tilde{\eta} = \frac{\sigma'(\varpi)}{\sigma(\varpi)}$$

und wenn man $\omega+\omega' = \omega''$, $\eta+\eta' = \eta''$ setzt, speciell $\eta'' = \frac{\sigma'(\omega'')}{\sigma(\omega'')}$.

An dieser Stelle soll noch die Function $\sigma(x)$ *durch ein einfach unendliches Product dargestellt werden*, in dem also nur ein Index unendlich viele Werthe annehmen kann.

Man bemerkt leicht, dafs die Nullstellen von $\sigma(x)$ mit den Nullstellen der unendlich vielen Functionen

$$\sin\frac{\pi}{2\omega}x\,,\quad \sin\frac{\pi}{2\omega}(2n\omega'-x)\,,\quad \sin\frac{\pi}{2\omega}(2n\omega'+x)\quad (n=1,2,\ldots\infty)$$

zusammenfallen, und es fragt sich, ob man $\sigma(x)$ als Product dieser Functionen darstellen kann.

In dem Producte für $\sigma(x)$ darf man alle Factoren zusammennehmen, in denen $\mu'=0$ ist, denn das Product

$$x\prod_{\mu=-\infty}^{+\infty}{}'\left(1-\frac{x}{2\mu\omega}\right)e^{\frac{x}{2\mu\omega}+\frac{1}{2}\left(\frac{x}{2\mu\omega}\right)^2}$$

ist gleichmäfsig convergent, da ja

$$\prod_{\mu=-\infty}^{+\infty}{}' e^{\frac{1}{2}\left(\frac{x}{2\mu\omega}\right)^2}=e^{\left(\frac{x}{2\omega}\right)^2\sum\limits_{\mu=1}^{\infty}\frac{1}{\mu^2}}=e^{\frac{\pi^2}{6}\left(\frac{x}{2\omega}\right)^2}$$

und

$$x\prod_{\mu=-\infty}^{+\infty}\left(1-\frac{x}{2\mu\omega}\right)e^{\frac{x}{2\mu\omega}}=\frac{2\omega}{\pi}\sin\frac{\pi x}{2\omega}$$

ist. Fafst man dann alle Factoren zusammen, welche dasselbe μ' haben, so kann man deren Product gleich

$$\left\{\prod_{\mu=-\infty}^{+\infty}\left(1-\frac{x}{2\mu\omega+2\mu'\omega'}\right)e^{\frac{x}{2\mu\omega+2\mu'\omega'}}\right\}e^{\frac{1}{2}\sum\limits_{\mu=-\infty}^{+\infty}\left(\frac{x}{2\mu\omega+2\mu'\omega'}\right)^2}$$

setzen, denn die hier vorkommende Summe oder

$$\frac{1}{2}\left(\frac{x}{2\omega}\right)^2\sum_{\mu=-\infty}^{+\infty}\left(\frac{1}{\mu+\mu'\frac{\omega'}{\omega}}\right)^2$$

ist nach der Formel

$$\frac{\pi^2}{\sin^2\pi x}=\sum_{\nu=-\infty}^{+\infty}\frac{1}{(\nu-x)^2}$$

gleich

$$\frac{\pi^2}{2}\left(\frac{x}{2\omega}\right)^2\frac{1}{\sin^2\left(\pi\frac{\mu'\omega'}{\omega}\right)}.$$

Wenn μ' somit alle Werthe durchläuft, tritt gewifs der Factor

$$\frac{2\omega}{\pi}\sin\left(\frac{\pi x}{2\omega}\right)e^{\left(\frac{\pi^2}{2\omega}\right)\left\{\frac{1}{6}+\sum\limits_{\mu'=1}^{\infty}\frac{1}{\sin^2\left(\pi\frac{\mu'\omega'}{\omega}\right)}\right\}\frac{x^2}{2\omega}}=\frac{2\omega}{\pi}\sin\frac{\pi x}{2\omega}\cdot e^{\frac{\eta x^2}{2\omega}}$$

auf und es bleiben nur mehr die Producte

$$\prod_{\mu=-\infty}^{+\infty}\left(1-\frac{1}{2\mu\omega+2\mu'\omega'}\right)e^{\frac{x}{2\mu\omega+2\mu'\omega'}}\quad(\mu'=\pm1,\pm2,\ldots\pm\infty)$$

zu untersuchen. Schreibt man sie in der Form

$$e^{\frac{\frac{x}{2\omega}}{\mu'\frac{\omega'}{\omega}}}\left(1-\frac{\frac{x}{2\omega}}{\mu'\frac{\omega'}{\omega}}\right)\prod_{\mu=-\infty}^{+\infty}{}'\left(1-\frac{\frac{x}{2\omega}}{\mu+\mu'\frac{\omega'}{\omega}}\right)e^{\frac{\frac{x}{2\omega}}{\mu+\mu'\frac{\omega'}{\omega}}},$$

so hat man auch schon gefunden, dafs dieselben gleich

$$\frac{\sin\pi\left(\mu'\frac{\omega'}{\omega}-\frac{x}{2\omega}\right)}{\sin\pi\mu'\frac{\omega'}{\omega}}\,e^{\frac{\pi x}{2\omega}\operatorname{cotg}\pi\mu'\frac{\omega'}{\omega}}$$

zu setzen sind. Das Product aller Factoren von $\sigma(x)$ kann man daher in der Form des einfach unendlichen Productes schreiben:

$$\begin{aligned}\sigma(x) &= \frac{2\omega}{\pi}\sin\left(\frac{\pi x}{2\omega}\right)e^{\frac{\eta x^2}{2\omega}}\prod_{\mu'=1}^{\infty}\frac{\sin\frac{\pi}{2\omega}(2\mu'\omega'-x)\sin\frac{\pi}{2\omega}(2\mu'\omega'+x)}{\sin^2\left(\frac{\pi}{2\omega}2\mu'\omega'\right)}\\ &= \frac{2\omega}{\pi}\sin\left(\frac{\pi x}{2\omega}\right)e^{\frac{\eta x^2}{2\omega}}\prod_{\mu'=1}^{\infty}\left(1-\frac{\sin^2\left(\frac{\pi x}{2\omega}\right)}{\sin^2\left(\pi\frac{\mu'\omega'}{\omega}\right)}\right).\end{aligned}$$

Die hierin auftretende Constante

$$\eta=\frac{\pi^2}{2\omega}\left(\frac{1}{6}+\sum_{\mu'=1}^{\infty}\frac{1}{\sin^2\left(\pi\frac{\mu'\omega'}{\omega}\right)}\right)$$

ist nichts Anderes als $\frac{\sigma'(\omega)}{\sigma(\omega)}$. Denn wenn man in den letzten Formeln x um 2ω vermehrt, so bleibt unter den Productzeichen Alles ungeändert, aber $\sin\left(\frac{\pi x}{2\omega}\right)$ geht in $-\sin\left(\frac{\pi x}{2\omega}\right)$ und die Exponentialfunction in

$$e^{\eta\left(\frac{x}{2\omega}\right)^2}\cdot e^{2\eta(x+\omega)}$$

über, so dafs auch hier die Gleichung

$$\sigma(x+2\omega)=-e^{2\eta(x+\omega)}\sigma(x)$$

hervorgeht.

Differentiirt man den vorletzten Ausdruck für $\sigma(x)$ logarithmisch, so erhält man nach Multiplication mit ω:

$$\omega\frac{\sigma'(x)}{\sigma(x)}=\eta x+\frac{\pi}{2}\operatorname{cotg}\left(\frac{\pi x}{2\omega}\right)+\frac{\pi}{2}\sum_{\mu'=1}^{\infty}\left(\operatorname{cotg}\pi\left(\frac{\mu'\omega'}{\omega}+\frac{x}{2\omega}\right)-\operatorname{cotg}\pi\left(\frac{\mu'\omega'}{\omega}+\frac{x}{2\omega}\right)\right)$$

und diese Formel führt nach der Substitution $x=\omega'$ zu einem Ausdruck für

$$\omega\eta'-\eta\omega'=\mp m\frac{\pi i}{2}.$$

Dieser lautet:

$$\frac{\pi}{2}\operatorname{cotg}\left(\frac{\pi x}{2\omega}\right)+\frac{\pi}{2}\sum_{\mu=1}^{\infty}\left(\operatorname{cotg}\pi\frac{(2\mu'+1)\omega'}{\omega}-\operatorname{cotg}\pi\frac{(2\mu'-1)\omega'}{\omega}\right)$$
$$=\lim_{\mu'=\infty}\frac{\pi}{2}\operatorname{cotg}\pi\frac{(2\mu'+1)\omega'}{\omega}.$$

Doch weil $\operatorname{cotg}(u+iv)$ nach $\pm i$ convergirt, je nachdem $v=\mp\infty$ wird, so wird

$$\omega\eta'-\eta\omega'=\pm\frac{\pi i}{2},$$

je nachdem in dem nicht reellen Quotienten $\frac{\omega'}{\omega}=\alpha+i\beta$ $\beta\lessgtr 0$ oder

$$\Re\left(\frac{\omega'}{\omega i}\right)\lessgtr 0$$

ist. Man übersieht nun auch, dafs die Function $\sigma(x)$ ungeändert bleibt, wenn man 2ω und $2\omega'$ durch ein äquivalentes Gröfsenpaar

$$2\varpi=2p\omega+2q\omega',\quad 2\varpi'=2p'\omega+2q'\omega'\quad(pq'-p'q=\pm1)$$

ersetzt, dem

$$2\tilde{\eta}=2p\eta+2q\eta',\quad 2\tilde{\eta}'=2p'\eta+2q'\eta'$$

zuzuordnen ist, und dafs bei positivem Werthe der Determinante $pq'-qp'$ auch

$$\varpi\tilde{\eta}'-\tilde{\eta}\varpi'=\pm\frac{\pi i}{2}$$

wird, wenn $\Re\left(\frac{\varpi'}{\varpi i}\right)\lessgtr 0$ ist.

Die Ähnlichkeit der Darstellungen von

$$\sin\frac{x\pi}{2\omega}=\frac{x\pi}{2\omega}\prod_{\nu=1}^{\infty}\left(1-\frac{\left(\frac{x\pi}{2\omega}\right)^2}{\nu^2\pi^2}\right)$$

und von $\sigma(x)$ durch Sinusfunctionen springt in die Augen und führt auf die Vermuthung, dafs $\sin\frac{x\pi}{2\omega}$ aus $\sigma(x)$ abgeleitet werden kann, wenn man ω' einen ausgezeichneten Werth beilegt. In der That: läfst man den positiven reellen Bestandtheil $\Re\left(\frac{\omega'}{\omega i}\right)$ über alle Grenzen wachsen (ohne ω unendlich klein werden zu lassen), so wird

$$\sin\left(\pi\frac{\mu'\omega'}{\omega}\right)=\frac{e^{-\mu\pi\left(\frac{\omega'}{i\omega}\right)}-e^{\mu'\pi\left(\frac{\omega'}{\omega i}\right)}}{2i}=\frac{1}{2i}\left(e^{\mu'\pi(\alpha i-\beta)}-e^{-\mu'\pi(\alpha i-\beta)}\right)=\infty$$

und weil dann

$$\eta=\frac{\pi^2}{6}\frac{1}{2\omega}$$

ist, gilt die Gleichung

$$\sigma(x)=e^{\frac{1}{6}\left(\frac{\pi x}{2\omega}\right)^2}\frac{2\omega}{\pi}\sin\left(\frac{\pi x}{2\omega}\right)$$

und

$$\frac{\sigma'(x)}{\sigma(x)}=\frac{\pi}{2\omega}\operatorname{cotg}\left(\frac{\pi x}{2\omega}\right)+\frac{\pi^2}{12}\frac{x}{\omega^2}.$$

§ 53. Der Laurent'sche Satz.

Wir wenden uns wieder zu allgemein functionentheoretischen Fragen und vor Allem zu dem Laurent'schen Satze, der aussagt, dafs man eine eindeutige analytische Function $f(x)$, die in der Umgebung jeder Stelle x_0 eines um einen Punkt $x = c$ gelegenen ringförmigen Gebietes, wo

$$R_1 < |x - c| < R_2$$

ist, regulären Verhaltens bleibt, daselbst einheitlich durch eine nach positiven und negativen Potenzen von $(x - c)$ fortschreitende Potenzreihe

$$\mathfrak{P}_1(x - c) + \frac{1}{x - c}\,\mathfrak{P}_2\left(\frac{1}{x - c}\right)$$

darstellbar ist.

Bei dem Beweise*) dieses Satzes kann man voraussetzen, dafs $c = 0$ und $f(x)$ eine ungerade Function sei, die bei der Vertauschung von $-x$ mit x ihr Zeichen wechselt, weil jede Function $F(x)$ als Summe einer geraden und ungeraden Function

$$\frac{1}{2}\big(F(x) + F(-x)\big), \quad \frac{1}{2}\big(F(x) - F(-x)\big)$$

und somit auch als Summe

$$f_1(x) + x f_2(x)$$

darzustellen ist, wo $f_1(x)$ und $f_2(x)$ ungerade Functionen bezeichnen. Sobald der Laurent'sche Satz für ungerade Functionen $f(x)$ bewiesen ist, gilt er allgemein.

Wenn wir aufserdem $f(x)$ auf die Form bringen

$$\frac{1}{2}\left(f(x) + f\left(\frac{1}{x}\right)\right) + \frac{1}{2}\left(f(x) - f\left(\frac{1}{x}\right)\right)$$

und für die Functionen $f(x) + f\left(\frac{1}{x}\right)$ und $f(x) - f\left(\frac{1}{x}\right)$ die verlangte Entwicklung beweisen, haben wir wieder alles Nothwendige geleistet.

Wir setzen ferner fest, dafs die Radien R_1 und R_2 des Ringgebietes, an dessen Stellen sich $f(x)$ regulär verhält, der Bedingung genügen

$$R_1 R_2 = 1,$$

denn andernfalls führt die Substitution $x = \sqrt{R_1 R_2}\, y$ zu einer Function von y, die in einem durch Radien r_1 und r_2 definirten Gebiete regulär ist, für welches $r_1 r_2 = 1$ gilt.

Sollte R_1 Null oder der gröfsere Radius R_2 unendlich sein, so beschränke man das Gebiet zunächst auf ein anderes mit den Radien R_1' und R_2' und gehe von diesem zu einem neuen, wo $r_1' r_2' = 1$ ist.

*) Entnommen aus Schaeffer's Abhandlung: Acta mathemat. Bd. 4, p. 375.

Unter den ringförmigen Bereichen um die Stelle Null mit zwei Radien R_1, R_2 $(R_1 R_2 = 1)$ wähle man ferner eines, bei dem der gröfsere Radius

$$R_2 > 1 + \sqrt{2},$$

d. h. gröfser als die positive Wurzel der Gleichung $a - \frac{1}{a} = 2$. Dann ist

$$R_1 < \sqrt{2} - 1, \quad \frac{R_2}{R_1} > \frac{\sqrt{2}+1}{\sqrt{2}-1}, \quad R_2 - \frac{1}{R_2} > 2.$$

Beschränkt man hierauf die Gröfse

$$z = x + \frac{1}{x}$$

auf den Bereich, wo $|z| < R_2 - \frac{1}{R_2}$, so wird

$$f(x) + f\left(\frac{1}{x}\right)$$

daselbst eine eindeutige Function von z sein, denn jedem Werthe z_0 innerhalb des Kreises $R_2 - \frac{1}{R_2}$ um die Stelle $z = 0$ entsprechen nur x Werthe x_0 und $x_0' = \frac{1}{x_0}$, in deren Umgebung $f(x)$ der Voraussetzung zufolge regulären Verhaltens ist. Es läfst sich deshalb

$$\varphi(z) = f(x) + f\left(\frac{1}{x}\right)$$

in der Umgebung jeder Stelle z_0 des genannten Bereiches nach Potenzen von $z - z_0$ entwickeln.

In der That kann man ja $x - x_0$ und $\frac{1}{x} - \frac{1}{x_0}$ und dann auch $f(x)$ und $f\left(\frac{1}{x}\right)$ in der Umgebung jeder von $z = \pm 2$ verschiedenen Stelle durch Potenzreihen nach $z - z_0$ ausdrücken. Und wenngleich die Entwicklung der Differenzen $(x - x_0)$ und $\left(\frac{1}{x} - \frac{1}{x_0}\right)$ in der Umgebung der Nullstellen der Discriminante unserer Gleichung zwischen x und z:

$$x^2 - xz + 1 = 0$$

d. h. in der Umgebung von $z = \pm 2$, dem $x_0 = x_0' = \pm 1$ entspricht, nicht möglich ist, so ist $\varphi(z)$ daselbst trotzdem regulär, weil die Vereinigung der aus den Reihen

$$f(x) = \mathfrak{P}_1(x - 1) \quad \text{und} \quad f\left(\frac{1}{x}\right) = \mathfrak{P}_1\left(\frac{1}{x} - 1\right)$$

und

$$f(x) = \mathfrak{P}_2(x + 1) \quad \text{und} \quad f\left(\frac{1}{x}\right) = \mathfrak{P}_2\left(\frac{1}{x} + 1\right)$$

entstammenden Glieder

$$a_\nu^{(1)}(x - 1)^\nu \quad \text{und} \quad a_\nu^{(1)}\left(\frac{1}{x} - 1\right)^\nu$$

beziehungsweise

$$a_\nu^{(2)}(x - 1)^\nu \quad \text{und} \quad a_\nu^{(2)}\left(\frac{1}{x} - 1\right)^\nu$$

eine ganze rationale Function von $z-2$ oder $z+2$ wird. Man kann nämlich eine Summe

$$\sum_{\mu=1}^{\nu} A_\mu \left(x^\mu + \frac{1}{x^\mu}\right)$$

als rationale Function von z ausdrücken, da

$$x^\mu + \frac{1}{x^\mu} = z\left(x^{\mu-1} + \frac{1}{x^{\mu-1}}\right) - \left(x^{\mu-2} + \frac{1}{x^{\mu-2}}\right)$$

ist.

Darnach läfst sich $\varphi(z)$ innerhalb des Kreises $|z| = R_2 - \frac{1}{R_2}$ durch eine einzige Potenzreihe $\mathfrak{P}(z)$ und $f(x) + f\left(\frac{1}{x}\right)$ in dem Bereiche, wo

$$|x| + \left|\frac{1}{x}\right| < R_2 - \frac{1}{R_2},$$

durch die Reihe

$$\mathfrak{P}\left(x + \frac{1}{x}\right)$$

darstellen. Diese nach positiven und negativen Potenzen von x zu ordnende Reihe convergirt aber für alle Stellen des durch zwei Radien ϱ und $\frac{1}{\varrho}$ definirten Kreisringes, wo ϱ durch die wegen der Bedingung $R_2 > \sqrt{2} + 1$ stets vorkommende positive Wurzel der Gleichung

$$\varrho + \frac{1}{\varrho} = R_2 - \frac{1}{R_2}$$

bestimmt ist.

Wenn nun $f(x) + f\left(\frac{1}{x}\right)$ in dem Bereiche $\frac{1}{\varrho} < |x| < \varrho$ die verlangte Darstellung findet, so wird die Gleichung

$$f(x) + f\left(\frac{1}{x}\right) = \mathfrak{P}\left(x + \frac{1}{x}\right) = \sum_{\mu=-\infty}^{+\infty} a_\mu x^\mu$$

nach dem Princip der Fortsetzung auch in dem Gebiete

$$\frac{1}{R_2} < |x| < R_2$$

gelten.

Setzt man andrerseits
$$x - \frac{1}{x} = \zeta,$$
so kann man die innerhalb des Kreises $|\zeta| = R_2 - \frac{1}{R_2}$ eindeutige Function von ζ

$$\psi(\zeta) = f(x) + f\left(-\frac{1}{x}\right)$$

durch eine Potenzreihe $\mathfrak{P}(\zeta)$ und darnach $f(x) + f\left(-\frac{1}{x}\right)$ in unserem Kreisringe durch eine Reihe

$$\sum_{\mu=-\infty}^{+\infty} b_\mu x^\mu$$

darstellen.

Dasselbe gilt für die Function

$$f(x) = \frac{1}{2}\left(f(x) + f\left(\frac{1}{x}\right)\right) + \frac{1}{2}\left(f(x) + f\left(-\frac{1}{x}\right)\right).$$

Sind die zwei ursprünglichen Radien R_1 und R_2 $(R_1 R_2 = 1)$ an die neuen Ungleichungen geknüpft:

$$1 < \frac{R_1}{R_2} < \frac{\sqrt{2}+1}{\sqrt{2}-1},$$

so kann man den neuen Fall auf den früheren zurückführen, indem man $f(x)$ durch eindeutige Functionen einer Variabeln y ausdrückt, für die das zugehörige Ringgebiet, in welchem sie regulären Verhaltens sind, die frühere Bedingung erfüllt.

Ist die n^{te} Potenz von $\frac{R_2}{R_1}$ gröfser als $\frac{\sqrt{2}+1}{\sqrt{2}-1}$, so setze man $x^n = y$. Bezeichnet dann α eine n^{te} primitive Einheitswurzel und führt man die n Functionen

$$f_\mu(x) = \frac{1}{n}\left(x^\mu f(x) + (\alpha x)^\mu f(\alpha x) + \cdots + (\alpha^{n-1}x)^\mu f(\alpha^{n-1}x)\right)$$
$$(\mu = 0, 1, \ldots n-1)$$

ein, durch welche $f(x)$ in der Form

$$f(x) = \sum_{\mu=0}^{n-1} \frac{f_\mu(x)}{x^\mu}$$

auszudrücken ist, so sind die n Functionen f_μ in einem dem Kreisringe von $f(x)$ entsprechenden Bereiche der verlangten Beschaffenheit eindeutige Functionen von y, denn einem Werthe y_0 aus diesem Bereiche gehören n Werthe von x zu, die in dem regulären Gebiete von $f(x)$ liegen.

Da ferner jeder Bestandtheil $(\alpha^\nu x)^\mu f(\alpha^\nu x)$ von f_μ nach ganzen Potenzen von $x - x_0$ und $x - x_0$ nach ganzen Potenzen von $y - y_0$ zu entwickeln ist, so kann man jede der Functionen f_μ nach positiven Potenzen von $y - y_0$ nach positiven und negativen Potenzen von y darstellen. Setzt man wieder $y = x^n$, so ergeben sich für die n Functionen f_μ nach positiven und negativen Potenzen von x fortschreitende Reihen, und demgemäfs wird $f(x)$ in dem Bereiche $R_1 < |x| < R_2$ in der Form

$$f(x) = \sum_{\mu=0}^{n-1} \frac{f_\mu(x)}{x^\mu} = \sum_{\mu=-\infty}^{+\infty} A_\mu x^\mu$$

zu entwickeln sein. Damit ist der Laurent'sche Satz in allen seinen Theilen bewiesen.

Die Reihe

$$\sum_{\mu=1}^{\infty} A_{-\mu}\left(\frac{1}{x}\right)^\mu$$

convergirt für alle Stellen der Umgebung R_1 des Punktes ∞, und wenn R_1 kleiner ist als jede beliebig kleine Gröfse, so stellt diese Reihe offenbar eine beständig convergente d. h. ganze Function des Argumentes $\frac{1}{x}$ dar, die für $\frac{1}{x}=0$ verschwindet. Damit ist klar, dafs eine eindeutige Function in der Umgebung jeder isolirten singulären Stelle c in der Form

$$G\left(\frac{1}{x-c}\right)+\mathfrak{P}(x-c)$$

darstellbar ist, wo G eine mit dem Argument verschwindende ganze rationale oder transcendente Function bezeichnet, je nachdem die Stelle c eine aufserwesentlich oder wesentlich singuläre ist. Sobald c aber eine reguläre Stelle ist, mufs $G\left(\frac{1}{x-c}\right)$ identisch verschwinden.

§ 54. Das Mittag-Leffler'sche Theorem.

Wir gehen nun zur Lösung der zweiten der zu Eingang dieses Capitels gestellten Aufgaben, *eine eindeutige analytische Function mit unendlich vielen vorgegebenen singulären Stellen, die eine Grenzstelle haben, als Summe solcher Functionen darzustellen, deren jede aufser an einer Häufungsstelle nur an einer der gegebenen Stellen irregulären Verhaltens ist.**)

Wir zeigen zunächst, indem wir denselben Gang wie bei den ganzen Functionen einschlagen, dafs man stets eine eindeutige analytische Function bilden kann, welche überall regulären Verhaltens ist, ausgenommen in der Umgebung der von einander verschiedenen Stellen

$$a_1, a_2, \ldots a_\nu, \ldots$$

mit der einzigen Häufungsstelle $x=b$, und welche in der Umgebung einer Stelle a_ν in der Form

$$G_\nu\left(\frac{1}{x-a_\nu}\right)+\mathfrak{P}_\nu(x-a_\nu)$$

darstellbar ist, wo $G_\nu\left(\frac{1}{x-a_\nu}\right)$ eine vorgegebene ganze rationale oder transcendente Function des Argumentes $\frac{1}{x-a_\nu}$ bedeutet, die mit $\frac{1}{x-a_\nu}$ verschwindet.

Ist die Reihe singulärer Stellen a_ν endlich, so gibt es keine Grenzstelle b und

$$F(x)=C+\sum_{\nu=1}^{n}G_\nu\left(\frac{1}{a-x_\nu}\right)$$

*) Siehe Weierstrafs, Functionenlehre S. 53, und Mittag-Leffler, Acta mathematica Bd. 4.

ist eine analytische Function der verlangten Art. Umgekehrt ist jede eindeutige analytische Function mit den singulären Stellen $a_1, a_2, \ldots a_n$ durch einen Ausdruck der genannten Art darstellbar, denn die eindeutige Function $F(x)$ verhält sich in der Umgebung der isolirten singulären Stelle a_ν wie ein Ausdruck

$$G_\nu\left(\frac{1}{x-a_\nu}\right) + \mathfrak{P}_\nu(x-a_\nu),$$

wo G_ν eine ganze rationale oder transcendente Function bezeichnet, je nachdem a_ν eine aufserwesentlich oder wesentlich singuläre Stelle ist. Die Differenz

$$F(x) - \sum_{\nu=1}^{n} G_\nu\left(\frac{1}{x-a_\nu}\right)$$

verhält sich dann überall regulär und kann daher nur eine Constante sein.

Der obige allgemeine Satz von Mittag-Leffler wird dadurch abgeleitet, dafs man aus den gegebenen Functionen $G_\nu\left(\frac{1}{x-a_\nu}\right)$ eine Reihe anderer Functionen $F_\nu(x)$ dergestalt ableitet, dafs jede Differenz

$$F_\nu(x) - G_\nu\left(\frac{1}{x-a_\nu}\right)$$

eine Function mit den zwei singulären Stellen a_ν und b oder eine Constante wird und gleichzeitig die Summe $\sum_{\nu=1}^{\infty} F_\nu(x)$ in jedem Bereiche, der keine der Stellen a und b enthält, unbedingt und gleichmäfsig convergirt. Dann ist nämlich diese Summe die verlangte Function und jede andere entsteht durch Addition einer ganzen Function $G\left(\frac{1}{x-b}\right)$. Weierstrafs nimmt eine unendliche Reihe positiver Gröfsen ε_1, ε_2, $\varepsilon_3, \ldots$ von endlicher Summe auf und eine positive Gröfse $\varepsilon < 1$, setzt dann, wenn $a_\nu = 0$ oder ∞ ist, $F_\nu(x) = G_\nu\left(\frac{1}{x-a_\nu}\right)$, entwickelt aber in jedem andern Falle die gegebene Function

$$G_\nu\left(\frac{1}{x-a_\nu}\right) = \frac{c_{-1}^{(\nu)}}{(x-a_\nu)} + \frac{c_{-2}^{(\nu)}}{(x-a_\nu)^2} + \frac{c_{-3}^{(\nu)}}{(x-a_\nu)^3} + \cdots$$

in eine innerhalb des Bereiches $\left|\frac{a_\nu - b}{x-b}\right| < 1$ convergente Reihe

$$\sum_{\mu=0}^{\infty} A_\mu^{(\nu)} \left(\frac{a_\nu - b}{x-b}\right)^\mu,$$

die für $b = \infty$ die Form

$$\sum_{\mu=0}^{\infty} A_\mu^{(\nu)} \left(\frac{x}{a_\nu}\right)^\mu$$

erhält und convergirt, solange $\left|\frac{x}{a_\nu}\right| < 1$.

Im ersten Falle ist

$$\sum_{\varkappa=1}^{\infty} \frac{c_{-\varkappa}^{(\nu)}}{(x-a_\nu)^\varkappa} = \sum_{\varkappa=1}^{\infty} \frac{c_{-\varkappa}^{(\nu)}}{(a_\nu - b)^\varkappa} \left(\frac{a_\nu - b}{x-b}\right)^\varkappa \frac{1}{\left(1 - \frac{a_\nu - b}{x-b}\right)^\varkappa} =$$

$$= \sum_{\varkappa=1}^{\infty} \frac{c_{-\varkappa}^{(\nu)}}{(a_\nu - b)^\varkappa} \left(\frac{a_\nu - b}{x-b}\right)^\varkappa \left\{1 + \frac{\varkappa}{1}\left(\frac{a_\nu - b}{x-b}\right) + \frac{\varkappa(\varkappa+1)}{1.2}\left(\frac{a_\nu - b}{x-b}\right)^2 \right.$$

$$\left. + \frac{\varkappa(\varkappa+1)(\varkappa+2)}{1.2.3}\left(\frac{a_\nu - b}{x-b}\right)^3 + \cdots\right\}$$

und die Coefficienten $A_\mu^{(\nu)}$ werden der Reihe nach

$$A_0^{(\nu)} = 0$$

$$A_1^{(\nu)} = \frac{c_{-1}^{(\nu)}}{a_\nu - b}$$

$$A_2^{(\nu)} = \frac{c_{-1}^{(\nu)}}{a_\nu - b} + \frac{c_{-2}^{(\nu)}}{(a_\nu - b)^2}$$

$$A_3^{(\nu)} = \frac{c_{-1}^{(\nu)}}{a_\nu - b} + \frac{2}{1!}\frac{c_{-2}^{(\nu)}}{(a_\nu - b)^2} + \frac{c_{-3}^{(\nu)}}{(a_\nu - b)^3}$$

$$\cdots\cdots\cdots\cdots$$

$$A_\mu^{(\nu)} = \frac{c_{-1}^{(\nu)}}{a_\nu - b} + \frac{\mu-1}{1!}\frac{c_{-2}^{(\nu)}}{(a_\nu - b)^2} + \frac{(\mu-1)(\mu-2)}{2!}\frac{c_{-3}^{(\nu)}}{(a_\nu - b)^3} + \cdots +$$

$$+ \frac{(\mu-1)(\mu-2)\ldots(\mu-(r-1))}{(r-1)!}\frac{c_{-r}^{(\nu)}}{(a_\nu - b)^r} + \cdots + \frac{c_{-\mu}^{(\nu)}}{(a_\nu - b)^\mu}$$

usw. Im zweiten Falle hingegen wird

$$\sum_{\varkappa=1}^{\infty} \frac{c_{-\varkappa}^{(\nu)}}{(x-a_\nu)^\varkappa} = \sum_{\varkappa=1}^{\infty} (-1)^\varkappa \frac{c_{-\varkappa}^{(\nu)}}{a_\nu^\varkappa} \frac{1}{\left(1 - \frac{x}{a_\nu}\right)^\varkappa} =$$

$$= \sum_{\varkappa=1}^{\infty} \frac{(-1)^\varkappa c_{-\varkappa}^{(\nu)}}{a_\nu^\varkappa}\left\{1 + \frac{\varkappa}{1}\left(\frac{x}{a_\nu}\right) + \frac{\varkappa(\varkappa+1)}{1.2}\left(\frac{x}{a_\nu}\right)^2 + \frac{\varkappa(\varkappa+1)(\varkappa+2)}{1.2.3}\left(\frac{x}{a_\nu}\right)^3 + \cdots\right\}$$

und nun gibt der Vergleich der Coefficienten

$$A_0^{(\nu)} = \sum_{\varkappa=1}^{\infty} (-1)^\varkappa \frac{c_{-\varkappa}^{(\nu)}}{a_\nu^\varkappa}, \quad A_1^{(\nu)} = \sum_{\varkappa=1}^{\infty} (-1)^\varkappa \frac{\varkappa}{1!}\frac{c_{-\varkappa}^{(\nu)}}{a_\nu^\varkappa},$$

$$A_2^{(\nu)} = \sum_{\varkappa=1}^{\infty} (-1)^\varkappa \frac{\varkappa(\varkappa+1)}{2!}\frac{c_{-\varkappa}^{(\nu)}}{a_\nu^\varkappa}, \ldots$$

$$\ldots A_\mu^{(\nu)} = \sum_{\varkappa=1}^{\infty} (-1)^\varkappa \frac{\varkappa(\varkappa+1)\ldots(\varkappa+\mu-1)}{1.2\ldots\mu}\frac{c_{-\varkappa}^{(\nu)}}{a_\nu^\varkappa}$$

$$= \sum_{\varkappa=1}^{\infty} (-1)^\varkappa \frac{(\mu+1)(\mu+2)\ldots(\mu+\varkappa-1)}{1.2\ldots(\varkappa-1)}\frac{c_{-\varkappa}^{(\nu)}}{a_\nu^\varkappa}, \ldots$$

Ist dann b nicht unendlich, so kann man eine positive ganze Zahl m_ν so bestimmen, dafs der absolute Betrag der Reihe

$$F_\nu(x) = G_\nu\left(\frac{1}{x-a_\nu}\right) - \sum_{\mu=1}^{m_\nu} A_\mu^{(\nu)} \left(\frac{a_\nu - b}{x-b}\right)^\mu = \sum_{\mu=m_\nu+1}^{\infty} A_\mu^{(\nu)} \left(\frac{a_\nu - b}{x-b}\right)^\mu$$

an jeder Stelle des durch die Bedingung:

$$\left|\frac{a_\nu - b}{x-b}\right| \leqq \varepsilon < 1$$

definirten Bereiches kleiner wird als ε_ν, und ist $b = \infty$, so läfst sich m_ν derart angeben, dafs

$$|F_\nu(x)| = \left|G_\nu\left(\frac{1}{x-a_\nu}\right) - \sum_{\mu=0}^{m_\nu} A_\mu^{(\nu)} \left(\frac{x}{a_\nu}\right)^\mu\right| = \left|\sum_{\mu=m_\nu+1}^{\infty} A_\mu^{(\nu)} \left(\frac{x}{a_\nu}\right)^\mu\right|$$

an jeder Stelle des Bereiches $\left|\frac{x}{a_\nu}\right| \leqq \varepsilon < 1$ kleiner wird als ε_ν, und

$$\sum_{\nu=1}^{\infty} F_\nu(x)$$

ist die gesuchte Function.

Um zunächst ganze Zahlen m_ν der geforderten Beschaffenheit zu finden, beachte man, dafs $G_\nu\left(\frac{1}{x-a_\nu}\right)$ für jeden endlichen Werth des Argumentes unbedingt convergirt. Wenn man dann den Werth der Summe:

$$\sum_{\varkappa=1}^{\infty} \frac{|c_{-\varkappa}^{(\nu)}|}{\xi_\nu^\varkappa}$$

für einen positiven endlichen Werth von $\xi_\nu = |x - a_\nu|$ mit $g_\xi^{(\nu)}$ bezeichnet, so werden die Coefficienten $c_{-\varkappa}^{(\nu)}$ den Ungleichungen genügen:

$$|c_{-\varkappa}^{(\nu)}| \leqq g_\xi^{(\nu)} \xi_\nu^\varkappa$$

und je nachdem b unendlich oder endlich ist, wird:

$$|A_\mu^{(\nu)}| \leqq g_\xi^{(\nu)} \frac{\xi_\nu}{|a_\nu|} \left(1 - \frac{\xi_\nu}{|a_\nu|}\right)^{-(\mu+1)}$$

oder

$$|A_\mu^{(\nu)}| \leqq g_\xi^{(\nu)} \frac{\xi_\nu}{|a_\nu - b|} \left(1 + \frac{\xi_\nu}{|a_\nu - b|}\right)^{\mu-1}.$$

Wählt man in dem Falle $b = \infty$ eine positive Gröfse β den Bedingungen gemäfs

$$\beta < 1 \quad \text{und} \quad \frac{\varepsilon}{1-\beta} < 1$$

und die Gröfse ξ_ν so, dafs

$$\frac{\xi_\nu}{|a_\nu|} < \beta,$$

und versteht unter ε_0 eine positive Gröfse, die kleiner als 1, aber grösser als $\frac{\varepsilon}{1-\beta}$ ist, so wird in dem Bereiche $\left|\frac{x}{a_\nu}\right| < \varepsilon$

$$\sum_{\mu=m_\nu+1}^{\infty} A_\mu^{(\nu)}\left(\frac{x}{a_\nu}\right)^\mu < \frac{g_\xi^{(\nu)}\beta}{1-\beta}\,\frac{\varepsilon_0^{m_\nu+1}}{1-\varepsilon_0},$$

denn es ist schon

$$\sum_{\mu=m_\nu+1}^{\infty}\left|A_\mu^{(\nu)}\left(\frac{x}{a_\nu}\right)^\mu\right| < \frac{g_\xi^{(\nu)}\beta}{1-\beta}\left(\frac{\varepsilon}{1-\beta}\right)^{m_\nu+1}\frac{1}{1-\frac{\varepsilon}{1-\beta}}$$

und man sieht, dass man m_ν nur der Bedingung

$$\frac{g_\xi^{(\nu)}\beta}{1-\beta}\,\frac{\varepsilon_0^{m_\nu+1}}{1-\varepsilon_0} < \varepsilon_\nu$$

zu unterwerfen hat, um in der zugehörigen Function $F_\nu(x)$ eine der gesuchten Art zu besitzen.

Ist b endlich, so wähle man eine positive Grösse α derart, dass

$$\frac{1}{1+\alpha} > \varepsilon \quad \text{und} \quad |x-a_\nu| = \xi_\nu < |a_\nu - b|\,\alpha$$

ist, dann wird für jeden Werth des Bereiches $\left|\frac{a_\nu - b}{x-b}\right| < \varepsilon$

$$\sum_{\mu=m_\nu+1}^{\infty}\left|A_\mu^{(\nu)}\left(\frac{a_\nu-b}{x-b}\right)^\mu\right| \leq g_\xi^{(\nu)}\,\frac{\alpha}{1+\alpha}\,\frac{((1+\alpha)\varepsilon)^{m_\nu+1}}{1-(1+\alpha)\varepsilon}$$

und umsomehr

$$< g_\xi^{(\nu)}\,\frac{\alpha}{1+\alpha}\,\frac{\varepsilon_0^{m_\nu+1}}{1-\varepsilon_0},$$

wenn nur ε_0 eine positive Grösse kleiner als 1 und grösser als $(1+\alpha)\varepsilon$ bezeichnet. Die Zahl m_ν suche man daher aus der Ungleichung:

$$g_\xi^{(\nu)}\,\frac{\alpha}{1+\alpha}\,\frac{\varepsilon_0^{m_\nu+1}}{1-\varepsilon_0} < \varepsilon_\nu.$$

Ist hierauf x_0 eine von den gegebenen Stellen $a_1, a_2, \ldots$ und b verschiedene Stelle, so gibt es auch einen endlichen Bereich $|x-x_0| \leq \varrho$, der keine dieser Stellen enthält. Bezeichnet dann δ eine beliebig kleine positive Grösse, so wird man schliesslich eine ganze Zahl n so bestimmen können, dass für jeden Werth des Bereiches $|x-x_0| \leq \varrho$

$$\left|\frac{a_{n+\nu}-b}{x-b}\right| < \varepsilon \quad (\nu = 1, 2, \ldots)$$

wird, denn es war ja $\lim |a_\nu - b| = 0$ und $x-b$ sinkt nicht unter jeden Grad der Kleinheit herab. Weil daselbst auch

$$|F_{n+\nu}(x)| < \varepsilon_{n+\nu} \quad (\nu = 1, 2, \ldots),$$

so leuchtet ein, dass man n gemäss der für die gleichmässige Convergenz der Reihe $\sum_{\nu=1}^{\infty} F_\nu(x)$ nothwendigen Bedingungen wählen kann; d. h. entsprechend der Ungleichung:

$$\sum_{\nu=1}^{\infty} F_{n+\nu}(x) < \delta.$$

Deshalb aber convergirt auch die um eine endliche Anzahl von Gliedern $F_\nu(x)$ vermehrte Summe

$$\sum_{\nu=1}^{\infty} F_\nu(x)$$

in einer Umgebung der Stelle x_0 gleichmäfsig und läfst sich dort in eine Potenzreihe

$$\mathfrak{P}(x\, x_0)$$

entwickeln und definirt somit wirklich eine analytische Function $F(x)$.

Ist keine der Stellen a_ν und auch b nicht unendlich, so kann man diese Function $F(x)$ in der Umgebung $x = \infty$ durch eine Reihe $\mathfrak{P}\left(\frac{1}{x}\right)$ darstellen; aber in einem Bereiche:

$$|x - a_\mu| < \varrho_\mu,$$

der aufser a_μ keine andere Stelle a_μ enthält, wird die Differenz

$$F(x) - F_\mu(x)$$

durch eine Potenzreihe $\mathfrak{P}(x\, a_\lambda)$ zu definiren sein, d. h. man hat daselbst

$$\begin{aligned} F(x) &= G_\lambda\left(\frac{1}{x - a_\lambda}\right) + \mathfrak{P}(x|a_\lambda) - \sum_{\mu=1}^{m_\nu} A_\mu^{(\nu)}\left(\frac{a_\lambda - b}{x - b}\right)^\mu \\ &= G_\lambda\left(\frac{1}{x - a_\lambda}\right) + \mathfrak{P}_1(x|a_\lambda), \end{aligned}$$

und falls $a_\lambda = \infty$ ist,

$$F(x) = G_\lambda(x) + \mathfrak{P}_1\left(\frac{1}{x}\right).$$

Darnach besitzt die Function $F(x)$ in der That das genannte Verhalten und definirt eine eindeutige analytische Function mit den unendlich vielen singulären Stellen a_ν und b, von denen a_ν je nach der Beschaffenheit der ganzen Functionen $G_\nu\left(\frac{1}{x - a_\nu}\right)$ eine aufserwesentlich oder wesentlich singuläre Stelle sein wird.*)

Bei der Construction von $F(x)$ blieben noch unendlich viele Gröfsen gewissermafsen willkürlich, darum gibt es auch unendlich viele Functionen der verlangten Art. Die Addition einer überall aufser in

*) Vergl. auch Casorati, Aggiunte a recenti lavori dei Signori Weierstrafs e Mittag-Leffler (Annali di matematica pura ed applicata serie II^a, tomo X.

b regulären Function zu $F(x)$ — und das mufs eine ganze Function $G\left(\frac{1}{x-b}\right)$ sein — gibt wieder eine Function derselben Beschaffenheit. Indem man $G\left(\frac{1}{x-b}\right)$ noch in eine gleichmäfsig convergente Summe ganzer Functionen $g_\nu\left(\frac{1}{x-b}\right)$ zerlegt und $F_\nu(x)+g_\nu$ mit $\Phi_\nu(x)$ bezeichnet, erscheint auch die neue Function als Summe unendlich vieler Functionen, deren jede aufser b nur eine singuläre Stelle a_ν besitzt.

Ist umgekehrt eine eindeutige analytische Function $F(x)$ gegeben, deren Stetigkeitsbereich durch die Stellen

$$a_1,\ a_2,\ a_3, \ldots$$

und die Häufungsstelle b begrenzt ist, und die ferner in der Umgebung der isolirten singulären Stelle a_ν in der Form

$$G_\nu\left(\frac{1}{x-a_\nu}\right)+\mathfrak{P}_\nu(x-a_\nu)$$

darstellbar ist, wo G_ν eine mit dem Argument $\frac{1}{x-a_\nu}$ verschwindende ganze rationale oder transcendente Function bezeichnet, je nachdem a_ν aufserwesentlich oder wesentlich singulär ist, so leite man aus den Functionen G_ν in der angegebenen Weise die Functionen $F_\nu(x)$ und dann $\sum_{\nu=1}^{\infty} F_\nu(x)$ ab. Darauf wird

$$F(x)-\sum_{\nu=1}^{\infty} F_\nu(x)$$

nur eine ganze Function $G\left(\frac{1}{x-b}\right)$ sein. Nach der Zerlegung

$$G\left(\frac{1}{x-b}\right)=\sum_{\nu=1}^{\infty} g_\nu\left(\frac{1}{x-b}\right)$$

und der Vereinigung $F_\nu(x)+g_\nu\left(\frac{1}{x-b}\right)=\Phi_\nu(x)$ wird die gegebene Function $F(x)$ durch eine unendliche Summe analytischer Functionen dargestellt, deren jede neben b nur eine einzige singuläre Stelle a_ν besitzt. Damit ist der zu Beginn dieses Paragraphen verlangte Satz in dem Umfange bewiesen, dafs die Stellen a_ν auch wesentlich singulär sein können.

Wir machen noch eine Bemerkung über die Ermittlung der ganzen Zahlen m_ν. Die eindeutige Function $F(x)$ besitze die unendlich vielen aufserwesentlich singulären Stellen erster Ordnung

$$a_1,\ a_2, \ldots a_\nu, \ldots$$

unter denen die Null nicht vorkommen soll, und die wesentlich singuläre Stelle ∞. Heifsen ferner die den Stellen a_ν zugeordneten Functionen

$$G_\nu\left(\frac{1}{x-a_\nu}\right) = \frac{c_{-1}^{(\nu)}}{(x-a_\nu)},$$

so bilde man

$$F_\nu(x) = \frac{c_{-1}^{(\nu)}}{x-a_\nu} - \sum_{\mu=0}^{m_\nu-1} A_\mu^{(\nu)}\left(\frac{x}{a_\nu}\right)^\mu = \frac{c_{-1}^{(\nu)} x^{m_\nu}}{a_\nu^{m_\nu}(x-a_\nu)}.$$

Wir wissen bereits, dafs $\sum_{\nu=1}^{\infty} F_\nu(x)$ gleichmäfsig convergirt, wenn m_ν diejenigen ganzen Zahlen sind, für welche

$$\sum_{\nu=1}^{\infty} \left| \frac{1}{a_\nu}\left(\frac{x}{a_\nu}\right)^{m_\nu}\right| \tag{α}$$

beständig convergirt. Wenn also $a_1, a_2, \ldots$ die Nullstellen einer ganzen Function m^{ten} Ranges sind, so hat die Function mit den aufserwesentlich singulären Stellen erster Ordnung $(a_1, a_2, \ldots)$ die Gestalt:

$$F(x) = \sum_{\nu=1}^{\infty} \frac{c_{-1}^{(\nu)} x^m}{a_\nu^m(x-a_\nu)} + G(x),$$

und darin bezeichnet $c_{-1}^{(\nu)}$ den Coefficienten von $(x-a_\nu)^{-1}$ in der Entwicklung der Function $F(x)$ um die Stelle a_ν.

Sind die den singulären Stellen einer gegebenen Function $F(x)$ zugeordneten Functionen

$$G_\nu\left(\frac{1}{x-a_\nu}\right) = \frac{c_{-k}^{(\nu)}}{(x-a_\nu)^k}$$

und ist die Bedingung (α) erfüllt, so kann man bei der Bildung von

$$F_\nu(x) = G_\nu\left(\frac{1}{x-a_\nu}\right) - \sum_{\mu=0}^{m'_\nu} A_\mu^{(\nu)}\left(\frac{x}{a_\nu}\right)^\mu$$

$m'_\nu = m_\nu - k$ setzen. *)

Man kann jetzt die frühere Function $p(x)$ auch durch die Forderung einführen: es ist eine Function herzustellen, welche an allen Stellen

$$w = 2\mu\omega + 2\mu'\omega', \quad \mu, \mu' = 0, \pm 1, \pm 2, \ldots$$

unendlich wird wie $\frac{1}{(x-w)^2}$. Sie mufs dann die Form haben:

$$\frac{1}{x^2} + \sum_{\mu,\mu'}{}' \left(\frac{1}{(x-w)^2} - \frac{1}{w^2}\right) + G(x).$$

---

*) Diese Wahl der Gröfsen m'_ν ist mit der Bemerkung zu begründen, dafs die Function $F(x)$ mit der $(k-1)^{\text{ten}}$ Derivirten der logarithmischen Ableitung von

$$G(x) = \prod_{\nu=1}^{\infty}\left(1 - \frac{x}{a_\nu}\right) e^{\sum_{\nu=1}^{m_\nu} \frac{1}{\mu}\left(\frac{x}{a_\nu}\right)^\mu}$$

— abgesehen von den Coefficienten $c_{-x}^{(\nu)}$ — übereinkommt

Wenn noch verlangt wird, dafs diese Function doppeltperiodisch ist, kann $G(x)$ — wie wir später sehen werden — nur eine Constante sein, und diese ist Null zu setzen, wenn man z. B. annimmt, dafs

$$\lim_{x=0}\left(p(x) - \frac{1}{x^2}\right) = 0$$

wird.

Eine andere Anwendung bestehe in der Darstellung der Function $\pi \sec \pi x$ als Summe rationaler Functionen.

Weil die Entwicklung von $\cos \pi x$ in der Umgebung der Nullstelle $x = \frac{2\nu+1}{2}$ mit dem Gliede

$$\pi(-1)^{\nu+1}\left(x - \frac{2\nu+1}{2}\right) = \left(\frac{d\cos\pi x}{dx}\right)_{x=\frac{2\nu+1}{2}}\left(x - \frac{2\nu+1}{2}\right)$$

beginnt, wird die der Unendlichkeitsstelle $x = \frac{2\nu+1}{2}$ von $\pi \sec \pi x$ zugehörige Function:

$$G_\nu\left(\frac{1}{x - \frac{2\nu+1}{2}}\right) = \frac{(-1)^{\nu+1}}{\left(x - \frac{2\nu+1}{2}\right)}$$

und somit

$$\pi \sec \pi x = \sum_{\nu=-\infty}^{+\infty} \frac{(-1)^{\nu+1}\, x}{\frac{2\nu+1}{2}\left(x - \frac{2\nu+1}{2}\right)} + G(x)$$

$$= \sum_{\nu=0}^{\infty} \frac{(-1)^{\nu}\, 2x^2}{\left(\frac{2\nu+1}{2}\right)\left(\left(\frac{2\nu+1}{2}\right)^2 - x^2\right)} + G(x),$$

doch hierin kann $G(x)$ nur eine Constante und zwar π sein.

Entwickelt man dann in:

$$\sec x = 1 + \sum_{\nu=0}^{\infty} \frac{(-1)^{\nu}\, 2x^2}{\pi\left(\frac{2\nu+1}{2}\right)\left(\left(\frac{2\nu+1}{2}\right)^2\pi^2 - x^2\right)}$$

jedes einzelne Glied nach Potenzen von x^2 und summirt alle Potenzreihen, so erhält man

$$\sec x = 1 + \sum_{\mu=1}^{\infty}\left(\frac{2^{2\mu+2}}{\pi}\left(\frac{x}{\pi}\right)^{2\mu} \sum_{\nu=0}^{\infty} \frac{(-1)^{\nu}}{(2\nu+1)^{2\mu+1}}\right).$$

Die hier auftretenden Summen:

$$\frac{1}{1^{2\mu+1}} - \frac{1}{3^{2\mu+1}} - \frac{1}{5^{2\mu+1}} + \cdots$$

bestimme man dadurch, dafs man den Quotienten

$$\frac{1}{\sum_{\nu=0}^{\infty}(-1)^{\nu}\frac{x^{2\nu}}{(2\nu)!}} = \frac{1}{\cos x}$$

in der Umgebung der Stelle $x=0$ in eine Potenzreihe entwickelt und die Coefficienten gleichnamiger Glieder vergleicht.

Dabei wird

$$\sum_{\nu=0}^{\infty} \frac{(-1)^\nu}{(2\nu+1)^3} = \frac{\pi^3}{2^5}, \quad \sum_{\nu=0}^{\infty} \frac{(-1)^\nu}{(2\nu+1)^5} = \frac{5}{3}\,\frac{\pi^5}{2^9}, \ldots$$

§ 55. Erweiterung des Mittag-Leffler'schen Theorems.*)

Der obige Mittag-Leffler'sche Satz läfst sich auf den Fall ausdehnen, wo in dem Bereich der unbeschränkten Variabeln x irgend eine isolirte Punktmenge Q gegeben ist:

$$a_1, \; a_2, \ldots a_\nu, \ldots$$

und eine Reihe ganzer rationaler oder transcendenter Functionen

$$G_1\left(\frac{1}{x-a_\nu}\right), \quad G_2\left(\frac{1}{x-a_\nu}\right), \quad G_3\left(\frac{1}{x-a_\nu}\right) \cdots,$$

die mit dem Argumente verschwinden. Auch dann gibt es eine in der Umgebung jeder, weder der Menge Q, noch deren abgeleiteter Punktmenge Q' angehörigen Stelle x_0 reguläre Function $F(x)$, die in der Umgebung jeder isolirten Stelle a_ν in der Form

$$G_\nu\left(\frac{1}{x-a_\nu}\right) + \mathfrak{P}_\nu(x-a_\nu)$$

darstellbar ist.

Enthält Q' nicht wie früher eine einzige Stelle, so kommt es offenbar darauf an, die Menge Q derart abzutheilen, dafs zu jeder Theilmenge Q_μ oder

$$a_1^{(\mu)}, \; a_2^{(\mu)}, \ldots a_\nu^{(\mu)} \ldots$$

eine Häufungsstelle b_μ gehört und diese Menge der Bedingung

$$\lim_{\nu=\infty} |a_\nu^{(\mu)} - b_\mu| = 0$$

gemäfs geordnet werden kann, oder dafs man nach Annahme einer beliebig kleinen Gröfse Θ_μ ein n finden kann, für welches

$$|a_{n+\nu}^{(\mu)} - b_\mu| < \Theta_\mu \quad (\nu = 0, 1, 2, \ldots),$$

denn dann läfst sich jede Theilmenge Q_μ und die Reihe zugeordneter Functionen $G_\nu^{(\mu)}\left(\frac{1}{x-a_\nu^{(\mu)}}\right)$ zur Construction einer Function $F^{(\mu)}(x)$ mit den singulären Stellen $a_\nu^{(\mu)}$ $(\nu = 1, 2, \ldots)$ und b_μ verwenden und es steht zu vermuthen, dafs

$$\sum_\mu F^{(\mu)}(x)$$

eine Function der verlangten Art sein wird. Wenn Q' nur aus einer

*) Siehe Mittag-Leffler a. a. O.

endlichen Anzahl von Stellen b_μ besteht, ist die besagte Theilung von Q in Mengen Q_μ gewifs möglich und die Summe einer endlichen Anzahl von Functionen $F^{(\mu)}(x)$ gibt gewifs eine an jeder nicht in der Punktmenge $Q + Q'$ enthaltenen Stelle reguläre Function.

Besteht aber die Punktmenge Q' aus unendlich vielen Stellen, so ordne man am besten jeder Stelle a_ν eine von Q' b_ν derart zu, dafs

$$\lim_{\nu=\infty} |a_\nu - b_\nu| = 0 \quad \text{oder} \quad |a_\nu - b_\nu| < \Theta \quad (\nu \geqq n)$$

wird. Das ist möglich, denn sind die Stellen von Q' kurzweg b genannt, so gehört zunächst jeder Stelle a_ν eine untere von Null verschiedene Grenze ϱ_ν des absoluten Betrages

$$|a_\nu - b|$$

zu. Diese wird erreicht, d. h. es gibt eine Stelle b_ν, wo $|a_\nu - b_\nu| = \varrho_\nu$ ist. Gibt es nämlich unendlich viele Stellen

$$b_1^{(1)},\ b_2^{(2)}, \ldots b_\nu^{(\mu)} \ldots$$

und definiren die absoluten Beträge $|a_\nu - b_\nu^{(\mu)}|$ die Grenze ϱ_ν, so ist die Häufungsstelle der $b_\nu^{(\mu)}$, die als eine der zweiten abgeleiteten Punktmenge von Q angehörige Stelle auch in Q' enthalten ist, die verlangte Stelle b_ν.

Gerade eine solche Stelle b_ν ordne man a_ν zu. Dann kann man nach Annahme einer beliebig kleinen Gröfse Θ nicht mehr unendlich viele Stellen a'_ν angeben, für welche die zugehörigen unteren Grenzen $\varrho'_\nu = |a'_\nu - b|$ gleich oder gröfser wären als Θ, denn diese würden eine Grenzstelle b' definiren und $|a'_\nu - b'|$ wäre für unendlich viele a'_ν kleiner als eine beliebig kleine Gröfse und kleiner als Θ. Darum gibt es in der That auch eine ganze Zahl n, sodafs

$$\varrho_\nu = \Theta \quad \text{oder} \quad |a_\nu - b_\nu| < \Theta,$$

sobald $\nu > n$ ist.*)

Nach dieser Bestimmung der Stellen b_ν entwickle man die Function $G_\nu\left(\frac{1}{x - a_\nu}\right)$ in eine Reihe:

$$G_\nu\left(\frac{1}{x - a_\nu}\right) = \sum_{\varkappa=1}^{\infty} \frac{c_{-\varkappa}^{(\nu)}}{(x - a_\nu)^\varkappa} = \sum_{\mu=0}^{\infty} A_\mu^{(\nu)} \left(\frac{a_\nu - b_\nu}{x - b_\nu}\right)^\mu,$$

die in dem Bereiche $\left|\frac{a_\nu - b_\nu}{x - b_\nu}\right| < 1$ convergirt, suche wie früher eine ganze Zahl m_ν derart, dafs

$$\left| \sum_{\mu=m_\nu+1}^{\infty} A_\mu^{(\nu)} \left(\frac{a_\nu - b_\nu}{x - b_\nu}\right)^\mu \right|$$

in dem Bereiche $\left|\frac{a_\nu - b_\nu}{x - b_\nu}\right| \leqq \varepsilon < 1$ kleiner wird als ε_ν, setze endlich

*) Natürlich kann unendlich vielen Stellen a_ν dieselbe Stelle b_ν zugehören.

$$F_\nu(x) = G_\nu\left(\frac{1}{x-a_\nu}\right) - \sum_{\mu=0}^{m_\nu} A_\mu^{(\nu)}\left(\frac{a_\nu - b_\nu}{x-b_\nu}\right)^\mu,$$

so ist

$$F(x) = \sum_{\nu=1}^{\infty} F_\nu(x)$$

der Ausdruck, welcher in der Umgebung jeder von der Menge $Q+Q'$ verschiedenen Stelle x_0 regulären Verhaltens ist und in der Umgebung einer Stelle der isolirten Punktmenge Q durch

$$G_\nu\left(\frac{1}{x-a_\nu}\right) + \mathfrak{P}_\nu(x-a_\nu)$$

dargestellt wird. Jeder andere Ausdruck gleicher Art entsteht aus $F(x)$ durch Addition eines neuen analytischen Ausdruckes, der nur an den Stellen von Q' nicht regulären Verhaltens ist.

Zum Beweise zeige man, dafs in einer Umgebung ϱ von x_0, die keine Stelle der Menge $Q+Q'$ enthält, $F(x)$ gleichmäfsig convergirt.

Nennt man die untere Grenze aller Werthe $|x-b_\nu| \; l$, wo x jede Stelle des Bereiches $|x-x_0| < \varrho$ bedeutet, so dafs also

$$|x-b_\nu| \geqq l \quad (\nu = 1, 2, 3 \ldots),$$

und setzt $\varepsilon l = \Theta$, so wird für alle Werthe $\nu > n$, für die $|a_\nu - b_\nu| < \Theta$ ist,

$$\left|\frac{a_\nu - b_\nu}{x-b_\nu}\right| < \frac{\Theta}{l} = \varepsilon.$$

Weil daselbst

$$|F_\nu(x)| < \varepsilon_\nu,$$

so leuchtet ein, dafs bei einer endlichen Summe $\sum_{\nu=1}^{r} \varepsilon_\nu$ die Reihe $\sum_{\nu=1}^{\infty} F_\nu(x)$ gleichmäfsig convergiren wird, denn man kann n so wählen, dafs

$$\sum_{\nu=n'}^{\infty} |F_\nu(x)| \quad (n' > n)$$

für alle Stellen der Umgebung ϱ von x_0 kleiner wird als eine beliebig kleine vorgegebene Gröfse δ.

Da aber auch die Differenz

$$\sum_{\nu=1}^{\infty} F_\nu(x) - F_\lambda(x)$$

in der Umgebung von a_λ gleichmäfsig convergirt, besitzt die analytische Function $F(x) = \sum_{\nu=1}^{\infty} F_\nu(x)$ und endlich $F(x) + \Phi(x)$ die genannten Eigenschaften, wenn $\Phi(x)$ nur mehr an den Stellen b_ν irregulär ist.

Besteht der Bereich der gleichmäfsigen Convergenz eines der gefundenen Ausdrücke aus einem Continuum, so kann man jedes seiner Elemente $\mathfrak{P}(x|x_0)$ aus jedem anderen ableiten, folglich stellt der Ausdruck innerhalb des Continuums eine monogene Function dar. Bildet die Punktmenge $Q+Q'$ die Begrenzung mehrerer Continua, die wohl gemeinsame Grenzstellen haben können, aber aus deren Innerem kein continuirlicher Übergang in ein nächstes Continuum zu bewerkstelligen ist, so wird der Ausdruck in dem einzelnen Bereiche eine monogene Function vollständig oder blos einen Theil einer solchen darstellen. Liegen z. B. die Stellen der Menge $(Q+Q')$ alle in einem Kreise $|x-a|=r$ und auf dessen Begrenzung, und kann man aus dem Innern desselben nicht nach den aufserhalb liegenden Stellen gelangen, verschwinden ferner die Functionen $G_\nu\left(\frac{1}{x-a_\nu}\right)$ nicht identisch, so wird $F(x)$ innerhalb des Kreises eine monogene Function vollständig darstellen; ob aber $F(x)$ aufserhalb des Kreises auch eine eindeutige monogene Function darstellt, die nicht in das Innere desselben fortzusetzen ist, das ist noch nicht entschieden.

Angenommen, es sei bewiesen, dafs es stets eine eindeutige analytische Function gebe, die innerhalb eines von einer Punktmenge Q_1+Q_1' vollständig begrenzten Continuums regulär und an jeder Stelle a_ν der isolirten Menge Q_1 in der Form

$$G_\nu\left(\frac{1}{x-a_\nu}\right)+\mathfrak{P}_\nu(x-a_\nu)$$

darstellbar ist, wo G_ν eine nicht identisch verschwindende ganze Function bedeutet, die für $\frac{1}{x-a_\nu}=0$ Null ist, so kann man zu der früheren Menge $Q+Q'$ zurückkehrend folgende Fälle unterscheiden. Es ist möglich, dafs eine Theilmenge Q_1+Q_1' von $Q+Q'$ für sich ein Continuum $\mathfrak{A}_1$ vollständig begrenzt, dann existirt innerhalb $\mathfrak{A}_1$ eine monogene Function $F_1(x)$, deren singuläre Stellen diejenigen der Menge Q_1+Q_1' sind. Enthält nun $Q+Q'$ eine zweite Theilmenge Q_2+Q_2', die für sich ein anderes Continuum $\mathfrak{A}_2$ vollständig begrenzt, das aber theilweise mit $\mathfrak{A}_1$ zusammenfällt oder $\mathfrak{A}_1$ ganz enthält, so existirt vor Allem eine monogene Function $F_2(x)$ innerhalb $\mathfrak{A}_2$, ferner gibt es innerhalb der Bereiche $\mathfrak{B}_1$ und $\mathfrak{B}_2$, die aus $\mathfrak{A}_1$ und $\mathfrak{A}_2$ entstehen, wenn man den $\mathfrak{A}_1$ und $\mathfrak{A}_2$ gemeinsamen Bereich $\mathfrak{C}_1$ von $\mathfrak{A}_1$ und $\mathfrak{A}_2$ in Abzug bringt, zwei Functionen $F_3(x)$ und $F_4(x)$, und endlich existirt auch eine monogene Function innerhalb $\mathfrak{C}_1$.

Da kann nun der Fall eintreten, dafs ein einziger Ausdruck $F(x)$, wenn er in $\mathfrak{A}_1$ $F_1(x)$ darstellt, gleichzeitig $F_1(x)$ darstellen mufs oder dafs ein Ausdruck $F_3(x)$, $F_5(x)$, $F_4(x)$, oder innerhalb $\mathfrak{B}_1$, $\mathfrak{C}_1$ und $\mathfrak{B}_2$ $F_1(x)$, $F_5(x)$, $F_2(x)$ darstellen wird.

Um uns über diese Möglichkeiten zu orientiren, beweisen wir den eben genannten Satz über die Existenz einer monogenen Function $F_1(x)$, deren singuläre Stellen (Q_1+Q_1') einen Bereich $\mathfrak{A}_1$ vollständig begrenzen, aufserhalb dessen aber noch Stellen existiren, und suchen hinterher Ausdrücke zu bilden, welche in verschiedenen Bereichen ihrer gleichmäfsigen Convergenz analytische Functionen vollständig oder nur theilweise darstellen.

Wenn man beweisen will, dafs innerhalb eines Bereiches $\mathfrak{A}_1$ eine monogene Function $F_1(x)$ existirt, kann man festsetzen, dafs $F_1(x)$ aufserhalb $\mathfrak{A}_1$ nicht regulär sei.

Bezeichnet man mit $b_1, b_2, b_3, \ldots$ aufserhalb $\mathfrak{A}_1 + Q_1$ oder auf der Begrenzung dieses Bereiches liegende Punkte und nennt b die Punkte von Q_1' d. h. die Begrenzungspunkte von $\mathfrak{A}_1+Q_1$, und heifst die untere Grenze von $|b-b_\nu|$ β_ν, so kann man die Stellen b_ν derart wählen, dafs die obere Grenze β der β_ν eine bestimmte endliche Gröfse wird und dafs nach Annahme einer beliebig kleinen Gröfse Θ auch ein n gefunden werden kann, für welches

$$|a_\nu-b_\nu|-\beta_\nu<\Theta,$$

sobald $\nu \geqq n$ ist.

Falls die Stellen b_ν alle der Punktmenge Q_1' angehören, werden wie früher alle β_ν Null zu setzen sein.

Bezeichnet

$$\varepsilon_1,\ \varepsilon_2, \ldots \varepsilon_\nu, \ldots$$

wieder eine Reihe positiver Gröfsen von endlicher Summe und wählt man anstatt der einzigen Gröfse $\varepsilon<1$ eine unendliche Reihe positiver Gröfsen

$$\varepsilon^{(1)},\ \varepsilon^{(2)}, \ldots \varepsilon^{(\nu)}, \ldots,$$

für welche $\lim \varepsilon^{(\nu)}=1$ ist, so bilde man aus den unseren Stellen a_ν zugeordneten (nicht identisch verschwindenden) ganzen Functionen $G_\nu\left(\frac{1}{x-a_\nu}\right)$ $F_\nu(x)$ dadurch, dafs man die Zahlen m_ν nunmehr der Bedingung gemäfs bestimmt: es soll

$$\left|\sum_{\mu=m_\nu+1}^{\infty} A_\mu^{(\nu)}\left(\frac{a_\nu-b_\nu}{x-b_\nu}\right)^\mu\right|<\varepsilon_\nu,$$

sobald $\left|\frac{a_\nu-b_\nu}{x-b_\nu}\right| \leqq \varepsilon^{(\nu)}$. Zu diesem Zwecke hat man ebenso wie früher (S. 347 und 348), aber entsprechend den verschiedenen Gröfsen $\varepsilon^{(\nu)}$ verschiedene Hilfsgröfsen $\beta^{(\nu)}$ und $\alpha^{(\nu)}$ einzuführen.

Ist $b_\nu=\infty$, so entnehme man m_ν der Ungleichung

$$\frac{g_\xi^{(\nu)}\beta^{(\nu)}}{1-\beta^{(\nu)}}\,\frac{\left(\varepsilon_0^{(\nu)}\right)^{m_\nu+1}}{1-\varepsilon_0^{(\nu)}}<\varepsilon_\nu,$$

und wenn b_ν endlich ist, der Ungleichung

$$g_\xi^{(\nu)} \frac{\alpha^{(\nu)}}{1+\alpha^{(\nu)}} \frac{(\varepsilon_0^{(\nu)})^{m_\nu+1}}{1-\varepsilon_0^{(\nu)}} < \varepsilon_\nu,$$

wo die Bedeutung und Beschaffenheit der Gröfsen $g_\xi^{(\nu)}$, $\beta^{(\nu)}$, $\alpha^{(\nu)}$ und $\varepsilon^{(\nu)}$ nicht mehr erklärt zu werden braucht.

Bezeichnet dann x_0 eine Stelle von $\mathfrak{A}_1 + Q_1$ und enthält der Bereich $|x-x_0| \leqq \varrho$ keine Stelle von $Q_1 + Q_1'$, aufser etwa x_0, so kann man eine ganze Zahl n derart finden, dafs $\left|\frac{a_\nu - b_\nu}{x - b_\nu}\right|$ für alle Stellen dieses Bereiches kleiner wird als $\varepsilon^{(\nu)}$, wenn nur $\nu > n$ ist.

In der That: durchläuft x wieder alle Werthe des genannten Bereiches und sucht man die untere Grenze l von

$$|x - b_\nu| - \beta_\nu \quad (\nu = 1, 2 \ldots),$$

so ist

$$|x - b_\nu| \geqq \beta_\nu + l$$

für alle x-Werthe des Bereiches $|x-x_0| < \varrho$. Ist dann $\Theta < l$, so wird

$$|a_\nu - b_\nu| < \beta_\nu + \Theta,$$

wenn $\nu > n_1$ und ebenso

$$\left|\frac{a_\nu - b_\nu}{x - b_\nu}\right| < \frac{\Theta + \beta_\nu}{l + \beta_\nu}.$$

Da aber $\frac{\Theta + \beta_\nu}{l + \beta_\nu} \leqq \frac{\Theta + \beta}{l + \beta}$, wo β wieder die obere Grenze der β_ν ist, so wird auch

$$\left|\frac{a_\nu - b_\nu}{x - b_\nu}\right| < \frac{\Theta + \beta}{l + \beta}.$$

Wenn man nun mit Rücksicht auf den endlichen Werth von β und die Ungleichung $\Theta < l$ ein n_2 so bestimmt, dafs

$$\frac{\Theta + \beta}{l + \beta} < \varepsilon^{(\nu)} \quad (\nu > n_2),$$

so wird auch

$$\left|\frac{a_\nu - b_\nu}{x - b_\nu}\right| < \varepsilon^{(\nu)}$$

sein, wenn ν gröfser oder gleich ist der gröfseren der ganzen Zahlen n_1 und n_2.

Nunmehr ist die Existenz der innerhalb $\mathfrak{A}_1$ monogenen analytischen Function $F_1(x)$ erwiesen, denn der Ausdruck

$$\sum_{\nu=1}^{\infty} F_\nu(x)$$

definirt eine Function mit den geforderten Eigenschaften und jede andere geht durch Addition einer blos an den Stellen von Q_1' irregulären Function hervor.

Umgekehrt läfst sich eine eindeutige Function $\overline{F}(x)$ mit den singulären Stellen $a_1, a_2 \ldots$ als Summe eines Ausdruckes $\sum_{\nu=1}^{\infty} F_\nu(x)$ und einer Function darstellen, die nur an den Stellen der aus der isolirten Punktmenge $(a_1, a_2, \ldots)$ abgeleiteten Menge Q' nicht regulären Verhaltens ist, denn nach dem Laurent'schen Satze kann man $\overline{F}(x)$ in der Umgebung von a_ν in der Form

$$G_\nu\left(\frac{1}{x-a_\nu}\right) + \mathfrak{P}_\nu(x - a_\nu)$$

ausdrücken.

§ 56. Arithmetische Ausdrücke, die mehrere Functionen ganz oder theilweise darstellen.

Es soll nunmehr untersucht werden, ob ein und derselbe Ausdruck in verschiedenen Bereichen seiner gleichmäfsigen Convergenz verschiedene Functionen vollständig oder nur theilweise darstellen kann, oder ob er in manchen Bereichen Functionen vollständig und in anderen nur theilweise darstellt.

Diese Frage ist von der oben angeregten verschieden, und wir werden hier nicht erfahren, ob die früher construirte Function $F(x)$ mit den singulären Stellen $(Q+Q')$ in den continuirlichen Bereichen, die man erhält, indem man die Menge $Q+Q'$ aus dem Bereiche der unbeschränkten Variabeln ausschliefst, lauter monogene Functionen darstellt, die über diese Bereiche nicht fortzusetzen sind. Wir werden uns aber mit der Antwort auf die erste Frage begnügen und es als wahrscheinlich hinstellen müssen, dafs $F(x)$ nicht blos monogene Functionen vollständig darstellen wird.

M. Tannery hat eine Reihe gebildet, die in der Umgebung jeder Stelle x, für welche $|x| \gtrless 1$ gleichmäfsig convergirt und den Werth $+1$ oder -1 besitzt, je nachdem $|x| \lessgtr 1$ ist.

Er geht von der Bemerkung aus, dafs unter der Annahme einer unendlichen Reihe positiver ganzer Zahlen

$$n_0,\ n_1,\ n_2,\ \ldots n_\nu,\ \ldots$$

mit der oberen Grenze ∞

$$\lim_{\nu=\infty} \frac{1+x^{n_\nu}}{1-x^{n_\nu}} = \pm 1$$

ist, je nachdem $|x| \lessgtr 1$ ist. Setzt man dann

$$\frac{1+x^{n_\nu}}{1-x^{n_\nu}} = \frac{1+x^{n_0}}{1-x^{n_0}} + \sum_{\mu=1}^{\nu} \left\{\frac{1+x^{n_\mu}}{1-x^{n_\mu}} - \frac{1+x^{n_{\mu-1}}}{1-x^{n_{\mu-1}}}\right\},$$

so ist

$$\psi(x) = \frac{1+x^{n_0}}{1-x^{n_0}} + \sum_{\mu=1}^{\infty} \left\{ \frac{1+x^{n_\mu}}{1-x^{n_\mu}} - \frac{1+x^{n_{\mu-1}}}{1-x^{n_{\mu-1}}} \right\}$$

$$= \frac{1+x^{n_0}}{1-x^{n_0}} + \sum_{\mu=1}^{\infty} \frac{2x^{n_{\mu-1}}(x^{n_\mu - n_{\mu-1}} - 1)}{(x^{n_\mu}-1)(x^{n_{\mu-1}}-1)}$$

die verlangte Reihe. Bezeichnet hierauf x' eine rationale Function von x, so wird die Gesammtheit der Stellen x, für welche der absolute Betrag von x' gleich 1 ist, in dem Bereiche der Variabeln Continua, in denen $|x'|$ kleiner ist als Eins, von continuirlichen Bereichen trennen, wo $|x'| > 1$. Dann aber ist $\psi(x') = \chi(x)$ die Summe unendlich vieler rationaler Functionen, die in den Bereichen, wo $|x'| \gtrless 1$ ist, den Werth ∓ 1 besitzt; aber dort, wo $|x'| = 1$ ist, convergirt $\chi(x)$ nicht.

Ist x' nur eine lineare Function von $x = \xi + i\eta$:

$$x' = \frac{\alpha x + \beta}{\gamma x + \delta} = f(x),$$

wo die Coefficienten durch Division von $\sqrt{\alpha\delta - \beta\gamma}$ stets so umzuwandeln sind, dafs $\alpha\delta - \beta\gamma = 1$ wird, so wird die Gleichung eines Kreises um die Stelle $m + in$ in der Form:

$$|x - (m + in)| = r$$

oder

$$A(\xi^2 + \eta^2) - 2mA\xi - 2nA\eta + (m^2 + n^2 - r^2)A = 0$$

oder in der Form zu schreiben sein:

$$Axx_0 + Bx + B_0x_0 + C = 0,$$

wenn x_0 und B_0 die conjugirten Werthe von x und B und A und C reelle Gröfsen sind. Das aus diesem Kreise durch die Substitution

$$x' = f(x) \quad \text{und} \quad x_0' = \frac{\alpha_0 x_0 + \beta_0}{\gamma_0 x_0 + \delta_0}$$

abzuleitende Gebilde:

$$A(\alpha x+\beta)(\alpha_0 x_0+\beta_0) + B(\alpha x+\beta)(\gamma_0 x_0+\delta_0) + B_0(\alpha_0 x_0+\beta_0)(\gamma x+\delta)$$
$$+ C(\gamma x+\delta)(\gamma_0 x_0+\delta_0) = 0$$

oder

$$\begin{aligned} & xx_0(A\alpha\alpha_0 + B\alpha\gamma_0 + B_0\alpha_0\gamma + C\gamma\gamma_0) \\ + \; & x\,(A\alpha\beta_0 + B\alpha\delta_0 + B_0\alpha_0\delta + C\gamma\delta_0) \\ + \; & x_0(A\alpha_0\beta + B\beta\gamma_0 + B_0\beta_0\gamma + C\gamma_0\delta) \\ + \; & (A\beta\beta_0 + B\beta\delta_0 + B_0\beta_0\delta + C\delta\delta_0) = 0, \end{aligned}$$

wo $\alpha_0, \beta_0, \gamma_0, \delta_0$ die $\alpha, \beta, \gamma, \delta$ conjugirten Gröfsen sind, ist offenbar wieder ein Kreis.

Wir theilen die Variabelnebene nun durch beliebige Kreise

$$|x - a_1| = r_1, \quad |x - a_2| = r_2, \ldots |x - a_n| = r_n,$$

von denen niemals zwei einen Bereich gemein haben, in $n+1$ Theile und bestimmen n Functionen

$$x_\nu = \frac{\alpha_\nu x + \beta_\nu}{\gamma_\nu x + \delta_\nu},$$

so dafs $|x_\nu|$ auf dem Kreise $|x - a_\nu| = r_\nu$ gleich Eins ist. Dann hat $|x_\nu|$ innerhalb des Kreises stets einen Werth $\gtrless 1$ und aufserhalb desselben einen Werth, der $\lessgtr 1$ ist.

Ist z. B. $|x_\nu|$ $(\nu = 1, 2, \ldots n)$ in dem Bereiche $|x - a_\nu| < r_\nu$ kleiner als Eins und sind

$$F_0(x),\ F_1(x), \ldots F_n(x)$$

eindeutige Functionen, deren Stetigkeitsbereich blos durch eine unendliche Anzahl aufserwesentlich und eine endliche Anzahl wesentlich singulärer Stellen begrenzt ist, auf dafs sie in einem unendlichen Bereiche regulär sind, so hat der Ausdruck

$$F_0(x) + \frac{1}{2}\sum_{\nu=1}^{n}(1 + \psi(x_\nu))\,(F_\nu(x) - F_0(x))$$

die Eigenschaft, die Function $F_\nu(x)$ so lange darzustellen, als x innerhalb des Kreises r_ν liegt, und $F_\mu(x)$ darzustellen, so lange x in dem Kreise r_μ sich befindet, d. h. derselbe Ausdruck stellt in verschiedenen Theilen seines Convergenzbereiches verschiedene Functionen nur theilweise dar. Sollten aber die Functionen $F_1(x), \ldots F_n(x)$ nur innerhalb der Kreise $r_1 \ldots r_n$, und sollte $F_0(x)$ aufserhalb aller Kreise allein existiren, so stellt derselbe Ausdruck verschiedene Functionen vollständig dar.

Sind andrerseits die n Kreise so gewählt, dafs jeder von dem folgenden umschlossen wird, wobei der Bereich der Variabeln x wieder in $n+1$ Theile gesondert ist, so wird der Ausdruck

$$\frac{1}{2}(F_{n+1}(x) + F_1(x)) - \frac{1}{2}\sum_{\nu=1}^{n}(F_{n+1}(x) - F_\nu(x))\,\psi(x_\nu)$$

in dem ersten Kreise $F_1(x)$, in dem daran grenzenden ringförmigen Gebiete $F_2(x)$ usw., endlich aufserhalb des letzten Kreises $F_{n+1}(x)$ darstellen. Wenn die Functionen $F_1(x) \ldots F_{n+1}(x)$ nur eine endliche Anzahl wesentlich singulärer Stellen besitzen, stellt der genannte Ausdruck in den einzelnen Bereichen Theile verschiedener Functionen dar, wenn aber $F_1(x)$ innerhalb des ersten, $F_2(x)$ innerhalb des zweiten usw., $F_{n+1}(x)$ innerhalb des letzten Bereiches allein existirt, repräsentirt derselbe Ausdruck mehrere Functionen vollständig, und wenn endlich $F_1(x)$ innerhalb des ersten Kreises, $F_2(x)$ in dem zweiten Kreise und $F_{n+1}(x)$ innerhalb der ganzen Ebene existirt, so bringt unser Ausdruck eine Function, nämlich $F_1(x)$, vollständig und die übrigen nur theilweise zur Darstellung.

Wir sehen also an diesen einfachen Beispielen, dafs alle der früher genannten Fälle vorkommen.

Das Wesentliche dieser Erörterungen besteht aber in der Erkenntnis, dafs *der Begriff der monogenen Function mit dem Begriff einer durch Gröfsenoperationen ausdrückbaren Abhängigkeit nicht vollkommen zusammenfällt.**) Und wenn man zwei Functionen als identisch erkennt, die in der Umgebung einer Stelle x_0 für unendlich viele Werthe mit der Häufungsstelle x_0 übereinstimmen, so ist die Identität zweier Ausdrücke, deren Bereich gleichmäfsiger Convergenz aus verschiedenen Continuis besteht, erst dann erwiesen, wenn man die Identität der verschiedenen Functionen, welche sie darstellen, erkannt hat.

§ 57. Darstellung eindeutiger Functionen durch Producte.

Es ist schon früher geglückt, nicht allein die ganze, sondern auch die eindeutige Function mit einer wesentlichen und unendlich vielen aufserwesentlich singulären Stellen durch den Quotienten unendlicher Producte von Primfunctionen darzustellen.

Die Darstellung einer eindeutigen Function durch unendliche Producte soll nunmehr verallgemeinert werden.

Zu diesem Zwecke nehmen wir eine isolirte unendliche Punktmenge Q an, die mit Q' vereinigt ein Continuum $\mathfrak{A}$ vollständig begrenzt, ordnen den Stellen von Q

$$a_1, a_2, \dots a_\nu, \dots$$

positive oder negative ganze Zahlen

$$n_1, n_2, \dots n_\nu, \dots$$

zu und beweisen zunächst, dafs es stets eine monogene eindeutige Function $F(x)$ gibt, die in der Umgebung jeder Stelle von $\mathfrak{A}$ regulären Verhaltens ist, an den Stellen a_ν von der n_ν^{ten} Ordnung Null oder unendlich wird, je nachdem n_ν positiv oder negativ ist und in der Umgebung jeder solchen Stelle auf die Form

$$(x - a_\nu)^{n_\nu} e^{\mathfrak{P}_\nu(x - a_\nu)}$$

gebracht werden kann, womit gesagt ist, dafs sie daselbst aufser an der Stelle a_ν weder verschwindet noch unendlich wird. Die Stellen der Punktmenge Q' sind wesentlich singuläre Stellen von $F(x)$. Umgekehrt wird aber jede Function dieser Eigenschaften in derselben Weise auszudrücken sein wie $F(x)$. —

Man ordne jeder Stelle a_ν wieder eine auf der Begrenzung von $\mathfrak{A} + Q$ oder aufserhalb dieses Bereiches liegende Stelle b_ν in der früheren Weise zu und wähle eine Reihe positiver Gröfsen

$$\varepsilon_1, \varepsilon_2, \dots \varepsilon_\nu, \dots$$

von endlicher Summe und eine weitere Reihe positiver Gröfsen

*) Siehe Weierstrafs, Functionenlehre p. 79 u. s. f.

$$\varepsilon^{(1)}, \; \varepsilon^{(2)}, \ldots \varepsilon^{(\nu)}$$

mit der Grenze 1, bilde endlich die Primfunctionen:

$$E_\nu(x) = \left(1 - \frac{a_\nu - b_\nu}{x - b_\nu}\right)^{n_\nu} e^{n_\nu \sum\limits_{\mu=1}^{m_\nu} \frac{1}{\mu}\left(\frac{a_\nu - b_\nu}{x - b_\nu}\right)^\mu},$$

so wird bei passender, mit den Gröſsen ε_ν und $\varepsilon^{(\nu)}$ zusammenhängender Wahl der positiven ganzen Zahlen m_ν das Product $\prod\limits_{\nu=1}^{\infty} E_\nu(x)$ die verlangte Function $F(x)$ definiren.

Ist a_ν von Null und Unendlich verschieden, so läſst sich die genannte Primfunction in dem Bereiche

$$\left|\frac{a_\nu - b_\nu}{x - b_\nu}\right| < 1$$

— an dessen Stelle im Falle $b_\nu = \infty$ der Bereich $\left|\frac{x}{a_\nu}\right| < 1$ tritt — auf die Form

$$e^{-n_\nu \sum\limits_{\mu=m_\nu+1}^{\infty} \frac{1}{\mu}\left(\frac{a_\nu - b_\nu}{x - b_\nu}\right)^\mu}$$

bringen. Hier wähle man die ganze Zahl m_ν derart, daſs

$$\left| n_\nu \sum_{\mu=m_\nu+1}^{\infty} \frac{1}{\mu}\left(\frac{a_\nu - b_\nu}{x - b_\nu}\right)^\mu \right|$$

in dem Bereiche $\left|\frac{a_\nu - b_\nu}{x - b_\nu}\right| < \varepsilon^{(\nu)}$ kleiner wird als ε_ν. Da sich hierauf eine ganze Zahl n so angeben läſst, daſs der absolute Betrag von $\frac{a_\nu - b_\nu}{x - b_\nu}$ für alle durch eine Bedingung $|x - x_0| < \varrho$ definirten Stellen des Continuums $\mathfrak{A}$ kleiner wird als $\varepsilon^{(\nu)}$, wofern $\nu \geqq n$ ist, so kann man auch eine ganze Zahl n' der Beschaffenheit finden, daſs nach Annahme einer Gröſse δ für alle die genannten Stellen der Umgebung von x_0

$$\sum_{\nu=\varkappa}^{\infty} \left| n_\nu \sum_{\mu=m_\nu+1} \frac{1}{\mu}\left(\frac{a_\nu - b_\nu}{x - b_\nu}\right)^\mu \right| < \delta,$$

sobald $\varkappa \geqq n$ ist. Dann aber wird auch das Product

$$\prod_{\nu=1}^{\infty} E_\nu(x) = \prod_{\nu=1}^{n-1} E_\nu(x) \prod_{\nu=n}^{\infty} E_\nu(x)$$

gleichzeitig convergiren und in der Umgebung jeder dem Continuum $\mathfrak{A}$ angehörigen Stelle x_0 durch eine Potenzreihe $\mathfrak{P}_0(x - x_0)$ darzustellen sein. Weil das Product in eben diesem Bereiche weder Null noch unendlich wird, kann man der letzten Reihe auch die Gestalt

$$e^{\mathfrak{P}(x - x_0)}$$

geben.

In der Umgebung einer der Menge Q angehörigen Stelle a_λ ist ein Bereich angebbar, in dem der Quotient

$$\frac{\prod\limits_{\nu=1}^{\infty} E_\nu(x)}{E_\lambda(x)}$$

regulären Verhaltens ist und nicht verschwindet, und darum läfst sich das Product daselbst in der Form

$$(x - a_\lambda)^{n_\lambda} e^{\mathfrak{P}_\lambda(x - a_\lambda)}$$

ausdrücken.

Die Stellen a_λ sind also Null oder aufserwesentlich singuläre Stellen der durch das Product definirten analytischen Function und die in Q' enthaltenen Häufungsstellen sind offenbar wesentlich singuläre Stellen.

Das Product von $\prod\limits_{\nu=1}^{\infty} E_\nu(x)$ und einer nur an den Stellen Q' irregulären und innerhalb des Bereiches $\mathfrak{A} + Q$ nicht verschwindenden Function $F_0(x)$ geniefst dieselben Eigenschaften. Bezeichnet man eine eindeutige monogene Function, die im Innern des Continuums $\mathfrak{A} + Q$ regulär ist, mit $f_0(x)$, so hat $F_0(x)$ die Gestalt $e^{f_0(x)}$ und jede Function der ursprünglich genannten Art ist in einem Ausdrucke

$$\prod_{\nu=1}^{\infty} E_\nu(x) \, . \, e^{f_0(x)}$$

enthalten.

Heifsen die Stellen von Q, denen positive Zahlen n_ν zugehören, a_ν, diejenigen, welchen negative zugeordnet sind, α_ν, so kann man

$$\prod_{\nu=1}^{\infty} E_\nu(x) = \frac{\prod\limits_{\nu=1}^{\infty} E_\nu(x, a_\nu)}{\prod\limits_{\nu=1}^{\infty} \overline{E}_\nu(x, \alpha_\nu)}$$

setzen, wenn unter $E_\nu(x, a_\nu)$ und $\overline{E}_\nu(x, \alpha_\nu)$ die Primfunctionen mit den Nullstellen a_ν resp. α_ν verstanden sind.

Ordnet man diesen Stellen a_ν und α_ν nur Punkte der Menge Q' zu, in welchem Falle man die früheren Gröfsen $\varepsilon^{(\nu)}$ auf eine einzige ε reduciren kann, die kleiner als 1 ist, und heifsen diese Punkte b_ν oder β_ν, so wird

$$\prod_{\nu=1}^{\infty} E_\nu(x) = \frac{\prod\limits_{\nu=1}^{\infty} \left(1 - \frac{a_\nu - b_\nu}{x - b_\nu}\right)^{n_\nu} e^{n_\nu \sum\limits_{\mu=1}^{m_\nu} \frac{1}{\mu} \left(\frac{a_\nu - b_\nu}{x - b_\nu}\right)^\mu}}{\prod\limits_{\nu=1}^{\infty} \left(1 - \frac{\alpha_\nu - \beta_\nu}{x - \beta_\nu}\right)^{n_\nu} e^{n_\nu \sum\limits_{\mu=1}^{m'_\nu} \frac{1}{\mu} \left(\frac{\alpha_\nu - \beta_\nu}{x - \beta_\nu}\right)^\mu}},$$

doch weil man einer endlichen oder unendlichen Anzahl von Stellen dieselben wesentlich singuläre Stellen der Bedingung $\lim |a_\nu - b_\nu| = 0$ oder $\lim |\alpha_\nu - \beta_\nu| = 0$ gemäfs zuordnen kann, erhält das Product auch die Gestalt:

$$e^{f_0(x)} \frac{\prod\limits_{\nu=1}^{\infty} G_\nu\left(\frac{1}{x-b_\nu}\right)}{\prod\limits_{\nu=1}^{\infty} \overline{G}_\nu\left(\frac{1}{x-\beta_\nu}\right)},$$

wo G_ν und $\overline{G}_\nu$ ganze Functionen ihrer Argumente bezeichnen.

Dafür endlich kann man noch die weitere Form

$$e^{\varphi_0(x)} \frac{\prod G_\nu\left(\frac{1}{x-b_\nu}\right)}{\prod G_\nu\left(\frac{1}{x-b_\nu}\right)}$$

ansetzen, wenn man die denselben singulären Stellen b_ν zuzuordnenden Null- und Unendlichkeitsstellen a_ν und α_ν zusammenfafst. Gehört einer besonderen Stelle b_λ keine Null- oder Unendlichkeitsstelle zu, so wird für diese $G_\nu\left(\frac{1}{x-b_\lambda}\right)$ beziehungsweise $\overline{G}_\nu\left(\frac{1}{x-b_\nu}\right)$ durch die Einheit zu ersetzen sein.

Damit ist eine Darstellung einer eindeutigen monogenen Function mit unendlich vielen wesentlich singulären Stellen gewonnen, deren Form der Darstellung einer Function mit einer wesentlich singulären Stelle analog ist. Aber ebenso läfst sich jede monogene eindeutige Function mit vorgegebenen Null- und aufserwesentlichen Unendlichkeitsstellen ausdrücken, denn wenn eine solche Function auf die genannte Art bestimmt ist, so wird der Quotient der gegebenen und dieser Function eine innerhalb $\mathfrak{A} + Q$ reguläre Function $e^{f_0(x)}$. —

Es ist nun auch ersichtlich, dafs wir für diese Functionen bezüglich ihrer Beschaffenheit in der Umgebung wesentlich singulärer Stellen dieselben Untersuchungen anstellen können, wie über die Function mit einer einzigen wesentlichen Singularität. Zunächst wird eine Function $F(x)$ aufserhalb eines dem Bereiche $\mathfrak{A} + Q$ entnommenen Theilbereiches $\mathfrak{B}$ dem absoluten Betrage nach gewifs gröfser als irgend eine vorgegebene Gröfse R, und $F(x)$ mufs in unendlich kleiner Umgebung der wesentlich singulären Stellen einen unendlich grofsen Werth annehmen. Dann kommt ihr Werth daselbst jeder Gröfse beliebig nahe, da $\frac{1}{F(x) - A}$ dieselben wesentlich singulären Stellen besitzt wie $F(x)$ selbst.

Die eindeutige Function wird aber auch jedem Werthe A aufserhalb eines Bereiches $\mathfrak{B}$ beliebig nahe kommen, und dann gibt es in beliebiger Nähe von A einen Werth A_1, den sie aufserhalb $\mathfrak{B}$ wirklich erreicht, z. B. für $x = x_1$.

Einen in der Nähe von A und A_1 liegenden Werth A_2 erhält $F(x)$ dann für einen in der Umgebung von x_1 liegenden Werth x_2. Aber ferner gibt es aufserhalb dieser Umgebung Stellen x_2', für welche $F(x)$ beliebig nahe an A_2 herankommt und etwa gleich A_3 wird. Diesen Werth nimmt $F(x)$ also an zwei Stellen x_2' und x_2'' an, wobei x_2'' in der Umgebung von x_1 und x_2 liegt.

Hat man so fortschreitend einen in beliebiger Nähe von A liegenden Werth A_n gefunden, den die Function $F(x)$ für $(n-1)$ Werthe

$$x_n^{(1)}, x_n^{(2)}, \ldots x_n^{(n-1)}$$

ihres Stetigkeitsbereiches annimmt, so kann man auch einen A_n benachbarten Werth A_{n+1} angeben, den $F(x)$ für n Werthe

$$x_{n+1}^{(1)}, x_{n+2}^{(2)}, \ldots x_{n+1}^{(n)}$$

erhält, von denen $(n-1)$ in der Nähe der Stellen $x_n^{(\nu)}$ $(\nu = 1, 2 \ldots n)$ liegen, indefs der n^{te} aufserhalb dieser Bereiche liegt.

Fixirt man also einen Werth A, dem $F(x)$ beliebig nahe kommt, so kann man in beliebig kleiner Umgebung von A Werthe angeben, die $F(x)$ an beliebig vielen Stellen ihres Stetigkeitsbereiches annimmt.*)

Mit diesem Satze brechen wir die Untersuchungen über die allgemeinen eindeutigen analytischen Functionen ab und verweisen im Übrigen auf die schon citirten Originalabhandlungen.

*) Siehe Phragmen, Acta mathem. Bd. 7, p. 10.

Siebentes Capitel.

I. Abschnitt.

Doppeltperiodische Functionen.

§ 58. Allgemeine Eigenschaften der doppeltperiodischen Functionen, die im Endlichen den Charakter rationaler Functionen besitzen.*)

Wir wenden uns wieder zu der Aufgabe, analytische Functionen zu ermitteln, welche besondere Eigenschaften geniefsen.

Eine analytische Function $f(x)$ hiefs *periodisch*, wenn bei beliebigem Werthe ihres Argumentes für gewisse constante Gröfsen w die Gleichung

$$f(x+w) = f(x)$$

besteht. Jede solche Constante w nannten wir eine Periode und jedes ganzzahlige Vielfache derselben ist wieder eine Periode.

Man kann zunächst zeigen, dafs eine eindeutige oder endlich vieldeutige analytische Function $f(x)$ keine unendlich kleine Perioden besitzen könne.

Andernfalls hätte nämlich $f(x)$ in der Umgebung einer regulären Stelle x_0, wo die Darstellung

$$f(x) = f(x_0) + f'(x_0)\frac{x-x_0}{1!} + f''(x_0)\cdot\frac{(x-x_0)^2}{2!} + \cdots$$

gilt, unendlich oft den Werth $f(x_0)$ oder es gäbe in jeder Nähe von x_0 unendlich viele Stellen, an denen

$$f'(x_0)\frac{x-x_0}{1} + f''(x_0)\frac{(x-x_0)^2}{2!} + \cdots$$

verschwände und das ist mit der nothwendigen Voraussetzung, dafs $f(x) - f(x_0)$ nicht identisch Null ist, unvereinbar.

Es gibt daher in einem endlichen Bereiche nur eine endliche Anzahl von Stellen $x+w$, an denen $f(x+w) = f(x)$ ist oder nur eine endliche Anzahl von Perioden, deren absoluter Betrag eine endliche Grenze nicht überschreitet.

*) Vergleiche die Formeln und Lehrsätze von Schwarz und Kiepert's schon genannte Abhandlung.

Unter den Stellen $x = |x|(\cos\varphi + i\sin\varphi)$, wo φ constant ist, sei

$$2\varpi = |2\varpi|(\cos\varphi + i\sin\varphi)$$

diejenige Periode mit dem kleinsten absoluten Betrage, dann sind alle übrigen derselben Form

$$2\omega = |2\omega|(\cos\varphi + i\sin\varphi)$$

ganzzahlige Vielfache von 2ϖ: $2\omega = 2n\varpi$. Wäre auch $2m\varpi$ eine Periode, wenn m keine ganze Zahl bedeutet, so müfste nach der Zerlegung $m = n + \nu$ $|\nu| < 1$ zugleich mit $2m\varpi = 2n\varpi + 2\nu\varpi$ auch $2\nu\varpi$ eine Periode sein und deren absoluter Betrag wäre kleiner als $|2\varpi|$.

Gibt es aufser den Stellen

$$2n\varpi \quad (n = \pm 1, \pm 2, \ldots)$$

keine weiteren Perioden, so ist die Function *einfach periodisch.* Existiren aber noch andere Perioden $2n\varpi'$, so kann das Verhältnis $\frac{\varpi'}{\varpi}$ vor Allem nicht reell sein, sonst wäre ja mit

$$2n\varpi' = 2n_1\varpi + 2\nu_1\varpi,$$

wo n_1 wieder eine ganze Zahl und $|\nu_1| < 1$ ist, auch $2\nu_1\omega$ eine Periode.

Bezeichnen $2\omega^{(1)}$ und $2\omega^{(2)}$ Perioden von nicht reellem Verhältnis, so sind alle übrigen in der Formel

$$2\xi_1\omega^{(1)} + 2\xi_2\omega^{(2)}$$

enthalten, wo ξ_1 und ξ_2 reelle Gröfsen bedeuten.

Unter der Voraussetzung einer blos endlichen Anzahl von *Periodenpunkten* in einem endlichen Bereiche kann man zeigen, dafs es ein Periodenpaar $(2\varpi^{(1)}, 2\varpi^{(2)})$ gibt, aus dem alle übrigen ganzzahlig zusammenzusetzen sind.*)

Wählt man nämlich eine Periode, in welcher $\xi_2 = 0$ ist und ξ_1 den kleinsten in dem Intervalle:

$$0 < \xi_1 \leq 1$$

befindlichen Werth annimmt, und dann eine zweite, wo ξ_1 und ξ_2 die kleinsten innerhalb der reellen Bereiche

$$0 < \xi_1 < 1, \quad 0 < \xi_2 < 1$$

liegenden Werthe besitzen und nennt diese unter unserer Voraussetzung jedenfalls existirenden Perioden von nicht reellem Verhältnis:

$$2\varpi^{(1)} = 2\xi_1^{(1)}\omega^{(1)}, \quad 2\varpi^{(2)} = 2\xi_1^{(2)}\omega^{(1)} + 2\xi_2^{(2)}\omega^{(2)},$$

so erhält jede Periode $2\xi_1\omega^{(1)} + 2\xi_2\omega^{(2)}$ die Form

$$2\nu_1\varpi^{(1)} + 2\nu_2\varpi^{(2)} + 2\eta_1\omega^{(1)} + 2\eta_2\omega^{(2)},$$

wo η_1 und η_2 die Bedingungen

*) Siehe Weierstrafs, Monatsberichte der Berliner Akad. 1876.

$$0 < \eta_1 < \xi_1^{(1)}, \quad 0 \leq \eta_2 < \xi_2^{(2)}$$

erfüllen und ν_1 und ν_2 ganze Zahlen werden, denn man kann

$$\xi_1 = \nu_1 \xi_1^{(1)} + \nu_2 \xi_1^{(2)} + \eta_1, \quad \xi_2 = \nu_2 \xi_2^{(2)} + \eta_2$$

setzen. Nun mufs aber

$$2\eta_1 \omega^{(1)} + 2\eta_2 \omega^{(2)}$$

eine Periode sein, und weil das zufolge der Festsetzungen über die Beschaffenheit von $2\varpi^{(1)}$ und $2\varpi^{(2)}$ nur angeht, wenn η_2 und η_1 verschwinden, so haben wir in $2\varpi^{(1)}$ und $2\varpi^{(2)}$ wirklich Perioden, durch die jede andere ganzzahlig auszudrücken ist:

$$2\xi_1 \omega^{(1)} + 2\xi_2 \omega^{(2)} = 2\nu_1 \varpi^{(1)} + 2\nu_2 \varpi^{(2)}$$

und wir wissen von früher her, dafs es in einem endlichen Bereiche nur eine endliche Anzahl von Stellen solcher Art geben kann. —

Bilden wir aus drei Perioden $2\omega_1$, $2\omega_2$, $2\omega_3$, von denen keine zwei in reellem Verhältnis stehen dürfen, damit keine unendlich kleine Perioden existiren, die Perioden:

$$2\xi_1 \omega_1 + 2\xi_2 \omega_2 + 2\xi_3 \omega_3,$$

wo ξ_1, ξ_2, ξ_3 wieder reell sind und setzen voraus, dafs in einem endlichen Bereiche nur eine endliche Anzahl von Periodenstellen liegt, so kann man unter den Perioden ein System

$$2\bar{\omega}_1 = 2\xi_1^{(1)} \omega_1, \quad 2\bar{\omega}_2 = 2\xi_1^{(2)} \omega_1 + 2\xi_2^{(2)} \omega_2, \quad 2\bar{\omega}_3 = 2\xi_1^{(3)} \omega_1 + 2\xi_2^{(3)} \omega_2 + 2\xi_3^{(3)} \omega_3$$

ausfindig machen, wo die Coefficienten $\xi^{(k)}$ ($k = 1, 2, 3$) die kleinsten der an die Bedingungen

$$0 < \xi_1 \leq 1, \quad \xi_2 = 0, \quad \xi_3 = 0$$

oder

$$0 \leq \xi_1 \leq 1, \quad 0 < \xi_2 < 1, \quad \xi_3 = 0$$

oder

$$0 \leq \xi_1 < 1, \quad 0 < \xi_2 < 1, \quad 0 < \xi_3 \leq 1$$

gebundenen Werthe von ξ_1, ξ_2, ξ_3 sind, die bei Perioden vorkommen. Zerlegt man dann ξ_1, ξ_2, ξ_3 in $2\xi_1 \omega_1 + 2\xi_2 \omega_2 + 2\xi_3 \omega_3$:

$$\xi_3 = \nu_3 \xi_3^{(3)} + \eta_3$$
$$\xi_2 = \nu_2 \xi_2^{(2)} + \nu_3 \xi_2^{(3)} + \eta_2$$
$$\xi_1 = \nu_1 \xi_1^{(1)} + \nu_2 \xi_1^{(2)} + \nu_3 \xi_1^{(3)} + \eta_3$$

und läfst ν_1, ν_2, ν_3 ganze Zahlen sein, knüpft aber η_1, η_2, η_3 an die Ungleichungen

$$0 \leq \eta_1 < \xi_1^{(1)}, \quad 0 < \eta_2 < \xi_2^{(2)}, \quad 0 \leq \eta_3 < \xi_3^{(3)},$$

so erhält die aus $2\omega_1$, $2\omega_2$, $2\omega_3$ bestehende Periode die Form

$$2\nu_1 \bar{\omega}_1 + 2\nu_2 \bar{\omega}_2 + 2\nu_3 \bar{\omega}_3,$$

denn

$$2\eta_1 \omega_1 + 2\eta_2 \omega_2 + 2\eta_3 \omega_3$$

kann keine Periode sein.

Setzt man jetzt

$$2\bar{\omega}_k = \alpha_k + i\beta_k \quad (k = 1, 2, 3),$$

so lassen sich unter der Voraussetzung, dafs zwischen den Perioden $2\bar{\omega}_k$ keine ganzzahlige homogene lineare Gleichung besteht:

$$2\mu_1\omega_1 + 2\mu_2\omega_2 + 2\mu_3\omega_3 = 0,$$

in welchem Falle eine der Perioden linear von den zwei übrigen abhinge und durch zwei neue Perioden ganzzahlig auszudrücken wäre, unendlich viele ganze Zahlen ν_1, ν_2, ν_3 finden, für die

$$|\nu_1\alpha_1 + \nu_2\alpha_2 + \nu_3\alpha_3| \text{ und } |\nu_1\beta_1 + \nu_2\beta_2 + \nu_3\beta_3|$$

unendlich klein wird*), d. h. es gibt unendlich kleine Perioden. Doch weil solche bei der eindeutigen (oder auch endlich vieldeutigen) analytischen Function nicht vorkommen können, gibt es keine dreifach (und ebensowenig mehrfach) periodische eindeutige Functionen.

Ein Periodenpaar der *doppeltperiodischen Function*, durch welches alle Perioden ganzzahlig in der Form

$$w = 2\mu\omega + 2\mu'\omega'$$

auszudrücken sind, heifst ein *primitives*, doch es gibt — wie wir wissen — unendlich viele dem Paare $(2\omega, 2\omega')$ *äquivalente Periodenpaare* $(2\varpi, 2\varpi')$, durch welche man dieselbe Gesammtheit von Stellen w ganzzahlig ausdrücken kann. Dazu mufs nur

$$2\varpi = 2p\omega + 2q\omega', \quad 2\varpi' = 2p'\omega + 2q'\omega'$$

sein und die ganzen Zahlen p, q, p', q' haben die Bedingung

$$pq' - p'q = \pm 1$$

zu erfüllen.

Der nothwendig von Null verschiedene reelle Bestandtheil des Verhältnisses $\frac{\varpi'}{\varpi i}$ besitzt dasselbe Zeichen wie

$$(pq' - p'q)\,\Re\left(\frac{\omega'}{\omega i}\right),$$

daher können wir, ohne die Allgemeinheit zu beeinträchtigen, den weiteren Untersuchungen ein primitives Periodenpaar zu Grunde legen, bei welchem

$$\Re\left(\frac{\omega'}{\omega i}\right)$$

positiv ist.

Man nennt zwei Werthe des Argumentes *congruent* oder *äquivalent*, wenn ihre Differenz $(x - x_0)$ eine Periode ist. Indem man aber die Differenz

$$x - x_0 = 2\xi\omega + 2\xi'\omega'$$

setzen kann, wo ξ und ξ' reell sind, und ferner

$$x - x_0 = 2\mu\omega + 2\mu'\omega' + 2l\omega + 2l'\omega'$$

*) Siehe z. B. Koenigsberger: Elliptische Functionen 1. Bd. p. 363–367.

gilt, wenn μ und μ' ganze Zahlen sind und t und t' reelle Werthe zwischen Null und Eins (0 ein- und 1 ausgeschlossen) bedeuten, so erscheint jede Stelle x einem Werthe aus der Gesammtheit von Stellen, die durch

$$x_0 + 2t\omega + 2t'\omega', \quad 0 < t < 1, \quad 0 < t' < 1$$

definirt sind, congruent.

Man nennt diese Gesammtheit von Stellen in dem Bereiche der Variabeln ein *Periodenparallelogramm.*

Die eindeutige Function $f(x)$ mit den primitiven Perioden 2ω und $2\omega'$ nimmt offenbar jeden Werth, den sie überhaupt annimmt, in jedem Periodenparallelogramm an und weil sie unendlich werden mufs, besitzt sie gewifs unendlich viele Unendlichkeitsstellen und kann keinesfalls eine ganze Function sein. Da die Function $\frac{1}{f(x) - A}$ denselben Charakter hat wie $f(x)$, mufs $f(x)$ in dem Periodenparallelogramm jeden Werth annehmen und an jeder der Stelle x_0 congruenten Stelle $x_0 + w$ wird sie den Werth $f(x_0)$ in der gleichen Vielheit besitzen wie in x_0, denn es ist

$$f(x_0 + w + h) = f(x_0 + h)$$

und die Function $f(x)$ hat in der Umgebung von x_0 und $x_0 + w$ eine gleichartige Entwicklung.

Sind die singulären Stellen in dem Periodenparallelogramm nur aufserwesentlich singulär, so hat $f(x)$ die einzige wesentlich singuläre Stelle ∞ und ist durch den Quotienten ganzer Functionen $G_1(x)$ und $G_2(x)$ darstellbar. —

Wir wollen uns nur mit *solchen eindeutigen doppeltperiodischen Functionen* beschäftigen, *die sich im Endlichen durchaus wie eine rationale Function verhalten* und somit einen und denselben Werth nur an einer endlichen Anzahl von Stellen des Periodenparallelogrammes annehmen können.

Es handelt sich zunächst um die Aufstellung ihrer Ausdrücke. Nennt man noch *Grad* der doppeltperiodischen Function die ganze Zahl, welche die Anzahl der Unendlichkeitsstellen im Periodenparallelogramm, jede in der zugehörigen Ordnungszahl gezählt, angibt, so soll eine solche Function m^{ten} Grades mit den Unendlichkeitsstellen

$$u_\mu + w \quad (\mu = 1, 2 \ldots m)$$

und den Nullstellen $v_\nu + w \quad (\nu = 1, 2 \ldots n)$ construirt werden.

Bezeichnet $g(u)$ eine ganze Function, so mufs jede eindeutige Function der verlangten Art in dem Ausdrucke

$$\varphi(u) = \frac{\sigma(u - u_1)\sigma(u - u_2)\ldots\sigma(u - u_m)}{\sigma(u - v_1)\sigma(u - v_2)\ldots\sigma(u - v_n)}\, e^{g(u)}$$

enthalten sein — wo $\sigma(u)$ die in dem vorigen Capitel aufgestellte ganze Function mit den Nullstellen $2\mu\omega + 2\mu'\omega'$ bedeutet —, aber damit $\varphi(u)$ die primitiven Perioden 2ω und $2\omega'$ besitze, oder die Gleichungen

$$\varphi(u + 2\omega) = \varphi(u) \quad \text{und} \quad \varphi(u + 2\omega') = \varphi(u)$$

gelten, müssen noch eine Reihe von Beziehungen bestehen, die mit Hilfe der bekannten Gleichungen:

$$\sigma(u - u_0 + 2\omega) = -e^{2\eta(u-u_0+\omega)}\sigma(u - u_0), \quad \eta = \frac{\sigma'(\omega)}{\sigma(\omega)}$$

$$\sigma(u - u_0 + 2\omega') = -e^{2\eta'(u-u_0+\omega')}\sigma(u - u_0), \quad \eta' = \frac{\sigma'(\omega')}{\sigma(\omega')}$$

leicht zu finden sind. Es ist:

$$\varphi(u + 2\omega) = \varphi(u)(-1)^{m-n} e^{2\eta(u+\omega)(m-n) - 2\eta\left(\sum_{\mu=1}^{m} u_\mu - \sum_{\nu=1}^{n} v_\nu\right) + g(u+2\omega) - g(u)}$$

$$\varphi(u + 2\omega') = \varphi(u)(-1)^{m-n} e^{2\eta'(u+\omega')(m-n) - 2\eta'\left(\sum_{\mu=1}^{m} u_\mu - \sum_{\nu=1}^{n} v_\nu\right) + g(u+2\omega') - g(u)}$$

und daher mufs man

$$m - n \equiv 0 \pmod 2$$

$$g(u + 2\omega) - g(u) = -2\eta\left[(u + \omega)(m - n) - \sum_{\mu} u_\mu + \sum_{\nu} v_\nu\right] + 2k\pi i$$

$$g(u + 2\omega') - g(u) = -2\eta'\left[(u + \omega')(m - n) - \sum_{\mu} u_\mu + \sum_{\nu} v_\nu\right] + 2k'\pi i$$

setzen, wo k und k' ganze Zahlen bezeichnen. Differentiirt man die letzten Gleichungen zweimal, so erhält man die Gleichungen

$$g''(u + 2\omega) = g''(u), \quad g''(u + 2\omega') = g''(u),$$

aus denen zu schliefsen ist, dafs die ganze Function $g''(x)$ nicht von u abhängt oder eine Constante ist, denn sie kann als ganze Function von u nicht doppeltperiodisch sein. Setzt man daher

$$g''(u) = \frac{d^2 g(u)}{du^2} = C,$$

so wird $g(u)$ von der Form:

$$g(u) = Au^2 + Bu + C$$

und

$$g(u + 2\omega) - g(u) = 2A(u + \omega)2\omega + B2\omega$$

$$g(u + 2\omega') - g(u) = 2A(u + \omega')2\omega' + B2\omega'.$$

Durch den Vergleich dieser Ausdrücke mit den früheren erhält man zunächst die Gleichungen:

$$2A\omega + (m - n)\eta = 0, \quad 2A\omega' + (m - n)\eta' = 0,$$

deren Determinante

$$2(\omega\eta' - \omega'\eta) = \pm \pi i$$

ist, je nachdem $\Re\left(\frac{\omega'}{\omega i}\right) \gtrless 0$. Weil die Determinante nicht verschwindet, sind die Lösungen der Gleichungen

$$A = 0 \quad \text{und} \quad m - n = 0;$$

d. h. *die eindeutige doppeltperiodische Function, die im Endlichen den Charakter einer rationalen Function besitzt, wird in jedem Periodenparallelogramm eben so oft Null als unendlich und hat daselbst jeden Werth in derjenigen Anzahl, welche der Grad anzeigt.*

Da auch die Gleichungen

$$B\omega - \eta \sum_{\mu=1}^{m} (u_\mu - v_\mu) = k\pi i$$

$$B\omega' - \eta' \sum_{\mu=1}^{m} (u_\mu - v_\mu) = k'\pi i$$

bestehen, findet man bei positivem $\Re\left(\frac{\omega'}{\omega i}\right)$

$$B = 2k\eta' - 2k'\eta = 2\overline{\eta} = 2\frac{\sigma'(k\omega' - k'\omega)}{\sigma(k\omega' - k'\omega)} = 2\frac{\sigma'(\overline{\omega})}{\sigma(\overline{\omega})}$$

$$\sum_{\mu=1}^{m} (u_\mu - v_\mu) = 2k\omega' - 2k'\omega = 2\overline{\omega}.$$

Setzt man endlich $e^C = c$, so erhält der allgemeinste Ausdruck einer eindeutigen doppeltperiodischen Function m^{ten} Grades die Form

$$\varphi(u) = c \prod_{\mu=1}^{m} \frac{\sigma(u - u_\mu)}{\sigma(u - v_\mu)} e^{2\overline{\eta} u}$$

und zwar ist die Summe der incongruenten Nullstellen $\sum_{\mu=1}^{m} u_\mu$ *der Summe der Unendlichkeitsstellen* $\sum_{\mu=1}^{m} v_\mu$ *congruent:*

$$\sum_{\mu=1}^{m} u_\mu = \sum_{\mu=1}^{m} v_\mu + 2\mu\omega + 2\mu'\omega' = \sum_{\mu=1}^{m} v_\mu + 2\overline{\omega}$$

und

$$\overline{\eta} = 2\mu\eta + 2\mu'\eta'.$$

Man mufs aus dieser Beziehung folgern, dafs *eine eindeutige doppeltperiodische Function ersten Grades* nicht existirt.

Setzt man an Stelle v_m $v_m + 2\overline{\omega}$ und für

$$\sigma(u - v_m) = \pm e^{2\overline{\eta}(u - v_m - \overline{\omega})} \sigma(u - v_m - 2\overline{\omega}),$$

so erhält $\varphi(u)$ die Gestalt:

$$\varphi(u) = C \prod_{\mu=1}^{m} \frac{\sigma(u - u_\mu)}{\sigma(u - v_\mu)},$$

aber hierin muſs

$$\sum_{\mu=1}^{m} u_\mu = \sum_{\mu=1}^{m} v_\mu$$

sein. Man kann also $2m+1$ Gröſsen v_μ, u_μ, C so bestimmen, daſs die doppeltperiodische Function $\varphi(u)$ m^{ten} Grades in dieser letzten Form erscheint, doch ist dann die Summe der Gröſsen v_μ gleich der der Gröſsen u_μ. Wenn umgekehrt die Gröſsen u_μ, v_μ $(\mu = 1 \ldots m)$ die Gleichung $\sum\limits_{\mu=1}^{m}(u_\mu - v_\mu) = 0$ erfüllen und niemals eine der Gröſsen u_μ einem v_ν congruent ist, so stellt

$$C\prod_{\mu=1}^{m}\frac{\sigma(u-u_\mu)}{\sigma(u-v_\mu)}$$

eine doppeltperiodische Function m^{ten} Grades dar.

Bezeichnet u_0 eine den Gröſsen u_μ und v_μ incongruente Stelle, so kann man endlich

$$\frac{\varphi(u)}{\varphi(u_0)} = \prod_{\mu=1}^{\mu}\frac{\sigma(u-u_\mu)}{\sigma(u_0-u_\mu)}\,\frac{\sigma(u_0-v_\mu)}{\sigma(u-v_\mu)}$$

setzen.

Da die doppeltperiodische Function $\varphi(u)+A$ dieselben Unendlichkeitsstellen v_μ besitzt wie $\varphi(u)$ und die m Nullstellen u_μ aus einem Periodenparallelogramme der Gleichung genügen:

$$\sum \bar{u}_\mu = \sum v_\mu + 2\varpi$$

und ferner die Summe der Werthe des Argumentes, für welche $\varphi(u)+A$ gleich A ist, ebenfalls $\sum v_\mu$ congruent ist, so folgt, daſs die Summe derjenigen Werthe aus einem Periodenparallelogramme, für welche eine doppeltperiodische Function m^{ten} Grades ein und denselben Werth annimmt, bis auf Perioden constant ist.

Läſst man in unseren Formeln $\mathfrak{R}\left(\frac{\omega'}{\omega i}\right)$ unendlich groſs werden, indeſs 2ω endlich und von Null verschieden bleibt, so wird aus $\varphi(u)$ eine eindeutige einfachperiodische Function hervorgehen, die im Endlichen den Charakter der rationalen Function besitzt. Berücksichtigt man, daſs $\sigma(u-u')$ in den Ausdruck

$$e^{\frac{\pi^2}{6}\left(\frac{u-u'}{2\omega}\right)^2}\,\frac{2\omega}{\pi}\,\sin\frac{\pi(u-u')}{2\omega}$$

übergeht, so erhält man aus dem zuletzt angegebenen Ausdruck für $\frac{\varphi(u)}{\varphi(u_0)}$ die Function:

$$\prod_{\mu=1}^{m} \frac{\sin\frac{\pi(u-u_\mu)}{2\omega}}{\sin\frac{\pi(u_0-u_\mu)}{2\omega}} \frac{\sin\frac{\pi(u_0-v_\mu)}{2\omega}}{\sin\frac{\pi(u-v_\mu)}{2\omega}}$$

oder

$$\prod_{\mu=1}^{m} \frac{e^{(u-u_\mu)\frac{\pi i}{2\omega}} - e^{-(u-u_\mu)\frac{\pi i}{2\omega}}}{e^{(u_0-u_\mu)\frac{\pi i}{2\omega}} - e^{-(u_0-u_\mu)\frac{\pi i}{2\omega}}} \frac{e^{(u_0-v_\mu)\frac{\pi i}{2\omega}} - e^{-(u_0-v_\mu)\frac{\pi i}{2\omega}}}{e^{(u-v_\mu)\frac{\pi i}{2\omega}} - e^{-(u-v_\mu)\frac{\pi i}{2\omega}}},$$

die eine rationale Function der Exponentialfunction $e^{\frac{u\pi i}{\omega}}$ ist. Aber eine rationale Function von $e^{\frac{u\pi i}{\omega}}$, die im Endlichen keine wesentlich singuläre Stelle besitzt, wird nicht aufhören, einfach periodisch zu sein, wenn sie im Endlichen nicht dieselbe Anzahl von Null und Unendlichkeitsstellen aufweist. Ihr Ausdruck lautet:

$$R\left(e^{\frac{u\pi i}{\omega}}\right) = c\,\frac{\prod_{\mu=1}^{p}\left(e^{\frac{u\pi i}{\omega}} - e^{\frac{u_\mu \pi i}{\omega}}\right)}{\prod_{\nu=1}^{q}\left(e^{\frac{u\pi i}{\omega}} - e^{\frac{v_\mu \pi i}{\omega}}\right)}$$

und wenn man hierin

$$e^{\frac{u\pi i}{\omega}} - e^{\frac{u'\pi i}{\omega}} = e^{(u+u')\frac{\pi i}{2\omega}}\left(e^{(u-u')\frac{\pi i}{2\omega}} - e^{-(u-u')\frac{\pi i}{2\omega}}\right)$$

setzt, geht die Form:

$$C\,e^{(p-q)\frac{u\pi i}{2\omega}} \frac{\prod_{\mu=1}^{p} \sin(u-u_\mu)\frac{\pi}{2\omega}}{\prod_{\nu=1}^{q} \sin(u-v_\nu)\frac{\pi}{2\omega}}$$

hervor. Auch diese Function kann aus der doppeltperiodischen Function $\varphi(u)$ entspringen, wenn man nur zugleich mit $\Re\left(\frac{\omega'}{\omega i}\right)$ $m-p$ Nullstellen u_μ und $m-q$ Unendlichkeitsstellen in's Unendliche rücken läſst. In der That: zerlegt man u' in

$$\xi 2\omega + \xi' 2\omega'$$

und schreibt

$$\frac{u'}{2\omega} = \xi + i\xi'\left(\frac{\omega'}{\omega i}\right),$$

so ist ersichtlich, daſs bei dem genannten Übergange von einem Factor

$$\frac{e^{(u-u')\frac{\pi i}{2\omega}} - e^{-(u-u')\frac{\pi i}{2\omega}}}{e^{(u_0-u')\frac{\pi i}{2\omega}} - e^{-(u_0-u')\frac{\pi i}{2\omega}}}$$

als Grenzausdruck nur

$$e^{\pm (u_0 - u)\frac{\pi i}{2\omega}}$$

übrig bleibt und das allein ist hier nothwendig.

§ 59. Neue Definition der doppeltperiodischen Function $p(u)$. Darstellung jeder doppeltperiodischen Function durch $p(u)$ und die Ableitungen dieser Function.

Wir kehren zu den doppeltperiodischen Functionen zurück.

Ist von den $(n+1)$ Gröfsen

$$u_1, u_2, \ldots u_n, (u_1 + u_2 + \cdots + u_n)$$

keine der Null congruent und sind von den ersten n keine zwei einander äquivalent, so ist nach den früheren Sätzen

$$\psi(u, u_1, u_2, \ldots u_n) = C_n \frac{\sigma(u + u_1 + \cdots + u_n) \prod_{\nu=1}^{n} \sigma(u - u_\nu)}{\sigma^{n+1}(u)}$$

eine doppeltperiodische Function $(n+1)^{\text{ten}}$ Grades mit den Unendlichkeitsstellen $(n+1)^{\text{ter}}$ Ordnung $w = 2\mu\omega + 2\mu'\omega'$ und den Nullstellen erster Ordnung $u_\nu + w$ $(\nu = 1, 2 \ldots n)$ und $-(u_1 + u_2 + \cdots + u_n) + w$.

Speciell hat die doppeltperiodische Function zweiten Grades mit den zweifachen Unendlichkeitsstellen w die Gestalt:

$$\psi(u, u_1) = C_1 \frac{\sigma(u + u_1)\,\sigma(u - u_1)}{\sigma^2(u)},$$

wo u_1 der Null inäquivalent sein mufs. Verfügt man über die Constante C_1 derart, dafs die Entwicklung von $\psi(u, u_1)$ in der Umgebung der Stelle $u = 0$ mit dem Gliede $\frac{1}{u^2}$ beginnt, setzt also $C_1 = -\frac{1}{\sigma^2(u_1)}$, so hat die entstehende Function

$$\psi(u, u_1) = -\frac{\sigma(u + u_1)\,\sigma(u - u_1)}{\sigma^2(u) \cdot \sigma^2(u_1)}$$

die Eigenthümlichkeit, von der uns schon bekannten doppeltperiodischen Function

$$-\frac{d^2 \log \sigma(u)}{du^2} = p(u) = \frac{1}{u^2} + \sum_{\mu, \mu'}{}' \left(\frac{1}{(u - w)^2} - \frac{1}{w^2}\right)$$

höchstens um eine ganze Function abweichen zu können, weil die Differenz $p(u) - \psi(u, u_1)$ im Endlichen nicht unendlich wird. Diese ganze Function mufs aber eine Constante sein, weil $p(u) - \psi(u, u_1)$ doppeltperiodisch ist und zwar ist ihr Werth $p(u_1)$, denn $p(u) - p(u_1)$ verschwindet ebenso wie $\psi(u, u_1)$ an den Stellen $+u_1$, $-u_1$. Daher besteht die Formel

$$p(u) - p(u_1) = -\frac{\sigma(u + u_1)\,\sigma(u - u_1)}{\sigma^2(u)\,\sigma^2(u_1)}.$$

Zufolge dieser ist die doppeltperiodische Function mit der zweifachen Unendlichkeitsstelle $u = -v$ und den Nullstellen u_1 und $(u_1 - 2v)$ durch den nachstehenden Ausdruck definirt:

$$c(p(u+v) - p(u_1+v)) = c\,\frac{\sigma(u_1-u)\,\sigma(u_1+2v+u)}{\sigma^2(v+u)\cdot\sigma^2(v+u_1)}.$$

Differentiirt man die vorletzte Gleichung logarithmisch nach u respective u_1, so erhält man die Gleichungen:

$$\frac{\sigma'(u+u_1)}{\sigma(u+u_1)} + \frac{\sigma'(u-u_1)}{\sigma(u-u_1)} - 2\frac{\sigma'(u)}{\sigma(u)} = \frac{p'(u)}{p(u)-p(u_1)}$$

$$\frac{\sigma'(u+u_1)}{\sigma(u+u_1)} - \frac{\sigma'(u-u_1)}{\sigma(u-u_1)} - 2\frac{\sigma'(u_1)}{\sigma(u_1)} = \frac{-p'(u_1)}{p(u)-p(u_1)}$$

und darnach ist:

$$\frac{\sigma'(u\pm u_1)}{\sigma(u\pm u_1)} - \frac{\sigma'(u)}{\sigma(u)} = \pm\frac{\sigma'(u_1)}{\sigma(u_1)} + \frac{1}{2}\,\frac{p'(u)\mp p'(u_1)}{p(u)-p(u_1)}.$$

Die links stehende Function ist zugleich mit der rechts eine doppeltperiodische Function von u.

Bezeichnet man die Differenz $\frac{\sigma'(u+v)}{\sigma(u+v)} - \frac{\sigma'(u)}{\sigma(u)}$ mit $S(u,v)$, so mufs nun die Determinante $(n+2)^{\text{ter}}$ Ordnung:

$$R = \begin{vmatrix} 0 & 1 & \cdots & 1 \\ 1 & S(u_0,v_0) & \cdots & S(u_0,v_n) \\ \cdot & & & \\ 1 & S(u_n,v_0) & \cdots & S(u_n,v_n) \end{vmatrix} = \begin{vmatrix} 0 & 1 & & 1 \\ 1 & \frac{\sigma'(u_0+v_0)}{\sigma(u_0+v_0)} & \cdots & \frac{\sigma'(u_0+v_n)}{\sigma(u_0+v_n)} \\ \cdot & \cdot\;\cdot\;\cdot\;\cdot & & \cdot\;\cdot\;\cdot \\ 1 & \frac{\sigma'(u_n+v_0)}{\sigma(u_n+v_0)} & & \frac{\sigma'(u_n+v_n)}{\sigma(u_n+v_n)} \end{vmatrix}$$

eine doppeltperiodische Function $(n+1)^{\text{ten}}$ Grades von u_0 sein, deren einfache Unendlichkeits- und Nullstellen

$$u_0 = -v_0, -v_1, \cdots - v_n$$

$$u_0 = u_1, u_2, \cdots u_n, -\left(v_0 + \sum_{\nu=1}^{n}(u_\nu + v_\nu)\right)$$

sind, auf dafs man

$$-R = C_n\,\frac{\sigma(u_0+v_0+u_1+v_1+\cdots+u_n+v_n)\prod_{\nu=1}^{n}\sigma(u_0-u_\nu)}{\prod_{\nu=1}^{n}\sigma(u_0+v_\nu)}$$

setzen darf, wenn C_n eine von u_0 unabhängige Constante bedeutet*). Doch weil die Determinante ebenso eine doppeltperiodische Function $(n+1)^{\text{ten}}$ Grades aller übrigen Argumente $u_1, u_2, \ldots u_n$ und $v_0, v_1 \ldots v_n$ ist, mufs dieselbe die Form

*) Vergleiche Frobenius und Stickelberger in Borchardt's Journal Bd. 83.

$$\frac{\sigma(u_0+v_0+\cdots+u_n+v_n)\prod\limits_{\lambda,\mu}\sigma(u_\lambda-u_\mu)\prod\limits_{\lambda,\mu}\sigma(v_\lambda-v_\mu)}{\prod\limits_{\lambda,\mu}\sigma(u_\lambda+v_\mu)}=\Phi(u_0,v_0,\ldots u_n,v_n)$$

annehmen, wobei die in dem Zähler stehenden Producte nur über diejenigen Factoren $\sigma(u_\lambda-u_\mu)$ und $\sigma(v_\lambda-v_\mu)$ auszudehnen sind, in welchen $\lambda<\mu$, indefs im Zähler alle $(n+1)^2$ Factoren $\sigma(u_\lambda+v_\mu)$ $(\lambda,\mu=0,1,2\ldots n)$ stehen. Die Determinante $-R$ ist aber gerade gleich dem letzten Ausdruck, d. h. es kommt jetzt keine Constante mehr hinzu. Für $n=0$ ist das unmittelbar zu ersehen und allgemein läfst sich diese Behauptung durch den Schlufs von n auf $n+1$ beweisen. Multiplicirt man nämlich die letzte Zeile der Determinante mit u_n+v_n und setzt hierauf $u_n=-v_n$, so verschwinden alle Glieder bis auf das letzte

$$(u_n+v_n)\frac{\sigma'(u_n+v_n)}{\sigma(u_n+v_n)},$$

welches für $u_n=-v_n$ den Werth 1 annimmt, da die Entwicklung von $\sigma(u)$ nach Potenzen von u mit dem Gliede u beginnt. Die Determinante geht also in die entsprechende mit den $2n$ Argumenten $u_0, v_0,\ldots u_{n-1}, v_{n-1}$ über. Setzt man auch in dem $-R$ angeblich äquivalenten Ausdruck, nachdem er mit u_n+v_n multiplicirt ist, $u_n=-v_n$ und bemerkt die Beziehungen:

$$\frac{\sigma(u_n-u_\mu)\cdot\sigma(v_n-v_\mu)}{\sigma(u_n+u_\mu)\cdot\sigma(v_n+v_\mu)}=1\quad(\mu=0,1,2\ldots n-1)$$

und

$$\lim\frac{u_n+v_n}{\sigma(u_n+v_n)}=1,$$

derentwegen dieser Ausdruck ebenfalls in den analog aus den Argumenten $u_0, v_0,\ldots u_{n-1}, v_{n-1}$ gebildeten übergeht, so erscheint der Beweis erbracht. —

Schliefslich kann man die doppeltperiodische Function $(n+1)^{\text{ten}}$ Grades Φ noch rational durch die Function p und deren erste Ableitung p' ausdrücken, denn es ist offenbar auch

$$-R=-\begin{vmatrix} 0 & 1 & \cdots & 1 \\ 1 & \frac{1}{2}\frac{p'(u_0)-p'(v_0)}{p(u_0)-p(v_0)} & \cdots & \frac{1}{2}\frac{p'(u_0)-p'(v_n)}{p(u)-p(v)} \\ \cdot & \cdot & & \cdot \\ \cdot & \cdot & & \cdot \\ \cdot & \cdot & & \cdot \\ 1 & \frac{1}{2}\frac{p'(u_n)-p'(v_0)}{p(u_n)-p(v_0)} & \cdots & \frac{1}{2}\frac{p'(u_n)-p'(v_n)}{p(u_n)-p(v_n)} \end{vmatrix}.$$

Da man aber der doppeltperiodischen Function zweiten Grades mit den zwei Unendlichkeitsstellen $-v_0$ und $-v_1$ und den Nullstellen u_1 und $-(v_0+u_1+v_1)$ die Gestalt

$$c\,\frac{p\left(u+\frac{v_0+v_1}{2}\right)-p\left(u_1+\frac{v_0+v_1}{2}\right)}{p\left(u+\frac{v_0+v_1}{2}\right)-p\left(-v_0+\frac{v_0+v_1}{2}\right)}$$

geben kann, indeſs dieselbe Function hier in der Form

$$C\left[\left(\frac{1}{2}\frac{p'(u)-p'(v_0)}{p(u)-p(v_0)}-\frac{1}{2}\frac{p'(u_1)-p'(v_0)}{p(u_1)-p(v_0)}\right)-\left(\frac{1}{2}\frac{p'(u)-p'(v_1)}{p(u)-p(v_1)}-\frac{1}{2}\frac{p'(u_1)-p'(v_1)}{p(u_1)-p(v_1)}\right)\right]$$

erscheint, werden wir gewahr, daſs die Function $p(u+v)$ nothwendig durch $p(u)$, $p(v)$, $p'(u)$, $p'(v)$ darstellbar ist; doch darauf richten wir erst späterhin unsere Aufmerksamkeit.

Vorderhand interessirt es uns, auch die zu Beginn dieses Paragraphen aufgestellte doppeltperiodische Function $(n+1)^{\text{ten}}$ Grades mit den Unendlichkeitsstellen w $(n+1)^{\text{ter}}$ Ordnung rational durch $p(u)$ und $p'(u)$ auszudrücken. Wenngleich man zu diesem Zwecke in der früheren Determinante R die Stellen $-v_0, -v_1, \ldots -v_n$ alle nach der Stelle Null zusammenrücken lassen könnte, wollen wir, anstatt diesen Grenzübergang zu bewerkstelligen, direct die doppeltperiodische Function:

$$\varphi(u, u_1, \ldots u_n) = \begin{vmatrix} 1 & p(u) & p'(u) & \cdots & p^{(n-1)}(u) \\ 1 & p(u_1) & p'(u_1) & \cdots & p^{(n-1)}(u_1) \\ \cdot & & & & \\ \cdot & \cdot & & & \cdot \\ \cdot & & & & \\ 1 & p(u_n) & p'(u_n) & \cdots & p^{(n-1)}(u_n) \end{vmatrix}$$

mit den Unendlichkeitsstellen w der $(n+1)^{\text{ten}}$ Ordnung und den Nullstellen

$$u_1, u_2, \ldots u_n \text{ und } -(u_1+u_2+\cdots+u_n)$$

mit der Function

$$\psi(u, u_1, \ldots u_n) = \frac{\sigma(u+u_1+\cdots+u_n)\prod_{\nu=1}^{n}\sigma(u-u_\nu)}{\sigma^{n+1}(u)}$$

vergleichen.

Der Quotient beider kann nur eine von u unabhängige Constante C_n sein, doch weil die Entwicklung von φ in der Umgebung von $u=0$ mit dem Gliede

$$(-1)^{2n-1}\frac{n!}{u^{n+1}}\varphi(u_1, u_2, \ldots u_n),$$

diejenige von $\psi(u, u_1, \ldots u_n)$ mit

$$(-1)^n\sigma(u_1+u_2+\cdots+u_n)\,\sigma(u_1)\,\sigma(u_1)\ldots\sigma(u_n)\,\frac{1}{u^{n+1}}$$

beginnt, muſs

$$C_n = \frac{(-1)^n\,n!\,\varphi(u_1, u_2, \ldots u_n)}{\sigma(u_1+u_2+\cdots+u_n)\,\sigma(u_1)\,\sigma(u_2)\ldots\sigma(u_n)}$$

sein. Bildet man successive:

$$\varphi(u, u_1) = \begin{vmatrix} 1 & p(u) \\ 1 & p(u_1) \end{vmatrix} = \frac{\sigma(u+u_1)\,\sigma(u-u_1)}{\sigma^2(u)\,\sigma^2(u_1)},$$

$$\varphi(u, u_1, u_2) = -1!\,2!\,\frac{\sigma(u+u_1+u_2)\,\sigma(u-u_1)\,\sigma(u-u_2)\,\sigma(u_1-u_2)}{\sigma^3(u)\,\sigma^3(u_1)\,\sigma^3(u_2)},$$

$$\varphi(u, u_1, u_2, u_3) =$$

$$= 1!\,2!\,3!\,\frac{\sigma(u+u_1+u_2+u_3)\,\sigma(u-u_1)\,\sigma(u-u_2)\,\sigma(u-u_3)\,\sigma(u_1-u_2)\,\sigma(u_1-u_3)\,\sigma(u_2-u_3)}{\sigma^4(u)\,\sigma^4(u_1)\,\sigma^4(u_2)\,\sigma^4(u_3)}$$

usw., so folgt durch den Schlufs von n auf $n+1$

$$\varphi(u, u_1, u_2, \ldots u_n) =$$

$$= (-1)^{\frac{n(n-1)}{2}}\,1!\,2!\ldots n!\,\frac{\sigma(u+u_1+u_2+\cdots+u_n)\prod\limits_{\nu=1}^{n}\sigma(u-u_\nu)\cdot\prod\limits_{\lambda,\mu}\sigma(u_\lambda-u_\mu)}{\sigma^{n+1}(u)\cdot\prod\limits_{\nu=1}^{n}\sigma^{n+1}(u_\nu)}$$

wo wieder $\lambda < \mu$ $(\lambda, \mu = 1, 2, \ldots n)$ sein mufs.

Sind nicht allein die Gröfsen

$$u_1, u_2, \ldots u_n, \quad (u_1 + u_2, + \cdots + u_n),$$

sondern auch

$$v_1, v_2, \ldots v_n, \quad (v_1 + v_2 + \cdots + v_n)$$

$(n+1)$ der Null inäquivalente Gröfsen und werden die Differenzen

$$u_\lambda - u_\mu, \quad u_\lambda - v_\mu, \quad v_\lambda - v_\mu$$

nicht zu Perioden, so ist der Quotient

$$C\,\frac{\varphi(u, u_1, \ldots u_n)}{\varphi(v, v_1, \ldots v_n)} = \varphi(u)$$

eine doppeltperiodische Function $(n+1)^{\text{ten}}$ Grades mit den Nullstellen

$$u_1, u_2, \ldots u_n, \; -(u_1 + u_2 + \cdots + u_n)$$

und den Unendlichkeitsstellen

$$v_1, v_2, \ldots v_n, \; -(v_1 + v_2 + \cdots + v_n)$$

und $\varphi(u)$ kann als rationale Function von $p(u)$ und deren $(n-1)$ ersten Ableitungen dargestellt werden*). Die doppeltperiodische Function zweiten Grades mit den einfachen Null- und Unendlichkeitsstellen u_1 und $-u_1$ respective v_1 und $-v_1$ erscheint aber wieder als lineare Function von $p(u)$ allein:

$$C\,\frac{p(u) - p(u_1)}{p(u) - p(v_1)}$$

und wir erschliefsen, dafs $p(u)$ und $p'(u)$ in einer algebraischen Beziehung stehen, was ja auch nöthig ist, damit die Darstellungen von

$$C\,\frac{\varphi(u, u_1, u_2, \ldots u_n)}{\varphi(u, v_1, v_2, \ldots v_n)} \quad \text{und} \quad \Phi(u, v_0, u_1, v_1, \ldots u_n, v_n)$$

*) Formeln und Lehrsätze § 14.

für $\bar{v}_\nu = -v_\nu$ $(\nu = 1, 2 \ldots n)$ und $\bar{v}_0 = \sum_{\nu=1}^{n} v_\nu$ übereinkommen können. Man mufs die Ableitungen $p^{(\nu)}(u)$ $(\nu = 2, 3, \ldots)$ als rationale Functionen von $p(u)$ und $p'(u)$ ausdrücken können.

Bevor wir hierauf eingehen, besprechen wir noch eine weitere Darstellung jeder eindeutigen doppeltperiodischen Function

$$\varphi(u) = C \prod_{\nu=1}^{n} \frac{\sigma(u - u_\nu)}{\sigma(u - v_\nu)} .$$

Nehmen wir an, dafs $\varphi(u)$ nur an m von einander verschiedenen und incongruenten Stellen $v_1, v_2, \ldots v_m$ unendlich werde und da in den Ordnungen

$$n_1, n_2, \ldots n_m ,$$

worauf $\sum_{\mu=1}^{m} n_\mu = n$ ist, und lautet die Entwicklung in der Umgebung von v_μ

$$\frac{C_\mu^{(n_\mu)}}{(u - v_\mu)^{n_\mu}} + \cdots + \frac{C_\mu^{(1)}}{(u - v_\mu)} + \mathfrak{P}(u - v_\mu),$$

so setze man

$$\varphi(u, v_\mu) = C_\mu^{(1)} \frac{\sigma'(u - v_\mu)}{\sigma(u - v_\mu)} - \frac{1}{1!} C_\mu^{(2)} \frac{d}{du} \frac{\sigma'(u - v_\mu)}{\sigma(u - v_\mu)} + \cdots$$
$$+ (-1)^{n_\mu - 1} \frac{d^{n_\mu - 1}}{du^{n_\mu - 1}} \frac{\sigma'(u - v_\mu)}{\sigma(u - v_\mu)} ,$$

dann kann die Differenz

$$\varphi(u) - \sum_{\mu=1}^{m} \varphi(u, v_\mu)$$

im Endlichen nirgends unendlich werden und ist einer ganzen Function $g(u)$ gleich zu setzen. Weil aber:

$$\frac{d}{du}\left(\varphi(u) - \sum_{\mu=1}^{m} \varphi(u, v_\mu)\right) = \varphi'(u) + \sum_{\mu=1}^{m} \sum_{\lambda=1}^{n_\mu} \frac{(-1)^{\lambda-1}}{(\lambda-1)!} C_\mu^{(\lambda)} p^{(\lambda-1)}(u - v_\mu)$$

eine doppeltperiodische Function ist, kann $g'(u)$ nur eine Constante C_1 und $g(u) = C_1 u + C$ sein. Setzt man nun in der Gleichung

$$\varphi(u) - \sum_{\mu=1}^{m} \varphi(u, v_\mu) - (C_1 u + C) = 0$$

an Stelle von u $u + 2\omega$ und dann $u + 2\omega'$, so erhält man mit Rücksicht auf die schon abgeleitete Beziehung

$$\frac{\sigma'(u + 2\varpi)}{\sigma(u + 2\varpi)} = \frac{\sigma'(u)}{\sigma(u)} + 2\bar{\eta} \quad (\varpi = p\omega + q\omega', \ \bar{\eta} = p\eta + q\eta')$$

die Relationen

$$2\eta \sum_{\mu=1}^{m} C_\mu^{(1)} - 2\omega\, C_1 = 0, \quad 2\eta' \sum_{\mu=1}^{m} C_\mu^{(1)} - 2\omega' C_1 = 0,$$

und weil die Determinante dieser Gleichungen nicht Null ist, hat man

$$C_1 = 0 \quad \text{und} \quad C_1^{(1)} + C_2^{(1)} + \cdots + C_m^{(1)} = 0.$$

Dann aber besteht die Formel:

$$\varphi(u) = C + \sum_{\mu=1}^{m} C_\mu^{(1)} \frac{\sigma'(u-v_\mu)}{\sigma(u-v_\mu)} + \sum_{\mu=1}^{m} \sum_{\lambda=1}^{n_\mu-1} \frac{(-1)^\lambda C_\mu^{(\lambda)}}{\lambda!} \frac{d^\lambda}{du^\lambda} \frac{\sigma'(u-v_\mu)}{\sigma(u-v_\mu)}\,{}^{*)}$$

und wenn speciell $\varphi(u)$ an der Stelle $u = 0$ von der n^{ten} Ordnung unendlich ist, wird $C_1 = 0$ und

$$\varphi(u) = C + C^{(2)} p(u) - \frac{C^{(3)}}{2!} p'(u) + \cdots + \frac{(-1)^n}{(n-1)!} C^{(n)} p^{(n-2)}(u)$$

$$= a_0 + a_2\, p(u) + a_3\, p'(u) + \cdots + a_n p^{(n-2)}(u),$$

wo man über die Constanten derart verfügen kann, daſs $\varphi(u)$ an $(n-1)$ vorgegebenen Stellen u_ν verschwindet. Die letzte n^{te} Nullstelle geht dann aus der Gleichung

$$u_1 + u_2 + \cdots + u_n = 0$$

hervor.

§ 60. Gleichung zwischen $p(u)$ und $p'(u)$.

Um zu erkennen, in welcher Beziehung $p(u)$ und $p'(u)$ zu einander stehen**), stellen wir die doppeltperiodische Function dritten Grades $p'(u)$ mit der dreifachen Unendlichkeitsstelle $u = 0$ und den Nullstellen $u = \omega, \omega', -(\omega + \omega')$ durch die Function $\sigma(u)$ dar. Weil das Anfangsglied der Entwicklung von $p'(u)$ um die Stelle $u = 0$ $-\frac{2}{u^3}$ ist, hat man

$$p'(u) = -2 \frac{\sigma(\omega + \omega' + u)\, \sigma(u - \omega)\, \sigma(u - \omega')}{\sigma^3(u)\, \sigma(\omega)\, \sigma(\omega')\, \sigma(\omega + \omega')},$$

doch weil $p'(u)$ eine ungerade Function ist, gilt auch

$$-p'(-u) = p'(u) = -2 \frac{\sigma(\omega + \omega' - u)\, \sigma(u + \omega)\, \sigma(u + \omega')}{\sigma^3(u)\, \sigma(\omega)\, \sigma(\omega')\, \sigma(\omega + \omega')}.$$

Bezeichnet man $\omega + \omega'$ mit ω'', so gibt die Multiplication der beiden Ausdrücke für $p'(u)$ die Gleichung

$$(p'(u))^2 = 4 \frac{\sigma(\omega + u)\, \sigma(\omega - u)}{\sigma^2(u)\, \sigma^2(\omega)} \frac{\sigma(\omega'' + u)\, \sigma(\omega'' - u)}{\sigma^2(u)\, \sigma^2(\omega'')} \frac{\sigma(\omega' + u)\, \sigma(\omega' - u)}{\sigma^2(u)\, \sigma^2(\omega')}$$

oder

$$(p'(u))^2 = 4\,(p(u) - p(\omega))\,(p(u) - p(\omega''))\,(p(u) - p(\omega')).$$

*) Kiepert l. c. p. 25.
**) Kiepert l. c. p. 24.

Schreibt man für

$$p(\omega) = e_1, \quad p(\omega'') = e_2, \quad p(\omega') = e_3,$$

$$e_1 + e_2 + e_3 = \frac{g_1}{4}, \quad e_1 e_2 + e_1 e_3 + e_2 e_3 = -\frac{g_2}{4}, \quad e_1 e_2 e_3 = \frac{g_3}{4},$$

so erhält die letzte Gleichung die Gestalt:

$$(p'(u))^2 = 4\left(p(u) - e_1\right)\left(p(u) - e_2\right)\left(p(u) - e_3\right)$$

$$(p'(u))^2 = 4p^3(u) - g_1\, p^2(u) - g_2\, p(u) - g_3.$$

Die Coefficienten g_1, g_2, g_3 können wir berechnen, indem wir $p(u)$ und $p'(u)$ mit Hilfe der Darstellungen

$$p(u) = \frac{1}{u_2} + \sum_{\mu,\mu'}{}' \left(\frac{1}{(u-w)^2} - \frac{1}{w^2}\right), \quad p'(u) = -2\sum_{\mu,\mu'}{}' \frac{1}{(u-w)^3}$$

in der Umgebung der Stelle $u = 0$ nach Potenzen von u entwickeln, die so zu gewinnenden Reihen in der letzten Gleichung einsetzen und die gleichnamigen Coefficienten vergleichen.

Bildet man

$$p(u) = \frac{1}{u^2} + \sum{}' \left(\frac{1}{w^2\left(1 - \frac{u}{w}\right)^2}\right)^2$$

$$= \frac{1}{u^2} + \sum_{\mu,\mu'}{}' \left(\frac{2}{w^2}\frac{u}{w} + \frac{3}{w^2}\left(\frac{u}{w}\right)^2 + \frac{4}{w^2}\left(\frac{u}{w}\right)^3 + \cdots\right)$$

und beachtet, dafs die unbedingt convergenten Summen

$$\sum_{\mu,\mu'}{}' \frac{1}{w^{2\nu+1}} \quad (\nu = 1, 2, 3, \ldots)$$

verschwinden, und bezeichnet man die Summe $\sum\limits_{\mu,\mu'}{}' \frac{1}{w^{2\nu}}$ mit c_ν, so folgt

$$p(u) = \frac{1}{u^2} + \sum_{\nu=1}^{\infty}(2\nu - 1)c_\nu u^{2\nu-2}$$

und darum wird

$$p'(u) = -\frac{2}{u^3} + 2\sum_{\nu=2}^{\infty}(2\nu - 1)(\nu - 1)c_\nu u^{2\nu-3}$$

$$p^2(u) = \frac{1}{u^4} + 6c_2 + 10c_3 u^2 + (14c_4 + 9c_2^2)u^4 + \cdots$$

$$p^3(u) = \frac{1}{u^6} + \frac{9c_2}{u^2} + 15c_3 + (21c_4 + 27c_2^2)u^2 + \cdots$$

$$(p'(u))^2 = \frac{4}{u^6} - \frac{24c_2}{u^2} - 80c_3 - (168c_4 - 12c_2^2)u^2 + \cdots.$$

Dann aber ergeben sich die Beziehungen:

$$g_1 = 0, \quad -24c_2 = 36c_2 - g_2, \quad -80c_3 = 60c_3 - g_3$$

oder

$$g_1 = 4(c_1 + c_2 + c_3) = 4(p(\omega) + p(\omega'') + p(\omega')) = 0$$

$$g_2 = -4(c_1 c_2 + c_1 c_3 + c_2 c_3) = 2(c_1^2 + c_2^2 + c_3^2) = 60 \sum_{\mu, \mu'}' \frac{1}{w^4}$$

$$g_3 = 4 c_1 c_2 c_3 = 140 \sum_{\mu, \mu'}' \frac{1}{w^6}$$

und alle übrigen Gröfsen

$$c_\nu = \sum_{\mu, \mu'}' \frac{1}{(2\mu\omega + 2\mu'\omega')^{2\nu}} \quad (\nu = 4, 5, 6 \ldots)$$

werden ganze Functionen von g_2 und g_3 oder c_2 und c_3.

Die verlangte Gleichung zwischen $p(u)$ und $p'(u)$ lautet jetzt

$$(p'(u))^2 = 4p^3(u) - g_2 p(u) - g_3.$$

Doch damit wird

$$p''(u) = 6p^2(u) - \tfrac{1}{2}g_2, \quad p^{(3)}(u) = 12 p(u) p'(u),$$
$$p^{(4)}(u) = 120 p^3(u) - 18 g_2 p(u) - 12 g_3,$$
$$p^{(5)}(u) = (360 p^2(u) - 18 g_2)\, p(u)$$

usw. Allgemein ist jede gerade Ableitung $p^{(2\nu)}(u)$ eine ganze Function von $p(u)$ allein $G(p(u))$, hingegen $p^{(2\nu+1)}(u)$ hat die Gestalt $G'(p).p'(u)$, denn der Schlufs von n auf $(n+1)$ gibt in der That:

$$p^{(2\nu+2)}(u) = G''(p)(4p^3(u) - g_2 p(u) - g_3) + G'(p)(6p^2(u) - \tfrac{1}{2}g_2) = G_1(p)$$
$$p^{(2\nu+3)}(u) = G_1'(p).p'(u).$$

Jetzt läfst sich mit Rücksicht auf die Entwicklungen des vorigen Paragraphen der allgemeine Satz aussprechen:

Jede zu einem Periodenpaare $(2\omega, 2\omega')$ gehörige eindeutige doppelt-periodische Function $\varphi(u)$, die im Endlichen vom Charakter der rationalen Function ist, läfst sich rational durch die zu demselben Periodenpaare gehörende Function $p(u)$ und deren erste Ableitung $p'(u)$ ausdrücken.

Wenn $\varphi(u)$ und $\varphi'(u)$ rationale Functionen von $p(u)$ und $p'(u)$ sind:

$$\varphi(u) = R_1(p(u), p'(u)), \quad \varphi'(u) = R_2(p(u), p'(u)),$$

mufs auch eine algebraische Gleichung zwischen $\varphi(u)$ und $\frac{d\varphi(u)}{du}$ bestehen, denn die Elimination von $p(u)$ und $p'(u)$ aus den Ausdrücken für $\varphi(u)$ und $\varphi'(u)$ liefert eine solche Gleichung

$$G\left(\frac{d\varphi}{du}, \varphi\right) = 0.$$

§ 61. Differentialgleichung für die doppeltperiodische Function zweiten Grades.

Es soll speciell die Differentialgleichung $G\left(\frac{d\varphi}{du}, \varphi\right) = 0$ ermittelt werden, welcher jede doppeltperiodische Function φ zweiten Grades genügt.

Hat φ die Unendlichkeitsstellen erster Ordnung

$$u = v + 2\mu\omega + 2\mu'\omega',$$

so läfst sich φ in einer endlichen Umgebung der Stelle $u = v$ in der Form

$$\varphi = \frac{a}{u - v} + \mathfrak{P}(u - v) = \frac{a}{u - v}\mathfrak{P}_1(u - v)$$

darstellen und in dem Convergenzbereiche von $\mathfrak{P}$ oder $\mathfrak{P}_1$ wird

$$\frac{d\varphi}{du} = -\frac{a}{(u - v)^2} + \mathfrak{P}'(u - v).$$

Entlehnt man der ersten Gleichung oder vielmehr der Gleichung

$$\frac{a}{\varphi} = (u - v)\mathfrak{P}_1^{-1}(u - v)$$

eine Darstellung von $(u - v)$ in der Umgebung der Stelle $\varphi = \infty$:

$$(u - v) = \frac{1}{\varphi}\overline{\mathfrak{P}}\left(\frac{1}{\varphi}\right),$$

so erhält $\frac{d\varphi}{du}$, als Function von φ aufgefafst, die Form

$$\frac{d\varphi}{du} = a_2\varphi^2 + a_1\varphi + a_0 + \sum_{\nu=1}^{\infty}\frac{b_\nu}{\varphi^\nu}.$$

Gibt man nun φ einen Werth φ_0, so sind die unendlich vielen zugehörigen Werthe des Argumentes u entweder congruent oder es ist die Summe irgend zweier incongruenter Werthe u_1 und u_2 bis auf eine Periode w constant gleich $2c$. Aus der Congruenz

$$u_1 + u_2 \equiv 2c$$

folgt aber

$$\frac{du_1}{d\varphi} = -\frac{du_2}{d\varphi}$$

und man erkennt, dafs $\frac{d\varphi}{du}$ als Function von φ nur zweideutig und $\left(\frac{d\varphi}{du}\right)^2$ eindeutig ist. Da aber die Ableitung einer eindeutigen Function φ, die im Endlichen nur aufserwesentlich singuläre Stellen besitzt, nur mit φ selbst unendlich wird, mufs $\left(\frac{d\varphi}{du}\right)^2$ eine ganze Function von φ sein und in der Entwicklung

$$\left(\frac{d\varphi}{du}\right)^2 = A\varphi^4 + 4B\varphi^3 + 6C\varphi^2 + 4D\varphi + E + \sum_{\nu=1}^{\infty}\frac{B_\nu}{\varphi^\nu}$$

sind alle Coefficienten B_ν Null zu setzen. Die Differentialgleichung, der φ genügt, lautet daher:

$$\left(\frac{d\varphi}{du}\right)^2 = A\varphi^4 + 4B\varphi^3 + 6C\varphi^2 + 4D\varphi + E$$

oder

$$\left(\frac{d\varphi}{du}\right)^2 = A(\varphi - a_1)(\varphi - a_2)(\varphi - a_3)(\varphi - a_4).$$

Besitzt die Function φ nur Unendlichkeitsstellen zweiter Ordnung $v+w$, so hat man

$$\varphi = \frac{a}{(u-v)^2} + \mathfrak{P}(u-v),$$

aber niemals

$$\varphi = \frac{a}{(u-v)^2} + \frac{b}{(u-v)} + \mathfrak{P}(u-v)$$

anzusetzen, denn nach dem Früheren hat ja $\varphi(u)$ die Gestalt

$$a_0 + a_2 p(u-v).$$

Entwickelt man $u-v$ nach steigenden Potenzen von $(\varphi^{-\frac{1}{2}})$:

$$u - v = \frac{1}{\varphi^{\frac{1}{2}}} \cdot \overline{\mathfrak{P}}\left(\frac{1}{\varphi^{\frac{1}{2}}}\right),$$

so bekömmt die Ableitung

$$\frac{d\varphi}{du} = \frac{-2a}{(u-v)^3} + \mathfrak{P}'(u-v)$$

als Function von φ die Form:

$$\frac{d\varphi}{du} = a_3\varphi^{\frac{3}{2}} + a_2\varphi^{\frac{2}{2}} + a_1\varphi^{\frac{1}{2}} + a_0 + \frac{1}{\varphi^{\frac{1}{2}}}\mathfrak{P}\left(\frac{1}{\varphi^{\frac{1}{2}}}\right).$$

Doch weil

$$\left(\frac{d\varphi}{du}\right)^2 = A\varphi^3 + 3B\varphi^2 + 3C\varphi + D + \cdots$$

wieder eine eindeutige und ganze Function von φ ist, wird die Differentialgleichung lauten:

$$\left(\frac{d\varphi}{du}\right)^2 = A\varphi^3 + 3B\varphi^2 + 3C\varphi + D = A(\varphi - e_1)(\varphi - e_2)(\varphi - e_3).$$

Es handelt sich nun darum, die Bedeutung der Gröfsen a_1, a_2, a_3, a_4 beziehungsweise e_1, e_2, e_3 zu ergründen.

Ist die Summe zweier zu demselben Functionswerthe φ gehöriger inäquivalenter Argumentswerthe u bis auf eine Periode $2c$, so wird

$$\varphi'(u) = -\varphi'(2c-u),$$

d. h. die Ableitungen haben an den Stellen u und $2c-u$ entgegengesetzte Werthe. Nimmt man an, dafs φ nur Unendlichkeitsstellen erster Ordnung besitzt, so mufs $\varphi'(u)$ an der Stelle $u=c$ endlich sein, denn anderenfalls hätte $\varphi(u)$ die Unendlichkeitsstellen $u=c+w$ zweiter Ordnung. Man mufs dann wegen der Gleichungen

$$\varphi'(c) = \varphi'(c) \quad \text{und} \quad \varphi'(c) = -\varphi'(c)$$

$\varphi'(c) = 0$ setzen und erfährt, dafs einer der Werthe a_1, a_2, a_3, a_4 $\varphi(c)$ ist.

Gibt man u die Werthe $c+\omega$, $c+\omega'$, $c+\omega''$, so erhält man die drei Gleichungen

$$\begin{aligned}\varphi'(c+\omega) &= -\varphi'(c-\omega) = -\varphi'(c+\omega)\\ \varphi'(c+\omega') &= -\varphi'(c-\omega') = -\varphi'(c+\omega')\\ \varphi'(c+\omega'') &= -\varphi'(c-\omega'') = -\varphi'(c+\omega''),\end{aligned}$$

aus welchen man erschliefst, dafs $\varphi'(u)$ an den Stellen

$$u = c+\omega,\ c+\omega',\ c+\omega''$$

verschwindet, und weil die Summe je zweier der vier gefundenen Werthe für u der Gröfse $2c$ inäquivalent ist, sind die zugehörigen Functionswerthe von einander verschieden und somit sind die Gröfsen a_1, a_2, a_3, a_4 nichts anderes als die Functionalwerthe

$$\varphi(c),\quad \varphi(c+\omega),\quad \varphi(c+\omega'),\quad \varphi(c+\omega'').$$

Man schreibt daher

$$\left(\frac{d\varphi(u)}{du}\right)^2 = A(\varphi(u)-\varphi(c))(\varphi(u)-\varphi(c+\omega))(\varphi(u)-\varphi(c+\omega''))(\varphi(u)-\varphi(c+\omega'))$$

und desgleichen gilt

$$\left(\frac{d\varphi(u)}{du}\right)^2 = A(\varphi(u)-\varphi(c+\omega))(\varphi(u)-\varphi(c+\omega''))(\varphi(u)-\varphi(c+\omega')),$$

wenn $\varphi(u)^{*}$ nur aufserwentlich singuläre Stellen zweiter Ordnung besitzt. *)

Diese Differentialgleichungen

$$\left(\frac{d\varphi}{du}\right)^2 = G(\varphi)$$

dienen nebst einer Anfangsbedingung, welche einem beliebigen Werthe

*) Die doppeltperiodische Function n^{ten} Grades mit den einfachen Unendlichkeitsstellen

$$v_1,\ v_2, \ldots v_n$$

in einem Periodenparallelogramm läfst daselbst die Darstellung

$$\varphi = \sum_{\nu=1}^{n} \frac{a_\nu}{u-v_\nu} + \Phi(u)$$

zu, wenn $\Phi(u)$ in dem Parallelogramm regulären Verhaltens ist, dieselben Schlufsweisen wie früher und die Bemerkung, dafs die elementaren symmetrischen Functionen von $\left(\frac{d\varphi}{du}\right)_{u=v_\nu}$ $(\nu = 1, 2, \ldots n)$ eindeutige ganze Functionen $f(\varphi)$ von nicht höherem Grade als dem 2ten, 4ten und dem $2n^{\text{ten}}$ sind, läfst wieder erkennen, dafs φ einer Differentialgleichung erster Ordnung und n^{ten} Grades genügt:

$$\left(\frac{d\varphi}{du}\right)^n - f_2(\varphi)\left(\frac{d\varphi}{du}\right)^{n-1} + \cdots + (-1)^{n-1} f_{2n-2}(\varphi)\frac{d\varphi}{du} + (-1)^n f_{2n}(\varphi) = 0,$$

wo die Indices der Functionen $f(\varphi)$ die höchst möglichen Gradzahlen anzeigen.

von u einen von den Nullstellen der ganzen Function $G(\varphi)$ verschiedenen Functionalwerth willkürlich zuordnet, zur Definition der doppeltperiodischen Function zweiten Grades. Weil jede solche Function als lineare Function von $p(u)$ oder $p(u+v)$ darstellbar war, wo v eine Constante ist, kann man die genannten Differentialgleichungen durch lineare Substitutionen ineinander transformiren und speciell die eine untersuchen, welcher $p(u)$ genügt.

Wir wollen daher die Frage, was die doppeltperiodische Function zweiten Grades $\varphi(u)$ für eine Beschaffenheit erhält, wenn zwei Wurzeln der Gleichung $G(\varphi)=0$ einander gleich werden, dahin specialisiren, dafs wir nur die Beschaffenheit von $p(u)$ erforschen, wenn die Gleichung

$$G(p) = 4p^3 - g_2 p - g_3 = 4(p - e_1)(p - e_2)(p - e_3) = 0$$

zwei gleiche Wurzeln hat. Da aber $e_1 = p(\omega)$, $e_2 = p(\omega'')$, $e_3 = p(\omega')$ ist, kann die Gleichheit zweier Wurzeln e_λ nur ein besonderes Verhältnis der Perioden 2ω und $2\omega'$ nach sich ziehen.

Es liegt nahe zunächst festzusetzen, dafs $\Re\left(\frac{\omega'}{\omega i}\right)$ unendlich wird, während ω von Null verschieden ist. Weil dann

$$\frac{\sigma'(u)}{\sigma(u)} = \frac{\pi}{2\omega}\operatorname{cotg}\frac{u\pi}{2\omega} + \frac{1}{3}\left(\frac{\pi}{2\omega}\right)^2 u$$

ist, wird

$$-\frac{d^2\log\sigma(u)}{du^2} = p(u) = \left(\frac{\pi}{2\omega}\right)^2 \frac{1}{\sin^2\left(\frac{u\pi}{2\omega}\right)} - \frac{1}{3}\left(\frac{\pi}{2\omega}\right)^2$$

$$p'(u) = -2\left(\frac{\pi}{2\omega}\right)^3 \frac{\cos\left(\frac{u\pi}{2\omega}\right)}{\sin^3\left(\frac{u\pi}{2\omega}\right)}$$

d. h. $p(u)$ und seine Ableitungen sind nur mehr einfachperiodische Functionen.

Substituirt man diese Ausdrücke in die Gleichung

$$(p'(u))^2 = 4p^3(u) - g_2 p(u) - g_3,$$

so erhält man die Beziehungen:

$$g_2 = \frac{4}{3}\left(\frac{\pi}{2\omega}\right)^4, \quad g_3 = \frac{8}{27}\left(\frac{\pi}{2\omega}\right)^6$$

und somit

$$\left(\frac{\pi}{2\omega}\right)^2 = \frac{9}{2}\frac{g_3}{g_2}, \quad g_2^3 - 27g_3^2 = 16(e_2 - e_3)^2(e_3 - e_1)^2(e_1 - e_2)^2 = 0.$$

Es müssen daher zwei Wurzeln e_λ einander gleich sein, und zwar hat man:

$$p(\omega) = e_1 = \left(\frac{\pi}{2\omega}\right)^2 \frac{1}{\sin^2\left(\frac{\pi}{2}\right)} - \frac{1}{3}\left(\frac{\pi}{2\omega}\right)^2 = \frac{2}{3}\left(\frac{\pi}{2\omega}\right)^2 = 3\frac{g_3}{g_2}$$

$$e_2 = e_3 = -\frac{3}{2}\frac{g_3}{g_2} = -\frac{1}{3}\left(\frac{\pi}{2\omega}\right)^2$$

zu setzen. Umgekehrt erfordert auch die Gleichheit der Lösungen c_2 und c_3, dafs die doppeltperiodische Function in eine einfachperiodische übergeht.

Sind gar alle drei Wurzeln c_λ einander gleich, so folgt wegen der Gleichung $c_1+c_2+c_3=0$

$$c_1=0,\quad g_2=0,\quad g_3=0,$$

und der Differentialgleichung

$$\left(\frac{dp(u)}{du}\right)^2=4p^3(u)$$

genügt die rationale Function

$$p(u)=\frac{1}{u^2},$$

wenn dem Werthe $u=0$ $p(u)=\infty$ zugeordnet wird.

§ 62. Additionstheorem der doppeltperiodischen Functionen.

Um die früher erwähnte Darstellung von $p(u+v)$ durch $p(u)$, $p(v)$, $p'(u)$, $p'(v)$ zu vollziehen, beachte man, dafs die doppeltperiodische Function dritten Grades:

$$\varphi(u, u_1, u_2)=\begin{vmatrix}1 & p(u) & p'(u)\\ 1 & p(u_1) & p'(u_1)\\ 1 & p(u_2) & p'(u_2)\end{vmatrix}$$
$$=-2\frac{\sigma(u+u_1+u_2)\,\sigma(u-u_1)\,\sigma(u-u_2)\,\sigma(u_1-u_2)}{\sigma^3(u)\,\sigma^3(u_1)\,\sigma^3(u_2)}$$

für $u=-(u_1+u_2)$ verschwindet und daher die Gleichung;

$$p'(u_1+u_2)\left(p(u_1)-p(u_2)\right)+p(u_1+u_2)\left(p'(u_1)-p'(u_1)\right)$$
$$+p(u_1)p'(u_2)-p(u_2)p'(u_1)=0$$

besteht oder

$$\left(p'(u_1+u_2)\right)^2\left(p(u_1)-p(u_2)\right)^2$$
$$=\left[p(u_1+u_2)\left(p'(u_1)-p'(u_2)\right)+p(u_1)p'(u_2)-p(u_2)p'(u_1)\right]^2$$
$$=4\left(p(u_1)-p(u_2)\right)^2\left(p(u_1+u_2)-p(\omega)\right)\left(p(u_1+u_2)-p(\omega'')\right)\times$$
$$\times\left(p(u_1+u_2)-p(\omega')\right).\text{*)}$$

Setzt man anstatt u_1 und u_2 u und v, anstatt $p(u+v)$ S, so ist die entstehende Gleichung:

$$\left(S(p'(u)-p'(v))+p(u)p'(v)-p'(u)p(v)\right)^2-$$
$$-4\left(p(u)-p(v)\right)^2(S-p(\omega))(S-p(\omega''))(S-p(\omega'))=0$$

für

$$S=p(u+v),\ p(u),\ p(v)$$

*) Formeln und Lehrsätze § 12, Formel 14.

identisch erfüllt, indem $\varphi(u, u_1, u_2)$ auch für $u = u_1, u_2$ verschwindet. Daher kann man die angeschriebene ganze Function von S gleich

$$-4\left(p(u) - p(v)\right)^2 (S - p(u+v))(S - p(u))(S - p(v))$$

setzen, und nun gibt der Vergleich der Coefficienten von S^2 die Gleichung:

$$4\left(p(u) - p(v)\right)^2 \left(p(\omega) + p(\omega'') + p(\omega')\right) + \left(p'(u) - p'(v)\right)^2 =$$
$$= 4\left(p(u) - p(v)\right)^2 \left(p(u) + p(v) + p(u+v)\right)$$

oder

$$p(u+v) = \frac{1}{4}\left(\frac{p'(u) - p'(v)}{p(u) - p(v)}\right)^2 - \left(p(u) + p(v)\right).$$

Darnach ist

$$p(u-v) = \frac{1}{4}\left(\frac{p'(u) + p'(v)}{p(u) - p(v)}\right)^2 - \left(p(u) + p(v)\right)$$

und

$$p(u+v) - p(u-v) = -\frac{p'(u)p'(v)}{(p(u) - p(v))^2}.$$

Wir sehen also, dafs $p(u+v)$ eine rationale Function von $p(u)$, $p(v)$, $p'(u)$, $p'(v)$ und dann nach Elimination von $p'(u)$ und $p'(v)$ auch eine algebraische Function von $p(u)$ und $p(v)$ wird.

Aber nicht allein die doppeltperiodische Function $p(u)$, sondern jede andere $\varphi(u)$ mit der einzigen wesentlich singulären Stelle $u = \infty$ hat ein algebraisches Additionstheorem, denn wenn

$$\varphi(u) = R\left(p(u), p'(u)\right), \quad \varphi(v) = R\left(p(v), p'(v)\right),$$
$$\varphi(u+v) = R\left(p(u+v), p'(u+v)\right) = R_1\left(p(u), p(v), p'(u), p'(v)\right)$$

ist, so kann man mit Rücksicht auf die Gleichungen

$$(p'(u))^2 = 4p^3(u) - g_2 p(u) - g_3$$
$$(p'(v))^2 = 4p^3(v) - g_2 p(v) - g_3$$

eine algebraische Gleichung

$$G(\varphi(u+v), \varphi(u), \varphi(v)) = 0$$

für $\varphi(u+v)$ ableiten, deren Coefficienten rationale Functionen von $\varphi(u)$ und $\varphi(v)$ sind. Man nennt die doppeltperiodischen Functionen, welche im Endlichen vom Charakter der rationalen Functionen sind, *elliptische Functionen*; diese haben also ein Additionstheorem.

Sollte man umgekehrt $x = p(u)$, $y = p'(u)$ auch rational durch $\xi = \varphi(u)$, $\eta = \varphi'(u)$ darstellen können, dann erhält das Additionstheorem für die Functionen $\varphi(u)$ dieselbe Gestalt wie das der Function $p(u)$, denn

$$\varphi(u+v) = R_1\left(p(u), p(v), p'(u), p'(v)\right)$$

wird eine rationale Function von $\varphi(u)$, $\varphi(v)$ und den ersten Ableitungen $\varphi'(u)$, $\varphi'(v)$.

Nun wissen wir, dafs eine Transformation der algebraischen Gleichung

$$g(x, y) = y^2 - 4x^3 + g_2 x + g_3 = 0$$

in

$$G(\xi, \eta) = 0$$

mit Hilfe rationaler Functionen

$$\xi = R_1(x, y), \quad \eta = R_2(x, y)$$

umkehrbar ist, wenn G nicht die Potenz einer irreductiblen ganzen Function, sondern selbst eine irreductible Function ist; wenn also wenigstens einem festen Werthe von $\xi = \varphi(u)$ solche Werthepaare x und y zugehören, dafs die entsprechenden η-Werthe verschieden ausfallen.

Gibt man also u einen bestimmten Werth, berechnet dann $\varphi(u) = \xi$ und die hierzu gehörigen Werthepaare (x, y) oder

$$(p(u), p'(u)) = (a_1, b_1), (a_2, b_2), \dots (a_r, b_r),$$

so müssen zur eindeutigen Umkehrung der Transformation den aus den Gleichungen

$$p(u) - a_\varrho = 0, \quad p'(u) - b_\varrho = 0 \quad (\varrho = 1, 2, \dots r)$$

hervorgehenden Werthen

$$u = u_1 + w, u_2 + w, \dots u_r + w$$

wohl gleiche Functionswerthe $\varphi(u)$, aber ungleiche Werthe für $\varphi'(u)$ entsprechen.

Zunächst ist klar, dafs einem Werthepaare a_ϱ, b_ϱ nur ein einziger bis auf Perioden bestimmter Werth von u zugehört, denn die der Gleichung

$$p(u) - a_\varrho = 0$$

genügenden u-Werthe sind aus einem ersten u_ϱ in folgender Weise gebildet; es ist

$$u = \pm u_\varrho + w.$$

Weil aber $p'(-u) = -p'(u)$ ist, kann nicht gleichzeitig

$$p'(u_\varrho) - b_\varrho = 0 \quad \text{und} \quad -p'(u_\varrho) - b_\varrho = 0$$

sein, es müfste denn $u_\varrho \equiv \omega, \omega'', \omega'$ und $a_\varrho = e_\lambda$ und $b_\varrho = 0$ sein, was im Allgemeinen nicht eintreten wird.

Den r verschiedenen Werthepaaren (a_ϱ, b_ϱ) entsprechen somit r incongruente Werthe u_ϱ, und diesen sollen nun auch r verschiedene Werthepaare $\varphi(u_\varrho) = \xi$, $\varphi'(u_\varrho) = \eta$ zugehören, oder weil

$$\varphi(u_1) = \varphi(u_2) = \cdots = \varphi(u_\varrho)$$

sein wird, sollen

$$\varphi'(u_1), \; \varphi'(u_2), \dots \varphi'(u_r)$$

verschieden ausfallen.

Nehmen wir an, dafs

$$\varphi(u_\varrho) = \varphi(u_\pi) \quad \text{und} \quad \varphi'(u_\varrho) = \varphi'(u_\pi)$$

ist, so werden auch alle höheren Ableitungen von φ an den Stellen u_ϱ und u_π dieselben Werthe erhalten, denn es ist ja

$$\varphi'' = -\frac{\dfrac{\partial G}{\partial \varphi}}{\dfrac{\partial G}{\partial \varphi_1}}\varphi' = \frac{G_1}{\dfrac{\partial G}{\partial \varphi}}, \quad \varphi''' = \frac{G_2}{\left(\dfrac{\partial G}{\partial \varphi}\right)^2}, \dots$$

wo G_1, G_2 usw. ganze Functionen von φ und φ' sind. Dann werden aber in hinlänglich kleiner Umgebung von u_ϱ und u_π die Entwicklungen von $\varphi(u_\varrho + h)$ und $\varphi(u_\pi + h)$ übereinstimmen, d. h. es besteht auch die Gleichung

$$\varphi(u_\varrho + h) = \varphi(u_\pi + h)$$

oder

$$\varphi(h) = \varphi(u_\varrho - u_\pi + h),$$

und $u_\varrho - u_\pi$ wird eine Periode der Function $\varphi(u)$.

Bezeichnet demnach $(2\omega, 2\omega')$ ein primitives Periodenpaar der Functionen $p(u)$ und $\varphi(u)$, so kann $\varphi'(u_\varrho)$ nicht gleich $\varphi'(u_\pi)$ sein — aufser an einzelnen Ausnahmsstellen, wo $\frac{\partial G}{\partial \varphi}$ verschwindet — und man kann umgekehrt $p(u)$ und $p'(u)$ rational durch $\varphi(u)$ und $\varphi'(u)$ ausdrücken.

Wir sind damit bei dem Satze angelangt, *dafs jede eindeutige doppeltperiodische Function $\varphi(u)$, die im Endlichen den Charakter der rationalen Function aufweist, auch ein Additionstheorem der Gestalt:*

$$\varphi(u + v) = R(\varphi(u), \varphi(v), \varphi'(u), \varphi'(v))$$

besitzt.

Betrachtet man die algebraische Gleichung:

$$G(\varphi(u + v), \varphi(u), \varphi(v)) = 0$$

und fragt nach denjenigen Functionen φ, welche eine derartige Functionalgleichung erfüllen, so erhält man gewifs noch allgemeinere Functionen als die eben genannten eindeutigen doppeltperiodischen Functionen, denn man kann der gegebenen Gleichung zufolge $\varphi(u+v)$ als algebraische Function von $\varphi(u)$, $\varphi(v)$, $\varphi'(u)$, $\varphi'(v)$ entwickeln. Die Differentiation der Gleichung nach u und v führt auf die Relationen:

$$\frac{\partial G}{\partial \varphi(u)}\varphi'(u) + \frac{\partial G}{\partial \varphi(u+v)} \frac{\partial \varphi(u+v)}{\partial u} = 0$$

$$\frac{\partial G}{\partial \varphi(v)}\varphi'(v) + \frac{\partial G}{\partial \varphi(u+v)} \frac{\partial \varphi(u+v)}{\partial v} = 0$$

und durch Subtraction erhält man

$$\frac{\partial G}{\partial \varphi(u)}\varphi'(u) - \frac{\partial G}{\partial \varphi(v)}\varphi'(v) = 0.$$

Nun aber kann man $\varphi(u+v)$ in der verlangten Weise darstellen.

Andrerseits läfst sich zeigen, dafs jede analytische Function $\varphi(u)$, welche ein algebraisches Additionstheorem

$$G\big(\varphi(u+v),\ \varphi(u),\ \varphi(v)\big) = 0$$

besitzt, entweder eine algebraische Function von u, oder $e^{\frac{2\pi i u}{2\omega}}$ oder $\wp(u)$ ist.*)

M. Phragmen beweist ausführlich**), dafs jede analytische Function $\varphi(u)$, deren Elemente

$$\mathfrak{P}_1(u|a),\quad \mathfrak{P}_1(v|b),\quad \mathfrak{P}(u+v|a+b)$$

die Relation

$$G\big(\mathfrak{P}_1(u|a),\ \mathfrak{P}_2(v|b),\ \mathfrak{P}(u+v|a+b)\big) = 0$$

erfüllen, in jedem endlichen Bereiche von dem Charakter einer algebraischen Function sein mufs, die einer Gleichung entspringt, in welcher die Coefficienten im Endlichen keine wesentlich singulären Stellen haben, und zeigt, dafs zwischen den zu den Argumentswerthen u, v, $u+v$ gehörigen Functionalwerthen $\varphi(u)$, $\varphi(v)$, $\varphi(u+v)$ immer dieselbe Relation bestehen mufs.

Ist die Stelle $u=\infty$ eine wesentlich singuläre Stelle und $\varphi(u)$ eine endlich vieldeutige transcendente Function, so mufs sie nothwendig periodisch sein. Ist nämlich die Gleichung $G=0$ in $\varphi(u+v)$ vom m^{ten} Grade, so gibt es immer Werthe a, welche $\varphi(v)$ an $(m+1)$ Stellen $v_1, v_2, \ldots v_{m+1}$ annimmt, und dann hat die Gleichung $G=0$ bei jedem Werthe von u mehr verschiedene Wurzeln als ihr Grad anzeigt. Es müssen daher unter den Wurzeln:

$$\varphi(u+v_1),\quad \varphi(u+v_2),\ldots \varphi(u+v_{m+1})\quad (\mu = 1, 2, \ldots m)$$

gleiche vorkommen; aber die Gleichung

$$\varphi_\mu(u+v_\mu) = \varphi(u+v_\nu)$$

verräth, dafs $v_\mu - v_\nu$ eine Periode ist.

Lassen sich alle Perioden als ganzzahlige Vielfache einer einzigen 2ω ausdrücken, so ist $\varphi(u)$ eine endlich vieldeutige einfach periodische Function, und zwar eine algebraische Function von $e^{\frac{2\pi i u}{2\omega}}$.

Aufser diesen gibt es noch doppeltperiodische Functionen, die der hier behandelten Classe angehören, wenn sie eindeutig sein sollen. —

Ist nunmehr eine algebraische Gleichung

$$G(\eta, \xi) = 0$$

vorgelegt, die man mit Hilfe der rationalen Substitutionen

$$x = R_1(\xi, \eta),\quad y = R_2(\xi, \eta)$$

---

*) Formeln und Lehrsätze § 1.

**) Acta mathematica Bd. 7, S. 33.

in die Gleichung

$$y^2 = 4x^3 - g_2 x - g_3$$

umwandeln kann, dann darf man ξ und η als doppeltperiodische Functionen $\varphi(u)$ und $\varphi'(u)$ eines Parameters u auffassen und die Perioden von $\varphi(u)$ und $\varphi'(u)$ sind diejenigen, welche der durch die Differentialgleichung:

$$y^2 = \left(\frac{dx}{du}\right)^2 = 4x^3 - g_2 x - g_3$$

definirten Function $x = p(u)$, die für $u = 0$ unendlich wird, zukommen.

Die Gleichung $G(\xi, \eta) = 0$ kann nur vom ersten Range sein, denn es gibt ja rationale Functionen von ξ und η, die nur an einer Stelle u des Periodenparallelogramms und nur an einer Stelle (ξ, η) von der zweiten Ordnung unendlich werden. Umgekehrt sieht man, dafs die algebraischen Gleichungen ersten Ranges mit Hilfe der eindeutigen doppeltperiodischen Functionen zu discutiren sind.

§ 63. Berechnung primitiver Perioden.

Nun handelt es sich aber um die Berechnung primitiver Perioden der durch die Differentialgleichung

$$\left(\frac{dx}{du}\right)^2 = 4x^3 - g_2 x - g_3$$

definirten doppeltperiodischen Function $x = p(u)$.

Da die Gleichung

$$p(u + v) - p(u - v) = -\frac{p'(u)\, p'(v)}{\big(p(u) - p(v)\big)^2}$$

besteht und andrerseits für jede Periode ϖ die Differenz

$$p(u + \varpi) - p(u - \varpi)$$

verschwindet, so gehen die halben Perioden offenbar als Lösungen der Gleichung

$$p(v) = 0 \quad \text{oder} \quad p'(v) = 0$$

hervor. Indem aber die zuerst genannten Werthe v zu keiner neuen Definition der Perioden führen, brauchen wir nur diejenigen Werthe v zu suchen, für welche

$$\big(p'(v)\big)^2 = 4\big(p(v) - e_1\big)\big(p(v) - e_2\big)\big(p(v) - e_3\big)$$

verschwindet.

Bedeutet hier e_1 den Werth, welchen die Function für $v = \omega + w$, e_3 den Werth, den $p(v)$ für $v = \omega' + w$ annimmt, so ist e_2 der Werth, den $p(v)$ an den Stellen $v = \omega + \omega' + w = \omega'' + w$ erhält.

Angenommen, man habe aus der Differentialgleichung

$$\left(\frac{du}{dx}\right)^2 = \frac{1}{4(x - e_1)(x - e_2)(x - e_3)} \quad (x = \infty,\ u = 0)$$

irgend zwei u-Werthe $\omega_1 = \omega + w$ und $\omega_3 = \omega' + 2w$ ermittelt, für die x gleich e_1 respective e_3 wird, so mufs man hinterher nachsehen, wie *die einmal fixirten halben Perioden mit primitiven zusammenhängen oder ob sie selbst halbe primitive Perioden sind.*

Ist $(2\omega, 2\omega')$ ein primitives Periodenpaar und soll auch $(2\omega_1, 2\omega_3)$ ein solches sein, so müssen die Beziehungen bestehen:

$$\omega_1 = p\omega + q\omega' = \omega + w$$
$$\omega_3 = p'\omega + q'\omega' = \omega' + w,$$

wo die ganzen Zahlen p und q oder p' und q' nicht gleichzeitig gerade sein dürfen, indem sonst $\wp(\omega_1)$ oder $\wp(\omega_3)$ nicht gleich e_1 oder e_3 wäre. Weil

$$\frac{\sigma'(u+2\omega_1)}{\sigma(u+2\omega_1)} = \frac{\sigma'(u)}{\sigma(u)} + 2p\eta + 2q\eta', \quad \frac{\sigma'(u+2\omega_3)}{\sigma(u+2\omega_3)} = \frac{\sigma'(u)}{\sigma(u)} + 2p'\eta + 2q'\eta'$$

und

$$\frac{\sigma'(\omega_1)}{\sigma(\omega_1)} = p\eta + q\eta' = \eta_1, \quad \frac{\sigma'(\omega_3)}{\sigma(\omega_3)} = p'\eta + q'\eta' = \eta_3$$

ist, wird

$$\eta_1\omega_3 - \eta_3\omega_1 = (\eta\omega' - \eta'\omega)(pq' - p'q),$$

und nachdem

$$\eta\omega' - \eta'\omega = \pm\frac{\pi i}{2}$$

ist, mufs

$$\eta_1\omega_3 - \eta_3\omega_1 = \pm\frac{\pi i}{2}, \quad pq' - p'q = \pm 1$$

sein, denn andernfalls könnte man 2ω und $2\omega'$ nicht ganzzahlig durch $2\omega_1$ und $2\omega_3$ ausdrücken.

Man hat demnach zum Beweise, dafs die einmal gewonnenen halben Perioden $2\omega_1$, $2\omega_3$ primitive sind, zu zeigen, dafs $\eta_1\omega_3 - \eta_3\omega_1 = \pm\frac{\pi i}{2}$ wird. —

Vor der Bestimmung irgend welcher halber Perioden bemerken wir zunächst, dafs die unendlich vieldeutige Function u von x nirgends unendlich wird.

Da das durch die Gleichung

$$y^2 = 4x^3 - g_2x - g_3 = 4(x-e_1)(x-e_2)(x-e_3) = R(x)$$

definirte algebraische Gebilde in der Umgebung jeder endlichen, von ($x = e_\lambda$ und $y = 0$) verschiedenen Stelle $x = a$, $y = b$ in der Form:

$$x = a + t, \quad y = b(1 + t\mathfrak{P}(t))$$

in der Umgebung von $(e_\lambda, 0)$ durch ein Functionenpaar

$$x = e_\lambda + \frac{t^2}{R'(e_\lambda)} = e_\lambda + \frac{t^2}{12e_\lambda^2 - g_2}, \quad y = t(1 + t^2\mathfrak{P}(t^2))$$

und in der Umgebung der unendlich fernen Stelle (∞, ∞) in der Gestalt

$$x = \frac{t^{-2}}{4}, \quad y = \frac{t^{-3}}{4}(1 + t^2\mathfrak{P}(t^2))$$

darstellbar ist, so wird die Function, deren Ableitung nach t $\left(\frac{\frac{dx}{dt}}{y}\right)$ ist, nirgends unendlich.

Bezeichnet $F(x, y)$ irgend eine rationale Function von x und y und stellt man das Differential $F(x, y)dx$ in der Umgebung einer Stelle (x, y) in der Form $\mathfrak{P}(t)dt$ dar, so heifst die Differenz der Werthe derjenigen Function von t, deren Differential $\mathfrak{P}(t)dt$ ist, für zwei Stellen t_2 und t_1 des hier benutzten Elementes des algebraischen Gebildes das von t_1 nach t_2 erstreckte *bestimmte Integral*:

$$\int_{t_1}^{t_2}\mathfrak{P}(t)dt.$$

Entsprechen den Werthen $t = t_1, t_2$ die Stellen (x_1, y_1) und (x_2, y_2), so schreibt man das Integral auch in der Form

$$\int_{(x_1, y_1)}^{(x_2, y_2)} F(x, y)dx.$$

Will man ein Integral von (x_0, y_0) nach einer einem zweiten Functionenelement angehörigen Stelle (x_0', y_0') erstrecken, so suche man einen von (x_0, y_0) nach (x_0', y_0') verlaufenden continuirlichen Weg mit den vermittelnden Stellen

$$(x_1, y_1), (x_2, y_2), \ldots (x_n, y_n)$$

und verstehe unter dem bestimmten Integral

$$\int_{(x_0, y_0)}^{(x_0', y_0')} F(xy)dx \quad \text{die Summe} \quad \sum_{\nu=0}^{n}\int_{(x_\nu, y_\nu)}^{(x_{\nu+1}, y_{\nu+1})} F(xy)dx,$$

wobei (x_{n+1}, y_{n+1}) für (x_0', y_0') gesetzt ist. Mit der Wahl des von (x_0, y_0) nach (x_0', y_0') sich erstreckenden Weges hat das *bestimmte Integral* $\int_{(x_0, y_0)}^{(x_0', y_0')} F(xy)dx$ auch einen bestimmten Werth.

Nach diesen Bemerkungen wird das bestimmte Integral $\int_{(x_0, y_0)}^{(x_0', y_0')}\frac{dx}{y}$ nirgends unendlich.

Wir denken nunmehr die von einander verschiedenen Wurzeln der Gleichung

$$4x^3 - g_2x - g_3 = 0$$

e_1, e_2, e_3 mit Rücksicht auf die Beziehung $e_1 + e_2 + e_3 = 0$ so geordnet, dafs $e_1 - e_2$, $e_2 - e_3$ und dann auch $e_1 - e_3$ positiv werden, d. h. positive reelle Bestandtheile oder — falls diese verschwinden — doch positive imaginäre Bestandtheile besitzen. Dann kann keine der Gröfsen

$$\frac{e_2 - e_3}{e_1 - e_3} = \varkappa^2 \quad \text{und} \quad \frac{e_1 - e_2}{e_1 - e_3} = \varkappa'^2$$

einen reellen negativen Werth annehmen und keine hat einen reellen positiven Werth, der gröfser oder gleich 1 ist.

Nach dieser Festsetzung fragen wir, ob es u Werthe gibt, für die $p(u) = e_1$ ist.

Sind e_1, e_2, e_3 und dann auch g_2 und g_3 reell, so wird x in der Umgebung von $u=0$ bei reellen zunehmenden u-Werthen abnehmen, und indem wir uns an diesen einfachen Fall halten, setzen wir

$$\frac{du}{dx} = -\frac{1}{\sqrt{4(x-e_1)(x-e_2)(x-e_3)}}$$

und geben hierin der Wurzel das positive Zeichen. Da dem Werthe $x = \infty$ der Werth $u = 0$ zugehört, ist bei positiv genommener Quadratwurzel:

$$\int_0^u du = u = -\int_\infty^x \frac{dx}{\sqrt{R(x)}} = \int_x^\infty \frac{dx}{\sqrt{R(x)}}$$

und

$$\omega_1 = \int_{e_1}^\infty \frac{dx}{\sqrt{R(x)}}$$

wird ein u-Werth, der die Gleichung $p(u) - e_1 = 0$ erfüllt. —

Setzt man $x = e_1 + \xi$ und versteht unter ξ eine reelle Gröfse, so entspricht $x = e_1$ und $x = \infty$ der Werth $\xi = 0$ und $\xi = \infty$ und man kann

$$\omega_1 = \int_0^\infty \frac{d\xi}{2\sqrt{\xi}\sqrt{\xi + e_1 - e_2}\sqrt{\xi + e_1 - e_3}}$$

setzen. Legt man hier $\sqrt{\xi}$ das positive Zeichen bei, so hat man die zwei übrigen Wurzeln so zu wählen, dafs der reelle Theil derselben positiv ist.

Um auch einen Werth für ω_3 zu finden, setze man für u vi und bemerke, dafs die Entwicklung von $p(vi)$ in der Umgebung der Stelle $v = 0$ mit $-\frac{1}{v^2}$ beginnt. Dann geht $p(vi)$ auf dem Wege von $v=0$ nach $\frac{\omega_3}{i}$, von $-\infty$ nach e_3, und weil $p'(u) = p'(vi)$ bei reellen v gleich ist einer negativ reellen Gröfse mal i, so setze man in der Gleichung

$$dv = \frac{dx}{\sqrt{-R(x)}}$$

die Quadratwurzel positiv, dann wird

$$\omega_3 = i\int_{-\infty}^{e_3} \frac{dx}{\sqrt{-R(x)}} = \int_{e_3}^{-\infty} \frac{dx}{\sqrt{R(x)}} \,.$$

Die Substitution $x = e_3 - \xi$ führt wieder auf das geradlinig zu nehmende Integral:

$$\omega_3 = i\int_0^\infty \frac{d\xi}{2\sqrt{\xi}\sqrt{\xi+(e_1-e_2)}\sqrt{\xi+(e_1-e_3)}},$$

in welchem $\sqrt{\xi}$ der positive Werth beigelegt werden mufs und die übrigen Wurzeln derart zu wählen sind, dafs ihr reeller Theil positiv ist.

Bevor wir die gefundenen Werthe ω_1 und ω_3 in anderer Form darstellen, bemerken wir, dafs die Function $p(u)$ für

$$u = \varpi = p\omega + q\omega'$$

gleich e_1, e_2, e_3 ist, je nachdem die Zahlen p und q (die nicht gleichzeitig gerade sind) den Bedingungen

$$p \equiv 1, \quad q \equiv 0 \pmod 2$$

oder

$$p \equiv 1, \quad q \equiv 1 \pmod 2$$

oder

$$p \equiv 0, \quad q \equiv 1 \pmod 2$$

genügen, und dafs die Gleichung

$$p(u \pm \varpi) - e_\lambda = \frac{1}{4}\left(\frac{p'(u)}{p(u)-e_\lambda}\right)^2 - p(u) - 2e_\lambda$$

mit Rücksicht auf die Formeln:

$$(p'(u))^2 = 4\big(p(u)-e_\lambda\big)\big(p(u)-e_\mu\big)\big(p(u)-e_\nu\big)$$

$$e_\lambda + e_\mu + e_\nu = 0$$

in die folgende umzusetzen ist:

$$p(u+\varpi) - e_\lambda = \frac{(e_\lambda - e_\mu)(e_\lambda - e_\nu)}{p(u)-e_\lambda}.$$

Setzt man nun an Stelle des früheren u $\omega_3 + u_1$ und läfst u_1 von 0 geradlinig nach ω_1 gehen, so wird

$$p(u) = p(u_1+\omega_3) = e_3 + \frac{(e_1-e_3)(e_2-e_3)}{p(u)-e_3}$$

von e_3 nach e_2 übergehen, und wegen des vorhin negativ genommenen $p'(u_1)$ ist

$$p'(u) = p'(u_1+\omega_3) = -\frac{(e_1-e_3)(e_2-e_3)}{(p(u_1)-e_3)^2}\,p'(u_1)$$

gleichzeitig positiv zu nehmen. Da u jetzt von ω_3 nach ω_2 geht, erhält man

$$\int_{\omega_3}^{\omega_2} du = \int_0^{\omega_1} du = \omega_1 = \int_{e_1}^{\infty}\frac{dx}{\sqrt{R(x)}} = \int_{e_3}^{e_2}\frac{dx}{\sqrt{R(x)}}.$$

Ersetzt man das frühere v durch $\omega_1 + v_1 i$ und geht v_1 von Null nach $\frac{\omega_3}{i}$ über, wobei

$$p(v) = p(v_1 i + \omega_1) = e_1 + \frac{(e_1-e_2)(e_1-e_3)}{p(v_1 i) - e_1}$$

von e_1 nach e_2 gelangt und

$$p'(v) = p'(vi + \omega_1) = -\frac{(e_1 - e_2)(e_1 - e_3)}{(p(vi) - e_1)^2} p'(vi)$$

einer positiven Gröfse mal i gleich zu setzen ist, so kann man ω_3 in der Form:

$$\omega_3 = i\int_{-\infty}^{e_3} \frac{dx}{\sqrt{-R(x)}} = i\int_{e_2}^{e_1} \frac{dx}{\sqrt{-R(x)}}$$

schreiben. —

Eine andere gebräuchliche Form für die halben Perioden findet man durch die folgenden Erwägungen.

Es war

$$p(u) - p(v) = \frac{\sigma(v+u)\,\sigma(v-u)}{\sigma^2(u)\,\sigma^2(v)}.$$

Wenn hierin v eine halbe Periode ϖ ist, für die $p(\varpi) = e_\lambda$ sei, so erhält man

$$p(u) - e_\lambda = \frac{\sigma(\varpi+u)\,\sigma(\varpi-u)}{\sigma^2(u)\,\sigma^2(\varpi)}.$$

Wird wie früher $\tilde{\eta} = \frac{\sigma'(\varpi)}{\sigma(\varpi)}$ gesetzt und führt man die Bezeichnung ein:

$$\sigma_\lambda(u) = \frac{e^{-\tilde{\eta} u}\,\sigma(\varpi+u)}{\sigma(\varpi)} = \frac{e^{\tilde{\eta} u}\,\sigma(\varpi-u)}{\sigma(\varpi)},$$

so folgt die Gleichung

$$p(u) - e_\lambda = \left(\frac{\sigma_\lambda(u)}{\sigma(u)}\right)^2 \quad (\lambda = 1, 2, 3).$$

Zwischen den neuen ganzen Functionen $\sigma_\lambda(u)$, die an der Stelle $u=0$ den Werth 1 annehmen, bestehen die Relationen:

$$\sigma_1^2(u) - \sigma_2^2(u) + (e_1 - e_2)\,\sigma^2(u) = 0$$
$$\sigma_2^2(u) - \sigma_3^2(u) + (e_2 - e_3)\,\sigma^2(u) = 0$$
$$\sigma_3^2(u) - \sigma_1^2(u) + (e_3 - e_1)\,\sigma^2(u) = 0,$$

die man einfach durch Elimination von $p(u)$ erhält. Setzt man die Identität

$$(p(u)-e_1)(e_2-e_3)+(p(u)-e_2)(e_3-e_1)+(p(u)-e_3)(e_1-e_2) = 0$$

in eine zwischen den Functionen $\sigma_\lambda(u)$ um, so ergibt sich:

$$\sigma_1^2(u)(e_2-e_3)+\sigma_2^2(u)(e_3-e_1)+\sigma_3^2(u)(e_1-e_2) = 0.$$

Diese Relationen benutze man zur Ableitung der Differentialgleichungen, welchen die zwölf Quotienten

$$\frac{\sigma_\lambda(u)}{\sigma(u)} = \xi_{\lambda,0}, \quad \frac{\sigma_\mu(u)}{\sigma_\nu(u)} = \xi_{\mu,\nu}, \quad \frac{\sigma(u)}{\sigma_\lambda(u)} = \xi_{0,\lambda}$$

genügen. Zunächst ist

$$(p'(u))^2 = 4\left(\frac{\sigma_\lambda(u)\,\sigma_\mu(u)\,\sigma_\nu(u)}{\sigma^3(u)}\right)^2 = 4\,\xi_{\lambda 0}^2\,\xi_{\mu 0}^2\,\xi_{\nu 0}^2.$$

Doch weil

$$\left(\frac{d}{du}(p(u) - e_\lambda)\right)^2 = 4\,\xi_{\lambda 0}^2\left(\frac{d\xi_{\lambda 0}}{du}\right)^2$$

ist, erhält man

$$\left(\frac{d\xi_{\lambda 0}}{du}\right)^2 = \xi^2_{\mu 0}\,\xi^2_{\nu 0}$$

und ferner

$$\frac{d\xi_{\lambda 0}}{du} = \xi_{\mu 0}\xi_{\nu 0},$$

denn $\xi_{\lambda 0}$ wird an der Stelle $u=0$ unendlich und nimmt von da an ab; offenbar ist auch $\lim \frac{d\xi_{\lambda 0}}{du}\frac{1}{\xi^2_{\lambda 0}} = 1$.

Da nach den früheren Gleichungen

$$\xi^2_{10}-\xi^2_{20}+(e_1-e_2)=0,\quad \xi^2_{20}-\xi^2_{30}+(e_2-e_3)=0,\quad \xi^2_{30}-\xi^2_{10}+(e_2-e_1)=0$$

ist, wird

$$\left(\frac{d\xi_{\lambda 0}}{du}\right)^2 = \xi^2_{\mu 0}\,\xi^2_{\nu 0} = (\xi^2_\lambda+e_\lambda-e_\mu)(\xi^2_\lambda+e_\lambda-e_\nu).$$

Ebenso geht die Gleichung

$$p'(u) = -2\frac{\sigma_\lambda(u)\,\sigma_\mu(u)\,\sigma_\nu(u)}{\sigma^3(u)}$$

in die folgenden Differentialgleichungen über:

$$\frac{d\xi_{\mu\nu}}{du} = -(e_\mu-e_\nu)\,\xi_{\lambda\nu}\xi_{0\nu}\quad\text{und}\quad \frac{d\xi_{0\lambda}}{du} = \xi_{\mu\lambda}\xi_{\nu\lambda},$$

und es ist für $u=0$

$$\xi_{\mu\nu}=1,\quad \xi_{0\lambda}=0\quad\text{und}\quad \frac{d\xi_{0\lambda}}{du}=1.$$

Die Differentialgleichungen erhalten aber auch die nachstehende Form:

$$\left(\frac{d\xi_{\mu\nu}}{du}\right)^2 = (e_\mu-e_\lambda)(1-\xi^2_{\mu\nu})\left(1-\frac{e_\nu-e_\lambda}{e_\mu-e_\lambda}\xi^2_{\mu\nu}\right)$$

$$\left(\frac{d\xi_{0\lambda}}{du}\right)^2 = (1-(e_\mu-e_\lambda)\,\xi^2_{0\lambda})(1-(e_\nu-e_\lambda)\,\xi^2_{0\lambda})$$

und jetzt übersieht man unmittelbar, daſs wegen der leicht zu verificirenden Relationen

$$\frac{(e_\nu-e_\mu)(e_\nu-e_\lambda)}{p(u)-e_\nu}+e_\nu = (e_\nu-e_\lambda)\,\xi^2_{\mu\nu}+e_\lambda = (e_\nu-e_\mu)\,\xi^2_{\lambda\nu}+e_\mu \qquad (A)$$

$$\omega_1 = \frac{1}{\sqrt{e_1-e_3}}\int_0^1 \frac{d\xi_{12}}{\sqrt{1-\xi^2_{12}}\sqrt{1-\varkappa^2\xi^2_{12}}} = \frac{K}{\sqrt{e_1-e_3}}$$

und

$$\omega_3 = \frac{i}{\sqrt{e_1-e_3}}\int_0^1 \frac{d\xi_{32}}{\sqrt{1-\xi^2_{32}}\sqrt{1-\varkappa'^2\xi^2_{32}}} = \frac{K'}{\sqrt{e_1-e_3}}$$

wird, wo in den geradlinig auszuführenden Integralen K und K' die Wurzeln diejenigen Werthe besitzen, deren reelle Bestandtheile positiv sind und der Werth von $\sqrt{e_1-e_3}$ beliebig zu fixiren ist. —

Will man beweisen, dafs die hier angegebenen Werthe ω_1, ω_3 halbe *primitive* Perioden sind, so suche man zunächst aus der Gleichung:

$$d\left(\frac{\sigma'(u)}{(\sigma u)}\right) = -p(u)du = \frac{x\,dx}{\sqrt{R(x)}}$$

durch geeignete Integrationen $\eta_1 = \frac{\sigma'(\omega_1)}{\sigma(\omega_1)}$ und $\eta_3 = \frac{\sigma'(\omega_3)}{\sigma(\omega_3)}$ zu berechnen.*)

Das Integral $\int \frac{x\,dx}{\sqrt{R(x)}}$ wird an der einzigen Stelle $x = \infty$ unendlich, doch weil die bestimmten Integrale zur Ermittlung von η_1 und η_3 offenbar nach diesem Punkte zu erstrecken sind, wollen wir das Differential $\frac{x\,dx}{\sqrt{R(x)}}$ zunächst umgestalten.

Nehmen wir zu diesem Zwecke die viel verwendete Identität

$$\frac{\partial}{\partial t}\left(\frac{\sqrt{R(t)}}{(z-t)\sqrt{R(z)}}\right) - \frac{\partial}{\partial z}\left(\frac{\sqrt{R(z)}}{(t-z)\sqrt{R(t)}}\right) = \frac{2(z-t)}{\sqrt{R(z)}\sqrt{R(z)}}$$

auf, die sich unter Anwendung der Formel:

$$\frac{d}{dx}\left(\frac{\sqrt{R(x)}}{x-\alpha}\right) = \frac{1}{2}\frac{R'(x)}{(x-\alpha)\sqrt{R(x)}} - \frac{\sqrt{R(x)}}{(x-\alpha)^2}$$

leicht bestätigen läfst, führen die Differentiationen wirklich aus, multipliciren das Resultat mit $\sqrt{R(t)}$ und setzen dann an Stelle von z x und geben t den Werth e_ν, so geht die erwünschte Gleichung:

$$\frac{1}{2}d\left(\frac{\sqrt{R(x)}}{x-e_\nu}\right) = \left(x - e_\nu - \frac{(e_\nu - e_\lambda)(e_\nu - e_\mu)}{x - e_\nu}\right)\frac{dx}{\sqrt{R(x)}}$$

oder

$$\frac{x\,dx}{\sqrt{R(x)}} = \frac{1}{2}d\left(\frac{\sqrt{R(x)}}{x-e_\nu}\right) + e_\nu\frac{dx}{\sqrt{R(x)}} + \frac{(e_\nu - e_\lambda)(e_\nu - e_\mu)}{x - e_\nu}\frac{dx}{\sqrt{R(x)}}$$

hervor.

Nun folgt aus der Gleichung (A)

$$x - e_\nu = \frac{e_\nu - e_\mu}{\xi^2_{\mu\nu} - 1} = \frac{e_\nu - e_\lambda}{\xi^2_{\lambda\nu} - 1}$$

und je nachdem man den ersten oder zweiten Ausdruck für $x - e_\nu$ benutzt, ergibt sich im Falle $\mu = 1$, $\nu = 2$, $\lambda = 3$

$$\frac{x\,dx}{\sqrt{R(x)}} = \frac{1}{2}d\left(\frac{\sqrt{R(x)}}{x-e_2}\right) + \frac{e_1}{\sqrt{e_1 - e_3}}\frac{d\xi_{12}}{\sqrt{1-\xi^2_{12}}\sqrt{1-\varkappa^2\xi^2_{12}}}$$
$$- \sqrt{e_1 - e_3}\frac{(1-\varkappa^2\xi^2_{12})\,d\xi_{12}}{\sqrt{1-\xi^2_{12}}\sqrt{1-\varkappa^2\xi^2_{12}}}.$$

$$\frac{x\,dx}{\sqrt{R(x)}} = \frac{1}{2}d\left(\frac{\sqrt{R(x)}}{x-e_2}\right) - \frac{ie_3}{\sqrt{e_1 - e_3}}\frac{d\xi_{32}}{\sqrt{1-\xi^2_{32}}\sqrt{1-\varkappa'^2\xi^2_{32}}}$$
$$- i\sqrt{e_1 - e_3}\frac{(1-\varkappa'^2\xi^2_{32})\,d\xi_{32}}{\sqrt{1-\xi^2_{32}}\sqrt{1-\varkappa'^2\xi^2_{32}}},$$

*) Vergl. die „Formeln" S. 86. 87.

denn es ist

$$e_\nu + \frac{(e_\nu - e_\lambda)(e_\nu - e_\mu)}{x - e_\nu} = e_\mu + (e_\lambda - e_\mu)\left(1 - \frac{e_\lambda - e_\nu}{e_\lambda - e_\mu}\xi_{\mu\nu}^2\right)$$

oder

$$e_\nu + \frac{(e_\nu - e_\lambda)(e_\nu - e_\mu)}{x - e_\nu} = e_\lambda + (e_\mu - e_\lambda)\left(1 - \frac{e_\mu - e_\nu}{e_\mu - e_\lambda}\xi_{\lambda\nu}^2\right).$$

Da nun die Gleichung

$$\frac{\sigma'(u)}{\sigma(u)} = \int_\infty^x \frac{x\,dx}{\sqrt{R(x)}} = \frac{1}{2}\frac{\sqrt{R(x)}}{x - e_\nu} + e_\nu \int_\infty^x \frac{dx}{\sqrt{R(x)}} + \int_\infty^x \frac{(e_\nu - e_\lambda)(e_\nu - e_\mu)}{x - e_\nu}\frac{dx}{\sqrt{R(x)}}$$

in der Umgebung der unendlich fernen Stelle richtig ist, d. h. weil die Entwicklungen beider Seiten als Functionen von u in der Umgebung von $u = 0$ oder als Functionen von x in der Umgebung von $x = \infty$ übereinstimmen und somit auf keiner Seite eine Constante hinzuzufügen ist, folgt

$$\eta_1 = -\frac{e_1}{\sqrt{e_1 - e_3}}\int_0^1 \frac{d\xi_{12}}{\sqrt{1 - \xi_{12}^2}\sqrt{1 - \varkappa^2\xi_{12}^2}} + \sqrt{e_1 - e_3}\int_0^1 \frac{1 - \varkappa^2\xi_{12}^2}{\sqrt{1 - \xi_{12}^2}\sqrt{1 - \varkappa^2\xi_{12}^2}}\,d\xi_{12}$$

$$\eta_3 = -\frac{i e_3}{\sqrt{e_1 - e_3}}\int_0^1 \frac{d\xi_{32}}{\sqrt{1 - \xi_{32}^2}\sqrt{1 - \varkappa'^2\xi_{32}^2}} - i\sqrt{e_1 - e_3}\int_0^1 \frac{1 - \varkappa'^2\xi_{32}^2}{\sqrt{1 - \xi_{32}^2}\sqrt{1 - \varkappa'^2\xi_{32}^2}}\,d\xi_{32}.$$

Denn wenn u von 0 bis ω_1 oder ω_3 übergeht, durchläuft ξ_{12} und ξ_{32} die Werthe von 1 bis 0 und x geht von ∞ bis e_1 oder von $-\infty$ bis e_3. In den neuen, geradlinig zu nehmenden Integralen

$$E = \int_0^1 \frac{1 - \varkappa^2\xi_{12}^2}{\sqrt{1 - \xi_{12}^2}\sqrt{1 - \varkappa^2\xi_{12}^2}}\,d\xi_{12} \quad \text{und} \quad E' = \int_0^1 \frac{1 - \varkappa'^2\xi_{32}^2}{\sqrt{1 - \xi_{32}^2}\sqrt{1 - \varkappa'^2\xi_{32}^2}}\,d\xi_{32}$$

haben die Quadratwurzeln wieder diejenigen Werthe, deren reelle Bestandtheile positiv sind.

Setzt man

$$\eta_1 = -\frac{e_1 K}{\sqrt{e_1 - e_3}} + \sqrt{e_1 - e_3}\,E, \quad \eta_3 = -\frac{i e_3}{\sqrt{e_1 - e_3}}K' - i\sqrt{e_1 - e_3}\,E'$$

und bemerkt, dafs bei den getroffenen Festsetzungen

$$\Re\left(\frac{\omega_3}{\omega_1 i}\right) = \Re\left(\frac{K'}{K}\right)$$

positiv ist, so hat man endlich zum Beweise dafür, dafs $2\omega_1$ und $2\omega_3$ primitive Perioden sind, zu zeigen, dafs die Gleichung

$$\eta_1\omega_3 - \eta_3\omega_1 = i(EK' - KK' + E'K) = \frac{\pi i}{2}$$

besteht; doch gehen wir auf die Ausführung nicht ein und verweisen auf die Untersuchungen von Legendre.*)

Hier haben wir die verschiedenen Ausdrücke so gewählt, wie sie in den Formeln von Weierstrafs angegeben sind.

*) Traité des fonctions elliptiques. I, S. 60. Siehe auch Durège: Theorie der elliptischen Functionen § 70.

§ 64. Eindeutige Functionen des Periodenverhältnisses.

Hat man zwei primitive Perioden $2\omega_1$ und $2\omega_3$ gefunden, für die

$$\Re\left(\frac{\omega_3}{\omega_1 i}\right) > 0, \quad p(\omega_1) = e_1, \quad p(\omega_2) = e_2, \quad p(\omega_3) = e_3$$

ist, so werden mit Hilfe der Gleichungen

$$\frac{\sigma_\lambda(u)}{\sigma(u)} = \sqrt{p(u) - e_\lambda} \quad (\lambda = 1, 2, 3),$$

die ihrerseits die Quadratwurzeln $\sqrt{p(u) - e_\lambda}$ als eindeutige Functionen von u definiren, die sechs Quadratwurzeln $\sqrt{e_\mu - e_\nu}$ in folgender Weise bestimmt sein:

$$\sqrt{e_1 - e_2} = \frac{\sigma_2(\omega_1)}{\sigma(\omega_1)} = \frac{e^{\eta_2\omega_1}\sigma(\omega_3)}{\sigma(\omega_1)\sigma(\omega_2)}, \qquad \sqrt{e_2 - e_1} = \frac{\sigma_1(\omega_2)}{\sigma(\omega_2)} = -\frac{e^{\eta_1\omega_2}\sigma(\omega_3)}{\sigma(\omega_1)\sigma(\omega_2)},$$

$$\sqrt{e_2 - e_3} = \frac{\sigma_3(\omega_2)}{\sigma(\omega_2)} = -\frac{e^{\eta_3\omega_2}\sigma(\omega_1)}{\sigma(\omega_2)\sigma(\omega_3)}, \qquad \sqrt{e_3 - e_2} = \frac{\sigma_2(\omega_3)}{\sigma(\omega_3)} = \frac{e^{\eta_2\omega_3}\sigma(\omega_1)}{\sigma(\omega_2)\sigma(\omega_3)},$$

$$\sqrt{e_3 - e_1} = \frac{\sigma_1(\omega_3)}{\sigma(\omega_3)} = \frac{e^{-\eta_1\omega_3}\sigma(\omega_2)}{\sigma(\omega_1)\sigma(\omega_3)}, \qquad \sqrt{e_1 - e_3} = \frac{\sigma_3(\omega_1)}{\sigma(\omega_1)} = \frac{e^{-\eta_3\omega_1}\sigma(\omega_2)}{\sigma(\omega_1)\sigma(\omega_3)},$$

— was man mit Hilfe der Relation

$$\sigma(u + 2\varpi) = (-1)^{pq+p+q} e^{2\bar\eta(u+\varpi)}\sigma(u),$$

wo $\varpi = p\omega_1 + q\omega_3$ ist, leicht bestätigen kann —, und zwischen ihnen bestehen die Beziehungen:

$$\sqrt{e_2 - e_1} = -i\sqrt{e_1 - e_2}, \quad \sqrt{e_3 - e_1} = -i\sqrt{e_1 - e_3},$$
$$\sqrt{e_3 - e_2} = -i\sqrt{e_2 - e_3},$$

weil $e^{\frac{\pi i}{2}} = i$ ist.

Für die Gröfsen $\sigma(\omega_\lambda)$ ergeben sich folgende Ausdrücke:

$$\sigma(\omega_1) = \frac{e^{\frac{1}{2}\eta_1\omega_1}}{\sqrt[4]{e_1 - e_2}\sqrt[4]{e_1 - e_3}}, \quad \sigma(\omega_2) = \frac{\sqrt{i}\, e^{\frac{1}{2}\eta_2\omega_2}}{\sqrt[4]{e_1 - e_2}\sqrt[4]{e_2 - e_3}},$$

$$\sigma(\omega_3) = \frac{i e^{\frac{1}{2}\eta_3\omega_3}}{\sqrt[4]{e_1 - e_3}\sqrt[4]{e_2 - e_3}},$$

wenn $\sqrt{i}$ für $e^{\frac{\pi i}{4}}$ gesetzt wird, und hierin haben die vierten Wurzeln nur solche Werthe, deren Quadrate den oben genannten Werthen gleich sind.

Da ferner

$$\frac{\sigma_2(\omega_1)}{\sigma_3(\omega_1)} = \varkappa', \quad \frac{\sigma_1(\omega_3)}{\sigma_2(\omega_3)} = \frac{1}{\varkappa}, \quad \frac{\sigma_1(\omega_2)}{\sigma_3(\omega_2)} = -i\frac{\varkappa'}{\varkappa}$$

ist, wird noch

$$\sqrt{e_2 - e_3} = \varkappa\sqrt{e_1 - e_3}, \quad \sqrt{e_3 - e_2} = -i\varkappa\sqrt{e_1 - e_3}$$

$$\sqrt{e_1 - e_2} = \varkappa'\sqrt{e_1 - e_3}, \quad \sqrt{e_2 - e_1} = -i\varkappa'\sqrt{e_1 - e_3}.$$

Sind $2\omega_1$ und $2\omega_3$ primitive Perioden der durch die Differentialgleichung

$$\left(\frac{dx}{du}\right)^2 = 4x^3 - g_2 x - g_3 \qquad (u = 0,\ x = \infty)$$

definirten Function $x = p(u)$, die in der Umgebung der Stelle $u = 0$ die Entwicklung

$$p(u) = \frac{1}{u^2} + \sum_{\nu=2}^{\infty} (2\nu - 1) c_\nu u^{2\nu - 2}$$

besitzt, wo

$$c_\nu = \sum_{\mu,\mu'}{}' \frac{1}{(2\mu\omega_1 + 2\mu'\omega_3)^{2\nu}} \qquad (\nu = 2, 3, \ldots)$$

ist, so ist klar, dafs c_ν ungeändert bleibt, wenn man $2\omega_1$ und $2\omega_3$ durch äquivalente Perioden $2\varpi_1$ und $2\varpi_3$ ersetzt oder — was dasselbe heifst — wenn man ω_1 und ω_3 einer ganzzahligen Substitution:

$$\varpi_1 = p\,\omega_1 + q\,\omega_3$$
$$\varpi_3 = p'\omega_1 + q'\omega_3$$

mit der Determinante $pq' - p'q = \pm 1$ unterwirft.

Die Ausdrücke c_ν sind, wie wir gleich nachweisen wollen, analytische Functionen von ω_1 und ω_3*).

Bezeichnet man den Quotienten $\frac{\omega_3}{\omega_1}$ mit $\tau = \alpha + \beta i$, wo unter der Annahme eines positiven reellen Bestandtheiles $\Re\left(\frac{\omega_3}{\omega_1 i}\right)$ α alle reellen und β nur positive reelle Werthe erhalten darf, auf dafs

$$|e^{\tau\pi i}| < 1$$

ist, so kann man die unbedingt convergenten Summen in folgender Weise schreiben:

$$c_n = \frac{1}{(2\omega_1)^{2n}} \sum_{\mu=-\infty}^{+\infty}{}' \sum_{\mu'=-\infty}^{+\infty} \left(\frac{1}{\mu + \mu'\tau}\right)^{2n} =$$

$$= \frac{1}{(2\omega_1)^{2n}} \left[\sum_{\mu=-\infty}^{+\infty}{}' \left(\frac{1}{\mu}\right)^{2n} + 2 \sum_{\mu'=1}^{\infty} \sum_{\mu=-\infty}^{+\infty} \left(\frac{1}{\mu + \mu'\tau}\right)^{2n} \right].$$

Leitet man aus der Formel

$$\pi \operatorname{cotg} \tau\mu'\pi = -\pi i \frac{1 + e^{2i\pi\tau\mu'}}{1 - e^{2i\pi\tau\mu'}}$$

oder aus der äquivalenten Gleichung:

$$\frac{1}{\tau\mu'} + \sum_{\mu=1}^{\infty} \left\{ \frac{1}{\tau\mu' + \mu} + \frac{1}{\tau\mu' - \mu} \right\} = -i\pi - 2i\pi \sum_{\lambda=1}^{\infty} e^{2\pi i\tau\mu'\lambda}$$

*) Vergleiche Hurwitz: Theorie der elliptischen Modulfunctionen. Math. Annalen, Bd. 18.

durch $(2n)$malige Differentiation nach $(\tau\mu')$ die Relation ab:

$$\sum_{\mu=-\infty}^{+\infty}\left(\frac{1}{\tau\mu'+\mu}\right)^{2n} = (-1)^{2n}\frac{(2i\pi)^{2n}}{(2n-1)!}\sum_{\lambda=1}^{\infty}\lambda^{2n-1}e^{2\pi i\tau\mu'\lambda},$$

in welcher die rechte Seite convergirt, solange $|e^{2\pi i\tau\mu'}| < 1$, so gibt deren Anwendung die Formel:

$$c_n = \frac{2}{(2\omega_1)^{2n}}\left[\sum_{\mu=1}^{\infty}\left(\frac{1}{\mu}\right)^{2n} + (-1)^n\frac{(2\pi)^{2n}}{(2n-1)!}\sum_{\lambda=1}^{\infty}\lambda^{2n-1}\frac{e^{2\pi i\tau\lambda}}{1-e^{2\pi i\tau\lambda}}\right].$$

Der rechtsstehende Ausdruck ist der früheren Summe $\sum_{\mu'}'\sum_{\mu}\left(\frac{1}{\mu\omega_1+\mu'\omega_3}\right)^{2n}$ gleich, sofern nur $|e^{\tau\pi i}| < 1$ oder in $\tau = \alpha + \beta i$ β positiv ist. Er stellt eine analytische Function dar, denn die für den Klammerausdruck zu setzende Potenzreihe nach $e^{\tau\pi i}$ convergirt in der positiven Halbebene von τ, kann aber darüber hinaus nicht fortgesetzt werden, weil sie für jeden rationalen Werth von τ unendlich wird. Die Gröfsen c_ν sind also analytische Functionen von ω_1 und ω_3.

Bei den oben genannten Substitutionen mit der Determinante $pq' - p'q = 1$ wird zugleich mit $\Re\left(\frac{\omega_3}{\omega_1 i}\right)$ auch $\Re\left(\frac{\overline{\omega}_3}{\overline{\omega}_1 i}\right)$ positiv. Hat man demnach zwei eindeutige Functionen von ω_1 und ω_2, die in der positiven Halbebene von τ nach Potenzen von $e^{\tau\pi i}$ zu entwickeln sind, und bei einer ganzzahligen linearen Substitution mit der positiven Determinante 1 um denselben Factor geändert werden, so ist deren Quotient eine eindeutige Function von τ, die nur in der positiven Halbebene existirt und bei den linearen Substitutionen

$$\tau' = \frac{\alpha+\beta\tau}{\gamma+\delta\tau} \qquad (\alpha\delta - \beta\gamma = 1)$$

ungeändert bleibt.

Offenbar ist

$$\frac{g_2^3}{g_2^3 - 27g_3^2} = J(\tau)$$

eine solche Function, denn weil

$$g_2 = 60c_2, \qquad g_3 = 140c_3$$

ist, fällt im Zähler und Nenner der bei einer der in Rede stehenden Substitutionen sich ändernde Factor $\left(\frac{1}{2\omega_1}\right)^{12}$ aus.

Da

$$\frac{g_2}{4} = -(e_1e_2 + e_2e_3 + e_3e_1) = \frac{1}{2}(e_1^2 + e_2^2 + e_3^2)$$

ist, kann man

$$g_2 = \frac{4}{3}\left(1 - \frac{e_2-e_3}{e_1-e_3} + \left(\frac{e_2-e_3}{e_1-e_3}\right)^2\right)(e_1-e_3)^2 = \frac{4}{3}(1-\varkappa^2+\varkappa^4)(e_1-e_3)^2$$

setzen, und weil

$$g_2^3 - 27g_3^2 = 16G = 16(e_3 - e_2)^2(e_2 - e_1)^2(e_1 - e_3)^2$$
$$= 16(\varkappa^2\varkappa'^2)^2(e_1 - e_3)^6$$

oder mit Rücksicht auf die Relation

$$\varkappa^2 + \varkappa'^2 = 1$$

gleich $16(\varkappa^2(1 - \varkappa^2))^2(e_1 - e_3)^6$ ist, läfst sich $J(\tau)$ als rationale Function von $\varkappa^2$ darstellen:

$$J(\tau) = \frac{4}{27}\,\frac{(1 - \varkappa^2 + \varkappa^4)^3}{(\varkappa^2(1 - \varkappa^2))^2}$$

und $\varkappa^2$ ist umgekehrt eine algebraische Function von $J(\tau)$.

Eine weitere wichtige Gleichung ist die nachstehende:

$$J(\tau) - 1 = \frac{27g_3^2}{g_2^3 - 27g_3^2} = \frac{((1 + \varkappa^2)(2 - \varkappa^2)(1 - 2\varkappa^2))^2}{27(\varkappa^2(1 - \varkappa^2))^2}.$$

Es handelt sich nun wieder um eine Darstellung von $J(\tau)$. Es ist

$$g_2^3 = (60c_2)^3 = \left(\frac{1}{2\omega_1}\right)^{12}\left\{120\sum_{\mu=1}^{\infty}\left(\frac{1}{\mu}\right)^4 + 320\pi^4\sum_{\lambda=1}^{\infty}\lambda^3\frac{e^{2\pi i\tau\lambda}}{1 - e^{2\pi i\tau\lambda}}\right\}^3$$

und weil $\sum\limits_{\mu=1}^{\infty}\left(\frac{1}{\mu}\right)^4 = \frac{4}{120}\,\frac{\pi^4}{3}$ ist, gilt auch

$$g_2^3 = \left(\frac{\pi}{\omega_1}\right)^{12}\left\{\frac{1}{12} + 20\sum_{\lambda=1}^{\infty}\lambda^3\frac{e^{2\pi i\tau\lambda}}{1 - e^{2\pi i\tau\lambda}}\right\}^3.$$

Um den Nenner $16G$ in dem Ausdrucke für $J(\tau)$ als Function von τ zu entwickeln, gehen wir zunächst auf die Relation

$$\frac{\sigma_\lambda(u)}{\sigma(u)} = \sqrt{p(u) - e_\lambda} = \frac{e^{-\eta_\lambda u}\sigma(\omega_\lambda + u)}{\sigma(\omega_\lambda)\,\sigma(u)} = \frac{e^{\eta_\lambda u}\sigma(\omega_\lambda - u)}{\sigma(\omega_\lambda)\,\sigma(u)}$$

zurück und stellen $\sigma(u)$ als Function von τ dar.

Setzt man in

$$\sigma(u) = e^{\frac{\eta_1 u^2}{2\omega_1}}\,\frac{2\omega_1}{\pi}\,\sin\frac{u\pi}{2\omega_1}\prod_{n=1}^{\infty}\left(1 - \frac{\sin^2\left(\frac{u\pi}{2\omega_1}\right)}{\sin^2\left(\frac{n\omega_3\pi}{\omega_1}\right)}\right)$$

statt der Sinuse die Exponentialfunction und benützt die Bezeichnung:

$$e^{\frac{u\pi i}{2\omega_1}} = z, \quad e^{\tau\pi i} = h,$$

so wird

$$\sigma(u) = e^{\frac{\eta_1 u^2}{2\omega_1}}\,\frac{2\omega_1}{\pi}\,\frac{z - \frac{1}{z}}{2i}\prod_{n=1}^{\infty}\frac{(1 - h^{2n}z^2)\left(1 - \frac{h^{2n}}{z^2}\right)}{(1 - h^{2n})^2}$$

und hierin ist

$$\eta_1 = \frac{\pi^2}{2\omega_1}\left\{\frac{1}{6} + \sum_{n=1}^{\infty}\frac{1}{\sin^2\left(\frac{n\omega_3\pi}{\omega_1}\right)}\right\} = \frac{\pi^2}{2\omega_1}\left\{\frac{1}{6} - \sum_{n}\frac{4h^{2n}}{(1 - h^{2n})^2}\right\}.$$

Gibt man hierauf u den Werth ω_1, wobei $z = e^{\frac{\pi i}{2}} = i$ zu setzen ist, so folgt:

$$\sigma(\omega_1) = \frac{2\omega_1}{\pi} e^{\frac{1}{2}\eta_1\omega_1} \left(\frac{\prod_n (1 + h^{2n})}{\prod_n (1 - h^{2n})} \right)^2,$$

aber im Falle $u = \omega_3$ und $z = e^{\frac{\tau\pi i}{2}} = h^{\frac{1}{2}}$ wird:

$$\sigma(\omega_3) = \frac{i}{2} e^{\frac{\eta_1\omega_3^2}{2\omega_1}} \frac{2\omega_1}{\pi} \frac{1 - h}{h^{\frac{1}{2}}} \frac{\prod (1 - h^{2n+1})(1 - h^{2n-1})}{\prod (1 - h^{2n})^2},$$

oder weil

$$\frac{e^{\frac{\eta_1\omega_3^2}{2\omega_1}}}{h^{\frac{1}{2}}} = e^{\frac{\eta_1\omega_3^2}{2\omega_1} - \frac{\omega_3\pi i}{2\omega_1}} = e^{\frac{\eta_3\omega_3}{2} - \frac{\pi i \tau}{4}} = \frac{e^{\frac{\eta_3\omega_3}{2}}}{h^{\frac{1}{4}}},$$

ist, gilt auch die Formel

$$\sigma(\omega_3) = \frac{2\omega_1}{\pi} \frac{i}{2} \frac{e^{\frac{\eta_3\omega_3}{2}}}{h^{\frac{1}{4}}} \left(\frac{\prod (1 - h^{2n-1})}{\prod (1 - h^{2n})} \right)^2.$$

Endlich bei der Substitution $u = \omega_2$ und $z = e^{\frac{\omega_2\pi i}{2\omega_1}} = i h^{\frac{1}{2}}$ ergibt sich mit Rücksicht auf die Gleichung:

$$e^{\frac{\eta_1\omega_2^2}{2\omega_1}} h^{-\frac{1}{2}} = e^{\frac{\eta_2\omega_2}{2} + \frac{\pi i}{4}} h^{-\frac{1}{4}},$$

wenn wir statt $e^{\frac{\pi i}{4}}$ $\sqrt{i}$ schreiben:

$$\sigma(\omega_2) = \frac{2\omega_1}{\pi} e^{\frac{\eta_2\omega_2}{2}} \frac{\sqrt{i}}{2h^{\frac{1}{4}}} \left(\frac{\prod (1 + h^{2n-1})}{\prod (1 - h^{2n})} \right)^2.$$

Nunmehr erhalten die auf Seite 403 angegebenen Wurzelgröfsen

$$\sqrt{e_2 - e_3}, \quad \sqrt{e_1 - e_3}, \quad \sqrt{e_1 - e_2}$$

die folgenden Werthe:

$$\sqrt{e_2 - e_3} = \frac{\pi}{2\omega_1} 4h^{\frac{1}{2}} \prod (1 - h^{2n})^2 \prod (1 + h^{2n})^4$$

$$\sqrt{e_1 - e_3} = \frac{\pi}{2\omega_1} \prod (1 - h^{2n})^2 \prod (1 + h^{2n-1})^4$$

$$\sqrt{e_1 - e_2} = \frac{\pi}{2\omega_1} \prod (1 - h^{2n})^2 \prod (1 - h^{2n-1})^4.$$

Man sieht zunächst, dafs die Gröfsen $\varkappa^2 = \frac{e_2 - e_3}{e_1 - e_3}$ und $\varkappa'^2 = \frac{e_1 - e_2}{e_1 - e_3}$ eindeutige Functionen von τ werden, denn man erhält:

$$\varkappa^2 = 16h\left(\frac{\prod(1+h^{2n})}{\prod(1-h^{2n})}\right)^8, \quad \varkappa'^2 = \left(\frac{\prod(1-h^{2n-1})}{\prod(1+h^{2n-1})}\right)^8.$$

Andrerseits folgt mit der Bemerkung, dafs

$$\prod(1-h^{2n})(1-h^{2n-1})(1+h^{2n})(1+h^{2n-1}) = \prod(1-h^{2n})$$

ist, für

$$16G = 16(e_2-e_3)^2(e_1-e_3)^2(e_1-e_2)^2$$

der Ausdruck

$$\left(\frac{\pi}{\omega_1}\right)^{12} h^2 \prod_{n=1}^{\infty}(1-h^{2n})^{24}$$

und darum besteht die Formel:

$$J(\tau) = \frac{g_2^3}{g_2^3 - 27g_3^2} = \frac{\left(\frac{1}{12} + 20\sum_{n=1}^{\infty} n^3 \frac{h^{2n}}{1-h^{2n}}\right)^3}{h^2 \prod_{n=1}^{\infty}(1-h^{2n})^{24}}.$$

An dieser Stelle erwähnen wir nur noch, dafs die Function $J(\tau)$ für den Argumentwerth $\tau = \varrho = e^{\frac{2\pi i}{3}}$ und alle daraus durch die ganzzahligen Substitutionen mit der Determinante 1 hervorgehenden Werthe verschwindet, und andrerseits $J(\tau)-1$ für $\tau = i = e^{\frac{\pi i}{2}}$ und die durch dieselben Substitutionen entspringenden Werthe Null wird. Man kann nämlich zeigen, dafs in

$$J(\tau) = \frac{g_2^3}{16G} \quad \text{und} \quad \frac{27g_3^2}{16G} = J(\tau) - 1$$

$$g_2 = \frac{60}{(2\omega_1)^4}\sum_{\mu,\mu'}{}'\left(\frac{1}{\mu+\mu'\tau}\right)^4 \text{ für } \tau = \varrho \text{ und } g_3 = \frac{140}{(2\omega_1)^6}\sum_{\mu,\mu'}{}'\left(\frac{1}{\mu+\mu'\tau}\right)^6 \text{ für } \tau = i$$

verschwindet, indefs $16G$ an diesen Stellen endlich bleibt.

In der That, wenn man die Glieder der Summe für g_2 zu je dreien in folgender Weise zusammenfafst:

$$\left(\frac{1}{\mu+\mu'\varrho}\right)^4 + \left(\frac{1}{-\mu'+(\mu-\mu')\varrho}\right)^4 + \left(\frac{1}{\mu'-\mu-\mu\varrho}\right)^4 =$$
$$\left(\frac{1}{\mu+\mu'\varrho}\right)^4\left(1+\frac{1}{\varrho}+\frac{1}{\varrho^2}\right),$$

so ist die Summe offenbar Null. Ebenso kann man in der Summe für g_3 die zwei Glieder vereinigen:

$$\left(\frac{1}{\mu+\mu' i}\right)^6 \quad \text{und} \quad \left(\frac{1}{-\mu+\mu' i}\right)^6 = \frac{1}{i}\left(\frac{1}{\mu+\mu' i}\right)^6$$

und ihre Summe gleich

$$\frac{1}{2}\left(\frac{1}{\mu + \mu' i}\right)^6 \left\{1 + \frac{1}{i} + \frac{1}{i^2} + \frac{1}{i^3}\right\}$$

setzen; man sieht, dafs g_3 an der Stelle $\tau = i$ verschwindet.

Setzt man endlich $\frac{\tau}{i} = \frac{\omega_3}{\omega_1 i} = \infty$, ohne dafs ω_1 Null ist, so wird $J(\tau) = \infty$, denn dann verschwindet $16\,G$, aber

$$J(\tau) \cdot e^{2\pi i \tau}$$

hat für $\tau = i\infty$ einen endlichen von Null verschiedenen Werth, und die Stelle $\tau = i\infty$ ist für $J(\tau)$ eine wesentlich singuläre.

II. Abschnitt.

Einleitung in die Theorie der Functionen mit linearen Substitutionen in sich.

§ 65. Normalformen der Substitutionen. Functionen mit einer Fundamentalsubstitution.

Zur näheren Beurtheilung der eindeutigen Function $J(\tau)$, welche bei gewissen linearen Substitutionen des Argumentes ungeändert bleibt, richten wir die Frage allgemein nach eindeutigen analytischen Functionen $F(x)$ der Beschaffenheit, dafs für bestimmte lineare Substitutionen

$$f(x) = \frac{ax + b}{cx + d}$$

an Stelle von x die Gleichung

$$F\left(\frac{ax + b}{cx + d}\right) = F(x)$$

bei jedem Werthe x aus dem Innern oder der Grenze des Stetigkeitsbereiches von $F(x)$ besteht.

Wenn wir auch nicht im Stande sind, die Theorie dieser Functionen zu entwickeln, so soll doch gezeigt werden, wie die functionentheoretische Behandlung der gestellten Frage ausfallen mufs, und das thun wir um so lieber, als dabei hervorgeht, dafs die auseinandergesetzte Theorie der doppeltperiodischen Functionen prototyp ist.

Wie bei der Frage nach den doppeltperiodischen Functionen zunächst die gegenseitige Beziehung der Perioden untersucht wurde, müssen wir hier vor Allem die Substitutionen selbst betrachten. Wir nehmen hierbei gleich den Satz vorweg, dafs es keine eindeutige oder endlich vieldeutige Function geben kann, die unendlich kleine Substitutionen $f(x)$ besitzt, d. h. solche, für die $|x - f(x)|$ kleiner ist als eine beliebig kleine Gröfse. —

Wir nehmen an, dafs die Substitutionscoefficienten a, b, c, d, die im allgemeinen complexe Gröfsen sein werden, eine *Determinante*

$$ad - bc$$

gleich Eins besitzen, denn die Division des Zählers und Nenners in $f(x)$ durch $\sqrt{ad - bc}$ gibt Coefficienten der verlangten Art.

Sind die Substitutionscoefficienten reelle Gröfsen, so kann man sie durch Division von $\sqrt{ad - bc}$ oder $\sqrt{bc - ad}$ in andere reelle derart umgestalten, dafs ihre Determinante ± 1 wird. In dem letzteren Falle ist die Substitution von $f(x)$ an Stelle von x — welche Operation durch das Symbol

$$(x, f(x))$$

angezeigt werden möge — offenbar unter einer Substitution

$$\left(\frac{ax + b}{cx + d}, \quad \frac{a\frac{\alpha x + \beta}{\gamma x + \delta} + b}{c\frac{\alpha x + \beta}{\gamma x + \delta} + d}\right)$$

enthalten, wo a, b, c, d feste Gröfsen und $\alpha, \beta, \gamma, \delta$ reelle Coefficienten mit der Determinante Eins sind.

Bemerkt man, dafs die Vollführung einer Substitution $(x, f'(x))$ nach der ersten $(x, f(x))$ eine Substitution

$$(x, f(f'(x))) = \left(x, \frac{a\frac{a'x + b'}{c'x + d'} + b}{c\frac{a'x + b'}{c'x + d'} + d}\right)$$

gibt, deren Determinante das Product der Determinanten

$$ad - bc \quad \text{und} \quad a'd' - b'c'$$

ist, so wird man zur Untersuchung der Substitutionen gleicher Determinante blos diejenigen mit complexen oder reellen Coefficienten von der Determinante Eins zu betrachten nothwendig haben.

Man nennt x *äquivalent oder congruent* $x^{(i)}$, wenn es vier Gröfsen a_i, b_i, c_i, d_i gibt, welche den Bedingungen:

$$x^{(i)} = \frac{a_i x + b_i}{c_i x + d_i}, \quad a_i d_i - b_i c_i = 1$$

genügen. Da umgekehrt:

$$x = \frac{d_i x^{(i)} + (-b_i)}{(-\gamma_i) x^{(i)} + a_i}, \quad d_i a_i - (-b_i)(-c_i) = 1$$

wird, ist auch $x^{(i)}$ der Gröfse x äquivalent. Ist die erste Operation mit $(x, f_i(x))$ bezeichnet, so deutet man die inverse Substitution durch $(f_i(x), x)$ an.

Zwei einer dritten äquivalenten Gröfsen sind untereinander äquivalent, denn wenn in

$$x_1 = \frac{a_1 x + b_1}{c_1 x + d_1}, \quad x_2 = \frac{a_2 x + b_2}{c_2 x + d_2}$$

die Determinanten gleich Eins sind, so gibt es auch vier Gröfsen $\alpha, \beta, \gamma, \delta$, für welche

$$x_1 = \frac{\alpha x_2 + \beta}{\gamma x_2 + \delta}, \quad \alpha\delta - \beta\gamma = 1$$

wird und zwar ist:

$$x_1 = \frac{(a_1 d_2 - b_1 c_2) x_2 + (b_1 a_2 - a_1 b_2)}{(c_1 d_2 - c_2 d_1) x_2 + (d_1 a_2 - b_2 c_1)}$$

$$\alpha\delta - \beta\gamma = (a_1 d_1 - b_1 c_1)(a_2 d_2 - b_2 c_2) = 1.$$

Ist nun $F(x)$ eine analytische Function, für die

$$F(f^{(1)}(x)) = F\left(\frac{a_1 x + b_1}{c_1 x + d_1}\right) = F(x)$$

ist, so wird auch

$$F(f^{(m)}(x)) = F(x),$$

wo $f^{(m)}(x)$ den durch $m$malige Wiederholung der Substitution $(x, f(x))$ aus x gewonnenen Argumentwerth

$$f(f(\ldots f(x))\ldots)$$

bezeichnet; die Function $F(x)$ bleibt zugleich mit der ursprünglichen auch bei den neuen Substitutionen $(x, f^{(m)}(x))$ ungeändert. — Bezeichnet man

$$f^{(\mu)}(x) = \frac{a_\mu x + b_\mu}{c_\mu x + d_\mu},$$

so ist

$$f^{(m)}(x) = \frac{a_m x + b_m}{c_m x + d_m} = \frac{a_{m-1}(a_1 x + b_1) + b_{m-1}(c_1 x + d_1)}{c_{m-1}(a_1 x + b_1) + d_{m-1}(c_1 x + d_1)}$$

und

$$a_m d_m - b_m c_m = (a_1 d_1 - b_1 c_1)^m = 1.$$

Schreibt man für x $f^{(0)}(x)$, für die inverse Substitution von $f^{(1)}(x)$ $f^{(-1)}(x)$ und setzt

$$f^{(-2)}(x) = f^{(-1)}(f^{(-1)}(x)), \quad f^{(-3)}(x) = f^{(-1)}(f^{(-2)}(x)), \ldots$$
$$f^{(-m)}(x) = f^{(-1)}(f^{(-m+1)}(x)),$$

so folgt ebenso

$$F(f^{(n)}(x)) = F(x),$$

wenn n irgend eine positive oder negative ganze Zahl bezeichnet.

Es ist möglich, dafs eine $m$malige Wiederholung der Operation $(x, f(x))$ zu dem Argumentwerthe $x_m = x$ zurückführt.

Um die nothwendige und hinreichende Bedingung dafür zu finden, geben wir einer Substitution

$$\left(x,\ \frac{\alpha x+\beta}{\gamma x+\delta}\right) \quad (\alpha\delta-\beta\gamma=1)$$

erst besondere *Normalformen*.

Die beiden Werthe von x, für die $x=\frac{\alpha x+\beta}{\gamma x+\delta}$ ist, sind

$$x'=\frac{1}{\gamma}\left(\frac{\alpha-\delta}{2}+\sqrt{\left(\frac{\alpha+\delta}{2}\right)^2-1}\right) \text{ und } x''=\frac{1}{\gamma}\left(\frac{\alpha-\delta}{2}-\sqrt{\left(\frac{\alpha+\delta}{2}\right)^2-1}\right)$$

und darnach wird der Ausdruck

$$\frac{\gamma x'-\alpha}{\gamma x''-\alpha} \quad \text{oder} \quad \frac{\beta x'+\alpha\left(-\frac{\beta}{\gamma}\right)}{\beta x''+\alpha\left(-\frac{\beta}{\gamma}\right)} \quad \text{oder} \quad \frac{x'}{x''}\,\frac{\beta+\alpha x''}{\beta+\alpha x'}$$

gleich

$$\left(\frac{\alpha+\delta}{2}-\sqrt{\left(\frac{\alpha+\delta}{2}\right)^2-1}\right)^2=$$

$$=-1+\frac{1}{2}\left((\alpha+\delta)^2-(\alpha+\delta)\sqrt{(\alpha+\delta)^2-4}\right)=K$$

zu setzen sein und mit Hilfe dieses kann man in dem Falle von einander verschiedener Werthe x' und x'' die Substitution $y=\frac{\alpha x+\beta}{\gamma x+\delta}$ auf die Form:

$$\frac{y-x'}{y-x''}=K\,\frac{x-x'}{x-x''}$$

bringen, denn für $x=x',\ x'',\ -\frac{\beta}{\alpha}$ folgt wie früher $y=x',\ x'',\ 0$.

K der sogenannte *Multiplicator* der Substitution ist nicht gleich Eins, wenn $(\alpha+\delta)^2$ von 4 verschieden ist oder wenn x' und x'' ungleich sind. Falls die Substitution reell d. h. die Coefficienten reelle Gröfsen sind, wird K reell, sofern

$$(\alpha+\delta)^2-4>0$$

ist und der absolute Betrag $|K|$ ist von Eins verschieden. Ist aber

$$4-(\alpha+\delta)^2>0,$$

dann wird K complex und $|K|=1$ d. h. der Multiplicator erhält die Form $e^{i\varphi}$, wo nun φ reell ist.

Sind $\alpha,\ \beta,\ \gamma,\ \delta$ ganze Zahlen, so kann $(\alpha+\delta)^2$ unter der Bedingung $4-(\alpha+\delta)^2>0$ nur die Werthe Null und Eins besitzen und dann ist der Multiplicator

$$K=-1,\ \text{oder} \quad \left(\frac{1}{2}+\frac{i\sqrt{3}}{2}\right)=e^{-\frac{2\pi i}{3}}.$$

Sind aber die Lösungen $x',\ x''$ einander gleich oder $(\alpha+\delta)^2=4$ und $K=1$, so kann die ursprüngliche Substitution nicht mehr in der früheren Normalform angeschrieben werden, denn diese wird zur Identität. Da aber jetzt in $y = \frac{\alpha x + \beta}{\gamma x + \delta}$ nur mehr zwei Constante willkürlich sind, kann man der Substitution die Form

$$\frac{1}{y - x'} = \frac{1}{x - x'} + c$$

geben.

Ist in unserer früheren Substitution $(x, f^{(1)}(x))$ $(a_1 + d_1)^2 \gtrless 4$, so gebe man der Substitution $(x, f^{(m)}(x))$ die Form:

$$\frac{f^{(m)}(x) - x'}{f^{(m)}(x) - x''} = K^m \frac{x - x'}{x - x''}$$

und hier sieht man, daſs im Falle $f^{(m)}(x) = x$

$$K^m = 1$$

werden muſs, d. h. K ist eine m^{te} Wurzel der Einheit.

Ist hingegen $(a_1 + d_1)^2 = 4$ und $a_1 + d_1 = \pm 2$, so wird — wie man leicht bestätigt —

$$f^{(m)}(x) = \frac{(m a_1 \mp (m-1)) x + m b_1}{m c_1 x + (m d_1 \mp (m-1))},$$

und weil die Forderung, es sei $f^{(m)}(x) = x$, die Gleichung

$$c_1 x^2 + (d_1 - a_1) x - b_1 = 0$$

nach sich zieht, so muſs schon $f^{(1)}(x) = x$ sein. Es kann also nur in dem Falle, wo

$$\left(\frac{a+d}{2} - \sqrt{\left(\frac{a+d}{2}\right)^2 - 1}\right)^{2m} = 1,$$

die Iterirung der Substitution $(x, f^{(1)}(x))$ auf x selbst zurückführen.

Fragt man nach analytischen Functionen $F(x)$, welche blos die Substitutionen

$$(x, f^{(n)}(x)) \quad (n = \pm 1, \pm 2, \ldots)$$

zulassen und bei anderen Substitutionen $(x, f(x))$ ihren Werth ändern, so kann man die Untersuchung folgendermaſsen einrichten*). Setzt man

$$\varphi(x) = \frac{\alpha x + \beta}{\gamma x + \delta},$$

so besitzt die Function

$$F(\varphi(x)) = \Phi(x)$$

zufolge der Gleichungen

$$\Phi(\varphi^{-1}(x)) = F(x)$$

$$\Phi(\varphi^{-1}(f^1(x))) = F(f(x)) = F(x) = \Phi(\varphi^{-1}(x))$$

$$\Phi(\varphi^{-1}(f^1(\varphi^1(x)))) = \Phi(x)$$

die Substitution

$$(x, \psi(x)) = (x, \varphi^{-1}(f^1(\varphi^1(x))))$$

oder

$$(x, \psi(x)) = \left(x, \frac{(a_1\alpha\delta + b_1\gamma\delta - c_1\alpha\beta - d_1\beta\gamma)x + (a_1\beta\delta + b_1\delta^2 - c_1\beta^2 - d_1\beta\delta)}{(-a_1\alpha\gamma - b_1\gamma^2 + c_1\alpha^2 + d_1\alpha\gamma)x + (-a_1\beta\gamma - b_1\gamma\delta + c_1\alpha\beta + d_1\alpha\delta)}\right)$$

*) Vergleiche Rausenberger: Theorie der periodischen Functionen. § 34.

und die durch Iterirung dieser gebildeten Substitutionen. Hier verfüge man ohne Rücksicht auf die bereits abgeleiteten Normalformen der Substitutionen über die Constanten α, β, γ, δ derart, dafs $(x, \psi(x))$ eine möglichst einfache Gestalt erhält, denn dann hat auch $\Phi(x)$ einfache Substitutionen.

Soll x aus dem Nenner ausfallen, so mufs

$$c_1\alpha^2 + (d_1 - a_1)\alpha\gamma - b_1\gamma^2 = 0$$

werden. Hierin kann man α und γ nicht gleichzeitig Null setzen, sonst wäre $\varphi(x)$ blos eine Constante und $\Phi(x)$ hätte keine einfacheren Substitutionen als $F(x)$. Setzt man $\gamma = 0$, so wird c_1 Null und $F(x)$ wäre bereits eine Function mit einer Substitution der verlangten Art. Wir schliefsen daher den Fall $\gamma = 0$ aus und lösen die Gleichung

$$\left(\frac{\alpha}{\gamma}\right)^2 - \frac{a_1 - d_1}{c_1}\left(\frac{\alpha}{\gamma}\right) - \frac{b_1}{c_1} = 0.$$

Sind die Wurzeln verschieden, so gibt es zugleich mit $F(x)$ eine Function $\Phi(x)$, welche eine Substitution der Form

$$(x, \psi(x)) = (x, Kx + k)$$

zuläfst. Bezeichnet hierauf $(x, \chi(x))$ eine neue Substitution $(x, \alpha' x + \beta')$, so existirt mit $\Phi(x)$ eine Function $\Psi(x)$, welche die Substitution:

$$(x, \chi^{-1}\psi\chi^1(x)) = \left(x, \frac{K\alpha' x + (K\beta' - \beta' + k)}{\alpha'}\right)$$

gestattet. Wählt man hier β' so, dafs $K\beta' - \beta' + k$ verschwindet, dann hat die neue Function $\Psi(x)$ die Fundamentalsubstitution:

$$(x, Kx).$$

K bezeichnet wieder den Multiplicator der ursprünglichen Substitution $(x, f(x))$, wie man leicht berechnen kann, indem man nur nach derjenigen Substitution $y = \frac{a_1 x + b_1}{c_1 x + d_1}$ $(a_1 d_1 - b_1 c_1 = 1)$ fragt, die mit Hilfe der Substitution $\varphi(x) = \frac{\alpha x + \beta}{\gamma x + \delta}$ aus $y = Kx$ resultirt, auf dafs also

$$\frac{\alpha\frac{a_1 x + b_1}{c_1 x + d_1} + \beta}{\gamma\frac{a_1 x + b_1}{c_1 x + d_1} + \delta} = K\frac{\alpha x + \beta}{\gamma x + \delta}$$

wird. Entsprechend den zwei Lösungen für $\frac{\alpha}{\gamma}$ gibt es aber zwei Multiplicatoren, doch weil

$$F(f^1(x)) = F(x) = F(f^{-1}(x))$$

ist, wird der eine nur das Reciproke des zweiten sein, oder mit anderen Worten: man kann die Substitution $(x, f(x))$ mit dem Multiplicator K ebenso wie die Substitution $(x, f^{-1}(x))$ mit dem Multiplicator $\frac{1}{K}$ als die fundamentale Substitution ansehen, und deshalb dürfen wir voraussetzen, dafs die Function $\Psi(x)$ eine Substitution (x, Kx) habe, in welcher $|K| < 1$ ist. —

Ist aber $K=1$, so gibt es zugleich mit $F(x)$ eine Function $\Phi(x)$, welche die Substitution

$$\psi(x) = x + k$$

zuläfst. Setzt man dann

$$\chi(x) = \frac{k}{c}\, x,$$

wo c eine beliebige Gröfse ist, so hat $\Phi(\chi(x)) = \Psi(x)$ eine Substitution:

$$\chi^{-1}\psi'\chi'(x) = \frac{c}{k}\left(\frac{k}{c}x + k\right) = x + c.$$

Fragt man wieder nach der Substitution $y = \frac{a_1 x + b_1}{c_1 x + d_1}$, die mit Hilfe von $\varphi(x) = \frac{\alpha x + \beta}{\gamma x + \delta}$ aus $y = x + c$ hervorgeht, soll also

$$\frac{\alpha y + \beta}{\gamma y + \delta} = \frac{\alpha x + \beta}{\gamma x + \delta} + c$$

sein, so hat man

$$a_1 = -\alpha\delta + \beta\gamma - \gamma\delta, \quad b_1 = -\delta^2, \quad c_1 = \gamma^2, \quad d_1 = -\alpha\delta + \beta\gamma + \gamma\delta$$

zu setzen, und wenn $a_1 d_1 - b_1 c_1 = 1$ ist, ergibt sich für a_1 und d_1 die Bedingung

$$(a_1 + d_1)^2 - 4 = 0,$$

unter welcher auch früher $K = 1$ war.

Nehmen wir an, dafs $c = 1$ sei, so ist die aus

$$f^1(x) = x + 1$$

gewonnene Substitution

$$f^{(n)}(x) = x + n,$$

und eine Iterirung kann niemals auf x zurückführen, d. h. eine eindeutige Function $F(x)$ mit einer linearen Substitution $(x, x+c)$ hat für unendlich viele Werthe des Argumentes denselben Werth; sie mufs transcendent sein. Weil $F(x)$ an der Stelle ∞ wegen der Gleichung

$$F(x + \infty) = F(x) = F(\infty)$$

jedem Werthe beliebig nahe kommt, ist die Stelle ∞ eine wesentlich singuläre. Hat $F(x)$ noch eine andere wesentlich singuläre Stelle x_0, so sind auch $x_0 \pm nc$ wesentlich singuläre Stellen.

Die hier genannten Functionen sind die *einfach periodischen.*

Eine eindeutige Function mit einer Substitution $y = Kx$, wo $|K| \gtrless 1$ ist, hat niemals eine Substitution

$$(x, f^{(n)}(x)) \equiv (x, K^n x) \equiv (x, x),$$

sie nimmt daher einen und denselben Werth unendlich oft an, und weil

$$F(K^n x) \quad \text{und} \quad F\left(\frac{x}{K^n}\right)$$

im Falle $|K|<1$ bei unendlich werdendem n in $F(0)$ respective $F(\infty)$ übergehen, so sind die Stellen 0 und ∞ wesentlich singulär, wird ja doch

$$F(0)=F(x),\quad F(\infty)=F(x).$$

Gibt es für $F(x)$ noch eine wesentlich singuläre Stelle x_0, so ist auch $x_0 K^\nu$ eine solche.

Ist $|K|=1$, aber in $K=e^{i\varphi}$ φ kein rationales Vielfaches von 2π, so werden die Potenzen K^n jedem Werthe von dem absoluten Betrage 1 beliebig nahe kommen, und dann müfste $F(x)$ für alle Stellen gleichen Betrages denselben Werth besitzen. — Es gibt darnach keine analytische Function $F(x)$ mit einer Substitution $y=Kx$, wenn in

$$K=e^{2\pi i r}$$

r irrational ist.

Ist $K^m=1$, so ist x^m eine eindeutige Function mit den m Substitutionen

$$x,\ Kx,\ K^2x, \ldots K^{m-1}x$$

und jede andere eindeutige Function mit denselben Substitutionen hat die Gestalt $\Phi(x^m)$, wenn $\Phi(x)$ eine eindeutige Function bezeichnet.

Bezüglich der eindeutigen Functionen mit einer Substitution

$$(x,\ Kx),$$

wo $|K|<1$ angenommen werden kann, verweisen wir auf Rausenberger's Untersuchungen über die Theorie der periodischen Functionen einer Variabeln.

§ 66. Functionen mit zwei vertauschbaren Substitutionen.

Nach Ableitung zweier Normalformen jeder Substitution mit der Determinante Eins haben wir im vorigen Paragraphen nach denjenigen Functionen gefragt, welche blos die aus einer Substitution $(x, f(x))$ durch Iterirung entstehenden Substitutionen zulassen. Es kann auch eintreten, dafs eine analytische Function nicht blos für die aus einer ersten Substitution $(x,\ f_1(x))$, sondern auch für die aus einer zweiten $(x,\ f_2(x))$ durch Iterirung abgeleiteten Substitutionen ungeändert bleibt. Dann ist aber nicht blos

$$F(f_1^{(n)}(x))=F(x)\quad \text{und}\quad F(f_2^{(n)}(x))=F(x),$$

sondern auch

$$F(f_1^{n_1}(f_2^{n_2}(x)))=F(x)\quad \text{und}\quad F(f_2^{\nu_2}(f_1^{\nu_1}(x)))=F(x).$$

Nehmen wir an, dafs zwischen den beiden Substitutionen die Gleichung besteht

$$f_1(f_2(x))=f_2(f_1(x)),$$

in welchem Falle die Substitutionen *vertauschbar* heifsen, und denken wir einer der Substitutionen die Normalform

$$f_1(x) = x + k \quad \text{oder} \quad f_1(x) = Kx$$

gegeben, und ist

$$f_2(x) = \frac{ax+b}{cx+d},$$

so ist der Annahme gemäfs entweder

$$\frac{ax+b}{cx+d} + k = \frac{a(x+k)+b}{c(x+k)+d} \quad \text{oder} \quad K\frac{ax+b}{cx+d} = \frac{aKx+b}{cKx+d}.$$

Im ersten Falle mufs

$$a + ck = \varrho a, \quad b + dk = \varrho(ak+b), \quad c = \varrho c, \quad d = \varrho(ck+d)$$

sein, wo ϱ ein Proportionalitätsfactor ist. Setzt man zufolge $c = \varrho c$ $\varrho = 1$, so ergibt sich aus $d = ck + d$ $c = 0$. Ist umgekehrt $c = 0$, so mufs man wieder $\varrho = 1$ setzen, denn andernfalls müfsten a, d und b auch verschwinden. Für $c = 0$, $\varrho = 1$ wird $d = a$ und darum erhält $f_2(x)$ die Gestalt

$$f_2(x) = \frac{ax+b}{a} = x + k'$$

d. h. die zweite mit $f_1(x)$ vertauschbare Substitution hat dieselbe Form wie die erste.

Die eindeutigen Functionen mit zwei Substitutionen unserer Art

$$(x,\ x + 2\omega) \quad \text{und} \quad (x,\ x + 2\omega')$$

sind die doppeltperiodischen.

Weil es nicht mehr als zweifach periodische ein- oder endlich vieldeutige Functionen einer Variabeln gibt, existirt keine analytische Function, die drei von einander unabhängige und vertauschbare Substitutionen der Form $(x, x+k)$ besitzt, von denen also keine durch eine Combination der zwei übrigen darstellbar ist.

Läfst die zu suchende Function $F(x)$ eine Substitution (x, Kx) zu, so hat die mit dieser vertauschbare Substitution $f_2(x)$ wieder dieselbe Gestalt, denn jetzt ist

$$aK = \varrho aK, \quad bK = \varrho b, \quad c = \varrho Kc, \quad d = \varrho d$$

und somit

$$\varrho = 1, \quad b = 0, \quad c = 0,$$

d. h. $f_2(x)$ wird gleich

$$\frac{a}{d}\, x = K'x.$$

Wie aber oben 2ω und $2\omega'$ kein reelles Verhältnis haben dürfen, müssen auch hier die Gröfsen K und K' eine besondere Eigenschaft erhalten. Setzt man

$$x = e^{2\pi i u}, \quad K = e^{4\pi i \omega}, \quad K' = e^{4\pi i \omega'},$$

so wird die Function $F(x)$ mit den Substitutionen (x, Kx), $(x, K'x)$ in eine Function $\Phi(u)$ mit den Perioden

$$1, \quad 2\omega, \quad 2\omega'$$

übergehen. Zwischen diesen mufs aber eine homogene ganzzahlige lineare Gleichung bestehen, und damit wird etwa

$$2\omega' = \frac{m + 2\mu\omega}{\mu'}$$

und nun:

$$K' = e^{-2\pi i \frac{m}{\mu'}} K^{-\frac{m}{\mu'}}$$

oder

$$K^{\mu} K'^{\mu'} = 1.$$

§ 67. Functionen mit einer endlichen Anzahl von Fundamentalsubstitutionen.

Wir legen nunmehr eine endliche Anzahl p von einander verschiedener Substitutionen:

$$(x, f_i(x)) \equiv \left(x, \frac{a_i x + b_i}{c_i x + d_i}\right) \quad (i = 1, 2, \ldots p)$$

mit der Determinante Eins zu Grunde. Wenn eine eindeutige analytische Function existirt, für die

$$F\left(\frac{a_i x + b_i}{c_i x + d_i}\right) = F(x)$$

ist, so bleibt $F(x)$ auch bei den zusammengesetzten Substitutionen:

$$\left(x, f_{\mu_1}^{\alpha_1}\left(f_{\mu_2}^{\alpha_2}(\cdots f_{\mu_m}^{\alpha_m}(x)\cdots)\right)\right)$$

ungeändert.

Sagt man, dafs ein System von Operationen eine *Gruppe* bildet, wenn die Inverse jeder einzelnen und die Combination irgend zweier dem Systeme angehört, so constituirt die Gesammtheit der eben genannten Substitutionen eine Gruppe, die durch die p Fundamentalsubstitutionen oder durch p mit Hilfe dieser gewonnenen, nicht in einander transformirbaren Substitutionen vollständig bestimmt ist.

Da eine Substitution

$$\left(x, f_{\mu_1}^{\alpha_1}\left(f_{\mu_2}^{\alpha_2}(\cdots f_{\mu_m}^{\alpha_m}(x)\cdots)\right)\right)$$

und eine zweite

$$\left(x, f_{\nu_1}^{\beta_1}\left(f_{\nu_2}^{\beta_2}(\cdots f_{\nu_n}^{\beta_n}(x)\cdots)\right)\right)$$

sehr wohl identisch sein kann, so ist es möglich, dafs zwischen den Substitutionen einer Gruppe auch Gleichungen

$$f_{\mu_1}^{\alpha_1}\left(f_{\mu_2}^{\alpha_2}(\ldots f_{\mu_m}^{\alpha_m}(x)\ldots)\right) = f_{\nu_1}^{\beta_1}\left(f_{\nu_2}^{\beta_2}(\ldots f_{\nu_n}^{\beta_n}(x)\ldots)\right)$$

bestehen, die man gewifs auf die Form:

$$f_{\lambda_1}^{\gamma_1}\left(f_{\lambda_2}^{\gamma_2}(\cdots f_{\lambda_l}^{\gamma_l}(x)\cdots)\right) = x$$

bringen kann.

Wir wollen in dem Falle reeller und ganzzahliger Substitutionen:

$$\left(x, \frac{a_i x + b_i}{c_i x + d_i}\right) \quad (a_i d_i - b_i c_i = 1),$$

deren Gesammtheit offenbar eine Gruppe bildet, welche keine unendlich kleinen Substitutionen enthält, die Fundamentalsubstitutionen ableiten, aus denen alle anderen zusammenzusetzen sind.

Ist in einer Substitution

$$x' = \frac{ax+b}{cx+d},$$

wo a stets positiv gedacht werden mag, $|c| \leq a$, ferner

$$a = n_1 c + a_1, \quad |a_1| < c,$$

und n_1 eine ganze Zahl, so wird

$$x' = n_1 + \frac{a_1 x + b - n_1 d}{cx + d}.$$

Setzt man hier

$$x' = n_1 + x_1, \quad x_1 = \frac{a_1 x + b - n_1 d}{cx + d} = \frac{a_1 x + b_1}{cx + d} = f_1(x),$$

so erscheint die ursprüngliche Substitution als Combination der folgenden:

$$(x, x + n_1) \quad \text{und} \quad (x, f_1(x))$$

und zwar ist

$$a_1 d - b_1 c_1 = 1 \quad \text{und} \quad |c| > |a_1|.$$

Bezeichnet man

$$-\frac{1}{x_1} = \frac{-cx-d}{a_1 x + b_1} = x_2$$

und bildet auf die frühere Weise neben einer Substitution $x_2 = x_3 + n_2$ noch

$$x_3 = -\frac{1}{x_4}$$

und fährt so fort, dann kommt man endlich zu einer Substitution

$$x_\nu = \frac{b_\nu}{c_\nu x + d_\nu},$$

in welcher der erste Coefficient Null und deren Determinante $-b_\nu c_\nu = 1$ ist. Die ganzen Zahlen b_ν und c_ν können nur den absoluten Betrag 1 haben und man kann

$$x_\nu = \frac{1}{x + d_\nu}$$

setzen. Hier gibt die Substitution $x_\nu = -\frac{1}{x_{\nu+1}}$ endlich

$$x_{\nu+1} = x + d_\nu.$$

Weil alle ganzzahligen Substitutionen der Form $(x, x+n)$ durch Wiederholung aus $(x, x+1)$ entstehen, lassen sich alle ganzzahligen Substitutionen mit der Determinante Eins durch Wiederholung und Vereinigung der zwei Fundamentalsubstitutionen

$$(x, x+1) \quad \text{und} \quad \left(x, -\frac{1}{x}\right)$$

erzeugen.

Bezeichnet man die erste mit $(x, \varphi_1(x))$, die zweite mit $(x, \varphi_2(x))$, so ist

$$\varphi_1 \varphi_2 \varphi_1 \varphi_2 \varphi_1 \varphi_2(x) = x.$$

Ist eine Gruppe linearer Substitutionen vorgelegt, so kann man in dem Bereiche der unbeschränkt veränderlichen Gröfse x ein Gebiet ausfindig machen, in welchem keine zwei einander äquivalenten Stellen liegen, vorausgesetzt, dafs die Gruppe keine unendlich kleinen Substitutionen enthält oder, wie man sagt, *discontinuirlich* ist. In dem Falle der reellen und ganzzahligen Substitutionen mit der Determinante Eins bestimmt man den genannten Bereich in folgender Weise*):

Da zunächst die einer Stelle $x = \xi + i\eta$ äquivalente Stelle

$$x' = \frac{\alpha\xi + \beta + i\eta\alpha}{\gamma\xi + \delta + i\eta\gamma} = \xi' + i\eta'$$

zugleich mit x eine positive oder negative Ordinate η' besitzt, so kann man die Stellen x mit negativer Ordinate aufser Acht lassen; die übrigen erfüllen die *positive Halbebene.*

Man sieht, dafs in dem Falle, wo die Ordinate von x:

$$\eta = \frac{\xi + i\eta - (\xi - i\eta)}{2i} = \frac{x - x_0}{2i}$$

durch die Transformation $\left(x, \dfrac{\alpha x + \beta}{\gamma x + \delta}\right)$ keine Verminderung erfährt, die Beziehung besteht:

$$(\gamma x + \delta)(\gamma x_0 + \delta) < 1,$$

denn es ist:

$$\eta' = \frac{1}{2i}\left(\frac{\alpha x + \beta}{\gamma x + \delta} - \frac{\alpha x_0 + \beta}{\gamma x_0 + \delta}\right) = \frac{\eta}{(\gamma x + \delta)(\gamma x_0 + \delta)} > \frac{x - x_0}{2i}.$$

Jetzt beweist man leicht, dafs unter den den Bedingungen:

$$x x_0 > 1, \quad -1 < x + x_0 < +1$$

oder

$$|x|^2 = \xi^2 + \eta^2 > 1, \quad -\tfrac{1}{2} < \xi < \tfrac{1}{2}$$

genügenden Stellen keine äquivalenten vorkommen, denn man kann keine Substitution der Gruppe angeben, durch welche die Ordinate η in eine gleiche oder gröfsere η' überginge.

---

*) Vergl. Hurwitz a. a. O.

In der That: weil dann

$$1 > (\gamma x + \delta)(\gamma x_0 + \delta) = \gamma^2(\xi^2 + \eta^2) + 2\gamma\delta\xi + \delta^2$$

sein müſste, aber schon die Ungleichung

$$\gamma^2 \pm \gamma\delta + \delta^2 < 1$$

keine ganzzahligen Lösungen γ, δ zuläſst, so ist die Behauptung erwiesen.

Die Stellen auf der Grenze des genannten Bereiches, d. h. die durch die Gleichungen

$$\xi^2 + \eta^2 = 1, \quad \xi = \pm \frac{1}{2}$$

definirten Stellen, sind paarweise congruent, wie die Anwendung der Substitutionen

$$(x,\ x \pm 1), \quad \left(x,\ -\frac{1}{x}\right)$$

lehrt, sie sind aber niemals einem Punkte innerhalb des Bereiches äquivalent, da die Substitutionen $(x,\ x+n)$ und $\left(x,\ -\frac{1}{x}+n\right)$ die Ordinate η ungeändert lassen und keine Substitution dieselbe vergröſsert. Die Stellen ∞ und i sind sich selbst congruent, denn es ist

$$\infty = \infty \mp 1 \quad \text{und} \quad i = -\frac{1}{i}\cdot$$

Der den beiden Bedingungen $\xi^2 + \eta^2 = 1$, $\xi = -\frac{1}{2}$ genügende Punkt

$$\frac{-1 + i\sqrt{3}}{2} = e^{\frac{2\pi i}{3}} = \varrho$$

ist der Stelle $\varrho + 1 = -\frac{1}{\varrho}$ äquivalent.

Nach all diesen Erörterungen finden wir in der Gesammtheit von Stellen, für welche

$$\xi^2 + \eta^2 > 1, \quad -\frac{1}{2} \leq \xi < \frac{1}{2}$$

ist und für welche bei verschwindendem oder negativem ξ auch $\xi^2 + \eta^2 = 1$ sein kann, mit Ausnahme der Stellen i und ∞ lauter inäquivalente Punkte.

Unterwirft man alle Stellen dieses (dem Periodenparallelogramm analog gebildeten) Bereiches R_0 einer Substitution

$$\left(x,\ \frac{\alpha_i x + \beta_i}{\gamma_i x + \delta_i}\right),$$

so werden bekanntlich die den Gebilden

$$|x|^2 = \xi^2 + \eta^2 = 1 \quad \text{und} \quad x + x_0 = -1$$

entsprechenden Gebilde wieder Kreise oder Gerade, aber niemals kann auf diesen eine Stelle liegen, die in dem Innern von R_0 eine äquivalente besitzt. Bezeichnet man den R_0 entsprechenden Bereich mit der Substitution $f_i(x)$ oder mit R, so können die durch verschiedene Transformationen aus R_0 gebildeten Bereiche R_i und R_j keinen gemeinsamen Bereich haben, indem sonst die aus den letzten durch die inversen Substitutionen $(f_i(x), x)$, $(f_j(x), x)$ gewonnenen Bereiche R_0 und R_0' oder R_0 und R_0'' selbst einen gemeinsamen Bereich besäfsen und dann enthielte R_0 äquivalente Stellen.

Daraus folgt, dafs die Gesammtheit der aus dem Bereiche R_0 abzuleitenden äquivalenten Bereiche die positive Halbebene vollständig und einfach erfüllen.

An den ursprünglichen Bereich stofsen die folgenden an:

$$x+1, \quad x-1, \quad -\frac{1}{x},$$

und an den Bereich $\frac{\alpha_i x+\beta_i}{\gamma_i x+\delta_i}$ entsprechend:

$$\frac{\alpha_i(x+1)+\beta_i}{\gamma_i(x+1)+\delta_i}, \quad \frac{\alpha_i(x-1)+\beta_i}{\gamma_i(x-1)+\delta_i}, \quad \frac{\alpha_i\left(-\frac{1}{x}\right)+\beta_i}{\gamma_i\left(-\frac{1}{x}\right)+\delta_i}.$$

Die Bereiche $x+n$ haben die Stelle ∞ gemein, und alle übrigen Bereiche liegen im Endlichen, und zwar haben diese eine Stelle der reellen Axe als Begrenzungsstelle, denn dem Punkte ∞ ist in dem Bereiche $\frac{\alpha_i x+\beta_i}{\gamma_i x+\delta_i}$ $\frac{\alpha_i}{\gamma_i}$ congruent. Da aber die Stelle ∞ Grenzstelle unendlich vieler Bereiche $x+n$ ist, stofsen an jeder rationalen Stelle unendlich viele Bereiche zusammen. —

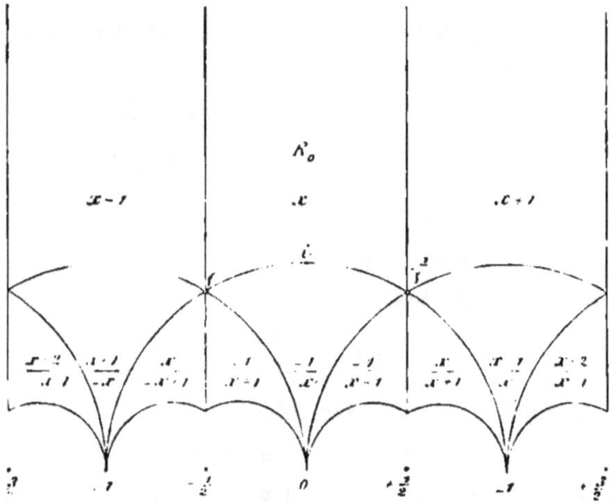

In der obenstehenden Figur ist eine Reihe congruenter Bereiche verzeichnet, und zwar sind darin die Substitutionen angeschrieben, mit Hilfe deren sie aus dem Anfangsbereiche R_0 abgeleitet werden.

Gehen wir wieder zu einer durch irgend eine endliche Anzahl linearer Substitutionen gegebenen discontinuirlichen Gruppe zurück und fassen auch hier einen continuirlichen, durch Gleichungen und Ungleichungen zu definirenden Bereich R_0 inäquivalenter Stellen heraus, so geht dieser durch eine lineare Substitution $(x, f_i(x))$ der Gruppe in einen Bereich R_i über. Inneren Stellen des ersten Bereiches entsprechen innere des zweiten, und Grenzstellen des einen werden nur Grenzstellen des zweiten congruent sein. Zweifach zu zählende, d. h. sich selbst äquivalente Stellen des einen Bereiches, die gewifs nur auf der Grenze liegen können (wie die Stelle i in dem früheren Beispiele), werden auch in dem zweiten Bereiche doppelt zu zählen sein oder besser zwei aneinanderstofsenden Bereichen gemein sein, und mehrfach zu zählende Stellen kann es nicht geben. —

Die Begrenzung eines Bereiches kann nur durch Kreisbogen (und zwar speciell durch geradlinige Strecken) gebildet werden, denn bei linearen Substitutionen können Kreise und nur Kreise ungeändert bleiben oder in Kreise übergehen.

Nennt man die Gesammtheit inäquivalenter Stellen ein *Fundamentalpolygon*, so müssen sich die congruenten Polygone bei einer discontinuirlichen Gruppe an einander reihen lassen, und diese werden einen continuirlichen Bereich wie z. B. die positive Halbebene oder eine Kreisfläche vollständig erfüllen. Diesen Bereich erhält man dadurch, dafs man von irgend einer Stelle x_0 ausgeht, diese allen Substitutionen der Gruppe unterwirft, dann die Häufungsstellen der x_0 congruenten Stellen bestimmt, ferner die zu dieser Punktmenge Q gehörige abgeleitete Punktmenge Q' bildet und den die Stelle x_0 enthaltenden, durch die Menge $Q + Q'$ begrenzten Bereich ($\mathfrak{A}$) fixirt. Die einer zweiten Stelle x_0' inner- oder aufserhalb ($\mathfrak{A}$) äquivalenten Stellen haben ihre Häufungsstellen offenbar wieder in der Menge $(Q + Q')$.

Man kann nun die Aufgabe an die Spitze stellen, einen Bereich durch lückenlos aneinander gereihte Polygone auszufüllen, die durch lineare Substitutionen ineinander überzuführen sind.*) Man findet dabei die nothwendigen und hinreichenden Bedingungen, denen das Polygon zu genügen hat. Diese Bedingungen auf die Beschaffenheit der Substitutionen übertragen, geben die Bedingungen, unter welchen die Gruppe discontinuirlich ist und keine Stelle des Bereiches aufserhalb des Bereiches hinaustragen kann. In dem Falle zweier vertauschbarer Fundamentalsubstitutionen sind uns diese Bedingungen bekannt geworden. —

Soll nun eine eindeutige Function $F(x)$ existiren, die ihren Werth nicht ändert, wenn man x irgend einer Substitution einer discontinuir-

*) Poincaré, Acta mathematica Bd. 1 und 3.

lichen Gruppe unterwirft, so ist klar, dafs $F(x)$ jeden Werth, den diese Function annimmt, in jedem einzelnen Fundamentalpolygon erhalten und somit in diesem Polygon unendlich werden und jeden Werth annehmen mufs. Ferner aber besitzt sie einen und denselben Werth in jedem Polygon R_j gleich oft.

Wollte man die Existenz der Function $F(x)$ nachweisen, so hätte man eine der Function $\sigma(x)$ analog gebildete Hilfsfunction $\varphi(x)$ aufzustellen, die in jedem Polygon, das aus einem ersten abzuleiten ist, einmal verschwindet und nur an den Häufungsstellen der erst gewählten Nullstelle x_0 und den Stellen der abgeleiteten Punktmenge dieser letzten wesentliche Singularitäten besitzt. Bezeichnet dann φ_μ diese Hilfsfunction, die in dem ersten Polygon an der Stelle a_μ, $\varphi_{\mu'}$ diejenige, welche daselbst an der Stelle b_μ verschwindet, so wird der Ausdruck

$$\frac{\varphi_1\,\varphi_2\cdots\varphi_m}{\varphi_1'\,\varphi_2'\cdots\varphi_n'}\,e^{G(x)},$$

wo $G(x)$ in dem Bereiche ($\mathfrak{A}$) nicht unendlich wird, eine Function, die innerhalb $\mathfrak{A}$ vom Charakter der rationalen Function ist und in jedem Polygon m Nullstellen und n Unendlichkeitsstellen aufweist.

Damit diese blos in dem Bereiche ($\mathfrak{A}$) existirende Function bei den Substitutionen ungeändert bleibt, werden aber die Null- und Unendlichkeitsstellen besondere Beziehungen erfüllen und $G(x)$ eine besondere Beschaffenheit aufweisen müssen.

Im Falle der doppeltperiodischen Functionen, die im Endlichen nur aufserwesentlich singuläre Stellen besitzen, war die Anzahl der Null- und Unendlichkeitsstellen in jedem Polygone (Parallelogramme) dieselbe. Doppeltperiodische Functionen gab es nicht und ferner war bei den Functionen r^{ten} Grades stets eine Nullstelle durch die r Unendlichkeits- und $(r-1)$ Nullstellen bis auf eine Periode bestimmt.

Für die hier in Rede stehenden eindeutigen Functionen *mit linearen Substitutionen in sich*, die in ihrem Giltigkeitsbereiche ($\mathfrak{A}$) vom Charakter der rationalen Functionen sind, gelten analoge Sätze.

Vor Allem besitzt jede solche Function in jedem Fundamentalpolygone ebensoviele Null- als Unendlichkeitsstellen und nimmt dann auch jeden Werth gleich oft an. Versteht man darnach unter dem Grade der Function die Zahl, welche angibt, wie oft die Function in dem Fundamentalpolygone jeden Werth erhält — wobei die Stellen unter denselben Bedingungen mehrfach zu zählen sind, wie bei den rationalen Functionen —, so wird sich ferner herausstellen, dafs es je nach Art der Gruppe (oder der Fundamentalsubstitutionen), die wir hier allerdings nicht unterscheiden lernten, keine Functionen gibt, die vom nullten, ersten oder ϱ^{ten} Grade wären.

Heifst die zu einer Gruppe gehörige Function vom ϱ^{ten} Range oder Geschlechte, wenn es keine Function ϱ^{ten} Grades gibt, die bei den Substitutionen ungeändert bleibt, wohl aber eine Function $(\varrho+1)^{\text{ten}}$ Grades existirt (wonach die doppeltperiodischen Functionen vom ersten Range sind), so werden von den r Nullstellen einer Function r^{ten} Grades und ϱ^{ten} Ranges ϱ Nullstellen oder doch ϱ diesen äquivalente Stellen durch die r Unendlichkeits- und $(r-\varrho)$ übrigen Nullstellen bestimmt sein.

Angenommen, diese Sätze seien bewiesen, dann folgt, dafs zwischen zwei zu derselben Gruppe gehörigen Functionen $F_1(x)$ und $F_2(x)$ vom r_1 und r_2^{ten} Grade und dem Range ϱ eine algebraische Gleichung

$$G(F_1, F_2) = 0$$

besteht.

In der That: betrachtet man F_2 als Function von F_1, so gehören einem Werthe von F_1 r_1 im Allgemeinen verschiedene inäquivalente Werthe des Argumentes x und diesem r_1 im Allgemeinen verschiedene Werthe von F_2 zu. F_2 ist also eine $r_1$deutige Function von F_1 und als Lösung einer algebraischen Gleichung r_1^{ten} Grades aufzufassen, deren Coefficienten nur rationale Functionen von F_1 sind, indem die elementarsymmetrischen Functionen der zu einem Werthe von F_1 gehörigen Werthe von F_2 als Functionen von F_1 durchwegs vom Charakter der rationalen Function sind.

Eine rationale Function von F_1 und F_2 ist wieder eine eindeutige analytische Function von x, welche dieselben Substitutionen zuläfst wie $F_1(x)$ und $F_2(x)$.

Zeigt man umgekehrt, dafs jede zu derselben Gruppe gehörige Function $\Phi_1(x)$ rational durch F_1 und F_2 darstellbar ist (wie jede doppeltperiodische Function mit dem Periodenpaare $(2\omega, 2\omega')$ rational durch die zu demselben Paare gehörende Function $p(x)$ und deren Ableitung $p'(x)$ auszudrücken ist) und bemerkt, dafs $\Phi_1(x)$ mindestens $(\varrho+1)$ Unendlichkeitsstellen in dem Elementarpolygone haben mufs, so leuchtet ein, dafs die algebraische Gleichung

$$G(F_1, F_2) = 0$$

vom Range ϱ ist. —

Daneben besteht dann der Satz: Sind $\Phi_1(x)$ und $\Phi_2(x)$ wieder zu der Gruppe von F_1 und F_2 gehörende Functionen, zwischen denen eine algebraische Gleichung

$$\Gamma(\Phi_1, \Phi_2) = 0$$

besteht, so kann man nicht allein Φ_1 und Φ_2 rational durch F_1 und F_2, sondern auch F_1 und F_2 rational durch Φ_1 und Φ_2 darstellen, d. h. die Gleichung $\Gamma = 0$ gehört derselben Klasse an wie die zwischen F_1 und F_2; sie ist auch vom Range ϱ.

Soweit wollte ich hier den Plan für eine Theorie der eindeutigen Functionen mit linearen Substitutionen in sich entwerfen, um anzudeuten, wie auch die algebraischen Gleichungen $G(\xi, \eta) = 0$ höheren als ersten Ranges durch eindeutige Functionen zu behandeln wären, indem man darin ξ und η als eindeutige Functionen einer neuen unabhängigen Variabeln x betrachtet. Allerdings hat man dabei noch eine wichtige Aufgabe zu lösen, die der Bestimmung primitiver Perioden von $\xi = p(x)$ analog ist, wenn eine Gleichung

$$\eta^2 - 4\xi^3 + g_2\xi + g_3 = 0$$

vorgegeben ist, d. h. man mufs die Substitutionen ermitteln, welche die eine vorgelegte Gleichung lösenden Functionen $\xi(x), \eta(x)$ zulassen.

Die hier skizzirte functionentheoretische Behandlung der Functionen mit linearen Substitutionen in sich ist nicht im Entferntesten durchgeführt, und die gröfste Schwierigkeit scheint gleich in der Construction der fundamentalen Hilfsfunction φ zu liegen, die nach der Gruppe verschieden ausfallen mufs, aber erst in dem einzigen speciellen Falle der Functionen nullten Ranges angegeben ist.*) M. Poincaré hat zwar die Existenz der Functionen — wenigstens im Principe — bewiesen und die Abhängigkeit der zu derselben Gruppe gehörigen Functionen erschlossen, und der Verf. machte dann die Unterscheidung der Functionen ϱ^{ten} Ranges, so dafs all die genannten Sätze auf Wahrheit Anspruch machen, sie konnten aber hier nicht entwickelt werden, wenn wir von der Betrachtung der Riemann'schen Flächen und ihren conformen Abbildungen keinen Gebrauch machten, und das durften wir nicht, wenn wir an dem functionentheoretischen oder rein analytischen Wege festhalten.**)

Wir gehen noch einmal auf die zu der Gruppe aller ganzzahligen linearen Substitutionen mit der Determinante Eins gehörige Function $J(\tau)$ zurück, die vom ersten Grade und nullten Range ist, weil $J(\tau)$ in dem Bereiche R_0 nur für $\tau = i\infty$ und $\frac{1}{J(\tau)}$ nur für $\tau = \varrho$ von der ersten Ordnung unendlich wird. Die beigefügte Figur zeigt wieder die Art der Werthevertheilung an den verschiedenen Stellen des Bereiches von τ. An den Stellen ϱ und $-\frac{1}{\varrho}$ und den äquivalenten kommen je sechs dem Ausgangsbereiche R_0 äquivalente Bereiche zusammen, und $\tau = i$ und die congruenten Stellen sind Grenzstellen zweier durch die Substitution $\left(x, -\frac{1}{x}\right)$ auseinander hervorgehender Bereiche. Von

---

*) Mangoldt, Göttinger Nachrichten 1886.

**) Bezüglich der Functionen mit ganzzahligen Substitutionen in sich verweise ich auf die mannigfachen Arbeiten Klein's in den Mathem. Annalen.

einer Stelle $\frac{\alpha\varrho+\beta}{\gamma\varrho+\delta}$ oder $\frac{\alpha\left(-\frac{1}{\varrho}\right)+\beta}{\gamma\left(-\frac{1}{\varrho}\right)+\delta}$ führen aber nur je drei und von Stellen $\frac{\alpha i+\beta}{\gamma i+\delta}$ nur je zwei äquivalente Wege nach congruenten Punkten der in eben diesen Stellen zusammenstofsenden Bereiche, denn in der

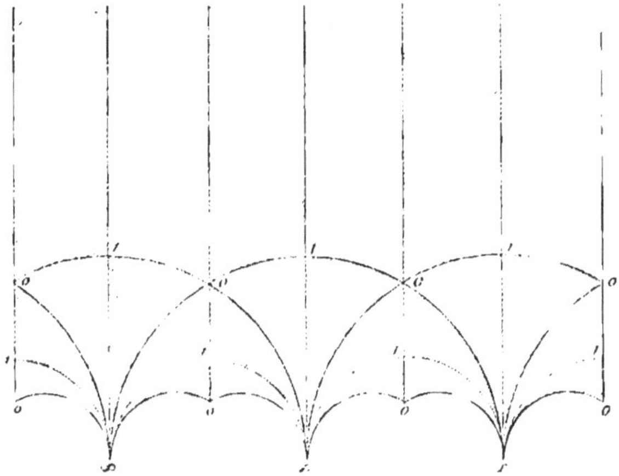

Figur sind die schraffirten und ebenso die unschraffirten Theile äquivalente Bereiche. Getrennt sind diese Theile in dem Bereiche R' durch einen die Punkte $\frac{\alpha'}{\gamma'}$ und $\frac{\alpha' i+\beta}{\gamma' i+\delta}$ verbindenden Kreisbogen, dessen zugehöriger Mittelpunkt auf der reellen Axe liegt. —

Betrachtet man daher die unendlich vieldeutige Umkehrungsfunction von $J(\tau)$, so werden die Stellen $J=0$, $J=1$ für τ Verzweigungspunkte je dreier oder zweier Zweige, aber $J=\infty$ ein Verzweigungspunkt aller Zweige sein. Die Function $\tau(J)$ kann für keinen von 0, 1 und ∞ verschiedenen Werth Null sein und ihr imaginärer Theil ist immer positiv.

Eine wichtige Anwendung dieser Function $\tau(J)$ hat Picard gemacht, indem er bewies, dafs eine ganze transcendente Function $G(x)$ höchstens einen endlichen Werth a im Endlichen nicht annehmen könne. In der That: gäbe es zwei Werthe a und b, die eine ganze Function $G(x)$ nicht erhält, so ist offenbar

$$\frac{G(x)-a}{b-a}=g(x)$$

eine ganze Function, welche die Werthe 0 und 1 nicht annimmt. Setzt man dann

$$g(x)=J(\tau),$$

so entspricht einem von x_0 ausgehenden, im Endlichen verlaufenden, geschlossenen Wege ein geschlossener Weg (S) in dem Bereiche von J, der niemals durch die Stellen 0 oder 1 oder ∞ führen kann, weil ja $g(x)$ diese Werthe nicht annimmt. Daher werden 0, 1 und ∞ stets aufserhalb des durch S begrenzten Bereiches liegen. Geht man nun von irgend einer x_0 zuzuordnenden Stelle τ_0 aus, so wird τ — als Function von x angesehen — stets eindeutig und endlich sein, d. h. τ wird eine ganze Function von x_0, die wir etwa mit $f(x)$ bezeichnen. Da ihr imaginärer Theil stets positiv ist, mufs dann $e^{if(x)}$ eine ganze Function sein, deren absoluter Betrag stets kleiner ist als Eins. Dies ist nicht anders möglich, als wenn $f(x)$ und dann auch $g(x)$ eine Constante ist. Der Satz ist somit bewiesen.

*) Annales de l'école normale 2e série t. 9.

Achtes Capitel.

Analytische Functionen mehrerer Variabeln.

§ 68. Das Verhalten einer analytischen Function in der Umgebung einer Nullstelle.

Die analytischen Functionen mehrerer Variabeln $(x_1, x_2, \ldots x_n)$ waren ebenso wie die einer Variabeln durch ein System in einander fortsetzbarer Potenzreihen

$$\mathfrak{P}(x_1, x_2, \ldots x_n \,|\, a_1, a_2, \ldots a_n)$$
$$= \sum_{(\mu_\nu)=0}^{\infty} a_{\mu_1, \mu_2, \ldots \mu_n} (x_1 - a_1)^{\mu_1} (x_2 - a_2)^{\mu_2} \ldots (x_n - a_n)^{\mu_n}$$

definirt. Die einzelne Potenzreihe und deren Fortsetzungen stellen eine eindeutige Function dar, wenn in der Umgebung einer Stelle nur ein Element existirt. Der $(2n)$fach ausgedehnte Stetigkeitsbereich der eindeutigen analytischen Function d. h. die Gesammtheit der Stellen, in deren Umgebung die Function durch eine Potenzreihe darstellbar oder regulären Verhaltens ist, war nothwendig durch Stellen begrenzt, in deren Umgebung keine aus dem primitiven Elemente abgeleitete Potenzreihe aufzustellen ist.

Es soll nunmehr untersucht werden, wie sich eine eindeutige Function an solch ausgezeichneten Stellen verhält.

Bei der analogen Frage für Functionen einer Variabeln war uns das Verhalten derselben an einer Nullstelle und die nothwendige und hinreichende Bedingung dafür, dafs die Function $F(x)$ an einer Stelle $x = a$ regulären Verhaltens ist, sehr behilflich. Wir erkannten, dafs $F(x)$ in der Umgebung einer regulären Nullstelle $x = x_0$ stets die Form besitzt

$$(x - x_0)^n \, \mathfrak{P}(x \,|\, x_0),$$

wo die Potenzreihe in einer endlichen Umgebung von x_0 nicht verschwindet. Es entsteht die Frage, ob man eine in der Umgebung einer Stelle $(x_1^{(0)}, x_2^{(0)}, \ldots x_n^{(0)})$ oder $(x^{(0)})$ analytische Function $F(x_1, x_2, \ldots x_n)$, die für $x_1 = x_1^{(0)}$, $x_2 = x_2^{(0)}$, $\ldots$ $x_n = x_n^{(0)}$ und dann gewifs auch für unendlich viele Stellen des Convergenzbereiches der die Function darstellenden Potenzreihen $\mathfrak{P}(x_1, x_2, \ldots x_n \,|\, (x^{(0)}))$ verschwindet — wobei diese Stellen aber $(x^{(0)})$ nicht zur Häufungsstelle haben können — in entsprechender Weise ausdrücken kann, also als Product einer in endlichem Bereiche um die Stelle $(x^{(0)})$ nicht verschwindenden Potenzreihe und einer analytischen Function, die daselbst all die Nullstellen von $F(x_1, x_2, \ldots x_n)$ annimmt. Der einfacheren Schreibweise wegen sprechen wir von einer Function

$$F(x, x_1, x_2, \ldots x_n),$$

welche Null wird, wenn alle $(n+1)$ Variabeln verschwinden.

Bezeichnet man $F(x, 0, 0 \ldots 0)$ mit $F_0(x)$ und setzt voraus, dafs $F_0(x)$ nicht identisch Null ist, schreibt dann

$$F(x, x_1, x_2, \ldots x_n) = F_0(x) - F_1(x, x_1, \ldots x_n),$$

wo $F_1(x, 0, 0, \ldots 0)$ identisch verschwinden mufs, so kann man eine positive Gröfse ϱ_1 derart bestimmen, dafs $F_0(x)$ in dem Bereiche:

$$0 < |x| < \varrho_1$$

nicht verschwindet und die Potenzreihe für $F_1(\varrho_1, x_1, \ldots x_n)$ convergirt, ohne dafs eine der Gröfsen $x_1, x_2, \ldots x_n$ Null ist. — Ist ϱ_0 eine positive Gröfse innerhalb des Intervalles von 0 bis ϱ_1 und beschränkt man $|x|$ auf den Bereich, wo

$$\varrho_0 < |x| < \varrho_1,$$

so kann man ferner eine positive Gröfse ϱ so klein wählen, dafs für alle Werthesysteme $(x, x_1, \ldots x_n)$, welche den Bedingungen genügen:

$$|x_\nu| < \varrho \quad (\nu = 1, 2 \ldots n) \quad \text{und} \quad \varrho_0 < |x| < \varrho_1,$$

die Ungleichung besteht

$$|F_0(x)| > |F_1(x, x_1, \ldots x_n)|,$$

und dann darf man

$$\frac{1}{F(x, x_1, \ldots x_n)} = \frac{1}{F_0} \frac{1}{1 - \frac{F_1}{F_0}} = \frac{1}{F_0} \sum_{\lambda=0}^{\infty} \left(\frac{F_1}{F_0}\right)^\lambda$$

und

$$\frac{1}{F} \frac{\partial F}{\partial x} = \left(\frac{\partial F_0}{\partial x} - \frac{\partial F_1}{\partial x}\right) \frac{1}{F_0} \sum_{\lambda=0}^{\infty} \left(\frac{F_1}{F_0}\right)^\lambda = \frac{1}{F_0} \frac{\partial F_0}{\partial x} - \sum_{\lambda=1}^{\infty} \frac{1}{\lambda} \frac{\partial}{\partial x} \left(\frac{F_1}{F_0}\right)^\lambda$$

setzen. Doch weil die Summe

$$\sum_{\lambda=1}^{\infty} \frac{1}{\lambda} \left(\frac{F_1}{F_0}\right)^\lambda$$

in dem genannten Bereiche gleichmäfsig convergirt, gilt daselbst auch die Gleichung

$$\frac{1}{F} \frac{\partial F}{\partial x} = \frac{1}{F_0} \frac{\partial F_0}{\partial x} - \frac{\partial}{\partial x} \sum_{\lambda=1}^{\infty} \frac{1}{\lambda} \left(\frac{F_1}{F_0}\right)^\lambda.$$

Beginnt die Entwicklung von $F_0(x)$ mit dem Gliede Cx^m, so wird

$$\frac{1}{F_0}\frac{\partial F_0}{\partial x} = \frac{m}{x} + \mathfrak{P}(x),$$

und indem

$$\frac{1}{\lambda}\left(\frac{F_1}{F_0}\right)^\lambda = \sum_{\mu=0}^{\infty} \mathfrak{P}_\mu^{(\lambda)}(x_1, x_2, \ldots x_n)\, x^{-m\lambda+\mu}$$

$$\sum_{\lambda=1}^{\infty} \frac{1}{\lambda}\left(\frac{F_1}{F_0}\right)^\lambda = \sum_{\nu=-\infty}^{+\infty} \mathfrak{P}_\nu(x_1, x_2, \ldots x_n)\cdot x^\nu$$

gesetzt werden kann, wo $\mathfrak{P}_\mu^{(\lambda)}$ und $\mathfrak{P}_\nu$ convergente Potenzreihen sind, so erhält man für $\frac{1}{F}\frac{\partial F}{dx}$ eine Darstellung der Form:

$$\frac{1}{F}\frac{\partial F}{\partial x} = \frac{m}{x} + \mathfrak{P}(x) - \frac{\partial}{\partial x}\sum_{\nu=-\infty}^{+\infty} \mathfrak{P}_\nu(x_1, x_2, \ldots x_n)\, x^\nu.$$

Man kann jetzt zeigen, dafs innerhalb des Bereiches, wo $|x_\nu| < \varrho$ $(\nu = 1, 2 \ldots n)$ ist, zu jeder Stelle Werthe von x gehören, die die Gleichung

$$F(x, x_1, \ldots x_n) = 0$$

befriedigen und dem absoluten Betrage nach kleiner sind als ϱ_1. In der That: könnte man für eine solche Stelle $(a_1, a_2 \ldots a_n)$ keine Wurzel der Gleichung

$$F_0(x) - F_1(x, a_1, a_2, \ldots a_n) = 0$$

finden, deren Betrag kleiner ist als ϱ_1, so liefse sich $\frac{1}{F}\frac{\partial F}{\partial x}$ in dem Bereiche, wo $|x| < \varrho_1$, in eine blos positive ganze Potenzen von x enthaltende Reihe entwickeln, die für die in dem Bereiche $\varrho_0 < |x| < \varrho_1$ liegenden Stellen mit der früheren übereinstimmen müfste. Doch das ist unmöglich, indem diese Entwicklung ein Glied $\frac{m}{x}$ enthält.

Heifsen die einer Stelle $(x_1, x_2, \ldots x_n)$ zuzuordnenden Nullstellen von $F(x, x_1, x_2, \ldots x_n)$

$$x^{(1)}, x^{(2)}, \ldots x^{(r)},$$

jede so oft genommen, als die Ordnungszahl anzeigt, so kann man

$$\frac{1}{F}\frac{\partial F}{\partial x} - \sum_{\varkappa=1}^{r}\frac{1}{x - x^{(\varkappa)}}$$

in eine für alle Werthe von x, deren Betrag kleiner ist als ϱ_1, convergente Potenzreihe $\overline{\mathfrak{P}}(x)$ entwickeln. Beschränkt man aber $|x|$ auf den Bereich, wo

$$\varrho_0 < |x| > \varrho_1 \quad \text{und} \quad |x^{(\varkappa)}| < |x| \quad (\varkappa = 1, 2 \ldots r)$$

ist, so wird auch

$$\frac{1}{F}\frac{\partial F}{\partial x} = \mathfrak{P}(x) + \sum_{\nu=0}^{\infty}\frac{(x^{(1)})^{\nu} + (x^{(2)})^{\nu} + \cdots + (x^{(r)})^{\nu}}{x^{\nu+1}}.$$

Jetzt gibt der Vergleich der Darstellungen für $\frac{1}{F}\frac{\partial F}{\partial x}$ die Beziehung:

$$(x^{(1)})^0 + (x^{(2)})^0 + \cdots + (x^{(r)})^0 = r = m,$$

d. h. jeder Stelle $(x_1, x_2, \ldots x_n)$ in der Umgebung ϱ von $x_1 = 0$, $x_2 = 0, \ldots x_n = 0$ kann man m der Gleichung $F = 0$ genügende Werthe von x zuordnen, deren Betrag kleiner ist als ϱ_1.

Bezeichnet man die Summe der ν^{ten} Potenzen:

$$(x^{(1)})^{\nu} + (x^{(2)})^{\nu} + \cdots + (x^{(r)})^{\nu} \text{ mit } s_{\nu},$$

so lehrt der Vergleich unserer Darstellungen ferner, daſs

$$s_{\nu} = \nu\,\mathfrak{P}_{-\nu}(x_1, x_2, \ldots x_n)$$

ist. Setzt man daher

$$g(x, x_1, x_2, \ldots x_n) = \prod_{\varkappa=1}^{m}(x - x^{(\varkappa)}) = x^m + g_1 x^{m-1} + \cdots + g_m$$

und

$$\frac{1}{g}\frac{\partial g}{\partial x} = \sum_{\varkappa=1}^{m}\frac{1}{x - x^{(\varkappa)}},$$

oder

$$\frac{m x^{m-1} + (m-1) g_1 x^{m-2} + \cdots + g_{m-1}}{x^m + g_1 x^{m-1} + \cdots + g_m} = \frac{m}{x} + \sum_{\nu=1}^{\infty}\frac{s_{\nu}}{x^{\nu+1}}$$

und bestimmt hieraus die Coefficienten von $g(x, x_1, \ldots x_n)$ als ganze rationale Functionen von $s_1, s_2, \ldots s_m$

$$\begin{aligned} g_1 &= \quad s_1 \\ 2g_2 &= -s_2 - s_1 g_1 \\ &\cdot\quad\cdot\quad\cdot\quad\cdot\quad\cdot\quad\cdot \\ m g_m &= -s_m - s_{m-1} g_1 - \cdots - s_1 g_{m-1}, \end{aligned}$$

oder als ganze rationale Functionen der m Potenzreihen

$$\mathfrak{P}_{-\nu}(x_1, x_2, \ldots x_n) \quad (\nu = 1, 2 \ldots m),$$

so sind $g_1, g_2 \ldots g_m$ selbst Potenzreihen von $x_1, x_2, \ldots x_n$, die in der Umgebung ϱ von $x_1 = 0$, $x_2 = 0 \ldots x_n = 0$ convergiren. Die m verlangten Werthe von x ergeben sich als Lösungen der Gleichung m^{ten} Grades:

$$x^m + g_1(x_1, x_2, \ldots x_n)x^{m-1} + \cdots + g_m(x_1, x_2, \ldots x_n) = 0.$$

Da die Vergleichung der zwei Ausdrücke für $\frac{1}{F}\frac{\partial F}{\partial x}$ auf die innerhalb des Bereiches ϱ_1 um die Stelle $x = 0$ giltige Gleichung führt:

$$\overline{\mathfrak{P}}(x) = \mathfrak{P}(x) - \sum_{\nu=0}^{\infty}(\nu+1)\,\mathfrak{P}_{\nu+1}(x_1, x_2, \ldots x_n)\,x^{\nu},$$

ist auch

$$\frac{1}{F}\frac{\partial F}{\partial x} = \frac{1}{g}\frac{\partial g}{\partial x} + \mathfrak{P}(x) - \sum_{\nu=0}^{\infty}(\nu+1)\,\mathfrak{P}_{\nu+1}(x_1, x_2, \ldots x_n)\,x^{\nu}.$$

Ist dann $f(x, x_1, \ldots x_n)$ die für alle den Bedingungen

$$|x| < \varrho_1, \quad |x_\nu| < \varrho \quad (\nu = 1, 2 \ldots n)$$

genügenden Werthesysteme convergente Potenzreihe, deren logarithmische Ableitung nach x gerade

$$\mathfrak{P}(x) - \sum_{\nu=0}^{\infty}(\nu+1)\cdot\mathfrak{P}_{\nu+1}(x_1, x_2, \ldots x_n)\cdot x^{\nu}$$

ist, wobei $f(0, 0, \ldots 0)$ den Werth 1 hat, so erhält man aus

$$\frac{1}{F}\frac{\partial F}{\partial x} = \frac{1}{g}\frac{\partial g}{\partial x} + \frac{1}{f}\frac{\partial f}{\partial x}$$

die Gleichung

$$F(x, x_1, \ldots x_n) = Cg(x, x_1, \ldots x_n)f(x, x_1, \ldots x_n),$$

worin C den schon genannten Coefficienten von x^m in $F_0(x)$ bezeichnet. Nun ist $F(x, x_1, \ldots x_n)$ durch das Product zweier Potenzreihen f und g dargestellt, deren zweite eine ganze rationale Function von x ist. Da die Coefficienten in g und f nicht von den Gröfsen ϱ und ϱ_1 abhängen, ist die vorstehende Gleichung giltig, solange die Potenzreihen F, g, f in der Umgebung von (0) convergiren.

Will man all die Werthsysteme aus der nächsten Umgebung der Stelle (0) angeben, welche die Gleichung $F = 0$ erfüllen, so wähle man diese so klein, dafs alle Stellen $(x, x_1, \ldots x_n)$ derselben in dem Convergenzbereiche von F, g und f liegen und $f(x, x_1, \ldots x_n)$ auch an keiner dieser Stellen Null wird, dann sind die fraglichen Werthesysteme die Lösungen der Gleichung

$$g(x, x_1, \ldots x_n) = 0.$$

Man bemerke noch, dafs die Coefficienten dieser Gleichung $g_1, \ldots g_m$ an der Stelle $x_1 = x_2 = \cdots = x_n = 0$ verschwinden. —

Lassen wir die bei den vorstehenden Entwicklungen gemachte Annahme fallen, dafs $F_0(x)$ nicht identisch Null sei, so kann man durch Einführung $(n+1)$ neuer Variabeln $y, y_1, \ldots y_n$ leicht auf den früheren Fall zurückkommen. In der That: setzt man

$$\begin{aligned} x &= a_{00}y + a_{01}y_1 + \cdots + a_{0n}y_n \\ x_1 &= a_{10}y + a_{11}y_1 + \cdots + a_{1n}y_n \\ &\cdots\cdots\cdots\cdots \\ x_n &= a_{n0}y + a_{n1}y_1 + \cdots + a_{nn}y_n, \end{aligned}$$

wo die Gröfsen a solche Constante sind, dafs die Determinante des

Gleichungssystems nicht verschwindet und bei der Substitution in die Entwicklung

$$F(x, x_1, \ldots x_n) = (x, x_1, \ldots x_n)_\mu + (x, x_1, \ldots x_n)_{\mu+1} + \cdots$$

— wo $(x, x_1, \ldots x_n)_\lambda$ die Summe aller Glieder λ^{ter} Dimension bezeichnet — das Aggregat

$$(a_{00}, a_{10}, \ldots a_{n0})_\mu$$

nicht Null wird, so geht F in eine Function $\Phi(y, y_1, \ldots y_n)$ über, in welcher

$$\Phi(y, 0, \ldots 0) = \Phi_0(y) = (a_{00}, a_{10}, \ldots a_{n,0})_\mu y^\mu$$
$$+ (a_{00}, a_{10}, \ldots a_{n0})_{\mu+1} y^{\mu+1} + \cdots$$

nicht identisch verschwindet. Darum läſst sich $\Phi(y, y_1, \ldots y_n)$ in der Form darstellen:

$$C[y^\mu + \gamma_1(y_1, y_2, \ldots y_n)y^{\mu-1} + \cdots + \gamma_\mu(y_1, y_2, \ldots y_n)]\varphi(y, y_1, \ldots y_n),$$

worin $\gamma_1, \gamma_2, \ldots \gamma_\mu$ für $y_1 = y_2 = \cdots = y_n$ verschwindende Potenzreihen sind, indeſs die Reihe $\varphi(y, y_1, \ldots y_n)$ an der Stelle (0) keine Nullstelle hat. Setzt man die Reihe φ wieder in eine Reihe $f(x, x_1, x_2, \ldots x_n)$ um und wählt eine positive Gröſse r so, daſs die Reihe f in der Umgebung r der Stelle (0) nicht verschwindet und die den Stellen (x) entsprechenden Werthesysteme $(y_1, y_2, \ldots y_n)$ dem gemeinsamen Convergenzbereiche der Reihen $\gamma_1, \gamma_2, \ldots \gamma_m$ angehören, bestimmt dann die jedem solchen Systeme durch die Gleichung

$$y_\mu + \gamma_1 y^{\mu-1} + \cdots + \gamma_\mu = 0$$

zugeordneten μ y-Werthe und darauf die zu den verschiedenen Werthesystemen gehörigen Systeme $x, x_1, \ldots x_n$, so hat man wieder die Lösungen der Gleichung $F(x, x_1, \ldots x_n) = 0$ aus der Umgebung r der Stelle (0) gefunden.

§ 69. Der Quotient zweier Potenzreihen.

Wir benutzen diese Sätze über die an einer Stelle (a) verschwindende analytische Function zur Untersuchung des Quotienten zweier in einer Umgebung der Stelle (0) convergenter Potenzreihen:

$$\frac{\mathfrak{P}_1(x, x_1, \ldots x_n)}{\mathfrak{P}_2(x, x_1, \ldots x_n)}.$$

Sagt man, daſs $\mathfrak{P}_1$ durch $\mathfrak{P}_2$ theilbar sei, wenn sich der Quotient in eine neue Potenzreihe $\mathfrak{P}_0$ entwickeln läſst, so ist $\mathfrak{P}_1$ gewiſs durch $\mathfrak{P}_2$ theilbar, wenn $\mathfrak{P}_2(0, 0 \ldots 0)$ nicht Null ist, und man hat

$$\mathfrak{P}_1(x, x_1 \ldots x_n) = \mathfrak{P}_0(x, x_1 \ldots x_n)\, \mathfrak{P}_2(x, x_1 \ldots x_n).$$

Ist $\mathfrak{P}_2(0, \ldots 0) = 0$, ohne dafs $\mathfrak{P}_1(0 \ldots 0)$ gleichzeitig verschwindet, so kann man den Quotienten nicht mehr durch eine in der Umgebung von (0) convergente Potenzreihe darstellen; sollte aber

$$\mathfrak{P}_1(0, 0 \ldots 0) \quad \text{und} \quad \mathfrak{P}_2(0, 0 \ldots 0)$$

verschwinden, so kann $\mathfrak{P}_1$ unter gewissen Bedingungen durch $\mathfrak{P}_2$ theilbar sein.

Vollführt man zunächst die lineare Substitution:

$$\begin{aligned} x &= c_{00}\, t + c_{01}\, t_1 + \cdots + c_{0n} t_n \\ x_1 &= c_{10}\, t + c_{11}\, t_1 + \cdots + c_{1n} t_n \\ &\cdots\cdots\cdots\cdots \\ x_n &= c_{n0} t + c_{n1} t_1 + \cdots + c_{nn} t_n , \end{aligned}$$

deren Constante wieder so zu wählen sind, dafs die Determinante des Gleichungssystems nicht Null ist und die Reihen

$$\mathfrak{P}_1(c_{00} t, c_{10} t, \ldots c_{n0} t) \quad \text{und} \quad \mathfrak{P}_2(c_{00} t, c_{10} t, \ldots c_{n0} t)$$

nicht identisch verschwinden, so kann man

$$\begin{aligned} &\mathfrak{P}_1(x, x_1, \ldots x_n) \\ &= [t^\mu + g'_1(t_1, t_2, \ldots t_n) t^{\mu-1} + \cdots + g'_\mu(t_1, t_2, \ldots t_n)]\, \overline{\mathfrak{P}}_1(t, t_1, \ldots t_n) \\ &= g_1(t, t_1, \ldots t_n) \overline{\mathfrak{P}}_1(t, t_1, \ldots t_n), \\ &\mathfrak{P}_2(x, x_1, \ldots x_n) \\ &= [t^\nu + g''_1(t_1, t_2, \ldots t_n) t^{\nu-1} + \cdots + g''_\nu(t_1, t_2, \ldots t_n)]\, \overline{\mathfrak{P}}_2(t, t_1, \ldots t_n) \\ &= g_2(t, t_1, \ldots t_n) \overline{\mathfrak{P}}_2(t, t_1, \ldots t_n) \end{aligned}$$

setzen, wo die Potenzreihen $g'_1, g'_2, \ldots g'_\mu$ und $g''_1, g''_2, \ldots g''_\nu$ für verschwindende Variabelnwerthe Null sind und

$$\overline{\mathfrak{P}}_1(0, 0, \ldots 0), \quad \overline{\mathfrak{P}}_2(0, 0, \ldots 0)$$

nicht verschwinden. Es besteht demnach die Gleichung:

$$\frac{\mathfrak{P}_1(x, x_1, \ldots x_n)}{\mathfrak{P}_2(x, x_1, \ldots x_n)} = \frac{g_1(t, t_1, \ldots t_n)}{g_2(t, t_1, \ldots t_n)} \cdot \frac{\overline{\mathfrak{P}}_1(t, t_1, \ldots t_n)}{\overline{\mathfrak{P}}_2(t, t_1, \ldots t_n)} .$$

Ist R eine positive Gröfse derart, dafs für alle den Bedingungen:

$$|t| \leqq R, \quad |t_1| \leqq R, \ldots |t_n| \leqq R$$

genügenden Stellen die obigen Transformationen gelten und die Reihen $\overline{\mathfrak{P}}_1$ und $\overline{\mathfrak{P}}_2$ in diesem Bereiche nicht verschwinden, und ist r eine positive Gröfse kleiner als R, so gewählt, dafs jedem den weiteren Bedingungen:

$$|t_1| \leqq r, \ldots |t_n| \leqq r$$

gehorchenden Werthesystemen $(t_1, t_2, \ldots t_n)$ zufolge einer der Gleichungen:

$$g_1(t, t_1, \ldots t_n) = 0 \quad \text{und} \quad g_2(t, t_1, \ldots t_n) = 0$$

nur Werthe

$$t^{(1)}, t^{(2)} \dots t^{(m)}$$

entsprechen, deren Betrag kleiner ist als R, so wird

$$\frac{g_1(t, t_1, \dots t_n)}{g_2(t, t_1, \dots t_n)} = \prod_{\varkappa=1}^{m} (t - t^{(\varkappa)})^{\lambda_\varkappa}$$

wo $\lambda_\varkappa$ ganze Zahlen sind, deren Summe gleich $(\mu - \nu)$ ist. Soll nun $\mathfrak{P}_1$ durch $\mathfrak{P}_2$ theilbar sein, so darf in dem Ausdrucke

$$\prod_{\varkappa=1}^{m} (t - t^{(\varkappa)})^{\lambda_\varkappa} \frac{\overline{\mathfrak{P}}_1(t, t_1, \dots t_n)}{\overline{\mathfrak{P}}_2(t, t_1, \dots t_n)}$$

keine der Zahlen $\lambda_\varkappa$ negativ sein, denn andernfalls wäre der absolute Betrag desselben in bekannter Weise gröfser zu machen als jede vorgegebene Gröfse, ohne dafs g_2 verschwände. — Man sieht also, dafs die ganzen Zahlen $\lambda_\varkappa$ nothwendig positiv oder Null, dafs g_1 und g_2 theilbar und somit $\mu \geqq \nu$ sein mufs.

Erinnern wir uns aber, dafs man zwei ganzen Functionen $g_1(t)$ und $g_2(t)$ stets zwei weitere ganze Functionen

$$f_0 t^{\mu-\nu} + f_1 t^{\mu-\nu-1} + \dots + f_{\mu-\nu} \quad \text{und} \quad \varphi_1 t^{\nu-1} + \varphi_2 t^{\nu-2} + \dots + \varphi_\nu$$

so zuordnen kann, dafs die Gleichung:

$$\begin{aligned} g_1(t) &= t^\mu + g_1' t^{\mu-1} + \dots + g_\mu' \\ &= (t^\nu + g_1'' t^{\nu-1} + \dots + g_\nu'')(f_0 t^{\mu-\nu} + f_1 t^{\mu-\nu-1} + \dots f_{\mu-\nu}) \\ &\quad + \varphi_1 t^{\nu-1} + \varphi_2 t^{\nu-2} + \dots + \varphi_\nu \end{aligned}$$

besteht und hierin die ν aus den Gröfsen $g_1', \dots g_\mu'$ und $g_1'', \dots g_\nu''$ durch Addition und Multiplication zusammengesetzten Ausdrücke $\varphi_1, \varphi_2, \dots \varphi_\nu$ verschwinden müssen, wenn g_1 durch g_2 theilbar sein soll, dann erhalten wir die für die Theilbarkeit von $\mathfrak{P}_1$ durch $\mathfrak{P}_2$ nothwendige Bedingung: es müssen die Potenzreihen

$$\varphi_1(t_1, t_2, \dots t_n), \dots \varphi_\nu(t_1, t_2, \dots t_n)$$

für jede Stelle der Umgebung r von (0) und daher identisch verschwinden. Dann aber ist

$$\begin{aligned} g_1(t, t_1, \dots t_n) &= g_2(t, t_1, \dots t_n) \cdot (f_0(t_1, \dots t_n) t^{\mu-\nu} + \dots + f_{\mu-\nu}(t_1, t_2, \dots t_n)) \\ &= g_2(t, t_1, \dots t_n) \cdot g_0(t, t_1, \dots t_n) \end{aligned}$$

und

$$\begin{aligned} \mathfrak{P}_2(x, x_1, \dots x_n) &= g_2(t, t_1, \dots t_n) \cdot \overline{\mathfrak{P}}_2(t, t_1, \dots t_n) \\ \mathfrak{P}_1(x, x_1, \dots x_n) &= g_2(t, t_1, \dots t_n) \cdot g_0(t, t_1, \dots t_n) \overline{\mathfrak{P}}_1(t, t_1, \dots t_n) \\ &= g_0(t, t_1, \dots t_n) \cdot \mathfrak{P}_2(x, x_1, \dots x_n) \cdot \frac{\overline{\mathfrak{P}}_1(t, t_1, \dots t_n)}{\overline{\mathfrak{P}}_2(t, t_1, \dots t_n)} \\ &= \mathfrak{P}_2(x, x_1, \dots x_n) \cdot \overline{\mathfrak{P}}_0(t, t_1, \dots t_n). \end{aligned}$$

Führt man in der neuen Potenzreihe $\overline{\mathfrak{P}}_0$ wieder die Variabeln $x, x_1 \dots x_n$ ein, so erhält man wirklich

$$\frac{\mathfrak{P}_1(x, x_1, \dots x_n)}{\mathfrak{P}_2(x, x_1, \dots x_n)} = \mathfrak{P}_0(x, x_1, \dots x_n)\,.$$

Da der Stelle $t = 0, t_1 = 0, \dots t_n = 0$ die Stelle $x = 0, x_1 = 0, \dots x_n = 0$ entspricht und daselbst g_0 zugleich mit den Potenzreihen $f_0, f_1, \dots f_{\mu-\nu}$ verschwindet, hat der Quotient $\frac{\mathfrak{P}_1}{\mathfrak{P}_2}$ an der Stelle Null den Werth Null. —

Es kann auch eintreten, dafs die beiden an der Stelle (0) verschwindenden Potenzreihen $\mathfrak{P}_1$ und $\mathfrak{P}_2$ einen gemeinsamen Theiler

$$\mathfrak{P}(x, x_1, \dots x_n)$$

besitzen, der ebenfalls an der Stelle (0) verschwindet, dann hat der Quotient von

$$\mathfrak{P}_1(x, x_1, \dots x_n) = \mathfrak{P}(x, x_1, \dots x_n) \cdot \mathfrak{P}_1^{(1)}(x, x_1, \dots x_n)$$
$$\mathfrak{P}_2(x, x_1, \dots x_n) = \mathfrak{P}(x, x_1, \dots x_n) \cdot \mathfrak{P}_2^{(1)}(x, x_1, \dots x_n)$$

in dem gemeinsamen Convergenzbereiche der Reihen die Bedeutung von

$$\frac{\mathfrak{P}_1^{(1)}(x, x_1, \dots x_n)}{\mathfrak{P}_2^{(1)}(x, x_1, \dots x_n)}\,.$$

Die nothwendige und hinreichende Existenzbedingung eines gemeinsamen Theilers $\mathfrak{P}(x, x_1, \dots x_n)$ ist nicht mehr schwer zu finden.

Stellt man ebenso wie früher

$$\mathfrak{P}_1(x, x_1, \dots x_n) \text{ in der Form } g_1(t, t_1, \dots t_n)\,\overline{\mathfrak{P}}_1(t, t_1, \dots t_n)$$
$$\mathfrak{P}_2(x, x_1, \dots x_n) \text{ in der Form } g_2(t, t_1, \dots t_n)\,\overline{\mathfrak{P}}_2(t, t_1, \dots t_n)$$

dar und drückt den der Annahme nach existirenden Theiler $\mathfrak{P}(x, x_1, \dots x_n)$ durch ein Product aus:

$$g(t, t_1, \dots t_n) \cdot \overline{\mathfrak{P}}(t, t_1, \dots t_n)\,,$$

wo g eine ganze Function λ^{ten} Grades in t sei, deren Coefficienten nur Potenzreihen von $t_1, t_2, \dots t_n$ sind:

$$g(t, t_1, \dots t_n) = t^\lambda + h_1(t_1, t_2, \dots t_n) \cdot t^{\lambda-1} + \cdots + h_\lambda(t_1, t_2, \dots t_n)$$

und wo die Potenzreihe $\overline{\mathfrak{P}}(t, t_1, \dots t_n)$ für $t = t_1 = \cdots = t_n = 0$ nicht verschwindet, so folgt:

$$g_1(t, t_1, \dots t_n) = g(t, t_1, \dots t_n) \cdot \frac{\overline{\mathfrak{P}}(t, t_1, \dots t_n)}{\overline{\mathfrak{P}}_1(t, t_1, \dots t_n)}\,\mathfrak{P}_1^{(1)}(x, x_1, \dots x_n) =$$
$$= g(t, t_1, \dots t_n) \cdot \mathfrak{P}_1^{(2)}(t, t_1, \dots t_n)$$
$$g_2(t, t_1, \dots t_n) = g(t, t_1, \dots t_n)\,\frac{\overline{\mathfrak{P}}(t, t_1, \dots t_n)}{\overline{\mathfrak{P}}_2(t, t_1, \dots t_n)} \cdot \mathfrak{P}_2^{(1)}(x, x_1, \dots x_n)$$
$$= g(t, t_1, \dots t_n) \cdot \mathfrak{P}_2^{(2)}(t, t_1, \dots t_n)$$

und darnach sind g_1 und g_2 durch $g(t, t_1, \dots t_n)$ theilbar.

Die Bedingung, unter welcher

$$g_1(t, t_1, \dots t_n) = t^\mu + g_1'(t_1, t_2, \dots t_n)t^{\mu-1} + \cdots + g_\mu'(t_1, \dots t_n)$$

$$g_2(t, t_1, \dots t_n) = t^\nu + g_1''(t_1, t_2, \dots t_n)t^{\nu-1} + \cdots + g_\nu''(t_1, \dots t_n)$$

einen gemeinsamen Theiler $g(t, t_1, \dots t_n)$ λ^{ten} Grades in t besitzen, besteht aber in dem Verschwinden λ ganzer Functionen der Coefficienten $g_1', \dots g_\mu'$ und $g_1'', g_2'', \dots g_\nu''$. Man sieht darnach, dafs nothwendig mindestens eine Potenzreihe

$$\mathfrak{p}(t_1, t_2, \dots t_n)$$

identisch verschwinden mufs, wenn zwei Potenzreihen $\mathfrak{P}_1$ und $\mathfrak{P}_2$ einen gemeinsamen Theiler:

$$g(t, t_1, \dots t_n) = \mathfrak{P}(t, t_1, \dots t_n)$$

aufweisen sollen.

Umgekehrt werden unter den in Rede stehenden Bedingungen die Functionen von t:

$$g_1(t, t_1, \dots t_n), \quad g_2(t, t_1, \dots t_n)$$

einen gemeinsamen Theiler λ^{ten} Grades haben, dessen Nullstellen $t^{(1)}$, $t^{(2)} \dots t^{(\lambda)}$ bei hinlänglich beschränktem Bereiche für die Gröfsen $t_1, \dots t_n$ einen endlichen Betrag besitzen, auf dafs in dem Theiler die Coefficienten der t Potenzen convergente Potenzreihen von $t_1, t_2, \dots t_n$ sind. Heifst der Theiler $g(t, t_1, \dots t_n)$, so wird

$$g_1(t, t_1, \dots t_n) = g(t, t_1, \dots t_n)\, g_1^{(1)}(t, t_1, \dots t_n)$$

$$g_2(t, t_1, \dots t_n) = g(t, t_1, \dots t_n)\, g_2^{(1)}(t, t_1, \dots t_n),$$

wenn $g_1^{(1)}$ und $g_2^{(1)}$ wieder ganze Functionen von t bezeichnen, deren Coefficienten Potenzreihen von $t_1 \dots t_n$ sind. Ferner ist aber:

$$\mathfrak{P}_1(x, x_1, \dots x_n) = g(t, t_1, \dots t_n)\, \mathfrak{P}_1^{(1)}(x, x_1, \dots x_n)$$

$$\mathfrak{P}_2(x, x_1, \dots x_n) = g(t, t_1, \dots t_n)\, \mathfrak{P}_2^{(1)}(x, x_1, \dots x_n),$$

und wenn man

$$g(t, t_1, \dots t_n) = \mathfrak{P}(x, x_1, \dots x_n)$$

setzt, kann man die gegebenen Potenzreihen auf die Form bringen:

$$\mathfrak{P}(x, x_1, \dots x_n)\, \mathfrak{P}_1^{(1)}(x, x_1, \dots x_n)$$

$$\mathfrak{P}(x, x_1, \dots x_n)\, \mathfrak{P}_2^{(1)}(x, x_1, \dots x_n).$$

Hier besitzen die Potenzreihen $\mathfrak{P}_1^{(1)}$ und $\mathfrak{P}_2^{(1)}$ keinen gemeinsamen Theiler mehr, denn andernfalls müfsten in

$$\mathfrak{P}_1^{(1)}(x, x_1, \dots x_n) = G_1(t, t_1, \dots t_n)\, \mathfrak{P}_1^{(1)}(t, t_1, \dots t_n)$$

$$\mathfrak{P}_2^{(1)}(x, x_1, \dots x_n) = G_2(t, t_1, \dots t_n)\, \overline{\mathfrak{P}}_2^{(1)}(t, t_1, \dots t_n)$$

die Functionen von t G_1 und G_2 einen gemeinsamen Theiler haben und dann hätten g_1 und g_2 einen Theiler von höherem als dem λ^{ten} Grade in t, was mit der obigen Annahme in Widerspruch steht.

Die Bedingungen sind somit nicht allein nothwendig, sondern auch hinreichend. —

Ist nunmehr ein Quotient zweier an der Stelle (0) verschwindender Potenzreihen vorgelegt und hat man Zähler und Nenner von den gemeinsamen Theilern befreit, so kann der neue Quotient

$$\frac{\mathfrak{P}_1^{(1)}(x, x_1, \ldots x_n)}{\mathfrak{P}_2^{(1)}(x, x_1, \ldots x_n)}$$

immer noch eine verschiedenartige Beschaffenheit in der Umgebung der Stelle (0) haben.

Erstens kann $\mathfrak{P}_1^{(1)}(0, 0, \ldots 0)$ verschwinden, ohne dafs $\mathfrak{P}_2^{(1)}(0, 0, \ldots 0)$ Null ist, oder es kann $\mathfrak{P}_1^{(1)}(0, 0, \ldots 0)$ von Null verschieden sein und $\mathfrak{P}_2^{(1)}(0, 0, \ldots 0)$ verschwinden oder es haben endlich beide Potenzreihen an der Stelle (0) den Werth Null.

Im zweiten Falle ersetze man $\mathfrak{P}_2^{(1)}$ durch: $G_2(t, t_1, \ldots t_n)\, \overline{\mathfrak{P}}_2^{(1)}(t, t_1, \ldots t_n)$ oder

$$(t^\nu + G_1'' t^{\nu-1} + \cdots + G_\nu'')\, \overline{\mathfrak{P}}_2^{(1)}(t, t_1, \ldots t_n),$$

wo $\overline{\mathfrak{P}}_2^{(1)}(0, 0, \ldots 0)$ nicht Null ist, aber die Potenzreihen G'' an der Stelle

$$t_1 = t_2 = \cdots = t_n = 0$$

verschwinden. Offenbar gibt es dann in jeder Umgebung der Stelle (0) eine $2n$fach ausgedehnte Mannigfaltigkeit von Stellen, wo der Quotient unendlich grofs wird, und ebenso wird er an der Stelle (0) selbst unendlich grofs. Werthesysteme $(t, t_1, t_2, \ldots t_n)$, für die

$$t^\nu + G_1'' t^{\nu-1} + \cdots + G_\nu''$$

nicht Null ist, definiren Stellen, in deren Umgebung der Quotient regulären Verhaltens ist. —

Verschwinden aber $\mathfrak{P}_1^{(1)}$ und $\mathfrak{P}_2^{(1)}$ an der Stelle (0) (ohne dafs $\mathfrak{P}_1^{(1)}$ durch $\mathfrak{P}_2^{(1)}$ theilbar ist), so gibt es in jeder Umgebung dieser Stelle unendlich viele Werthesysteme, für die $\mathfrak{P}_1^{(1)}$ und $\mathfrak{P}_2^{(1)}$ verschwinden.

Setzt man wieder

$$\mathfrak{P}_1^{(1)} = G_1 \overline{\mathfrak{P}}_1^{(1)}, \quad \mathfrak{P}_2^{(1)} = G_2 \overline{\mathfrak{P}}_2^{(1)},$$

so mufs zwischen den Gröfsen $t_1, t_2, \ldots t_n$ eine bestimmte Gleichung:

$$\mathfrak{p}(t_1, t_2, \ldots t_n) = 0$$

bestehen, wenn $\mathfrak{P}_1^{(1)}$ und $\mathfrak{P}_2^{(1)}$ gleichzeitig Null sein sollen. Jeder Lösung derselben gehört eine der besagten Stellen zu. Offenbar gibt es aber auch unendlich viele Stellen in jeder Umgebung der Stelle (0), an denen $\mathfrak{P}_1^{(1)}$ oder $\mathfrak{P}_2^{(1)}$ verschwindet und $\mathfrak{P}_2^{(1)}$ respective $\mathfrak{P}_1^{(1)}$ von Null verschieden sind, d. h. der Quotient kann an unendlich vielen Stellen unendlich grofs werden, an anderen aber verschwinden. — Der Quotient hat dann in einer unendlich kleinen Umgebung von (0) überhaupt keinen bestimmten Werth.*)

Ist $n > 1$, gibt es also mehr als zwei Variable, so constituiren die Stellen, für welche $\mathfrak{P}_1^{(1)}$ und $\mathfrak{P}_2^{(1)}$ verschwinden, eine $(2n-2)$ fach ausgedehnte Mannigfaltigkeit und an jeder dieser Stellen $(x', x_1', \ldots x_n')$ hat der Quotient $\frac{\mathfrak{P}_1^{(1)}}{\mathfrak{P}_2^{(1)}}$ wiederum keinen bestimmten Werth.

Dieser letzte Satz beruht darauf, dafs die durch die Transformation:

$$x = x' + u, \quad x_1 = x_1' + u_1, \ldots x_n = x_n' + u_n$$

entstehenden Potenzreihen:

$$\mathfrak{P}_1^{(1)}(x' + u, x_1' + u_1, \ldots x_n' + u_n), \quad \mathfrak{P}_2^{(1)}(x' + u, x_1' + u_1, \ldots x_n' + u_n)$$

keinen an der Stelle $u = 0, u_1 = 0, \ldots u_n = 0$ verschwindenden gemeinsamen Theiler besitzen, wenn $\mathfrak{P}_1^{(1)}(x, x_1, \ldots x_n)$ und $\mathfrak{P}_2^{(1)}(x, x_1, \ldots x_n)$ keinen haben.

In der That ist $(x', x_1', \ldots x_n')$ eine Stelle in der Umgebung von (0), in welcher die Reihen $\mathfrak{P}_1^{(1)}$ und $\overline{\mathfrak{P}}_2^{(1)}$ nicht verschwinden, und entspricht derselben die Stelle

$$t = t', \quad t_1 = t_1', \ldots t_n = t_n',$$

und setzt man

$$t = t' + v, \quad t_1 = t_1' + v_1, \ldots t_n = t_n' + v_n,$$

so wird

$$\mathfrak{P}_1^{(1)}(x' + u, x_1' + u_1, \ldots x_n' + u_n)$$
$$= G_1(t' + v, t_1' + v_1, \ldots t_n' + v_n)\, \overline{\mathfrak{P}}_1^{(1)}(t' + v_1, \ldots t_n' + v_n)$$
$$\mathfrak{P}_2^{(1)}(x' + u, x_1' + u_1, \ldots x_n' + u_n)$$
$$= G_2(t' + v, t_1' + v_1, \ldots t_n' + v_n)\, \overline{\mathfrak{P}}_2^{(1)}(t' + v_1, \ldots t_n' + v_n),$$

wobei

$$G_1(t', t_1', \ldots t_n') \quad \text{und} \quad G_2(t', t_1', \ldots t_n')$$

Null sind. Da aber weder $G_1(t' + v, t_1', \ldots t_n')$ und $G_2(t' + v, t_1', \ldots t_n')$ für jeden Werth von v verschwindet, kann man

$$G_1(t' + v, t_1' + v_1, \ldots t_n' + v_n)$$

die Form

$$(v^m + \mathfrak{g}_1'(v_1, \ldots v_n)\, v^{m-1} + \cdots + \mathfrak{g}_m'(v_1, \ldots v_n))\, \mathfrak{P}_1^{(3)}(v, v_1, \ldots v_n),$$

*) Vergleiche auch § 23.

$$G_2(t' + v, t_1' + v_1, \ldots t_n' + v_n)$$

die Form

$$(v^n + \mathfrak{g}_1''(v_1, \ldots v_n)v^{n-1} + \cdots + \mathfrak{g}_n''(v_1, \ldots v_n))\,\mathfrak{P}_2^{(3)}(v, v_1, \ldots v_n)$$

geben, wo $\mathfrak{P}_1^{(3)}$ und $\mathfrak{P}_2^{(3)}$ an der Stelle $v = v_1 = \cdots = v_n = 0$ nicht verschwinden, aber die Reihen $\mathfrak{g}'$ und $\mathfrak{g}''$ für $v_1 = \cdots = v_n = 0$ Null werden.

Sollte nun $\mathfrak{P}_1^{(1)}(x' + u, \ldots x_n' + u_n)$ und $\mathfrak{P}_2^{(1)}(x' + u, \ldots x_n' + u_n)$ einen an der Stelle $(u = 0, \ldots u_n = 0)$ verschwindenden Theiler haben, so müſsten die Gleichungen $G_1 = 0$ und $G_2 = 0$ für jedes System unendlich kleiner Werthe von $v_1, \ldots v_n$ unendlich kleine Lösungen v haben, und das ist unmöglich, indem sonst die Resultante von

$$G_1(t, t_1, \ldots t_n) \quad \text{und} \quad G_2(t, t_1, \ldots t_n)$$

identisch verschwände, was mit der Annahme nicht verträglich ist, daſs $\mathfrak{P}_1^{(1)}$ und $\mathfrak{P}_2^{(1)}$ keinen gemeinsamen Theiler haben.

§ 70. Über die Darstellung der eindeutigen analytischen Functionen.

Gehen wir wieder zu einer durch ein primitives Element:

$$\mathfrak{P}(x_1, x_2, \ldots x_n \,|\, a_1, a_2, \ldots a_n) \quad \text{oder} \quad \mathfrak{P}(x_1, x_2, \ldots x_n \,|\, (a))$$

definirten eindeutigen Function $f(x_1, x_2, \ldots x_n)$ zurück, so ist nun klar, daſs sich diese Function in der Umgebung einer Stelle $(x_1', x_2', \ldots x_n')$ nur regulär verhalten kann, sofern eine für $x_1 = x_1', \ldots x_n = x_n'$ verschwindende Potenzreihe

$$\mathfrak{P}_2(x_1, x_2, \ldots x_n \,|\, (x'))$$

der Beschaffenheit anzugeben ist, daſs das Product

$$\mathfrak{P}_2(x_1, x_2, \ldots x_n \,|\, (x'))\, f(x_1, x_2, \ldots x_n)$$

an den Nullstellen von $\mathfrak{P}_2$, welche einer endlichen wenn auch noch so kleinen Umgebung von (x') angehören, verschwindet. Setzt man aber

$$\mathfrak{P}_2(x_1, x_2, \ldots x_n \,|\, (x'))\, f(x_1, x_2, \ldots x_n) = \mathfrak{P}_1(x_1, x_2, \ldots x_n \,|\, (x')),$$

wo die Potenzreihe $\mathfrak{P}_1$ für $x_1 = x_1' \ldots x_n = x_n'$ Null ist, und befreit in dem Quotienten $\frac{\mathfrak{P}_1}{\mathfrak{P}_2}$ $\mathfrak{P}_1$ und $\mathfrak{P}_2$ von den an der Stelle (x') verschwindenden gemeinsamen Theilern, auf daſs $\frac{\mathfrak{P}_1}{\mathfrak{P}_2}$ etwa in $\frac{\mathfrak{P}_1^{(1)}}{\mathfrak{P}_2^{(1)}}$ übergeht, so muſs ferner $\mathfrak{P}_2^{(1)}$ an der Stelle (x') von Null verschieden sein. Dann und nur dann wird $f(x_1, x_2, \ldots x_n)$ regulären Verhaltens sein.

Wenn aber $\mathfrak{P}_2^{(1)}$ an der Stelle (x') verschwindet, ohne daſs $\mathfrak{P}_1^{(1)}$ daselbst Null ist, so wird $f(x_1, x_2, \ldots x_n)$ an unendlich vielen Stellen einer unendlich kleinen Umgebung von (x'), die eine $(2n - 2)$ fach ausgedehnte Mannigfaltigkeit bilden und für $(x_1 = x_1' \ldots x_n = x_n')$ selbst unendlich grofs werden.

Ist endlich sowohl $\mathfrak{P}_1^{(1)}$ als auch $\mathfrak{P}_2^{(1)}$ an der Stelle (x') Null, so hat $f(x_1, x_2, \ldots x_n)$ weder in (x') noch an unendlich vielen Stellen einer $(2n-4)$ fach ausgedehnten Mannigfaltigkeit aus einer unendlich kleinen Umgebung von (x') einen bestimmten Werth. —

Die hier genannten nicht regulären Stellen von $f(x_1, x_2, \ldots x_n)$ heifsen *aufserwesentlich singuläre Stellen erster und zweiter Art.* Man definirt also eine solche Stelle (x') dadurch, dafs man sagt, es gibt eine an der Stelle (x') verschwindende Potenzreihe $\mathfrak{P}_2$ derart, dafs das Product

$$\mathfrak{P}_2(x_1, \ldots x_n \,|\, (x'))\, f(x_1, x_2, \ldots x_n)$$

in einer Umgebung von (x') regulären Verhaltens, d. h. durch eine Potenzreihe

$$\mathfrak{P}_1(x_1, \ldots x_n \,|\, (x'))$$

darstellbar ist, welche aber nicht durch $\mathfrak{P}_2$ theilbar ist.

Im Falle einer Variabeln geht diese Definition der aufserwesentlich singulären Stelle gerade in die früher gebrauchte über.

Eine Stelle $(x_1', x_2', \ldots x_n')$ heifst eine *wesentlich singuläre*, wenn es keine für $(x_1 = x_1', \ldots x_n = x_n')$ verschwindende Potenzreihe der Beschaffenheit gibt, dafs das Product derselben und $f(x_1, x_2, \ldots x_n)$ in einer Umgebung von (x') regulär wird. —

Definirt man nun eine analytische Function $f(x_1, x_2, \ldots x_n)$ in dem gemeinsamen Convergenzbereiche $(\mathfrak{A})$ zweier Potenzreihen

$$\mathfrak{P}_1(x_1, \ldots x_n \,|\, (a)), \quad \mathfrak{P}_2(x_1, \ldots x_n \,|\, (a))$$

dadurch, dafs man an den Stellen (x'), wo diese Reihen nicht gleichzeitig verschwinden,

$$f(x_1', \ldots x_n') = \frac{\mathfrak{P}_1(x_1', \ldots x_n' \,|\, (a))}{\mathfrak{P}_2(x_1', \ldots x_n' \,|\, (a))}$$

setzt und an den Stellen (x''), wo beide Reihen Null sind, $f(x_1, \ldots x_n)$ den Werth gibt, den der Quotient der aus $\mathfrak{P}_1$ und $\mathfrak{P}_2$ durch Fortsetzung gewonnenen und von gemeinsamen Theilern befreiten Reihen nach Potenzen von $(x_\nu - x_\nu'')$ an der Stelle (x'') besitzt, so ist auf diese Weise in dem Bereiche $(\mathfrak{A})$ eine eindeutige analytische Function bestimmt, die nur an denjenigen Stellen, wo sie unendlich oder unbestimmt ist, aufserwesentlich singuläre Stellen hat, während sie an den übrigen Stellen regulären Verhaltens ist.

Der Beweis beruht immer wieder auf den Darstellungen der Fortsetzungen von $\mathfrak{P}_1$ und $\mathfrak{P}_2$ in der Umgebung einer Nullstelle.

Nach diesem Satze wird eine beständig convergente Potenzreihe $\mathfrak{P}(x_1, \ldots x_n)$ eine eindeutige Function $f(x_1, x_2, \ldots x_n)$ darstellen, die sich in der Umgebung jeder im Endlichen gelegenen Stelle regulär verhält, und umgekehrt wird jede eindeutige im Endlichen durchaus reguläre Function durch eine beständig convergirende Reihe auszudrücken sein:

Der Quotient zweier beständig convergenten Reihen oder ganzen Functionen definirt eine eindeutige Function, die im Endlichen keine wesentlich singuläre Stelle, also höchstens aufserwesentlich singuläre hat, an denen sie entweder den bestimmten Werth ∞ oder keinen bestimmten Werth annimmt.

Eine analytische Function, die überall den Charakter einer rationalen Function besitzt, d. h. *überall durch den Quotienten zweier Potenzreihen darstellbar ist, ist eine rationale Function ihrer Argumente.*

Wir nehmen an, dafs dieser Satz für Functionen von $(n-1)$ Variabeln bewiesen sei und zeigen seine Richtigkeit für eine Function

$$f(x_1, x_2, \ldots x_n).\text{*)}$$

Dabei wollen wir festsetzen, dafs sich unsere Function in der Umgebung der Stelle (0) regulär verhalte, dafs also eine Entwicklung bestehe:

$$f(x_1, x_2, \ldots x_n) = \mathfrak{P}(x_1, x_2, \ldots x_n) = \sum_{\lambda=0}^{\infty} \mathfrak{P}_\lambda(x_2, x_3, \ldots x_n) x_1^\lambda = \sum_{\lambda=0}^{\infty} A_\lambda x_1^\lambda$$

und ferner soll $f(x_1, \ldots x_n)$ für $(x_1 = 0, x_2 = 0, \ldots x_n = 0)$ nicht Null sein.

Ist dann durch die Bedingungen:

$$|x_1| \leqq r, \quad |x_2| < r, \ldots |x_n| \leq r$$

ein Bereich fixirt, für dessen Stellen $\mathfrak{P}(x_1, x_2, \ldots x_n)$ auch nicht verschwindet, und gibt man x_n einen bestimmten Werth b_n, dessen absoluter Betrag kleiner ist als r, so wird $f(x_1, x_2, \ldots x_{n-1}, b_n)$ eine rationale Function der $(n-1)$ Argumente $x_1, x_2, \ldots x_{n-1}$, denn wenn in der Umgebung einer beliebigen Stelle:

$$x_1 = a_1, \ldots x_{n-1} = a_{n-1}, \quad x_n = b_n$$

$$f(x_1, x_2, \ldots x_n) = \frac{\sum\limits_\lambda C_\lambda (x_n - b_n)^\lambda}{\sum\limits_\lambda C_\lambda' (x_n - b_n)^\lambda}$$

ist, wo C_λ und C_λ' Potenzreihen von $(x_1 - a_1), \ldots (x_{n-1} - a_{n-1})$ bezeichnen, so wird ja

$$f(x_1, x_2, \ldots x_{n-1}, b_n) = \frac{C_0}{C_0'},$$

d. h. $f(x_1, \ldots x_{n-1}, b_n)$ ist in der Umgebung jeder Stelle $(a_1, \ldots a_{n-1})$ durch den Quotienten zweier Potenzreihen $\mathfrak{P}_0(x_1, \ldots x_{n-1} | (a))$ und

*) Siehe Hurwitz, J. v. Kronecker u. Weierstrass, Bd. 94.

$\mathfrak{P}_0'(x_1, \ldots x_n \mid (a))$ darstellbar, wenn nur keine der Reihen C_0 und C_0' identisch verschwindet. Das ist aber nicht möglich, weil mit $C_0 = 0$ $f(x_1, \ldots x_{n-1}, b_n)$ in der Umgebung r der Stelle (0) stets Null und mit $C_0' = 0$ stets unendlich grofs wäre, was der Voraussetzung widerspricht, derzufolge diese Function in dem genannten Bereiche endlich und von Null verschieden ist.

Es folgt somit:

$$f(x_1, x_2, \ldots x_{n-1}, b_n) = \sum_{\lambda=0}^{\infty} \mathfrak{P}_\lambda^{(1)}(x_2, x_3, \ldots x_{n-1}, b_n) x_1^\lambda = \sum_{\lambda=0}^{\infty} A_\lambda^{(1)} x_1^\lambda$$

$$= \frac{G_1(x_1, x_2, \ldots x_{n-1})}{G_2(x_1, x_2, \ldots x_{n-1})} = \frac{B_0 + B_1 x_1 + \cdots + B_m x_1^m}{B_0' + B_1' x_1 + \cdots + B_m' x_1^m},$$

wo B_μ und B_μ' ganze rationale Functionen von $x_2, x_3, \ldots x_{n-1}$ sind und eine der Functionen B_m, B_m' von Null verschieden sein möge, so dafs eine der ganzen Functionen G_1 und G_2 in x_1 von m^{ten} Grade ist. Setzt man nun

$$G_2(x_1, x_2, \ldots x_{n-1}) \sum_{\lambda=0}^{\infty} A_\lambda^{(1)} x_1^\lambda = G_1(x_1, x_2, \ldots x_{n-1})$$

und vergleicht die Coefficienten gleicher Potenzen von x_1, so müssen, wie man leicht sieht, die Determinanten $(m+1)^{\text{ter}}$ Ordnung aus den Reihen:

$$\begin{matrix} A_1^{(1)} & A_2^{(1)}, & \ldots & A_{m+1}^{(1)} \\ A_2^{(1)} & A_3^{(1)}, & \ldots & A_{m+2}^{(1)} \\ A_3^{(1)} & A_4^{(1)}, & \ldots & A_{m+3}^{(1)} \\ \cdot & \cdot & \cdot & \cdot \end{matrix}$$

verschwinden. Sucht man dann zu jeder Stelle b_n eines in der Umgebung r von $x_n = 0$ liegenden Bereiches $|x_n| \leqq r' < r$ den Grad der zugehörigen Function $f(x_1, x_2, \ldots x_{n-1}, b_n)$ in Bezug auf x_1, so bemerkt man, dafs unendlich vielen Stellen x_n derselbe Grad zugehören mufs. In jeder Umgebung der Grenzstelle dieser b_n werden defshalb die früheren Determinanten, deren Glieder $A_\lambda^{(1)}$ jetzt wieder durch A_λ zu ersetzen sind, unabhängig von den Werthen der Variabeln $x_2, x_3, \ldots x_n$ d. h. identisch verschwinden. Dann aber lassen sich die unendlich vielen Gleichungen

$$A_\nu f_m + A_{\nu+1} f_{m-1} + \cdots + A_{\nu+m} f_0 = 0 \quad (\nu = 1, 2, \ldots)$$

durch $(m+1)$ in der Umgebung der Stelle $x_2 = 0, \ldots x_n = 0$ reguläre Functionen von $x_2, \ldots x_n$ lösen, die daselbst nicht sämmtlich Null sind.

Indem hiermit

$$f(x_1, \ldots x_n) \cdot (f_0 + f_1 x_1 + \cdots + f_m x_1^m) = \sum_{\lambda=1}^{\infty} A_\lambda x_1^\lambda (f_0 + f_1 x_1 + \cdots + f_m x_1^m)$$

$$= \varphi_0 + \varphi_1 x_1 + \cdots + \varphi_m x_1^m$$

wird, mufs auch

$$f(x_1, \dots x_n) = \frac{\varphi_0 + \varphi_1 x_1 + \cdots + \varphi_m x_1^m}{f_0 + f_1 x_1 + \cdots + f_m x_1^m}$$

sein, worin die Gröfsen φ und f in der Umgebung von $x_2 = 0, \dots x_n = 0$ reguläre Functionen sind.

Gibt man nun x_1 $(2m + 1)$ verschiedene in hinlänglicher Nähe von $x_1 = 0$ liegende Werthe, so erhält man neben

$$f(x_1, \dots x_n) \cdot (f_0 + f_1 x_1 + \cdots + f_m x_1^m) = \varphi_0 + \varphi_1 x_1 + \cdots + \varphi_m x_1^m$$

noch $(2m + 1)$ Gleichungen:

$$f(b_1^{(\mu)}, x_2, \dots x_n) \cdot (f_0 + f_1 b_1^{(\mu)} + \cdots + f_m (b_1^{(\mu)})^m) = \varphi_0 + \varphi_1 b_1^{(\mu)} + \cdots + \varphi_m (b_1^{\mu})^m$$

$$(\mu = 1, 2, \dots 2m + 1)$$

und wenn man aus allen Gleichungen $f_0, f_1, \dots f_m, \varphi_0, \varphi_1, \dots \varphi_m$ eliminirt, ergibt sich eine lineare Relation in

$$f(x_1, \dots x_n),\ f(b_1^{(\mu)}, x_2, \dots x_n) \text{ und den Gröfsen } x_1, x_1^2, \dots x_1^m.$$

$f(x_1, \dots x_n)$ kann darnach als rationale Function von $x_1, \dots x_n$ dargestellt werden, denn $f(b_1^{(\mu)}, x_2 \dots x_n)$ sind rationale Functionen von $x_2, x_3, \dots x_n$.

In dem Ausnahmsfalle, wo die Determinante $(2m + 1)^{\text{ten}}$ Grades dieses Gleichungssystemes bei jedem beliebigen Werthesysteme

$$b_1^{(\mu)} \quad (\mu = 1, 2, \dots 2m + 1)$$

verschwindet, gehe man auf die Determinanten $(2m)^{\text{ten}}$ Grades, die aus der früheren hervorgehen. Wenn eine derselben von Null verschieden ist, folgt $f(x_1, x_2, \dots x_n)$ wieder als rationale Function von $x_1, \dots x_n$.

Der Satz gilt also allgemein, wie er oben ausgesprochen wurde. —

Erinnern wir uns an den Entwicklungsgang bei der Darstellung einer eindeutigen Function einer Variabeln und wollten wir denselben hierher übertragen, so müfsten wir zunächst beweisen, dafs eine eindeutige analytische Function $f(x_1, x_2, \dots x_n)$, die in der Umgebung jeder endlichen Stelle durch den Quotienten zweier Potenzreihen darstellbar ist, die also im Endlichen keine wesentlich singuläre Stelle besitzt, immer durch den Quotienten zweier beständig convergenter Potenzreihen dargestellt werden kann.

Man sollte meinen, dafs sich dieser Satz beweisen lasse, wenn man eine ganze transcendente Function nicht blos durch eine beständig convergente Potenzreihe, sondern auch in der Form eines Productes ausdrücken könnte; doch diese Darstellungsform ist nicht ausgeführt, aufser wenn festgesetzt ist, dafs die Nullstellen der ganzen Function $G(x_1, x_2, \dots x_n)$ in ähnlicher Weise zu ordnen sind, wie die einer

Function einer Variabeln; ich meine, wenn $G(x_1, x_2, \ldots x_n)$ die Nullstellen einer Reihe ganzer rationaler Functionen

$$g_1(x_1, x_2, \ldots x_n), \quad g_2(x_1, x_2, \ldots x_n), \ldots \quad g_\nu(x_1, x_2, \ldots x_n), \ldots$$

hat, die der Reihe nach in immer weiteren Umgebungen ϱ_ν einer Anfangsstelle z. B. der Stelle (0) keine Nullstellen haben.*)

Wir gehen auf diese Besonderheiten nicht ein und überlassen es dem Leser, die Schwierigkeiten selbst zu ermitteln, welche dem Beweise des genannten Problems erwachsen.

§ 71. Das irreductible algebraische Gebilde m^{ter} Stufe im Gebiete von $n+1$ Gröſsen.

Wir wollen unsere Auseinandersetzungen nicht beenden, ohne noch einen Ausblick auf besondere Functionen mehrerer Variabeln zu gewähren.

Es sei eine algebraische Gleichung

$$G(y, x_1, x_2, \ldots x_n) = 0$$

von dem m^{ten} Grade in y vorgelegt und $(b, a_1, a_2, \ldots a_n)$ sei ein Werthesystem, welches der Gleichung genügt, auf daſs

$$\left(\frac{\partial G}{\partial y}\right)(y-b) + \sum_{\nu=1}^{n}\left(\frac{\partial G}{\partial x_\nu}\right)(x_\nu - a_\nu)$$
$$+ (y-b, x_1 - a_1, \ldots x_n - a_n)_2 + \cdots = 0$$

ist. Wenn die Gröſsen

$$\left(\frac{\partial G}{\partial y}\right), \left(\frac{\partial G}{\partial x_1}\right), \ldots \left(\frac{\partial G}{\partial x_n}\right)$$

nicht alle verschwinden, so kann man auf unendlich viele Arten $n(n+1)$ Constante

$$\alpha_{\lambda,\mu} \quad (\lambda = 0, 1, 2, \ldots n, \ \mu = 1, 2, \ldots n)$$

so wählen, daſs die Determinante des Gleichungssystemes

$$\left(\frac{\partial G}{\partial y}\right)(y-b) + \left(\frac{\partial G}{\partial x_1}\right)(x_1 - a_1) + \cdots + \left(\frac{\partial G}{\partial x_n}\right)(x_n - a_n) = t_0$$
$$\alpha_{01}(y-b) + \alpha_{11}(x_1 - a_1) + \cdots + \alpha_{n1}(x_n - a_n) = t_1$$
$$\cdot \quad \cdot \quad \cdot \quad \cdot \quad \cdot \quad \cdot \quad \cdot \quad \cdot$$
$$\alpha_{0n}(y-b) + \alpha_{1n}(x_1 - a_1) + \cdots + \alpha_{nn}(x_n - a_n) = t_n$$

auch nicht verschwindet und darum entspricht jedem Werthesysteme $(y, x_1, \ldots x_n)$ in der Umgebung von $(b, a_1, \ldots a_n)$ ein Werthesystem $(t_0, t_1, \ldots t_n)$ in der Umgebung der Stelle (0).

---

*) Appell, Acta mathematica Bd. 2 und Biermann, Sitzber. der Wiener Akad. Bd. 89.

Durch Einführung der neuen Gröfsen $t_0, t_1, \ldots t_n$ erhält $G(y, x_1, \ldots x_n)$ in der Umgebung von $(b, a_1, \ldots a_n)$ die Form:

$$t_0 + (t_0, t_1, \ldots t_n)_1 + (t_0, t_1, \ldots t_n)_2 + \cdots,$$

wo $(t_0, t_1, \ldots t_n)_\mu$ eine homogene Function μ^{ter} Dimension ist.

Nach dem Satze des § 68 kann man den genannten Ausdruck in der Form

$$(t_0 - \mathfrak{P}_0(t_1, t_2, \ldots t_n))\,\overline{\mathfrak{P}}_0(t_0, t_1, \ldots t_n)$$

schreiben, wo $\mathfrak{P}_0(0, 0, \ldots 0)$ verschwindet, indefs $\overline{\mathfrak{P}}_0(0, 0, \ldots 0)$ endlich und von Null verschieden ist.

Setzt man jetzt

$$t_0 = \mathfrak{P}_0(t_1, t_2, \ldots t_n)$$

und löst die früheren Gleichungen nach $y - b$, $x_1 - a_1, \ldots x_n - a_n$ auf, so gehen $(n + 1)$ für $t_1 = \cdots = t_n = 0$ verschwindende Potenzreihen

$$x_\nu - a_\nu = \mathfrak{P}_\nu(t_1, t_2, \ldots t_n) \quad (\nu = 1, 2, \ldots n)$$
$$y - b = \mathfrak{P}_{n+1}(t_1, t_2, \ldots t_n)$$

hervor, welche das durch die gegebene Gleichung definirte Gebilde in der Umgebung von $(b, a_1, \ldots a_n)$ darstellen, solange sie convergiren. Wenn die Determinante

$$\begin{vmatrix} \left(\frac{\partial \mathfrak{P}_1}{\partial t_1}\right)_0, & \ldots & \left(\frac{\partial \mathfrak{P}_n}{\partial t_1}\right)_0 \\ \cdot & & \cdot \\ & & \cdot \\ \left(\frac{\partial \mathfrak{P}_1}{\partial t_n}\right)_0, & \ldots & \left(\frac{\partial \mathfrak{P}_n}{\partial t_n}\right)_0 \end{vmatrix}$$

nicht verschwindet, kann man die Gröfsen $t_1, t_2, \ldots t_n$ durch Potenzreihen

$$\mathfrak{P}^{(\nu)}(x_1, \ldots x_n \,|\, (a))$$

darstellen und es folgt eine Entwicklung der Form:

$$y - b = \mathfrak{P}(x_1, \ldots x_n \,|\, (a)),$$

aber andernfalls ist eine solche Darstellung unmöglich.

Läfst die ganze Function $G(y, x_1, \ldots x_n)$ in der Umgebung ihrer Nullstelle $(b, a_1, \ldots a_n)$ nach Einführung der Bezeichnungen:

$$y - b = \eta, \quad x_\nu - a_\nu = \xi_\nu \quad (\nu = 1, 2, \ldots n)$$

nur die Schreibweise zu:

$$(\eta, \xi_1, \ldots \xi_n)_\mu + (\eta, \xi_1, \ldots \xi_n)_{\mu+1} + \cdots = \Phi(\eta, \xi_1, \ldots \xi_n),$$

wo die Glieder niedrigster Dimension von höherer als der ersten Dimension sind, so bedarf man zur Darstellung des irreductiblen algebraischen

Gebildes n^{ter} Stufe mehr als ein Functionensystem der obigen Gestalt, aber doch nur eine endliche Anzahl.

Hat man aber das algebraische Gebilde in der Umgebung jeder Stelle durch Potenzreihen in n Hilfsvariabeln ausgedrückt, so kann man das Verhalten jeder rationalen Function

$$z = R(y, x_1, \ldots x_n),$$

die sich wieder auf die Form

$$\frac{f(y, x_1, \ldots x_n)}{g(x_1, \ldots x_n)}$$

bringen läfst, in der f und g ganze rationale Functionen ihrer Argumente sind, in der Umgebung jeder Stelle des Gebildes beurtheilen, denn man kann sie allgemein in den Quotienten zweier Potenzreihen von $t_1, t_2, \ldots t_n$ entwickeln.

Denken wir Zähler und Nenner des Quotienten im Falle der gemeinsamen Nullstelle $t_1 = \cdots = t_n = 0$ von gemeinsamen Theilern befreit und behält der Nenner hierbei die Nullstelle, so nenne man die aufserwesentlich singuläre Stelle von der μ^{ten} Ordnung, wenn das Glied niedrigster Dimension im Nenner die μ^{te} Dimension besitzt.

Zwischen z und $x_1, x_2, \ldots x_n$ besteht eine algebraische Gleichung. Um diese zu erhalten, bilde man das Product

$$\prod_\mu (z - R(y^{(\mu)}, x_1, \ldots x_n)) = \frac{\Psi(z, x_1, \ldots x_n)}{\psi(z, x_1 \ldots x_n)},$$

wo $y^{(\mu)}$ die zu einem Werthesysteme $x_1, \ldots x_n$ gehörigen Werthe von y sind, und setze

$$\Psi^{(m)}(z, x_1, \ldots x_n) = 0.$$

Die Function Ψ ist irreductibel oder die ganzzahlige Potenz einer solchen.

Nehmen wir ein System n rationaler Functionen

$$z_\nu = R_\nu(y, x_1, \ldots x_n) \quad (\nu = 1, 2, \ldots n)$$

auf und fragen nach den Stellen $(y, x_1, \ldots x_n)$, für welche diese Functionen vorgegebene Werthe erhalten, so müssen die Werthe von $x_1, \ldots x_n$ den n algebraischen Gleichungen

$$\Psi_\nu(z_\nu, x_1, \ldots x_n) = 0 \quad (\nu = 1, 2, \ldots n)$$

genügen. Den einer Lösung $x_1' \ldots x_n'$ zugehörigen Werth von y oder die entsprechenden y-Werthe müssen den Gleichungen

$$G(y, x_1, \ldots x_n) = 0 \text{ und } z_\nu - R_\nu(y, x_1, \ldots x_n) = 0 \quad (\nu = 1, 2, \ldots n)$$

genügen.

Jetzt mufs sich zeigen lassen, dafs bei gehöriger Zählung der vielfachen Stellen das gegebene System rationaler Functionen jedes Werthesystem $(z_1, \ldots z_n)$ im Allgemeinen an gleich viel Stellen $(x_1, \ldots x_n, y)$ annimmt*). Die Zahl, welche angibt, an wie viel Stellen ein System von n rationalen Functionen die Werthe $z_1, \ldots z_n$ erhält, heifse wieder der *Grad* des Systems.

Die Zählung der vielfachen Stellen z. B. einer Unendlichkeitsstelle vollziehe man nach folgender Definition:

Ist

$$R_\nu (y, x_1, \ldots x_n)$$

in der Umgebung einer Stelle $(x', x_1' \ldots x_n')$ des Gebildes in der Form

$$\begin{array}{c} \mathfrak{P}_\nu^{(1)}(t_1 \ldots t_n) \\ \mathfrak{P}_\nu^{(2)}(t_1 \ldots t_n) \end{array}$$

darstellbar und verschwinden alle n Potenzreihen $\mathfrak{P}_\nu^{(2)}$ an der Stelle (0), die Reihen $\mathfrak{P}_\nu^{(1)}$ aber nicht, so heifse das Functionensystem $R_1, \ldots R_n$ von der μ^{ten} Ordnung unendlich, wenn die Determinante

$$\begin{vmatrix} \dfrac{\partial \mathfrak{P}_1^{(2)}}{\partial t_1}, & \ldots & \dfrac{\partial \mathfrak{P}_n^{(2)}}{\partial t_1} \\ \cdot & & \\ \cdot & \cdot & \cdot \\ \dfrac{\partial \mathfrak{P}_1^{(2)}}{\partial t_n}, & \ldots & \dfrac{\partial \mathfrak{P}_n^{(2)}}{\partial t_n} \end{vmatrix}$$

in eine Potenzreihe zu entwickeln ist, die mit Gliedern der $(\mu - 1)^{\text{ten}}$ Dimension beginnt.

Existirt kein System rationaler Functionen, welches nur ϱ Unendlichkeitsstellen erster Ordnung besitzt, gibt es aber Functionensysteme, die an $(\varrho + 1)$ beliebig gewählten Stellen von der ersten Ordnung unendlich werden, so nenne man ϱ wieder den *Rang* der algebraischen Gleichung $G = 0$.

Liegen $(n + 1)$ rationale Functionen

$\xi_\nu = R_\nu(y, x_1, \ldots x_n)$, $(\nu = 1, 2 \ldots n)$ und $\eta = R_{n+1}(y, x_1, \ldots x_n)$

vor, die $(n + 1)$ verschiedene Systeme der früheren Art constituiren, und deren Grade

$$\mu_1, \mu_2, \ldots \mu_{n+1}$$

heifsen mögen, so gehören zu einem Werthesystem $\xi_1', \xi_2', \ldots \xi_n'$ der

*) Im Falle eines Gebildes höherer als erster Stufe kann es nämlich Mannigfaltigkeiten von Stellen $(y, x_1, \ldots x_n)$ geben, für die alle rationalen Functionen unbestimmt werden und darum ist oben die Beschränkung durch den Zusatz „im Allgemeinen" nothwendig.

ersten n rationalen Functionen vom Grade μ_1 μ_1 Werthesysteme $y, x_1, \ldots x_n$ und μ_1 Werthe η, die aus einer Gleichung

$$\Gamma(\eta, \xi_1, \ldots \xi_n) = 0$$

hervorgehen.

Diese Gleichung ist die Transformirte der gegebenen. Man kann sie umgekehrt in die letztere transformiren, wenn nur einmal einem Werthesysteme $\xi_1, \ldots \xi_n$ μ_1 verschiedene Lösungen η entsprechen, oder wenn bei der Bildung des Productes

$$\prod_{\lambda} (\eta - R_{n+1}(y^{(\lambda)}, x_1^{(\lambda)}, \ldots x_n^{(\lambda)})) = \frac{\Psi_{n+1}(\eta, \xi_1, \ldots \xi_n)}{\psi_{n+1}(\xi_1, \ldots \xi_n)},$$

wo $x_1^{(\lambda)}, \ldots x_n^{(\lambda)}, y^{(\lambda)}$ die zu $\xi_1 \ldots \xi_n$ gehörendem Werthesysteme $x_1, \ldots x_n, y$ bezeichnen, Ψ_{n+1} irreductibel und nicht die ganzzahlige Potenz einer irreductiblen Function ist.

Die durch die algebraischen Gleichungen

$$G(y, x_1, \ldots x_n) = 0 \quad \text{und} \quad \Gamma(\eta, \xi_1, \ldots \xi_n) = 0$$

definirten Gebilde n^{ter} Stufe im Gebiete von $(n+1)$ Gröfsen, deren Stellen (wieder nur im Allgemeinen) einander wechselseitig entsprechen, rechne man zu einer *Klasse* und deren charakteristische Zahl ist der früher definirte Rang ϱ, denn dieser ist für jedes Individuum der Klasse derselbe.

Nach diesen Definitionen ist ersichtlich, wie man wieder die Monogenität des irreductiblen Gebildes zu beweisen hat.

Es entsteht nun auch die Frage, ob die algebraischen Gebilde n^{ter} Stufe im Gebiete von $n+1$ Gröfsen durch eindeutige transcendente Functionen von n unabhängigen Variabeln $x_1, \ldots x_n$ zu lösen sind, d. h. ob man $x_1, \ldots x_n, y$ als eindeutige Functionen von n Variabeln $u_1, \ldots u_n$ betrachten kann:

$$x_\nu = f_\nu(u_1, u_2, \ldots u_n) \quad (\nu = 1, 2, \ldots n), \quad y = f_{n+1}(u_1, u_2, \ldots u_n),$$

die in der vorgegebenen algebraischen Beziehung stehen.

Es ist zu vermuthen, dafs die Gleichungen $G(y, x_1, \ldots x_n) = 0$ ersten Ranges durch $2n$ fach periodische Functionen zu lösen sind, die im Endlichen keine wesentlich singuläre Stelle besitzen*). Hier ist unter einer $2n$ fach periodischen Function $f(u_1, u_2, \ldots u_n)$ eine Function der Beschaffenheit verstanden, dafs für $2n$ Systeme constanter Gröfsen

$$(P_1^{(\lambda)}, P_2^{(\lambda)}, \ldots P_n^{(\lambda)}) \quad (\lambda = 1, 2, \ldots 2n)$$

---

*) Vergleiche die Sätze von Weierstrass „über die $2n$ fach periodischen Functionen von n Variabeln" in dem Journal für reine und angewandte Math. Bd. 89.

bei beliebigen Werthen von $u_1, u_2, \dots u_n$ die Gleichungen

$$f(u_1 + P_1^{(\lambda)}, u_2 + P_2^{(\lambda)}, \dots u_n + P_n^{(\lambda)}) = f(u_1, u_2, \dots u_n)$$
$$(\lambda = 1, 2, \dots 2n)$$

und ferner die Relationen:

$$f(u_1 + \sum_{\lambda=1}^{2n} m_\lambda P_1^{(\lambda)}, \dots u_n + \sum_{\lambda=1}^{2n} m_\lambda P_n^{(\lambda)}) = f(u_1, \dots u_n)$$

bestehen, wo $m_1, m_2, \dots m_{2n}$ willkürliche ganze Zahlen bezeichnen.

Andrerseits hat man zu erwarten, dafs die Gleichungen höheren als des ersten Ranges durch Functionen zu lösen sind, welche bei derselben Gruppe linearer Substitutionen ungeändert bleiben, die aus einer endlichen Anzahl r von Fundamentalsubstitutionen

$$\left(u_\nu, \quad \frac{\alpha_{\nu 1}^{(p)} u_1 + \alpha_{\nu 2}^{(p)} u_2 + \cdots + \alpha_{\nu n}^{(p)} u_n + \alpha_{\nu, n+1}^{(p)}}{\alpha_{n+1,1}^{(p)} u_1 + \alpha_{n+1,2}^{(p)} u_2 + \cdots + \alpha_{n+1,n}^{(p)} u_n + \alpha_{n+1,n+1}^{(p)}} \right)$$
$$\nu = 1, 2, \dots n, \quad p = 1, 2, \dots r$$

zusammenzusetzen sind*).

*) Siehe die Abhandlungen von Picard in dem 1. und 5. Bande der Acta mathematica.

Verzeichnis bemerkter Druckfehler (berichtigt).

S. 9 Z. 11 v. o. statt „wie sich die" lies „wie sich für die"; Z. 13 v. u. statt $n (m\,\text{mal})$ lies $(n\,\text{mal})$.

S. 45 Z. 15 v. o. lies „erfüllen" statt „erfülle".

S. 47 Z. 6 v. o. lies $i^2 + e^2 = 0$.

S. 58 Z. 11 v. o. ist das Wort „nie" zu streichen.

S. 60 Z. 16 u. 17 v. o. lies „grofsem" und „kleinem".

S. 66 Z. 18 v. o. lies r statt x.

S. 67 Z. 7 v. u. lies $|x_2 - x_1|$ statt $|x_2 - x_0|$.

S. 102 Z. 1 v. u. ist ganz zu streichen.

S. 109 Z. 3 v. u. lies x_ν statt x_n.

S. 115 Z. 12 v. o. lies $|f((a))| - \delta$ statt $|f((x))| - \delta$.

S. 129 Z. 11 v. u. lies $\prod_{\nu=1}^{n} (\xi_\mu - \xi_{m+\nu})$ statt $\prod_{\nu=1}^{n} (\xi_\mu - \xi_{m-\nu})$.

S. 141 Z. 5 v. o. lies „wichtigen" statt „richtigen".

S. 144 Z. 5 v. u. lies δ_m statt d_m.

S. 149 Z. 1 v. o. lies „den" statt „denselben".

S. 161 Z. 11 v. o. lies $\frac{(x_n - x_n^{(0)})^{\mu_n}}{\mu_n!}$ statt $\frac{(x - x_n^{(0)})^{\mu_n}}{\mu_n}$.

S. 162 Z. 11 v. u. lies $a_2 - a_1 + (x - a_2)$ statt $a_2 \quad a_1 + (x \quad a)$.
S. 187 Z. 8 v. o. lies $\mathfrak{p}_{n-2}(x|x_0)$ statt $\mathfrak{p}(x|x_0)$; Z. 9 v. o. $\mathfrak{p}_{n-2}(c|x_0)$ statt $\mathfrak{p}(c|x)$.
S. 187 Z. 10 v. o. schalte nach dem Worte „Potenzreihen" „$\mathfrak{p}(x|x_0)$" ein.
S. 191 Z. 1 v. u. lies $y^{m-\mu}y'^{\mu-1}$ statt $y^{m\mu}y'^{\mu-1}$.
S. 219 Z. 8 v. u. lies „von $g_1 \cdot \frac{\partial g_1}{\partial \xi_1}$ und" statt „von $\frac{\partial g_1}{\partial \xi_1}$ und".
S. 220 Z. 1, 2, 3 v. o. lies rechts von den Gleichheitszeichen ξ_ν statt ξ; Z. 3 v. u. lies $R(\xi_\nu, \eta_\nu)$ statt $R(\xi_\nu)$; Z. 4 v. u. lies ψ_ν statt $\overline{\varphi}$.
S. 222 Z. 5 v. u. lies „endlichen" statt „unendlichen".
S. 223 Z. 9 v. o. lies $y^m - A\prod_{k=1}^{\lambda}(x - a_k)^{n_k} = 0$.
S. 225 Z. 12 v. o. lies $\psi, \psi_1, \ldots \psi_m$ statt $\psi_1, \psi_2, \ldots \psi_m$.
S. 226 Z. 13 v. o. schalte nach dem Worte „Grad" „k" ein.
S. 240 Z. 14 v. u. lies α_μ statt a_μ.
S. 252 Z. 3, 10, 12 v. u. lies $F_\nu^{(\varkappa)}$ statt $F_\nu^{(1)}$.
S. 261 Z. 2 u. 5 lies $\mathfrak{P}(z)$ statt $\mathfrak{P}_x(z)$.
S. 272 Z. 18 v. o. ist das Wort „Gleichung" zu streichen.
S. 278 Z. 13 v. u. lies $\frac{\alpha}{|\alpha|}$ statt $\frac{a}{|\alpha|}$.
S. 289 Z. 1 v. u. lies $c_{\nu+2}$ statt $a_{\nu+2}$.
S. 290 Z. 15 v. o. lies $\frac{x - x_0}{x_0}$ statt $\frac{x - a}{x_0}$; Z. 2 v. u. lies c_μ statt c^μ.
S. 296 Z. 5 v. o. lies $-\frac{i}{y} + 1$ statt $-\frac{1}{y} + 1$.
S. 297 Z. 11 v. u. lies $\cos nx + i \sin nx$ statt $\cos nx + i \sin x$; Z. 10 v. u. lies $\cos nx - i \sin nx$ statt $\cos nx - i \sin x$.
S. 298 Z. 8 v. o. lies „$\cos x$ und $\sin x$" statt „$\cos x$ und $\sin nx$".
S. 300 Z. 9 v. o. lies $(n^2 - 3^2)$ statt $(x^2 - 3^2)$.
S. 306 Z. 2 v. u. lies $\left(1 + \frac{x}{2}\right)^{2x}$ und $\left(1 + \frac{x}{n}\right)^{nx}$ statt $\left(1 + \frac{x}{2}\right)^{2x}$ und $\left(1 + \frac{x}{n}\right)^{nx}$.
S. 309 Z. 6 v. o. lies wann statt wenn; Z. 2 v. u. lies $(\nu = n + 1, n + 2, \ldots)$ statt $(\nu = 1, n + 2, \ldots)$.
S. 333 Z. 18 v. o. lies $\widetilde{w}$ statt w u. Z. 6 v. u. lies $\widetilde{w}$ statt ϖ.
S. 338 Z. 3 v. o. lies $\operatorname{cotg} \pi \mu' \frac{\omega'}{\omega}$.
S. 389 lies statt § 61 § 62.
S. 391 lies statt § 61 § 63.

www.ingramcontent.com/pod-product-compliance
Lightning Source LLC
Chambersburg PA
CBHW020906210326
41598CB00018B/1792
* 9 7 8 3 7 4 3 3 4 3 2 3 8 *